Walter Strampp

Elementare Mathematik

De Gruyter Studium

Weitere empfehlenswerte Titel

Zahlentheorie und Zahlenspiele
Sieben ausgewählte Themenstellungen
Hartmut Menzer, Ingo Althöfer, 2024
ISBN 978-3-11-134775-2, e-ISBN (PDF) 978-3-11-134776-9

Diskrete Mathematik kompakt
Von Logik und Mengenlehre bis Zahlen, Algebra, Graphen und Wahrscheinlichkeit
Bernd Baumgarten, 2024
ISBN 978-3-11-133572-8, e-ISBN (PDF) 978-3-11-133610-7

Advanced Mathematics
An Invitation in Preparation for Graduate School
Patrick Guidotti, 2022
ISBN 978-3-11-078085-7, e-ISBN (PDF) 978-3-11-078092-5

Mathematical Logic
An Introduction
Daniel Cunningham, 2023
ISBN 978-3-11-078201-1, e-ISBN (PDF) 978-3-11-078219-6

Sequences and Series in Calculus
Joseph D. Fehribach, 2023
ISBN 978-3-11-076835-0, e-ISBN (PDF) 978-3-11-113591-5

Analysis
Walter Rudin, 2022
ISBN 978-3-11-075042-3, e-ISBN (PDF) 978-3-11-075043-0

Walter Strampp

Elementare Mathematik

Trigonometrie, Analytische Geometrie, Algebra, Wahrscheinlichkeit

2. Auflage

Mathematics Subject Classification 2020
00A05, 00A06

Autor
Prof. Dr. Walter Strampp
delta.s@web.de

ISBN 978-3-11-150313-4
e-ISBN (PDF) 978-3-11-150363-9
e-ISBN (EPUB) 978-3-11-150383-7

Library of Congress Control Number: 2024936932

Bibliografische Information der Deutschen Nationalbibliothek
Die Deutsche Nationalbibliothek verzeichnet diese Publikation in der Deutschen Nationalbibliografie; detaillierte bibliografische Daten sind im Internet über
http://dnb.dnb.de abrufbar.

Coverabbildung: busypix / E+ / Getty Images
Satz: VTeX UAB, Lithuania

www.degruyter.com

Vorwort

Die Hürde, die sich Studienanfängern in Gestalt der Mathematik entgegenstellt, ist in den vergangenen Jahren eher höher als niedriger geworden. Gleichzeitig hat sich der Raum, den die mathematischen Methoden in Technik, Naturwissenschaft und Informatik einnehmen, mehr und mehr ausgeweitet.

Ziel des Buches ist weiterhin, das Fundament elementarer Kenntnisse und Fertigkeiten zu festigen, auszubauen und zu verbreitern. Es kann sowohl als Material für Grundkurse als auch als zur Unterstützung fortgeschrittener Kurse verwendet werden. Den gestiegenen Anforderungen der Informatik im Bereich der Strukturmathematik wurde Rechnung getragen, indem ein entsprechendes Kapitel sowie ein Kapitel zur Kombinatorik und Wahrscheinlichkeit aufgenommen wurde. Schließlich wurden Fehler der ersten Ausgabe verbessert und das graphische Layout übersichtlich und einheitlich gestaltet.

Kassel, Mai 2024 Walter Strampp

https://doi.org/10.1515/9783111503639-201

Inhalt

1 Mengen und Zahlen

1.1 Mengen

Werden bestimmte Objekte mit einer festgelegten Eigenschaft zu einer Gesamtheit zusammengefasst, so entsteht eine Menge. Im Allgemeinen entstammen die Objekte, von denen wir reden, der Mathematik. Man kann aber durchaus auch außerhalb der Mathematik Objekte zu einer Menge zusammenfassen (Abb. 1.1).

Beispiel 1.1. Wir fassen alle Menschen, die im Jahr 2000 Einwohner der Stadt Kassel waren, zu einer Menge zusammen.

Wir fassen alle Bücher einer Bibliothek zu einer Menge, dem Buchbestand, zusammen.

Wir fassen alle natürlichen Zahlen zu einer Menge zusammen.

Wir fassen alle geraden Zahlen zu einer Menge zusammen.

Wir fassen die Zahlen 17, 19, 31 zu einer Menge zusammen. □

Objekte, die zu einer Menge gehören, werden von anderen Objekten durch eine beschreibende Eigenschaft oder durch Aufzählung hervorgehoben.

Mengen werden oft in Flächendarstellung als Kreis- oder Ellipsenscheiben (oder mithilfe anderer Flächen) innerhalb eines Rechtecks veranschaulicht. Das Rechteck symbolisiert eine Grundmenge, die alle in Rede stehenden Objekte enthält.

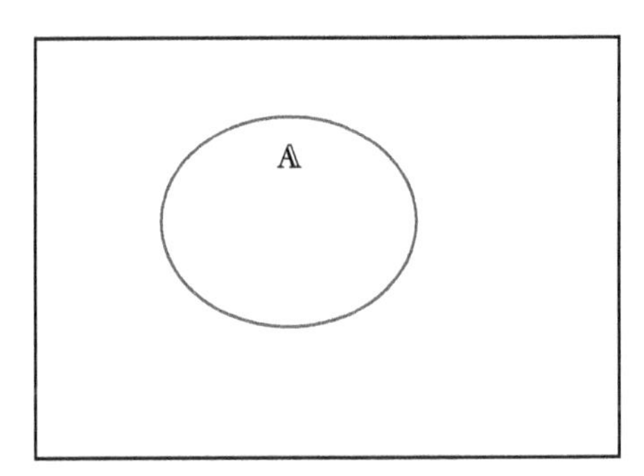

Abb. 1.1: Eine Menge $\mathbb{A}$.

Es können mehrere Mengen auftreten und Beziehungen zueinander aufnehmen. In der grafischen Darstellung entsteht dann ein sogenanntes Venn-Diagramm (Abb. 1.2).

Ein Objekt, das zu einer Menge gehört, nennen wir Element dieser Menge. Mengen bezeichnen wir mit großen Buchstaben, wie $\mathbb{A}$, $\mathbb{B}$, $\mathbb{C}$, und Elemente mit kleinen Buchstaben, wie a, b, c. Ist a ein Element der Menge $\mathbb{A}$ und b kein Element der Menge $\mathbb{A}$, so schreiben wir $a \in \mathbb{A}$, $b \notin \mathbb{A}$, und wir sagen auch, a liegt in $\mathbb{A}$ und b liegt nicht in $\mathbb{A}$ (Abb. 1.3).

https://doi.org/10.1515/9783111503639-001

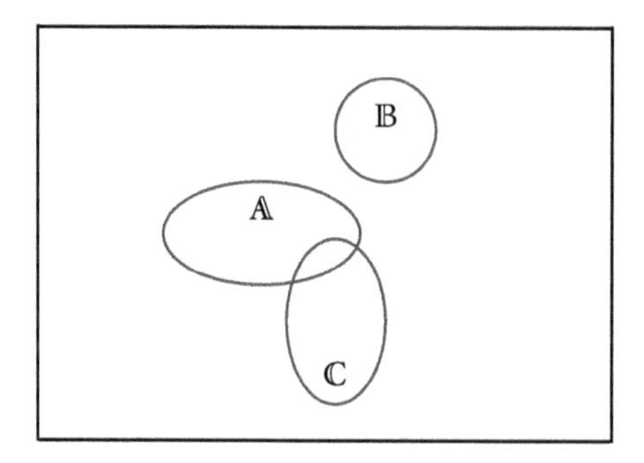

Abb. 1.2: Venn-Diagramm der drei Mengen $\mathbb{A}$, $\mathbb{B}$, $\mathbb{C}$.

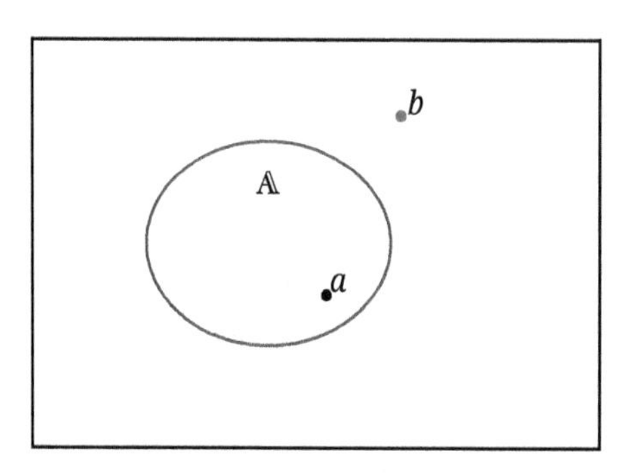

Abb. 1.3: Eine Menge $\mathbb{A}$ und zwei Objekte a und b. $a \in \mathbb{A}$, $b \notin \mathbb{A}$.

Wird die Menge $\mathbb{A}$ durch Aufzählung ihrer Elemente erklärt,

$$a_1, a_2, \dots, a_n,$$

so schreiben wir:

Mengenfestlegung durch Aufzählung

$$\mathbb{A} = \{a_1, a_2, \dots, a_n\}.$$

Wird die Menge $\mathbb{A}$ durch die Eigenschaft E festgelegt, so schreiben wir:

Mengenfestlegung durch Beschreibung

$$\mathbb{A} = \{a \mid a \text{ besitzt die Eigenschaft } E\}.$$

Bei der Aufzählung der Elemente einer Menge kommt es nicht auf die Reihenfolge an. Eine Veränderung der Aufzählungsreihenfolge verändert die Menge nicht. Jedes Element darf nur einmal aufgeführt werden.

Mengengleichheit
Die Gleichheit zweier Mengen $\mathbb{A}$ und $\mathbb{B}$

$$\mathbb{A} = \mathbb{B}$$

liegt genau dann vor, wenn jedes Element von $\mathbb{A}$ zu $\mathbb{B}$ gehört und umgekehrt jedes Element von $\mathbb{B}$ zu $\mathbb{A}$.

Zwei Mengen müssen also die selben Elemente enthalten, damit sie gleich sind.

Beispiel 1.2. Die Menge

$$\mathbb{A} = \{a, b, c\}$$

besteht aus den Elementen a, b und c. Offenbar gilt die Gleichheit:

$$\begin{aligned} \mathbb{A} &= \{a, b, c\} = \{a, c, b\} = \{b, a, c\} \\ &= \{b, c, a\} = \{c, a, b\} = \{c, b, a\}\,. \end{aligned}$$ □

Beispiel 1.3. Wir fassen die Zahlen 1, 2, 3, 4, 5 zu einer Menge zusammen:

$$\mathbb{A} = \{1, 2, 3, 4, 5\}\,.$$

Die Menge $\mathbb{A}$ hätte man auch anstatt einer Aufzählung durch eine Beschreibung festlegen können:

$$\mathbb{A} = \{a \mid a \text{ ist eine natürliche Zahl, die nicht größer als 5 ist}\}\,.$$

Die Menge

$$\mathbb{B} = \{b \mid b \text{ ist das Quadrat einer natürlichen Zahl}\}$$

stellt die Menge aller Quadratzahlen dar. Wir deuten dies auch durch folgende Schreibweise an:

$$\mathbb{B} = \{1, 4, 9, 25, 36, \ldots\}\,.$$ □

Beispiel 1.4. Die beiden folgenden Mengen sind gleich:

$$\mathbb{A} = \{k \mid k = 4 + 3j\,,\ j \text{ ist irgendeine ganze Zahl}\}$$

und

$$\mathbb{B} = \{k \mid k = 13 + 3j\,,\ j \text{ ist irgendeine ganze Zahl}\}\,.$$

Sei k ein Element aus $\mathbb{A}$, dann lässt sich k darstellen als

$$k = 4 + 3j = 4 + 9 - 9 + 3j = 13 + 3(j - 3).$$

Damit liegt k auch in der Menge $\mathbb{B}$.

Sei umgekehrt k ein Element aus $\mathbb{B}$. Dann lässt sich k darstellen als

$$k = 13 + 3j = 4 + 9 + 3j = 4 + 3(j + 3).$$

Damit liegt k auch in der Menge $\mathbb{A}$. □

Schließlich kann es vorkommen, dass man eine Eigenschaft angibt, die auf kein Objekt zutrifft. Beispielsweise gibt es keine natürliche Zahl, die zugleich gerade und ungerade ist. Für solche Fälle hält man die leere Menge $\emptyset$ bereit, die kein Element enthält.

Eine Menge enthält Teilmengen. Jede Teilmenge ist gewissermaßen in der Ausgangsmenge als Untermenge enthalten.

Teilmenge
Wir bezeichnen eine Menge $\mathbb{A}$ als Teilmenge der Menge $\mathbb{B}$,

$$\mathbb{A} \subseteq \mathbb{B},$$

wenn jedes Element von $\mathbb{A}$ zu $\mathbb{B}$ gehört.

Jedes Element von $\mathbb{A}$ ist auch Element von $\mathbb{B}$, (Abb. 1.4). (Wenn $a \in \mathbb{A}$, folgt $a \in \mathbb{B}$).

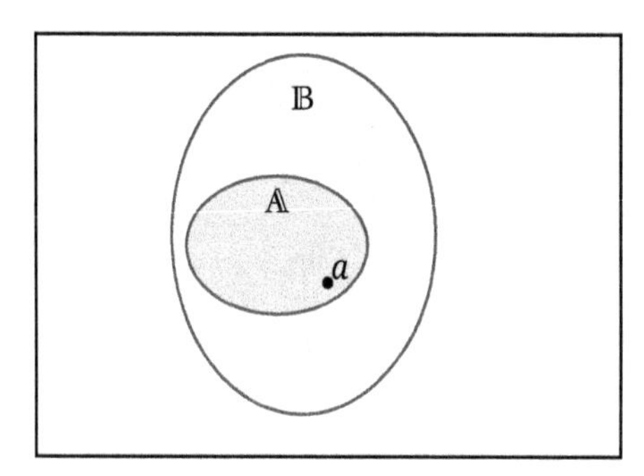

Abb. 1.4: Eine Menge $\mathbb{B}$ mit einer Teilmenge $\mathbb{A}$ und einem Element $a \in A$.

Insbesondere ist die leere Menge als Teilmenge in jeder Menge enthalten. Außerdem ist jede Menge Teilmenge von sich selbst.

Die Gleichheit zweier Mengen $\mathbb{A} = \mathbb{B}$ lässt sich mit dem Begriff der Teilmenge so ausdrücken:

$$\mathbb{A} \subseteq \mathbb{B} \quad \text{und} \quad \mathbb{B} \subseteq \mathbb{A}.$$

($\mathbb{A}$ ist Teilmenge von $\mathbb{B}$ und $\mathbb{B}$ ist Teilmenge von $\mathbb{A}$). Gilt $\mathbb{A} \subseteq \mathbb{B}$, aber nicht $\mathbb{A} = \mathbb{B}$, so spricht man von einer echten Teilmenge.

Echte Teilmenge
Die Menge $\mathbb{A}$ stellt eine echte Teilmenge der Menge $\mathbb{B}$ dar $\mathbb{A} \subset \mathbb{B}$, wenn $\mathbb{A} \subseteq \mathbb{B}$, aber mindestens ein Element $a \in \mathbb{B}$ mit $a \notin \mathbb{A}$ existiert.

Beispiel 1.5. Die Menge $\{a, b\}$ ist eine echte Teilmenge von $\{a, b, c\}$. Die Menge aller rechtwinkligen Dreiecke ist eine echte Teilmenge der Menge aller Dreiecke. □

Beispiel 1.6. Die Menge $\{a, b, c, d\}$ besitzt folgende Teilmengen:

$$\begin{gathered}\emptyset\,,\\ \{a\}\,,\{b\}\,,\{c\}\,,\{d\}\,,\\ \{a,b\}\,,\{a,c\}\,,\{a,d\}\,,\{b,c\}\,,\{b,d\}\,,\{c,d\}\,,\\ \{a,b,c\}\,,\{a,b,d\}\,,\{a,c,d\}\,,\{b,c,d\}\,,\\ \{a,b,c,d\}\,.\end{gathered}$$

Alle aufgelisteten Teilmengen sind echte Teilmengen, mit Ausnahme von $\{a, b, c, d\}$. □

Die Elemente aus zwei Mengen $\mathbb{A}$ und $\mathbb{B}$ kann man zu einer einzigen Menge zusammenfassen:

Vereinigung von Mengen
Die Vereinigungsmenge der Mengen $\mathbb{A}$ und $\mathbb{B}$: $\mathbb{A} \cup \mathbb{B}$ ist die Menge aller zu $\mathbb{A}$ oder zu $\mathbb{B}$ gehörigen Elemente.

Wenn $a \in \mathbb{A}$ oder $a \in \mathbb{B}$, folgt $a \in \mathbb{A} \cup \mathbb{B}$ und umgekehrt, (Abb. 1.5). (Ein Element der Vereinigungsmenge kann nur zu $\mathbb{A}$ oder nur zu $\mathbb{B}$ oder zu $\mathbb{A}$ und zu $\mathbb{B}$ gehören).

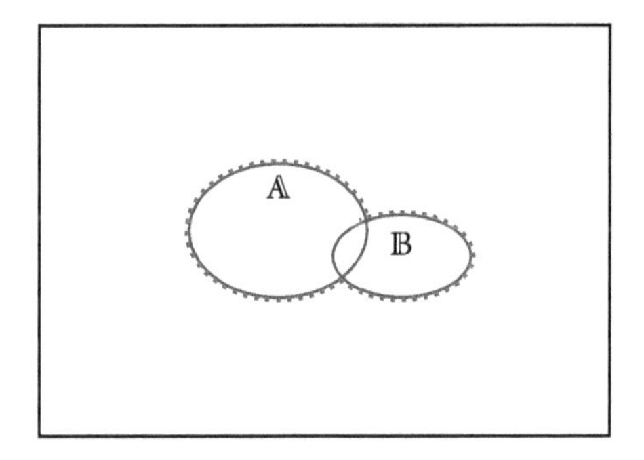

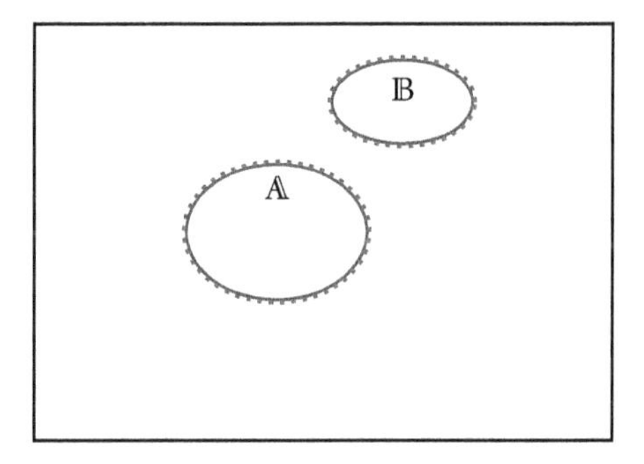

Abb. 1.5: Vereinigungsmenge (gestrichelt) zweier Mengen $\mathbb{A}$ und $\mathbb{B}$ mit nichtleerem Durchschnitt (links) und zweier disjunkter Mengen (rechts).

Beispiel 1.7. Wir bilden die Vereinigung der Mengen

$$\mathbb{A} = \{a, b\} \quad \text{und} \quad \mathbb{B} = \{3, 4, c\}$$

bzw.

$$\mathbb{A} = \{a, b, c, d\} \quad \text{und} \quad \mathbb{B} = \{b, d, f, 1, 2\}\,.$$

Im ersten Fall ergibt sich

$$\mathbb{A} \cup \mathbb{B} = \{3, 4, a, b, c\}$$

und im zweiten Fall,

$$\mathbb{A} \cup \mathbb{B} = \{1, 2, a, b, c, d, f\}\,.$$ □

Offenbar gelten folgende Regeln:

Eigenschaften der Vereinigungsmenge

$$\mathbb{A} \cup \mathbb{A} = \mathbb{A} \quad \text{und} \quad \mathbb{A} \cup \mathbb{B} = \mathbb{B} \cup \mathbb{A}\,,$$
$$\mathbb{A} \subseteq \mathbb{A} \cup \mathbb{B} \quad \text{und} \quad \mathbb{B} \subseteq \mathbb{A} \cup \mathbb{B}\,.$$

Man kann auch die Vereinigung mehrerer Mengen bilden, beispielsweise von drei Mengen $\mathbb{A}$, $\mathbb{B}$ und $\mathbb{C}$. Dabei spielt die Reihenfolge keine Rolle:

Assoziativität der Vereinigung

$$(\mathbb{A} \cup \mathbb{B}) \cup \mathbb{C} = \mathbb{A} \cup (\mathbb{B} \cup \mathbb{C}) = \mathbb{A} \cup \mathbb{B} \cup \mathbb{C}\,.$$

Wenn $a \in \mathbb{A}$ oder $a \in \mathbb{B}$ oder $a \in \mathbb{C}$, folgt $a \in \mathbb{A} \cup \mathbb{B} \cup \mathbb{C}$, und umgekehrt, (Abb. 1.6).

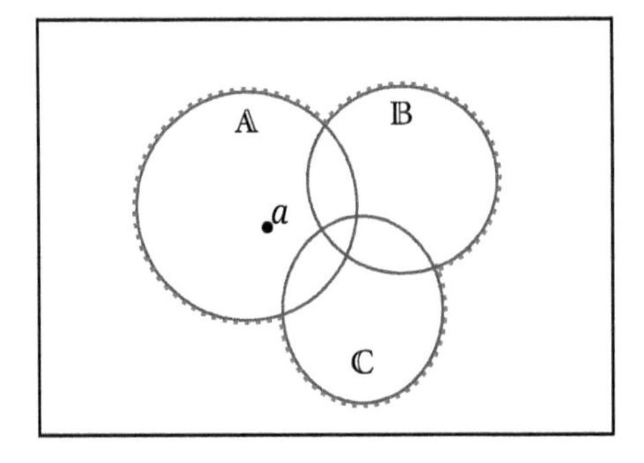

Abb. 1.6: Vereinigung (gestrichelt) von drei Mengen $\mathbb{A} \cup \mathbb{B} \cup \mathbb{C}$ mit einem Element a aus der Vereinigungsmenge.

Beispiel 1.8. Gegeben seien die drei Mengen

$$\mathbb{A} = \{a, b, c, d, e, 5\}\,, \quad \mathbb{B} = \{1, 3, 4, a, c\}\,, \quad \mathbb{C} = \{5, 6, a, d\}$$

und gesucht sind die Vereinigungsmengen $\mathbb{A} \cup \mathbb{B}$, $\mathbb{B} \cup \mathbb{C}$, $\mathbb{A} \cup \mathbb{C}$ und $\mathbb{A} \cup \mathbb{B} \cup \mathbb{C}$.

Es ergeben sich folgende Vereinigungsmengen:

$$\begin{aligned}\mathbb{A} \cup \mathbb{B} &= \{1, 3, 4, 5, a, b, c, d, e\}\,,\\ \mathbb{B} \cup \mathbb{C} &= \{1, 3, 4, 5, 6, a, c, d\}\,,\\ \mathbb{A} \cup \mathbb{C} &= \{5, 6, a, b, c, d, e\}\,,\\ \mathbb{A} \cup \mathbb{B} \cup \mathbb{C} &= \{1, 3, 4, 5, 6, a, b, c, d, e\}\,.\end{aligned}$$ □

Sind zwei Mengen $\mathbb{A}$ und $\mathbb{B}$ gegeben, dann betrachten wir alle Elemente, die sowohl zu $\mathbb{A}$ als auch zu $\mathbb{B}$ gehören.

Durchschnitt von Mengen
Der Durchschnitt zweier Mengen $\mathbb{A}$ und $\mathbb{B}$: $\mathbb{A} \cap \mathbb{B}$ ist die Menge aller zu $\mathbb{A}$ und zu $\mathbb{B}$ gehörigen Elemente.

Offenbar besteht der Durchschnitt aus allen Elementen von $\mathbb{A}$, die zugleich Elemente von $\mathbb{B}$ sind, oder gleichbedeutend aus allen Elementen von $\mathbb{B}$, die zugleich Elemente von $\mathbb{A}$ sind. Wenn $a \in \mathbb{A}$ und $a \in \mathbb{B}$, folgt $a \in \mathbb{A} \cap \mathbb{B}$, und umgekehrt, (Abb. 1.7).

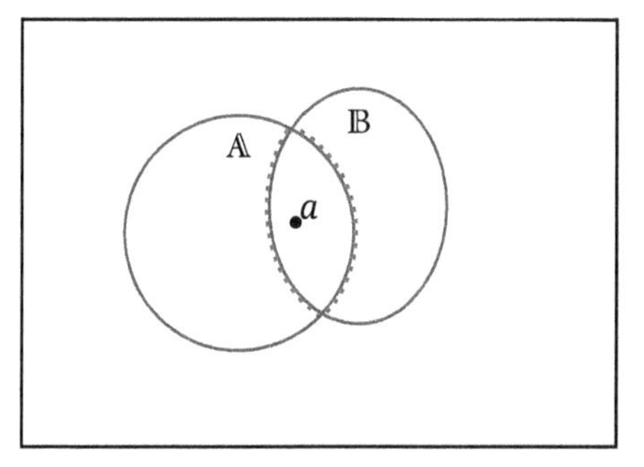

Abb. 1.7: Zwei Mengen $\mathbb{A}$ und $\mathbb{B}$ mit nichtleerem Durchschnitt (gestrichelt) und einem Element a aus dem Durchschnitt.

Gibt es kein Element, das zu $\mathbb{A}$ und zu $\mathbb{B}$ gehört, so ist der Durchschnitt leer (Abb. 1.8).

Disjunkte Mengen
Man bezeichnet $\mathbb{A}$ und $\mathbb{B}$ als disjunkte Mengen, wenn gilt:

$$\mathbb{A} \cap \mathbb{B} = \emptyset\,.$$

Beispiel 1.9. Wir bilden den Durchschnitt der Mengen

$$\mathbb{A} = \{a, b, c, d, e\} \quad \text{und} \quad \mathbb{B} = \{a, b, d, f, 1, 2\}\,,$$

bzw.

$$\mathbb{A} = \{a, b, 5, 6\} \quad \text{und} \quad \mathbb{B} = \{3, 4, c, d, e\}\,.$$

Im ersten Fall ergibt sich

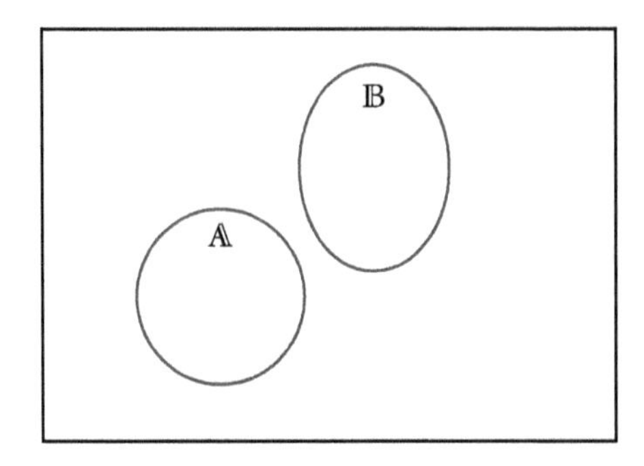

Abb. 1.8: Zwei Mengen $\mathbb{A}$ und $\mathbb{B}$ mit leerem Durchschnitt: disjunkte Mengen.

$$\mathbb{A} \cap \mathbb{B} = \{a, b, d\},$$

und im zweiten Fall,

$$\mathbb{A} \cap \mathbb{B} = \emptyset. \qquad \square$$

Offenbar gelten wieder folgende Regeln:

Eigenschaften der Durchschnittsmenge

$$\mathbb{A} \cap \mathbb{A} = \mathbb{A} \quad \text{und} \quad \mathbb{A} \cap \mathbb{B} = \mathbb{B} \cap \mathbb{A},$$
$$\mathbb{A} \cap \mathbb{B} \subseteq \mathbb{A} \quad \text{und} \quad \mathbb{A} \cap \mathbb{B} \subseteq \mathbb{B}.$$

Man kann den Durchschnitt mehrerer Mengen bilden, beispielsweise von drei Mengen $\mathbb{A}$, $\mathbb{B}$ und $\mathbb{C}$. Dabei spielt die Reihenfolge wiederum keine Rolle:

Assoziativität des Durchschnitts

$$(\mathbb{A} \cap \mathbb{B}) \cap \mathbb{C} = \mathbb{A} \cap (\mathbb{B} \cap \mathbb{C}) = \mathbb{A} \cap \mathbb{B} \cap \mathbb{C}.$$

Wenn $a \in \mathbb{A}$ und $a \in \mathbb{B}$ und $a \in \mathbb{C}$, folgt $a \in \mathbb{A} \cap \mathbb{B} \cap \mathbb{C}$, und umgekehrt (Abb. 1.9).

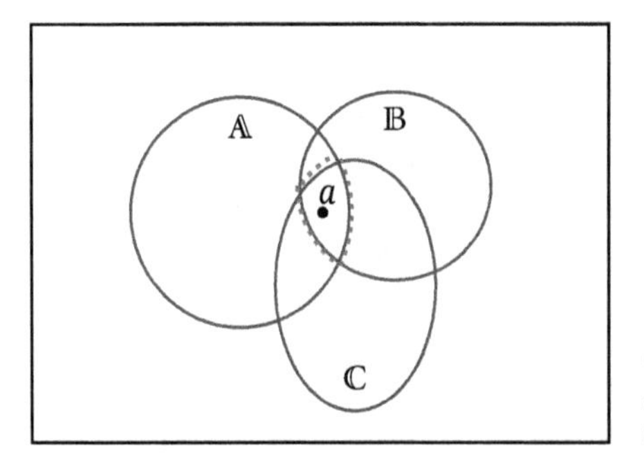

Abb. 1.9: Durchschnitt (gestrichelt) von drei Mengen $\mathbb{A} \cap \mathbb{B} \cap \mathbb{C}$ mit einem Element a aus dem Durchschnitt.

Beispiel 1.10. Gegeben seien die drei Mengen

$$\mathbb{A} = \{a, b, c, d, e, 5, 7\}\,, \quad \mathbb{B} = \{1, 3, 4, a, c, e\}\,, \quad \mathbb{C} = \{5, a, c, d\}$$

und gesucht sind die Durchschnitte $\mathbb{A} \cap \mathbb{B}$, $\mathbb{B} \cap \mathbb{C}$, $\mathbb{A} \cap \mathbb{C}$ und $\mathbb{A} \cap \mathbb{B} \cap \mathbb{C}$.

Es ergeben sich folgende Durchschnitte:

$$\begin{aligned} \mathbb{A} \cap \mathbb{B} &= \{a, c, e\}\,, \\ \mathbb{B} \cap \mathbb{C} &= \{a, c\}\,, \\ \mathbb{A} \cap \mathbb{C} &= \{5, a, c, d\}\,, \\ \mathbb{A} \cap \mathbb{B} \cap \mathbb{C} &= \{a, c\}\,. \end{aligned}$$

□

Zwischen Vereinigung und Durchschnitt bestehen folgende Beziehungen (Abb. 1.10):

$$\begin{aligned} &(\alpha) \quad \mathbb{A} \cup (\mathbb{B} \cap \mathbb{C}) = (\mathbb{A} \cup \mathbb{B}) \cap (\mathbb{A} \cup \mathbb{C})\,, \\ &(\beta) \quad \mathbb{A} \cap (\mathbb{B} \cup \mathbb{C}) = (\mathbb{A} \cap \mathbb{B}) \cup (\mathbb{A} \cap \mathbb{C})\,. \end{aligned}$$

Wir zeigen (α). Wenn a in $\mathbb{A}$ oder im Durchschnitt von $\mathbb{B}$ und $\mathbb{C}$ liegt, dann muss a in der Vereinigung von $\mathbb{A}$ und $\mathbb{B}$ und in der Vereinigung von $\mathbb{A}$ und $\mathbb{C}$ liegen, d. h., $\mathbb{A} \cup (\mathbb{B} \cap \mathbb{C}) \subseteq (\mathbb{A} \cup \mathbb{B}) \cap (\mathbb{A} \cup \mathbb{C})$. Umgekehrt überlegt man sich genauso: $(\mathbb{A} \cup \mathbb{B}) \cap (\mathbb{A} \cup \mathbb{C}) \subseteq \mathbb{A} \cup (\mathbb{B} \cap \mathbb{C})$.

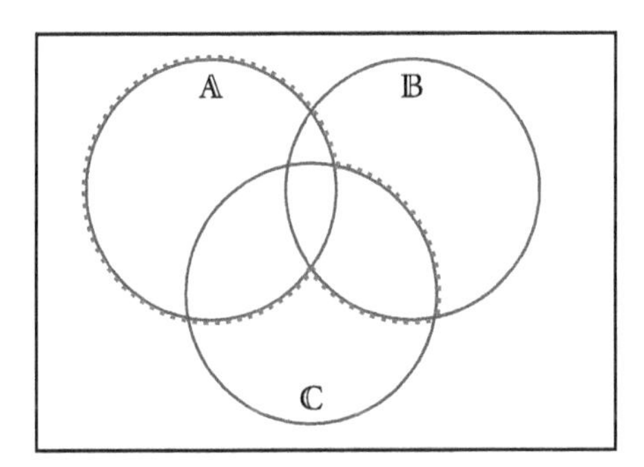

Abb. 1.10: $\mathbb{A} \cup (\mathbb{B} \cap \mathbb{C}) = (\mathbb{A} \cup \mathbb{B}) \cap (\mathbb{A} \cup \mathbb{C})$.

Beispiel 1.11. Wir zeigen (Abb. 1.11, Abb. 1.12):

$$\begin{aligned} &(\alpha) \quad \mathbb{A} \cup (\mathbb{B} \cap \mathbb{A}) = \mathbb{A}\,, \\ &(\beta) \quad \mathbb{A} \cap (\mathbb{B} \cup \mathbb{A}) = \mathbb{A}\,. \end{aligned}$$

(α) Gilt $a \in \mathbb{A}$ oder gilt $a \in \mathbb{B}$ und $a \in \mathbb{A}$, so folgt $a \in \mathbb{A}$, d. h., $\mathbb{A} \cup (\mathbb{B} \cap \mathbb{A}) \subseteq \mathbb{A}$. Aus $a \in \mathbb{A}$ folgt $a \in \mathbb{A} \cup (\mathbb{B} \cap \mathbb{A})$, d. h., $\mathbb{A} \subseteq \mathbb{A} \cup (\mathbb{B} \cap \mathbb{A})$.

(β) Gilt $a \in \mathbb{A}$ und $a \in \mathbb{B}$ oder gilt $a \in \mathbb{A}$, so folgt $a \in \mathbb{A}$, d. h., $\mathbb{A} \cap (\mathbb{B} \cup \mathbb{A}) \subseteq \mathbb{A}$. Aus $a \in \mathbb{A}$ folgt $a \in \mathbb{A} \cap (\mathbb{B} \cup \mathbb{A})$, d. h., $\mathbb{A} \subseteq \mathbb{A} \cap (\mathbb{B} \cup \mathbb{A})$. □

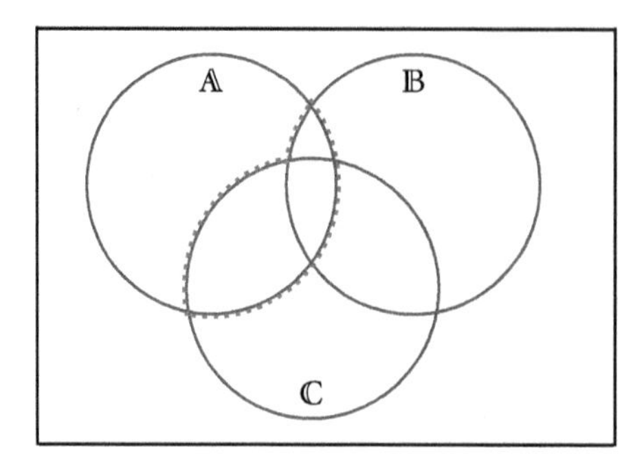

Abb. 1.11: $\mathbb{A} \cap (\mathbb{B} \cup \mathbb{C}) = (\mathbb{A} \cap \mathbb{B}) \cup (\mathbb{A} \cap \mathbb{C})$.

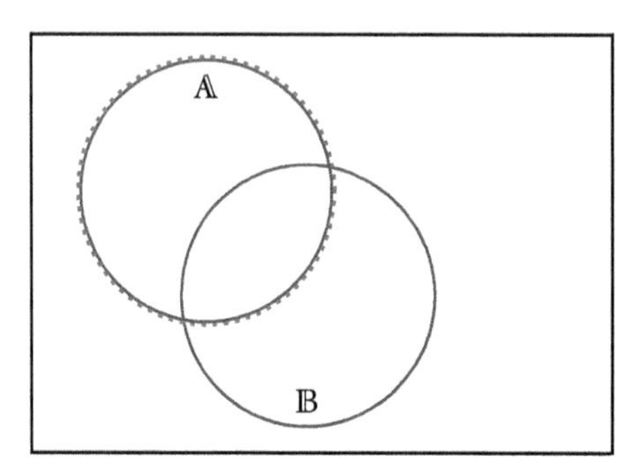

Abb. 1.12: $\mathbb{A} \cup (\mathbb{B} \cap \mathbb{A}) = \mathbb{A}$,
$\mathbb{A} \cap (\mathbb{B} \cup \mathbb{A}) = \mathbb{A}$.

Nimmt man aus der Menge $\mathbb{A}$ alle Elemente heraus, die zu $\mathbb{B}$ gehören, so entsteht die Differenzmenge.

Differenz von Mengen
Die Differenz zweier Mengen $\mathbb{A}$ und $\mathbb{B}$: $\mathbb{A} \setminus \mathbb{B}$ ist die Menge aller Elemente, die zu $\mathbb{A}$ und nicht zu $\mathbb{B}$ gehören.

Wenn $a \in \mathbb{A}$ und $a \notin \mathbb{B}$, folgt $a \in \mathbb{A} \setminus \mathbb{B}$, und umgekehrt, (Abb. 1.13).

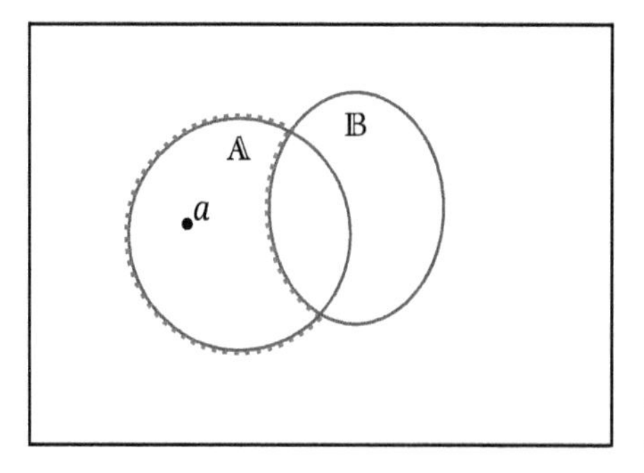

Abb. 1.13: Differenz zweier Mengen (gestrichelt): $\mathbb{A} \setminus \mathbb{B}$ mit einem Element a aus der Differenzmenge.

Stets gilt $\mathbb{A} \setminus \mathbb{A} = \emptyset$. Die Bedingungen $\mathbb{A} \setminus \mathbb{B} = \mathbb{A}$ und $\mathbb{B} \setminus \mathbb{A} = \mathbb{B}$ sind äquivalent. Ferner ist $\mathbb{A} \setminus \mathbb{B} = \mathbb{A}$ äquivalent mit $\mathbb{A} \cap \mathbb{B} = \emptyset$.

Beispiel 1.12. Für die Mengen

$$\mathbb{A} = \{a, b, c, 5, 6, 7\}, \quad \mathbb{B} = \{1, 3, 4, a, c, e\},$$
$$\mathbb{A} = \{a, b, c\}, \quad \mathbb{B} = \{1, 3, 4, d\},$$
$$\mathbb{A} = \{a, b, c, d\}, \quad \mathbb{B} = \{1, 3, 4\},$$

geben wir jeweils die Differenzmengen $\mathbb{A} \setminus \mathbb{B}$ und $\mathbb{B} \setminus \mathbb{A}$ an.

Es ergibt sich im ersten Fall

$$\mathbb{A} \setminus \mathbb{B} = \{5, 6, 7, b\}, \quad \mathbb{B} \setminus \mathbb{A} = \{1, 3, 4, e\},$$

und im zweiten Fall,

$$\mathbb{A} \setminus \mathbb{B} = \{a, b, c\}, \quad \mathbb{B} \setminus \mathbb{A} = \{1, 3, 4, d\}.$$

Im dritten Fall gilt sowohl $\mathbb{A} \setminus \mathbb{B} = \mathbb{A}$ als auch $\mathbb{B} \setminus \mathbb{A} = \mathbb{B}$. □

Beispiel 1.13. Wir zeigen (Abb. 1.14):

$$\mathbb{A} \setminus (\mathbb{A} \setminus \mathbb{B}) = \mathbb{A} \cap \mathbb{B}.$$

Wenn a zu $\mathbb{A}$, aber nicht zur Differenzmenge $\mathbb{A} \setminus \mathbb{B}$ gehört, dann gehört a zum Durchschnitt $\mathbb{A} \cap \mathbb{B}$. Wenn a zu $\mathbb{A}$ und $\mathbb{B}$ gehört, dann gehört a zu $\mathbb{A}$, aber nicht zur Differenzmenge $\mathbb{A} \setminus \mathbb{B}$.

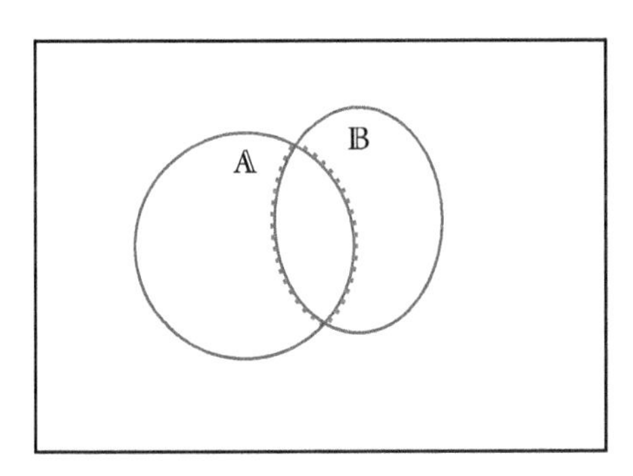

Abb. 1.14: $\mathbb{A} \setminus (\mathbb{A} \setminus \mathbb{B}) = \mathbb{A} \cap \mathbb{B}$.

□

Beispiel 1.14. Unter Verwendung von Mengenoperationen beschreiben wir die gestrichelten Mengen (Abb. 1.15, Abb. 1.16, Abb. 1.17, Abb. 1.18).

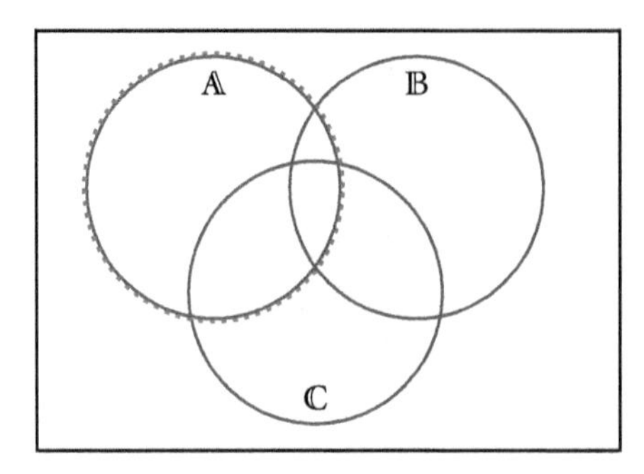

Abb. 1.15: $\mathbb{A}$.

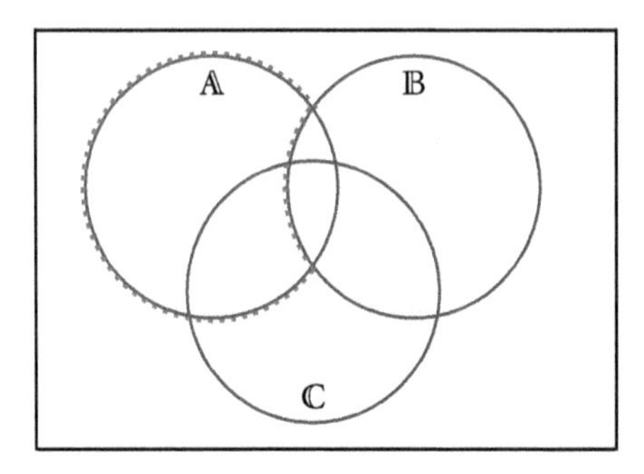

Abb. 1.16: $\mathbb{A} \setminus \mathbb{B}$.

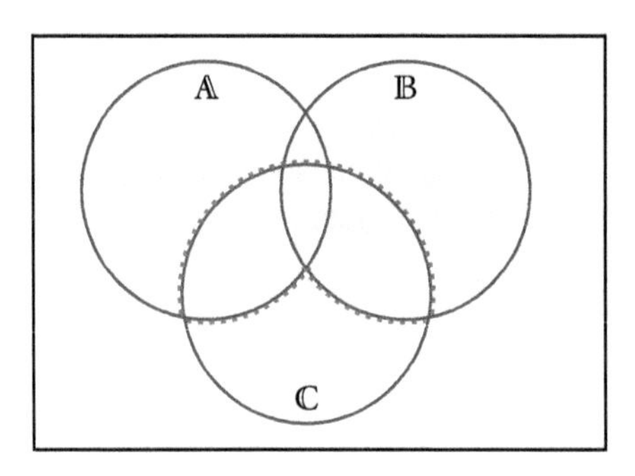

Abb. 1.17: $(\mathbb{C} \cap \mathbb{A}) \cup (\mathbb{C} \cap \mathbb{B})$.

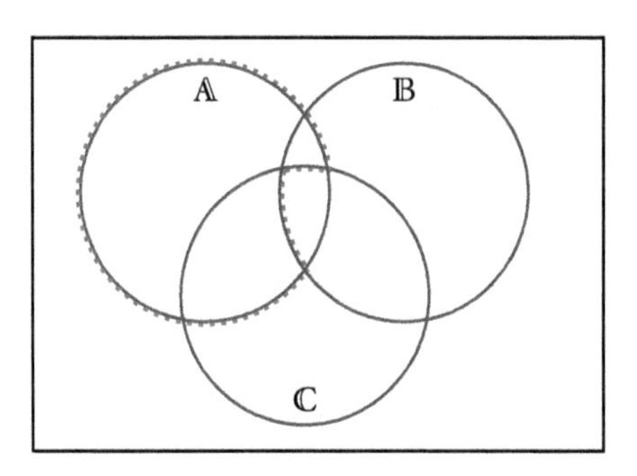

Abb. 1.18: $\mathbb{A} \setminus (\mathbb{B} \cap \mathbb{C})$.

□

1.2 Natürliche Zahlen

Alle Eigenschaften der natürlichen Zahlen und ihre Verknüpfungen durch Rechenoperationen lassen sich auf die folgenden Grundannahmen zurückführen:

Peano Axiome

1) 1 ist eine natürliche Zahl.
2) Jede natürliche Zahl besitzt einen Nachfolger: $n + 1$.
3) 1 ist nicht Nachfolger einer natürlichen Zahl.
4) Verschiedene natürliche Zahlen besitzen verschiedene Nachfolger.
5) Ist $\mathbb{W}$ eine Teilmenge der natürlichen Zahlen, welche die 1 enthält, und ist mit $n \in \mathbb{W}$ auch stets der Nachfolger $n + 1 \in \mathbb{W}$, dann stimmt $\mathbb{W}$ mit $\mathbb{N}$ überein: $\mathbb{W} = \mathbb{N}$. (Induktionseigenschaft).

Die natürlichen Zahlen lassen sich nun der Größe nach anordnen, indem man mit 1 beginnt und auf jede Zahl ihren Nachfolger folgen lässt (Abb. 1.19):

Natürliche Zahlen

$$\mathbb{N} = \{1, 2, 3, \ldots\}.$$

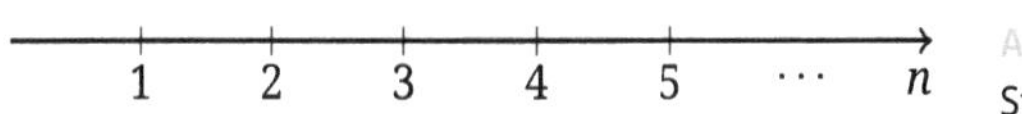

Abb. 1.19: Die natürlichen Zahlen auf einem Strahl der Größe nach angeordnet.

Für zwei natürliche Zahlen $n \in \mathbb{N}$, $m \in \mathbb{N}$ gilt entweder $n < m$ oder $n = m$ oder $n > m$. Beispielsweise ist $3 < 5$ und $11 > 9$. Es gibt eine kleinste natürliche Zahl 1, aber keine größte natürliche Zahl.

In der Menge der natürlichen Zahlen ist die Addition und Multiplikation erklärt.

Addition und Multiplikation natürlicher Zahlen

$$\begin{aligned} n \in \mathbb{N}, m \in \mathbb{N} \quad &\Rightarrow \quad n + m \in \mathbb{N}, \\ n + m &= m + n, \\ n \in \mathbb{N}, m \in \mathbb{N} \quad &\Rightarrow \quad n \cdot m \in \mathbb{N}, \\ n \cdot m &= m \cdot n, \\ n \cdot 1 &= n. \end{aligned}$$

Bei der Produktbildung sind abkürzende Schreibweisen üblich. Meistens wird der Malpunkt unterdrückt. Bei Produkten, die aus gleichen Faktoren bestehen, verwendet man die Potenznotation.

Schreibweisen für Produkte

$$n \cdot m = n\,m\,,$$
$$n^m = \underbrace{n\,n\cdots n}_{m\text{-mal}}\,.$$

Häufig hat man mehrere Summanden aufzusummieren, die durch einen bestimmten Ausdruck oder eine bestimmte Eigenschaft festgelegt werden. Man arbeitet dann mit dem Summenzeichen.

Summenzeichen

Sind $m_1, m_2, \ldots, m_n$ natürliche Zahlen, so kürzt man ihre Summe wie folgt ab:

$$\underbrace{m_1 + m_2 + \cdots + m_n}_{n \text{ Summanden}} = \sum_{k=1}^{n} m_k\,.$$

Die Induktionseigenschaft liefert ein sehr wichtiges Beweisprinzip für Aussagen über natürliche Zahlen.

Beweis durch vollständige Induktion

Gilt eine Aussage A für eine natürliche Zahl n_0 und folgt aus der Annahme der Gültigkeit von A für irgendein $n \geq n_0$ die Gültigkeit für $n+1$, so ist die Aussage A für alle $n \geq n_0$ richtig.

Ein Induktionsbeweis besteht also aus drei Schritten:

1) Induktionsanfang (Nachweis der Aussage für $n = n_0$),
2) Induktionsannahme (Annahme der Richtigkeit der Aussage für irgendein $n \geq n_0$),
3) Induktionsschritt (Schluss von n auf $n+1$).

Beispiel 1.15. Wir addieren alle ungeraden Zahlen, d. h., wir bilden nacheinander folgende Summen:

$$\begin{aligned} 1 &= 1\,,\\ 1+3 &= 4\,,\\ 1+3+5 &= 9\,,\\ 1+3+5+7 &= 16\,,\\ &\vdots\\ 1+3+5+7+\cdots+2n-1 &= \sum_{k=1}^{n}(2k-1) = ? \end{aligned}$$

Man vermutet die Aussage

$$\sum_{k=1}^{n}(2k-1) = n^2,$$

die wir durch vollständige Induktion beweisen wollen.

Induktionsanfang: Für $n = 1$ gilt:

$$1 = 1^2.$$

Induktionsannahme: Für irgendein $n \geq 1$ gelte:

$$1 + 3 + \cdots + 2n - 1 = \sum_{k=1}^{n}(2k-1) = n^2.$$

Induktionsschritt: Aufgrund der Annahme muss nun gezeigt werden, dass die Aussage für den Nachfolger $n + 1$ gilt, d. h.,

$$1 + 3 + \cdots + \big(2(n+1) - 1\big) = (n+1)^2.$$

Dieser Nachweis wird wie folgt geführt:

$$\begin{aligned}
&1 + 3 + \cdots + \big(2(n+1) - 1\big)\\
&\quad = \big(1 + 3 + \cdots + (2n-1)\big) + \big(2(n+1) - 1\big)\\
&\quad = n^2 + 2(n+1) - 1\\
&\quad = n^2 + 2n + 1\\
&\quad = (n+1)^2.
\end{aligned}$$

□

Beispiel 1.16. Wir zeigen durch vollständige Induktion für alle $n \geq 1$:

$$\sum_{k=1}^{n} k = 1 + 2 + 3 + \cdots + (n-1) + n = \frac{1}{2}n(n+1).$$

Induktionsanfang: Für $n = 1$ gilt:

$$1 = \frac{1}{2}1(1+1).$$

Induktionsannahme: Für irgendein $n \geq 1$ gelte:

$$\sum_{k=1}^{n} k = \frac{1}{2}n(n+1).$$

Induktionsschritt: Aufgrund der Annahme muss nun gezeigt werden, dass die Aussage für den Nachfolger $n + 1$ gilt, d. h.,

$$\sum_{k=1}^{n+1} k = \frac{1}{2}(n+1)((n+1)+1).$$

Dieser Nachweis wird wie folgt geführt:

$$\begin{aligned}\sum_{k=1}^{n+1} k &= \sum_{k=1}^{n} k + (n+1)\\ &= \frac{1}{2}n(n+1) + (n+1)\\ &= (n+1)\left(\frac{1}{2}n+1\right)\\ &= \frac{1}{2}(n+1)(n+2)\\ &= \frac{1}{2}(n+1)((n+1)+1).\end{aligned}$$

□

Beispiel 1.17. Wir zeigen durch vollständige Induktion für alle $n \geq 1$

$$\sum_{k=1}^{n} k^2 = \frac{1}{6}n(n+1)(2n+1).$$

Induktionsanfang: Für $n = 1$ gilt:

$$1 = \frac{1}{6}1 \cdot 2 \cdot 3.$$

Induktionsannahme: Für irgendein $n \geq 1$ gilt:

$$\sum_{k=1}^{n} k^2 = \frac{1}{6}n(n+1)(2n+1).$$

Induktionsschritt:

$$\begin{aligned}\sum_{k=1}^{n+1} k^2 &= \sum_{k=1}^{n} k^2 + (n+1)^2\\ &= \frac{1}{6}n(n+1)(2n+1) + (n+1)^2\\ &= (n+1)\left(\frac{1}{6}n(2n+1) + (n+1)\right)\\ &= (n+1)\left(\frac{1}{6}n(2n+1) + \frac{1}{6}(6n+6)\right)\\ &= \frac{1}{6}(n+1)(2n^2+n+6n+6)\\ &= \frac{1}{6}(n+1)((n+1)+1)(2(n+1)+1).\end{aligned}$$

□

Beispiel 1.18. Wir zeigen durch vollständige Induktion für alle $n \geq 1$

$$\left(\sum_{k=1}^{n} k\right)^2 = \sum_{k=1}^{n} k^3 .$$

Wir benutzen die für beliebige $n \geq 1$ gültige Formel

$$\sum_{k=1}^{n} k = \frac{1}{2} n (n+1)$$

und zeigen die äquivalente Behauptung

$$\sum_{k=1}^{n} k^3 = \frac{1}{4} n^2 (n+1)^2 .$$

Induktionsanfang: Für $n = 1$ gilt:

$$1^3 = 1 = \frac{1}{4} 1^2 2^2 .$$

Induktionsannahme: Für irgendein $n \geq 1$ gilt:

$$\sum_{k=1}^{n} k^3 = \frac{1}{4} n^2 (n+1)^2 .$$

Induktionsschritt:

$$\begin{aligned}
\sum_{k=1}^{n+1} k^3 &= \sum_{k=1}^{n} k^3 + (n+1)^3 \\
&= \frac{1}{4} n^2 (n+1)^2 + (n+1)^3 \\
&= \frac{1}{4} (n+1)^2 \left(n^2 + 4(n+1)\right) \\
&= \frac{1}{4} (n+1)^2 (n+2)^2 \\
&= \frac{1}{4} (n+1)^2 \left((n+1)+1\right)^2 .
\end{aligned}$$

□

1.3 Rationale Zahlen

Es gibt Gleichungen, die in der Menge der natürlichen Zahlen nicht lösbar sind. Beispielsweise besitzt die Gleichung $x + 5 = 3$ keine Lösung in $\mathbb{N}$. Daher erweitert man $\mathbb{N}$ zur Menge der ganzen Zahlen:

Ganze Zahlen

$$\mathbb{Z} = \{\ldots, -3, -2, -1, 0, 1, 2, 3, \ldots\}$$
$$= \{0, \pm 1, \pm 2, \pm 3, \ldots\}$$

Wir schreiben $-n$ für das inverse Element der Addition

$$n + (-n) = n - n = 0$$

und bekommen

$$-(-n) = n\,.$$

Beispiel 1.19. Die Lösung der Gleichung $x + 5 = 3$ erhält man schrittweise:

$$\begin{aligned} x + 5 &= 3\,, \\ x + 5 + (-5) &= 3 + (-5)\,, \\ x + 0 &= 3 - 5\,, \\ x &= -2\,. \end{aligned}$$

□

Beispiel 1.20. Wir zeigen für $n \geq 1$, dass

$$11^{n+1} + 12^{2n-1}$$

ein ganzzahliges Vielfaches von 133 ist.

Induktionsanfang: Für $n = 1$ bestätigt man

$$11^{1+1} + 12^{2\cdot 1-1} = 11^2 + 12^1 = 121 + 12 = 133 = 1 \cdot 133\,.$$

Induktionsannahme: Wir nehmen an, dass für ein beliebiges $n \geq 1$ mit $f_n \in \mathbb{N}$ gilt:

$$11^{n+1} + 12^{2n-1} = f_n\, 133\,.$$

Induktionsschritt:

$$\begin{aligned} 11^{(n+1)+1} + 12^{2(n+1)-1} &= 11^{n+2} + 12^{2n+1} \\ &= 11 \cdot 11^{n+1} + 12^2 \cdot 12^{2n-1} \\ &= 12^2 \cdot (11^{n+1} + 12^{2n-1}) - (12^2 - 11) \cdot 11^{n+1} \\ &= 144 \cdot (11^{n+1} + 12^{2n-1}) - 133 \cdot 11^{n+1} \\ &= (144 f_n - 11^{n+1})\, 133\,. \end{aligned}$$

Für die ersten f_n erhält man folgende Zahlenwerte:

$$f_1 = 1\,, \quad f_2 = 23\,, \quad f_3 = 1981\,, \quad f_4 = 270623\,. \qquad \square$$

Die ganzen Zahlen lassen sich wiederum der Größe nach anordnen, indem man die Ordnung der natürlichen Zahlen überträgt (Abb. 1.20), (Abb. 1.21):

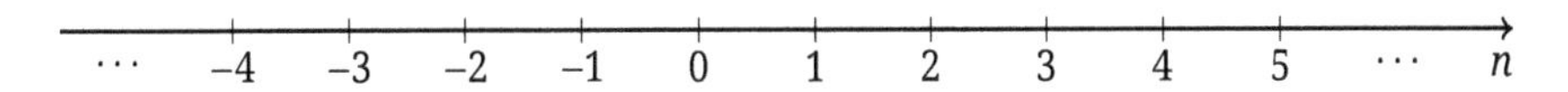

Abb. 1.20: Die ganzen Zahlen auf einer Geraden der Größe nach angeordnet.

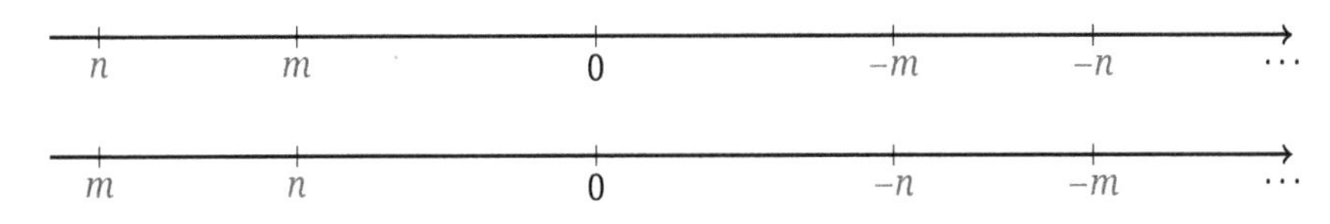

Abb. 1.21: Es gilt: $n < 0$, wenn $-n > 0$, $n < m$, wenn $-n > -m$, $n > m$, wenn $-n < -m$.

Beispiel 1.21. Es gilt:

$$\begin{aligned} -2 &< 0\,, &&\text{weil} && 2 > 0\,,\\ -3 &< -1\,, &&\text{weil} && 3 > 1\,,\\ -5 &> -7\,, &&\text{weil} && 5 < 7\,,\\ -6 &< 2\,, &&\text{weil} && -6 < 0 \quad \text{und} \quad 0 < 2\,. \end{aligned} \qquad \square$$

Die Gleichung $3x = 7$ hat in $\mathbb{Z}$ keine Lösung. Man erweitert die ganzen Zahlen daher um die inversen Elemente der Multiplikation. Zu jedem $m \in \mathbb{Z} \setminus \{0\}$ führt man eine Zahl

$$m^{-1} = \frac{1}{m}$$

ein, mit der Eigenschaft

$$m\,m^{-1} = m\,\frac{1}{m} = 1\,.$$

Erweitert man $\mathbb{Z}$ um die Inversen und bildet anschließend alle möglichen Produkte, so entsteht die Menge der rationalen Zahlen.

Rationale Zahlen

$$\mathbb{Q} = \left\{ \frac{n}{m} \,\middle|\, n \in \mathbb{Z}, m \in \mathbb{N} \right\}.$$

Beispiel 1.22. Die Lösung der Gleichung $3\,x = 7$ erhält man schrittweise wie folgt:

$$
\begin{aligned}
3\,x &= 7\,,\\
\frac{1}{3}\,3\,x &= \frac{1}{3}\,7\,,\\
x &= \frac{1}{3}\,7\,,\\
x &= \frac{7}{3}\,.
\end{aligned}
$$
□

Anhand des folgenden Schemas erkennt man, dass zunächst die rationalen Zahlen mit positivem Zähler durchnummeriert werden können. Die Brüche n/m werden jeweils in Diagonalen angeordnet: $n + m = 2, n + m = 3, n + m = 4, \ldots$.

Abzählbarkeit der rationalen Zahlen

	$n \rightarrow$					
n/m	1	2	3	4	5	⋯
m ↓ 1	1/1	2/1	3/1	4/1	5/1	⋯
2	1/2	2/2	3/2	4/2	5/2	⋯
3	1/3	2/3	3/3	4/3	5/3	⋯
4	1/4	2/4	3/4	4/4	5/4	⋯
5	1/5	2/5	3/5	4/5	5/5	⋯
⋮	⋮	⋮	⋮	⋮	⋮	⋮

Insgesamt können auf ähnliche Weise auch die rationalen Zahlen durchnummeriert werden. Man sagt, die Menge der rationalen Zahlen ist abzählbar.

Die rationalen Zahlen bilden nun einen Körper. Das Rechnen in einem Zahlenkörper wird durch die folgenden Gesetze oder Axiome festgelegt:

Gesetze der Addition

$a + b \in \mathbb{R}$	Abgeschlossenheit,
$a + b = b + a$	Kommutativgesetz,
$a + (b + c) = (a + b) + c$	Assoziativgesetz,
$a + 0 = a$	Neutrales Element,
$a + (-a) = 0$	Inverses Element.

Gesetze der Multiplikation

$a \cdot b \in \mathbb{R}$	Abgeschlossenheit,
$a \cdot b = b \cdot a$	Kommutativgesetz,
$a \cdot (b \cdot c) = (a \cdot b) \cdot c$	Assoziativgesetz,
$a \cdot 1 = a$	Neutrales Element,
$a \cdot (a^{-1}) = 1 \quad , a \neq 0$	Inverses Element.

Distributivgesetz

$a \cdot (b + c) = a \cdot b + a \cdot c.$

Die Gesetze der Addition und Multiplikation zusammen mit dem Distributivgesetz werden auch als Körperaxiome bezeichnet.

Man überzeugt sich leicht davon, dass für alle a gilt: $a \cdot 0 = 0$.

Ergibt ein Produkt null, so muss mindestens einer der Faktoren gleich null sein.

Verschwinden eines Produkts Die Aussage

$$a \cdot b = 0$$

ist gleichbedeutend damit, dass einer der folgenden drei Fälle eintritt:

1) $a = 0$ und $b \neq 0$,
2) $a \neq 0$ und $b = 0$,
3) $a = 0$ und $b = 0$.

Als weitere Folgerungen erhält man die Vorzeichenregeln.

Vorzeichenregeln

$$-(-a) = a\,,$$
$$-(a + b) = -a - b\,,$$
$$(-a)\,b = a\,(-b) = -a\,b\,,$$
$$(-a)\,(-b) = a\,b\,,$$
$$\frac{1}{-a} = -\frac{1}{a}\,, \qquad a \neq 0\,.$$

Beispiel 1.23. Wir bringen zwei Brüche auf einen gemeinsamen Nenner:

$$\begin{aligned}\frac{a}{b}+\frac{c}{d} &= \frac{a}{b}\frac{d}{d}+\frac{c}{d}\frac{b}{b} && \text{(Neutrales Element)}\\ &= \frac{1}{b\,d}(a\,d+c\,b) && \text{(Distributivgesetz)}\\ &= \frac{a\,d+c\,b}{b\,d}.\end{aligned}$$

□

Beispiel 1.24. Wir vereinfachen folgende Ausdrücke:

$$\text{(a)}\quad 1+\frac{1}{1+\frac{1}{1+\frac{1}{3}}},\qquad \text{(b)}\quad \frac{\frac{1}{2}-\frac{1}{3}}{\frac{1}{2}+\frac{1}{3}},\qquad \text{(c)}\quad \frac{3}{10}+\frac{5}{12}+\frac{7}{15}.$$

(a)

$$\begin{aligned}1+\frac{1}{1+\frac{1}{1+\frac{1}{3}}} &= 1+\frac{1}{1+\frac{1}{1+\frac{1}{3}}\cdot\frac{3}{3}} && \text{(Neutrales Element)}\\ &= 1+\frac{1}{1+\frac{3}{3+\frac{3}{3}}} && \text{(Distributivgesetz)}\\ &= 1+\frac{1}{1+\frac{3}{4}}\\ &= 1+\frac{1}{1+\frac{3}{4}}\cdot\frac{4}{4} && \text{(Neutrales Element)}\\ &= 1+\frac{4}{4+3} && \text{(Distributivgesetz)}\\ &= 1+\frac{4}{7}=\frac{7}{7}+\frac{4}{7}=\frac{11}{7},\end{aligned}$$

(b)

$$\begin{aligned}\frac{\frac{1}{2}-\frac{1}{3}}{\frac{1}{2}+\frac{1}{3}} &= \frac{\frac{3}{3}\cdot\frac{1}{2}-\frac{2}{2}\cdot\frac{1}{3}}{\frac{3}{3}\cdot\frac{1}{2}+\frac{2}{2}\cdot\frac{1}{3}} && \text{(Neutrales Element)}\\ &= \frac{\frac{3}{6}-\frac{2}{6}}{\frac{3}{6}+\frac{2}{6}}\\ &= \frac{\frac{1}{6}(3-2)}{\frac{1}{6}(3+2)} && \text{(Distributivgesetz)}\\ &= \frac{\frac{1}{6}}{\frac{1}{6}}\cdot\frac{1}{5}=\frac{1}{5},\end{aligned}$$

(c)

$$\frac{3}{10}+\frac{5}{12}+\frac{7}{15}=\frac{3\cdot 6}{10\cdot 6}+\frac{5\cdot 5}{12\cdot 5}+\frac{7\cdot 4}{15\cdot 4}$$
$$=\frac{18+25+28}{60}$$
$$=\frac{71}{60}=1+\frac{11}{60}\,. \qquad \square$$

Beispiel 1.25. Durch vollständige Induktion zeigen wir:

$$\sum_{k=1}^{n}\frac{1}{k\,(k+1)}=1-\frac{1}{n+1}\,.$$

Induktionsanfang: Für $n = 1$ gilt:

$$\frac{1}{1\cdot 2}=1-\frac{1}{1+1}\,.$$

Wir nehmen an, die Behauptung gilt für irgend ein $n \geq 1$.

Induktionsschritt:

$$\sum_{k=1}^{n+1}\frac{1}{k\,(k+1)}=\sum_{k=1}^{n}\frac{1}{k\,(k+1)}+\frac{1}{(n+1)\,((n+1)+1)}$$
$$=1-\frac{1}{n+1}+\frac{1}{(n+1)\,(n+2)}$$
$$=1+\frac{1}{n+1}\left(\frac{1}{n+2}-1\right)$$
$$=1+\frac{1}{n+1}\left(\frac{1}{n+2}-\frac{n+2}{n+2}\right)$$
$$=1+\frac{1}{n+1}\,\frac{(-n-1)}{n+2}$$
$$=1-\frac{n+1}{(n+1)\,(n+2)}=1-\frac{1}{(n+1)+1}\,. \qquad \square$$

Beispiel 1.26. Wir betrachten die rationalen Zahlen, welche durch die Formel

$$f_n=f_{n-1}+\frac{2}{f_{n-1}}\quad \text{mit} \quad f_0=2$$

festgelegt werden. Die Formel geht rekursiv vor. Aus einem Vorgänger mit dem Index $n-1$ wird die neue Zahl mit dem Index n berechnet:

$$\begin{aligned} f_0 + \frac{2}{f_0} &= f_1, \\ f_1 + \frac{2}{f_1} &= f_2, \\ f_2 + \frac{2}{f_2} &= f_3, \\ f_3 + \frac{2}{f_3} &= f_4, \\ &\vdots \end{aligned}$$

Offenbar lauten die ersten fünf Zahlen

$$f_0 = 2, \quad f_1 = 3, \quad f_2 = \frac{11}{3}, \quad f_3 = \frac{139}{33}, \quad f_4 = \frac{21499}{4587}. \qquad \square$$

Beispiel 1.27. Wir betrachten die rationalen Zahlen, welche durch die Formel

$$f_n = \frac{1}{2}(f_{n-2} + f_{n-1}) \quad \text{mit} \quad f_0 = 1, f_1 = 0$$

festgelegt werden. Die Formel geht rekursiv vor. Aus je zwei Vorgängern mit den Indizes $n-2$ und $n-1$ wird die neue Zahl mit dem Index n berechnet.

$$\begin{aligned} \frac{1}{2}(f_0 + f_1) &= f_2, \\ \frac{1}{2}(f_1 + f_2) &= f_3, \\ \frac{1}{2}(f_2 + f_3) &= f_4, \\ \frac{1}{2}(f_3 + f_4) &= f_5, \\ &\vdots \end{aligned}$$

Offenbar lauten die ersten fünf Zahlen

$$f_0 = 1, \quad f_1 = 0, \quad f_2 = \frac{1}{2}, \quad f_3 = \frac{1}{4}, \quad f_4 = \frac{3}{8}.$$

Wir zeigen durch vollständige Induktion, dass für $n \geq 0$ gilt:

$$f_{n+1} - f_n = -\frac{(-1)^n}{2^n}.$$

Induktionsanfang: Für $n = 0$ gilt:

$$f_1 - f_0 = -\frac{(-1)^0}{2^0} = -1\,.$$

Induktionsschritt:

$$\begin{aligned} f_{n+2} - f_{n+1} &= \frac{1}{2}(f_n + f_{n+1}) - f_{n+1} \\ &= \frac{1}{2}(f_n - f_{n+1}) \\ &= \frac{1}{2} \cdot \frac{(-1)^n}{2^n} = -\frac{(-1)^{n+1}}{2^{n+1}}\,. \end{aligned}$$

Man kann die gegebene Zahlenfolge nun auch mit der Formel berechnen:

$$f_{n+1} = f_n - \frac{(-1)^n}{2^n}\,, \quad f_0 = 1\,.$$

□

Die Anordnung der rationalen Zahlen lässt sich auf den Körper der rationalen Zahlen ausdehnen. Für zwei rationale Zahlen trifft zunächst stets eine der folgenden drei Möglichkeiten zu:

$$a < b\,, \qquad a = b\,, \qquad a > b\,.$$

Das weitere Rechnen mit Ungleichungen unterliegt den folgenden Regeln:

Anordnungsaxiome

$a < b$ und $b < c \;\Rightarrow\; a < c$ Transitivgesetz,

$a < b \;\Rightarrow\; a + c < b + c$ Monotonie der Addition,

$a < b$ und $c > 0 \;\Rightarrow\; a\,c < b\,c$ Monotonie der Multiplikation.

Aus zwei aneinander gesetzten Kleinerbeziehungen kann der mittlere Teil entfernt werden. Wird auf beiden Seiten einer Kleinerbeziehung dieselbe Zahl addiert, so bleibt die Beziehung erhalten. Bei der Multiplikation gilt Entsprechendes nur unter der Voraussetzung, dass der gemeinsame Faktor echt größer als Null ist.

Da $a > b$ genau dann gilt, wenn $b < a$ ist, kann man die Gesetze der Anordnung auch genauso wie mit der Kleinerrelation mit der Größerrelation formulieren:

Anordnungsaxiome und Größerrelation

$a > b$ und $b > c \;\Rightarrow\; a > c$ Transitivgesetz,

$a > b \;\Rightarrow\; a + c > b + c$ Monotonie der Addition,

$a > b$ und $c > 0 \;\Rightarrow\; a\,c > b\,c$ Monotonie der Multiplikation.

Ist $c < 0$, so ist $0 = c + (-c) < -c$ bzw. $-c > 0$, und mit der Monotonie der Multiplikation zieht $a < b$ die Ungleichung $a\,(-c) < b\,(-c)$ nach sich. Damit bekommen wir insgesamt die wichtige Regel:

Muliplikation einer Ungleichung mit einer Zahl
$a < b$ und $c > 0 \implies ac < bc$,
$a < b$ und $c < 0 \implies ac > bc$.

Als weitere Folgerung erhält man sofort eine Bedingung dafür, dass ein Produkt ungleich null ist:

Nichtverschwinden eines Produkts
$ab > 0$ ist gleichbedeutend damit, dass einer der folgenden Fälle eintritt:

$$(1)\quad a > 0 \quad\text{und}\quad b > 0 \quad\text{oder}\quad (2)\quad a < 0 \quad\text{und}\quad b < 0\,.$$

$ab < 0$ ist gleichbedeutend damit, dass einer der folgenden Fälle eintritt:

$$(1)\quad a > 0 \quad\text{und}\quad b < 0 \quad\text{oder}\quad (2)\quad a < 0 \quad\text{und}\quad b > 0\,.$$

Bis auf den Ausnahmefall verschiedener Vorzeichen wird bei der Kehrwertbildung die Kleiner- in eine Größerrelation verwandelt.

Kehrwert einer Ungleichung

$$a < b \quad\text{und}\quad 0 < ab \quad\implies\quad \frac{1}{a} > \frac{1}{b}\,.$$

Wir zeigen zunächst, dass aus $0 < c$ die Ungleichung $0 < \frac{1}{c}$ folgt. Denn wäre $\frac{1}{c} < 0$, so ergäbe sich $0 > c$. Nun bekommt man die Behauptung durch Multiplizieren mit $\frac{1}{ab}$.

Beispiel 1.28. Aus der Ungleichung

$$\frac{a}{b} < \frac{c}{d}$$

und $b > 0, d > 0$ folgt

$$\frac{a}{b} < \frac{a+c}{b+d} < \frac{c}{d}\,.$$

Multipliziert man die vorausgesetzte Ungleichung mit $bd > 0$, so ergibt sich $ad < bc$. Nun addiert man den Term ab auf beiden Seiten:

$$ab + ad < ab + bc\,.$$

Anschließend multiplizieren wir mit $\frac{1}{b(b+d)} > 0$:

$$\frac{ab+ad}{b\,(b+d)} < \frac{ab+bc}{b\,(b+d)} \quad\iff\quad \frac{a}{b} < \frac{a+c}{b+d}\,.$$

Damit bekommen wir den ersten Teil der Behauptung. Analog folgt der zweite Teil:

$$a\,d + c\,d < b\,c + c\,d\,.$$

Multiplikation mit $\frac{1}{d(b+d)} > 0$ ergibt

$$\frac{a\,d + c\,d}{d\,(b+d)} < \frac{b\,c + c\,d}{d\,(b+d)} \qquad \Longleftrightarrow \qquad \frac{a+c}{b+d} < \frac{c}{d}\,.$$ □

Beispiel 1.29. Das Quadrat einer Zahl ist nicht negativ:

$$a^2 \geq 0\,.$$

Zum Beweis unterscheiden wir drei Fälle:
1) $a = 0$: Aus $a = 0$ folgt $a^2 = 0$.
2) $a > 0$: Aus $a > 0$ folgt mit der Monotonie der Multiplikation $a\,a > 0\,a = 0$.
3) $a < 0$: Aus $a < 0$ folgt zunächst $-a > 0$ und mit der Monotonie der Multiplikation $a\,(-a) < 0\,(-a) = 0$, also $-a^2 < 0$ bzw. $a^2 > 0$. □

Beispiel 1.30. Für alle a, b gilt:

$$a^2 + b^2 \geq 2\,a\,b\,.$$

Wir unterscheiden zwei Fälle: $a = b$ und $a \neq b$. Im ersten Fall gilt:

$$a^2 + b^2 = a^2 + a^2 = 2\,a^2 = 2\,a\,a = 2\,a\,b\,.$$

Im zweiten Fall gilt $a - b \neq 0$ und damit $(a-b)^2 > 0$. Hieraus folgt

$$(a-b)^2 = a^2 - 2\,a\,b + b^2 > 0\,,$$

und durch Addition von $2ab$ auf beiden Seiten folgt die Behauptung. □

Beispiel 1.31. Durch vollständige Induktion zeigen wir

$$0 < a < b \quad \Longrightarrow \quad 0 < a^n < b^n \quad \text{für alle} \quad n \geq 1\,.$$

Für $n = 1$ ist die Behauptung offensichtlich richtig. Nehmen wir an, die Behauptung sei für ein $n \geq 1$ richtig. Muliplziert man $a^n < b^n$ mit $a > 0$, so ergibt sich

$$a^{n+1} = a\,a^n < a\,b^n\,.$$

Multipliziert man $a < b$ mit $b^n > 0$, so ergibt sich

$$a\,b^n = b^n\,a < b^n\,b = b^{n+1}\,.$$

Zusammen liefern beide Ungleichungen nach dem Transitivitätsgesetz: $a^{n+1} < b^{n+1}$. □

Beispiel 1.32. Für $0 < a < b$ und alle natürliche Zahlen $n \geq 2$ gilt:

$$2^{n-1}\left(a^n + b^n\right) > (a+b)^n \,.$$

Wir beweisen diese Behauptung durch vollständige Induktion.

Induktionsanfang: Für $n = 2$ gilt:

$$2^{2-1}\left(a^2 + b^2\right) > \left(a^1 + b^1\right)^2 \quad \text{bzw.} \quad 2\left(a^2 + b^2\right) > (a+b)^2 \,.$$

Die Gültigkeit dieser Aussage, ergibt sich durch Addition des Terms $a^2 + b^2$ auf beiden Seiten der Ungleichung $a^2 + b^2 \geq 2\,a\,b$.

Wir nehmen nun an, die Behauptung gelte für ein $n \geq 2$. Aus $0 < a < b$ folgt zunächst $0 < a^n < b^n$. Damit wird

$$\left(a^n - b^n\right)(a-b) > 0$$

und

$$\begin{aligned}\left(a^n - b^n\right)(a-b) &= a^n\,(a-b) + b^n\,(b-a)\\ &= a^{n+1} + b^{n+1} - a\,b^n - a^n\,b\\ &> 0\,.\end{aligned}$$

Hieraus ergibt sich sofort

$$a^{n+1} + b^{n+1} > a\,b^n + a^n\,b\,.$$

Der Induktionsschritt wird nun mit der folgenden Schlusskette getan:

$$\begin{gathered}a^{n+1} + b^{n+1} > a\,b^n + a^n\,b\\ \Downarrow\\ 2\,a^{n+1} + 2\,b^{n+1} > a^{n+1} + a\,b^n + a^n\,b + b^{n+1}\\ \Downarrow\\ 2\left(a^{n+1} + b^{n+1}\right) > \left(a^n + b^n\right)(a+b)\\ \Downarrow\\ 2^{(n+1)-1}\left(a^{n+1} + b^{n+1}\right) > 2^{n-1}\left(a^n + b^n\right)(a+b)\\ \Downarrow\\ 2^{(n+1)-1}\left(a^{n+1} + b^{n+1}\right) > (a+b)^{n+1}\,.\end{gathered}$$

□

1.4 Reelle Zahlen

Rationale Zahlen lassen sich als abbrechende oder periodische Dezimalzahlen (Dezimalbrüche) darstellen. So bekommen wir folgende abbrechenden

$$\frac{3}{5} = 0.6\,, \quad \frac{9}{4} = 2.25$$

und periodischen Dezimalbrüche:

$$\frac{1}{3} = 0.333\ldots = 0.\overline{3}\,, \quad \frac{19}{9} = 2.\overline{1}\,.$$

Der periodische Dezimalbruch $2.\overline{1}$ bedeutet, dass man folgende Brüche aufsummieren muss:

$$2.\overline{1} = 2 + \frac{1}{10} + \frac{1}{10^2} + \frac{1}{10^3} + \cdots$$

Durch Dividieren lässt sich die rationale Zahl

$$\frac{263}{4950} = 0.05\overline{31}$$

in einen periodischen Dezimalbruch verwandeln.

Der periodische Dezimalbruch $0.05\overline{31}$ bedeutet, dass man folgende Brüche aufsummieren muss:

$$0.05\overline{31} = \frac{5}{10^2} + \frac{31}{10^4} + \frac{31}{10^6} + \frac{31}{10^8} + \cdots$$

Beispiel 1.33. Man schreibe die Zahl

$$a = 0.012\overline{317} = 0.012317317317\ldots$$

als rationale Zahl.

Anstatt zu summieren, können wir die Differenz bilden,

$$\begin{aligned} a - 0.001 \cdot a &= 0.012\overline{317} - 0.000012\overline{317} \\ &= 0.012317317317\ldots - 0.000012317317317\ldots \\ &= 0.012305 \end{aligned}$$

und bekommen die Gleichung

$$a - 0.001\,a = 0.012305\,,$$

d. h.,

$$a = \frac{0.012305}{0.999} = \frac{12305}{999000} = \frac{2461}{199800}. \qquad \square$$

In vielen Situationen genügen die rationalen Zahlen nicht zur rechnerischen Erfassung eines Sachverhalts. In einem Quadrat mit der Seitenlänge eins gilt für die Länge der Diagonale (Abb. 1.22):

$$d^2 = 1^2 + 1^2 = 2 \quad \text{bzw.} \quad d = \sqrt{2}.$$

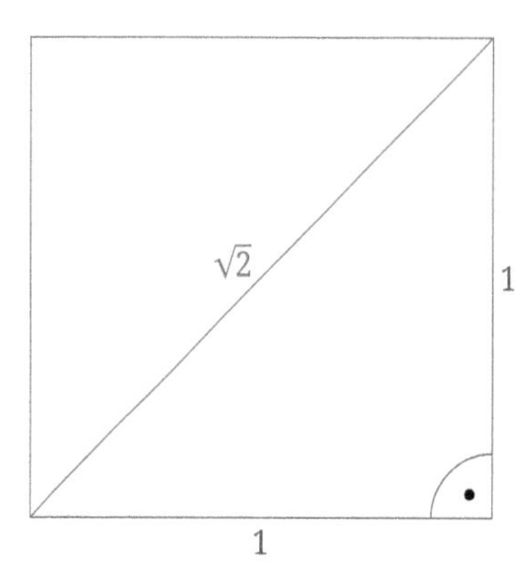

Abb. 1.22: Ein Quadrat mit der Seitenlänge 1 besitzt Diagonalen der Länge $\sqrt{2}$.

Wäre $\sqrt{2}$ eine rationale Zahl, so müssten wir eine Darstellung

$$\sqrt{2} = \frac{m}{n}$$

mit natürlichen Zahlen $m, n, n > 1$ haben. Wir können weiter annehmen, dass gemeinsame Teiler von m und n bereits herausgekürzt wurden, sodass m und n teilerfremd sind. Wenn m und n jedoch teilerfremd sind, dann sind auch m^2 und n^2 teilerfremd. Die Gleichung $m^2 = 2n^2$ führt aber zu einem Widerspruch dazu. In der Tat führt $\sqrt{2}$ auf eine nicht abbrechende Dezimalentwicklung, die folgendermaßen beginnt:

$$\sqrt{2} = 1.41421356 \ldots$$

Man kann sich der Zahl $\sqrt{2}$ durch einen Grenzprozess nähern. Wegen

$$\begin{aligned}
1.4^2 = 1.96 < 2 < 1.5^2 = 2.25,\\
1.41^2 = 1.9881 < 2 < 1.42^2 = 2.0164,\\
1.414^2 = 1.999396 < 2 < 1.415^2 = 2.002225,\\
1.4142^2 = 1.99996164 < 2 < 1.4143^2 = 2.00024449,\\
1.41421^2 = 1.999989924 < 2 < 1.41422^2 = 2.000018208,\\
\vdots
\end{aligned}$$

gilt:

$$\begin{aligned} 1.4 &< \sqrt{2} < 1.5\,, \\ 1.41 &< \sqrt{2} < 1.42\,, \\ 1.414 &< \sqrt{2} < 1.415\,, \\ 1.4142 &< \sqrt{2} < 1.4143\,, \\ 1.41421 &< \sqrt{2} < 1.41422\,, \\ &\vdots \end{aligned}$$

Rationale Zahlen lassen sich also als abbrechende oder periodische Dezimalbrüche darstellen. Irrationale Zahlen führen zu nicht abbrechenden Dezimalentwicklungen. Eine der wichtigsten irrationalen Zahlen ist die Kreiszahl π mit folgender Dezimalentwicklung:

$$\pi = 3.141592654\ \ldots$$

Das Vollständigkeitsaxiom sorgt dafür, dass wir alle durch gewisse Grenzprozesse gewonnenen Zahlen zu den reellen Zahlen hinzufügen und auch mit ihnen Rechenoperationen durchführen können. Beispielsweise kann jeder positiven reellen Zahl $a \geq 0$ ihre Quadratwurzel $\sqrt{a}$ zugeordnet werden:

Quadratwurzel

$$\begin{gathered} \sqrt{a} \geq 0\,, \quad \sqrt{a} = 0 \Longleftrightarrow a = 0\,, \\ (\sqrt{a})^2 = a\,, \\ \sqrt{a\,b} = \sqrt{a}\,\sqrt{b}\,, \quad \text{für} \quad a, b \geq 0\,. \end{gathered}$$

Die Menge $\mathbb{R}$ der reellen Zahlen setzt sich nun aus den rationalen und den irrationalen Zahlen zusammen. Während die Menge $\mathbb{Q}$ abzählbar ist, kann man die Menge der reellen Zahlen $\mathbb{R}$ nicht durchnummerieren. Die Menge der reellen Zahlen ist überabzählbar.

Die Körperaxiome übernehmen wir aus $\mathbb{Q}$ und rechnen mit reellen Zahlen wie mit rationalen Zahlen. Die Anordnungsaxiome übernehmen wir ebenfalls aus $\mathbb{Q}$. Damit können wir Ungleichungen in $\mathbb{R}$ genau wie in $\mathbb{Q}$ bearbeiten.

Beispiel 1.34. Wir bestimmen alle reellen $x \neq 2$, welche die Ungleichung erfüllen

$$\frac{2x+1}{x-2} < 1\,?$$

Bei der Monotonie der Multiplikation braucht man Faktoren, die echt positiv sind. Deshalb unterscheiden wir zwei Fälle: 1) $x - 2 > 0$ und 2) $x - 2 < 0$.

1) Multiplikation mit $x - 2 > 0$ ergibt

$$2x + 1 < x - 2 \iff x < -1.$$

Aus der Annahme $x > 2$ und der Ungleichung folgt der Schluss $x < -1$. Es kann also keine Lösung der Ungleichung geben, die größer als zwei ist.

2) Multiplikation mit $x - 2 < 0$ ergibt

$$2x + 1 > x - 2 \iff x > -3.$$

Zusammen mit $x < 2$ liefert dies folgende Lösungen:

$$-3 < x < 1.$$

□

Eine reelle Zahl kann man durch ihr Vorzeichen und ihren absoluten Betrag charakterisieren.

Betrag
Die durch

$$|x| = \begin{cases} x, & x \geq 0, \\ -x, & x < 0, \end{cases}$$

erklärte nichtnegative Zahl $|x|$ heißt Betrag von x, (Abb. 1.23).

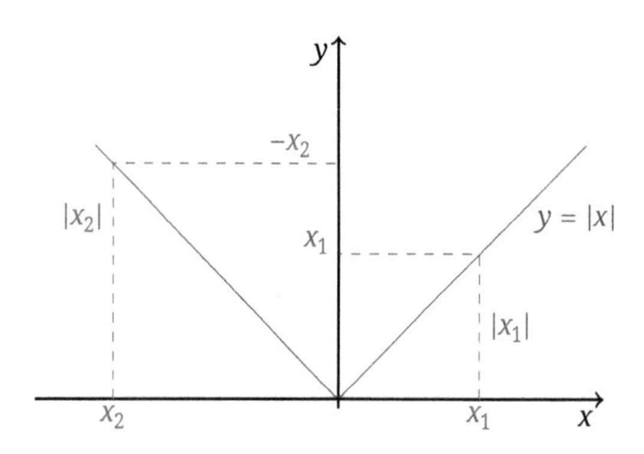

Abb. 1.23: Betragsfunktion und Betrag zweier Zahlen $x_1 > 0$ und $x_2 < 0$.

Beispiel 1.35. Mit dem Vorzeichen einer Zahl wird ihre Lage links oder rechts vom Ursprung auf der Zahlengeraden festgelegt. Das Signum (Vorzeichen) einer Zahl wird gegeben durch

$$\text{sign}(x) = \begin{cases} 1, & x \geq 0, \\ -1, & x < 0. \end{cases}$$

Der Betrag kann mit dem Signum ausgedrückt werden,

$$|x| = \text{sign}(x)\, x\,. \qquad \square$$

Der Betrag gibt die Entfernung einer Zahl vom Ursprung an. Dies kann leicht verallgemeinert werden. Wir können mithilfe des Betrags angeben, wie groß die Entfernung zweier beliebiger Zahlen auf der Zahlengerade ist (Abb. 1.24).

Abstand zweier Zahlen
Den Betrag $|a - b|$ der Differenz zweier reeller Zahlen a und b bezeichnet man als Abstand von a und b.

Es gilt: $|a - b| = b - a$ für $a \leq b$ und $|a - b| = a - b$ für $a > b$.

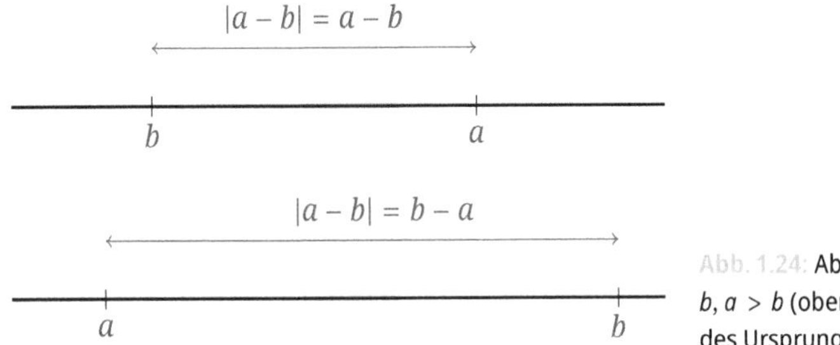

Abb. 1.24: Abstand zweier Zahlen a und b, $a > b$ (oben), $b > a$ (unten). (Die Lage des Ursprungs spielt keine Rolle).

Beispiel 1.36. Wir bestimmen für beliebige $a \in \mathbb{R}$ und $\varepsilon > 0$ die Lösungen x der Ungleichung (Abb. 1.25):

$$|x - a| \leq \varepsilon\,.$$

Wir suchen also alle Zahlen x, deren Abstand von der festen Zahl a kleiner als oder gleich ε ist. Nach Definition des Betrages gilt:

$$\begin{aligned} |x - a| \leq \varepsilon &\iff \left\{ \begin{array}{rl} x - a \leq \varepsilon\,, & \text{falls} \quad x - a \geq 0\,, \\ -(x - a) \leq \varepsilon\,, & \text{falls} \quad x - a < 0\,, \end{array} \right\} \\ &\iff \left\{ \begin{array}{ll} x \leq a + \varepsilon\,, & \text{falls} \quad x \geq a\,, \\ a - \varepsilon \leq x\,, & \text{falls} \quad x < a\,, \end{array} \right\} \end{aligned}$$

d. h.,

$$|x - a| \leq \varepsilon \quad \iff \quad a - \varepsilon \leq x \leq a + \varepsilon\,.$$

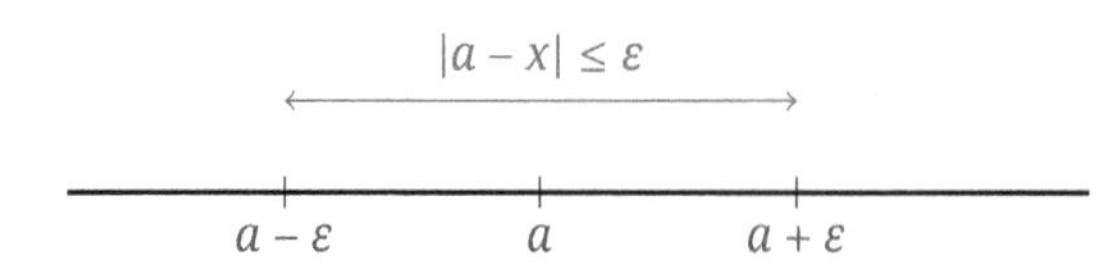

Abb. 1.25: Lösungen der Ungleichung $|x - a| \leq \varepsilon$. (Die Lage des Ursprungs spielt wieder keine Rolle). Zahlen mit $a - \varepsilon \leq x \leq a + \varepsilon$ haben einen Abstand von a, der kleiner als oder gleich ε ist.

□

Beispiel 1.37. Welche reellen Zahlen x erfüllen die Ungleichung: $|2x - 1| \geq |x + 1|$?

Man muss zuerst die Betragsstriche auflösen und unterscheidet dazu drei Fälle:

1) $x \geq \frac{1}{2} \Longrightarrow |2x - 1| = 2x - 1$ und $|x + 1| = x + 1$,
2) $-1 \leq x < \frac{1}{2} \Longrightarrow |2x - 1| = -(2x - 1)$ und $|x + 1| = x + 1$,
3) $x < -1 \Longrightarrow |2x - 1| = -(2x - 1)$ und $|x + 1| = -(x + 1)$.

In den einzelnen Fällen haben wir nun folgenden Ungleichungen zu erfüllen:

1) $2x - 1 \geq x + 1$ und $x \geq \frac{1}{2}$,
2) $-(2x - 1) \geq x + 1$ und $-1 \leq x < \frac{1}{2}$,
3) $-(2x - 1) \leq -(x + 1)$ und $x < -1$.

Daraus ergeben sich folgende Lösungen:

1) $x \geq 2$.
2) $x \leq 0$ und $-1 \leq x < \frac{1}{2}$.
3) $x \leq -1$.

Insgesamt haben wir alle $x \leq 0$ und alle $x \geq 2$ als Lösungen. □

Wir stellen die wichtigsten Eigenschaften des Betrags zusammen:

Eigenschaften des Betrags

Für alle $a, b \in \mathbb{R}$ gilt:

1) $|a| \geq 0$, $|a| = 0 \Longleftrightarrow a = 0$,
2) $|-a| = |a|$,
3) $|a\,b| = |a|\,|b|$,
4) $|a + b| \leq |a| + |b|$ (Dreiecksungleichung),
5) $\sqrt{a^2} = |a|$.

Die ersten drei Eigenschaften ergeben sich unmittelbar aus der Definition. Die Dreiecksungleichung bekommt man so: Aus den beiden Ungleichungen $-|a| \leq a \leq |a|$ und $|b| \leq b \leq |b|$ folgt

$$-(|a| + |b|) \leq a + b \leq |a| + |b|,$$

was zur Dreiecksungleichung äquivalent ist. Offensichtlich gilt für alle $a \in \mathbb{R}$: $a^2 = (|a|)^2$.

Da stets $|a| \geq 0$, folgt nun

$$\sqrt{a^2} = \sqrt{(|a|)^2} = |a|.$$

Beispiel 1.38. Für alle $a, b \in \mathbb{R}$ gilt die sogenannte umgekehrte Dreiecksungleichung,

$$\big| |a| - |b| \big| \le |a + b| .$$

Man beweist sie, indem man mit der Dreiecksungleichung zeigt, dass

$$\begin{aligned} |a| &= \big|(a + b) + (-b)\big| \le |a + b| + |b| &&\iff && |a| - |b| \le |a + b| , \\ |b| &= \big|(a + b) + (-a)\big| \le |a + b| + |a| &&\iff && -|a + b| \le |a| - |b| . \end{aligned}$$

□

Zum Schluss dieses Abschnitts führen wir noch den Begriff des Intervalls ein:

Intervalle
Sei $a, b \in \mathbb{R}$, $a < b$. Die folgende Menge heißt offenes Intervall:
$(a, b) = \{x \in \mathbb{R} \mid a < x < b\}$.
Die folgenden Mengen heißen halboffene Intervalle:
$(a, b] = \{x \in \mathbb{R} \mid a < x \le b\}$ bzw. $[a, b) = \{x \in \mathbb{R} \mid a \le x < b\}$.
Die folgende Menge heißt abgeschlossenes Intervall:
$[a, b] = \{x \in \mathbb{R} \mid a \le x \le b\}$.
Üblich sind auch folgende Bezeichnungen:
$(-\infty, b) = \{x \in \mathbb{R} \mid x < b\}$, $(-\infty, b] = \{x \in \mathbb{R} \mid x \le b\}$,
$(a, \infty) = \{x \in \mathbb{R} \mid a < x\}$, $[a, \infty) = \{x \in \mathbb{R} \mid a \le x\}$.

2 Funktionen

2.1 Der Funktionsbegriff

Die Grundlage des Funktionsbegriffs stellt eine weitere Mengenoperation dar, nämlich die Bildung der Produktmenge aus zwei gegebenen Mengen $\mathbb{X}$ und $\mathbb{Y}$:

Produktmenge

$$\mathbb{X} \times \mathbb{Y} = \left\{(x,y) \mid x \in \mathbb{X},\ y \in \mathbb{Y}\right\}$$

Die Produktmenge aus zwei Mengen $\mathbb{X}$ und $\mathbb{Y}$ besteht aus allen geordneten Paaren, die man aus Elementen der Menge $\mathbb{X}$ und $\mathbb{Y}$ bilden kann (Abb. 2.1).

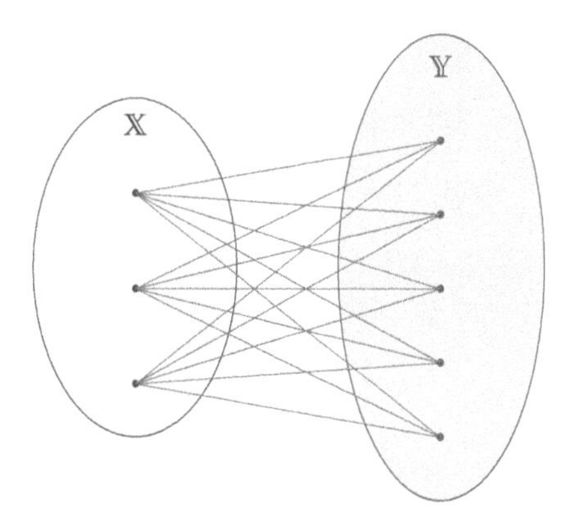

Abb. 2.1: Produktmenge aus zwei Mengen $\mathbb{X}$ und $\mathbb{Y}$. Jedes Element aus $\mathbb{X}$ bildet mit jedem Element aus $\mathbb{Y}$ ein Paar.

Die Gleichheit zweier Paare $(x_1,y_1) \in \mathbb{X} \times \mathbb{Y}$ und $(x_2,y_2) \in \mathbb{X} \times \mathbb{Y}$ ist folgendermaßen erklärt:

Gleichheit von Paaren

$$(x_1,y_1) = (x_2,y_2) \quad \Longleftrightarrow \quad x_1 = x_2 \quad \text{und} \quad y_1 = y_2$$

Man spricht auch von geordneten Paaren. Zwei Paare sind genau dann gleich, wenn sowohl die Elemente, die an der ersten Stelle stehen, als auch die Elemente, die an der zweiten Stelle stehen, identisch sind.

Beispiel 2.1. Gegeben seien die beiden Mengen

$$\mathbb{X} = \{a, b, c\} \quad \text{und} \quad \mathbb{Y} = \{2, 3\}\,.$$

https://doi.org/10.1515/9783111503639-002

Wir bilden die Produktmengen $\mathbb{X} \times \mathbb{Y}$ und $\mathbb{Y} \times \mathbb{X}$ und bekommen

$$\mathbb{X} \times \mathbb{Y} = \{(a,2), (a,3), (b,2), (b,3), (c,2), (c,3)\},$$
$$\mathbb{Y} \times \mathbb{X} = \{(2,a), (2,b), (2,c), (3,a), (3,b), (3,c)\}.$$

Offensichtlich gilt hier $\mathbb{X} \times \mathbb{Y} \neq \mathbb{Y} \times \mathbb{X}$. □

Die Produktmenge zweier gleicher Mengen schreiben wir als Quadrat,

$$\mathbb{X} \times \mathbb{X} = \mathbb{X}^2 .$$

Beispiel 2.2. Die Ebene kann als Produktmenge aus zwei Zahlengeraden aufgefasst werden (Abb. 2.2):

$$\mathbb{R}^2 = \mathbb{R} \times \mathbb{R} .$$

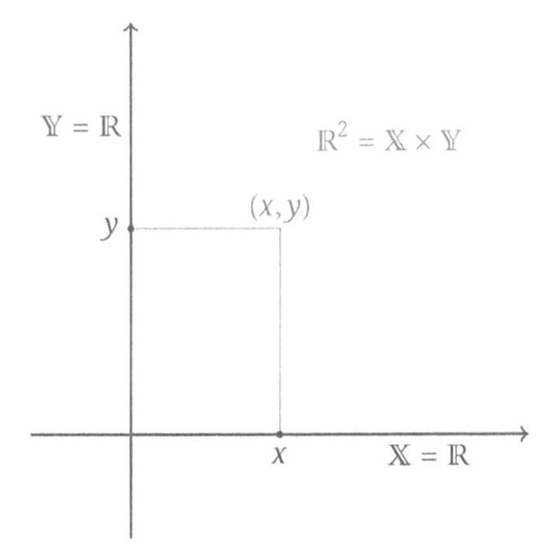

Abb. 2.2: Die Ebene $\mathbb{R}^2 = \mathbb{R} \times \mathbb{R}$.

Das Produkt eines Intervalls $a \leq x \leq b$ mit einem Intervall $c \leq y \leq d$ ergibt das folgende Rechteck in der Ebene (Abb. 2.3):

$$[a,b] \times [c,d] = \{(x,y) \mid a \leq x \leq b, c \leq y \leq d\} \subset \mathbb{R}^2 .$$

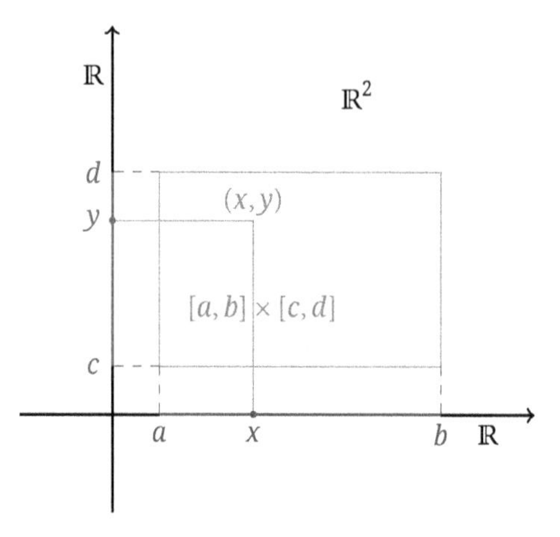

Abb. 2.3: Ein Rechteck $[a,b] \times [c,d]$ in der Ebene als Produkt zweier Intervalle. (Man zeichnet sich dazu die Intervalle jeweils auf zwei senkrecht stehenden Zahlengeraden.)

□

Wir betrachten zwei Mengen $\mathbb{X}$ und $\mathbb{Y}$ und bilden die Produktmenge $\mathbb{X} \times \mathbb{Y}$. Jede Teilmenge $R \subset \mathbb{X}\times\mathbb{Y}$ der Produktmenge stellt eine Relation von $\mathbb{X}$ zu $\mathbb{Y}$ dar. Zu einer Relation R gehört also eine Vorschrift, die entscheidet, ob ein geordnetes Paar $(x,y) \in \mathbb{X} \times \mathbb{Y}$ zur Teilmenge R gehört. Man sagt, x steht in Relation zu y (Abb. 2.4):

Relation

$$R \subseteq \mathbb{X} \times \mathbb{Y}: \qquad (x,y) \in R \quad \Longleftrightarrow \quad x\,R\,y \quad .$$

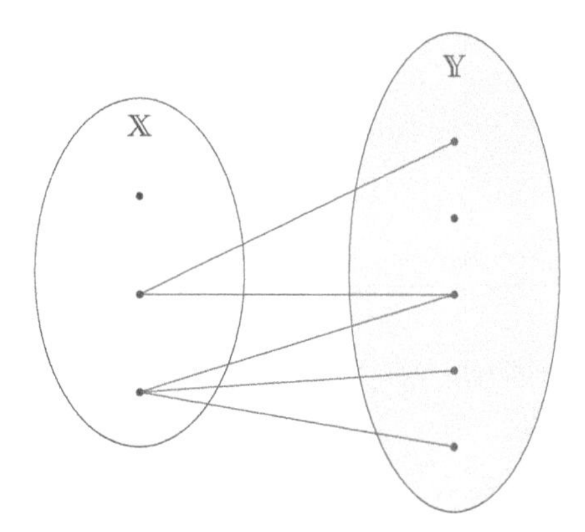

Abb. 2.4: Relation als Teilmenge der Produktmenge aus $\mathbb{X}$ und $\mathbb{Y}$. Nicht alle Verbindungen aus der Produktmenge müssen zur Relation gehören.

Beispiel 2.3. Wir betrachten alle Zahlenpaare $(x,y) \in \mathbb{R}^2$ und bilden die Relation $R = \{(x,y) \mid x > y\}$.

Beispielsweise ist $(3,2) \in R$ und $(1,5) \notin R$, also gilt $3\,R\,2$, aber nicht $1\,R\,5$. Außerdem gilt $2\,R\,y$ für alle $y < 2$.

Wir betrachten alle Zahlenpaare $(x, y) \in \mathbb{R}^2$ und bilden die Relation $R = \{(x, y) \mid x = 1\}$.

Hier gilt $x\,R\,y$ genau dann, wenn $x = 1$ ist. □

Eine Funktion ist eine Relation mit der Eigenschaft, dass mit jedem $x \in \mathbb{X}$ höchstens ein $y \in \mathbb{Y}$ in Relation steht (Abb. 2.5).

Funktion

$$R \subset \mathbb{X} \times \mathbb{Y}: \quad x\,R\,y \quad \text{und} \quad x\,R\,z \quad \Longrightarrow y = z$$

Jedem $x \in \mathbb{X}$ kann genau ein $y \in \mathbb{Y}$ zugeordnet werden. Ist $x\,R\,y$, dann kann für $z \neq y$ nicht $x\,R\,z$ gelten.

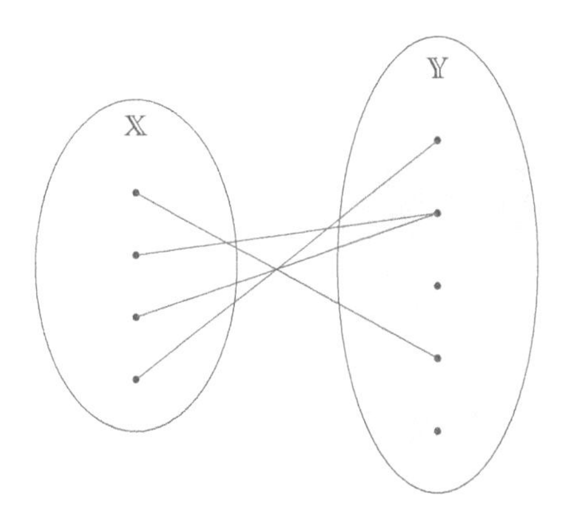

Abb. 2.5: Funktion von $\mathbb{X}$ nach $\mathbb{Y}$ als spezielle Relation von $\mathbb{X}$ zu $\mathbb{Y}$. Von jedem Element von $\mathbb{X}$ geht genau eine Verbindung aus, eine Zuordnung (Vorschrift).

Beispiel 2.4. Wir betrachten die Mengen $\mathbb{X} = \{a, b, c, d, e\}$ und $\mathbb{Y} = \{A, B, C, D\}$ und bilden die Relation: $\{(a, B), (b, A), (c, A), (d, D), (e, C)\} \subset \mathbb{X} \times \mathbb{Y}$.

Wir betrachten alle Zahlenpaare $(x, y) \in \mathbb{R}^2$ und bilden die Relation $R = \{(x, y) \mid y = x + 3\,, x \in \mathbb{R}\} \subset \mathbb{R}^2$. Hier gilt $x\,R\,y$ genau dann, wenn $y = x + 3$ ist.

Beide Relationen sind Funktionen. □

Ist $R \subseteq \mathbb{X} \times \mathbb{Y}$ eine Funktion, so führen wir folgende Bezeichnung ein:

Definitionsbereich, Wertebereich, Wertemenge

Alle $x \in \mathbb{X}$, für welche ein $y \in \mathbb{Y}$ mit $x\,R\,y$ existiert, bilden den Definitionsbereich (oder die Menge der Urbilder) $\mathbb{D}$.

Alle $y \in \mathbb{Y}$, für welche mindestens ein $x \in \mathbb{X}$ mit $x\,R\,y$ existiert, bilden den Wertebereich (oder die Menge der Bilder) $f(\mathbb{D})$ der Funktion.

Oft ist es einfacher, mit der Menge $\mathbb{Y}$ zu arbeiten. Man nennt $\mathbb{Y}$ auch die Wertemenge und schreibt $\mathbb{W} = \mathbb{Y}$. Stets gilt: $f(\mathbb{D}) \subseteq \mathbb{W}$. (Abb. 2.6).

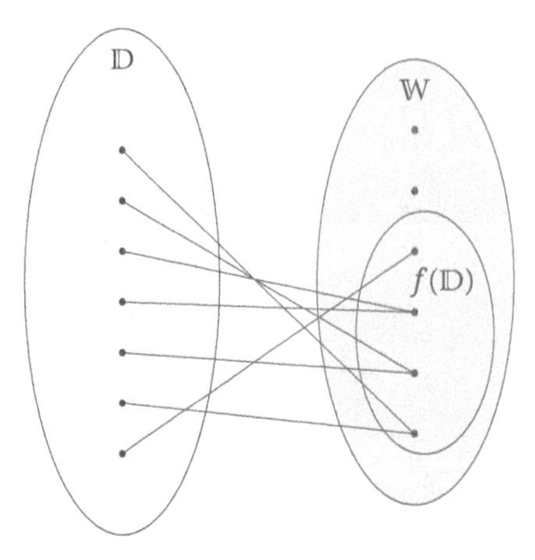

Abb. 2.6: Funktion von $\mathbb{D}$ nach $\mathbb{W}$. Definitionsbereich, Wertemenge und Wertebereich.

Man veranschaulicht sich eine Funktion $R \subseteq \mathbb{X} \times \mathbb{Y}$ bzw. $x\,R\,y$ als Abbildung (Abb. 2.7). Anstatt $x\,R\,y$ schreiben wir

$$f : x \longrightarrow y \quad \text{bzw.} \quad y = f(x) .$$

(Hiermit wird die Funktionsvorschrift betont.)

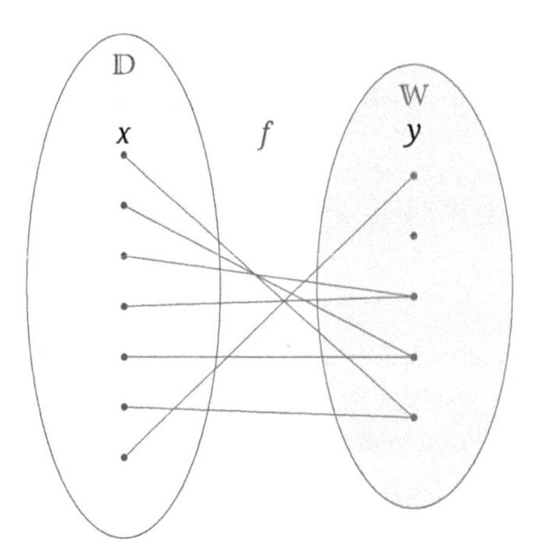

Abb. 2.7: Eine Funktion $f : x \longrightarrow y$.

Wir beschreiben nun eine Funktion stets durch die Angaben:

$$\begin{aligned} \mathbb{D} &= \text{Definitionsbereich} , \\ f(\mathbb{D}) &= \text{Wertebereich} , \\ f &= \text{Funktionsvorschrift} . \end{aligned}$$

Ist $\mathbb{D} \subseteq \mathbb{R}$ und $f(\mathbb{D}) \subseteq \mathbb{R}$, so sprechen wir von einer reellen Funktion einer Variablen, oder kurz: von einer Funktion von einer Variablen. Die symbolischen Mengenschaubilder verwenden wir zur Veranschaulichung allgemeiner Begriffe. Reelle Funktionen veranschaulicht man sich besser durch Graphen.

Funktion von einer Variablen, Graph einer Funktion
Die Funktion

$$f : \mathbb{D} \longrightarrow \mathbb{W}, \quad \mathbb{D} \subseteq \mathbb{R}, \quad \mathbb{W} \subseteq \mathbb{R}$$

heißt Funktion von einer Variablen. In der Vorschrift $y = f(x)$ heißt x unabhängige und y abhängige Variable.

Eine reelle Funktion veranschaulicht man in der Ebene durch ein Schaubild. Die Teilmenge von $\mathbb{R}^2$,

$$\{(x,y) \,|\, y = f(x), x \in \mathbb{D}\},$$

bezeichnet man als Graph der Funktion f.

Die folgenden Angaben sind auch ausreichend:

$$\begin{aligned} \mathbb{D} &= \text{Definitionsbereich}, \\ \mathbb{W} &= \text{Wertemenge}, \\ f &= \text{Funktionsvorschrift}. \end{aligned}$$

Dafür ist auch die kürzere Schreibweise gebräuchlich:

Schreibweise für Funktionen

$$f : \mathbb{D} \longrightarrow f(\mathbb{D}) \quad \text{bzw.} \quad f : \mathbb{D} \longrightarrow \mathbb{W}.$$

Ist der Definitionsbereich festgelegt und liegt die Funktionsvorschrift in Gestalt einer Formel vor, so kann der Wertebereich berechnet werden. Diese Berechnung kann sich jedoch als schwierig erweisen. Deshalb ist die zweite Beschreibungsmöglichkeit mit der Wertemenge oft bequemer. Der Wertebereich ist eindeutig bestimmt. Ist eine Menge $\mathbb{W}$ als Wertemenge geeignet, so kann auch jede Obermenge von $\mathbb{W}$ als Wertemenge genommen werden, ohne dass wir die Zuordnung von Urbildern und Bildern ändern. Die Angabe der Wertemenge und des Definitionsbereichs wird häufig weggelassen, wenn kein Missverständnis zu befürchten ist.

Beispiel 2.5. Wir beschreiben eine Funktion durch folgende Angaben (Abb. 2.8):

$$\begin{aligned} \mathbb{D} &= [-1, 1], \\ \mathbb{W} &= \{y \,|\, y \geq 0\}, \\ f &: x \longrightarrow x^2 \quad \text{bzw.} \quad y = x^2. \end{aligned}$$

Alle Bilder der Funktion liegen in $\mathbb{W} = \{y \mid y \geq 0\}$, aber nicht alle $y \in \mathbb{W}$ besitzen Urbilder. Alle y mit Ausnahme von $y = 0$ aus dem Wertebereich $f(\mathbb{D}) = [0,1]$ besitzen genau zwei Urbilder: $y = \pm\sqrt{y}$.

Hätten wir die Funktion durch folgende Angaben beschrieben:

$$\mathbb{D} = [-1,1]\,,$$
$$\mathbb{W} = \{y \mid y \in \mathbb{R}\}\,,$$
$$f\,:\,x \longrightarrow x^2 \quad \text{bzw.} \quad y = x^2\,,$$

so hätte sich die Zuordnung und der Graph nicht verändert.

Wir beschreiben eine Funktion durch folgende Angaben (Abb. 2.8):

$$\mathbb{D} = [0,2]\,,$$
$$\mathbb{W} = [0,1]\,,$$
$$g\,:\,x \longrightarrow (x-1)^4 \quad \text{bzw.} \quad y = (x-1)^4\,.$$

Alle $y \in \mathbb{W}$ mit Ausnahme von $y = 0$ besitzen zwei Urbilder,

$$y = (x-1)^4 \quad \Longleftrightarrow \quad \sqrt{y} = (x-1)^2 \quad \Longleftrightarrow \quad \sqrt[4]{y} = |x-1|\,.$$

Das einzige Urbild von $y = 0$ ist $x = 1$. Ist $0 < y \leq 1$, so haben wir die folgenden beiden Urbilder:

$$x = 1 \pm \sqrt[4]{y}\,.$$

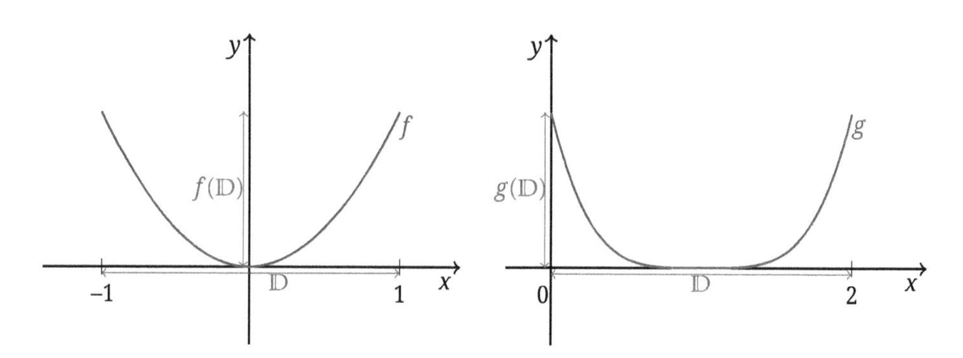

Abb. 2.8: Die Funktion $y = f(x) = x^2, x \in [-1,1] = \mathbb{D}$, links. Die Funktion $y = g(x) = (x-1)^4, x \in [0,2] = \mathbb{D}$, rechts.

Hier gilt $\mathbb{W} = [0,1] = g(\mathbb{D})$. Anstelle von $[0,1]$ hätten wir jede Teilmenge von $\mathbb{R}$ setzen können, die $[0,1]$ als Untermenge enthält. □

Wir betrachten nun Funktionen mit besonderen Eigenschaften.

Injektive, surjektive, bijektive Funktion
Eine Funktion $f : \mathbb{D} \longrightarrow \mathbb{W}$ heißt
injektiv, wenn es für jedes $y \in \mathbb{W}$ höchstens ein Urbild $x \in \mathbb{D}$ gibt,
surjektiv, wenn es für jedes $y \in \mathbb{W}$ mindestens ein Urbild $x \in \mathbb{D}$ gibt,
bijektiv, wenn es für jedes $y \in \mathbb{W}$ genau ein Urbild $x \in \mathbb{D}$ gibt. (Abb. 2.9)

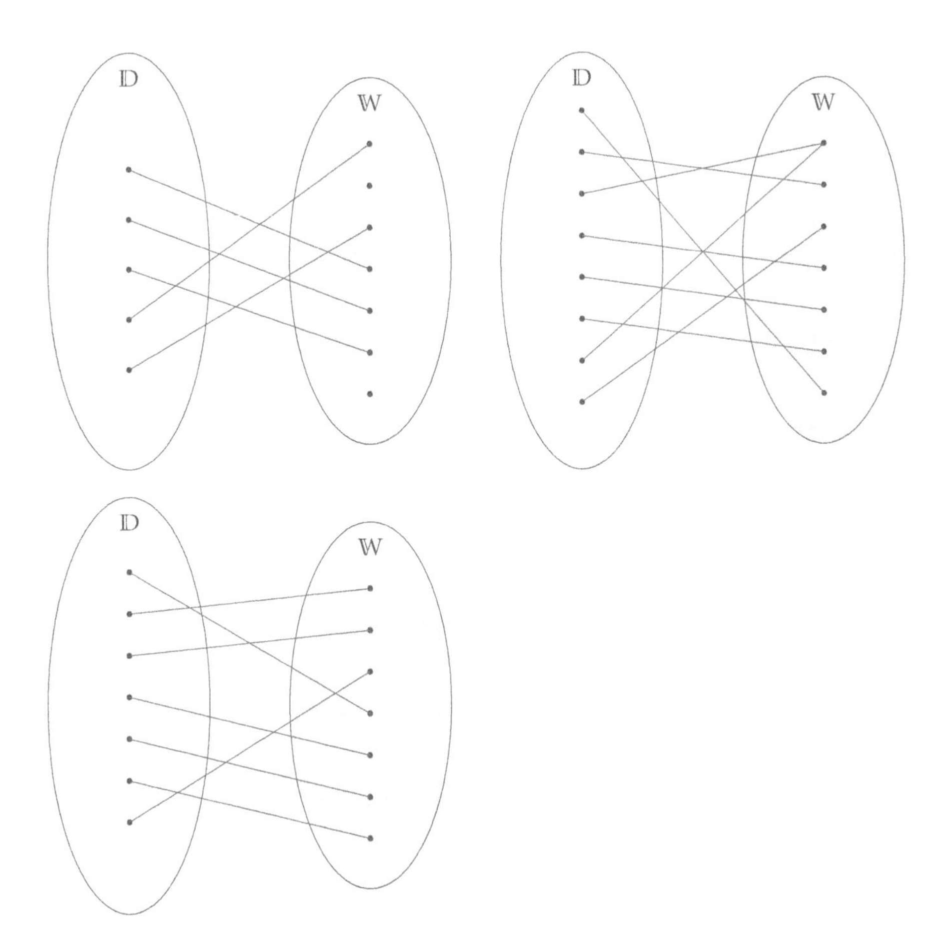

Abb. 2.9: Injektive Funktion (oben links), surjektive Funktion (oben rechts), bijektive Funktion (unten links).

Beispiel 2.6. Wir geben drei jeweils auf Teilmengen von $\mathbb{R}$ erklärte Funktionen an, die injektiv, surjektiv bzw. bijektiv sind (Abb. 2.10).

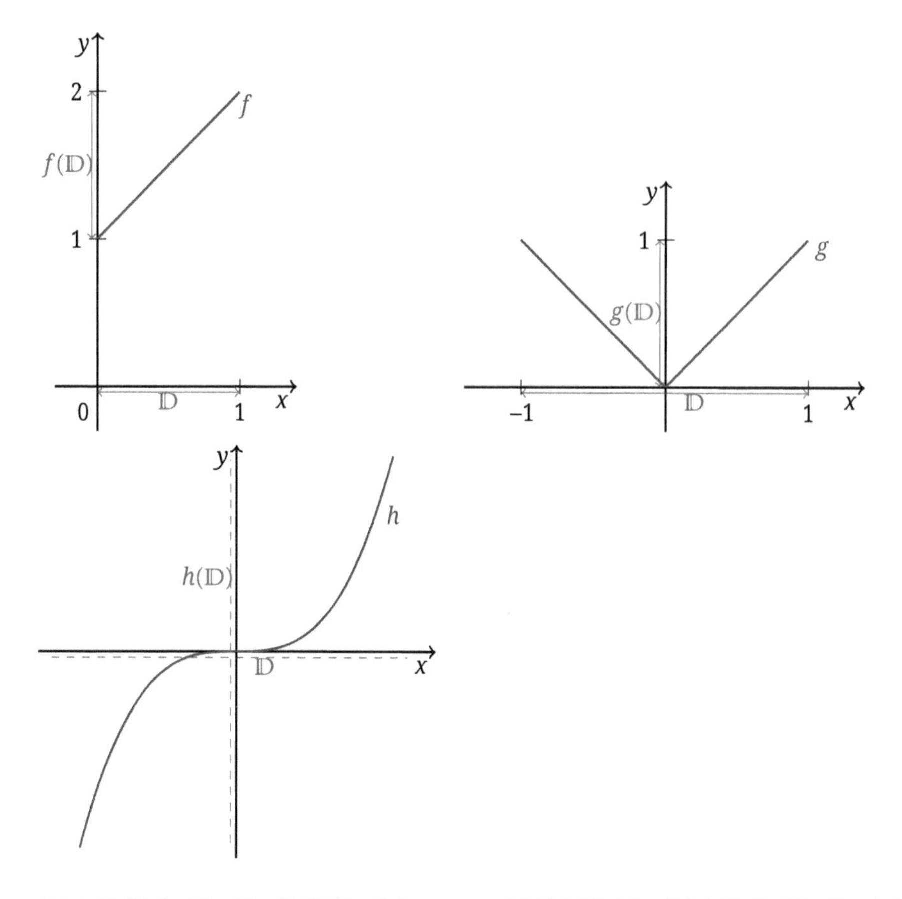

Abb. 2.10: Die Funktion $\mathbb{D} = [0,1]$, $\mathbb{W} = \mathbb{R}, f : x \longrightarrow x + 3$, ist injektiv (oben links). Die Funktion $\mathbb{D} = [-1,1]$, $\mathbb{W} = [0,1], g : x \longrightarrow |x|$, ist surjektiv (oben rechts). Die Funktion $\mathbb{D} = \mathbb{R}$, $\mathbb{W} = \mathbb{R}, h : x \longrightarrow x^3$, ist bijektiv (unten links).

□

2.2 Operationen mit Funktionen

Wenn zwei Funktionen auf ein und derselben Teilmenge von $\mathbb{R}$ definiert sind, dann kann man ihre Summe und ihr Produkt bilden. Sind

$$f : \mathbb{D} \to \mathbb{R}, \quad x \longrightarrow f(x) \quad \text{und} \quad g : \mathbb{D} \to \mathbb{R}, \quad x \longrightarrow g(x)$$

auf $\mathbb{D} \subset \mathbb{R}$ gegeben, dann wird ihre Summe und ihr Produkt wie folgt erklärt:

Summe und Produkt von Funktionen

$$\begin{aligned} f + g : \mathbb{D} \to \mathbb{R}, \quad & x \longrightarrow (f + g)(x) = f(x) + g(x)\,, \\ f\,g : \mathbb{D} \to \mathbb{R}, \quad & x \longrightarrow (f\,g)(x) = f(x)\,g(x)\,. \end{aligned}$$

Beispiel 2.7. Wir geben die Summe $f + g$ und das Produkt $f\,g$ folgender Funktionen an (Abb. 2.11):

$$f(x) = 3\,(x-1)\,, x > 0\,, \quad \text{und} \quad g(x) = \frac{1}{x+2}\,, x > 0\,.$$

Beide Funktionen besitzen den gemeinsamen Definitionsbereich $\mathbb{D} = \{x \mid x > 0\}$, und es gilt:

$$\begin{aligned}(f+g)(x) &= f(x) + g(x) = 3\,(x-1) + \frac{1}{x+2} \\ &= \frac{3\,x^2 + 3\,x - 5}{x+2}\,, \qquad x > 0\,,\end{aligned}$$

sowie

$$(f\,g)(x) = f(x)\,g(x) = 3\,\frac{x-1}{x+2}\,, \qquad x > 0\,.$$

□

Beispiel 2.8. Wir betrachten die Funktionen

$$f(x) = \sqrt{x-2}\,, x > 2 \quad \text{und} \quad g(x) = \sqrt{1-x}\,, x < 1\,.$$

Diese Funktionen besitzen verschiedene Definitionsbereiche. Summen- bzw. Produktbildung sind somit nicht möglich. □

Bei der Quotientenbildung muss nicht nur auf einen gemeinsamen Definitionsbereich, sondern auch auf verschwindende Nenner geachtet werden.

Sind

$$f : \mathbb{D} \to \mathbb{R}\,, x \longrightarrow f(x) \quad \text{und} \quad g : \mathbb{D} \to \mathbb{R}\,, x \longrightarrow g(x)$$

auf $\mathbb{D} \subset \mathbb{R}$ gegeben, dann nehmen wir die Nullstellen des Nenners aus dem Definitionsbereich heraus und bilden den Quotienten:

Quotient von Funktionen

$$\frac{f}{g} : \mathbb{D} \setminus M \to \mathbb{R}, \quad x \longrightarrow \left(\frac{f}{g}\right)(x) = \frac{f(x)}{g(x)}\,,$$

$$M = \left\{x \in \mathbb{D} \mid g(x) = 0\right\}.$$

Beispiel 2.9. Wir betrachten die Funktionen

$$f(x) = 3x^2 - 1\,, x \in \mathbb{R} \quad \text{und} \quad g(x) = \frac{1}{1+x^2}\,, x \in \mathbb{R}\,.$$

Beide Funktionen besitzen den gemeinsamen Definitionsbereich $\mathbb{D} = \mathbb{R}$. Für $x \neq \pm\frac{\sqrt{3}}{3}$ gilt $f(x) = 0$, während $g(x) \neq 0$ für alle $x \in \mathbb{R}$ gilt.

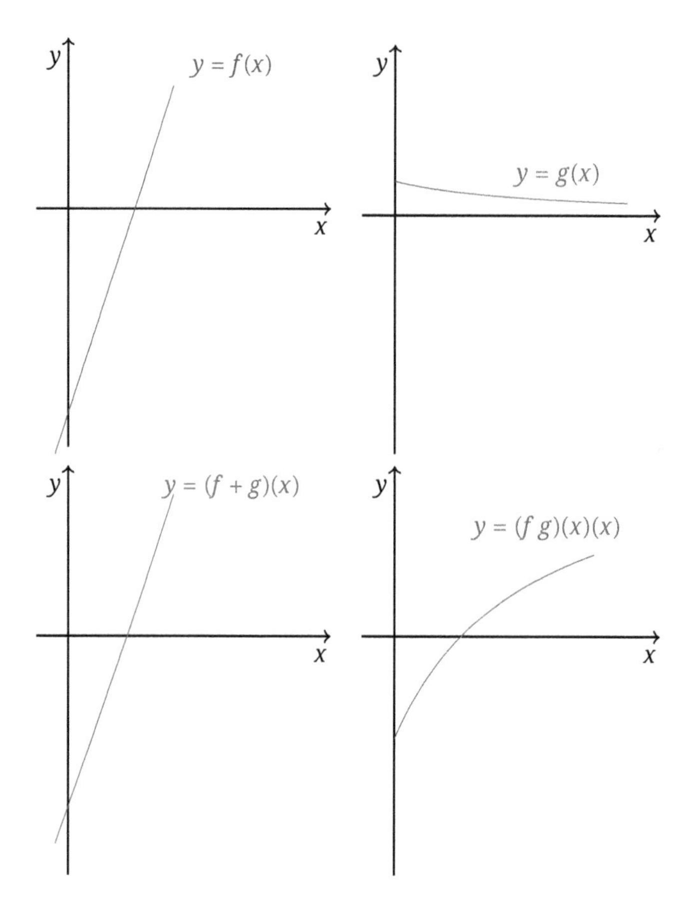

Abb. 2.11: Die Funktionen f (oben links) und g (oben rechts), sowie die Summe $f + g$ (oben links) und das Produkt $f\,g$ (oben rechts).

Für den Quotienten $\frac{f}{g}$ bekommt man (Abb. 2.12)

$$\left(\frac{f}{g}\right)(x) = \frac{f(x)}{g(x)} = (3x^2 - 1)(1 + x^2) = 3x^4 + 2x^2 - 1, \quad x \in \mathbb{R}.$$

Diese Quotientenfunktion kann in ganz $\mathbb{R}$ gebildet werden, während bei der Bildung von $\frac{g}{f}$ die Stellen $\pm\frac{\sqrt{3}}{3}$ ausgenommen werden müssen (Abb. 2.12):

$$\left(\frac{g}{f}\right)(x) = \frac{g(x)}{f(x)} = \frac{1}{3x^4 + 2x^2 - 1}, \quad x \neq \pm\frac{\sqrt{3}}{3}.$$

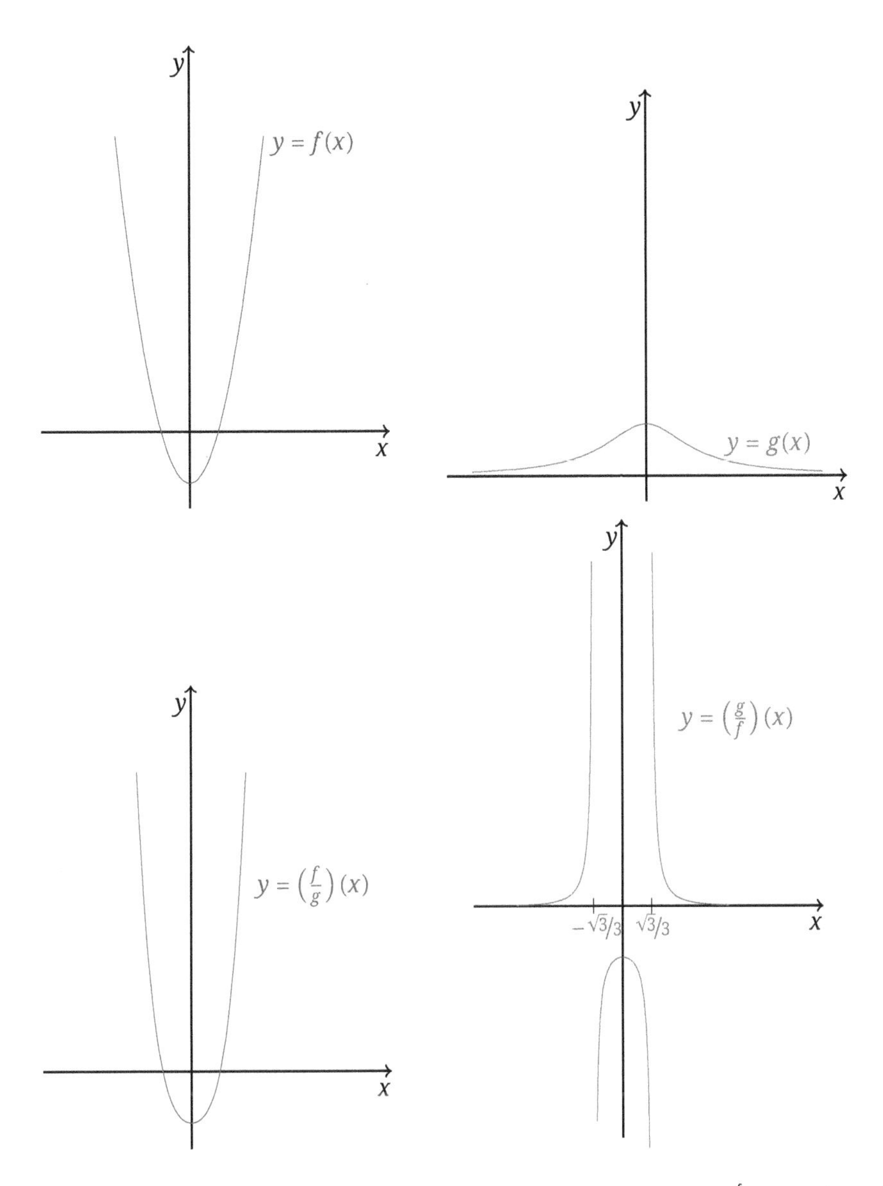

Abb. 2.12: Die Funktionen f (oben links) und g (oben rechts), sowie die Quotienten $\frac{f}{g}$ (oben links) und $\frac{g}{f}$ (oben rechts).

□

Hat man zwei Funktionen

$$f : \mathbb{D}_f \to f(\mathbb{D}_f) \quad \text{und} \quad g : \mathbb{D}_g \to g(\mathbb{D}_g),$$

und ist der Wertebereich der ersten Funktion als Teilmenge im Definitionsbereich der zweiten Funktion enthalten, dann kann man die Funktionen nacheinander ausführen.

Gilt $f(\mathbb{D}_f) \subseteq \mathbb{D}_g$, so können für alle $x \in \mathbb{D}_f$ die Funktionswerte $g(f(x))$ gebildet werden. Man führt also zuerst die Funktionsvorschrift f und dann g aus (Abb. 2.13).

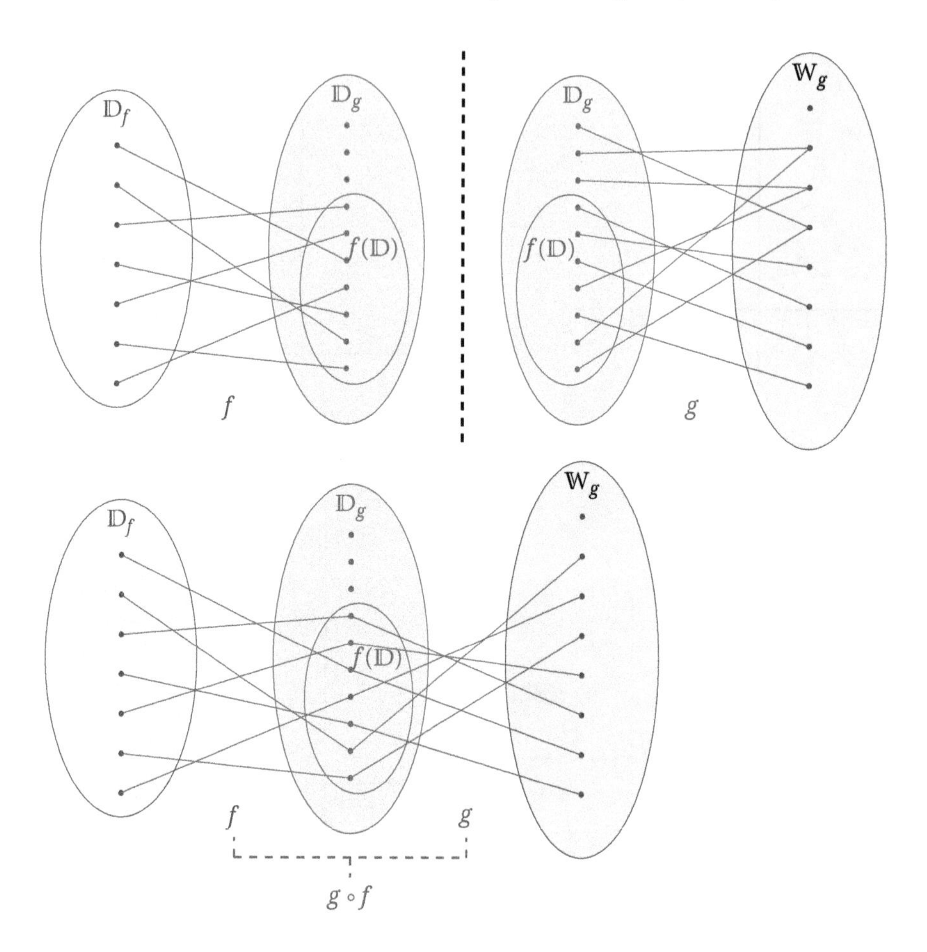

Abb. 2.13: Funktion $f : \mathbb{D}_f \longrightarrow \mathbb{W}_f$ (oben links) und die Funktion $g : \mathbb{D}_g \longrightarrow \mathbb{W}_g$ (oben rechts), $f(\mathbb{D}_f) \subseteq \mathbb{D}_g$, mit ihrer Verkettung $g \circ f$ (unten).

Im Gegensatz zur Summen- oder Produktbildung spielt bei der Ineinanderschachtelung von Funktionen die Reihenfolge eine große Rolle.

Verkettung von Funktionen
Gegeben seien die Funktionen

$$f : \mathbb{D}_f \to f(\mathbb{D}_f) \quad \text{und} \quad g : \mathbb{D}_g \to g(\mathbb{D}_g).$$

Der Wertebereich von f sei eine Teilmenge des Definitionsbereichs von g,

$$f(\mathbb{D}_f) \subseteq \mathbb{D}_g\,,$$

dann heißt

$$g \circ f\,:\,\mathbb{D}_f \to g(\mathbb{D}_g)\,,\quad x \longrightarrow (g \circ f)(x) = g\big(f(x)\big)$$

Verkettung von f und g.

Die Funktion $g\,:\,\mathbb{D}_g \to g(\mathbb{D}_g)$ erschöpft natürlich den gesamten Wertebereich $g(\mathbb{D}_g)$. Die Wertemenge ist gleich dem Wertebereich, und wir haben eine surjektive Funktion. Dies muss sich aber nicht auf die Verkettung übertragen. Der Wertebereich der Verkettung $g \circ f$ wird dann eine echte Teilmenge von $g(\mathbb{D}_g)$ sein, wenn $f(\mathbb{D}_f)$ eine echte Teilmenge von $\mathbb{D}_g$ ist.

Beispiel 2.10. Sei

$$f\,:\,\mathbb{R} \to \{y|\,y \geq 3\}\,,\quad x \longrightarrow x^2 + 3$$

und

$$g\,:\,\{x|\,x > 0\} \to \{y|\,y \geq 0\}\,,\quad x \longrightarrow \sqrt{x}\,,$$

dann ergibt sich folgende Verkettung (Abb. 2.14):

$$g \circ f\,:\,\mathbb{R} \to \{y|\,y \geq 0\}\,,\quad x \longrightarrow \sqrt{x^2+3}\,.$$

Man schreibt kurz:

$$(g \circ f)(x) = g\big(f(x)\big) = \sqrt{x^2+3}\,.$$

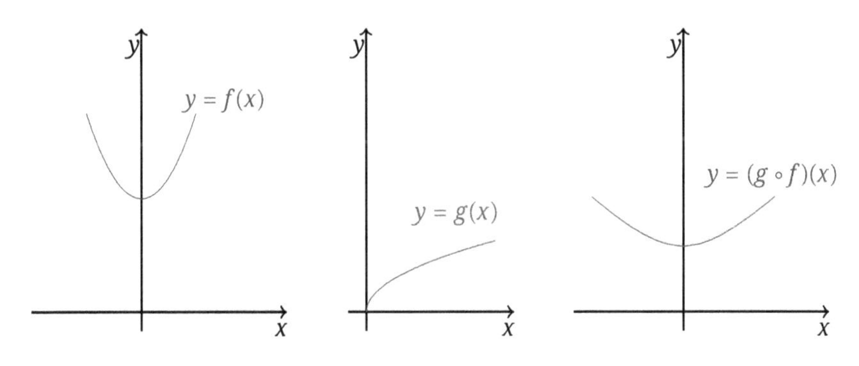

Abb. 2.14: Die Funktionen f (links) und g (Mitte), sowie ihre Verkettung $g \circ f$ (rechts).

Sei

$$f\,:\mathbb{R} \to \{y|\,y \geq 0\}\,,\quad x \longrightarrow |x^2 - 1|\,,$$

und

$$g : \mathbb{R} \to \mathbb{R}, \quad x \longrightarrow 2x + 3x^3,$$

dann ergibt sich folgende Verkettung (Abb. 2.15):

$$g \circ f : \mathbb{R} \to \mathbb{R}, \quad x \longrightarrow 2|x^2 - 1| + 3|x^2 - 1|^3,$$

kurz: $(g \circ f)(x) = g(f(x)) = 2|x^2 - 1| + 3|x^2 - 1|^3$.

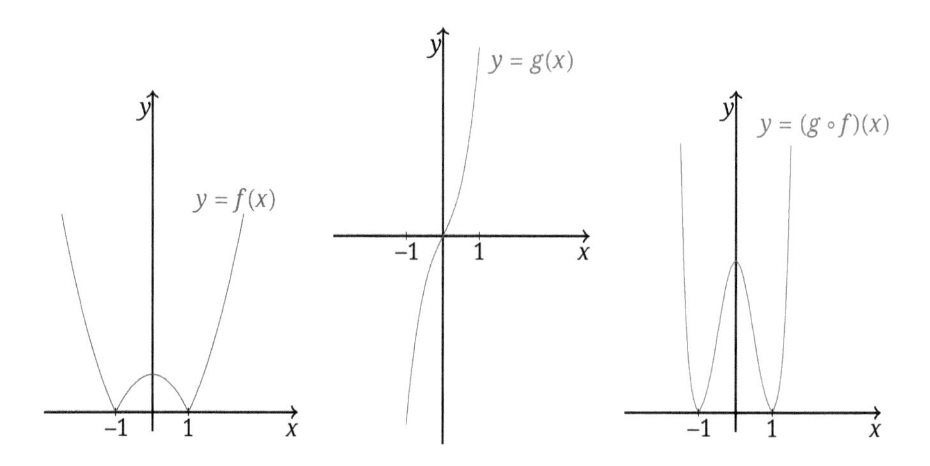

Abb. 2.15: Die Funktionen f (links) und g (Mitte), sowie ihre Verkettung $g \circ f$ (rechts).

□

Es kann durchaus vorkommen, dass eine Verkettung zweier Funktionen $g \circ f$ möglich ist, während man in der umgekehrten Reihenfolge $f \circ g$ nicht verketten kann.

Beispiel 2.11. Sei

$$f : \mathbb{R} \to \{y |\, y \leq -1\}, \quad x \longrightarrow -x^2 - 1,$$

und

$$g : \{x |\, x \geq 0\} \to \{y |\, y \geq 0\}, \quad x \longrightarrow \sqrt{x}.$$

Eine Verkettung $g \circ f$ ist nicht möglich, da die Funktionswerte $f(x)$ nicht im Definitionsbereich von g liegen. Wir können aber die Verkettung bilden:

$$f \circ g : \{x |\, x \geq 0\} \to \{y |\, y \leq -1\},$$
$$x \longrightarrow (f \circ g)(x) = f(g(x)) = -x - 1.$$

□

Eine Funktion ordnet jedem Urbild genau ein Bild zu. Die injektiven Funktion besitzen die Eigenschaft, dass auch zu jedem Bild nur ein einziges Urbild gehört. Bild und Urbild stehen in einer eindeutigen Beziehung. Zu jedem Bild $y \in f(\mathbb{D})$ gibt es genau ein Urbild $x \in \mathbb{D}$.

Zu jedem $y \in f(\mathbb{D})$ existiert genau ein $x \in \mathbb{D}$ mit $y = f(x)$. Wir können hieraus wiederum eine Vorschrift machen und bekommen die Umkehrfunktion:

Umkehrfunktion
Ist die Funktion

$$f : \mathbb{D} \to f(\mathbb{D}), \quad x \longrightarrow f(x)$$

injektiv, dann wird die Umkehrfunktion f^{-1} von f erklärt durch (Abb. 2.16):

$$f^{-1} : f(\mathbb{D}) \to \mathbb{D}, \quad y \longrightarrow f^{-1}(y),$$
$$f^{-1}(y) = x \iff y = f(x).$$

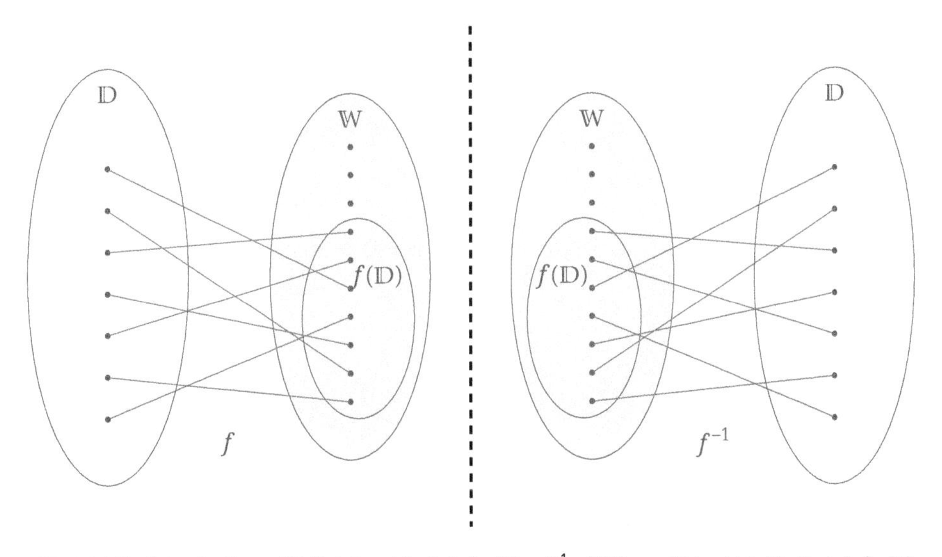

Abb. 2.16: Funktion $f : \mathbb{D} \longrightarrow \mathbb{W}$ (links) und Umkehrfunktion $f^{-1} : f(\mathbb{D}) \longrightarrow \mathbb{D}$ (rechts). Die Umkehrfunktion entsteht durch Spiegelung der Symbolbilder an der Achse.

Man erkennt sofort

$$(f^{-1})^{-1} = f.$$

Offenbar gilt für alle $x \in D$

$$f^{-1}(f(x)) = x$$

und für alle $y \in f(D)$

$$f(f^{-1}(y)) = y\,.$$

Veranschaulicht man sich eine Funktion $f : \mathbb{D} \to \mathbb{R}$, $\mathbb{D} \subset \mathbb{R}$ durch einen Graphen, so könnte man die Umkehrfunktion durch dieselbe Grafik von $f(\mathbb{D})$ aus betrachtet veranschaulichen. Man trägt aber besser $f(\mathbb{D})$ auf der x-Achse ab und stellt f^{-1} wieder durch einen Graphen dar.

Der Graph der Umkehrfunktion

$$\{(y,x) \mid x = f^{-1}(y) \iff y = f(x)\}$$

entsteht durch Spiegelung an der ersten Winkelhalbierenden $y = x$. Liegt (x,y) im Graphen von f, so liegt (x,y) im Graphen von f^{-1} (Abb. 2.17).

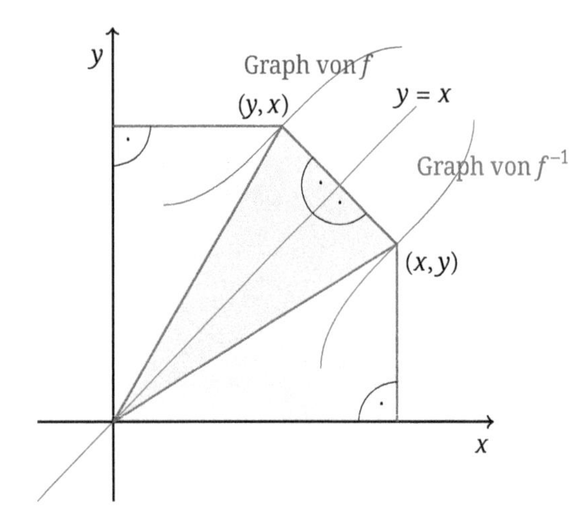

Abb. 2.17: Graph der Umkehrfunktion durch Spiegelung.

Beispiel 2.12. Gegeben sei die Funktion

$$f : \mathbb{R} \longrightarrow \mathbb{R}, \quad x \longrightarrow x + 3\,.$$

Die Gleichung $x + 3 = y$ besitzt genau eine Lösung: $x = y - 3$. Die Funktionsvorschrift ist injektiv, und die Umkehrfunktion lautet

$$f^{-1} : \mathbb{R} \longrightarrow \mathbb{R}, \quad y \longrightarrow y - 3$$

bzw. (Abb. 2.18)

$$f^{-1} : \mathbb{R} \longrightarrow \mathbb{R}, \quad x \longrightarrow x - 3\,.$$

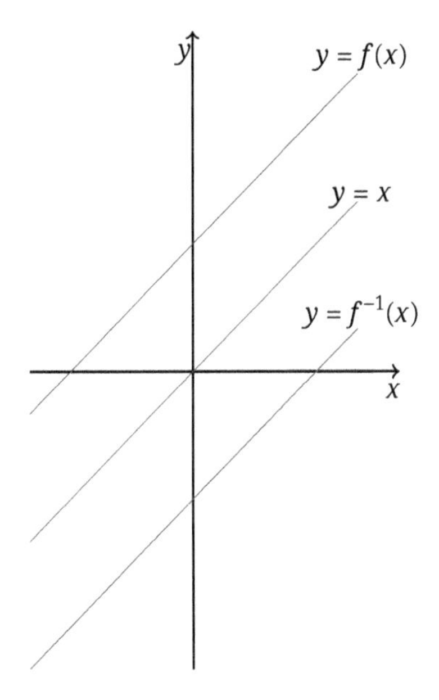

Abb. 2.18: Die Funktion $f(x) = x + 3$ und ihre Umkehrfunktion $f^{-1}(x) = x - 3$ mit der ersten Winkelhalbierenden.

Offenbar gilt:

$$f^{-1}(f(x)) = f(x) - 3 = x + 3 - 3 = x$$

und

$$f(f^{-1}(x)) = f^{-1}(x) + 3 = x - 3 + 3 = x\,. \qquad \square$$

Beispiel 2.13. Gegeben sei die Funktion auf $\mathbb{R}_+ = \{x \in \mathbb{R} | \, x > 0\}$

$$f : \mathbb{R}_+ \longrightarrow \mathbb{R}_+\,, \quad x \longrightarrow x^2\,.$$

Die Umkehrfunktion lautet (Abb. 2.19):

$$f^{-1} : \mathbb{R}_+ \longrightarrow \mathbb{R}_+\,, \quad x \longrightarrow \sqrt{x}\,.$$

Betrachten wir auf $\mathbb{R}_- = \{x \in \mathbb{R} | \, x < 0\}$ die Funktion

$$g : \mathbb{R}_- \longrightarrow \mathbb{R}_+\,, \quad x \longrightarrow x^2\,,$$

so lautet die Umkehrfunktion (Abb. 2.19):

$$g^{-1} : \mathbb{R}_+ \longrightarrow \mathbb{R}_-\,, \quad x \longrightarrow -\sqrt{x}\,.$$

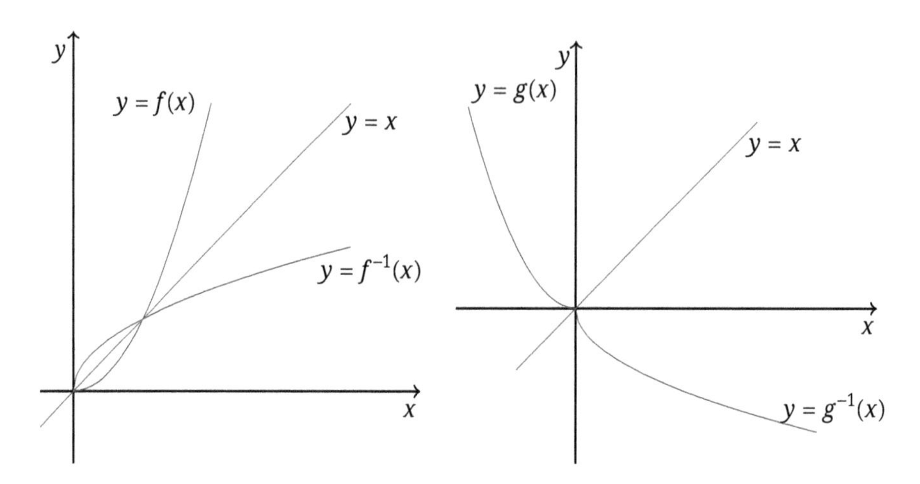

Abb. 2.19: Die Funktion $f(x) = x^2, x \geq 0$ und ihre Umkehrfunktion $f^{-1}(x) = \sqrt{x}, x \geq 0$ (links) sowie die Funktion $g(x) = x^2, x < 0$ und ihre Umkehrfunktion $g^{-1}(x) = -\sqrt{x}, x > 0$ (rechts) mit der ersten Winkelhalbierenden.

□

2.3 Polynome

Unter einem Polynom n-ten Grades versteht man eine auf ganz $\mathbb{R}$ durch folgende Vorschrift erklärte Funktion:

Polynom

$$P_n(x) = a_n x^n + a_{n-1} x^{n-1} + \cdots + a_1 x + a_0, \quad a_n \neq 0.$$

Die (festen) reellen Zahlen a_k werden dabei als Koeffizienten bezeichnet. Polynome vom Grad 0

$$P_0(x) = a_0$$

stellen konstante Funktionen dar. Das Nullpolynom $P_0(x) = 0$ hat keinen Grad. Polynome vom Grad 1

$$P_1(x) = a_1 x + a_0$$

stellen Geraden dar. Polynome vom Grad 2

$$P_2(x) = a_2 x^2 + a_1 x + a_0$$

stellen Parabeln dar (Abb. 2.20).

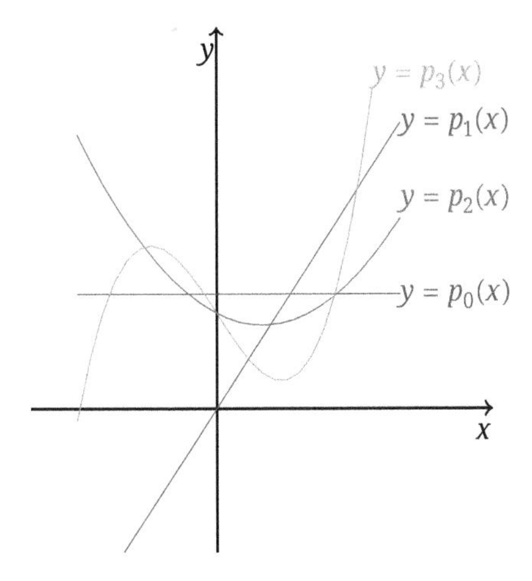

Abb. 2.20: Polynome p_0, p_1, p_2, p_3 vom Grad 0, 1, 2, 3.

Der Graph von Polynomen höheren Grades ist schwieriger aufzubauen und zu interpretieren. Man kann für lokale Zwecke einzelne Funktionswerte berechnen und zu einer Wertetabelle zusammenstellen.

Beispiel 2.14. Man berechne den Wert des Polynoms

$$P_3(x) = 2x^3 + x^2 - x - 1$$

an den Stellen $x = 0, 1, 2, 3$.

Es gilt:

$$\begin{aligned} P_3(0) &= -1\,, \\ P_3(1) &= 2 + 1 - 1 - 1 = 1\,, \\ P_3(2) &= 2 \cdot 2^3 + 2^2 - 2 - 1 = 17\,, \\ P_3(3) &= 2 \cdot 3^3 + 3^2 - 3 - 1 = 59\,, \end{aligned}$$

bzw.

x	0	1	2	3	⋯
y	−1	1	17	59	⋯

□

Zwei Polynome unterschiedlicher Grade stellen stets verschiedene Funktionen dar.

Koeffizientenvergleich

Sind zwei Polynome vom Grad n

$$\begin{aligned} P_n(x) &= a_n x^n + a_{n-1} x^{n-1} + \cdots + a_1 x + a_0\,, \\ Q_n(x) &= b_n x^n + b_{n-1} x^{n-1} + \cdots + b_1 x + b_0 \end{aligned}$$

gleich (d. h., $P_n(x) = Q_n(x)$ für alle $x \in \mathbb{R}$), dann stimmen die Koeffizienten paarweise überein: $a_j = b_j$ für alle $j = 0, \dots, n$.

Beispiel 2.15. Gegeben seien die Polynome

$$P_5(x) = a_5 x^5 + a_4 x^4 + a_3 x^3 + a_2 x^2 + a_1 x + a_0$$

und

$$Q_3(x) = 7x^3 + 3x^2 + 2 .$$

Wie müssen die Koeffizienten a_j gewählt werden, damit für alle $x \in \mathbb{R}$ gilt $P_5(x) = Q_3(x)$? Wir vergleichen die Koeffizienten der Monome $x^0, x^1, x^2, x^3, x^4, x^5$ und bekommen

$$a_5 = 0, \quad a_4 = 0, \quad a_3 = 7, \quad a_2 = 3, \quad a_1 = 0, \quad a_0 = 2. \qquad \square$$

Will man den Wert eines Polynoms an einer Stelle x_0 berechnen, so kann man direkt nach der Vorschrift vorgehen, die erforderlichen Potenzen von x_0 berechnen, mit den jeweiligen Koeffizienten multiplizieren und anschließend alle Terme summieren. Man kann aber auch das Bilden der Potenzen vermeiden und schrittweise durch Multiplizieren vorgehen. Die Anzahl der durchzuführenden Multiplikationsoperationen wird dabei erheblich reduziert.

Bei einem Polynom zweiten Grades

$$P_2(x) = a_2 x^2 + a_1 x + a_0$$

kann man wie folgt vorgehen:

$$P_2(x_0) = (a_2 x_0 + a_1) x_0 + a_0 .$$

Anstatt drei Multiplikationen auszuführen, bekommt man den Funktionswert mit zwei Multiplikationen.

Bei einem Polynom dritten Grades

$$P_3(x) = a_3 x^3 + a_2 x^2 + a_1 x + a_0$$

kann man wie folgt vorgehen:

$$P_3(x_0) = ((a_3 x_0 + a_2) x_0 + a_1) x_0 + a_0 .$$

Anstatt sechs Multiplikationen auszuführen, bekommt man den Funktionswert mit drei Multiplikationen.

Im allgemeinen Fall

$$P_n(x) = a_n\, x^n + a_{n-1}\, x^{n-1} + \cdots + a_1\, x + a_0$$

setzt man die Klammern wie folgt:

$$P_n(x) = (\cdots((((a_n x_0 + a_{n-1})x_0 + a_{n-2})x_0 + a_{n-3})x_0 \\ + \cdots + a_1)x_0 + a_1\,.$$

Anstatt $\frac{n\,(n+1)}{2}$ Multiplikationen auszuführen, bekommt man den Funktionswert mit n Multiplikationen.

Bei einem Polynomen dritten Grades ordnen wir die Rechenschritte in folgendem Schema an:

a_3	a_2	a_1	a_0
	a_3x_0	$a_3x_0^2 + a_2x_0$	$a_3x_0^3 + a_2x_0^2 + a_1x_0$
a_3	$a_3x_0 + a_2$	$a_3x_0^2 + a_2x_0 + a_1$	$P_3(x_0)$

Bei einem Polynom n-ten Grades

$$P_n(x) = a_n\, x^n + a_{n-1}\, x^{n-1} + \cdots + a_1\, x + a_0$$

ergibt sich das Horner-Schema:

Horner-Schema

a_n	a_{n-1}	a_{n-2}	$\cdots\ \cdots$	a_0
	a_nx_0	$a_nx_0^2 + a_{n-1}x_0$	$\cdots\ \cdots$	$\cdots$
a_n	$a_nx_0 + a_{n-1}$	$a_nx_0^2 + a_{n-1}x_0 + a_{n-2}$	$\cdots\ \cdots$	$P_n(x_0)$

Beispiel 2.16. Das Polynom

$$P_4(x) = 2\,x^4 + x^3 - x^2 + 2\,x + 1$$

soll an den Stellen $x_0 = 2$ und $x_0 = 3$ ausgewertet werden. Das Horner-Schema liefert die Werte

$$P_4(2) = 41 \quad \text{und} \quad P_4(3) = 187$$

nach folgender Rechnung:

	2	1	−1	2	1
$x = 2$		4	10	18	40
	2	5	9	20	<u>41</u>
$x = 3$		6	21	60	186
	2	7	20	62	<u>187</u> .

□

Wir betrachten ein Polynom vom Grad n

$$P_n(x) = a_n\, x^n + a_{n-1}\, x^{n-1} + \cdots + a_1\, x + a_0$$

und bilden für ein beliebiges, aber festes x_0 die Differenz

$$P_n(x) - P_n(x_0)\,.$$

Mit der Summe

$$\sum_{k=0}^{n} q^k = \frac{1 - q^{n+1}}{1 - q}\,, \qquad q \neq 1$$

bekommen wir für $x \neq x_0$:

$$\sum_{l=0}^{k-1} \left(\frac{x}{x_0}\right)^l = \frac{(\frac{x}{x_0})^k - 1}{\frac{x}{x_0} - 1}\,.$$

Hieraus folgt die Darstellung:

$$\left(\frac{x}{x_0}\right)^k - 1 = \left(\frac{x}{x_0} - 1\right) \sum_{l=0}^{k-1} \left(\frac{x}{x_0}\right)^l$$

bzw.

$$x^k - x_0^k = (x - x_0)\, x_0^{k-1} \sum_{l=0}^{k-1} \left(\frac{x}{x_0}\right)^l.$$

Die Differenz $x^k - x_0^k$ kann also als Produkt eines Polynoms ersten Grades und eines Polynoms vom Grad $k - 1$ geschrieben werden:

$$x^k - x_0^k = (x - x_0)\,(x^{k-1} + x_0\, x^{k-2} + \cdots + x_0^{k-2}\, x + x_0^{k-1})\,.$$

Mit dieser Vorüberlegung können wir die Differenz zweier Polynomwerte nun ebenfalls faktorisieren:

$$P_n(x) - P_n(x_0) = (x - x_0)\,P_{n-1}(x)\,.$$

Denn es gilt:

$$\begin{aligned}
&P_n(x) - P_n(x_0)\\
&\quad = a_n\,(x^n - x_0^n) + a_{n-1}\,(x^{n-1} - x^{n-1}) + \cdots + a_1\,(x - x_0)\\
&\quad = a_n\,(x - x_0)\,(x^{n-1} + x_0\,x^{n-2} + \cdots + x_0^{n-2}\,x + x_0^{n-1})\\
&\qquad + a_{n-1}\,(x - x_0)\,(x^{n-2} + x_0\,x^{n-3} + \cdots + x_0^{n-3}\,x + x_0^{n-2})\\
&\qquad + \cdots\\
&\qquad + a_1\,(x - x_0)\\
&\quad = (x - x_0)\,P_{n-1}(x)\,,
\end{aligned}$$

wobei P_{n-1} ein Polynom vom Grad $n-1$ ist. Man kann das Ergebnis auch in folgende Form bringen:

$$P_n(x) = (x - x_0)\,P_{n-1}(x) + P_n(x_0)\,.$$

Das Polynom P_n ist mit Rest durch das Polynom $x - x_0$ dividiert worden.

Beispiel 2.17. Gegeben seien die Polynome

$$P(x) = x^3 + 2\,x - 3 \quad \text{und} \quad Q(x) = x^2 + 3\,x - 2\,.$$

Durch Koeffizientenvergleich bestimmen wir ein Polynom F vom Grad 1 und ein Polynom R vom Grad kleiner als oder gleich 1 mit

$$P(x) = F(x)\,Q(x) + R(x)\,.$$

Mit dem Ansatz

$$F(x) = a_1\,x + a_0 \quad \text{und} \quad R(x) = b_1\,x + b_0$$

ergibt sich zunächst

$$F(x)\,Q(x) = a_1\,x^3 + (3\,a_1 + a_0)\,x^2 + (-2\,a_1 + 3\,a_0)\,x - 2\,a_0$$

und weiter

$$\begin{aligned}
&F(x)\,Q(x) + R(x)\\
&\quad = a_1\,x^3 + (3\,a_1 + a_0)\,x^2 + (-2\,a_1 + 3\,a_0 + b_1)\,x - 2\,a_0 + b_0\,.
\end{aligned}$$

Vergleicht man nun die Koeffizienten der beiden Polynome $P(x)$ und $F(x)Q(x)+R(x)$, so bekommt man das folgende System von Gleichungen:

$$\begin{aligned} a_1 &= 1\,,\\ 3\,a_1 + a_0 &= 0\,,\\ -2\,a_1 + 3\,a_0 + b_1 &= 2\,,\\ -2\,a_0 + b_0 &= -3\,. \end{aligned}$$

Das System besitzt eine eindeutige Lösung:

$$a_1 = 1\,, \quad a_0 = -3\,, \quad b_1 = 13\,, \quad b_0 = -9\,.$$

Damit erhalten wir schließlich

$$F(x) = x - 3 \quad \text{und} \quad R(x) = 13\,x - 9\,.$$ □

Die Division von Polynomen kann in ähnlicher Weise wie die Division von Zahlen algorithmisch durchgeführt werden.

Beispiel 2.18. Wir dividieren

$$P(x) = x^3 + x - 2$$

durch

$$Q(x) = x - 1\,.$$

In schematischer Rechnung ergibt sich

$$\begin{array}{llllcll} (x^3 & & +x & -2) & : & (x \quad -1) & = x^2 + x + 2 \\ \underline{-(x^3} & \underline{-x^2)} & & & & & \\ & x^2 & +x & & & & \\ & \underline{-(x^2} & \underline{-x)} & & & & \\ & & 2x & -2 & & & \\ & & \underline{-(2x} & \underline{-2)} & & & \\ & & & 0 & & & \end{array}$$

Dies ergibt die Darstellung mit dem Faktor $F(x) = x^2 + x + 2$ und dem Rest $R(x) = 0$:

$$P(x) = F(x)\,Q(x) = (x^2 + x + 2)\,(x - 1)\,.$$ □

Beispiel 2.19. Wir dividieren

$$P(x) = x^3 + 2x + 3$$

durch

$$Q(x) = x^2 + 3x + 2.$$

In schematischer Rechnung ergibt sich

$$\begin{array}{rrrrl}
(x^3 & & +2x & +3) & : \; (x^2 \; +3x \; +2) \; = x - 3 + \frac{9x+9}{x^2+3x+2} \\
-(x^3 & +3x^2 & +2x) & & \\
\hline
 & -3x^2 & & +3 & \\
 & -(3x^2 & -9x & -6) & \\
\hline
 & & 9x & +9 &
\end{array}.$$

Hieraus folgt die Darstellung mit dem Faktor $F(x) = x - 3$ und dem Rest $R(x) = 9x + 9$:

$$P(x) = F(x)\,Q(x) + R(x) = (x-3)\left(x^2 + 3x + 2\right) + 9x + 9. \qquad \square$$

3 Potenzen und Logarithmen

3.1 Potenzen mit ganzzahligen Exponenten

Wir stellen zunächst einige Rechenregeln zusammen, die an verschiedenen Stellen bereits verwendet wurden. Potenzen mit natürlichen Exponenten wurden als mehrfache Produkte einer reellen Zahl mit sich selbst eingeführt. Beispielsweise ist

$$2^3 = 2 \cdot 2 \cdot 2 = 8$$
$$1.5^4 = 1.5 \cdot 1.5 \cdot 1.5 \cdot 1.5 = 5.0625.$$

Allgemein verwenden wir a^n als abkürzende Schreibweise für das n-fache Produkt aus a:

Basis und Exponent

$$a^n = \underbrace{a \cdot a \cdot a \cdot \ldots \cdot a}_{n\text{-faches Produkt aus } a}.$$

Dabei heißt $a \in \mathbb{R}$ Basis und $n \in \mathbb{N}$ Exponent. Es ergeben sich folgende Sonderfälle:

$$0^n = 0 \quad \text{und} \quad 1^n = 1 \quad \text{für alle} \quad n \in \mathbb{N}.$$

Aus Gründen der Systematik setzt man fest:

Potenzen mit dem Exponenten Null

$$a^0 = 1 \quad \text{für alle} \quad a \in \mathbb{R}.$$

Für Potenzen mit Exponenten aus $\mathbb{N}$ halten wir folgende Rechenregeln fest:

Rechenregeln für Potenzen mit Exponenten aus $\mathbb{N}$

1) Multiplikation von Potenzen mit gleicher Basis: $a^n \cdot a^m = a^{n+m}$,
2) Multiplikation mit Potenzen mit gleichem Exponenten: $a^n \cdot b^n = (a \cdot b)^n$,
3) Potenzieren einer Potenz: $(a^n)^m = a^{n \cdot m}$.

Man beweist diese Regeln wie folgt:

https://doi.org/10.1515/9783111503639-003

$$\underbrace{a \cdot a \cdot \ldots \cdot a}_{n\text{-fach}} \cdot \underbrace{a \cdot a \cdot \ldots \cdot a}_{m\text{-fach}} = \underbrace{a \cdot a \cdot \ldots \cdot a}_{n+m\text{-fach}}$$

$$a^n \cdot a^m = a^{n+m}$$

$$\underbrace{a \cdot a \cdot \ldots \cdot a}_{n\text{-fach}} \cdot \underbrace{b \cdot b \cdot \ldots \cdot b}_{n\text{-fach}} = \underbrace{(a \cdot b) \cdot (a \cdot b) \cdot \ldots \cdot b)}_{n\text{-fach}}$$

$$a^n \cdot b^n = (a \cdot b)^n$$

$$\underbrace{\overbrace{a \cdot \ldots \cdot a}^{n\text{-fach}} \cdot \overbrace{a \cdot \ldots \cdot a}^{n\text{-fach}} \cdot \ldots \cdot \overbrace{a \cdot \ldots \cdot a}^{n\text{-fach}}}_{m\text{-fach}} = \underbrace{a \cdot \ldots \cdot a}_{m \cdot n\text{-fach}}$$

$$\left(a^n\right)^m = a^{n \cdot m}$$

Beispiel 3.1. Es gilt:

$$\begin{aligned}(-2.5)^3 &= \left((-1) \cdot 2.5\right)^3 \\ &= (-1)^3 \cdot (2.5)^3 \\ &= (-1)^2 \cdot (-1) \cdot (2.5)^3 \\ &= -(2.5)^3 \\ &= -(2.5)^2 \cdot 2.5 \\ &= -6.25 \cdot 2.5 = -15.625\end{aligned}$$

und

$$3^8 = \left(3^2\right)^4 = 9^4 = \left(9^2\right)^2 = 81^2 = 6561\,.$$ □

Beispiel 3.2. Für $q \in \mathbb{R}, q \neq 1$ bilden wir die geometrische Folge $1, q, q^2, q^3, \ldots$ und zeigen für alle $n \geq 0$:

$$\sum_{k=0}^{n} q^k = \frac{1 - q^{(n+1)}}{1 - q}\,.$$

Wir zeigen die Behauptung durch vollständige Induktion.

Induktionsanfang: Für $n = 0$ gilt:

$$q^0 = \frac{1 - q}{1 - q} = 1\,.$$

Induktionsschritt:

$$\begin{aligned}\sum_{k=0}^{n+1} q^k &= \sum_{k=0}^{n} q^k + q^{n+1}\\ &= \frac{1-q^{n+1}}{1-q} + q^{n+1}\\ &= \frac{1-q^{n+1}}{1-q} + \frac{(1-q)q^{n+1}}{1-q}\\ &= \frac{1-q^{n+1}+q^{n+1}-q^{n+2}}{1-q}\\ &= \frac{1-q^{(n+1)+1}}{1-q}\,.\end{aligned}$$

Man könnte den Nachweis auch ohne Induktion führen. Wir setzen

$$s_n = \sum_{k=0}^{n} q^k$$

und berechnen die Differenz,

$$\begin{aligned}(1-q)\,s_n &= s_n - q\,s_n\\ &= 1 + q + q^2 + \cdots + q^n\\ &\quad - (q + q^2 + q^3 \cdots + q^{n+1})\\ &= 1 - q^{n+1}\,.\end{aligned}$$

Ist $q \neq 1$, so folgt sofort die Behauptung.

Für $q = \sqrt{3}$ und $n = 10$ ergibt sich also

$$\begin{aligned}&1 + \sqrt{3} + (\sqrt{3})^2 + \cdots + (\sqrt{3})^{10}\\ &= \frac{1-(\sqrt{3})^{11}}{1-\sqrt{3}} = \frac{1-(\sqrt{3})^{10}\sqrt{3}}{1-\sqrt{3}}\\ &= \frac{1-3^5\sqrt{3}}{1-\sqrt{3}} = \frac{1-243\sqrt{3}}{1-\sqrt{3}}\\ &= \frac{(1-243\sqrt{3})(1+\sqrt{3})}{(1-\sqrt{3})(1+\sqrt{3})} = \frac{(1-243\sqrt{3})(1+\sqrt{3})}{(1-3)}\\ &= 364 + 121\sqrt{3}\,.\end{aligned}$$

□

Potenzen mit negativen ganzzahligen Exponenten werden erklärt, indem man für $a \neq 0$ und $n \in \mathbb{N}$ schreibt:

$$a^{-n} = (a^{-1})^n = \left(\frac{1}{a}\right)^n.$$

Man bekommt hiermit folgende Regel:

Potenzen mit negativen ganzzahligen Exponenten

$$a^{-n} = \underbrace{\frac{1}{a} \cdot \frac{1}{a} \cdot \ldots \cdot \frac{1}{a}}_{n\text{-fach}} = \frac{1}{a^n}\,.$$

Die Rechenregeln für Potenzen mit natürlichen Exponenten können nun auf ganzzahlige erweitert werden:

Rechenregeln für Potenzen mit Exponenten aus $\mathbb{Z}$

1) Multiplikation und Division von Potenzen mit gleicher Basis:

$$a^n \cdot a^m = a^{n+m} \quad \text{und} \quad \frac{a^n}{a^m} = a^{n-m}\,, \quad a \neq 0\,,$$

2) Multiplikation und Division von Potenzen mit gleichem Exponenten:

$$a^n \cdot b^n = (a \cdot b)^n \quad \text{und} \quad \frac{a^n}{b^n} = \left(\frac{a}{b}\right)^n\,, \quad b \neq 0\,,$$

3) Potenzieren einer Potenz:

$$\left(a^n\right)^m = a^{nm}\,.$$

Beispiel 3.3. Wir verdeutlichen uns die Rechenregeln anhand folgender Aussagen:

$$\text{(a)}\quad a^{-3} \cdot a^5 = a^2\,, \quad \text{(b)}\quad \frac{a^5}{a^{-2}} = a^7\,, \quad \text{(c)}\quad \frac{a^3}{b^3} = \left(\frac{a}{b}\right)^3\,,$$
$$\text{(d)}\quad \left(a^2\right)^{-3} = a^{-6}\,, \quad \text{(e)}\quad \left(a^{-2}\right)^{-2} = a^4\,.$$

Geht man nach der Definition der Potenzen vor, so ergibt sich

(a) $a^{-3} \cdot a^5 = \frac{1}{a} \cdot \frac{1}{a} \cdot \frac{1}{a} \cdot a \cdot a \cdot a \cdot a \cdot a = a \cdot a = a^2 = a^{-3+5}$,

(b) $\frac{a^5}{a^{-2}} = a^5 \cdot \frac{1}{a^{-2}} = a^5 \cdot \frac{1}{\frac{1}{a^2}} = a^5 \cdot a^2 = a^7 = a^{5-(-2)}$,

(c) $\frac{a^3}{b^3} = a^3 \cdot \frac{1}{b^3} = a \cdot a \cdot a \cdot \frac{1}{b} \cdot \frac{1}{b} \cdot \frac{1}{b} = (\frac{a}{b})^3$,

(d) $(a^2)^{-3} = (\frac{1}{a^2})^3 = \frac{1}{(a^2)^3} = a^{-6} = a^{2\,(-3)}$,

(e) $(a^{-2})^{-2} = (\frac{1}{a^2})^{-2} = (a^2)^2 = a^{(-2)\,(-2)}$. □

Beispiel 3.4. Die Zahlen 300.000 und 0.00000001 sollen mithilfe von 10er Potenzen geschrieben werden.

Es ergibt sich

$$300.000 = 3 \cdot 100.000 = 3 \cdot 10^5\,,$$
$$0.00000001 = 10^{-8}\,.$$

□

Beispiel 3.5. Wir vereinfachen folgende Ausdrücke:

$$\text{(a)}\quad \left(\frac{1}{2}\right)^3 \cdot \left(\frac{1}{2}\right)^4, \quad \text{(b)}\quad (-5)^2 \cdot (-5)^3, \quad \text{(c)}\quad \frac{2^{-5}}{2^{-7}},$$
$$\text{(d)}\quad (-1)^{2n}, \quad n \in \mathbb{N}, \quad \text{(e)}\quad (-1)^{2n+1}, \quad n \in \mathbb{N},$$
$$\text{(f)}\quad 3^5 \cdot \left(\frac{2}{3}\right)^5 \cdot \left(\frac{1}{3}\right)^5, \quad \text{(g)}\quad \frac{2^5}{(\frac{1}{2})^5},$$
$$\text{(h)}\quad 5^{3n}, \quad n \in \mathbb{N}, \quad \text{(i)}\quad \left(5^2\right)^3, \quad \text{(j)}\quad 5^{(2^3)}.$$

Mithilfe der Rechenregeln für Potenzen ergibt sich
(a) $(\frac{1}{2})^3 \cdot (\frac{1}{2})^4 = (\frac{1}{2})^7 = \frac{1^7}{2^7} = \frac{1}{128}$,
(b) $(-5)^2 \cdot (-5)^3 = (-5)^5 = (-1)^5 \cdot 5^5 = -3.125$,
(c) $\frac{2^{-5}}{2^{-7}} = 2^{-5-(-7)} = 2^2 = 4$,
(d) $(-1)^{2n} = ((-1^2))^n = 1^n = 1$,
(e) $(-1)^{2n+1} = (-1)^{2n} \cdot (-1) = 1 \cdot (-1) = -1$,
(f) $3^5 \cdot (\frac{2}{3})^5 \cdot (\frac{1}{3})^5 = (3 \cdot \frac{2}{3} \cdot \frac{1}{3})^5 = (\frac{2}{3})^5 = \frac{2^5}{3^5} = \frac{32}{243}$,
(g) $\frac{2^5}{(\frac{1}{2})^5} = (\frac{2}{\frac{1}{2}})^5 = 4^5 = 1.024$,
(h) $5^{3n} = (5^3)^n = 125^n$,
(i) $(5^2)^3 = 5^6 = 15.625$,
(j) $5^{(2^3)} = 5^8 = 390.625$. □

3.2 Der binomische Satz

Wir berechnen einige Potenzen einer Summe (bzw. Differenz) reeller Zahlen a und b:

$$
\begin{aligned}
(a+b)^0 &= 1\,,\\
(a+b)^1 &= a+b\,,\\
(a+b)^2 &= a^2 + 2\,a\,b + b^2\,,\\
(a+b)^3 &= a^3 + 3\,a^2\,b + 3\,a\,b^2 + b^3\,,\\
(a+b)^4 &= a^4 + 4\,a^3\,b + 6\,a^2\,b^2 + 4\,a\,b^3 + b^4\,,\\
(a+b)^5 &= a^5 + 5\,a^4\,b + 10\,a^3\,b^2 + 10\,a^2\,b^3 + 5\,a\,b^4 + b^5\,,\\
(a-b)^2 &= a^2 - 2\,a\,b + b^2\,,\\
(a-b)^3 &= a^3 - 3\,a^2\,b + 3\,a\,b^2 - b^3\,,\\
(a-b)^4 &= a^4 - 4\,a^3\,b + 6\,a^2\,b^2 - 4\,a\,b^3 + b^4\,,\\
(a-b)^5 &= a^5 - 5\,a^4\,b + 10\,a^3\,b^2 - 10\,a^2\,b^3 + 5\,a\,b^4 - b^5\,.
\end{aligned}
$$

Die Koeffizienten erhält man offenbar aus folgendem Schema:

n = 0:						1					
n = 1:					1		1				
n = 2:				1		2		1			
n = 3			1		3		3		1		
n = 4:		1		4		6		4		1	
n = 5:	1		5		10		10		5		1

Wir befassen uns zuerst mit dem Aufbau dieses Schemas und führen die Fakultät ein:

Fakultät
Die natürliche Zahl

$$n! = 1 \cdot 2 \cdot 3 \cdot \ldots \cdot n, \quad n \in \mathbb{N},$$
$$0! = 1,$$

heißt Fakultät von n oder n-Fakultät.
Offensichtlich gilt die Rekursionsformel

$$(n+1)! = (n+1) \cdot n!$$

Mit der Fakultät kann man nun die Binomialkoeffizienten definieren:

Binomialkoeffizienten
Seien $n, k \geq 0$ ganze Zahlen, dann bezeichnen wir

$$\binom{n}{k} = \frac{n!}{k!\,(n-k)!}$$

als Binomialkoeffizient n über k.

Beispiel 3.6. Wir berechnen einige Fakultäten und Binomialkoeffizienten:

$$1! = 1, \quad 2! = 2, \quad 3! = 6, \quad 4! = 24, \quad 5! = 120, \ldots.$$

Es gilt:

$$1! = 1,$$
$$2! = 1 \cdot 2 = 2,$$
$$3! = 1 \cdot 2 \cdot 3 = 6,$$
$$4! = 1 \cdot 2 \cdot 3 \cdot 4 = 24,$$
$$5! = 1 \cdot 2 \cdot 3 \cdot 4 \cdot 5 = 120,$$

und

$$\binom{7}{3} = \frac{7 \cdot 6 \cdot 5}{1 \cdot 2 \cdot 3} = 35\,,$$
$$\binom{9}{4} = \frac{9 \cdot 8 \cdot 7 \cdot 6}{1 \cdot 2 \cdot 3 \cdot 4} = 126\,,$$
$$\binom{12}{7} = \frac{12 \cdot 11 \cdot 10 \cdot 9 \cdot 8 \cdot 7 \cdot 6}{1 \cdot 2 \cdot 3 \cdot 4 \cdot 5 \cdot 6 \cdot 7} = 792\,.$$ □

Aus der Definition leiten wir sofort folgende Beziehungen her:

$$\binom{n}{0} = \frac{n!}{0!\,n!} = 1\,,$$
$$\binom{n}{1} = \frac{n!}{1!\,(n-1)!} = n\,,$$
$$\binom{n}{n} = \frac{n!}{n!\,(n-n)!} = 1\,,$$
$$\binom{n}{n-1} = \frac{n!}{(n-1)!\,(n-(n-1))!} = \frac{n!}{(n-1)!\,1!} = n\,,$$
$$\begin{aligned}\binom{n}{k} &= \frac{1 \cdot 2 \cdot \ldots \cdot (n-k)\,(n-k+1) \cdot \ldots \cdot n}{1 \cdot 2 \cdot \ldots \cdot k \cdot 1 \cdot 2 \cdot \ldots \cdot (n-k)}\,, \\ &= \frac{(n-k+1)\,(n-k+2) \cdot \ldots \cdot n}{k!} \\ &= \frac{n\,(n-1) \cdot \ldots \cdot (n-k+1)}{k!}\,.\end{aligned}$$

Die folgenden Eigenschaften gestatten es, die Binomialkoeffizenten schematisch aufzubauen:

Eigenschaften der Binomialkoeffizienten
Die Binomialkoeffizienten gehorchen dem Bildungsgesetz

$$\binom{n}{k-1} + \binom{n}{k} = \binom{n+1}{k}$$

und besitzen die Symmetrieeigenschaft

$$\binom{n}{k} = \binom{n}{n-k}\,.$$

Mit dem Bildungsgesetz kann man die Binomialkoeffizienten schematisch in Gestalt des Pascalschen Dreiecks aufbauen. Zugleich erhält man eine einfache Erklärung dafür, dass alle Binomialkoeffizienten natürliche Zahlen sind. Die Symmetrieeigenschaft findet sich ebenfalls unmittelbar im Pascalschen Dreieck wieder. (Wir werden später eine kombinatorische Interpretation der Binomialkoeffizienten geben).

Pascalsches Dreieck

$$\binom{0}{0}=1$$

$$\binom{1}{0}=1 \qquad \binom{1}{1}=1$$

$$\binom{2}{0}=1 \qquad \binom{2}{1}=2 \qquad \binom{2}{2}=1$$

$$\binom{3}{0}=1 \qquad \binom{3}{1}=3 \qquad \binom{3}{2}=3 \qquad \binom{3}{3}=1$$

$$\binom{4}{0}=1 \qquad \binom{4}{1}=4 \qquad \binom{4}{2}=6 \qquad \binom{4}{3}=4 \qquad \binom{4}{4}=1$$

$$\vdots \qquad \vdots \qquad \vdots \qquad \vdots \qquad \vdots$$

Der Beweis des Bildungsgesetzes verläuft wie folgt:

$$\begin{aligned}\binom{n}{k-1}+\binom{n}{k} &= \frac{n!}{(k-1)!\,(n-k+1)!}+\frac{n!}{k!\,(n-k)!}\\ &= \frac{n!}{(k-1)!\,(n-k)!}\left(\frac{1}{n-k+1}+\frac{1}{k}\right)\\ &= \frac{n!}{(k-1)!\,(n-k)!}\cdot\frac{k+n-k+1}{k\,(n-k+1)}\\ &= \frac{n!(n+1)}{(k-1)!\,k\,(n-k)!\,(n-k+1)} = \frac{(n+1)!}{k!\,(n-k+1)!}\\ &= \frac{(n+1)!}{k!\,(n+1-k)!} = \binom{n+1}{k}.\end{aligned}$$

Der Beweis der Symmetrieeigenschaft ergibt sich aus

$$\begin{aligned}\binom{n}{k} &= \frac{n!}{k!\,(n-k)!}\\ &= \frac{n!}{(n-k)!\,(n-(n-k))!} = \binom{n}{n-k}.\end{aligned}$$

Beispiel 3.7. Das Bildungsgesetz der Binomialkoeffizienten kann noch verallgemeinert werden:

$$\binom{k}{k}+\binom{k+1}{k}+\cdots+\binom{k+n-1}{k}=\sum_{j=0}^{n-1}\binom{k+j}{k}=\binom{k+n}{k+1}.$$

Diese Aussage gilt für alle $n \geq 1$ bei beliebigem $k \geq 0$.

Für $n = 1$ erhalten wir die richtige Aussage

$$\sum_{j=0}^{0}\binom{k+j}{k}=\binom{k+0}{k}=\binom{k+1}{k+1}.$$

Wir nehmen an, die Aussage gelte nun für ein beliebiges $n \geq 11$ und schließen von n auf $n+1$,

$$\begin{aligned}\sum_{j=0}^{(n+1)-1}\binom{k+j}{k} &= \sum_{j=0}^{n-1}\binom{k+j}{k}+\binom{k+n}{k}\\ &= \binom{k+n}{k+1}+\binom{k+n}{k}\\ &= \binom{k+(n+1)}{k+1}.\end{aligned}$$

Im letzten Schritt wurde das Bildungsgesetz verwendet. □

Wir kehren zu unserem Ausgangsproblem zurück und formulieren den Satz:

Binomischer Satz

$$(a+b)^n = \sum_{k=0}^{n}\binom{n}{k}a^{n-k}\,b^k.$$

Der Beweis des Binomischen Satzes geschieht durch vollständige Induktion:

Induktionsanfang: $n = 1$

$$(a+b)^1 = \sum_{k=0}^{1}\binom{1}{k}a^{1-k}\,b^k = a^1 + b^1.$$

Wir nehmen nun an, der binomische Satz gilt für ein beliebiges $n \geq 1$ und führen den Induktionsschritt durch,

$$\begin{aligned}(a+b)^{n+1} &= (a+b)^n\,(a+b)\\ &= \left(\sum_{k=0}^{n}\binom{n}{k}a^{n-k}\,b^k\right)(a+b)\\ &= \left(\sum_{k=0}^{n}\binom{n}{k}a^{n-k}\,b^k\right)a+\left(\sum_{k=0}^{n}\binom{n}{k}a^{n-k}\,b^k\right)b\\ &= \sum_{k=0}^{n}\binom{n}{k}a^{n+1-k}\,b^k+\sum_{k=0}^{n}\binom{n}{k}a^{n-k}\,b^{k+1}\\ &= \binom{n}{0}a^{n+1}\,b^0+\binom{n}{1}a^{n+1-1}\,b^1+\binom{n}{2}a^{n+1-2}\,b^2\\ &\quad+\cdots+\binom{n}{n}a^{n+1-n}\,b^n\\ &\quad+\binom{n}{0}a^n\,b^1+\binom{n}{1}a^{n-1}\,b^2+\binom{n}{2}a^{n-2}\,b^3+\cdots+\binom{n}{n}a^{n-n}\,b^{n+1}.\end{aligned}$$

Durch Zusammenfassen erhält man

$$
\begin{aligned}
(a+b)^{n+1} &= \binom{n}{0} a^{n+1} b^0 \\
&\quad + \left(\binom{n}{1} + \binom{n}{0}\right) a^{n+1-1} b^1 + \left(\binom{n}{2} + \binom{n}{1}\right) a^{n+1-2} b^2 \\
&\quad + \cdots + \left(\binom{n}{n} + \binom{n}{n-1}\right) a^{n+1-n} b^n + \binom{n}{n} a^{n-n} b^{n+1} \\
&= \binom{n+1}{0} a^{n+1} b^0 + \binom{n+1}{1} a^{n+1-1} b^1 + \binom{n+1}{2} a^{n+1-2} b^2 \\
&\quad + \cdots + \binom{n+1}{n} a^{n+1-n} b^n + \binom{n+1}{n+1} a^{n+1-(n+1)} b^{n+1} \\
&= \sum_{k=0}^{n+1} \binom{n+1}{k} a^{n+1-k} b^k .
\end{aligned}
$$

Beispiel 3.8. Wir überprüfen mit dem binomischen Satz

$$
\begin{aligned}
(a+b)^4 &= \binom{4}{0} a^{4-0} b^0 + \binom{4}{1} a^{4-1} b^1 + \binom{4}{2} a^{4-2} b^2 \\
&\quad + \binom{4}{3} a^{4-3} b^3 + \binom{4}{4} a^{4-4} b^4 \\
&= a^4 + 4\,a^3\,b + 6\,a^2\,b^2 + 4\,a\,b^3 + b^4 .
\end{aligned}
$$

□

Beispiel 3.9. Mit dem binomischen Satz berechnen wir

$$
\begin{aligned}
1{,}02^4 &= \left(1 + \frac{2}{100}\right)^4 \\
&= 1 + 4\,\frac{2}{100} + 6\left(\frac{2}{100}\right)^2 + 4\left(\frac{2}{100}\right)^3 + \left(\frac{2}{100}\right)^4 \\
&= 1 + \frac{4 \cdot 2}{100} + \frac{6 \cdot 4}{10.000} + \frac{4 \cdot 8}{1.000.000} + \frac{16}{100.000.000} \\
&= 1.08243216 , \\
0{,}98^4 &= \left(1 - \frac{2}{100}\right)^4 \\
&= 1 - 4\,\frac{2}{100} + 6\left(\frac{2}{100}\right)^2 - 4\left(\frac{2}{100}\right)^3 + \left(\frac{2}{100}\right)^4 \\
&= 0.92236816 .
\end{aligned}
$$

□

3.3 Potenzen mit rationalen Exponenten

Die Quadratwurzel (kurz Wurzel) ist eng mit der Lösung quadratischer Gleichungen verknüpft.

Quadratwurzel
Wir bezeichnen die Zahl, welche größer als oder gleich Null ist und deren Quadrat a ergibt, mit $\sqrt{a}$.

Anders ausgedrückt, $\sqrt{a}$ ist diejenige Lösung der Gleichung $x^2 - a = 0$, die größer als oder gleich Null ist.

Die Quadratwurzel aus einer nichtnegativen reellen Zahl und die Lösungen der Gleichung $x^2 - a = 0$ muss man auseinanderhalten. Bei $a < 0$ hat die Gleichung $x^2 - a = 0$ keine Lösung in $\mathbb{R}$. Bei $a = 0$ hat die Gleichung eine Lösung, nämlich $x = 0$. Bei $a > 0$ hat die Gleichung zwei Lösungen: $x = \sqrt{a}$ und $x = -\sqrt{a}$. Letzteres folgt sofort aus

$$(-\sqrt{a})^2 = (-1)^2 \cdot (\sqrt{a})^2 = 1 \cdot a = a\,.$$

Allgemein kann man die Lösung einer quadratischen Gleichung auf die Definitionsgleichung der Wurzel zurückführen.

Quadratische Gleichung
Die quadratische Gleichung

$$x^2 + px + q = 0 \quad \text{mit} \quad p, q \in \mathbb{R}$$

wird durch quadratischen Ergänzung

$$x^2 + 2\frac{p}{2}x + \left(\frac{p}{2}\right)^2 - \left(\frac{p}{2}\right)^2 + q = 0$$

$$\underbrace{\left(x + \frac{p}{2}\right)^2}_{y^2} - \underbrace{\left(\frac{p^2}{4} - q\right)}_{d} = 0$$

auf die Gleichung $y^2 = d$ reduziert.

Ob eine quadratische Gleichung im Körper der reellen Zahlen lösbar ist, entscheidet das Vorzeichen der Diskriminante

$$d = \frac{p^2}{4} - q\,.$$

Wenn die Diskriminante nichtnegativ ist,

$$d = \frac{p^2}{4} - q \geq 0,$$

hat die quadratische Gleichung zwei Lösungen:

$$x + \frac{p}{2} = \pm\sqrt{\frac{p^2}{4} - q}$$

$$x_{1/2} = -\frac{p}{2} \pm \sqrt{\frac{p^2}{4} - q}\,.$$

Beide Lösungen fallen zu einer einzigen Lösung $x_{1/2} = -\frac{p}{2}$ zusammen, wenn die Diskriminante verschwindet. Andernfalls hat man eine Lösung $-\frac{p}{2} + \sqrt{\frac{p^2}{4} - q}$ rechts von $-\frac{p}{2}$ und eine Lösung $-\frac{p}{2} - \sqrt{\frac{p^2}{4} - q}$ links von $-\frac{p}{2}$. Wenn die Diskriminante negativ ist, $d < 0$, hat die quadratische Gleichung keine Lösung in $\mathbb{R}$.

Beispiel 3.10. Die Lösungen folgender Gleichungen sollen bestimmt werden:

$$x^2 - 6x + 5 = 0\,,$$
$$x^2 + 2x - \frac{3}{2} = 0\,,$$
$$x^2 + 2x + \frac{3}{2} = 0\,.$$

Die erste Gleichung besitzt folgende Lösungen:

$$x_{1/2} = 3 \pm \sqrt{9-5} = 3 \pm 2\,,$$

also $x_1 = 5$ und $x_2 = 1$.

Die zweite Gleichung besitzt folgende Lösungen:

$$x_{1/2} = -1 \pm \sqrt{1 + \frac{3}{2}} = -1 \pm \frac{\sqrt{10}}{2}\,,$$

also $x_1 = -1 + \frac{\sqrt{10}}{2}$ und $x_2 = -1 - \frac{\sqrt{10}}{2}$.

Bei der dritten Gleichung bekommen wir eine negative Diskriminante:

$$1 - \frac{3}{2} = -\frac{1}{2}\,.$$

Die Gleichung besitzt keine Lösung im Körper der reellen Zahlen. □

Beispiel 3.11. Wir bestimmen p so, dass die folgende Gleichung zwei verschiedene reelle Lösungen besitzt:

$$3x^2 - px + 17 = 3\,.$$

Wir formen zuerst um:

$$3x^2 - px + 14 = 0$$

bzw.

$$x^2 - \frac{p}{3}x + \frac{14}{3} = 0\,.$$

Nun suchen wir die quadratische Ergänzung

$$\left(x - \frac{p}{6}\right)^2 = \left(\frac{p}{6}\right)^2 - \frac{14}{3}.$$

Die Gleichung besitzt also genau dann zwei verschiedene reelle Lösungen, wenn gilt

$$\left(\frac{p}{6}\right)^2 - \frac{14}{3} = \frac{p^2}{36} - \frac{14}{3} > 0 \iff p^2 > 168,$$

d. h., $p > 2\sqrt{42}$ oder $p < -2\sqrt{42}$. Die Lösungen lauten in diesen beiden Fällen

$$x_{1/2} = \frac{p}{6} \pm \sqrt{\frac{p^2}{36} - \frac{14}{3}} = \frac{p}{6} \pm \frac{1}{6}\sqrt{p^2 - 168}.$$

□

Wir führen zunächst für die Quadratwurzel eine neue Schreibweise ein, die anstatt des Wurzelzeichens einen Exponenten verwendet.

Schreibweise für Quadratwurzeln

$$a^{\frac{1}{2}} = \sqrt[2]{a} = \sqrt{a}, \quad a \in \mathbb{R}, \quad a \geq 0.$$

Offenbar ist die Exponentialschreibweise mit dem Exponenten 1/2 gerade mit der Regel $(a^n)^m = a^{nm}$ verträglich und erweitert diese.

Von der Quadratwurzel gehen wir zur allgemeineren n-ten Wurzel über (Abb. 3.1):

***n*-te Wurzel**

Sei $n \in \mathbb{N}$ und $a \in \mathbb{R}$, $a \geq 0$. Wir verstehen unter $\sqrt[n]{a} = b$ diejenige nichtnegative Zahl b, welche die Eigenschaft besitzt $b^n = a$.

$$a^{\frac{1}{n}} = \sqrt[n]{a} = b \iff b^n = a.$$

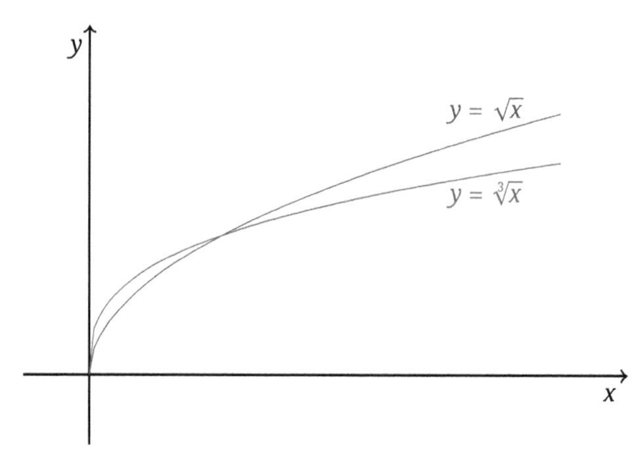

Abb. 3.1: Die Wurzelfunktionen $\sqrt{x}$ und $\sqrt[3]{x}$.

Wiederum müssen wir zwischen der n-ten Wurzel aus a und den Lösungen der Gleichung $x^n = a$ unterscheiden. Die n-te Wurzel liefert definitionsgemäß höchstens eine Lösung dieser Gleichung.

Beispiel 3.12. Die Gleichung

$$x^2 = 2$$

hat zwei Lösungen: $x_{1/2} = \pm\sqrt{2}$. Die Gleichung $x^2 = -2$ besitzt in $\mathbb{R}$ überhaupt keine Lösung. Die Gleichung

$$x^3 = 2$$

hat eine Lösung: $x = \sqrt[3]{2} = 2^{\frac{1}{3}}$. Die Gleichung

$$x^3 = -2$$

besitzt die Lösung $x = -\sqrt[3]{2} = -2^{\frac{1}{3}}$. □

Allgemein bekommen wir nach Definition der n-ten Wurzel:

n-te Wurzel und Gleichung n-ten Grades

Lösungen von $x^n - a = 0$ sind:

1) $a \geq 0: \quad x = \begin{cases} \pm\sqrt[n]{a}, & \text{für } n \text{ gerade,} \\ \sqrt[n]{a}, & \text{für } n \text{ ungerade,} \end{cases}$

2) $a < 0: \quad \begin{cases} \text{Es gibt keine Lösung,} & \text{für } n \text{ gerade,} \\ x = -\sqrt[n]{-a}, & \text{für } n \text{ ungerade.} \end{cases}$

Dazu überlegt man sich zunächst, dass

$$\begin{aligned} x^n - a = 0 \quad &\Rightarrow \quad x^n = a \\ &\Rightarrow \quad |x^n| = |a| \\ &\Rightarrow \quad |x|^n = |a| \\ &\Rightarrow \quad |x|^n - |a| = 0\,. \end{aligned}$$

Das heißt, wenn x Lösung von $z^n - a = 0$ ist, dann ist $|x|$ eine positive Lösung von $z^n - |a| = 0$. Also $|x| = \sqrt[n]{|a|}$. Dies bedeutet, dass stets nur zwei Lösungen möglich sind: $x = +\sqrt[n]{|a|}$ und $x = -\sqrt[n]{|a|}$. Durch Einsetzen entscheidet man nun, welche in Frage kommen:

1) $a \geq 0$: Hier gilt $|a| = a$ und $x = \sqrt[n]{a}$ ist sicher eine Lösung. Die Frage ist, ob $x = -\sqrt[n]{a}$ auch eine Lösung darstellt.

$$\begin{aligned}(-\sqrt[n]{a})^n &= (-1 \cdot \sqrt[n]{a})^n \\ &= (-1)^n \cdot (\sqrt[n]{a})^n \\ &= (-1)^n \cdot a \\ &= a \quad \text{für } n \text{ gerade.}\end{aligned}$$

2) $a < 0$: Hier gilt $|a| = -a$ und $(\sqrt[n]{-a})^n = -a$. Also ist $\sqrt[n]{-a}$ nie eine Lösung. Aus $(-\sqrt[n]{-a})^n = (-1)^n \cdot (\sqrt[n]{-a})^n = (-1)^n \cdot (-a)$ entnehmen wir, dass für n ungerade $-\sqrt[n]{-a}$ die Lösung ist.

Beispiel 3.13. Wir betrachten die Gleichungen $x^3 = 27$ und $x^3 = -27$. In beiden Fällen existiert genau eine Lösung:

$$\begin{aligned} x^3 = 27 \quad &\Longleftrightarrow \quad x = \sqrt[3]{27} = 3 \\ x^3 = -27 \quad &\Longleftrightarrow \quad x = -\sqrt[3]{27} = -3\,. \end{aligned}$$

Die Gleichung $x^4 = 16$ besitzt zwei Lösungen:

$$x^4 = 16 \quad \Longrightarrow \quad x = \pm\sqrt[4]{16} = \pm 2\,.$$

Man kann dies auch einsehen, indem man faktorisiert,

$$\begin{aligned} x^4 - 16 &= 0 \\ (x^2+4)(x^2-4) &= 0 \\ &\Updownarrow \\ x^2 - 4 &= 0 \\ &\Updownarrow \\ x &= \pm 2\,. \end{aligned}$$

□

Wir gehen nun in zwei Schritten zu rationalen Exponenten über. Sei zunächst $n \in \mathbb{N}$ und $a > 0$. Offenbar ist die Schreibweise

$$a^{-\frac{1}{n}} = \frac{1}{a^{\frac{1}{n}}} = \frac{1}{\sqrt[n]{a}}$$

konsistent mit den Rechenregeln für Potenzen. Berücksichtigt man, dass stets $\sqrt[n]{1} = 1$ gilt, so bekommt man

$$\begin{aligned} a^{-\frac{1}{n}} &= (a^{-1})^{\frac{1}{n}} = \left(\frac{1}{a}\right)^{\frac{1}{n}} \\ &= \frac{1^{\frac{1}{n}}}{a^{\frac{1}{n}}} = \frac{1}{a^{\frac{1}{n}}}\,. \end{aligned}$$

Damit definieren wir:

Potenzen mit rationalen Exponenten
$a > 0, m \in \mathbb{Z}, n \in \mathbb{N}$:

$$a^{\frac{m}{n}} = \left(a^{\frac{1}{n}}\right)^m = \left(a^m\right)^{\frac{1}{n}} = \left(\sqrt[n]{a}\right)^m = \sqrt[n]{a^m}\,.$$

Für das Rechnen mit Potenzen mit rationalen Exponenten ergeben sich folgende Regeln:

Rechenregeln für Potenzen mit rationalen Exponenten
Für rationale Exponenten p, q und Basen $a, b > 0$ gilt:

$$\begin{aligned} a^p\, a^q &= a^{p+q}\,,\\ \left(a^p\right)^q &= a^{p\,q}\,,\\ a^p\, b^p &= (a\,b)^p\,,\\ a^p &= \frac{1}{a^{-p}}\,, \quad a^p\, a^{-p} = 1\,. \end{aligned}$$

Beispiel 3.14. Folgende Ausdrücke sollen vereinfacht werden:

$$1024^{\frac{1}{10}}\,, \quad \sqrt[4]{0,719^8}\,, \quad \sqrt{27}\cdot\sqrt[3]{81}\,,$$
$$6\cdot 3125^{\frac{1}{5}} - 3\cdot 216^{\frac{1}{3}} - 4\cdot 243^{\frac{1}{5}}\,.$$

Mit den Rechenregeln ergibt sich

$$\begin{aligned} 1024^{\frac{1}{10}} &= \sqrt[10]{1024} = 2\,,\\ \sqrt[4]{0,719^8} &= 0,719^{\frac{8}{4}} = 0,719^2 = 0.516961\,,\\ \sqrt{27}\cdot\sqrt[3]{81} &= 27^{\frac{1}{2}}\cdot 81^{\frac{1}{3}}\\ &= \left(3^3\right)^{\frac{1}{2}}\cdot\left(3^4\right)^{\frac{1}{3}}\\ &= 3^{\frac{3}{2}}\cdot 3^{\frac{4}{3}}\\ &= 3^{\frac{3}{2}+\frac{4}{3}}\\ &= 3^{\frac{17}{6}} = \sqrt[6]{3^{17}}\,,\\ 6\cdot 3125^{\frac{1}{5}} - 3\cdot 216^{\frac{1}{3}} - 4\cdot 243^{\frac{1}{5}}&\\ &= 6\,\sqrt[5]{3125} - 3\,\sqrt[3]{216} - 4\,\sqrt[5]{243}\\ &= 6\cdot 5 - 3\cdot 6 - 4\cdot 3\\ &= 30 - 18 - 12 = 0\,. \end{aligned}$$

□

Beispiel 3.15. Wir vereinfachen die Ausdrücke

$$\sqrt[n]{a}\,\sqrt{a}\,, \quad \frac{a}{\sqrt[3]{a^2}\,\sqrt[4]{a^{-3}}}\,, \quad a > 0\,.$$

Mit den Rechenregeln für Wurzeln ergibt sich

$$\begin{aligned}\sqrt[n]{a}\,\sqrt{a} &= a^{\frac{1}{n}}\,a^{\frac{1}{2}}\\ &= a^{\frac{1}{n}+\frac{1}{2}}\\ &= a^{\frac{2+n}{2n}} = \sqrt[2n]{a^{n+2}}\,.\end{aligned}$$

Analog berechnet man

$$\begin{aligned}\frac{a}{\sqrt[3]{a^2}\,\sqrt[4]{a^{-3}}} &= \frac{a^1}{a^{\frac{2}{3}}\,a^{-\frac{3}{4}}}\\ &= a^{1-\frac{2}{3}+\frac{3}{4}}\\ &= a^{\frac{1}{3}+\frac{3}{4}}\\ &= a^{\frac{13}{12}} = \sqrt[12]{a^{13}}\,.\end{aligned}$$

□

Beispiel 3.16. Wir vereinfachen den Bruch

$$\frac{\left(a^{\frac{2}{3}}\,b^{-\frac{3}{5}}\right)^4}{\left(a^{\frac{1}{7}}\,\sqrt[3]{b^{\frac{1}{2}}}\right)^2}\,.$$

Mit den Rechenregeln für Wurzeln ergibt sich

$$\frac{\left(a^{\frac{2}{3}}\,b^{-\frac{3}{5}}\right)^4}{\left(a^{\frac{1}{7}}\,\sqrt[3]{b^{\frac{1}{2}}}\right)^2} = \frac{a^{\frac{8}{3}}\,a^{-\frac{2}{7}}}{b^{\frac{1}{3}}\,b^{\frac{12}{5}}} = \frac{a^{\frac{56}{21}}}{b^{\frac{41}{15}}} = \frac{\sqrt[21]{a^{56}}}{\sqrt[15]{b^{41}}}\,.$$

□

Beispiel 3.17. Die folgenden Brüche sollen zusammengefasst werden:

$$\frac{b^{13}\,a^{31}}{(\sqrt{a^3})^{12}} - \frac{(\sqrt{a})^{10}}{b^6}\,,$$

wobei $a > 0$ und $b \neq 0$ ist. Umformen ergibt

$$\begin{aligned}\frac{b^{13}\,a^{31}}{(\sqrt{a^3})^{12}} - \frac{(\sqrt{a})^{10}}{b^6} &= \frac{a^{31}\,b^{13}}{a^{18}} - \frac{a^5}{b^6}\\ &= a^{13}\,b^{13} - \frac{a^5}{b^6}\\ &= \frac{a^{13}\,b^{19} - a^5}{b^6}\\ &= \frac{a^5\,(a^8\,b^{19} - 1)}{b^6}\,.\end{aligned}$$

□

3.4 Exponential- und Logarithmusfunktion

Es bleibt noch die Aufgabe, Potenzen mit beliebigen reellen Exponenten zu erklären, beispielsweise $2^{\sqrt{3}}$ oder $(\sqrt{2})^{\pi}$. Da bereits die reellen Zahlen aus $\mathbb{R} \setminus \mathbb{Q}$ durch Grenzprozesse festgelegt werden, muss natürlich bei Potenzen mit solchen Exponenten auch ein Grenzübergang stattfinden.

Als Grundlage bei der Einführung der allgemeinen Potenz a^x, $a, x \in \mathbb{R}$, $a \geq 0$ dient uns die Exponentialfunktion (e-Funktion) e^x mit der Eulerschen Zahl e als Basis. Sie wird durch folgende unendliche Reihe definiert:

Eulersche Zahl

$$e = 1 + \frac{1}{1!} + \frac{1}{2!} + \frac{1}{3!} + \cdots .$$

Die e-Funktion, die jeder reellen Zahl x die Potenz e^x zuordnet, wird dementsprechend erklärt durch

$$e^x = 1 + \frac{x^1}{1!} + \frac{x^2}{2!} + \frac{x^3}{3!} + \cdots .$$

Aus der Summendarstellung ergeben sich folgende fundamentale Eigenschaften der e-Funktion (Abb. 3.2):

Eigenschaften der Exponentialfunktion

1) $e^0 = 1, e^1 = e$,
2) $e^x e^y = e^{x+y}, x, y \in \mathbb{R}$,
3) $e^x > 0, x \in \mathbb{R}$,
4) $e^{-x} = \frac{1}{e^x}, x \in \mathbb{R}$.

Die Eigenschaft 2) wird als Funktionalgleichung bezeichnet und stellt mit Abstand die wichtigste Eigenschaft der Exponentialfunktion dar. Die Funktionalgleichung kann auch als definierende Eigenschaft der Exponentialfunktion genommen werden. Es lässt sich nämlich zeigen, dass die Exponentialfunktion die einzige Funktion ist, welche die Funktionalgleichung und die Anfangsbedingung $e^0 = 1$ erfüllt. Man kann sich die Funktionalgleichung folgendermaßen plausibel machen:

$$\begin{aligned} e^x e^y &= \left(1 + \frac{x^1}{1!} + \frac{x^2}{2!} + \frac{x^3}{3!} + \cdots\right) \\ &\quad \left(1 + \frac{y^1}{1!} + \frac{y^2}{2!} + \frac{y^3}{3!} + \cdots\right) \\ &= 1 + \left(\frac{x^1}{1!} + \frac{y^1}{1!}\right) + \left(\frac{x^2}{2!} + \frac{x^1}{1!}\frac{y^1}{1!} + \frac{y^2}{2!}\right) \\ &\quad + \left(\frac{x^3}{3!} + \frac{x^2}{2!}\frac{y^1}{1!} + \frac{x^1}{1!}\frac{y^2}{2!} + \frac{y^3}{3!}\right) + \cdots \end{aligned}$$

$$
\begin{aligned}
&= 1 + \frac{(x+y)^1}{1!} + \frac{(x+y)^2}{2!} + \frac{(x+y)^3}{3!} + \cdots \\
&= e^{x+y} .
\end{aligned}
$$

Offenbar ergibt sich 3) zunächst für $x \geq 0$ aus der Summendarstellung. Wegen $e^x e^{-x} = e^0 = 1$ folgt 3) dann auch für $x < 0$. Die Eigenschaft 4) bekommt man analog mit $e^x > 0$ aus der Funktionalgleichung.

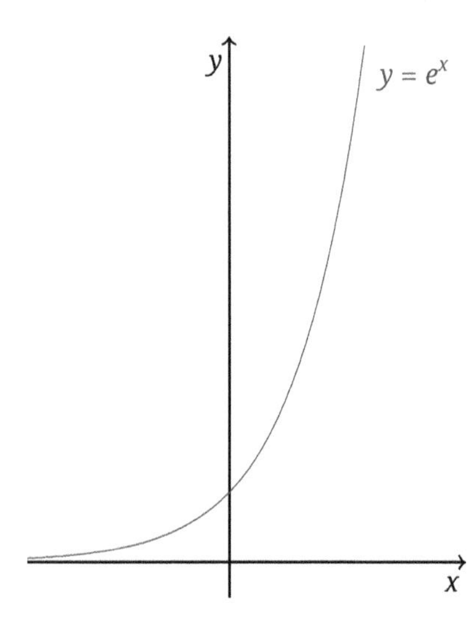

Abb. 3.2: Die Exponentialfunktion $y = e^x$.

Es gibt einen zweiten Zugang zur Exponentialfunktion, den wir etwas anschaulicher darstellen können. Betrachtet man ein Anfangskapital $k_0 = 1$, das mit dem jährlichen Zinssatz $p/100$ verzinst wird, so erreicht man jeweils am Ende Jahres $1, 2, \ldots, m$ das Kapital

$$
k_1 = \left(1 + \frac{p}{100}\right), k_2 = \left(1 + \frac{p}{100}\right)^2, \ldots, k_m = \left(1 + \frac{p}{100}\right)^m .
$$

Vereinbart man den Zinssatz $p/100\,n$, schlägt den Zins aber bereits nach $1/n$ Jahren zu, so erhält man das Kapital

$$
k_1 = \left(1 + \frac{p}{100\,n}\right), k_2 = \left(1 + \frac{p}{100\,n}\right)^2, \ldots, k_m = \left(1 + \frac{p}{100\,n}\right)^m
$$

und zwar jeweils nach $1/n, 2/n, \ldots, m/n$ Jahren. Nach einem Jahr ergibt sich

$$
k_n = \left(1 + \frac{x}{n}\right)^n, \quad \text{mit} \quad x = \frac{p}{100} .
$$

Lässt man n beliebig groß werden und die Verzinsung stetig erfolgen, so geht man zu einem natürlichen Wachstum über. Man kann zeigen, dass für ein beliebiges $x \in \mathbb{R}$ die Funktionswerte k_n mit wachsendem n gegen e^x streben,

$$\lim_{n\to\infty}\left(1+\frac{x}{n}\right)^n = e^x .$$

Diese Beziehung bedeutet, dass die Funktionen $(1+\frac{x}{n})^n$ an jeder Stelle x für wachsende n in die Funktion e^x übergehen (Abb. 3.3).

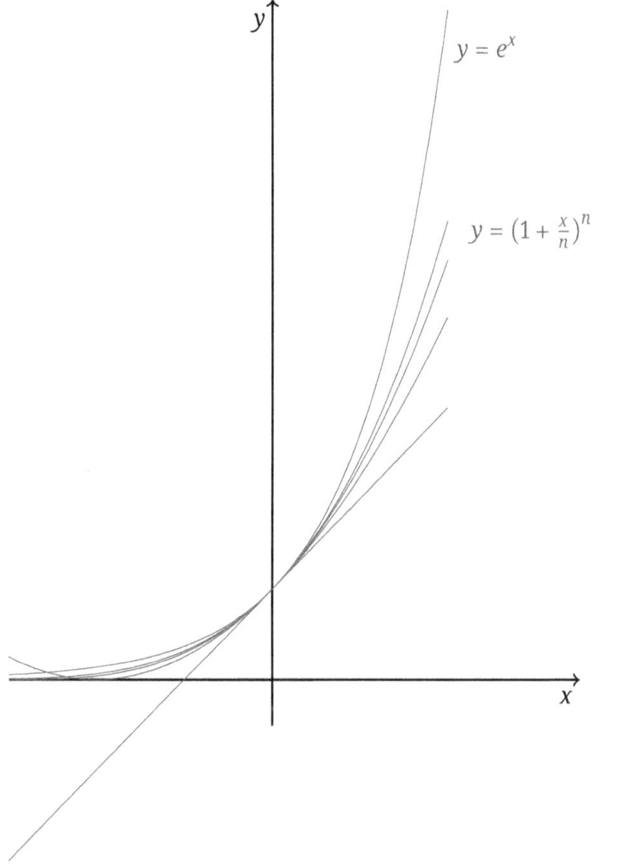

Abb. 3.3: Die Funktionen $y = (1+\frac{x}{n})^n$ für $n = 1, 2, 3, 4$ mit der Grenzfunktion $y = e^x$.

Jeder Zahl $x \geq 0$ haben wir diejenige Zahl $\sqrt{x}$ zugeordnet, deren Quadrat x selbst ergab. Dadurch wurde das Quadrieren umgekehrt. Auf ähnliche Weise kehren wir nun die Exponentialfunktion um. Jeder reellen Zahl $x > 0$ ordnen wir diejenige reelle Zahl $\ln(x)$ zu, welche die Bedingung $e^{\ln(x)} = x$ erfüllt. Wir bezeichnen diese Zahl als natürlichen Logarithmus von x (Abb. 3.4):

Der natürliche Logarithmus

Der natürliche Logarithmus wird erklärt als Umkehrfunktionen der Exponentialfunktion,

$$y = \ln(x) \iff e^y = x\,, \quad x > 0\,.$$

Damit gelten die folgenden beiden Beziehungen für die Logarithmusfunktion:

$$e^{\ln(x)} = x \quad \text{für} \quad x > 0\,, \quad \ln\left(e^x\right) = x \quad \text{für} \quad x \in \mathbb{R}\,.$$

Aus der Definition ergeben sich sofort folgende Eigenschaften:

1) $\ln(1) = 0\,, \quad \ln(e) = 1,$
2) $\ln(x\,y) = \ln(x) + \ln(y)\,, \quad \text{für} \quad x,y > 0,$
3) $\ln(\frac{1}{x}) = -\ln(x).$

Die Eigenschaft 1) ergibt sich unmittelbar aus $e^0 = 1$ und $e^1 = e$.

Ist $x > 0$ und $y = e^x$, so gilt $y > 1$. Für $x, y > 0$ bekommen wir mit der Funktionalgleichung der e-Funktion

$$\begin{gathered} e^{\ln(x)}\,e^{\ln(y)} = e^{\ln(x)+\ln(y)} \\ \Updownarrow \\ x\,y = e^{\ln(x)+\ln(y)} \\ \Updownarrow \\ \ln(x\,y) = \ln(e^{\ln(x)+\ln(y)}) \\ \Updownarrow \\ \ln(x\,y) = \ln(x) + \ln(y)\,. \end{gathered}$$

Damit haben wir die Funktionalgleichung des natürlichen Logarithmus 2). Aus 2) ergibt sich die Eigenschaft 3) wie folgt:

$$\begin{gathered} \ln\left(x\,\frac{1}{x}\right) = \ln(x) + \ln\left(\frac{1}{x}\right) \\ \Updownarrow \\ \ln(1) = \ln(x) + \ln\left(\frac{1}{x}\right) \\ \Updownarrow \\ 0 = \ln(x) + \ln\left(\frac{1}{x}\right) \\ \Updownarrow \\ \ln\left(\frac{1}{x}\right) = -\ln(x)\,. \end{gathered}$$

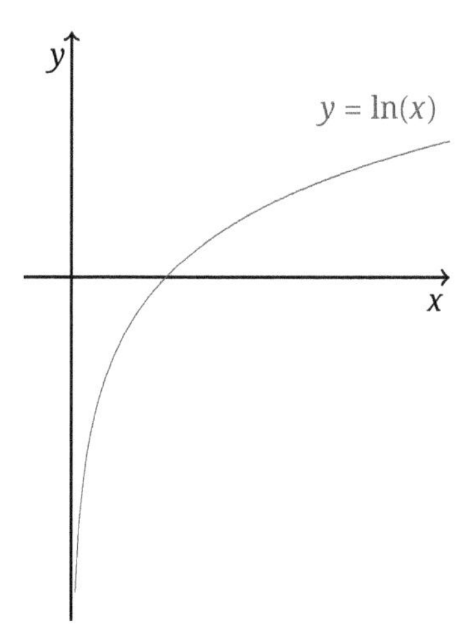

Abb. 3.4: Der natürliche Logarithmus $y = \ln(x)$.

Durch Kombination der Reihendarstellung der e-Funktion mit den Funktionalgleichungen und ihren Folgerungen kann man folgende Ungleichungen herleiten (Abb. 3.5):

Ungleichungen für die Exponentialfunktion und den natürlichen Logarithmus

1) $e^x > 1$, für $x > 0$, $0 < e^x < 1$, für $x < 0$,
2) $\ln(x) > 0$, für $x > 1$, $\ln(x) < 0$, für $0 < x$,
3) $1 - \frac{1}{x} < \ln(x) < x - 1$, für $x > 0$,
4) $1 + x \leq e^x$, für $x \in \mathbb{R}$, $e^x \leq \frac{1}{1-x}$, für $x < 1$,
5) $e^x < e^y$, $x < y$,
6) $\ln(x) < \ln(y)$, für $0 < x < y$.

Die Monotonie der Exponentialfunktion (Ungleichung 5)) folgt aus der Ungleichung 1). Dazu formen wir um: $e^y - e^x = e^y(1 - e^{x-y})$. Ist nun $x < y$, d. h., $x - y < 0$, so folgt $0 < e^{x-y} < 1$ und hieraus $e^y - e^x > 0$.

Die Monotonie des natürlichen Logarithmus (Ungleichung 6)) bekommt man indirekt aus der Monotonie der Exponentialfunktion. Wäre $0 < x < y$ und $\ln(x) \geq \ln(y)$, so ergäbe sich $e^{\ln(x)} \geq e^{\ln(y)}$, d. h. $x \geq y$. Dies steht aber im Widerspruch zur ursprünglichen Annahme.

Für $x > 0$ und $n \in \mathbb{N}$ gilt:

$$\ln(x^n) = n \ln(x)$$
$$\ln(x^{-1}) = (-1) \ln(x)\,.$$

Wegen

$$n \ln(x^{\frac{1}{n}}) = \ln((x^{\frac{1}{n}})^n) = \ln(x^{\frac{n}{n}}) = \ln(x)$$

wird man für $m \in \mathbb{Z}$ und $n \in \mathbb{N}$ auf folgende Beziehung geführt:

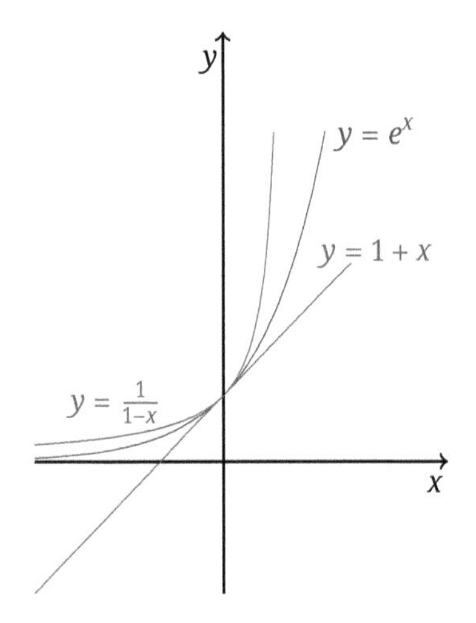

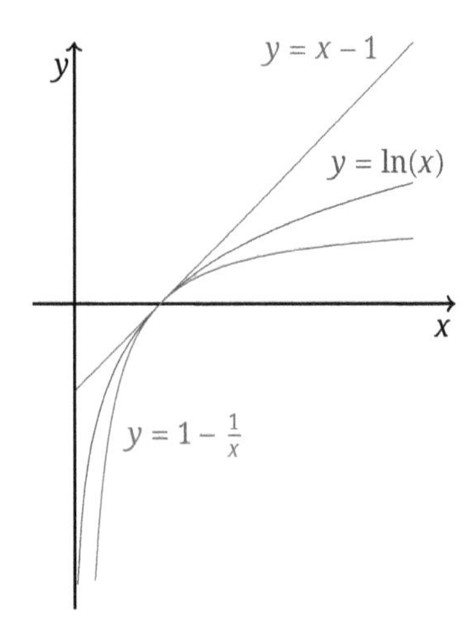

Abb. 3.5: Die Funktionen $y = e^x, y = 1 + x$ und $y = \frac{1}{1-x}$ (links), die Funktionen $y = \ln(x), y = 1 - \frac{1}{x}$ und $y = x - 1$ (rechts).

Natürlicher Logarithmus einer Potenz

$$\ln(x^{\frac{m}{n}}) = \frac{m}{n} \ln(x).$$

Beispiel 3.18. Wir lösen folgende Gleichungen:

$$\text{(a)} \quad \ln(\sqrt{x+5}) = \frac{1}{2}\ln(x+1) + 1, \quad \text{(b)} \quad \frac{e^x - e^{-x}}{e^x + e^{-x}} = \frac{1}{5}.$$

(a) Umformen und Anwenden der Rechenregeln für den Logarithmus ergibt

$$\ln((x+5)^{\frac{1}{2}}) - \ln((x+1)^{\frac{1}{2}}) = 1$$

bzw.

$$\ln\left(\left(\frac{x+5}{x+1}\right)^{\frac{1}{2}}\right) = 1.$$

Dies schreiben wir als

$$\frac{1}{2}\ln\left(\frac{x+5}{x+1}\right) = 1$$

bzw.

$$\ln\left(\frac{x+5}{x+1}\right) = 2.$$

Wenden wir auf beiden Seiten die e-Funktion an, so folgt

$$\frac{x+5}{x+1} = e^2 .$$

Die Lösung dieser Gleichung ergibt sich zu

$$x = \frac{5\,e^{-2} - 1}{1 - e^{-2}} .$$

(b) Durch Erweitern mit e^x auf der linken Seite bekommen wir

$$\frac{e^{2x} - 1}{e^{2x} + 1} = \frac{1}{5}$$

und daraus

$$e^{2x} = \frac{3}{2} .$$

Wendet man auf beiden Seiten den Logarithmus an, so folgt

$$2\,x = \ln\left(\frac{3}{2}\right) .$$

Schließlich bekommt man die Lösung

$$x = \ln\left(\sqrt{\frac{3}{2}}\right) . \qquad \square$$

Für rationales r und reelles $a > 0$ haben wir

$$\ln(a^r) = r\ln(a) \quad \Longleftrightarrow \quad a^r = e^{r\ln(a)} .$$

Verallgemeinert man dies auf reelle Exponenten, so bekommt man die Exponentialfunktion zur reellen Basis a (Abb. 3.6).

Exponentialfunktion zur Basis a, Verallgemeinerung der Potenzfunktion
Die Exponentialfunktion zur Basis a wird erklärt durch

$$a^x = e^{\ln(a)\,x} \quad \text{für } a > 0 \text{ und } x \in \mathbb{R} .$$

Hiermit können wir die Verallgemeinerung der Potenzfunktion vornehmen:

$$x^b = e^{b\ln(x)} \quad \text{für } x > 0,\, b \in \mathbb{R} .$$

Für alle $a, b > 0$ und $x, y \in \mathbb{R}$ gelten folgende Rechenregeln:

$$a^{x+y} = a^x\,a^y ,$$
$$(a^x)^y = a^{xy} ,$$
$$a^x\,b^x = (a\,b)^x .$$

Man rechnet dies nach mithilfe der Definition

$$\begin{aligned}
a^{x+y} &= e^{\ln(a)(x+y)} \\
&= e^{\ln(a)x}\, e^{\ln(a)y} \\
&= a^x\, a^y\,, \\
(a^x)^y &= (e^{\ln(a)x})^y \\
&= e^{\ln(a)x\,y} \\
&= a^{x\,y}\,, \\
a^x\, b^x &= e^{\ln(a)x}\, e^{\ln(b)x} \\
&= e^{(\ln(a)+\ln(b))x} \\
&= (e^{\ln(a)+\ln(b)})^x = (e^{\ln(a\,b)})^x \\
&= (a\,b)^x\,.
\end{aligned}$$

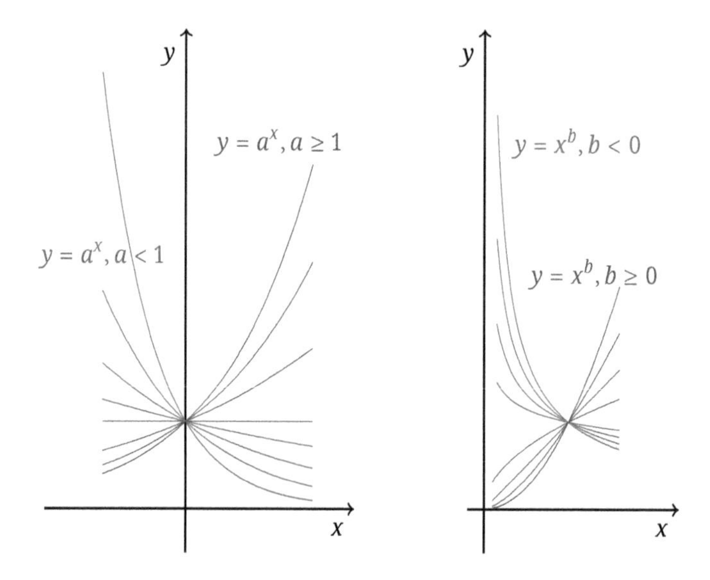

Abb. 3.6: Die Exponentialfunktion a^x bei verschiedenen Basen (links), die Potenzfunktion $y = x^b$ bei verschiedenen Exponenten (rechts).

Beispiel 3.19. Mit der e-Funktion gilt:

$$\begin{aligned}
2^\pi &= \mathrm{e}^{\pi \ln(2)}\,, \\
(\sqrt{2})^{\sqrt{3}} &= \mathrm{e}^{\sqrt{3}\ln(\sqrt{2})} \\
&= \mathrm{e}^{\sqrt{3}\frac{1}{2}\ln(2)} = \mathrm{e}^{\frac{1}{2}\sqrt{3}\ln(2)}\,,
\end{aligned}$$

bzw.

$$
\begin{aligned}
(\sqrt{2})^{\sqrt{3}} &= (2^{\frac{1}{2}})^{\sqrt{3}} \\
&= 2^{\frac{1}{2}\sqrt{3}} = e^{\frac{1}{2}\sqrt{3}\ln 2} .
\end{aligned}
$$ □

Mithilfe der allgemeinen Potenz bekommen wir nun auch für reelle Argumente x:

Natürlicher Logarithmus einer Potenz

$$\ln(a^x) = \ln(e^{\ln(a)\,x}) = x \ln(a) .$$

Ist $a > 0$, $a \neq 1$ und $x > 0$, so kann die Gleichung

$$a^y = e^{\ln(a)\,y} = x$$

eindeutig mithilfe des natürlichen Logarithmus gelöst werden.

Allgemeiner Logarithmus
Sei $a > 0$, $a \neq 1$ und $x > 0$. Dann wird der Logarithmus von x zur Basis a erklärt durch (Abb. 3.7):

$$y = \log_a(x) \iff a^y = x .$$

Zwischen $\log_a$ und ln ergibt sich ein einfacher Zusammenhang. Kombiniert man die Beziehungen

$$a^y = x \iff y = \log_a(x)$$

und

$$a^y = x \iff \ln(a^y) = y \ln(a) = \ln(x) ,$$

so folgt

$$\log_a(x) \ln(a) = \ln(x) .$$

Natürlicher Logarithmus und allgemeiner Logarithmus

$$\log_a(x) = \frac{1}{\ln(a)} \ln(x) .$$

Für alle $a > 0$, $a \neq 1$, $a \in \mathbb{R}$ und $x, y > 0$ gilt:

$$
\begin{aligned}
\log_a(x\,y) &= \log_a(x) + \log_a(y) , \\
\log_a\left(\frac{x}{y}\right) &= \log_a(x) - \log_a(y) , \\
\log_a(x^\alpha) &= \alpha \log_a(x) .
\end{aligned}
$$

Man rechnet nämlich definitionsgemäß nach

$$\begin{aligned}
\log_a(x\,y) &= \frac{\ln(x\,y)}{\ln(a)} \\
&= \frac{\ln(x) + \ln(y)}{\ln(a)} \\
&= \log_a(x) + \log_a(y)\,, \\
\log_a(x^\alpha) &= \frac{\ln(x^\alpha)}{\ln(a)} \\
&= \alpha\,\frac{\ln(x)}{\ln(a)} \\
&= \alpha\,\log_a(x)\,.
\end{aligned}$$

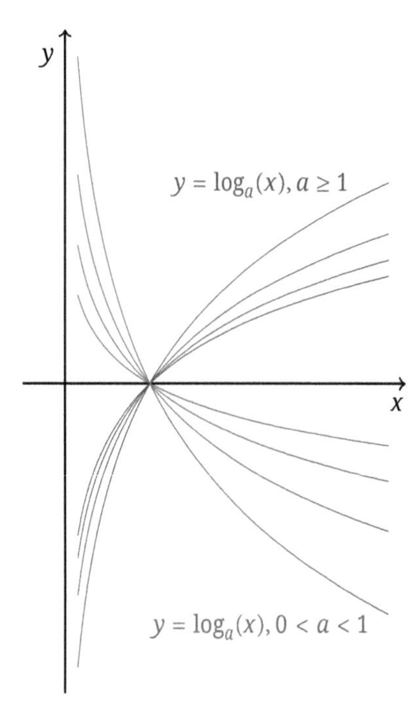

Abb. 3.7: Die Logarithmusfunktion $y = \log_a(x)$ bei verschiedenen Basen.

Beispiel 3.20. Sei $a > 0$ und $\log_a(3) = 7$. Wie groß wird dann $\log_a(81)$?
Mit der Regel $\log_a(x^b) = b\,\log_a(x)$ bekommt man

$$\log_a(81) = \log_a(3^4) = 4\,\log_a(3) = 28\,.$$

□

Beispiel 3.21. Sei $a \geq b > 1$. Wir zeigen

$$\log_a(x) \leq \log_b(x) \quad \text{für} \quad x \geq 1$$

und

$$\log_b(x) \leq \log_a(x) \quad \text{für} \quad 0 < x < 1\,.$$

Mit der Monotonie des natürlichen Logarithmus ergibt sich

$$\ln(a) \geq \ln(b) > 0 \quad \text{bzw.} \quad 0 < \frac{1}{\ln(a)} \leq \frac{1}{\ln(b)}\,.$$

Multipliziert man diese Ungleichung mit $\ln(x)$ ($x > 0$), so gilt für $x > 1$:

$$0 < \frac{\ln(x)}{\ln(a)} \leq \frac{\ln(x)}{\ln(b)}\,,$$

und für $x < 1$:

$$\frac{\ln(x)}{\ln(b)} \leq \frac{\ln(x)}{\ln(a)} < 0\,.$$

□

4 Trigonometrie

4.1 Winkel und Winkelmaße

Wir lassen zwei Strahlen s_1 und s_2 von einem festen Punkt der Ebene ausgehen. Die Strahlen s_1 und s_2 werden durch zwei weitere Strahlen s_1' und s_2' zu Geraden ergänzt. Nun betrachten wir den Winkelraum, der von s_1 und s_2 berandet wird und s_1' und s_2' nicht enthält. Der Winkelraum wird durch seine Öffnung, den Winkel, charakterisiert. Die Strahlen s_1 und s_2 schließen einen Winkel $\alpha(s_1, s_2)$ ein, der zwischen $0°$ und $180°$ liegt (Abb. 4.1, Abb. 4.2). Anstelle von Strahlen spricht man auch von den Schenkeln eines Winkels.

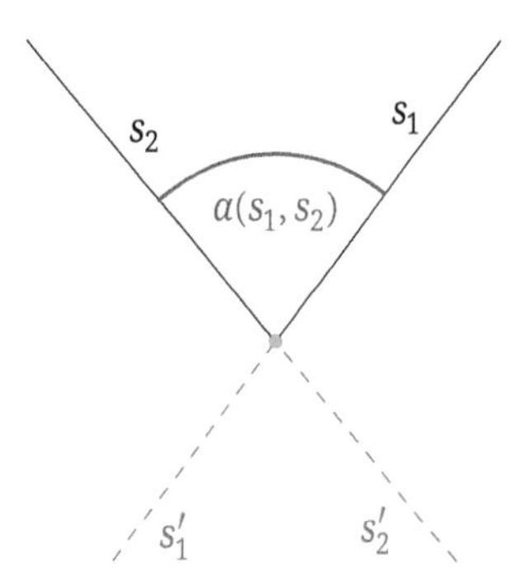

Abb. 4.1: Von den Strahlen s_1 und s_2 eingeschlossener Winkel: $0° < \alpha(s_1, s_2) < 180°$.

Die Reihenfolge der Strahlen spielt für den eingeschlossenen Winkel keine Rolle:

$$\alpha(s_1, s_2) = \alpha(s_2, s_1) .$$

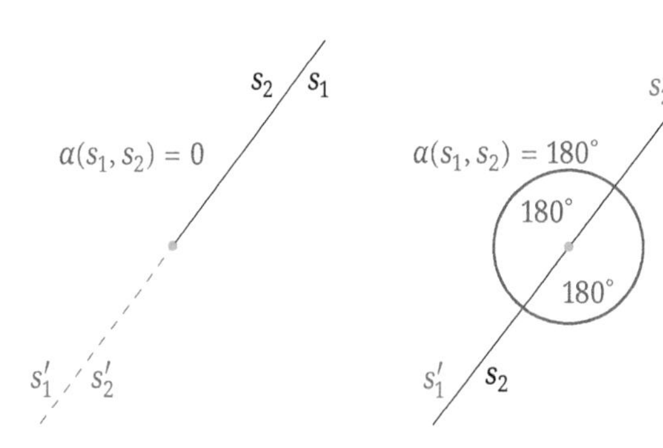

Abb. 4.2: Die Ausnahmefälle sind $s_1 = s_2$, $\alpha(s_1, s_2) = 0$, (links), $s1 = s2'$, $\alpha(s_1, s_2) = 180°$, (rechts).

Nicht nur Strahlen, sondern auch zwei Strecken a und b (zum Beispiel zwei Seiten eines Dreiecks) können einen Winkel $\alpha(a, b)$ einschließen. In einem Dreieck wird oft die folgende Bezeichnung verwendet (Abb. 4.3):

https://doi.org/10.1515/9783111503639-004

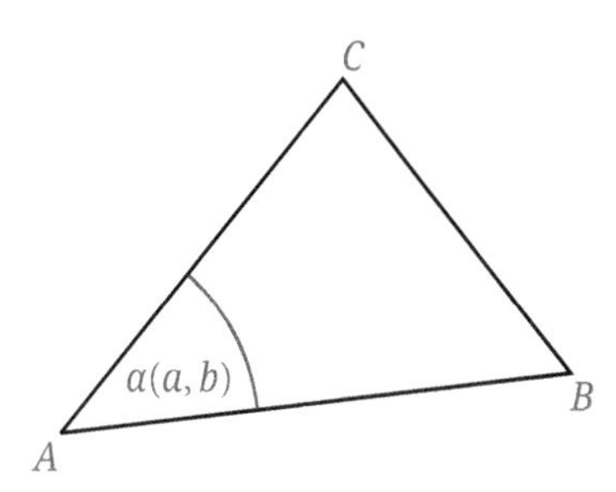

Abb. 4.3: $\alpha(b,c) = \angle BAC$.

Wir halten die positive x-Achse fest und drehen einen Strahl davon ausgehend im positiven Umlaufsinn, also gegen den Uhrzeigersinn. Wir betrachten den Schnittpunkt des Strahls mit dem Einheitskreis. Während der Schnittpunkt den Einheitskreis umläuft, wird ein Winkel α überstrichen (Abb. 4.4).

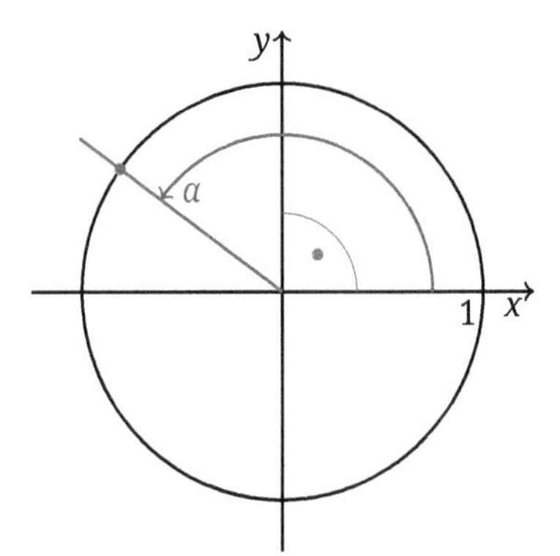

Abb. 4.4: Der Winkel α am Einheitskreis. Positiver Umlaufsinn. (Die positive y-Achse und die positive x-Achse schließen einen rechten Winkel, also 90°, ein).

Die Winkelangabe zeigt uns die Anzahl der Umläufe und den Umlaufsinn an. Wird der Strahl im entgegengesetzten Uhrzeigersinn gedreht, ist der Winkel positiv, andernfalls ist er negativ (Abb. 4.5, Abb. 4.6).

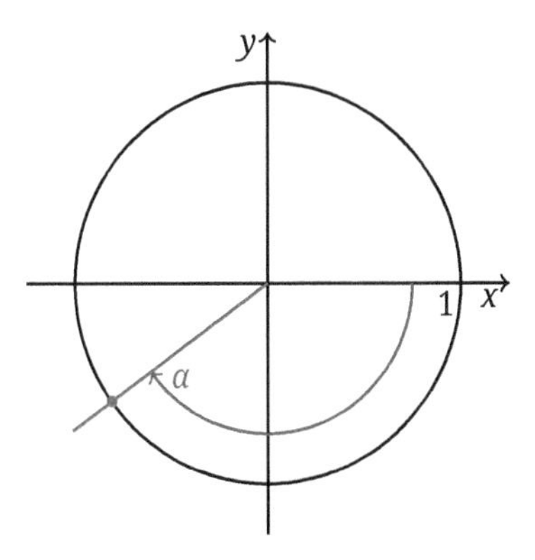

Abb. 4.5: Negativer Umlaufsinn.

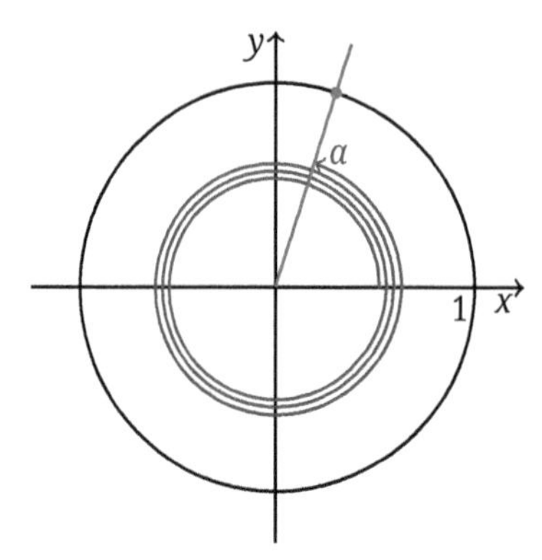

Abb. 4.6: Mehrere positive Umläufe.

Der Vollwinkel wird eingeteilt in 360° (360 Grad). Ein Winkelgrad wird unterteilt in 60′ (60 Minuten) oder in dezimale Gradanteile. Zum Beispiel gilt:

$$127°12' = 127° + \frac{12}{60}^{\circ} = 127° + \frac{2}{10}^{\circ} = 127{,}2°$$

und

$$61{,}39° = 61° + \frac{39}{100}^{\circ} = 61° + \frac{39}{100} \cdot 60' = 61°23' .$$

Winkel, die zwischen 0° und 90° liegen, heißen spitze Winkel. Winkel, die zwischen 90° und 180° liegen, heißen stumpfe Winkel (Abb. 4.7).

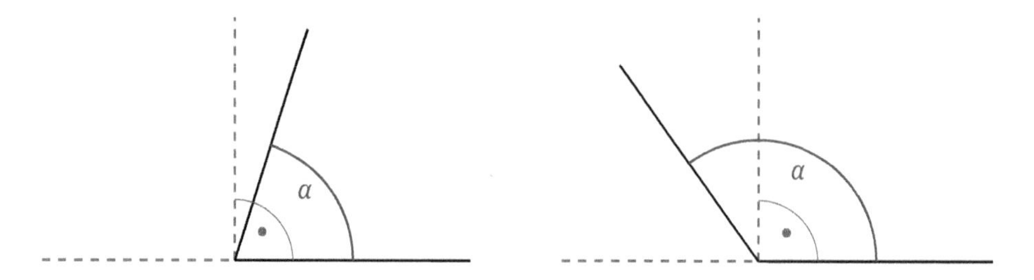

Abb. 4.7: Spitzer Winkel: $0° < \alpha < 90°$ (links). Stumpfer Winkel: $90° < \alpha < 180°$ (rechts).

Neben dem Gradmaß verwendet man das Bogenmaß zur Winkelmessung. Dreht man die positive x-Achse, so durchläuft der Schnittpunkt einen Bogen auf dem Einheitskreis. Die Bogenlänge b ist proportional zum überstrichenen Winkel α (Abb. 4.8):

$$\frac{b}{2\pi} = \frac{\alpha^\circ}{360^\circ}.$$

Gradmaß und Bogenmaß
Das Verhältnis

$$\frac{\pi\alpha^\circ}{180^\circ}$$

heißt Bogenmaß des Winkels α.

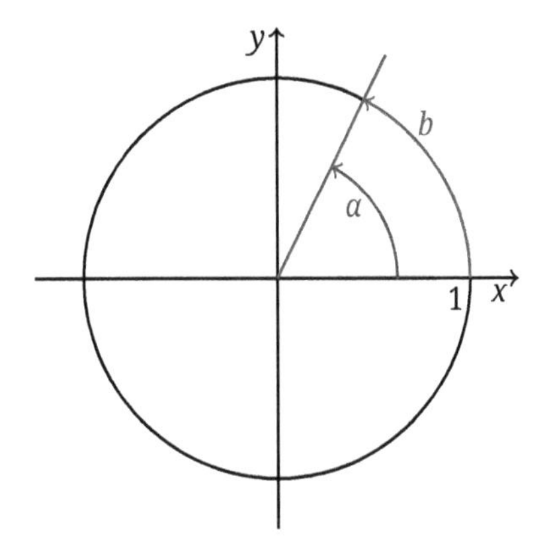

Abb. 4.8: Zum Winkel α° gehöriger Bogen b am Einheitskreis.

Zur Überführung der beiden Winkelmaße ineinander haben wir die Formeln:

Überführung von Gradmaß in Bogenmaß

$$b = \frac{\pi}{180^\circ}\alpha^\circ, \quad \alpha^\circ = \frac{180^\circ}{\pi}b.$$

Beispiel 4.1. Nach den Überführungsformeln erhalten wir mit $\pi = 3{,}1415\dots$ folgende Tabellen:

Gradmaß	1°	90°	270°	$3\,90^\circ$	-90°
Bogenmaß	$0{,}0174\dots$	$\frac{\pi}{2}$	$\frac{3\pi}{2}$	$\frac{13\pi}{6}$	$-\frac{\pi}{2}$
Bogenmaß	1	$\frac{\pi}{2}$	$\frac{5\pi}{9}$	$3.8\,\pi$	$-\frac{\pi}{2}$
Gradmaß	$57{,}2957\dots^\circ$	180°	100°	684°	-90°

□

4.2 Rechtwinkliges Dreieck und Winkelfunktionen

Ein Dreieck ist eindeutig bestimmt durch
- Drei Seiten
- Zwei Seiten und den eingeschlossenen Winkel
- Zwei Seiten und den der größeren Seite gegenüber liegenden Winkel
- Eine Seite und zwei anliegende Winkel

Beim rechtwinkligen Dreieck (Abb. 4.9) ist der rechte Winkel eines der Bestimmungsstücke. Es genügen daher zwei weitere Stücke, um ein rechtwinkliges Dreieck zu konstruieren. Folgende Situationen sind möglich:
- Zwei Katheten
- Eine Kathete und ein spitzer Winkel
- Eine Kathete und die Hypotenuse
- Die Hypotenuse und ein spitzer Winkel

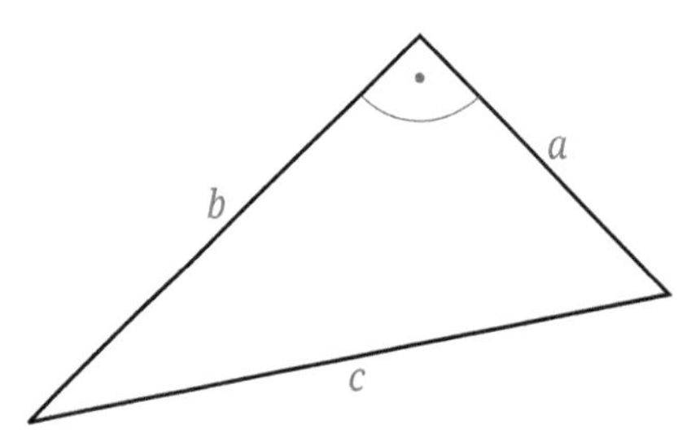

Abb. 4.9: Rechtwinkliges Dreieck mit Hypotenuse c und Katheten a und b.

Die dem rechten Winkel gegenüber liegende Seite heißt Hypotenuse. Die am rechten Winkel anliegenden Seiten heißen Katheten. Im rechtwinkligen Dreieck gelten die folgenden fundamentalen Sätze:
- Der Satz des Pythagoras
- Der Kathetensatz
- Der Höhensatz

Im rechtwinkligen Dreieck ist die Fläche des Quadrats über der Hypotenuse gleich der Summe der Flächen der Quadrate über den Katheten (Abb. 4.10).

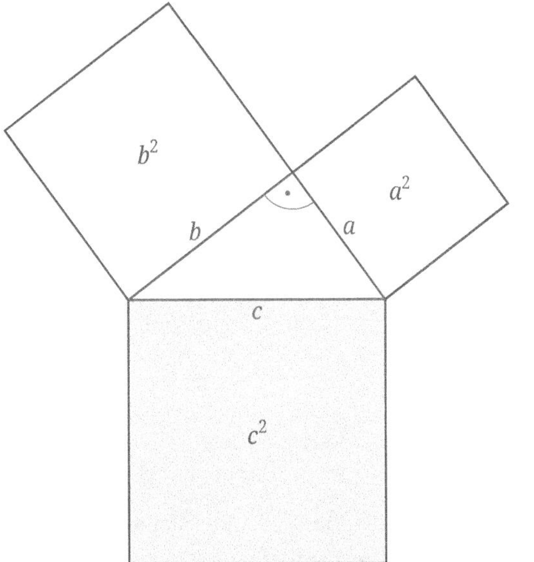

Abb. 4.10: Satz des Pythagoras: $a^2 + b^2 = c^2$.

Im rechtwinkligen Dreieck ist die Fläche des Quadrates über einer Kathete gleich der Fläche des Rechtecks aus der Hypotenuse und der senkrechten Projektion der Kathete auf die Hypotenuse (Abb. 4.11).

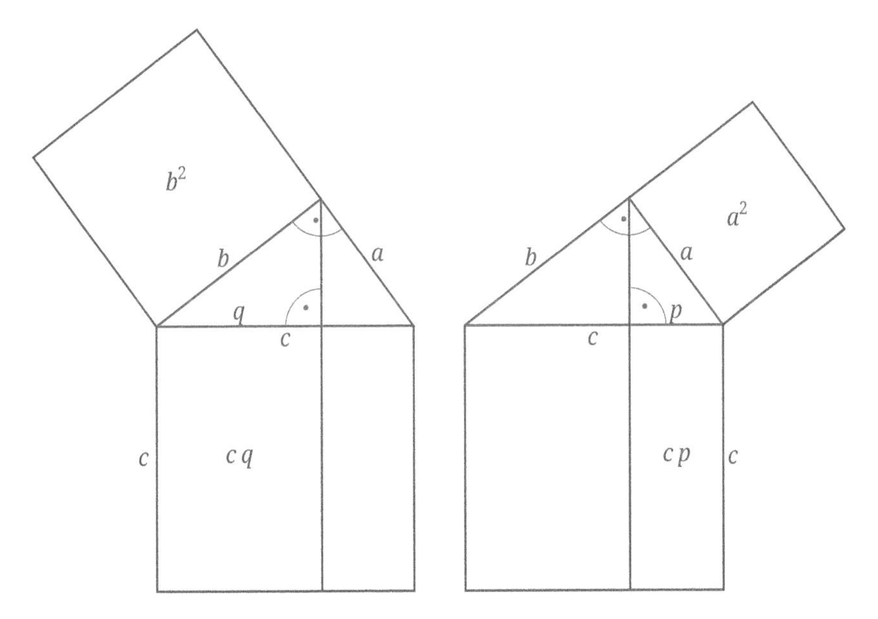

Abb. 4.11: Kathetensatz: $b^2 = c\,q$ (links), $a^2 = c\,p$ (rechts).

Im rechtwinkligen Dreieck ist die Fläche des Quadrates über der Höhe auf der Hypotenuse gleich der Fläche des Rechtecks aus den Hypotenusenabschnitten (Abb. 4.12).

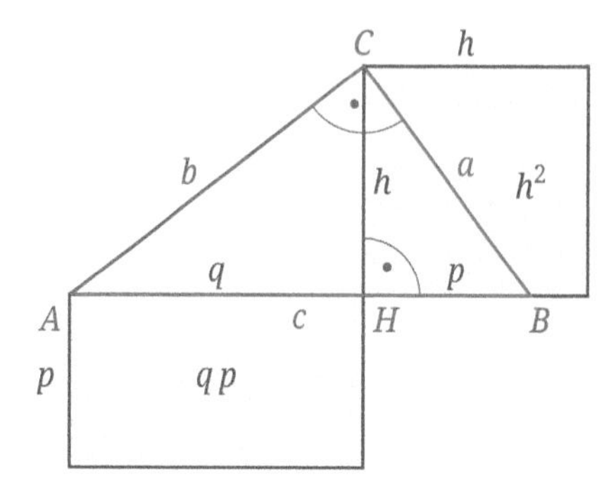

Abb. 4.12: Höhensatz: $h^2 = q\,p$.

Der Höhensatz kann wie folgt bewiesen werden (Abb. 4.13): Die Winkel $\angle HAC$ und $\angle HCB$ sind gleich, da ihre Schenkel paarweise senkrecht aufeinander stehen. Also besitzen die Dreiecke $\triangle AHC$ und $\triangle CHB$ zwei gleiche Winkel und sind somit ähnlich. Es gilt das Seitenverhältnis

$$\frac{q}{h} = \frac{h}{p}$$

und daraus folgt der Höhensatz,

$$h^2 = q\,p\,.$$

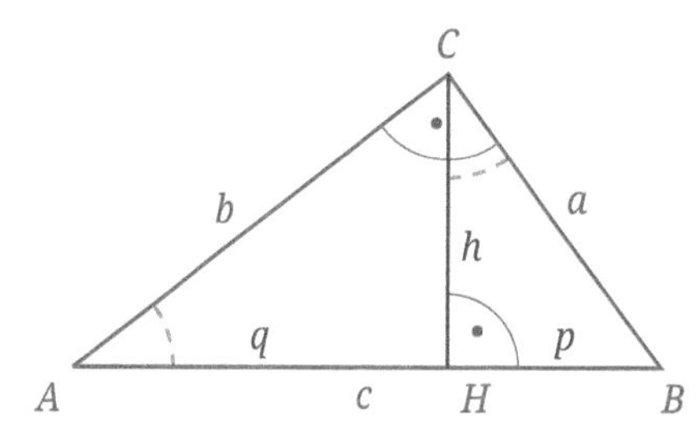

Abb. 4.13: Beweis des Höhensatzes.

Schließlich bekommen wir den Flächeninhalt eines Dreiecks (Abb. 4.14). Zunächst gilt für rechtwinklige Dreiecke Grundseite mal Höhe durch zwei:

$$F = \frac{a\,b}{2} = \frac{c\,h}{2}\,.$$

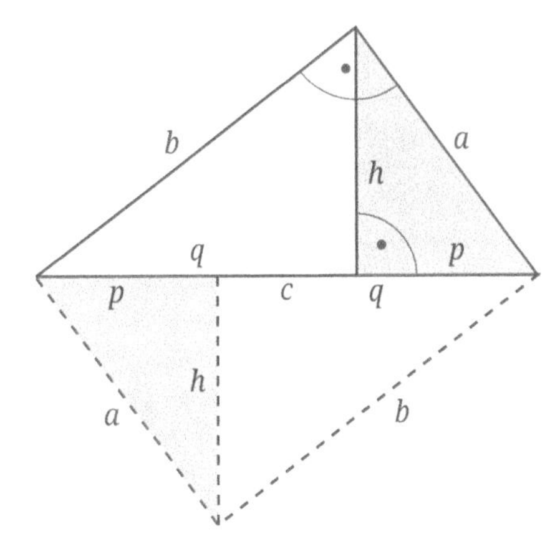

Abb. 4.14: Flächeninhalt eines rechtwinkligen Dreiecks: $a\,b = q\,h + p\,h = c\,h$.

Die Formel - Grundseite mal Höhe durch zwei - für den Flächeninhalt können wir nun auf beliebige Dreiecke übertragen (Abb. 4.15):

$$F = \frac{c\,h}{2}\,.$$

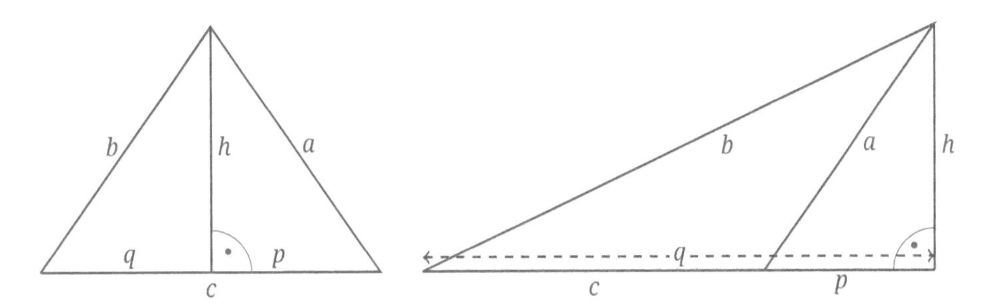

Abb. 4.15: Flächeninhalt eines beliebigen Dreiecks: $F = \frac{q\,h}{2} + \frac{p\,h}{2} = \frac{c\,h}{2}$ (links), $F = \frac{q\,h}{2} - \frac{p\,h}{2} = \frac{c\,h}{2}$ (rechts).

Damit können wir den Kathetensatz beweisen. Es genügt, den Satz für eine Kathete zu beweisen (Abb. 4.16). Wir zeigen, dass die

$$\text{Fläche des Quadrats } ACED = \text{Fläche des Rechtecks } AFGH\,.$$

Die Strecken $\overline{AD}$, $\overline{AC}$ sind gleich und schließen einen rechten Winkel ein. Die Strecken $\overline{AB}$, $\overline{AF}$ sind gleich und schließen einen rechten Winkel ein. Damit sind die Winkel $\angle BAD = \angle FAC$ gleich und die Dreiecke $\triangle ABD$ und $\triangle AFC$ kongruent.

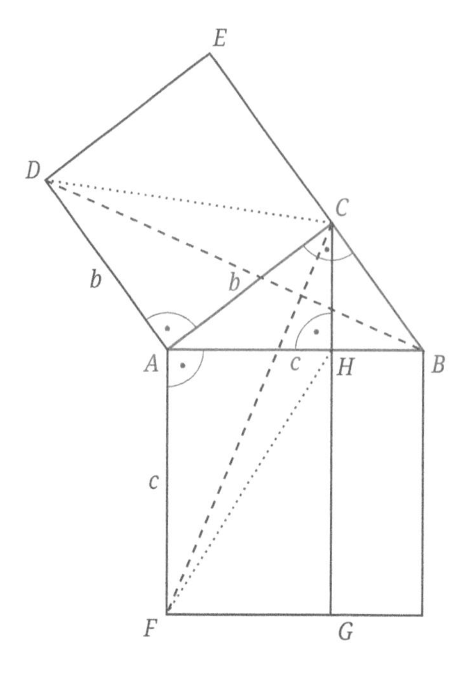

Abb. 4.16: Beweis des Kathetensatzes.

Da jeweils eine gemeinsame Grundseite $\overline{AD}$ und eine gemeinsame Höhe $\overline{AC}$ bzw. $\overline{AF}$ und $\overline{AH}$ vorliegt, gilt:

$$\begin{aligned}\text{Fläche des Quadrats } ACED &= 2 \cdot \text{Fläche des Dreiecks } ACD \\ &= 2 \cdot \text{Fläche des Dreiecks } ABD\,, \\ \text{Fläche des Rechtecks } AFGH &= 2 \cdot \text{Fläche des Dreiecks } AFH \\ &= 2 \cdot \text{Fläche des Dreiecks } AFC\,.\end{aligned}$$

Damit folgt die Behauptung.

Aus dem Kathetensatz folgt schließlich der Satz des Pythagoras, denn die Summe der Rechtecksflächen ergibt das Quadrat $a^2 + b^2 = c\,q + c\,p = c^2$.

Beispiel 4.2. Wir geben zwei anschauliche Beweise für den Satz des Pythagoras, die auf den Flächenbegriff aufbauen.

Wir ordnen die vier rechtwinkligen Dreiecke mit beliebigen Kathetenlängen a und b an wie in Abb. 4.17. Es entsteht ein äußeres Quadrat mit der Kantenlänge $a + b$ und ein inneres Quadrat mit der Kantenlänge c.

Der Flächeninhalt des äußeren Quadrats beträgt $(a + b)^2$, und der Flächeninhalt des inneren Quadrats c^2 und der Flächeninhalt der Dreiecke beträgt jeweils $\frac{ab}{2}$. Dies ergibt die Gleichung

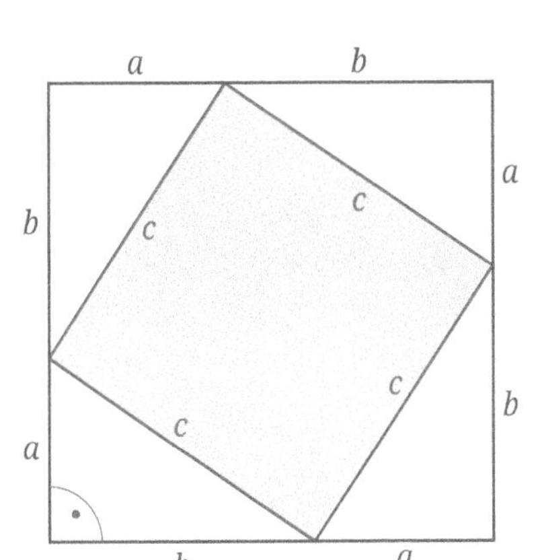

Abb. 4.17: Beweis des Satzes des Pythagoras. Bei der Konstruktion des äußeren Quadrats können a und b frei gewählt werden. Durch Verbinden der Unterteilungspunkte auf den Kanten ergibt sich c.

$$(a+b)^2 = c^2 + 4\,\frac{a\,b}{2}\,.$$

Insgesamt ist $c^2 = a^2 + b^2$.

Wir gehen aus von dem inneren Quadrat in Abb. 4.18. Die Kanten des inneren Quadrats werden über die Eckpunkte hinaus in der angegebenen Weise verlängert. Die Länge der Dreiecksseite b ist beliebig, und die Länge der Dreiecksseite a ist die Summe aus b und der Kantenlänge des inneren Quadrates. Es enstehen vier kongruente rechtwinklige Dreiecke und ein äußeres Quadrat mit dem Flächeninhalt c^2. Der Flächeninhalt der Dreiecke beträgt jeweils $\frac{ab}{2}$, und der Flächeninhalt des inneren Quadrates ist $(a-b)^2$. Dies ergibt die Gleichung

$$c^2 = (a-b)^2 + 4\,\frac{a\,b}{2}\,.$$

Insgesamt ist $c^2 = a^2 + b^2$.

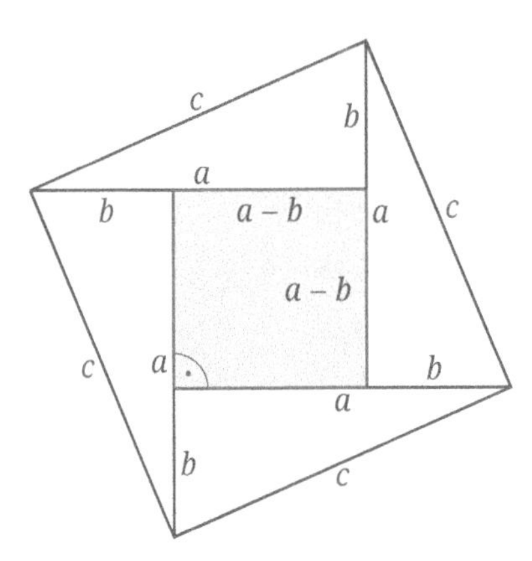

Abb. 4.18: Beweis des Satzes des Pythagoras. Bei der Konstruktion des inneren Quadrats können a und b frei gewählt werden. Durch Verbinden der Endpunkte der Verlängerungen ergibt sich c.

□

Werden zwei Strahlen von einer Parallelenschar geschnitten, so ergeben sich die folgenden konstanten Streckenverhältnisse (Abb. 4.19):

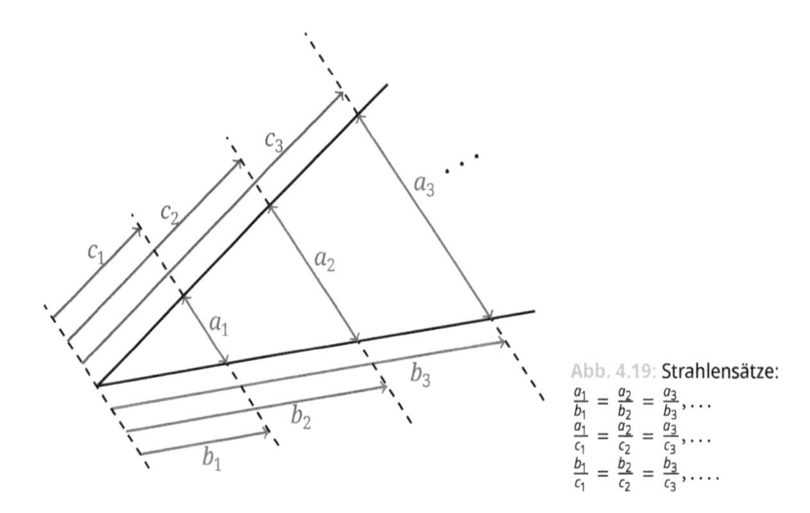

Abb. 4.19: Strahlensätze:
$\frac{a_1}{b_1} = \frac{a_2}{b_2} = \frac{a_3}{b_3}, \ldots$
$\frac{a_1}{c_1} = \frac{a_2}{c_2} = \frac{a_3}{c_3}, \ldots$
$\frac{b_1}{c_1} = \frac{b_2}{c_2} = \frac{b_3}{c_3}, \ldots.$

Das heißt, entsprechende Strecken auf den Strahlen und den Parallelen stehen im gleichen Verhältnis und entsprechende Strecken auf den Parallelen stehen im gleichen Verhältnis. Solche Beziehungen bezeichnet man als Strahlensätze.

Beim Beweis der Strahlensätze kann man sich auf die ersten beiden Relationen beschränken. Die dritte Relation folgt dann aus den ersten beiden. Wir betrachten zuerst den Sonderfall eines rechten Winkels (Abb. 4.20).

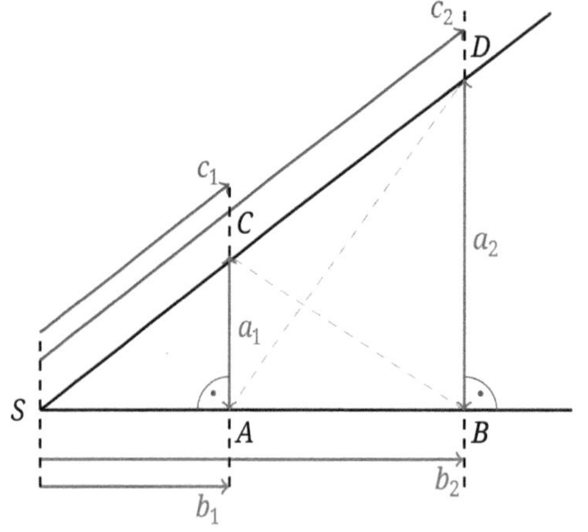

Abb. 4.20: Die Dreiecke $\triangle ADC$ und $\triangle ABC$ haben eine gemeinsame Grundseite $\overline{AC}$ und eine Höhe $\overline{AB}$ und sind damit flächengleich. Folglich sind auch die Dreiecke $\triangle SAD$ und $\triangle SBD$ flächengleich. Die Flächen ergeben sich jeweils zu $\frac{1}{2}b_1 a_2$ und $\frac{1}{2}b_2 a_1$, also $\frac{a_1}{b_1} = \frac{a_2}{b_2}$. Wir können weiter schließen, dass $\sqrt{\frac{b_1^2}{a_1^2} + 1} = \sqrt{\frac{b_2^2}{a_2^2} + 1}$ bzw. $a_2\sqrt{a_1^2 + b_1^2} = a_1\sqrt{a_2^2 + b_2^2}$ und bekommen die Relation für die Abschnitte auf der zweiten Geraden, $\frac{a_1}{c_1} = \frac{a_2}{c_2}$.

Der allgemeine Fall ergibt sich nun aus dem Sonderfall (Abb. 4.21).

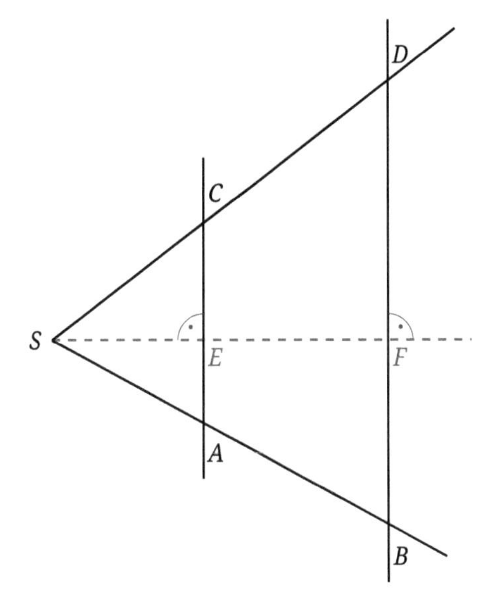

Abb. 4.21: Die Verhältnisse im rechtwinkligen Fall liefern $\frac{\overline{AE}}{\overline{SE}} = \frac{\overline{BF}}{\overline{SF}}$, $\frac{\overline{CE}}{\overline{SE}} = \frac{\overline{DF}}{\overline{SF}}$,
$\frac{\overline{SC}}{\overline{SE}} = \frac{\overline{SD}}{\overline{SF}}$ bzw. $\frac{\overline{SC}}{\overline{SD}} = \frac{\overline{SE}}{\overline{SF}}$,
$\frac{\overline{SA}}{\overline{SE}} = \frac{\overline{SB}}{\overline{SF}}$ bzw. $\frac{\overline{SA}}{\overline{SB}} = \frac{\overline{SE}}{\overline{SF}}$.
Addition der ersten beiden Beziehungen ergibt $\frac{\overline{AC}}{\overline{SE}} = \frac{\overline{BD}}{\overline{SF}}$ bzw. $\frac{\overline{AC}}{\overline{BD}} = \frac{\overline{SE}}{\overline{SF}}$, und die Strahlensätze folgen.

Betrachten wir nun die Strahlensätze in einem rechtwinkligen Dreieck eingehender. Zur Unterscheidung der beiden Katheten nennt man die dem Winkel α gegenüber liegende Seite a Gegenkathete und die am Winkel α anliegende Seite b Ankathete (Abb. 4.22).

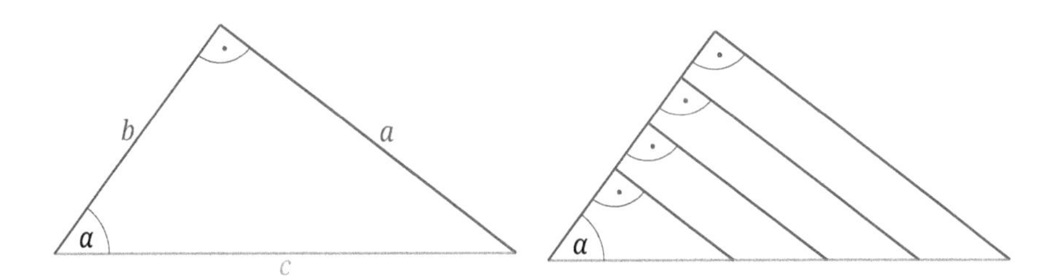

Abb. 4.22: Winkel α, Gegenkathete a, Ankathete b und Hypotenuse (links), rechtwinklige Dreiecke mit gleichen Winkeln, Seitenverhältnisse (rechts).

Für verschiedene Winkel ergeben sich unabhängig von den Längen der Seiten konstante Verhältnisse. Diese führen auf die Winkelfunktionen:

Winkelfunktionen

$$\sin(\alpha) = \frac{a}{c} = \frac{\text{Gegenkathete}}{\text{Hypotenuse}} \qquad \text{(Sinus)},$$

$$\cos(\alpha) = \frac{b}{c} = \frac{\text{Ankathete}}{\text{Hypotenuse}} \qquad \text{(Kosinus)},$$

$$\tan(\alpha) = \frac{a}{b} = \frac{\text{Gegenkathete}}{\text{Ankathete}} \qquad \text{(Tangens)},$$
$$\cot(\alpha) = \frac{b}{a} = \frac{\text{Ankathete}}{\text{Gegenkathete}} \qquad \text{(Kotangens)}.$$

Beispiel 4.3. Gesucht sind die Werte der Winkelfunktionen sin, cos, tan und cot für die Winkel 45° ($\frac{\pi}{4}$), 30° ($\frac{\pi}{6}$) und 60° ($\frac{\pi}{3}$), (Abb. 4.23).

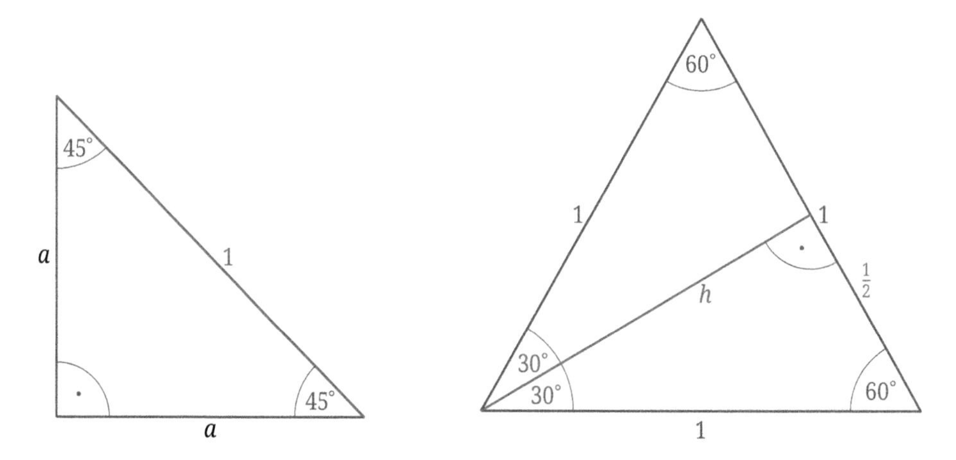

Abb. 4.23: Gleichschenkliges rechtwinkliges Dreieck mit den Kathetenlängen $a = \frac{\sqrt{2}}{2}$ (links), gleichseitiges Dreieck mit der Seitenlänge 1 und der Höhe $h = \frac{\sqrt{3}}{2}$ (rechts).

Es gilt im gleichschenkligen, rechtwinkligen Dreieck $a^2 + a^2 = 1$. Daraus folgt

$$a = \frac{\sqrt{2}}{2}$$

und

$$\begin{aligned}
\sin(45^\circ) &= \frac{\frac{\sqrt{2}}{2}}{1} = \frac{1}{2}\sqrt{2} = 0,707\ldots,\\
\cos(45^\circ) &= \frac{\frac{\sqrt{2}}{2}}{1} = \frac{1}{2}\sqrt{2} = 0,707\ldots,\\
\tan(45^\circ) &= \frac{\frac{\sqrt{2}}{2}}{\frac{\sqrt{2}}{2}} = 1,\\
\cot(45^\circ) &= 1.
\end{aligned}$$

Es gilt im gleichseitigen Dreieck

$$\left(\frac{1}{2}\right)^2 + h^2 = 1.$$

Daraus folgt

$$h = \frac{\sqrt{3}}{2}$$

und

$$\begin{aligned} \sin(30^\circ) &= \frac{1}{2}, & \sin(60^\circ) &= \frac{1}{2}\sqrt{3}, \\ \cos(30^\circ) &= \frac{1}{2}\sqrt{3}, & \cos(60^\circ) &= \frac{1}{2}, \\ \tan(30^\circ) &= \frac{1}{3}\sqrt{3}, & \tan(60^\circ) &= \sqrt{3}, \\ \cot(30^\circ) &= \sqrt{3}, & \cot(60^\circ) &= \frac{1}{3}\sqrt{3}. \end{aligned}$$

□

Die verschiedenen Funktionen eines Winkels stehen jeweils in einer Beziehung zueinander. Wenn man den Wert einer Funktion kennt, so kann man den Wert der anderen drei Funktionen jeweils mithilfe dieser Beziehungen ausrechnen (Abb. 4.24).

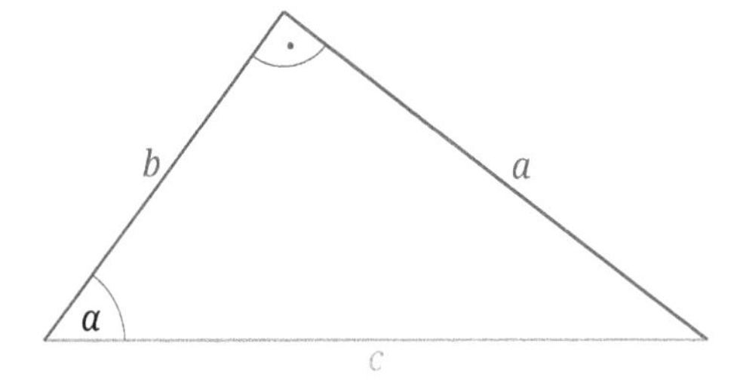

Abb. 4.24: Im rechtwinkligen Dreieck bestehen folgende Zusammenhänge:
$\sin(\alpha) = \frac{a}{c}$, $a = c\sin(\alpha)$,
$\cos(\alpha) = \frac{b}{c}$, $b = c\cos(\alpha)$.

Mit dem Satz des Pythagoras ergibt sich

$$\begin{aligned} (\sin(\alpha))^2 + (\cos(\alpha))^2 &= \frac{a^2}{c^2} + \frac{b^2}{c^2} \\ &= \frac{1}{c^2}(a^2 + b^2) \\ &= \frac{1}{c^2}c^2 \\ &= 1. \end{aligned}$$

Mit der Abkürzung $(\sin(\alpha))^2 = \sin^2(\alpha)$ und $(\cos(\alpha))^2 = \cos^2(\alpha)$ schreiben wir dies als:

Beziehung zwischen Sinus und Kosinus

$$\sin^2(\alpha) + \cos^2(\alpha) = 1.$$

Weiter liest man aus dem Dreieck ab, dass

$$\tan(\alpha) = \frac{a}{b}, \quad \cot(\alpha) = \frac{b}{a}.$$

Also:

Beziehung zwischen Tangens und Kotangens

$$\tan(\alpha) = \frac{1}{\cot(\alpha)}.$$

Mit der Überlegung

$$\frac{\sin(\alpha)}{\cos(\alpha)} = \frac{a}{c} \cdot \frac{c}{b} = \frac{a}{b}$$

folgen die

Beziehungen zwischen Winkelfunktionen

$$\tan(\alpha) = \frac{\sin(\alpha)}{\cos(\alpha)},$$

$$\cot(\alpha) = \frac{\cos(\alpha)}{\sin(\alpha)}.$$

Beispiel 4.4. Gegeben sei $\sin(\alpha)$ und gesucht sei $\cos(\alpha)$.

Aus der Beziehung

$$\sin^2(\alpha) + \cos^2(\alpha) = 1$$

folgt

$$\cos^2(\alpha) = 1 - \sin^2(\alpha)$$

und

$$\cos(\alpha) = \sqrt{1 - \sin^2(\alpha)}.$$

Gegeben sei $\sin(\alpha)$ und gesucht sei $\tan(\alpha)$.

Mit den obigen Ergebnissen erhalten wir

$$\tan(\alpha) = \frac{\sin(\alpha)}{\cos(\alpha)} = \frac{\sin(\alpha)}{\sqrt{1 - \sin^2(\alpha)}}.$$

Damit soll schließlich $\tan(30^\circ)$ aus $\sin(30^\circ) = \sin(\frac{\pi}{6}) = \frac{1}{2}$ berechnet werden:

$$\tan(30^\circ) = \frac{\sin(30^\circ)}{\sqrt{1-\sin^2(30^\circ)}}$$
$$= \frac{\frac{1}{2}}{\sqrt{1-\frac{1}{4}}} = \frac{\frac{1}{2}}{\sqrt{\frac{3}{4}}}$$
$$= \frac{\frac{1}{2}}{\frac{1}{2}\sqrt{3}} = \frac{1}{3}\sqrt{3}.$$

□

Beispiel 4.5. Gegeben sei $\tan(\alpha)$ und gesucht sei $\sin(\alpha)$.

Aus der Beziehung

$$\tan(\alpha) = \frac{\sin(\alpha)}{\sqrt{1-\sin^2(\alpha)}}$$

folgt durch Quadrieren

$$(1-\sin^2(\alpha))\,\tan^2(\alpha) = \sin^2(\alpha)$$

bzw.

$$\sin(\alpha) = \frac{\tan(\alpha)}{\sqrt{1+\tan^2(\alpha)}}.$$

Sei $\tan(\alpha)$ gegeben und sei gesucht $\cos(\alpha)$. Aus

$$\tan(\alpha) = \frac{\sqrt{1-\cos^2(\alpha)}}{\cos(\alpha)}$$

folgt durch Quadrieren

$$\cos^2(\alpha)\,\tan^2(\alpha) = 1-\cos^2(\alpha)$$

bzw.

$$\cos(\alpha) = \frac{1}{\sqrt{1+\tan^2(\alpha)}}.$$

□

Wir fassen die Umrechnungsformeln in einer Tabelle zusammen:

	sin(α)	**cos(α)**	**tan(α)**	**cot(α)**
$\sin(\alpha)$	$\sin(\alpha)$	$\sqrt{1-(\cos(\alpha))^2}$	$\frac{\tan(\alpha)}{\sqrt{1+(\tan(\alpha))^2}}$	$\frac{1}{\sqrt{1+(\cot(\alpha))^2}}$
$\cos(\alpha)$	$\sqrt{1-(\sin(\alpha))^2}$	$\cos(\alpha)$	$\frac{1}{\sqrt{1+(\tan(\alpha))^2}}$	$\frac{\cot(\alpha)}{\sqrt{1+(\cot(\alpha))^2}}$
$\tan(\alpha)$	$\frac{\sin(\alpha)}{\sqrt{1-(\sin(\alpha))^2}}$	$\frac{\sqrt{1-(\cos(\alpha))^2}}{\cos(\alpha)}$	$\tan(\alpha)$	$\frac{1}{\cot(\alpha)}$
$\cot(\alpha)$	$\frac{\sqrt{1-(\sin(\alpha))^2}}{\sin(\alpha)}$	$\frac{\cos(\alpha)}{\sqrt{1-(\cos(\alpha))^2}}$	$\frac{1}{\tan(\alpha)}$	$\cot(\alpha)$

Man kann nicht nur eine bestimmte Winkelfunktion eines festen Winkels in alle anderen umrechnen, man kann auch Beziehungen zwischen Funktion und Kofunktion herstellen (Abb. 4.25).

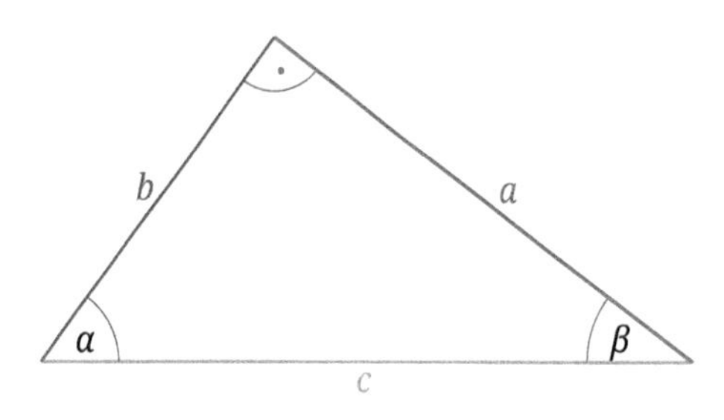

Abb. 4.25: Rechtwinkliges Dreieck mit Winkel α und β.

Aus dem Dreieck entnehmen wir, dass

$$\sin(\alpha) = \frac{a}{c} \quad \text{und} \quad \cos(\beta) = \frac{a}{c},$$

d. h.,

$$\sin(\alpha) = \cos(\beta).$$

Damit bekommen wir folgende Beziehungen zwischen Sinus und Kosinus:

Beziehung zwischen Sinus und Kosinus

$$\sin(\alpha) = \cos(90^\circ - \alpha), \quad \cos(\beta) = \sin(90^\circ - \beta).$$

Wegen

$$\tan(90^\circ - \alpha) = \frac{\sin(90^\circ - \alpha)}{\cos(90^\circ - \alpha)} = \frac{\cos(\alpha)}{\sin(\alpha)}$$

ergeben sich folgende Beziehungen zwischen Tangens und Kotangens:

Beziehungen zwischen Winkelfunktionen

$$\tan(90^\circ - \alpha) = \cot(\alpha), \quad \cot(90^\circ - \alpha) = \tan(\alpha).$$

Beispiel 4.6.

$$\sin(60^\circ) = \sin(90^\circ - 30^\circ) = \cos(30^\circ) = \frac{1}{2}\sqrt{3},$$
$$\sin(45^\circ) = \sin(90^\circ - 45^\circ) = \cos(45^\circ) = \frac{1}{2}\sqrt{2}.$$

□

Beispiel 4.7. Gegeben seien zwei Bestimmungsstücke eines rechtwinkligen Dreiecks. Gesucht sind die restlichen Bestimmungsstücke.

Gegeben seien die Katheten a und b. Dann gilt zunächst für den Winkel α

$$\tan(\alpha) = \frac{a}{b}.$$

Hat man den Winkel α nachgeschlagen, so ergibt sich der Winkel β,

$$\beta = 90^\circ - \alpha.$$

Mithilfe der Umrechnungsformeln der Winkelfunktionen bekommt man zuerst $\sin(\alpha)$ und dann die Hypotenuse:

$$c = \frac{a}{\sin(\alpha)}.$$

Gegeben seien die Kathete b und der Winkel α, dann gilt für den Winkel β

$$\beta = 90^\circ - \alpha.$$

Die Hypotenuse und die Kathete b ergeben sich zu

$$c = \frac{b}{\cos(\alpha)},$$
$$a = b\tan(\alpha).$$

□

Beispiel 4.8. Gegeben sind die Katheten a und b eines rechtwinkligen Dreiecks. Gesucht sind ihre Projektionen p und q auf die Hypotenuse (Abb. 4.26).

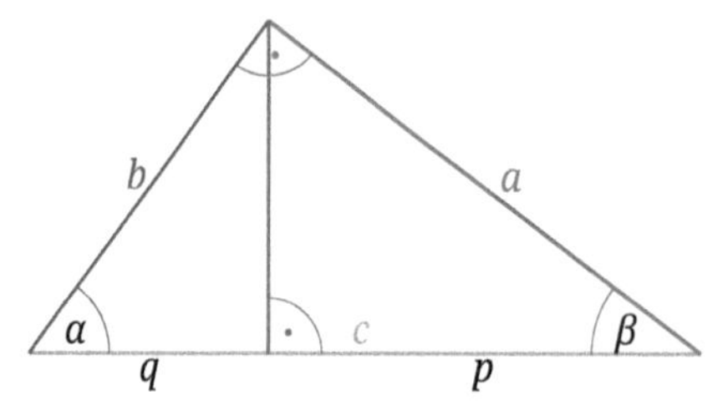

Abb. 4.26: Projektionen der Katheten eines rechtwinkligen Dreiecks.

Für die Winkel α bzw. β gilt:

$$\tan(\alpha) = \frac{a}{b} \quad \text{bzw.} \quad \cot(\beta) = \frac{a}{b} \,.$$

Mithilfe der Umrechnungsformeln der Winkelfunktionen kann man nun auch $\cos(\alpha)$ bzw. $\cos(\beta)$ ermitteln. Aus den Beziehungen

$$\cos(\alpha) = \frac{q}{b} \quad \text{bzw.} \quad \cos(\beta) = \frac{p}{a}$$

ergeben sich dann die Projektionen

$$q = b\cos(\alpha) \quad \text{bzw.} \quad p = a\cos(\beta) \,.$$

□

4.3 Trigonometrische Funktionen

Die trigonometrischen Funktionen können am Einheitskreis abgelesen werden. Durch den Winkel α wird im ersten Quadranten ein Punkt auf dem Einheitskreis mit der Abszisse $x = \cos(\alpha)$ und der Ordinate $y = \sin(\alpha)$ festgelegt (Abb. 4.27).

1. Quadrant: $0 \leq \alpha \leq 90°$.

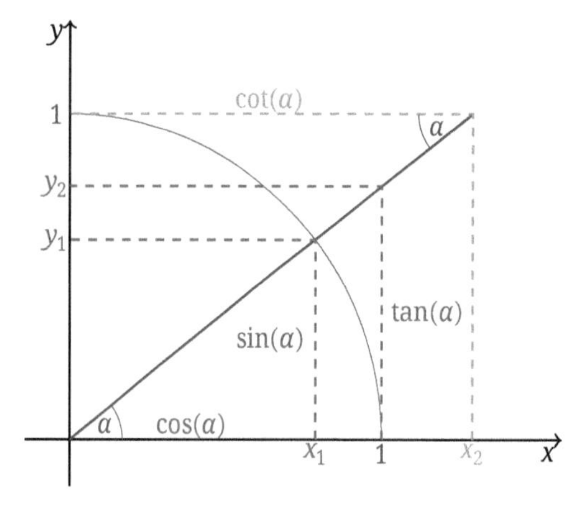

Abb. 4.27: Trigonometrische Funktionen am Einheitskreis: 1. Quadrant.

Es gelten folgende Beziehungen:

$$\sin(\alpha) = \frac{y_1}{1} = y_1\,,$$

$$\cos(\alpha) = \frac{x_1}{1} = x_1\,,$$

$$\tan(\alpha) = \frac{y_1}{x_1} = \frac{y_2}{1} = y_2\,,$$

$$\cot(\alpha) = \frac{x_1}{y_1} = \frac{x_2}{1} = x_2\,.$$

Da es kein rechtwinkliges Dreieck mit einem stumpfen Winkel gibt, kann man bei der Erklärung der trigonometrischen Funktionen für Winkel zwischen 90° und 180° nicht vom rechtwinkligen Dreieck ausgehen. Wenn man den Winkel 180° − α im ersten Quadranten abträgt, erhält man einen Punkt auf dem Einheitskreis mit gleichgroßer negativer Abzisse und gleichgroßer Ordinate.

2. Quadrant: $90° \leq \alpha \leq 180°$, (Abb. 4.28).

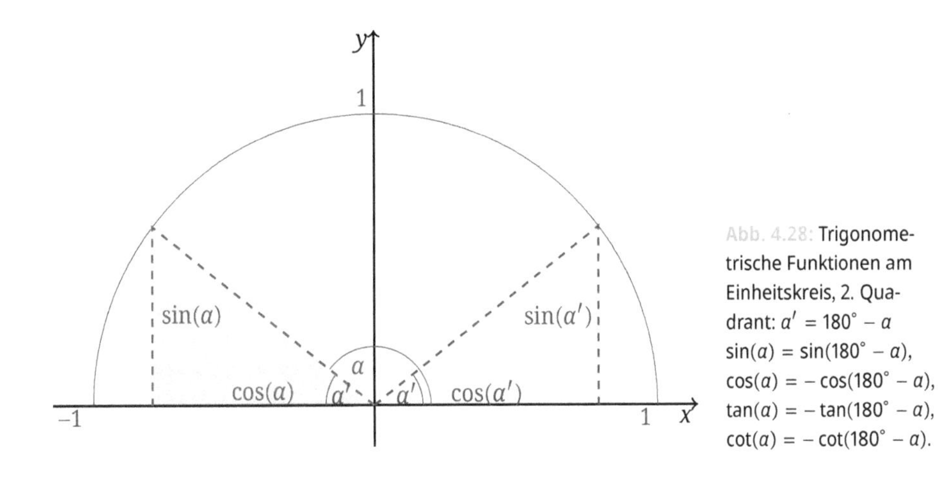

Abb. 4.28: Trigonometrische Funktionen am Einheitskreis, 2. Quadrant: $\alpha' = 180° - \alpha$
$\sin(\alpha) = \sin(180° - \alpha)$,
$\cos(\alpha) = -\cos(180° - \alpha)$,
$\tan(\alpha) = -\tan(180° - \alpha)$,
$\cot(\alpha) = -\cot(180° - \alpha)$.

Entsprechend führt man auch die Winkel im dritten und vierten Quadranten auf den ersten Quadranten zurück.

3. Quadrant: $180° \leq \alpha \leq 270°$, (Abb. 4.29).

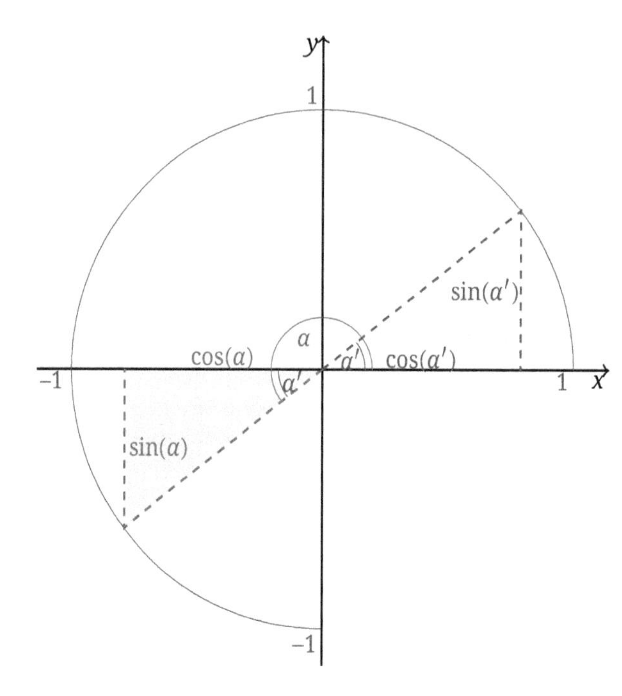

Abb. 4.29: Trigonometrische Funktionen am Einheitskreis, 3. Quadrant: $\alpha' = \alpha - 180°$
$\sin(\alpha) = -\sin(\alpha - 180°)$,
$\cos(\alpha) = -\cos(\alpha - 180°)$,
$\tan(\alpha) = \tan(\alpha - 180°)$,
$\cot(\alpha) = \cot(\alpha - 180°)$.

4. Quadrant: $270° \leq \alpha \leq 360°$, (Abb. 4.30).

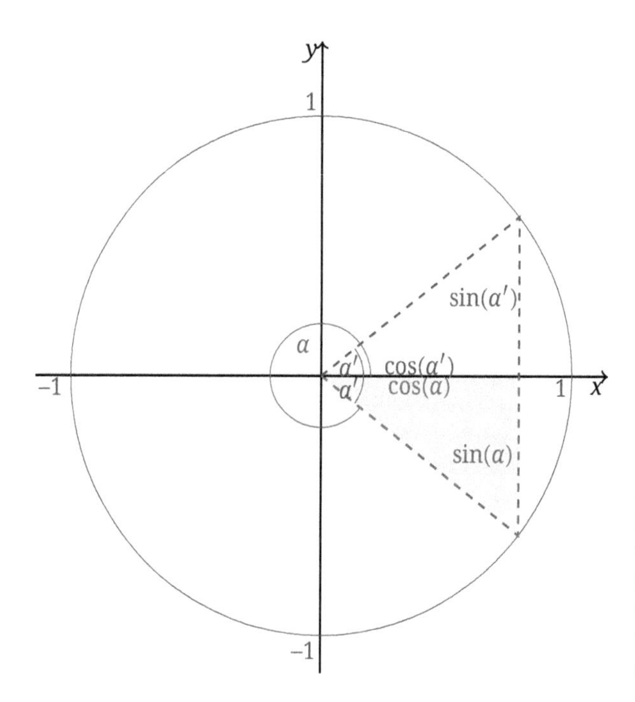

Abb. 4.30: Trigonometrische Funktionen am Einheitskreis, 4. Quadrant: $\alpha' = 360° - \alpha$
$\sin(\alpha) = -\sin(360° - \alpha)$,
$\cos(\alpha) = \cos(360° - \alpha)$,
$\tan(\alpha) = -\tan(360° - \alpha)$,
$\cot(\alpha) = -\cot(360° - \alpha)$.

In mancher Hinsicht ist das Bogenmaß $x = \frac{\pi}{180^\circ}\,\alpha^\circ$ als Argument der Winkelfunktionen geeigneter als das Gradmaß α. Zum Beispiel bekommen wir aus der Graphik am Einheitskreis die in der Analysis nützliche Ungleichung

$$0 < \sin(x) < x < \tan(x)$$

für $0 < x < \pi/2$. Insbesondere bei der graphischen Darstellung wird das Bogenmaß benutzt. Wir bekommen damit folgende Graphen der Winkelfunktionen (Abb. 4.31, Abb. 4.32):

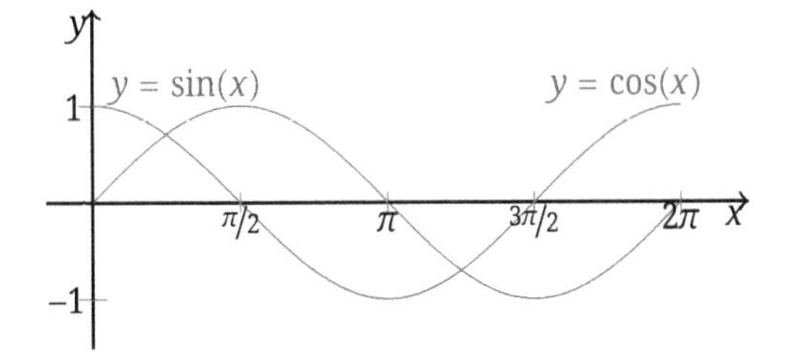

Abb. 4.31: Die Funktionen sin(x) und cos(x).

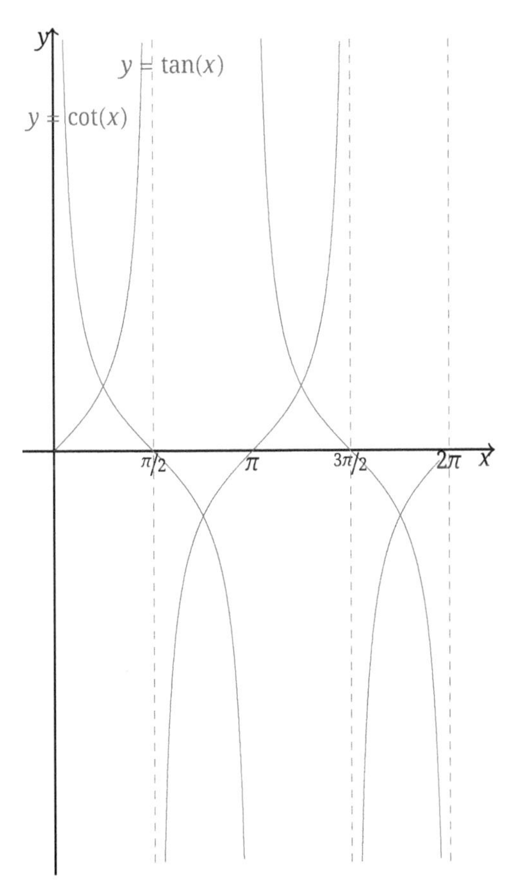

Abb. 4.32: Die Funktionen tan(x) und cot(x).

Die Graphen können für beliebige Winkel fortgesetzt werden, indem man auf dem Einheitskreis mehrere Umläufe zurücklegt. Für $k \in \mathbb{Z}$ gilt also:

Fortsetzung der Winkelfunktionen

$$\begin{aligned}\sin(\alpha) &= \sin\left(\alpha + k \cdot 360^\circ\right),\\ \cos(\alpha) &= \cos\left(\alpha + k \cdot 360^\circ\right),\\ \tan(\alpha) &= \tan\left(\alpha + k \cdot 180^\circ\right),\\ \cot(\alpha) &= \cot\left(\alpha + k \cdot 180^\circ\right).\end{aligned}$$

Aus der Definition der trigonometrischen Funktionen für beliebige Winkel ziehen wir nun Folgerungen. Zunächst für gilt $0^\circ \leq \alpha \leq 90^\circ$:

$$\begin{aligned}\sin(90^\circ + \alpha) &= \sin(180^\circ - (90^\circ + \alpha)) = \sin(90^\circ - \alpha)\\ &= \cos(\alpha),\\ \cos(90^\circ + \alpha) &= -\cos(90^\circ - \alpha)\\ &= -\sin(\alpha),\\ \tan(90^\circ + \alpha) &= -\tan(90^\circ - \alpha)\\ &= -\cot \alpha,\\ \cot(90^\circ + \alpha) &= -\cot(90^\circ - \alpha)\\ &= -\tan \alpha,\end{aligned}$$

und

$$\begin{aligned}\sin(90^\circ - \alpha) &= \cos(\alpha),\\ \cos(90^\circ - \alpha) &= \sin(\alpha),\\ \tan(90^\circ - \alpha) &= \cot(\alpha),\\ \cot(90^\circ - \alpha) &= \tan(\alpha).\end{aligned}$$

Für beliebige Winkel ergibt sich die folgende Tabelle:

	$90^\circ \pm \alpha$	$180^\circ \pm \alpha$	$270^\circ \pm \alpha$	$360^\circ \pm \alpha$
sin	$\cos(\alpha)$	$\mp\sin(\alpha)$	$-\cos(\alpha)$	$\pm\sin(\alpha)$
cos	$\mp\sin(\alpha)$	$-\cos(\alpha)$	$\pm\sin(\alpha)$	$\cos(\alpha)$
tan	$\mp\cot(\alpha)$	$\pm\tan(\alpha)$	$\mp\cot(\alpha)$	$\pm\tan(\alpha)$
cot	$\mp\tan(\alpha)$	$\pm\cot(\alpha)$	$\mp\tan(\alpha)$	$\pm\cot(\alpha)$

Beispiel 4.9. Wir führen $\sin(100^\circ)$, $\cos(188^\circ)$ und $\tan(269^\circ)$ auf Werte von Winkelfunktionen im ersten Quadranten zurück. Nach der Umrechnungstabelle gilt:

$$\begin{aligned}\sin(100^\circ) &= \sin(90^\circ + 10^\circ) = \cos(10^\circ)\,,\\ \cos(188^\circ) &= \cos(180^\circ + 8^\circ) = -\cos(8^\circ)\,,\\ \tan(269^\circ) &= \tan(270^\circ - 1^\circ) = \cot(1^\circ)\,.\end{aligned}$$

□

Die Sinus- und Kosinusfunktion kann man sich durch die Kreisbewegung eines Zeigers veranschaulichen, dessen Spitze den Einheitskreis umläuft. Der Winkel bzw. der auf dem Einheitskreis zurückgelegte Bogen wird zum Argument der Winkelfunktionen. Die senkrechte Projektion des Zeigers auf die x-Achse ergibt den Kosinuswert, die senkrechte Projektion des Zeigers auf die y-Achse ergibt den Sinuswert des betreffenden Arguments (Abb. 4.33).

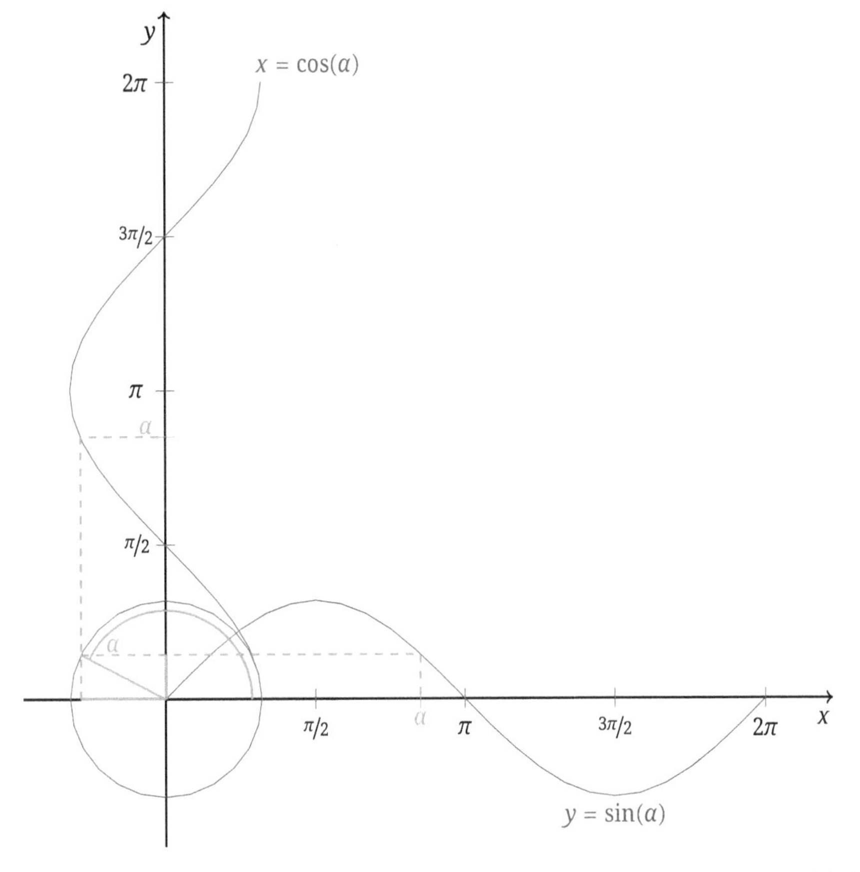

Abb. 4.33: Die Sinus- und die Kosinusfunktion entstehen bei der Drehung eines Zeigers am Einheitskreis durch Projektion auf die y-Achse bzw. auf die x-Achse.

In einem Winkelintervall der Länge π werden bereits alle möglichen Projektionswerte ausgeschöpft. Deshalb kann die Umkehrung dieser Winkelfunktionen nur auf einem Intervall der Länge π - üblicherweise das Intervall $[-pi/2, pi/2]$ bzw. $[0, \pi]$ - vorgenommen werden (Abb. 4.34, Abb. 4.35).

Arkusfunktionen

1) Die Umkehrung der Funktion $\sin[-\frac{\pi}{2}, \frac{\pi}{2}] \longrightarrow [-1, 1]$ heißt Arkussinus $\arcsin : [-1, 1] \longrightarrow [-\frac{\pi}{2}, \frac{\pi}{2}]$.
2) Die Umkehrung der Funktion $\cos[0, \pi] \longrightarrow [-1, 1]$ heißt Arkuskosinus $\arccos : [-1, 1] \longrightarrow [0, \pi]$.
3) Die Umkehrung der Funktion $\tan(-\frac{\pi}{2}, \frac{\pi}{2}) \longrightarrow \mathbb{R}$ heißt Arkustangens $\arctan : \mathbb{R} \longrightarrow (-\frac{\pi}{2}, \frac{\pi}{2})$.
4) Die Umkehrung der Funktion $\cot(0, \pi) \longrightarrow \mathbb{R}$ heißt Arkuskotangens $\text{arccot} : \mathbb{R} \longrightarrow (0, \pi)$.

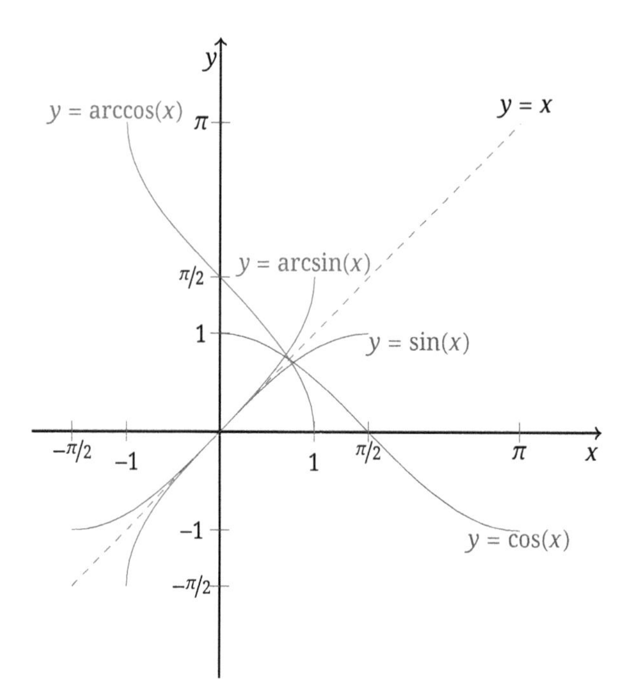

Abb. 4.34: Die Sinusfunktion mit ihrer Umkehrfunktion Arkussinus und die Kosinusfunktion mit ihrer Umkehrfunktion Arkuskosinus.

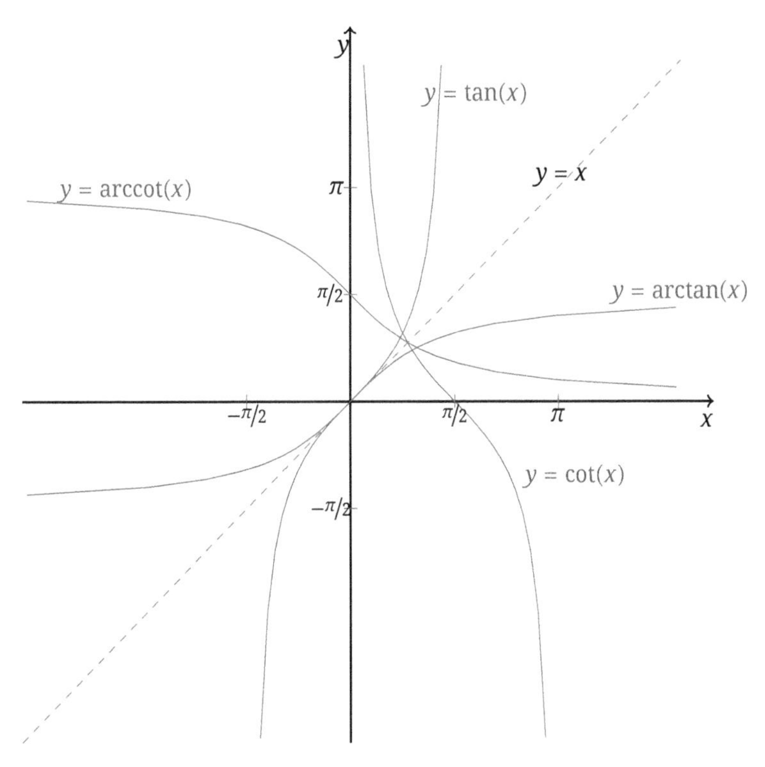

Abb. 4.35: Die Tangensfunktion mit ihrer Umkehrfunktion Arkustangens und die Kotangensfunktion mit ihrer Umkehrfunktion Arkuskotangens.

Die Winkelfunktionen und die Arkusfunktionen genügen definitionsgemäß den Beziehungen zwischen Funktion und Umkehrfunktion. Ihre Verkettung ergibt jeweils die identische Abbildung. Entsprechend der Definition des Arkussinus

$$\arcsin[-1,1] \to \left[-\frac{\pi}{2}, \frac{\pi}{2}\right]$$

als Umkehrfunktion des Sinus

$$\sin\left[-\frac{\pi}{2}, \frac{\pi}{2}\right] \to [-1,1]$$

gilt für alle $x \in [-\frac{\pi}{2}, \frac{\pi}{2}]$

$$\arcsin(\sin(x)) = x\,.$$

und für alle $x \in [-1,1]$, (Abb. 4.36):

$$\sin(\arcsin(x)) = x\,.$$

Die Verkettung $g(x) = \arcsin(\sin(x))$ kann jedoch auf ganz $\mathbb{R}$ erklärt werden (Abb. 4.37).

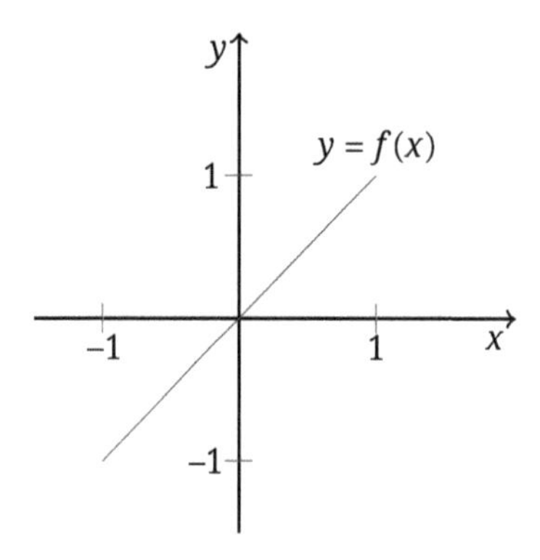

Abb. 4.36: Die Funktion $f(x) = \sin(\arcsin(x))$, $x \in [-1, 1]$.

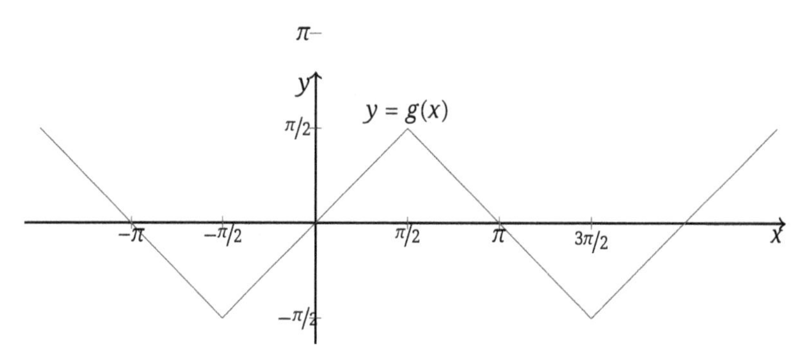

Abb. 4.37: Die Funktion $g(x) = \arcsin(\sin(x))$, $x \in \mathbb{R}$.

Beispiel 4.10. Die Sätze für die Winkelfunktionen können in Entsprechungen auf der Seite der Arkusfunktionen übersetzt werden. Wir beweisen eine Eigenschaft der Arkussinus- und Arkuskosinusfunktion.

Wir gehen aus von der Beziehung

$$\sin(\alpha) = \cos\left(\frac{\pi}{2} - \alpha\right), \quad \alpha \in \mathbb{R}.$$

Wir ersetzen

$$\alpha = \arcsin(x), \quad x \in [-1, 1],$$

und bekommen

$$x = \cos\left(\frac{\pi}{2} - \arcsin(x)\right).$$

Für $x \in [-1, 1]$ ist $\arcsin(x) \in [-\pi/2, \pi/2]$ und $\pi/2 - \arcsin(x) \in [0, \pi]$. Anwenden der Arkuskosinusfunktion auf beiden Seiten ergibt nun

$$\arccos(x) = \frac{\pi}{2} - \arcsin(x)$$

bzw.

$$\arcsin(x) + \arccos(x) = \frac{\pi}{2}, x \in [-1, 1].$$

Analog bekommen wir für $x \in [-1, 1]$

$$\arcsin(x) = -\arcsin(-x), \quad \arccos(x) = \pi - \arccos(-x).$$

Wir gehen aus von der Beziehung

$$\sin(\alpha) = -\sin(-\alpha)$$

und setzen wieder $\alpha = \arcsin(x)$. Dies ergibt zunächst

$$x = -\sin(-\arcsin(x)) \quad \text{bzw.} \quad -x = \sin(-\arcsin(x)).$$

Schließlich folgt

$$\arcsin(-x) = -\arcsin(x).$$

Es gilt:

$$\begin{aligned}\arccos(x) &= \frac{\pi}{2} - \arcsin(x) = \frac{\pi}{2} + \arcsin(-x)\\ &= \frac{\pi}{2} + \frac{\pi}{2} - \arccos(-x)\\ &= \pi - \arccos(-x).\end{aligned}$$

□

Beispiel 4.11. Wir weisen folgende Beziehungen zwischen Winkelfunktionen und Arkusfunktionen nach:
(a) $\cos(\arcsin(x)) = \sqrt{1 - x^2}$, für $x \in [-1, 1]$,
(b) $\sin(\arccos(x)) = \sqrt{1 - x^2}$, für $x \in [-1, 1]$,
(c) $\cot(\arcsin(x)) = \frac{\sqrt{1-x^2}}{x}$, für $x \in [-1, 0) \cup (0, 1]$.

(a) Mit $\arcsin[-1, 1] \to [-\frac{\pi}{2}, \frac{\pi}{2}]$ und $\cos(\phi) \geq 0$ für $\phi \in [-\frac{\pi}{2}, \frac{\pi}{2}]$ erhält man

$$\cos(\arcsin(x)) = \sqrt{1 - (\sin(\arcsin(x)))^2} = \sqrt{1 - x^2}.$$

(b) Mit $\arccos[-1,1] \to [0,\pi]$ und $\sin(\phi) \geq 0$ für $\phi \in [0,\pi]$ erhält man

$$\sin(\arccos(x)) = \sqrt{1 - (\cos(\arccos(x)))^2} = \sqrt{1-x^2}\,.$$

(c) Mit $\cot(\phi) = \frac{\cos(\phi)}{\sin(\phi)}$, $-\frac{\pi}{2} \leq \arcsin(x) < 0$ für $-1 \leq x < 0$ und $0 < -\frac{\pi}{2} \leq \arcsin(x) \leq \frac{\pi}{2}$ für $0 < x \leq 1$ folgt für $x \neq 0$:

$$\cot(\arcsin(x)) = \frac{\cos(\arcsin(x))}{\sin(\arcsin(x))} = \frac{\sqrt{1-x^2}}{x}\,. \qquad \square$$

4.4 Das schiefwinklige Dreieck

In einem beliebigen Dreieck verhalten sich die Längen der Seiten wie die Sinuswerte der gegenüber liegenden Winkel.

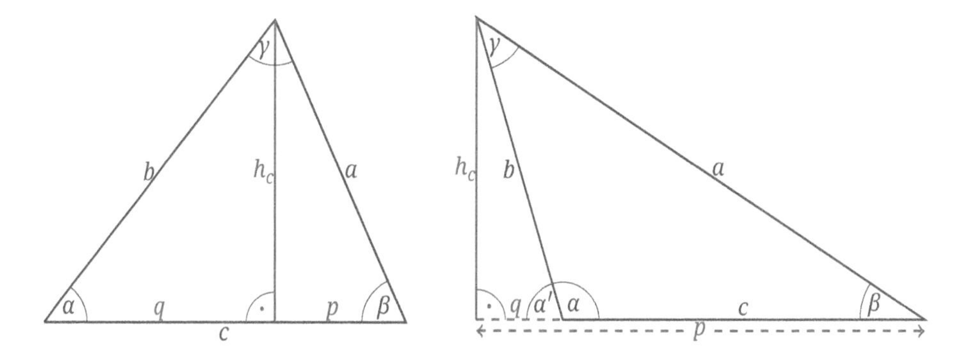

Abb. 4.38: Spitzer Winkel α (links) und stumpfer Winkel α (rechts), $\alpha' = 180^\circ - \alpha$.

Im spitzwinkligen Dreieck gilt (Abb. 4.38):

$$h_c = a\,\sin(\beta)\,, \quad h_c = b\,\sin(\alpha)\,.$$

Im stumpfwinkligen Dreieck gilt (Abb. 4.38)

$$h_c = a\,\sin\beta\,, \quad h_c = b\,\sin(180^\circ - \alpha) = b\,\sin(\alpha)\,.$$

In beiden Fällen gilt das Seitenverhältnis

$$\frac{a}{b} = \frac{\sin(\alpha)}{\sin(\beta)}\,.$$

Allgemein gilt der Sinussatz:

Sinussatz

$$\frac{a}{\sin(\alpha)} = \frac{b}{\sin(\beta)} = \frac{c}{\sin(\gamma)}$$

bzw.

$$a : b : c = \sin(\alpha) : \sin(\beta) : \sin(\gamma)\,.$$

In einem beliebigen Dreieck ist die Fläche des Quadrats über einer Seite gleich der Summe der Flächen der Quadrate über den beiden gegenüber liegenden Seiten minus dem Produkt aus den Längen dieser beiden Seiten und dem Kosinus des von ihnen eingeschlossenen Winkels.

Wir betrachten die Projektionen $q = b\cos(\alpha)$ und $p = a\cos(\beta)$ der Seiten a und b auf die Seite c. Es gilt $h_c^2 = b^2 - q^2$ und $h_c^2 = a^2 - p^2$. Mit $c = q + p$ folgt hieraus

$$a^2 = b^2 + p^2 - q^2 = b^2 + (c-q)^2 - q^2 = b^2 + c^2 - 2\,c\,q\,,$$

also

$$a^2 = b^2 + c^2 - 2\,b\,c\,\cos(\alpha)\,.$$

(Bei $\alpha = 90^\circ$ findet man den Satz des Pythagoras als Spezialfall wieder). Mit den Projektionen auf die Seiten a und b kann man nun analog verfahren. Allgemein gilt der Kosinussatz:

Kosinussatz

$$a^2 = b^2 + c^2 - 2\,b\,c\,\cos(\alpha)\,,$$
$$b^2 = a^2 + c^2 - 2\,a\,c\,\cos(\beta)\,,$$
$$c^2 = a^2 + b^2 - 2\,a\,b\,\cos(\gamma)\,.$$

Beispiel 4.12. Seien alle Seiten a, b, c eines Dreiecks gegeben und seien gesucht die Winkel α, β und γ sowie der Flächeninhalt.

Nach dem Kosinussatz gilt

$$\cos(\alpha) = \frac{b^2 + c^2 - a^2}{2\,b\,c}\,.$$

Aus dem Sinussatz folgt der zweite Winkel,

$$\sin(\beta) = \frac{b}{a}\,\sin(\alpha)\,.$$

Und somit auch der dritte Winkel,

$$\gamma = 180^\circ - (\alpha + \beta)\,.$$

Für die Fläche gilt

$$F = \frac{1}{2}\, c\, b\, \sin(\alpha)\,.$$

Seien zwei Seiten b, c und der eingeschlossene Winkel α gegeben und seien gesucht die Seite a und die Winkel β, γ.

Der Kosinussatz liefert

$$a = \sqrt{b^2 + c^2 - 2\,b\,c\, \cos(\alpha)}$$

und der Sinussatz,

$$\sin(\beta) = \frac{b}{a}\, \sin(\alpha)\,.$$

Für den dritten Winkel folgt:

$$\gamma = 180^\circ - (\alpha + \beta)\,.$$

□

Beispiel 4.13. Seien zwei Seiten a, b ($a > b$) und der Winkel α gegeben und seien gesucht die Seite c und die Winkel β, γ, (Abb. 4.39).

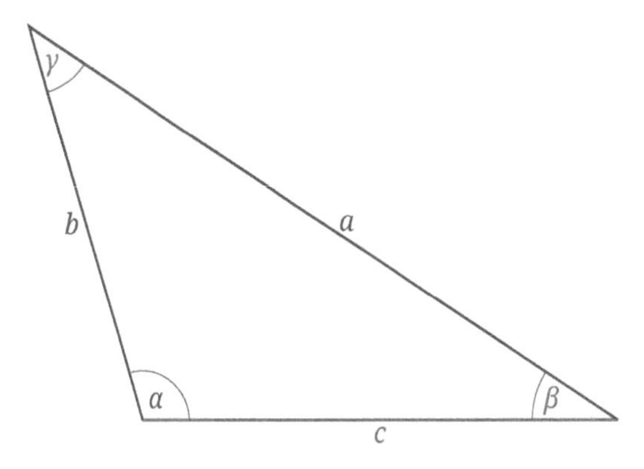

Abb. 4.39: Seiten und Winkel in einem Dreieck.

Der Sinussatz liefert

$$\sin(\beta) = \frac{b}{a}\, \sin(\alpha)\,.$$

Wegen $\sin(\beta) = \sin(180^\circ - \beta)$ kann der berechnete Sinuswert von zwei Winkeln zwischen 0° und 180° angenommen werden. Da der größeren Seite auch stets der größere Winkel gegenüberliegt, muß $\alpha > \beta$ gelten. (Der Winkel β muß hier also ein spitzer Winkel sein.) Da die Winkelsumme in einem Dreieck stets 180° beträgt, folgt

$$\gamma = 180^\circ - (\alpha + \beta)\,.$$

Und wieder mit dem Sinussatz,

$$c = b\,\frac{\sin(\gamma)}{\sin(\beta)}\,.$$

Seien die Seite a und die Winkel β, γ gegeben und seien gesucht die Seiten b, c und der Winkel α.

Da die Winkelsumme 180° beträgt, folgt

$$\alpha = 180^\circ - (\beta + \gamma)\,.$$

Aus dem Sinussatz ergibt sich

$$b = a\,\frac{\sin(\beta)}{\sin(\alpha)} \quad \text{und} \quad c = a\,\frac{\sin(\gamma)}{\sin(\alpha)}\,. \qquad \square$$

4.5 Trigonometrische Formeln

Zum Nachweis der Additionstheoreme betrachten wir zunächst die Sinus- und Kosinuswerte der Summe zweier Winkel im ersten Quadranten (Abb. 4.40).

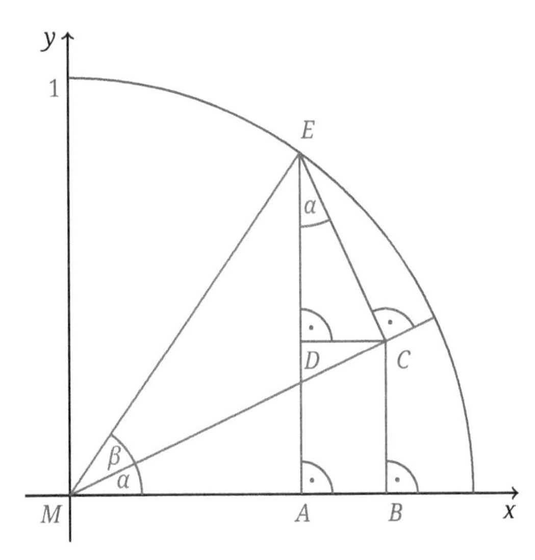

Abb. 4.40: Beweis der Additionstheoreme: Vom Punkt E aus werden Lote auf die Schenkel der Winkel α und β gefällt.

Berücksichtigt man, dass zwei Winkel stets gleichgroß sind, wenn ihre Schenkel paarweise senkrecht aufeinander stehen, dann kann man die Sinus- und Kosinuswerte der Summe der Winkel α und β auf die Sinus- und Kosinuswerte von α und β zurückführen. Aus der Figur entnimmt man

$$\begin{aligned}
\overline{AE} &= \sin(\alpha+\beta)\,,\\
\overline{AE} &= \overline{AD} + \overline{DE}\,,\\
\overline{AD} &= \overline{BC} = \overline{MC}\,\sin(\alpha)\,,\\
\overline{MC} &= \cos(\beta)\,,\\
\overline{DE} &= \overline{EC}\,\cos(\alpha)\,,\\
\overline{EC} &= \sin(\beta)\,,\\
\overline{AD} &= \sin(\alpha)\,\cos(\beta)\,,\\
\overline{DE} &= \cos(\alpha)\,\sin(\beta)\,,
\end{aligned}$$

und

$$\begin{aligned}
\overline{MA} &= \cos(\alpha+\beta)\,,\\
\overline{MA} &= \overline{MB} - \overline{AB}\,,\\
\overline{MB} &= \overline{MC}\,\cos(\alpha) = \cos(\alpha)\,\cos(\beta)\,,\\
\overline{AB} &= \overline{DC} = \overline{EC}\,\sin(\alpha) = \sin(\alpha)\,\sin(\beta)\,.
\end{aligned}$$

Insgesamt folgt:

Additionstheoreme für Sinus und Kosinus

$$\begin{aligned}
\sin(\alpha+\beta) &= \sin(\alpha)\,\cos(\beta) + \cos(\alpha)\,\sin(\beta)\,,\\
\cos(\alpha+\beta) &= \cos(\alpha)\,\cos(\beta) - \sin(\alpha)\,\sin(\beta)\,.
\end{aligned}$$

Mithilfe der Eigenschaften der Winkelfunktionen kann man dies sofort auf beliebige Winkel übertragen. Sinus und Kosinus der Winkeldifferenzen erhält man durch einfaches Ersetzen von β durch $-\beta$:

Additionstheoreme für Sinus und Kosinus (Differenz zweier Winkel)

$$\begin{aligned}
\sin(\alpha-\beta) &= \sin(\alpha)\,\cos(\beta) - \cos(\alpha)\,\sin(\beta)\,,\\
\cos(\alpha-\beta) &= \cos(\alpha)\,\cos(\beta) + \sin(\alpha)\,\sin(\beta)\,.
\end{aligned}$$

Aus den Additionstheoremen für den Sinus und Kosinus kann man nun Additionstheoreme für Tangens und Kotangens herleiten. Man muss im Folgenden jedoch stets darauf achten, dass keine Nenner verschwinden,

$$\begin{aligned}\tan(\alpha+\beta) &= \frac{\sin(\alpha+\beta)}{\cos(\alpha+\beta)}\\ &= \frac{\sin(\alpha)\,\cos(\beta)+\cos(\alpha)\,\sin(\beta)}{\cos(\alpha)\,\cos(\beta)-\sin(\alpha)\,\sin(\beta)}\,.\end{aligned}$$

Durch Erweitern mit $\frac{1}{\cos(\alpha)\cos(\beta)}$ kommt man auf das folgende Additionstheorem:

Additionstheorem für den Tangens

$$\begin{aligned}\tan(\alpha+\beta) &= \frac{\tan(\alpha)+\tan(\beta)}{1-\tan(\alpha)\,\tan(\beta)}\,,\\ \tan(\alpha-\beta) &= \frac{\tan(\alpha)-\tan(\beta)}{1+\tan(\alpha)\,\tan(\beta)}\,.\end{aligned}$$

Mit $\tan(-\beta) = -\tan(\beta)$ ergibt sich die zweite Formel aus der ersten.

Genauso bekommt man für den Kotangens

$$\begin{aligned}\cot(\alpha+\beta) &= \frac{\cos(\alpha+\beta)}{\sin(\alpha+\beta)}\\ &= \frac{\cos(\alpha)\,\cos(\beta)-\sin(\alpha)\,\sin(\beta)}{\sin(\alpha)\,\cos(\beta)+\cos(\alpha)\,\sin(\beta)}\,.\end{aligned}$$

Erweitert man mit $\frac{1}{\sin(\alpha)\sin(\beta)}$, so ergibt sich das folgende Additionstheorem:

Additionstheorem für den Kotangens

$$\begin{aligned}\cot(\alpha+\beta) &= \frac{\cot(\alpha)\,\cot(\beta)-1}{\cot(\beta)+\cot(\alpha)}\,,\\ \cot(\alpha-\beta) &= \frac{\cot(\alpha)\,\cot(\beta)+1}{\cot(\beta)-\cot(\alpha)}\,.\end{aligned}$$

Wegen $\cot(-\beta) = -\cot(\beta)$ ergibt sich die zweite Formel wieder aus der ersten.

Beispiel 4.14. Wir vereinfachen den Ausdruck $\sin(\alpha+60^\circ)+\sin(\alpha-60^\circ)$.

Mit dem Additionstheorem für den Sinus schreiben wir

$$\begin{aligned}\sin(\alpha+60^\circ)+\sin(\alpha-60^\circ) &= \sin(\alpha)\,\cos(60^\circ)+\cos(\alpha)\,\sin(60^\circ)\\ &\quad+\sin(\alpha)\,\cos(60^\circ)-\cos(\alpha)\,\sin(60^\circ)\\ &= 2\,\cos(60^\circ)\,\sin(\alpha)\\ &= \sin(\alpha)\,.\end{aligned}$$

□

Beispiel 4.15. Der Wert $\tan(15^\circ)$ soll unter Verwendung von $\tan(45^\circ) = 1$ und $\tan(30^\circ) = \frac{1}{3}\sqrt{3}$ berechnet werden.

Mit dem Additionstheorem für den Tangens ergibt sich

$$\begin{aligned}
\tan(15^\circ) &= \tan(45^\circ - 30^\circ) \\
&= \frac{\tan(45^\circ) - \tan(30^\circ)}{1 + \tan(45^\circ)\,\tan(30^\circ)} \\
&= \frac{1 - \frac{1}{3}\sqrt{3}}{1 + \frac{1}{3}\sqrt{3}} = \frac{(1 - \frac{1}{3}\sqrt{3})^2}{1 - (\frac{1}{3}\sqrt{3})^2} \\
&= \frac{1 - \frac{2}{3}\sqrt{3} + \frac{1}{9}\cdot 3}{1 - \frac{1}{3}} \\
&= \frac{\frac{4}{3} - \frac{2}{3}\sqrt{3}}{\frac{2}{3}} = 2 - \sqrt{3}.
\end{aligned}$$

□

Beispiel 4.16. Seien die Winkel α und β spitze Winkel mit

$$\sin(\alpha) = \frac{4}{5} \quad \text{und} \quad \sin(\beta) = \frac{5}{13}.$$

Wir berechnen damit $\sin(\alpha - \beta)$.

Mit dem Additionstheorem für den Sinus ergibt sich zunächst

$$\begin{aligned}
\sin(\alpha - \beta) &= \sin(\alpha)\,\cos(\beta) - \cos(\alpha)\,\sin(\beta) \\
&= \frac{4}{5}\cos(\beta) - \frac{5}{13}\cos(\alpha).
\end{aligned}$$

Mit der Beziehung zwischen Sinus und Kosinus erhalten wir

$$\begin{aligned}
\cos(\beta) &= \sqrt{1 - \sin^2(\beta)} \\
&= \sqrt{1 - \left(\frac{5}{13}\right)^2} \\
&= \frac{1}{13}\sqrt{13^2 - 5^2} = \frac{12}{13}, \\
\cos(\alpha) &= \sqrt{1 - \sin^2(\alpha)} \\
&= \sqrt{1 - \left(\frac{4}{5}\right)^2} \\
&= \frac{1}{5}\sqrt{25 - 16} = \frac{3}{5}.
\end{aligned}$$

Damit bekommen wir insgesamt

$$\sin(\alpha - \beta) = \frac{4}{5} \cdot \frac{12}{13} - \frac{3}{5} \cdot \frac{5}{13} = \frac{33}{65}. \qquad \square$$

Die Werte der trigonometrischen Funktionen des doppelten Winkels lassen sich leicht aus den Additionstheoremen herleiten. Für $\beta = \alpha$ ergibt sich beispielsweise $\sin(\alpha + \beta) = \sin(2\alpha)$. Ebenso bekommt man $\cos(2\alpha) = \cos^2(\alpha) - \sin^2(\alpha)$, was mit $\sin^2(\alpha) + \cos^2(\alpha) = 1$ weiter umgeformt werden kann.

Funktionen des doppelten Arguments

$$\begin{aligned}
\sin(2\alpha) &= 2\sin(\alpha)\cos(\alpha), \\
\cos(2\alpha) &= 1 - 2\sin^2(\alpha) = 2\cos^2(\alpha) - 1, \\
\tan(2\alpha) &= \frac{2\tan(\alpha)}{1 - \tan^2(\alpha)}, \\
\cot(2\alpha) &= \frac{\cot^2(\alpha) - 1}{2\cot^2(\alpha)}.
\end{aligned}$$

Ersetzt man hierin α durch $\frac{\alpha}{2}$, so folgt

$$\begin{aligned}
\sin(\alpha) &= 2\sin\left(\frac{\alpha}{2}\right)\cos\left(\frac{\alpha}{2}\right), \\
\cos(\alpha) &= 1 - 2\sin^2\left(\frac{\alpha}{2}\right) = 2\cos^2\left(\frac{\alpha}{2}\right) - 1, \\
\tan(\alpha) &= \frac{2\tan(\frac{\alpha}{2})}{1 - \tan^2(\frac{\alpha}{2})}, \\
\cot(\alpha) &= \frac{\cot^2(\frac{\alpha}{2}) - 1}{2\cot(\frac{\alpha}{2})}.
\end{aligned}$$

Durch Umformen können aus diesen Beziehungen die Funktionen des halben Arguments gewonnen werden. Dabei muß man die Vorzeichen entsprechend der Größe von $\frac{\alpha}{2}$ wählen.

Funktionen des halben Arguments

$$\begin{aligned}
\sin\left(\frac{\alpha}{2}\right) &= \pm\sqrt{\frac{1 - \cos(\alpha)}{2}}, \\
\cos\left(\frac{\alpha}{2}\right) &= \pm\sqrt{\frac{1 + \cos(\alpha)}{2}}, \\
\tan\left(\frac{\alpha}{2}\right) &= \pm\sqrt{\frac{1 - \cos(\alpha)}{1 + \cos(\alpha)}}, \\
\cot\left(\frac{\alpha}{2}\right) &= \pm\sqrt{\frac{1 + \cos(\alpha)}{1 - \cos(\alpha)}}.
\end{aligned}$$

Beispiel 4.17. Für Winkel α mit $\cos(\alpha) \neq -1$ soll gezeigt werden, dass

$$\sin^2\left(\frac{\alpha}{2}\right) = \frac{\sin^2(\alpha)}{2(1+\cos(\alpha))},$$
$$\cos^2\left(\frac{\alpha}{2}\right) = \frac{1+\cos(\alpha)}{2}.$$

Wir formen um mit dem Sinus und Kosinus des halben Winkels:

$$\begin{aligned}
\sin^2\left(\frac{\alpha}{2}\right) &= \frac{1-\cos(\alpha)}{2} \\
&= \frac{(1-\cos(\alpha))(1+\cos(\alpha))}{2\,(1+\cos(\alpha))} \\
&= \frac{1-\cos^2(\alpha)}{2\,(1+\cos(\alpha))} \\
&= \frac{\sin^2(\alpha)}{2\,(1+\cos(\alpha))}, \\
\cos^2\left(\frac{\alpha}{2}\right) &= \frac{1+\cos(\alpha)}{2} \\
&= \frac{(1+\cos(\alpha))(1+\cos(\alpha))}{2\,(1+\cos(\alpha))} \\
&= \frac{(1+\cos(\alpha))^2}{2\,(1+\cos(\alpha))}.
\end{aligned}$$

□

Beispiel 4.18. Wir suchen einen Ausdruck für $\sin(3\alpha)$, in dem nur Potenzen von $\sin(\alpha)$ auftreten,

$$\begin{aligned}
\sin(3\,\alpha) &= \sin(2\,\alpha)\ \cos(\alpha) + \cos(2\,\alpha)\ \sin(\alpha) \\
&= 2\ \sin(\alpha)\ \cos(\alpha)\ \cos(\alpha) + (1 - 2\ \sin^2\alpha)\ \sin(\alpha) \\
&= 2\ \sin(\alpha)\,(1-\sin^2(\alpha)) + \sin(\alpha) - 2\ \sin^3(\alpha) \\
&= 2\ \sin(\alpha) - 2\ \sin^3(\alpha) + \sin(\alpha) - 2\ \sin^3(\alpha) \\
&= 3\ \sin(\alpha) - 4\ \sin^3(\alpha).
\end{aligned}$$

□

5 Analytische Geometrie der Ebene

5.1 Punkte und Koordinaten

Die Zahlengerade denkt man sich anschaulich aus Punkten zusammengesetzt. Jedem Punkt ist genau eine reelle Zahl zugeordnet. Die geometrischen Objekte und die reellen Zahlen entsprechen sich umkehrbar eindeutig.

Zur Festlegung eines Punktes in der Ebene benötigt man zwei Zahlenangaben. Man wählt zunächst einen festen Punkt als Nullpunkt oder Ursprung der Ebene. Dann legt man zwei sich rechtwinklig schneidende Zahlengeraden durch den Ursprung. Diese Zahlengeraden werden als x-Achse bzw. als y-Achse bezeichnet. Jeder Punkt P in der Ebene wird durch ein Zahlenpaar (x, y) festgelegt: $P = (x, y)$, (Abb. 5.1). Die erste Zahl x wird durch die Entfernung des Punktes P von der y-Achse gegeben, während die zweite Zahl durch die Entfernung des Punktes P von der x-Achse gegeben wird. Die erste Zahl ist positiv (negativ), wenn der Punkt rechts (links) von der y-Achse liegt. Die zweite Zahl ist positiv (negativ), wenn der Punkt oberhalb (unterhalb) von der x-Achse liegt. Die erste Zahl (zweite Zahl) ist gleich Null, wenn der Punkt auf der y-Achse (x-Achse) liegt.

Koordinaten, Abszisse, Ordinate
Das Zahlenpaar (x, y) gibt die Koordinaten des Punktes P an:

$$P = (x, y) .$$

Man bezeichnet x als Abszisse und y als Ordinate des Punktes P.

Offenbar besitzt der Ursprung (oder Nullpunkt) O die Koordinaten $O = (0, 0)$. Der Ursprung bildet zusammen mit der x-Achse und der y-Achse ein Koordinatensystem.

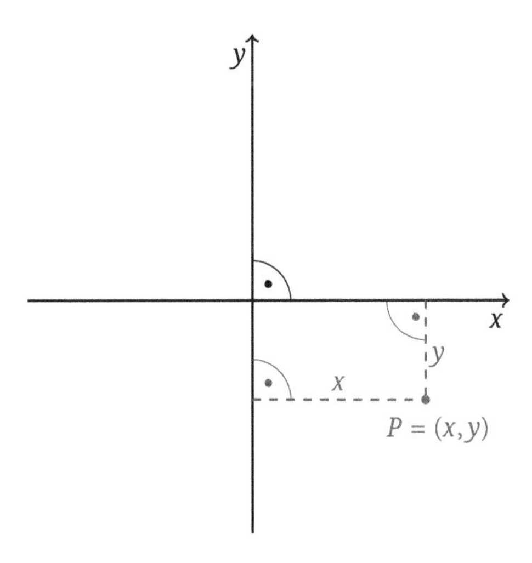

Abb. 5.1: Festlegung eines Punktes P im Koordinatensystem.

https://doi.org/10.1515/9783111503639-005

Beispiel 5.1. Wir zeichnen die Punkte $P_1 = (3, -1)$, $P_2 = (-5, 2)$ und $P_3 = (-4, -2)$ in der Ebene (Abb. 5.2).

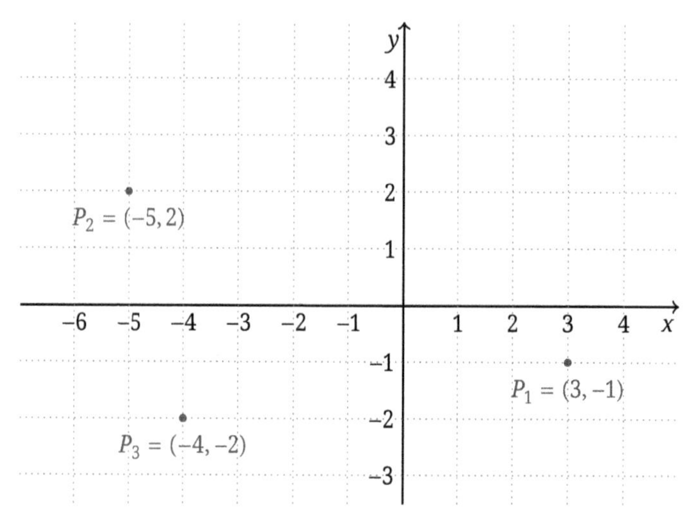

Abb. 5.2: Die Punkte $P_1 = (3, -1)$, $P_2 = (-5, 2)$, $P_3 = (-4, -2)$.

□

Häufig ist es zweckmäßig, ein neues Koordinatensystem einzuführen, dessen Ursprung in einem Punkt $P_0 = (x_0, y_0)$ liegt. Als Koordinatenachsen wählt man nun eine Parallele zur x-Achse sowie eine Parallele zur y-Achse durch den Punkt P_0 (Abb. 5.3).

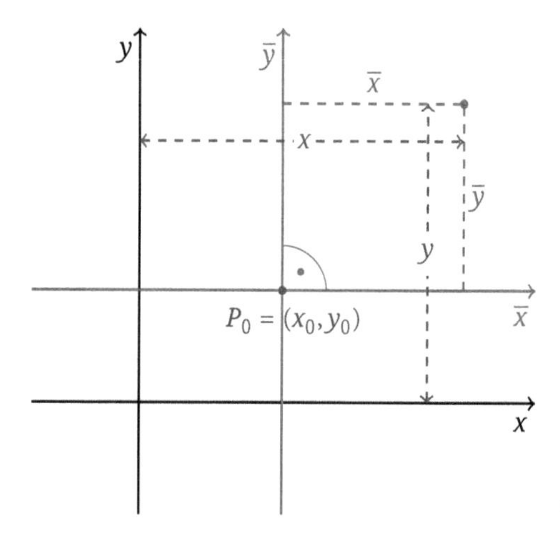

Abb. 5.3: Verschiebung des Koordinatensystems in den Punkt $P_0 = (x_0, y_0)$.

Besitzt ein Punkt P im Ausgangssystem die Koordinaten (x, y) und im neuen System die Koordinaten $(\bar{x}, \bar{y})$, so gilt:

Verschiebung des Koordinatensystems

$$\bar{x} = x - x_0\,,$$
$$\bar{y} = y - y_0\,,$$
$$x = \bar{x} + x_0\,,$$
$$x = \bar{y} + y_0\,.$$

Beispiel 5.2. Durch Verschiebung des Koordinatensystems in den Punkt $P_0 = (-2,-1)$ wird ein neues System gegeben (Abb. 5.4).

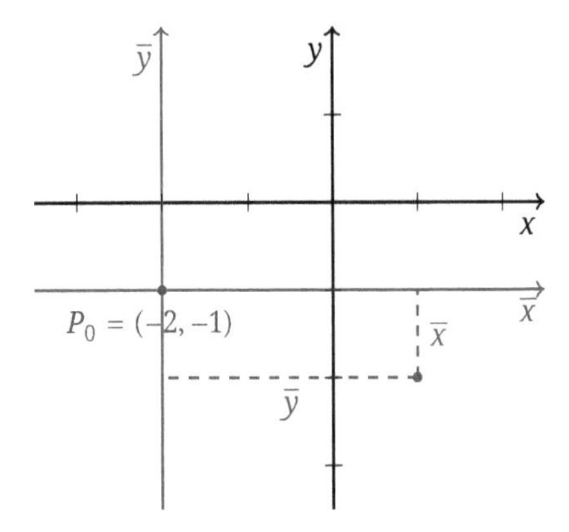

Abb. 5.4: Verschiebung des Koordinatensystems in den Punkt $P_0 = (x_0, y_0) = (-2,-1)$.

Im neuen System besitze der Punkt P die Koordinaten $(\bar{x}, \bar{y}) = (3,-1)$. Nach der Umrechnungsformel

$$\bar{x} = x - x_0\,, \quad \bar{y} = y - y_0$$

ergeben sich die Koordinaten (x, y) von P im Ausgangssystem zu

$$x = \bar{x} + x_0 = 1\,,$$
$$y = \bar{y} + y_0 = -2\,.$$

□

Durch Drehung des Koordinatensystems um den Winkel ϕ im entgegengesetzten Uhrzeigersinn entsteht ein neues Koordinatensystem (Abb. 5.5). Besitzt ein Punkt P im Ausgangssystem die Koordinaten (x, y), so besitzt er im neuen System die Koordinaten $(\bar{x}, \bar{y})$ mit den Beziehungen

$$p_x = \sin(\phi)\,\bar{y}\,, \quad p_y = \cos(\phi)\,\bar{y}\,,$$
$$x + p_x = \cos(\phi)\,\bar{x}\,, \quad y - p_y = \sin(\phi)\,\bar{x}\,.$$

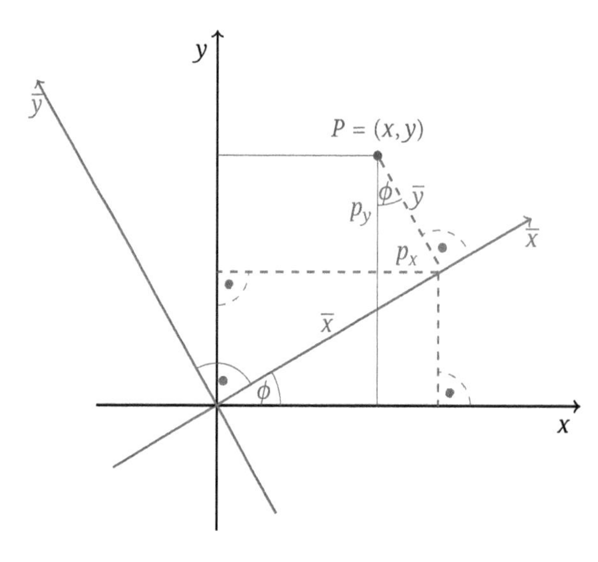

Abb. 5.5: Drehung des Koordinatensystems. Koordinaten eines Punktes (x, y) im Ausgangssystem und $(\bar{x}, \bar{y})$ im gedrehten System.

Insgesamt folgt hieraus:

Drehung des Koordinatensystems

$$\begin{aligned} x &= \cos(\phi)\,\bar{x} - \sin(\phi)\,\bar{y}\,, \\ y &= \sin(\phi)\,\bar{x} + \cos(\phi)\,\bar{y}\,, \\ \bar{x} &= \cos(\phi)\,x + \sin(\phi)\,y\,, \\ \bar{y} &= -\sin(\phi)\,x + \cos(\phi)\,y\,. \end{aligned}$$

Die Umkehrung entsteht dadurch, dass man die erste Gleichung mit $\cos(\phi)$ $(\sin(\phi))$ und die zweite mit $\sin(\phi)$ $(\cos(\phi))$ multipliziert und die beiden Gleichungen anschließend addiert (subtrahiert). Führen wir den ersten Fall durch:

$$\begin{aligned} \cos(\phi)\,x &= \left(\cos(\phi)\right)^2 \bar{x} - \cos(\phi)\ \sin(\phi)\,\bar{y}\,, \\ \sin(\phi)\,y &= \left(\sin(\phi)\right)^2 \bar{x} + \sin(\phi)\ \cos(\phi)\,\bar{y}\,. \end{aligned}$$

Durch Addition folgt

$$\cos(\phi)\,x + \sin(\phi)\,y = \left(\left(\cos(\phi)\right)^2 + \left(\sin(\phi)\right)^2\right)\bar{x} = \bar{x}\,.$$

Beispiel 5.3. Durch Drehung des Koordinatensystems um den Winkel $60^\circ = \frac{\pi}{3}$ wird ein neues System gegeben (Abb. 5.6).

Der Punkt P besitze im Ausgangssystem die Koordinaten

$$P = (-2, -3)\,.$$

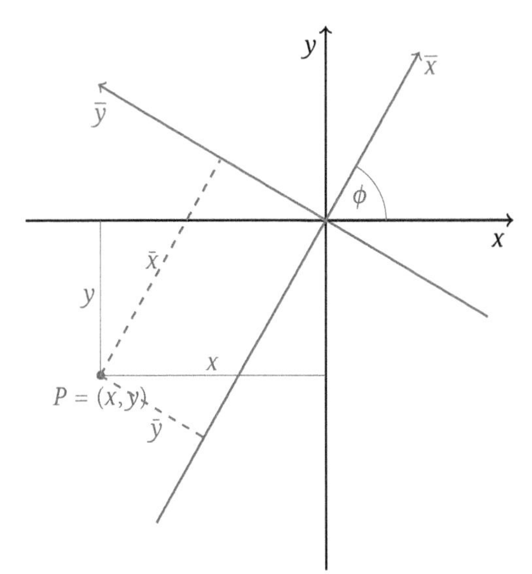

Abb. 5.6: Drehung des Koordinatensystems um den Winkel $60° = \frac{\pi}{3}$. Punkt $P = (x, y) = (-3, -2)$ im Ausgangssystem und im gedrehten System.

Mit $\cos(\frac{\pi}{3}) = \frac{1}{2}$ und $\sin(\frac{\pi}{3}) = \frac{1}{2}\sqrt{3}$ ergeben sich folgende Koordinaten im gedrehten System:

$$\bar{x} = \frac{1}{2}(-3) + \frac{1}{2}\sqrt{3}(-2) = -\frac{1}{2}(3 + 2\sqrt{3}),$$
$$\bar{y} = -\frac{1}{2}\sqrt{3}(-3) + \frac{1}{2}(-2) = \frac{1}{2}(-2 + 3\sqrt{3}).$$ □

Mithilfe der Koordinaten eines Punktes $P = (x, y)$ lässt sich der Abstand vom Nullpunkt bestimmen (Abb. 5.7). Mit dem Satz des Pythagoras bekommt man

$$d^2 = x^2 + y^2 \quad \text{bzw.} \quad d = \sqrt{x^2 + y^2}.$$

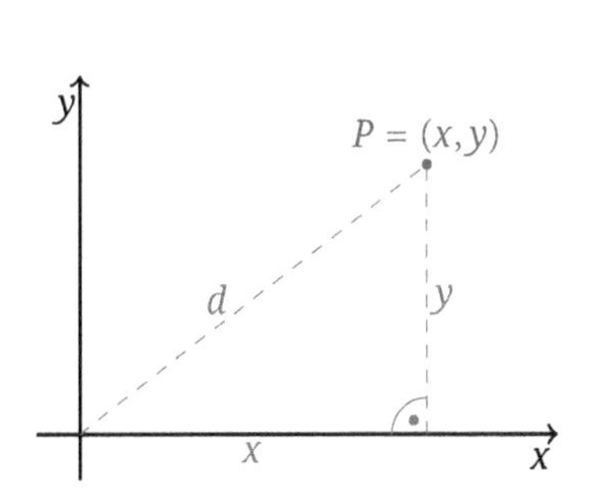

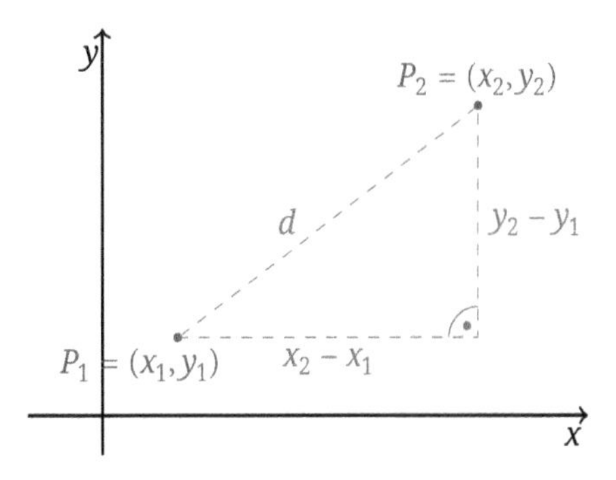

Abb. 5.7: Abstand d eines Punktes $P = (x, y)$ vom Ursprung (links), Der Abstand d zweier Punkte $P_1 = (x_1, y_1)$ und $P_2 = (x_2, y_2)$ voneinander (rechts).

Auf ähnliche Weise ergibt sich der Abstand zweier Punkte.

Abstand zweier Punkte
Der Abstand zweier Punkte $P_1 = (x_1, y_1)$ und $P_2 = (x_2, y_2)$ beträgt

$$d(P_1, P_2) = \sqrt{(x_2 - x_1)^2 + (y_2 - y_1)^2}\,.$$

Beispiel 5.4. Wir berechnen den Abstand der Punkte $P_1 = (2, -3)$ und $P_2 = (-5, 4)$ und bekommen

$$d(P_1, P_2) = \sqrt{(2 - (-5))^2 + (-3 - 4)^2} = \sqrt{2 \cdot 49} = 7\sqrt{2}\,. \qquad \square$$

5.2 Die Gerade

Durch zwei Punkte $P_1 = (x_1, y_1)$ und $P_2 = (x_2, y_2)$ wird eine Gerade in der Ebene festgelegt. Legt man durch den Punkt $P_2 = (x_2, y_2)$ eine Parallele zur y-Achse und durch den Punkt $P_1 = (x_1, y_1)$ eine Parallele zur x-Achse, so entsteht ein rechtwinkliges Dreieck. Verfährt man mit dem beliebigen Punkt $P = (x, y)$ anstelle des Punktes $P_2 = (x_2, y_2)$ genauso, so entsteht ein ähnliches Dreieck (Abb. 5.8).

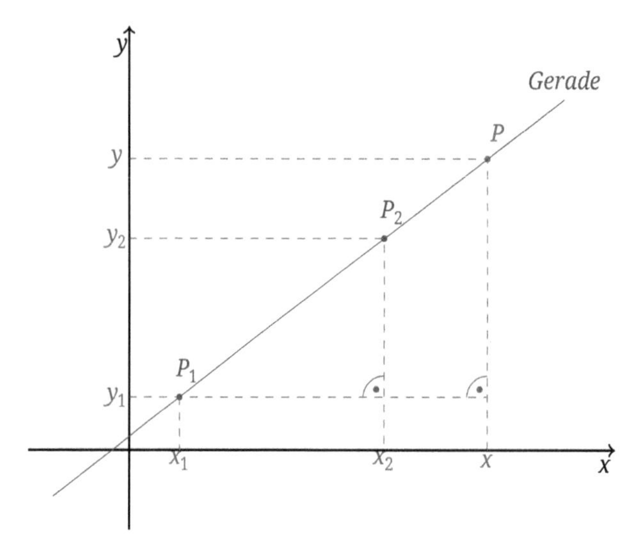

Abb. 5.8: Gerade durch zwei Punkte $P_1 = (x_1, y_1)$ und $P_2 = (x_2, y_2)$. Beliebiger Punkt P und Steigungsdreiecke.

Ein beliebiger Punkt $P = (x, y)$, welcher auf der durch die Punkte $P_1 = (x_1, y_1)$ und $P_2 = (x_2, y_2)$ verlaufenden Geraden liegt, genügt der Gleichung:

Zwei-Punkte-Form der Geradengleichung

$$\frac{y-y_1}{x-x_1} = \frac{y_2-y_1}{x_2-x_1} .$$

Beispiel 5.5. Durch die Punkte $(2,-1)$ und $(-3,4)$ wird eine Gerade gelegt. Ihre Gleichung lautet in der Zwei-Punkte-Form:

$$\frac{y+1}{x-2} = \frac{5}{-5} = -1 ,$$

bzw.

$$y = -x + 1 .$$

□

In der Zwei-Punkte-Form wird vorausgesetzt, dass die beiden Punkte verschieden sind und nicht auf einer Parallelen zur y-Achse liegen: $x_1 \neq x_2$. Dieser letztere Sonderfall kann aber in einer allgemeineren Geradengleichung mit berücksichtigt werden. Umformen ergibt

$$(x_2-x_1)(y-y_1) = (y_2-y_1)(x-x_1) ,$$
$$(x_2-x_1)y - (y_2-y_1)x = (x_2-x_1)y_1 - (y_2-y_1)x_1 ,$$

und führt auf die allgemeine Gleichung ersten Grades mit konstanten A, B, C:

Allgemeine Gleichung ersten Grades

$$Ax + By = C .$$

Umgekehrt stellt eine Gleichung ersten Grades stets eine Gerade dar. Wir behandeln zuerst zwei Sonderfälle:

$A = 0$ und $B \neq 0$:

$$y = \frac{C}{B}$$

stellt eine Parallele zur x-Achse dar (Abb. 5.9).

$A \neq 0$ und $B = 0$:

$$x = \frac{C}{A}$$

stellt eine Parallele zur y-Achse dar (Abb. 5.9).

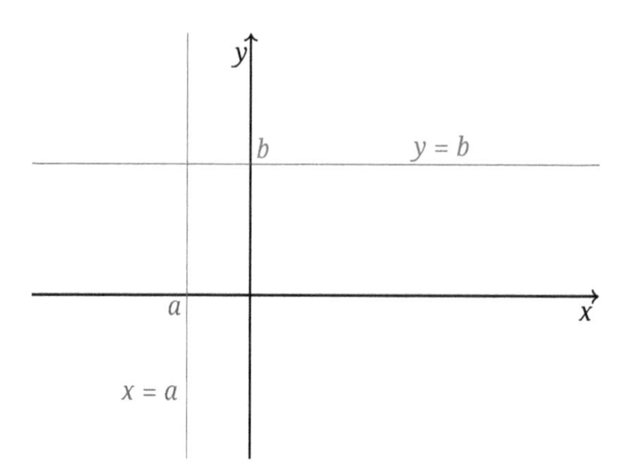

Abb. 5.9: Parallele zur x-Achse $y = b$ und Parallele zur y-Achse $x = a$.

Nun zum allgemeinen Fall: Wir legen zwei Punkte fest, die der Gleichung genügen. Setzt man $x = 0$, so folgt $y = \frac{C}{B}$, und setzt man $y = 0$, so folgt $x = \frac{C}{A}$ aus der Gleichung. Die Gerade geht also durch die Punkte (Abb. 5.10):

$$P_1 = \left(0, \frac{C}{B}\right) \quad \text{und} \quad P_2 = \left(\frac{C}{A}, 0\right).$$

Ihre Zwei-Punkte-Form lautet:

$$\frac{y - \frac{C}{B}}{x} = \frac{-\frac{C}{B}}{\frac{C}{A}} = -\frac{A}{B} \quad \text{bzw.} \quad y = -\frac{A}{B}x + \frac{C}{B}.$$

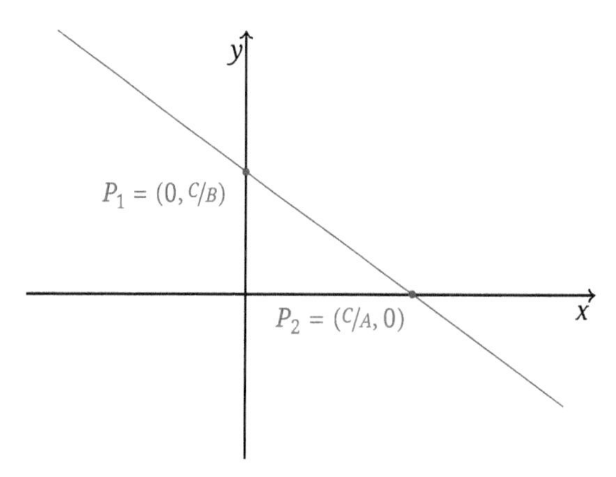

Abb. 5.10: Gerade durch die Punkte $P_1 = (0, \frac{C}{B})$ und $P_2 = (\frac{C}{A}, 0)$.

Beispiel 5.6. Gegeben sei die Gleichung ersten Grades,

$$3x - 7y = -5.$$

Wir bestimmen zwei Punkte auf der Geraden. Setzt man $x = 0$, so ergibt sich $y = \frac{5}{7}$. Setzt man $y = 0$, so ergibt sich $x = -\frac{5}{3}$. Damit liegen die Punkte

$$P_1 = \left(0, \frac{5}{7}\right) \quad \text{und} \quad P_2 = \left(-\frac{5}{3}, 0\right)$$

auf der Geraden (Abb. 5.11).

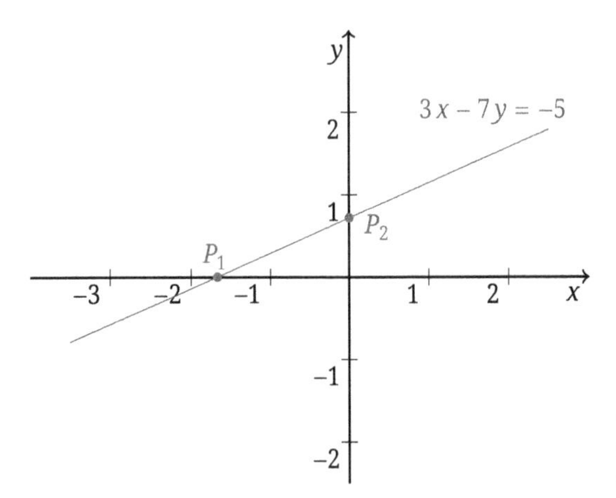

Abb. 5.11: Die Gerade $3x - 7y = -5$ mit den Punkten $P_1 = (0, \frac{5}{7})$ und $P_2 = (-\frac{5}{3}, 0)$.

Man kann natürlich auch für x bzw. y einen beliebigen Parameter $\lambda \in \mathbb{R}$ bzw. $\mu \in \mathbb{R}$ setzen. Damit liegen alle Punkte

$$\left(\lambda, \frac{5 + 3\lambda}{7}\right) \quad \text{bzw.} \quad \left(\frac{-5 + 7\mu}{3}, \mu\right)$$

auf der Geraden. □

Eine Gleichung ersten Grades $Ax + By = C$ mit $B \neq 0$ stellt eine Gerade dar, die nicht parallel zur y-Achse verläuft und wie folgt geschrieben werden kann:

$$y = \left(-\frac{A}{B}\right)x + \frac{C}{B}.$$

Mit den Abkürzungen

$$m = -\frac{A}{B} \quad \text{und} \quad b = \frac{C}{B}$$

bekommen wir die Normalform der Geradengleichung.

Normalform der Geradengleichung
Mit dem y-Achsenabschnitt b und dem Anstieg (der Steigung) m lautet die Normalform der Geradengleichung:

$$y = mx + b.$$

Setzt man $x = 0$, so folgt $y = b$. Damit liegt der Punkt $(0, b)$ auf der Geraden. Man bezeichnet b als y-Achsenabschnitt. Aus

$$\frac{y - b}{x - 0} = m$$

liest man den Anstieg m (die Steigung) der Geraden ab (Abb. 5.12).

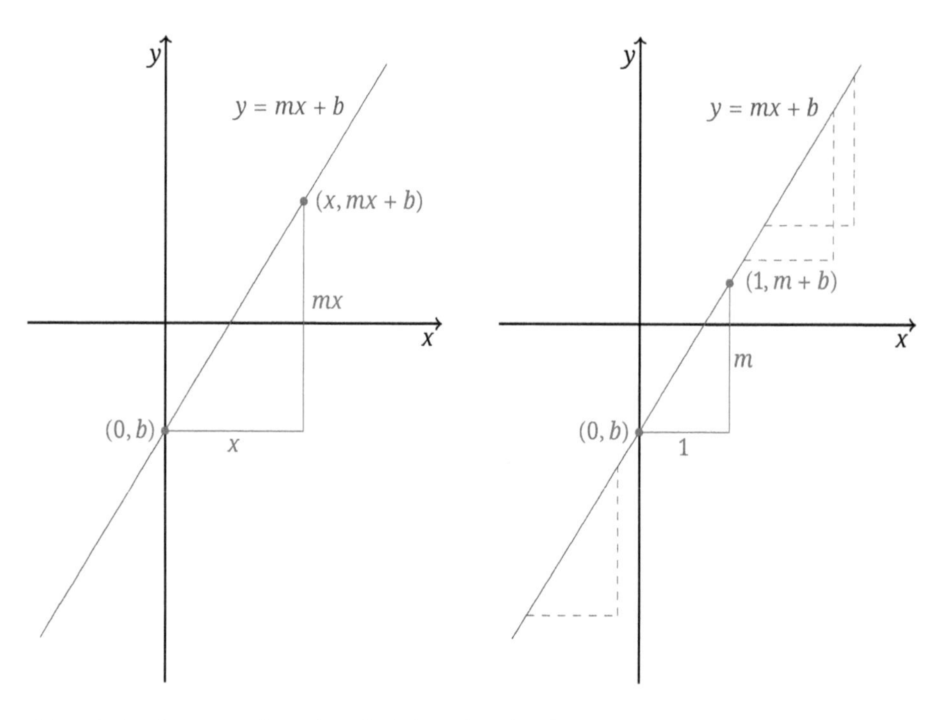

Abb. 5.12: Gerade $y = mx + b$, y-Achsenabschnitt und Anstieg (links), Steigungsdreiecke (rechts).

Liegt eine Gerade in Normalform vor, so kann sie leicht gezeichnet werden. Man trägt zuerst den y-Achsenabschnitt b ab und konstruiert mit Hilfe des Steigungsdreiecks einen zweiten Punkt. Dazu geht man im Punkt $(0, b)$ parallel zur x-Achse um eins nach rechts und anschließend parallel zur y-Achse um m nach oben bzw. nach unten, je nachdem, ob m positiv oder negativ ist.

Steigungsdreieck
Die Punkte $(0, b)$, $(1, b)$ und $(1, m + b)$ bilden die Eckpunkte eines Steigungsdreiecks der Geraden:

$$y = mx + b\,.$$

Man kann in jedem beliebigen Punkt $(x_0, mx_0 + b)$ auf der Geraden ein Steigungsdreieck mit den Eckpunkten $(x_0, mx_0 + b)$, $(x_0 + 1, mx_0 + b)$ und $(x_0 + 1, m(x_0 + 1) + b)$ abtragen. Alle Steigungsdreiecke sind deckungsgleich (Abb. 5.12).

Wir betrachten zwei Geraden, die beide nicht parallel zur y-Achse sind:

$$\begin{aligned} A_1 x + B_1 y &= C_1\,, \quad B_1 \neq 0\,,\\ A_2 x + B_2 y &= C_2\,, \quad B_2 \neq 0\,. \end{aligned}$$

Wir fragen nach einem Punkt, der auf beiden Geraden liegt. Dazu multiplizieren wir die erste Gleichung mit B_2 und die zweite Gleichung mit B_1:

$$\begin{aligned} A_1 B_2 x + B_1 B_2 y &= C_1 B_2\,,\\ A_2 B_1 x + B_1 B_2 y &= C_2 B_1\,. \end{aligned}$$

Durch Subtraktion der beiden letzten Gleichungen folgt nun

$$(A_1 B_2 - A_2 B_1)\,x = B_2 C_1 - B_1 C_2\,.$$

Multiplizieren wir die erste Gleichung mit A_2 und die zweite Gleichung mit A_1:

$$\begin{aligned} A_1 A_2 x + A_2 B_1 y &= A_2 C_1\,,\\ A_2 A_1 x + A_1 B_2 y &= A_1 C_2\,. \end{aligned}$$

Wiederum liefert Subtraktion der beiden letzten Gleichungen

$$(A_1 B_2 - A_2 B_1)\,y = A_1 C_2 - A_2 C_1\,.$$

Offenbar entscheidet die Größe $A_1 B_2 - A_2 B_1$ über die Existenz eines Schnittpunktes.

1) $A_1B_2 - A_2B_1 = 0$.
Die Geraden

$$\begin{aligned} A_1 x + B_1 y &= C_1\,,\\ A_2 x + B_2 y &= C_2\,, \end{aligned}$$

sind parallel mit der gemeinsamen Steigung,

$$-\frac{A_1}{B_1} = -\frac{A_2}{B_2}\,.$$

Im Allgemeinen gibt es nun keinen Schnittpunkt. Es sei denn, die Geraden sind identisch und besitzen den gemeinsamen y-Achsenabschnitt

$$\frac{C_1}{B_1} = \frac{C_2}{B_2}\,.$$

2) $A_1 B_2 - A_2 B_1 \neq 0$.
Die Geraden

$$A_1 x + B_1 y = C_1\,, \quad A_2 x + B_2 y = C_2$$

besitzen genau einen Schnittpunkt:

$$(x, y) = \left(\frac{B_2 C_1 - B_1 C_2}{A_1 B_2 - A_2 B_1}, \frac{A_1 C_2 - A_2 C_1}{A_1 B_2 - A_2 B_1} \right).$$

Gilt schließlich $B_1 = B_2 = 0$, d. h., beide Geraden verlaufen parallel zur y-Achse, so gibt es entweder keinen Schnittpunkt oder beide Geraden sind identisch.

Beispiel 5.7. Die Geraden

$$3x + 4y = -2 \quad \text{und} \quad x + \frac{4}{3} y = 4$$

besitzen keinen Schnittpunkt (Abb. 5.13).

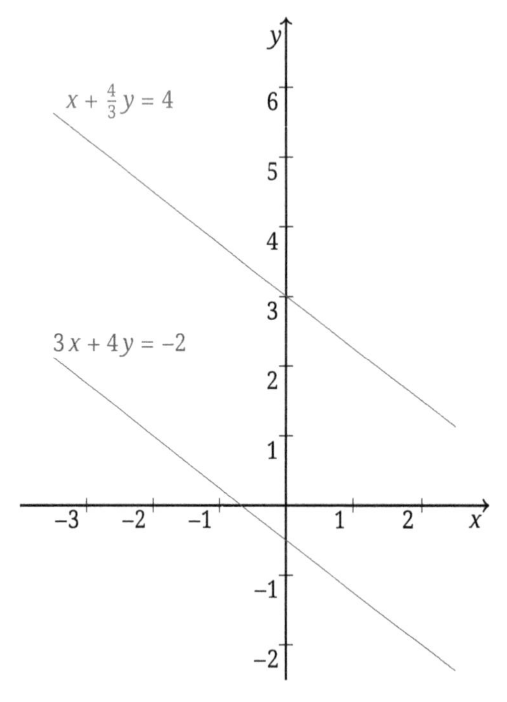

Abb. 5.13: Die Geraden $3x + 4y = -2$ und $x + \frac{4}{3} y = 4$.

Es gilt:

$$A_1 B_2 - A_2 B_1 = 3\,\frac{4}{3} - 4 = 0 \quad \text{und} \quad \frac{C_1}{B_1} = \frac{-2}{4} = -\frac{1}{2} \neq \frac{C_2}{B_2} = \frac{4}{\frac{4}{3}} = 3\,.$$

Die Geraden

$$2x - 2y = 3 \quad \text{und} \quad -x - y = 1$$

besitzen einen Schnittpunkt (Abb. 5.14).

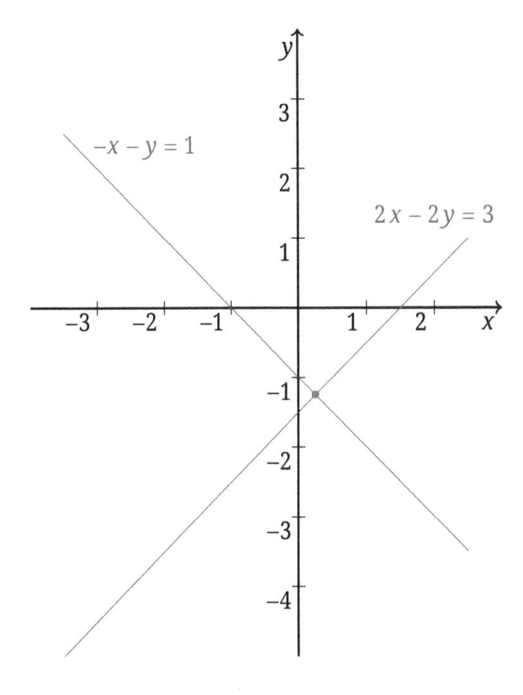

Abb. 5.14: Die Geraden $2x - 2y = 3$, und $-x - y = 1$.

Es gilt:

$$A_1 B_2 - A_2 B_1 = 2(-1) - (-1)(-2) = -4$$

und für den Schnittpunkt ergibt sich

$$(x,y) = \left(\frac{(-1)3 - 2(-1)}{-4}, \frac{2 - (-1)3}{-4} \right) = \left(\frac{1}{4}, -\frac{5}{4} \right).$$

Man kann den Schnittpunkt auch durch Eliminieren bestimmen. Löst man die Geradengleichungen jeweils nach x auf, so ergibt sich

$$x = y + \frac{3}{2}$$

und

$$x = -y - 1 .$$

Gleichsetzen liefert

$$y + \frac{3}{2} = -y - 1$$

und

$$y = -\frac{5}{4} .$$

Setzt man dies in eine der beiden Auflösungen nach x ein, so bekommt man

$$x = \frac{1}{4} .$$

□

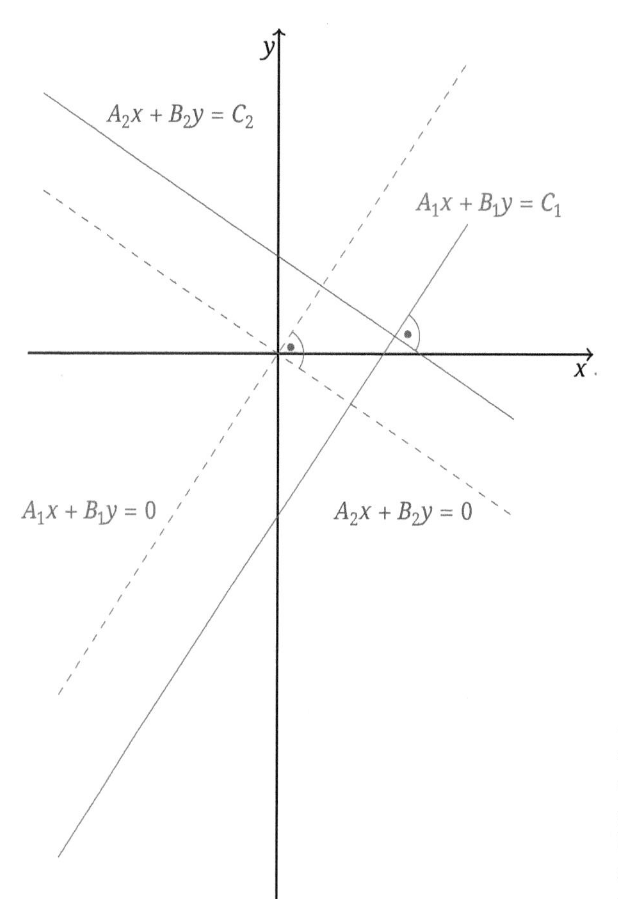

Abb. 5.15: Senkrecht aufeinander stehende Geraden: $g_1 : A_1x + B_1y = C_1$, $g_2 : A_2x + B_2y = C_2$ mit Parallelen durch den Ursprung $\tilde{g}_1 : A_1x + B_1y = 0$, $\tilde{g}_2 : A_2x + B_2y = 0$.

Wir betrachten erneut zwei Geraden

$$g_1: \quad A_1x + B_1y = C_1, \quad B_1 \neq 0,$$
$$g_2: \quad A_2x + B_2y = C_2, \quad B_2 \neq 0.$$

Wir fragen nach den Bedingungen, unter welchen die Geraden senkrecht aufeinander stehen.

Die Geraden besitzen die Anstiege

$$m_1 = -\frac{A_1}{B_1} \quad \text{bzw.} \quad m_2 = -\frac{A_2}{B_2}.$$

Die Ursprungsgeraden

$$\tilde{g}_1: A_1x + B_1y = 0 \quad \text{und} \quad \tilde{g}_2: A_2x + B_2y = 0,$$

verlaufen parallel zu g_1 bzw. g_2 und stehen dann ebenfalls senkrecht aufeinander (Abb. 5.15). Offenbar liegt der Punkt $P_1 = (B_1, -A_1)$ auf $\tilde{g}_1$ und $P_2 = (B_2, -A_2)$ auf $\tilde{g}_2$ (Abb. 5.16).

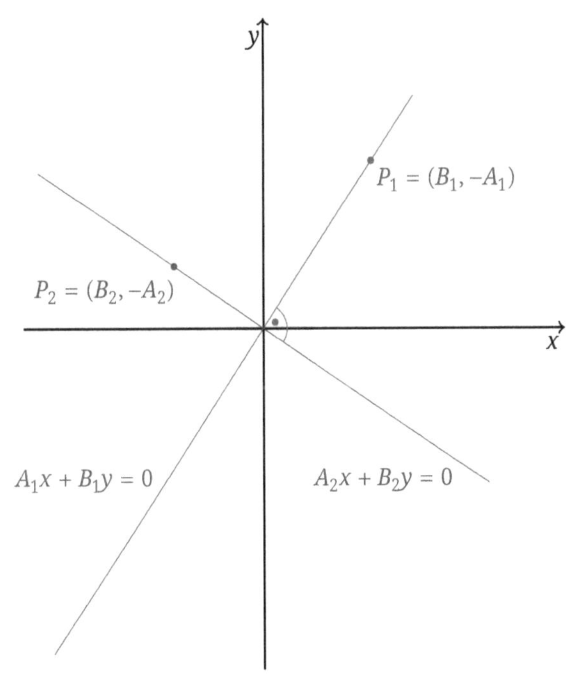

Abb. 5.16: Der Punkt $P_1 = (B_1, -A_1)$ auf $\tilde{g}_1 : A_1x + B_1y = 0$ und der Punkt $P_2 = (B_2, -A_2)$ auf $\tilde{g}_2 : A_2x+B_2y = 0$.

Nach dem Satz des Pythagoras stehen die Geraden $\tilde{g}_1$ und $\tilde{g}_2$ nun genau dann senkrecht aufeinander, wenn

$$d(P_1,P_2)^2 = d(O,P_1)^2 + d(O,P_2)^2 \,.$$

Dies ist gleichbedeutend mit

$$\begin{gathered}
(B_1 - B_2)^2 + \left(-A_2 - (-A_1)\right)^2 = B_1^2 + A_1^2 + B_2^2 + A_2^2 \\
\Updownarrow \\
(B_1 - B_2)^2 + (A_1 - A_2)^2 = B_1^2 + A_1^2 + B_2^2 + A_2^2 \\
\Updownarrow \\
B_1^2 - 2B_1 B_2 + B_2^2 + A_1^2 - 2A_1 A_2 + A_2^2 = B_1^2 + A_1^2 + B_2^2 + A_2^2 \\
\Updownarrow \\
-2 B_1 B_2 - 2 A_1 A_2 = 0 \\
\Updownarrow \\
A_1 A_2 + B_1 B_2 = 0 \\
\Updownarrow \\
\frac{A_1}{B_1} \cdot \frac{A_2}{B_2} = -1 \\
\Updownarrow \\
\left(-\frac{A_1}{B_1}\right)\left(-\frac{A_2}{B_2}\right) = -1 \,.
\end{gathered}$$

Insgesamt bekommt man

Senkrechte Geraden
Die Geraden

$$y = m_1 x + b_1 \quad \text{und} \quad y = m_2 x + b_2$$

stehen bei $m_1 m_2 \neq 0$ genau dann senkrecht aufeinander, wenn gilt

$$m_1 m_2 = -1 \,.$$

Ist eine der Geraden parallel zur x-Achse, d. h., $m_1 m_2 = 0$, so muss die andere Gerade parallel zur y-Achse sein.

Beispiel 5.8. Gegeben seien die beiden Geraden

$$2x + 6y = -15 \,, \quad -3x + y = 2 \,.$$

Wir formen um

$$y = -\frac{1}{3}x - \frac{5}{2} \,, \quad y = 3x + 2$$

und lesen die jeweiligen Anstiege ab:

$$m_1 = -\frac{1}{3}, \quad m_2 = 3.$$

Offenbar gilt $m_1 m_2 = -1$, und die Geraden stehen senkrecht (Abb. 5.17).

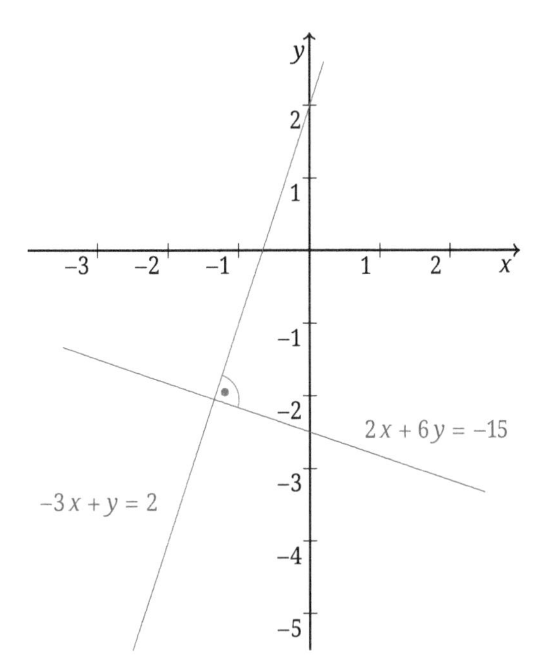

Abb. 5.17: Die senkrecht stehenden Geraden $2x + 6y = -15$ und $-3x + y = 2$.

□

Wir wollen den Abstand einer Geraden vom Ursprung berechnen. Dazu fällen wir das Lot vom Ursprung auf die Gerade und ermitteln den Abstand des Fußpunktes des Lots vom Ursprung. Wir gehen aus von der Geraden

$$Ax + By = C, \quad A \neq 0, B \neq 0, C \neq 0,$$

bzw.

$$y = -\frac{A}{B}x + \frac{C}{B}.$$

Die Ursprungsgerade

$$y = \frac{B}{A}x$$

steht dann senkrecht und stellt die Lotgerade dar.

Wir berechnen den Fußpunkt des Lots, indem wir beide Geraden schneiden (Abb. 5.18):

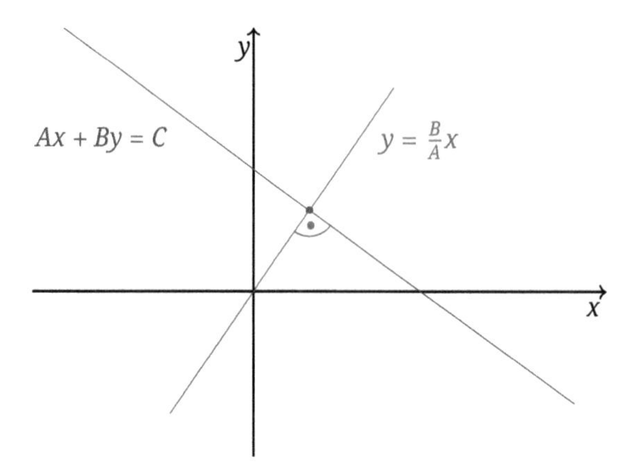

Abb. 5.18: Die Gerade $Ax + By = C$, mit der Lotgeraden $y = \frac{B}{A}x$.

$$\frac{B}{A}x = -\frac{A}{B}x + \frac{C}{B}$$
$$\Updownarrow$$
$$\left(\frac{B}{A} + \frac{A}{B}\right)x = \frac{C}{B}$$
$$\Updownarrow$$
$$x = \frac{C}{B}\frac{AB}{A^2 + B^2}\,.$$

Der Fußpunkt besitzt somit die Koordinaten:

Fußpunkt des Lots auf eine Gerade

$$x = C\frac{A}{A^2 + B^2}\,, \quad y = C\frac{B}{A^2 + B^2}\,.$$

Der Abstand der Geraden vom Ursprung lässt sich nun leicht angeben:

$$d^2 = C^2\frac{A^2}{(A^2 + B^2)^2} + C^2\frac{B^2}{(A^2 + B^2)^2}$$
$$\Updownarrow$$
$$d^2 = C^2\frac{A^2 + B^2}{(A^2 + B^2)^2}$$
$$\Updownarrow$$
$$d^2 = C^2\frac{1}{A^2 + B^2}$$
$$\Updownarrow$$
$$d = \frac{|C|}{\sqrt{A^2 + B^2}}\,.$$

Wir fassen zusammen:

Abstand des Ursprungs von einer Geraden
Der Abstand des Ursprungs von der Gerade

$$Ax + By = C\,, \quad (A, B) \neq (0, 0)\,,$$

lautet:

$$d = \frac{|C|}{\sqrt{A^2 + B^2}}\,.$$

Für den Winkel α, den das Lot mit der positiven x-Achse einschließt, gelten die folgenden Beziehungen (Abb. 5.19):

$$\cos(\alpha) = \frac{x}{d}\,, \quad \sin(\alpha) = \frac{y}{d}\,.$$

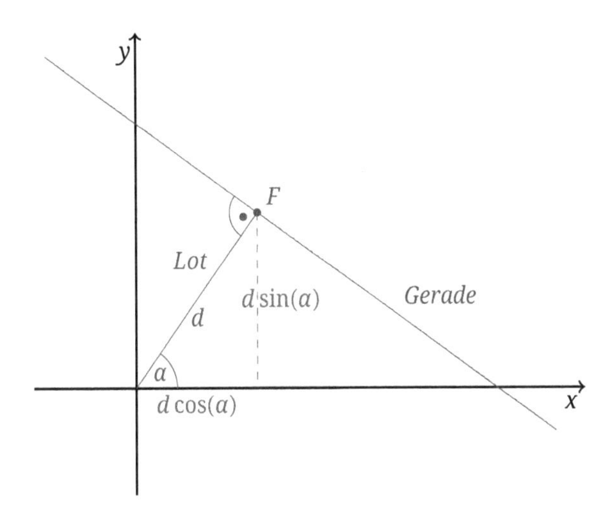

Abb. 5.19: Gerade, Lot vom Ursprung, Fußpunkt F mit Abstand d und Winkel α mit der positiven x-Achse.

Umformen ergibt

$$\cos(\alpha) = \frac{C}{|C|}\,\frac{A}{\sqrt{A^2 + B^2}} = \operatorname{sign}(C)\,\frac{A}{\sqrt{A^2 + B^2}}\,,$$
$$\sin(\alpha) = \frac{C}{|C|}\,\frac{B}{\sqrt{A^2 + B^2}} = \operatorname{sign}(C)\,\frac{B}{\sqrt{A^2 + B^2}}\,.$$

Durch Multiplizieren der Geradengleichung mit dem Faktor

$$n = \frac{\operatorname{sign}(C)}{\sqrt{A^2 + B^2}}$$

entsteht die Hessesche Normalform:

Hessesche Normalform der Geradengleichung
Die Hessesche Normalform der Gerade

$$Ax + By = C\,, \quad A \neq 0, B \neq 0, C \neq 0\,,$$

lautet:

$$\frac{\operatorname{sign}(C)A}{\sqrt{A^2+B^2}}x + \frac{\operatorname{sign}(C)B}{\sqrt{A^2+B^2}}y - \frac{\operatorname{sign}(C)C}{\sqrt{A^2+B^2}} = 0$$

bzw.

$$\cos(\alpha)x + \sin(\alpha)y - d = 0\,.$$

Beispiel 5.9. Gegeben sei die Gerade

$$-6x - 2y = 9\,.$$

Gesucht ist das Lot vom Ursprung auf die Gerade, der Fußpunkt des Lots, der Abstand der Gerade vom Ursprung sowie ihre Hessesche Normalform (Abb. 5.20).

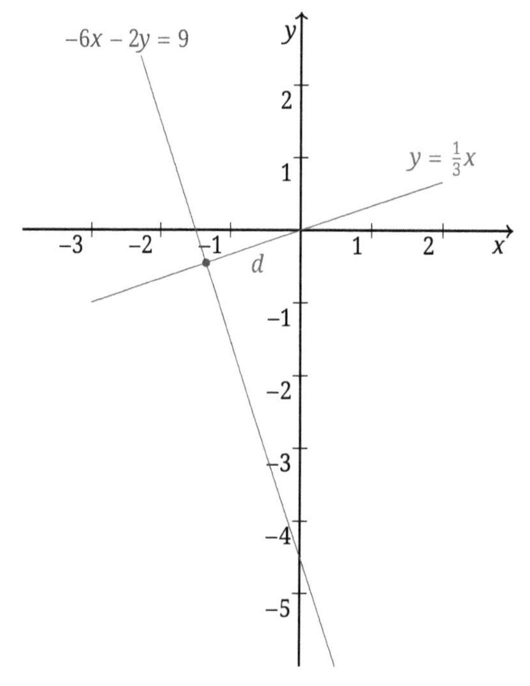

Abb. 5.20: Die Gerade $-6x - 2y = 9$ mit Lotgerade $y = \frac{1}{3}x$ und Abstand vom Nullpunkt.

Die Gerade besitzt die Form $Ax + By = C$ mit

$$A = -6\,, \quad B = -2\,, \quad C = 9\,.$$

Die Lotgerade (vom Ursprung) besitzt die Gleichung (Abb. 5.20):

$$y = \frac{B}{A} x = \frac{1}{3} x .$$

Der Fußpunkt des Lots besitzt die Koordinaten

$$x = C \frac{A}{A^2 + B^2} = -\frac{27}{20} ,$$
$$y = C \frac{B}{A^2 + B^2} = -\frac{9}{20} .$$

Der Abstand der Gerade vom Ursprung beträgt

$$d = \frac{|C|}{\sqrt{A^2 + B^2}} = \frac{9}{20} \sqrt{10} .$$

Die Hessesche Normalform lautet schließlich mit $\operatorname{sgn}(C) = 1$:

$$\frac{A}{\sqrt{A^2 + B^2}} x + \frac{B}{\sqrt{A^2 + B^2}} y - \frac{C}{\sqrt{A^2 + B^2}}$$
$$= -\frac{3}{10} \sqrt{10}\, x - \frac{1}{10} \sqrt{10}\, y - \frac{9}{20} \sqrt{10} = 0 .$$ □

Mithilfe der Hesseschen Normalform einer Geraden

$$\cos(\alpha)\, x + \sin(\alpha)\, y - d = 0 , \quad d > 0 ,$$

kann man bequem den Abstand eines Punktes von der Geraden berechnen (Abb. 5.21).

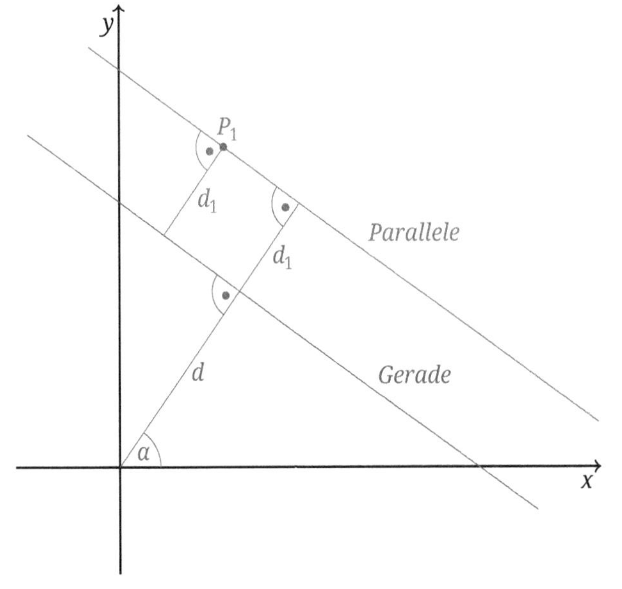

Abb. 5.21: Eine Gerade mit Abstand d vom Nullpunkt, ein Punkt P_1 mit Parallele und Abstand d_1 von der Geraden.

Eine Parallele zur gegebenen Geraden, die durch den Punkt P_1 verläuft, kann nur folgende Hessesche Normalform haben:

$$\cos(\alpha)\,x + \sin(\alpha)\,y - (d + d_1) = 0\,,$$

falls wie im Bild die Gerade zwischen dem Punkt und dem Ursprung liegt. Falls Punkt und Ursprung auf der selben Seite der Geraden liegen, aber $d > d_1$ ist, haben wir folgende Hessesche Normalform:

$$\cos(\alpha)\,x + \sin(\alpha)\,y - (d - d_1) = 0\,.$$

Falls Punkt und Ursprung auf der selben Seite der Geraden liegen, aber $d < d_1$ ist, haben wir folgende Hessesche Normalform:

$$\cos(\alpha)\,x + \sin(\alpha)\,y - (d_1 - d) = 0\,.$$

Setzt man also den Punkt P_1 in die Hessesche Normalform ein, so ergibt sich der Abstand von der Gerade:

Abstand eines Punktes von einer Geraden
Der Abstand eines Punktes $P_1 = (x_1, y_1)$ von der Geraden

$$\cos(\alpha)\,x + \sin(\alpha)\,y - d = 0$$

ergibt sich aus

$$\left|\cos(\alpha)\,x_1 + \sin(\alpha)\,y_1 - d\right| = d_1\,.$$

Beispiel 5.10. Gegeben sei die Gerade

$$4\,x + 3\,y = -\frac{3}{2}$$

und die Punkte $P_1 = (-1, 2)$ und $P_2 = (-4, -5)$. Gesucht wird jeweils der Abstand von P_1 und P_2 von der Geraden (Abb. 5.22).

Die Gerade besitzt die Gestalt $Ax + By = C$ mit $A = 4, B = 3$ und $C = -\frac{3}{2}$. Multiplikation mit dem Faktor

$$-\frac{1}{\sqrt{A^2 + B^2}} = -\frac{1}{5}$$

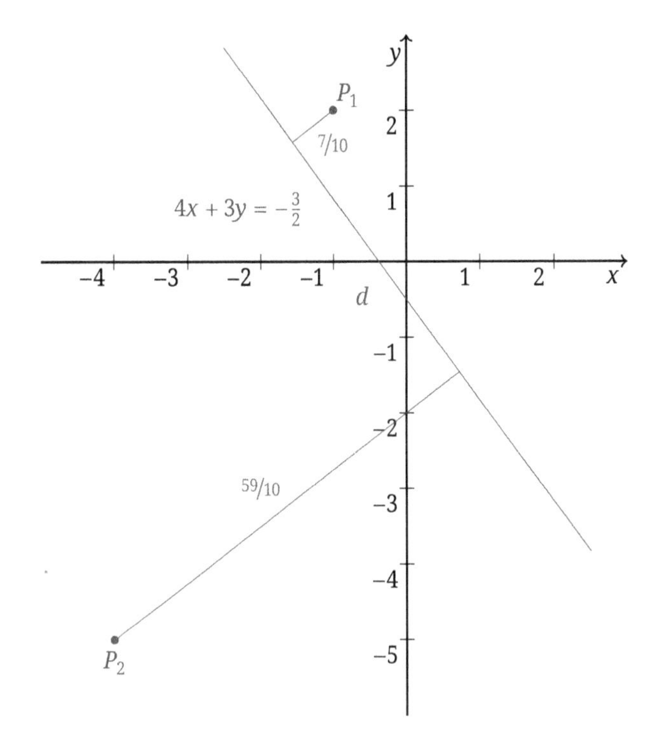

Abb. 5.22: Die Gerade $5x + 3y = -\frac{3}{2}$ und die Punkte $P_1 = (-1, 2)$ und $P_2 = (-4, -5)$.

ergibt die Hessesche Normalform,

$$-\frac{4}{5}x - \frac{3}{5}y - \frac{3}{10} = 0\,.$$

Setzt man P_1 in die Hessesche Normalform ein, so ergibt sich

$$-\frac{4}{5}(-1) - \frac{3}{5}2 - \frac{3}{10} = -\frac{7}{10}\,.$$

Setzt man P_2 in die Hessesche Normalform ein, so ergibt sich

$$-\frac{4}{5}(-4) - \frac{3}{5}(-5) - \frac{3}{10} = \frac{59}{10}\,.$$

Der Abstand des Punktes P_1 von der Geraden beträgt somit $\frac{7}{10}$, während der Abstand von P_2 von der Geraden $\frac{59}{10}$ beträgt. □

5.3 Kreis, Ellipse, Parabel und Hyperbel

Ein Kreis besteht aus allen Punkten der Ebene, die von einem gegebenen Punkt, dem Mittelpunkt, einen festen Abstand r haben (Abb. 5.23). Diesen Abstand bezeichnet man als Radius.

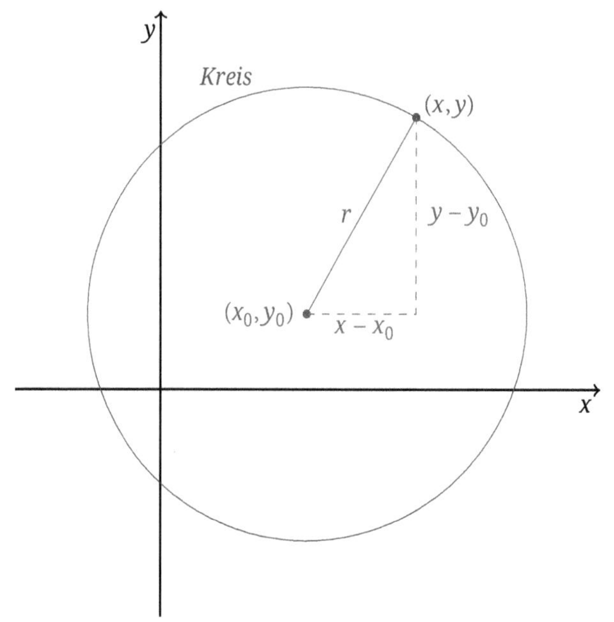

Abb. 5.23: Kreis mit Mittelpunkt (x_0, y_0) und Radius r.

Aus der Definition ergibt sich sofort die folgende Gleichung für den Kreis mit Mittelpunkt (x_0, y_0) und Radius r:

Kreisgleichung

$$(x - x_0)^2 + (y - y_0)^2 = r^2 .$$

Beispiel 5.11. Der Kreis mit dem Mittelpunkt (2, −3) und dem Radius 5 hat die Gleichung (Abb. 5.24):

$$(x - 2)^2 + (y + 3)^2 = 25 .$$

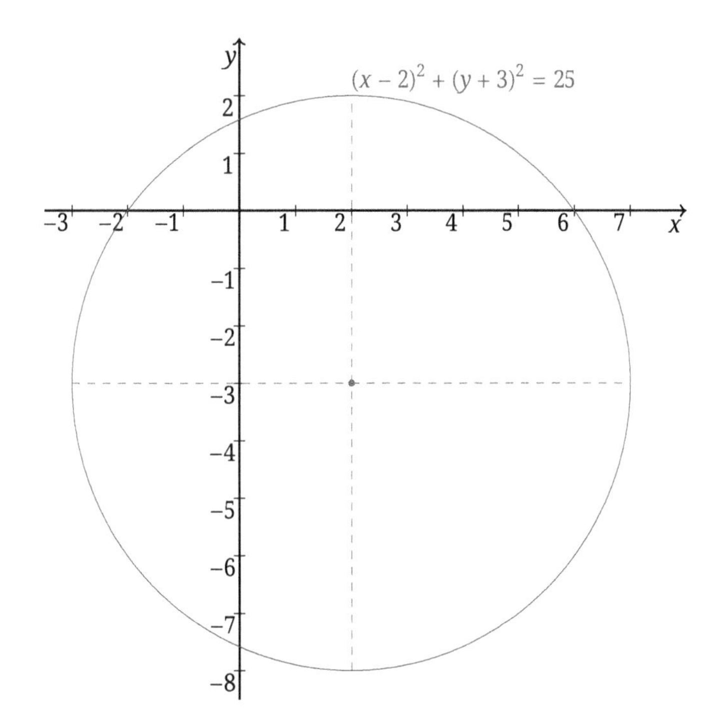

Abb. 5.24: Der Kreis mit dem Mittelpunkt (2, −3) und dem dem Radius 5 und Radius r.

□

In einem bestimmten Punkt auf dem Kreis soll die Tangente angelegt werden. Unter der Tangente versteht man eine Gerade, die den Kreis in einem bestimmten Punkt berührt. Man kann die Tangente konstruieren, indem man den Mittelpunkt mit dem Punkt auf dem Kreis verbindet und dann auf der Verbindungsstrecke eine Senkrechte errichtet (Abb. 5.25).

Wir nehmen zur Vereinfachung zunächst einen Kreis mit Mittelpunkt im Ursprung.

Die Tangente hat den Abstand r vom Ursprung. Das Lot vom Ursprung auf die Tangente schließt mit der positiven x-Achse den Winkel α ein. Die Hessesche Normalform der Tangente lautet somit

$$\cos(\alpha)\,x+\sin(\alpha)\,y-r=0\,.$$

Mit

$$\cos(\alpha)=\frac{x_1}{r}\,,\quad \sin(\alpha)=\frac{y_1}{r}\,,$$

ergibt sich

$$\frac{x_1}{r}x+\frac{y_1}{r}y=r$$

bzw.

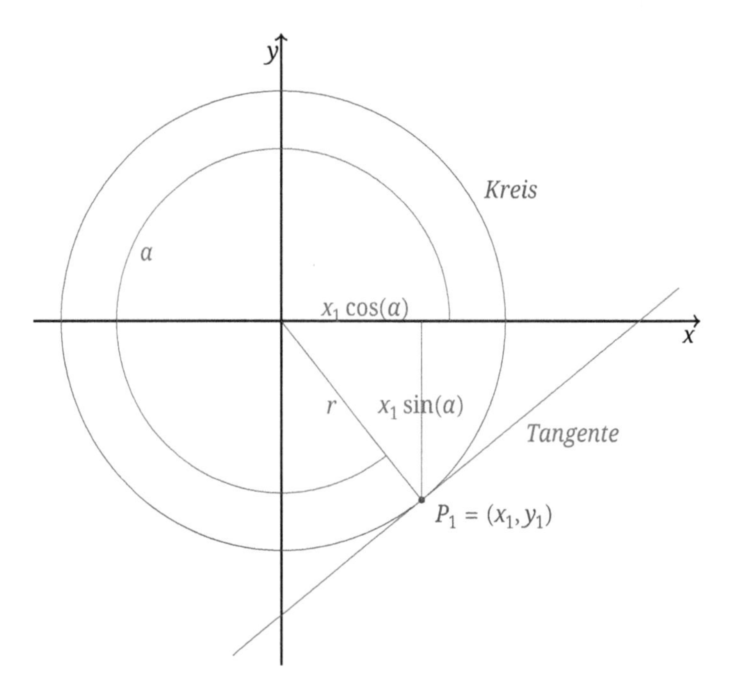

Abb. 5.25: Tangente im Punkt P_1 an einen Ursprungskreis mit dem Radius r.

Tangente an einen Ursprungskreis
Die Gleichung der Tangente im Punkt $P_1 = (x_1, y_1)$ an den Kreis $x^2 + y^2 = r^2$ lautet

$$x_1 x + y_1 y = r^2 .$$

Im allgemeinen Fall führen wir ein neues Koordinatensystem ein, das durch Verschiebung des Ursprungs in den Kreismittelpunkt (x_0, y_0) entsteht:

$$\bar{x} = x - x_0 , \quad \bar{y} = y - y_0 .$$

Die Gleichung des Kreises im neuen System lautet

$$\bar{x}^2 + \bar{y}^2 = r^2 .$$

Die Tangente im Punkt $\bar{P}_1 = (\bar{x}_1, \bar{y}_1)$, $\bar{x}_1 = x_1 - x_0$, $\bar{y}_1 = y_1 - y_0$, wird im neuen System beschrieben durch die Gleichung

$$\bar{x}_1 \bar{x} + \bar{y}_1 \bar{y} = r^2 .$$

Im ursprünglichen Koordinatensystem ergibt sich nun folgende Tangentengleichung (Abb. 5.26):

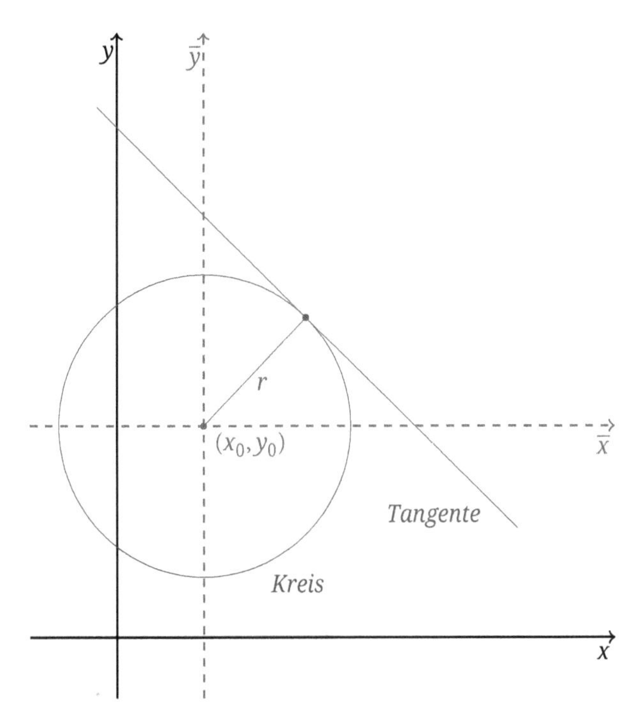

Abb. 5.26: Tangente an einen Kreis mit Mittelpunkt (x_0, y_0) und Radius r.

Gleichung der Tangente an einen Kreis
Die Gleichung der Tangente im Punkt $P_1 = (x_1, y_1)$ an den Kreis $(x - x_0)^2 + (y - y_0)^2 = r^2$ lautet

$$(x_1 - x_0)(x - x_0) + (y_1 - y_0)(y - y_0) = r^2 .$$

Beispiel 5.12. Gegeben sei der Kreis

$$(x + 2)^2 + (y - 3)^2 = 5 .$$

Er besitzt den Mittelpunkt $(x_0, y_0) = (-2, 3)$ und den Radius $r = \sqrt{5}$. Der Punkt $P_1 = (-3, 1)$ liegt auf dem Kreis. Gesucht wird die Gleichung der Tangente im Punkt P_1 an den Kreis (Abb. 5.27).

Setzt man in die Tangentengleichung ein, so ergibt sich

$$\big(-3 - (-2)\big)\big(x - (-2)\big) + (1 - 3)(y - 3) = 5 ,$$

bzw.

$$-x - 2 - 2y + 6 = 5 .$$

Schließlich bekommt man folgende Gleichung für die Tangente:

$$y = -\frac{1}{2}x - \frac{1}{2} .$$

□

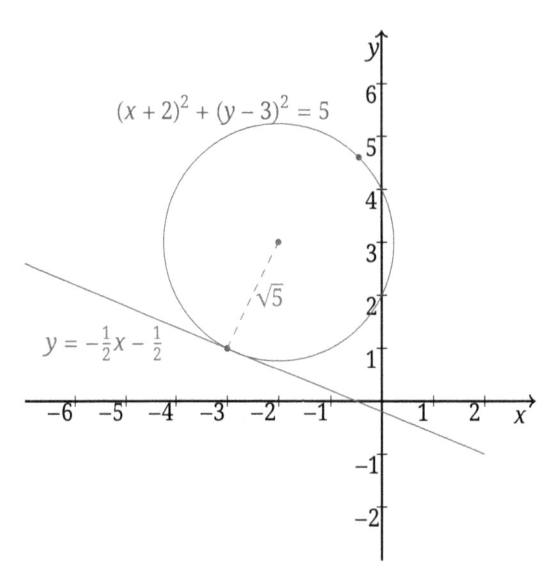

Abb. 5.27: Der Kreis $(x+2)^2 + (y-3)^2 = 5$ mit der Tangente im Punkt $(-3, 1)$.

Gegeben seien zwei feste Punkte, die wir zunächst symmetrisch zum Nullpunkt auf der x-Achse festlegen. Eine Ellipse besteht aus allen Punkte in der Ebene, deren Abstände d_1 bzw. d_2 von den festen Punkten $(-c, 0)$ bzw. $(c, 0)$ eine konstante Summe $d_1 + d_2 = 2a$ ergeben. Wir bezeichnen den Ursprung als Mittelpunkt der Ellipse und die Punkte $(-c, 0)$ und $(c, 0)$ als Brennpunkte (Abb. 5.28).

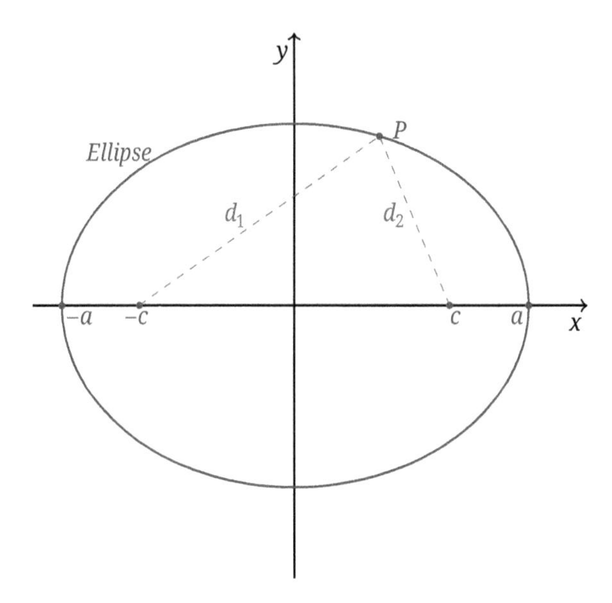

Abb. 5.28: Ellipse mit Brennpunkten $(-c, 0)$ und $(c, 0)$, $c > 0$, und der Summe der Abstände eines Punktes P von den Brennpunkten, $d_1 + d_2 = 2a$.

Es muss gelten

$$d_1 + d_2 > 2c \quad \text{bzw.} \quad a > c\,,$$

denn die Summe zweier Seiten in einem Dreieck ist stets größer als die dritte $2c$.

Offenbar liegen die Punkte $(-a, 0)$ und $(a, 0)$ auf der Ellipse. Denn als Summe der Abstände von den Brennpunkten ergibt sich

$$(a - c) + (a - (-c)) = 2a \quad \text{bzw.} \quad (a - (-c)) + (a - c) = 2a\,.$$

Für einen beliebigen Punkt auf der Ellipse gilt

$$\begin{aligned} d_1 + d_2 &= 2a \\ &\Updownarrow \\ \sqrt{(x+c)^2 + y^2} + \sqrt{(x-c)^2 + y^2} &= 2a\,. \end{aligned}$$

Umformen ergibt

$$\sqrt{(x+c)^2 + y^2} = 2a - \sqrt{(x-c)^2 + y^2}\,.$$

Durch Quadrieren folgt

$$\begin{aligned} (x+c)^2 + y^2 &= 4a^2 - 4a\sqrt{(x-c)^2 + y^2} \\ &\quad + (x-c)^2 + y^2 \\ &\Updownarrow \\ x^2 + 2cx + c^2 &= 4a^2 - 4a\sqrt{(x-c)^2 + y^2} \\ &\quad + x^2 - 2cx + c^2 \\ &\Updownarrow \\ 4cx &= 4a^2 - 4a\sqrt{(x-c)^2 + y^2} \\ &\Updownarrow \\ 4a\sqrt{(x-c)^2 + y^2} &= 4a^2 - 4cx \\ &\Updownarrow \\ a\sqrt{(x-c)^2 + y^2} &= a^2 - cx \end{aligned}$$

und durch erneutes Quadrieren folgt

$$a^2\,((x-c)^2+y^2) = a^4 - 2\,a^2\,c\,x + c^2\,x^2$$
$$\Updownarrow$$
$$a^2\,(x^2 - 2\,c\,x + c^2 + y^2) = a^4 - 2\,a^2\,c\,x + c^2\,x^2$$
$$\Updownarrow$$
$$(a^2-c^2)\,x^2 + a^2\,y^2 = a^4 - a^2\,c^2$$
$$\Updownarrow$$
$$(a^2-c^2)\,x^2 + a^2\,y^2 = a^2\,(a^2-c^2)\,.$$

Aus $a > c$ folgt $a^2 - c^2 > 0$, sodass wir zur Abkürzung setzen können

$$a^2 - c^2 = b^2\,, \quad b > 0\,.$$

Die Gleichung der Ellipse nimmt damit folgende Gestalt an:

Ellipsengleichung

$$\frac{x^2}{a^2} + \frac{y^2}{b^2} = 1\,.$$

Die Scheitelpunkte $(-a, 0)$, $(a, 0)$ und $(0, -b)$, $(0, b)$ liegen offenbar auf der Ellipse. Die Verbindungsstrecke der Punkte $(-a, 0)$ und $(a, 0)$ heißt große Achse, die Verbindungsstrecke der Punkte $(0, -b)$ und $(0, b)$ heißt kleine Achse der Ellipse. Die Ellipse geht in einen Kreis über, wenn die große und die kleine Achse gleich lang werden und die Brennpunkte zusammenfallen.

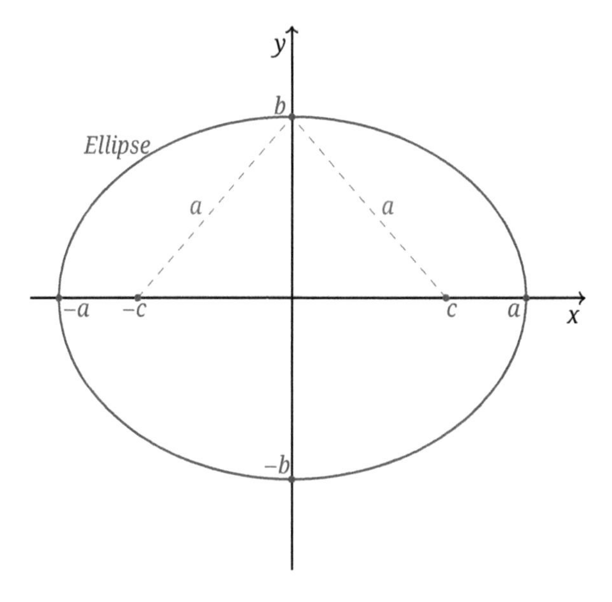

Abb. 5.29: Das Verhältnis $e = \frac{c}{a}$ bezeichnet man als Exzentrizität.

Die Exzentrizität (Abb. 5.29) gibt an, in welchem Maß die Ellipse von einem Kreis abweicht. Stets gilt $0 < e < 1$. Im Grenzfall $e = 0$ (bzw. $c = 0$) liegt ein Kreis vor.

Wir betrachten eine Ellipse mit beliebigem Mittelpunkt und verschieben das Koordinatensystem in den Mittelpunkt (Abb. 5.30).

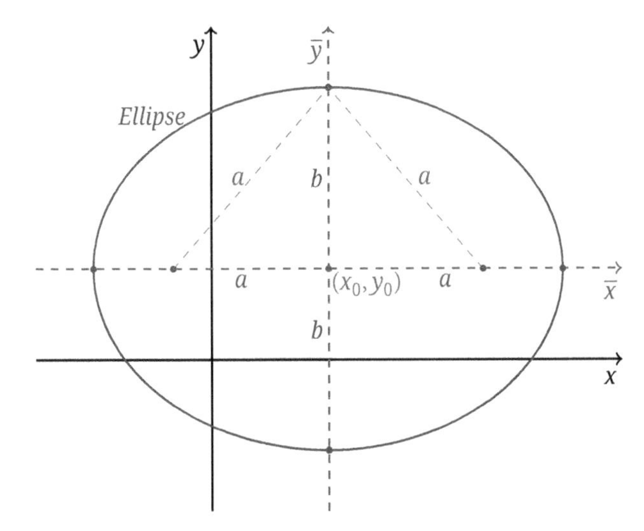

Abb. 5.30: Verschieben des Koordinatensystems in den Mittelpunkt: $\bar{x} = x - x_0$, $\bar{y} = y - x_0$.

Im neuen System lautet die Gleichung der Ellipse:

$$\frac{\bar{x}^2}{a^2} + \frac{\bar{y}^2}{b^2} = 1\,.$$

Schließlich bekommen wir folgende Gleichung der Ellipse mit Mittelpunkt (x_0, y_0) und parallel zur x-Achse gelegener großer Achse:

Ellipsengleichung

$$\frac{(x - x_0)^2}{a^2} + \frac{(y - y_0)^2}{b^2} = 1\,.$$

Man kann die Rollen von x-Achse und y-Achse natürlich vertauschen, sodass die Ellipsengleichung auch in dem Fall gilt, wo die große Halbachse parallel zur y-Achse verläuft und die Brennpunkte auf der y-Achse liegen.

Beispiel 5.13. Wir fragen, welche Ellipse durch die folgende Gleichung zweiten Grades dargestellt wird,

$$A\,x^2 + C\,x + B\,y^2 + D\,y + E = 0\,,$$
$$A \neq 0\,, \quad B \neq 0\,, \quad \operatorname{sign}(A) = \operatorname{sign}(B)\,?$$

Umformen ergibt

$$Ax^2 + Cx + By^2 + Dy + E = 0$$

$$\Updownarrow$$

$$A\left(x^2 + \frac{C}{A}x\right) + B\left(y^2 + \frac{D}{B}y\right) + E = 0$$

$$\Updownarrow$$

$$A\left(x^2 + \frac{C}{A}x + \left(\frac{C}{2A}\right)^2\right) + B\left(y^2 + \frac{D}{B}y + \left(\frac{D}{2B}\right)^2\right) = A\left(\frac{C}{2A}\right)^2 + B\left(\frac{D}{2B}\right)^2 - E$$

bzw.

$$A\left(x + \frac{C}{A}\right)^2 + B\left(y + \frac{D}{B}\right)^2 = E^*$$

mit

$$E^* = A\left(\frac{C}{2A}\right)^2 + B\left(\frac{D}{2B}\right)^2 - E\,.$$

Nun sind zwei Fälle zu unterscheiden:

1) $E^* = 0$. Die Ellipse ist ausgeartet. Es wird nur ein Punkt dargestellt, nämlich der Mittelpunkt.
2) $E^* \neq 0$. Die Gleichung nimmt folgende Gestalt an:

$$\frac{(x + \frac{C}{A})^2}{\frac{E^*}{A}} + \frac{(y + \frac{D}{B})^2}{\frac{E^*}{B}} = 1\,.$$

Falls E^*, A und B dasselbe Vorzeichen haben, wird eine Ellipse gegeben. Andernfalls bekommt man eine Gleichung, der kein Punkt (x, y) genügt, denn eine Summe zweier Quadrate kann nicht negativ sein. □

Wir betrachten zwei Punkte $P_1 = (x_1, y_1)$ und $P_2 = (x_2, y_2)$ auf der Ellipse

$$\frac{x^2}{a^2} + \frac{y^2}{b^2} = 1$$

und legen eine Sehne durch P_1 und P_2. Beide Punkte erfüllen die Ellipsengleichung

$$\frac{x_1^2}{a^2} + \frac{y_1^2}{b^2} = 1\,, \quad \frac{x_2^2}{a^2} + \frac{y_2^2}{b^2} = 1\,.$$

Subtraktion der beiden Gleichungen ergibt

$$\frac{x_1^2 - x_2^2}{a^2} + \frac{y_1^2 - y_2^2}{b^2} = 0$$
$$\Updownarrow$$
$$\frac{(x_1 - x_2)(x_1 + x_2)}{a^2} + \frac{(y_1 - y_2)(y_1 + y_2)}{b^2} = 0 .$$

Hieraus entnimmt man den Anstieg der Sehne,

$$\frac{y_1 - y_2}{x_1 - x_2} = -\frac{b^2}{a^2} \frac{x_1 + x_2}{y_1 + y_2} .$$

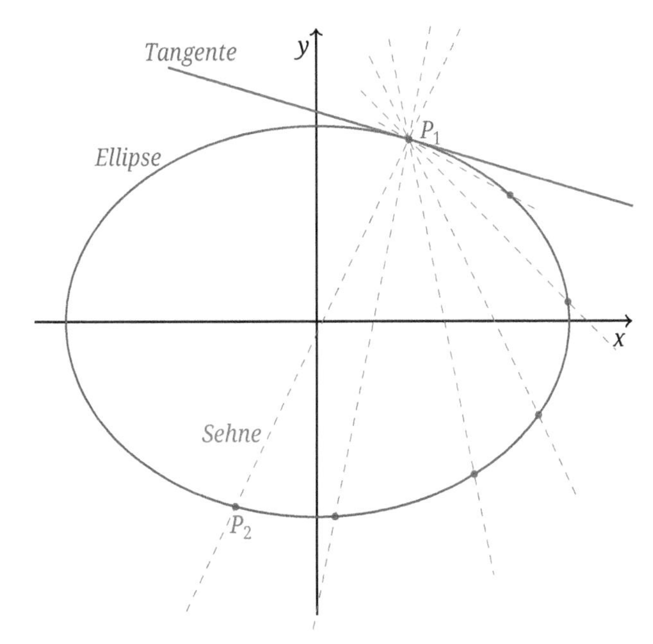

Abb. 5.31: Ellipse mit Sehnen durch die Punkte P_1 und P_2 und Tangente im Punkt P_1.

Lässt man den Punkt P_2 nun gegen P_1 gehen, so geht die Sehne in die Tangente im Punkt P_1 über. Der Sehnenanstieg im Grenzfall ergibt den Tangentenanstieg (Abb. 5.31):

$$\lim_{P_2 \to P_1} \frac{y_1 - y_2}{x_1 - x_2} = -\frac{b^2}{a^2} \frac{x_1}{y_1} .$$

Damit lautet die Gleichung der Tangente an die Ellipse Punkt (x_1, y_1):

$$y - y_1 = -\frac{b^2}{a^2} \frac{x_1}{y_1} (x - x_1) .$$

Umformen ergibt

$$\frac{y_1\,(y-y_1)}{b^2} = -\frac{x_1\,(x-x_1)}{a^2}\,,$$

$$\frac{x\,x_1}{a^2} + \frac{y\,y_1}{b^2} = \frac{x_1^2}{a^2} + \frac{y_1^2}{b^2} = 1\,.$$

Schließlich bekommt man folgende Tangentengleichung:

$$\frac{x\,x_1}{a^2} + \frac{y\,y_1}{b^2} = 1\,.$$

Hat man eine Ellipse

$$\frac{(x-x_0)^2}{a^2} + \frac{(y-y_0)^2}{b^2} = 1$$

und will im Punkt (x_1, y_1) die Tangente anlegen, so ergibt sich wie beim Kreis durch Verschiebung des Koordinatensystem folgende Tangentengleichung:

Gleichung der Tangente an eine Ellipse

$$\frac{(x_1-x_0)\,(x-x_0)}{a^2} + \frac{(y_1-y_0)\,(y-y_0)}{b^2} = 1\,.$$

Beispiel 5.14. Man kann die Tangente an eine Ellipse auch ohne Grenzwertbetrachtungen herleiten. Wir gehen wieder von zwei Punkten $P_1 = (x_1, x_2)$ und $P_2 = (x_2, y_2)$ auf der Ellipse aus und bekommen wie oben den Anstieg der Sehne:

$$\frac{y_1-y_2}{x_1-x_2} = -\frac{b^2}{a^2}\,\frac{x_1+x_2}{y_1+y_2}\,.$$

Wir formen um und drücken den Anstieg der Sehne durch ihren Mittelpunkt aus, $M = (x_1+x_2/2, y_1+y_2/2)$:

$$\frac{y_1-y_2}{x_1-x_2} = -\frac{b^2}{a^2}\,\frac{x_1+x_2}{y_1+y_2} = -\frac{b^2}{a^2}\,\frac{\frac{x_1+x_2}{2}}{\frac{y_1+y_2}{2}}\,.$$

Der Anstieg der Sehne wird offenbar von ihrem Mittelpunkt festgelegt. Hat man parallele Sehnen, so müssen ihre Mittelpunkte der gleichen Beziehung genügen. Die Mittelpunkte paralleler Sehnen mit dem gemeinsamen Anstieg m erfüllen die Gleichung

$$m = -\frac{b^2}{a^2}\frac{x}{y} \iff y = -\frac{1}{m}\frac{b^2}{a^2}x\,.$$

Nimmt man den Schnittpunkt P der Mittelpunktsgerade $y = -\frac{1}{m}\frac{b^2}{a^2}x$ mit der Ellipse und eine Gerade durch den Schnittpunkt mit dem Sehnenanstieg, so bekommt man die Tangente im Schnittpunkt (Abb. 5.32).

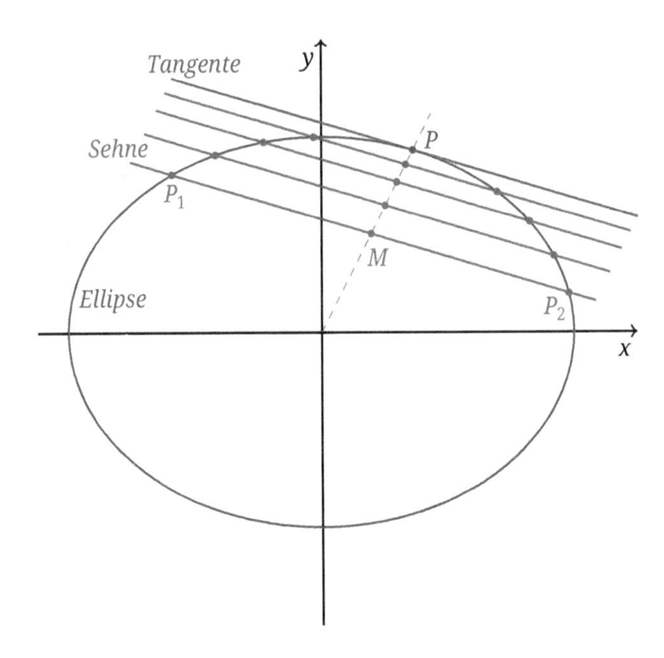

Abb. 5.32: Ellipse mit parallelen Sehnen durch die Punkte P_1 und P_2. Die Mittelpunkte M mit Grenzpunkt P und Tangente im Punkt P.

□

Die Parabel ist die Menge aller Punkte, die von einem festen Punkt (Brennpunkt) und einer festen Geraden (Leitlinie) gleich weit entfernt sind (Abb. 5.33).

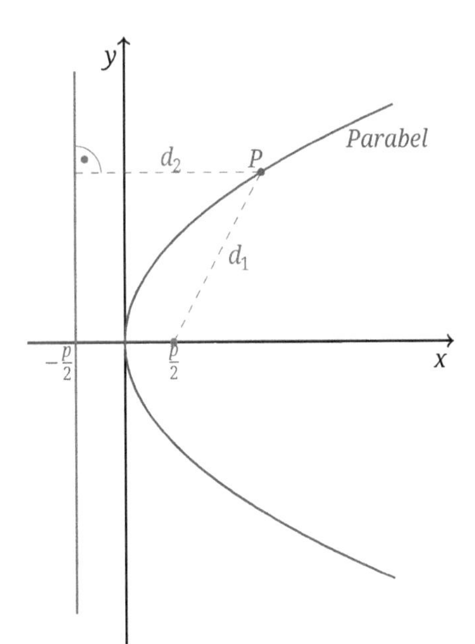

Abb. 5.33: Parabel mit Brennpunkt $F = (\frac{p}{2}, 0)$, Scheitel $(0, 0)$ und Leitlinie $x = -\frac{p}{2}$. Punkt P mit Abständen d_1 und d_2 von Brennpunkt und Leitlinie.

Die Forderung

$$d_1 = d_2 \iff d_1^2 = d_2^2$$

führt auf die folgende Beziehung:

$$\left(x - \frac{p}{2}\right)^2 + y^2 = \left(x + \frac{p}{2}\right)^2 .$$

Ausmultiplizieren ergibt

$$x^2 - p\,x + \frac{p}{4} + y^2 = x^2 + p\,x + \frac{p^2}{4} .$$

Durch Zusammenfassen erhält man folgende Parabelgleichung:

Parabelgleichung (x-Achse als Symmetrieachse)

$$y^2 = 2\,p\,x .$$

Die x-Achse stellt die Achse dieser Parabel dar. Analog bekommt man die Gleichung einer Parabel mit der y-Achse als Achse (Abb. 5.34):

Parabelgleichung (y-Achse als Symmetrieachse)

$$x^2 = 2\,p\,y .$$

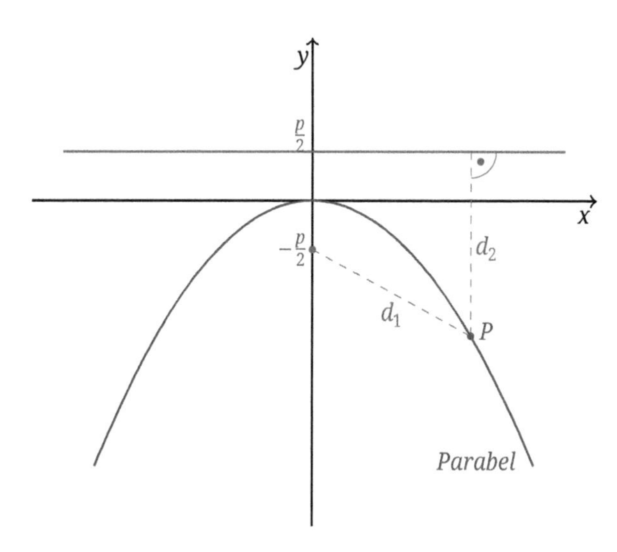

Abb. 5.34: Parabel mit Brennpunkt $F = (0, -\frac{p}{2})$, Scheitel $(0, 0)$ und Leitlinie $y = \frac{p}{2}$. Punkt P mit Abständen d_1 und d_2 von Brennpunkt und Leitlinie.

Beispiel 5.15. Eine Gleichung zweiten Grades

$$x = Ay^2 + By + C$$

oder

$$y = Ax^2 + Bx + C$$

mit $A \neq 0$ beschreibt stets eine Parabel.

Dazu formen wir im ersten Fall um:

$$\begin{gathered} x = Ay^2 + By + C \\ \Updownarrow \\ x = A\left(y^2 + \frac{B}{A}y\right) + C \\ \Updownarrow \\ x = A\left(y^2 + \frac{B}{A}y + \frac{B^2}{4A^2}\right) + C - \frac{B^2}{4A} \\ \Updownarrow \\ x - \left(C - \frac{B^2}{4A^2}\right) = A\left(y + \frac{B^2}{2A}\right)^2 . \end{gathered}$$

Aus der letzten Gleichung kann man nun die Form der Parabel ablesen (Abb. 5.35):

$$\begin{gathered} \left(y + \frac{B^2}{2A}\right)^2 = \frac{1}{A}\left(x - \left(C - \frac{B^2}{4A^2}\right)\right) \\ \Updownarrow \\ \left(y - \underbrace{\left(-\frac{B^2}{2A}\right)}_{y_0}\right)^2 = 2\underbrace{\frac{1}{2A}}_{p}\left(x - \underbrace{\left(C - \frac{B^2}{4A^2}\right)}_{x_0}\right). \end{gathered}$$

Im zweiten Fall erhält man analog (Abb. 5.35):

$$\left(x - \underbrace{\left(-\frac{B}{2A}\right)}_{x_0}\right)^2 = 2\underbrace{\frac{1}{2A}}_{p}\left(y - \underbrace{\left(C - \frac{B^2}{4A^2}\right)}_{y_0}\right).$$

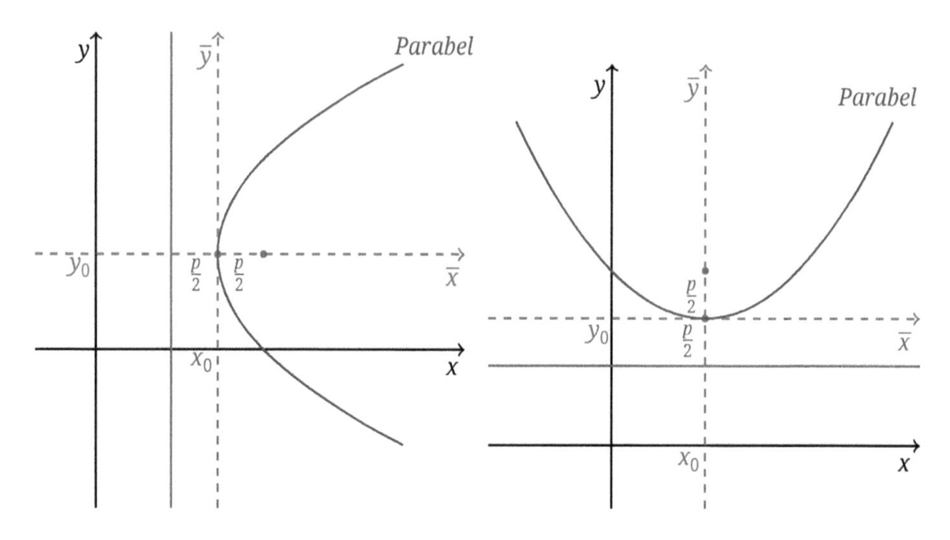

Abb. 5.35: Parabel mit Brennpunkt $(C - \frac{B^2}{4A^2} + \frac{1}{4A}, -\frac{B}{2A})$, Scheitel $(x_0, y_0) = (-\frac{B}{2A}, C - \frac{B^2}{4A^2})$ und Leitlinie $x = C - \frac{B^2}{4A^2} - \frac{1}{4A}$, (links), und Parabel mit Brennpunkt $(-\frac{B}{2A}, C - \frac{B^2}{4A^2} + \frac{1}{4A})$, Scheitel $(x_0, y_0) = (-\frac{B}{2A}, C - \frac{B^2}{4A^2})$ und Leitlinie $y = C - \frac{B^2}{4A^2} - \frac{1}{4A}$, (rechts).

□

Beispiel 5.16. Gegeben sei eine Parabel

$$y^2 = 2px$$

und ein Punkt $P_1 = (x_1, y_1)$ auf der Parabel. Gesucht wird die Tangente an die Parabel im Punkt P_1.

Wir betrachten zuerst zwei Punkte auf der Parabel:

$$\begin{aligned} y_1^2 &= 2px_1\,, \\ y_2^2 &= 2px_2\,. \end{aligned}$$

Durch Subtrahieren der beiden Gleichungen erhält man

$$\begin{gathered} y_2^2 - y_1^2 = 2p(x_2 - x_1) \\ \Updownarrow \\ (y_2 - y_1)(y_2 + y_1) = 2p(x_2 - x_1) \\ \Updownarrow \\ \frac{y_2 - y_1}{x_2 - x_1} = \frac{2p}{y_2 + y_1}\,. \end{gathered}$$

Daraus entnimmt man folgenden Anstieg der Sehne durch die Punkte P_1 und P_2:

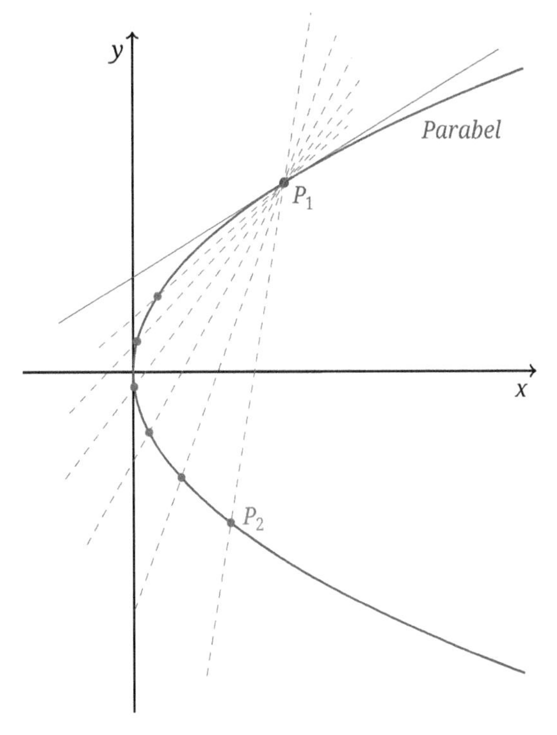

Abb. 5.36: Parabel mit Sehnen durch die Punkte P_1 und P_2 und Tangente im Punkt P_1.

$$\frac{y_2 - y_1}{x_2 - x_1} = \frac{p}{\frac{y_2 + y_1}{2}} .$$

Nun lässt man wieder P_2 gegen P_1 gehen. Die Sehnen gehen dann in die Tangente über, und der Tangentenanstieg ergibt sich zu (Abb. 5.36):

$$\frac{p}{y_1} .$$

(Dies gilt im Scheitelpunkt nicht.)

Schließlich bekommen wir die Gleichung der Tangente:

$$\frac{y - y_1}{x - x_1} = \frac{p}{y_1}$$

$$\Updownarrow$$

$$y y_1 - y_1^2 = p x - p x_1$$

$$\Updownarrow$$

$$y y_1 = p x + (y_1^2 - p x_1)$$

$$\Updownarrow$$

$$y y_1 = p x + (2 p x_1 - p x_1)$$

$$\Updownarrow$$
$$yy_1 = px + px_1$$
$$\Updownarrow$$
$$yy_1 = p(x + x_1)\,. \qquad \square$$

Die Hyperbel besteht aus allen Punkten in der Ebene, deren Abstände von zwei festen Punkten, den Brennpunkten, eine konstante Differenz ergeben (Abb. 5.37). Wir legen die Brennpunkte zunächst symmetrisch zum Nullpunkt $(-c, 0)$ und $(c, 0)$, $c > 0$, und fordern für die Abstände

$$d_1 - d_2 = \pm 2a\,.$$

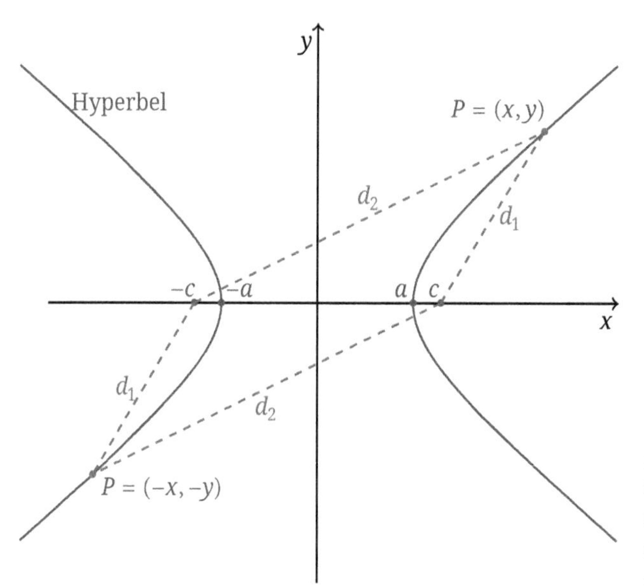

Abb. 5.37: Hyperbel mit Brennpunkten $(-c, 0)$ und $(c, 0)$ und der Abstandsdifferenz eines Punktes P: $d_1 - d_2 = \pm 2a$.

Es muss gelten: $d_1 + d_2 < 2c$ bzw. $a < c$. Betrachtet man nämlich den rechten Scheitelpunkt, so gilt dort

$$d_1 + d_2 = 2c \quad \text{und} \quad d_1 - d_2 = 2a\,.$$

Subtrahiert man diese Gleichungen, dann ergibt sich $2d_2 = 2c - 2a$ bzw. $d_2 = c - a$. Nun kann aber d_2 nur dann verschwinden, wenn beide Brennpunkte zusammenfallen. Damit bekommen wir die Koordinaten des rechten Scheitelpunktes zu

$$(c - d_2, 0) = (c - (c - a), 0) = (a, 0)\,.$$

Der linke Scheitelpunkt besitzt aus Symmetriegründen die Koordinaten $(-a, 0)$.

Für einen beliebigen Punkt auf der Hyperbel gilt nun

$$d_1 - d_2 = \pm 2a \iff \sqrt{(x+c)^2 + y^2} - \sqrt{(x-c)^2 + y^2} = \pm 2a\,.$$

Umformen ergibt

$$\sqrt{(x+c)^2 + y^2} = \pm 2a + \sqrt{(x-c)^2 + y^2}\,.$$

Durch Quadrieren folgt

$$(x+c)^2 + y^2 = 4a^2 \pm 4a\sqrt{(x-c)^2 + y^2} + (x-c)^2 + y^2$$

$$\Updownarrow$$

$$x^2 + 2cx + c^2 = 4a^2 \pm 4a\sqrt{(x-c)^2 + y^2} + x^2 - 2cx + c^2$$

$$\Updownarrow$$

$$4cx = 4a^2 \pm 4a\sqrt{(x-c)^2 + y^2}$$

$$\Updownarrow$$

$$\pm 4a\sqrt{(x-c)^2 + y^2} = 4a^2 - 4cx$$

$$\Updownarrow$$

$$\pm a\sqrt{(x-c)^2 + y^2} = a^2 - cx\,,$$

und durch erneutes Quadrieren folgt wie bei der Ellipse

$$a^2\left((x-c)^2 + y^2\right) = a^4 - 2a^2cx + c^2x^2 \iff (a^2 - c^2)\,x^2 + a^2y^2 = a^2\,(a^2 - c^2)\,.$$

Aus $a < c$ folgt $c^2 - a^2 > 0$, so dass wir zur Abkürzung setzen können

$$c^2 - a^2 = b^2\,, \quad b > 0\,.$$

Die Gleichung der Hyperbel nimmt damit folgende Gestalt an:

Hyperbelgleichung

$$\frac{x^2}{a^2} - \frac{y^2}{b^2} = 1\,.$$

Man kann die Rollen von x-Achse und y-Achse wieder vertauschen und die Brennpunkte auf die y-Achse legen.

Asymptoten
Die Hyperbeln

$$\frac{x^2}{a^2} - \frac{y^2}{b^2} = 1 \quad \text{und} \quad \frac{y^2}{b^2} - \frac{x^2}{a^2} = 1$$

werden als konjugiert bezeichnet. Die Geraden

$$y = \pm\frac{b}{a}x$$

bezeichnet man als Asymptoten (Abb. 5.38).

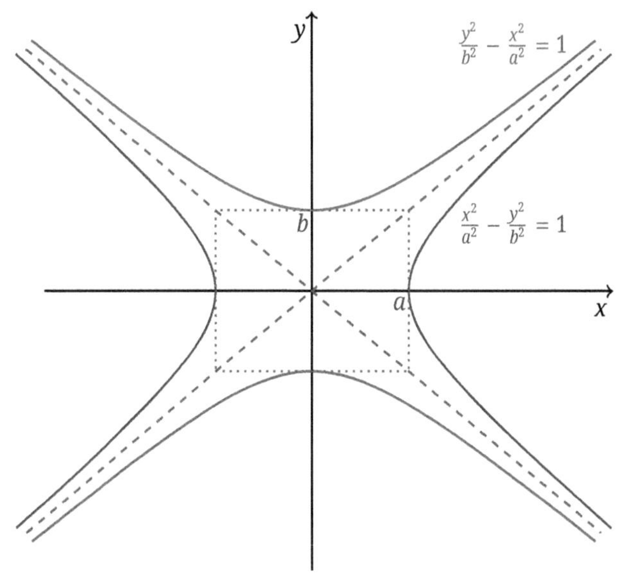

Abb. 5.38: Konjugierte Hyperbeln $\frac{x^2}{a^2} - \frac{y^2}{b^2} = 1$ und $\frac{y^2}{b^2} - \frac{x^2}{a^2} = 1$ mit Asymptoten $y = \pm\frac{b}{a}x$.

Verschiebt man das Koordinatensystem in den Punkt (x_0, y_0), so erhält man eine Hyperbel mit dem Mittelpunkt (x_0, y_0),

$$\frac{(x - x_0)^2}{a^2} - \frac{(y - y_0)^2}{b^2} = 1\,.$$

Sie besitzt die Brennpunkte $(x_0 - c, y_0)$ und $(x_0 + c, y_0)$ sowie die Scheitel $(x_0 - a, y_0)$ und $(x_0 + a, y_0)$. Die Gleichung der dazu konjugierten Hyperbel lautet:

$$\frac{(y - y_0)^2}{b^2} - \frac{(x - x_0)^2}{a^2} = 1\,.$$

Sie besitzt die Brennpunkte $(x_0, y_0 - c)$ und $(x_0, y_0 + c)$ sowie die Scheitel $(x_0, y_0 - b)$ und $(x_0, y_0 + b)$.

Eine Hyperbel wird durch folgende Bestimmungsstücke festgelegt:

Mittelpunkt:	(x_0, y_0)
Brennpunkte:	$(x_0 \pm c, y_0)$
Scheitelpunkte:	$(x_0 \pm a, y_0)$
Länge der horizontalen Achse:	$2a$
Exzentrizität:	$e = \frac{c}{a} > 1$
Asymptoten:	$y - y_0 = \pm\frac{b}{a}(x - x_0)$

Im Grenzfall $a = 0$ wird die Exzentrizität unendlich groß. Die Differenz der Abstände ist Null, und die Hyperbel nimmt die Gestalt einer Parallelen zur y-Achse an.

Beispiel 5.17. Wir fragen, welche Hyperbel durch die folgende Gleichung zweiten Grades dargestellt wird:

$$A\,x^2 + C\,x + B\,y^2 + D\,y + E = 0\,,$$
$$A \neq 0\,, \quad B \neq 0\,, \quad \operatorname{sign}(A) \neq \operatorname{sign}(B)\,?$$

Umformen ergibt

$$\begin{aligned} A\,x^2 + C\,x + B\,y^2 + D\,y + E &= 0 \\ &\Updownarrow \\ A\left(x^2 + \frac{C}{A}x\right) + B\left(y^2 + \frac{D}{B}y\right) &= -E \\ &\Updownarrow \\ A\left(x + \frac{C}{2A}\right)^2 + B\left(y + \frac{D}{2B}\right)^2 &= -E + \frac{C^2}{4A^2} + \frac{D^2}{4B^2}\,. \end{aligned}$$

Ist nun

$$\frac{C^2}{4A^2} + \frac{D^2}{4B} - E = 0\,,$$

dann hat man zwei Geraden. Ist jedoch

$$\frac{C^2}{4A^2} + \frac{D^2}{4B^2} - E = \overline{E} \neq 0\,,$$

dann bekommt man eine Hyperbel:

$$\frac{(x + \frac{C}{2A})^2}{\frac{\overline{E}}{A}} + \frac{(y + \frac{D}{2B})^2}{\frac{\overline{E}}{A}} = 1\,.$$

□

Beispiel 5.18. Gegeben sei eine Hyperbel

$$\frac{x^2}{a^2} - \frac{y^2}{b^2} = 1$$

und ein Punkt $P_1 = (x_1, y_1)$ auf der Hyperbel. Gesucht wird die Tangente an die Hyperbel im Punkt P_1.

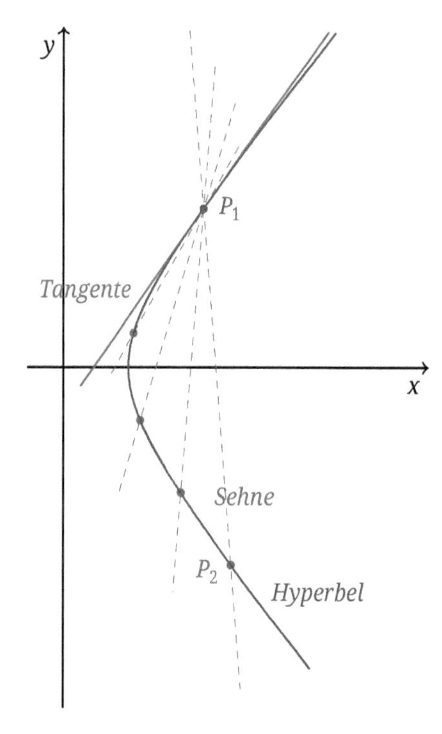

Abb. 5.39: Ast einer Hyperbel mit Sehnen durch die Punkte P_1 und P_2 und Tangente im Punkt P_1.

Die Punkte P_1 und P_2 liegen auf der Hyperbel

$$\frac{x_1^2}{a^2} - \frac{y_1^2}{b^2} = 1\,,$$
$$\frac{x_2^2}{a^2} - \frac{y_2^2}{b^2} = 1\,.$$

Durch Subtrahieren der beiden Gleichungen erhält man

$$\frac{x_1^2 - x_2^2}{a^2} - \frac{y_1^2 - y_2^2}{b^2} = 0$$

bzw.

$$\frac{(x_1 - x_2)(x_1 + x_2)}{a^2} - \frac{(y_1 - y_2)(y_1 + y_2)}{b^2} = 0$$
$$\Updownarrow$$
$$\frac{y_1 - y_2}{x_1 - x_2} = \frac{b^2}{a^2}\,\frac{x_1 + x_2}{y_1 + y_2}\,.$$

Wie im Fall der Ellipse wird man mit der Überlegung $P_2 \to P_1$ auf folgende Tangentengleichung geführt (Abb. 5.39):

$$y - y_1 = \frac{b^2}{a^2} \frac{x_1}{y_1}(x - x_1)\,.$$

Umformen ergibt

$$\frac{y_1(y - y_1)}{b^2} = \frac{x_1(x - x_1)}{a^2} \quad \text{bzw.} \quad \frac{x\,x_1}{a^2} - \frac{y\,y_1}{b^2} = \frac{x_1^2}{a^2} - \frac{y_1^2}{b^2} = 1\,.$$

Schließlich bekommt man folgende Tangentengleichung:

$$\frac{x\,x_1}{a^2} - \frac{y\,y_1}{b^2} = 1\,.$$

□

6 Vektorrechnung

6.1 Ebene Vektoren

Einem Punkt $P = (x, y)$ in der Ebene kann man einen Pfeil zuordnen, der vom Nullpunkt auf den Punkt P zeigt. Dieser Pfeil heißt Ortsvektor (Abb. 6.1).

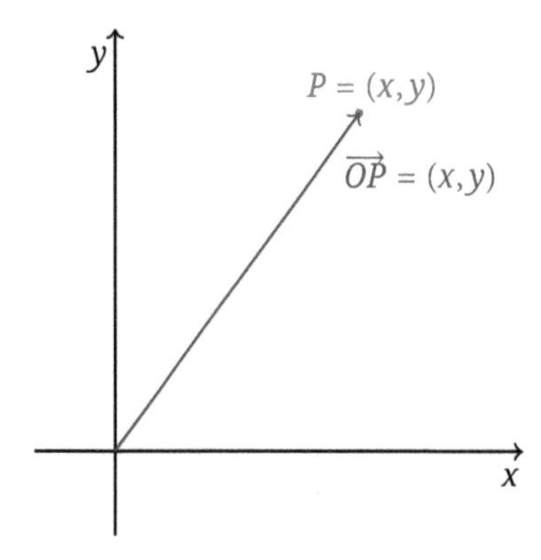

Abb. 6.1: Der Punkt $P = (x, y)$ und der Ortsvektor $\overrightarrow{OP} = (x, y)$.

Man beschreibt einen Punkt mit Koordinaten und einen Vektor mit Komponenten. Die Komponenten des Ortsvektors $\overrightarrow{OP}$ sind gleich den Koordinaten des Punktes P. Dadurch entsteht eine eindeutige Zuordnung zwischen Punkten und Ortsvektoren.

Hat man eine Gerade

$$y = mx + b\,,$$

so kann ein beliebiger Punkt auf der Geraden $P = (x, y)$ durch den Ortsvektor

$$\overrightarrow{OP} = (x, mx + b)$$

beschrieben werden.

Beispiel 6.1. Der beliebige Punkt $P = (x, y)$ auf der Geraden

$$y = \frac{3}{10}x + \frac{31}{10}\,,$$

wird beschrieben durch den Ortsvektor

$$\overrightarrow{OP} = (x, y) = \left(x, \frac{3}{10}x + \frac{31}{10}\right) \quad \text{und} \quad \overrightarrow{OP} = (x, y) = \left(\frac{10}{3}y - \frac{31}{3}, y\right).$$

https://doi.org/10.1515/9783111503639-006

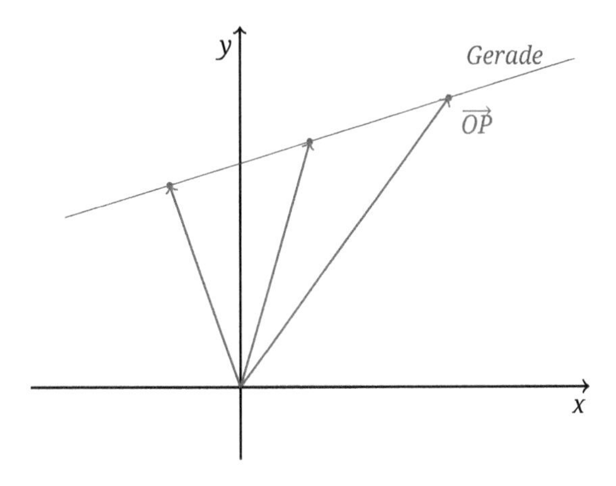

Abb. 6.2: Ortsvektoren, deren zugeordnete Punkte (Pfeilspitzen) eine Gerade durchlaufen.

□

Beispiel 6.2. Gegeben sei eine Gerade

$$Ax + By = C, \quad A \neq 0, B \neq 0.$$

Ist $P = (x, y)$ ein Punkt auf der Geraden (Abb. 6.2), so lässt sich der Ortsvektor $\overrightarrow{OP}$ durch

$$\overrightarrow{OP} = \left(x, -\frac{A}{B}x + \frac{C}{B}\right), \quad x \in \mathbb{R}$$

oder durch

$$\overrightarrow{OP} = \left(-\frac{B}{A}y + \frac{C}{A}, y\right), \quad y \in \mathbb{R}$$

beschreiben. □

Von den Ortsvektoren ausgehend wollen wir zu einem allgemeineren Vektorbegriff übergehen und betrachten Paare mit zwei Komponenten unabhängig von der Zuordnung zu bestimmten Punkten. Wir führen zwei Rechenoperationen mit Vektoren ein: Addition von Vektoren, und Multiplikation von Vektoren mit Zahlen (Skalaren).

Rechnen mit Vektoren

$$(x_1, y_1) + (x_2, y_2) = (x_1 + x_2, y_1 + y_2),$$
$$\lambda\,(x, y) = (\lambda x, \lambda y).$$

Die Gerade $y = mx + b$ lässt sich nun mithilfe von Vektoroperationen schreiben als

$$\overrightarrow{OP} = (0, b) + x\,(1, m), \quad x \in \mathbb{R}.$$

Man kann dies so auffassen, dass der Punkt $(0, b)$ durch den Vektor $x(1, m)$ auf der Geraden verschoben wird (Abb. 6.3).

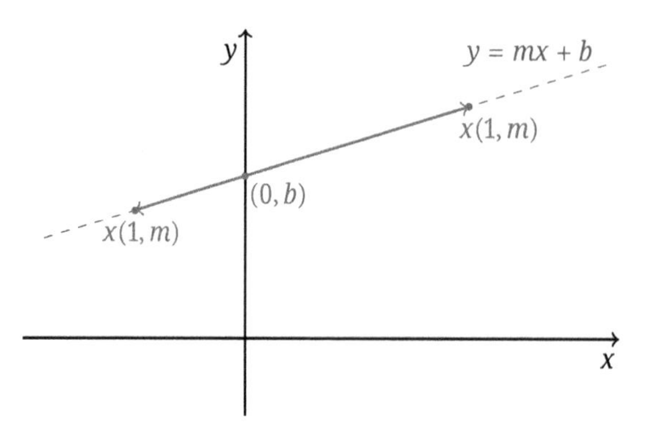

Abb. 6.3: Verschiebung eines Punktes auf einer Geraden.

Beispiel 6.3. Gegeben sei eine Gerade

$$Ax + By = C, \quad A \neq 0, B \neq 0.$$

Ist $P = (x, y)$ ein Punkt auf der Geraden, so lässt sich der Ortsvektor $\overrightarrow{OP}$ mit Vektoroperationen durch

$$\overrightarrow{OP} = \left(0, \frac{C}{B}\right) + x\left(1, -\frac{A}{B}\right)$$

oder durch

$$\overrightarrow{OP} = \left(\frac{C}{A}, 0\right) + y\left(-\frac{B}{A}, 1\right)$$

beschreiben. Beispielsweise beschreiben wir die Gerade

$$-3x + 5y = 2$$

durch

$$\overrightarrow{OP} = \left(0, \frac{2}{5}\right) + x\left(1, \frac{3}{5}\right) \quad \text{bzw.} \quad \overrightarrow{OP} = -\left(\frac{2}{3}, 0\right) + y\left(\frac{5}{3}, 1\right).$$ □

Man kann allgemein einen Punkt $P = (x_p, y_P)$ in einen Punkt $Q = (x_q, y_q)$ verschieben, indem man den Vektor $\overrightarrow{PQ}$ an dem Punkt P abträgt (Abb. 6.4).

Gerichtete Strecke
Der folgende Vektor wird als gerichtete Strecke bezeichnet:

$$\overrightarrow{PQ} = (x_Q - x_P, y_Q - y_P).$$

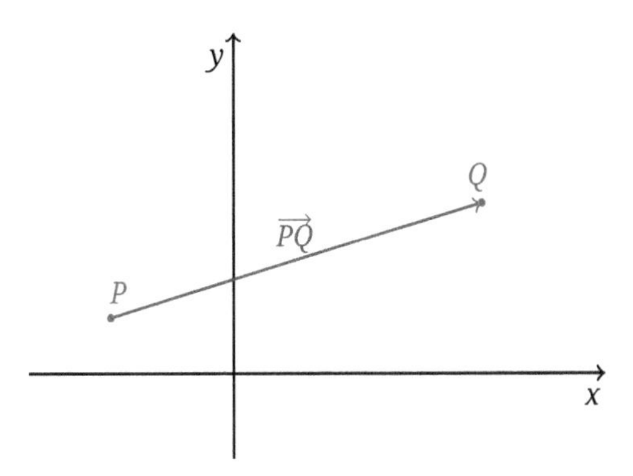

Abb. 6.4: Verschiebung eines Punktes P in einen Punkt Q durch Abtragen des Vektors $\overrightarrow{PQ}$.

Beispiel 6.4. Wir betrachten die Punkte $P = (-2, 3)$ und $Q = (1, 5)$. Als gerichtete Strecke, die den Punkt P in den Punkt Q verschiebt, erhalten wir den Vektor $\overrightarrow{PQ} = (3, 2)$. □

Mit der gerichteten Strecke gilt offenbar

$$\overrightarrow{OQ} = \overrightarrow{OP} + \overrightarrow{PQ},$$
$$(x_Q, y_Q) = (x_P, y_P) + (x_Q - x_P, y_Q - y_P).$$

Allgemeiner kann man einen Punkt P in der Ebene verschieben, indem man eine gerichtete Strecke $\overrightarrow{QR}$ parallel verschiebt, bis sie vom Punkt P ausgeht. Man erhält dann einen Punkt mit den Koordinaten (Abb. 6.5):

$$\overrightarrow{OP} + \overrightarrow{QR} = (x_P + x_R - x_Q, y_P + y_R - y_Q).$$

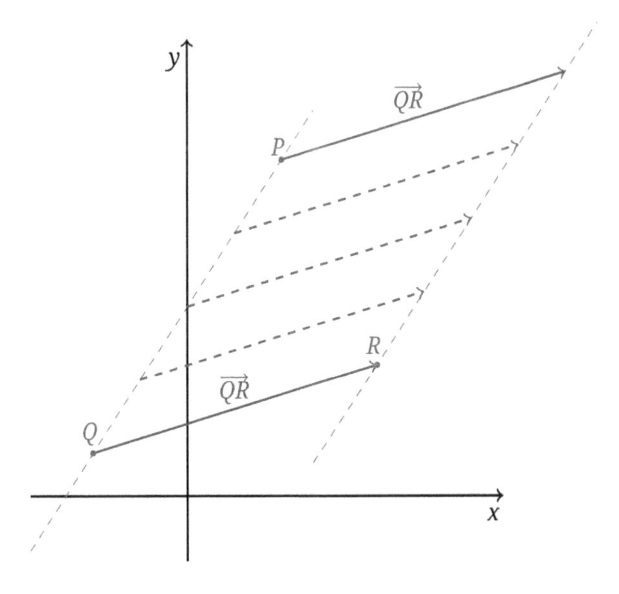

Abb. 6.5: Verschiebung des Punktes P durch die gerichtete Strecke $\overrightarrow{QR}$.

Können zwei gleichgerichtete Strecken durch Parallelverschiebung in einander überführt werden, dann werden sie als gleich betrachtet.

Gleichheit zweier gerichteter Strecken

Zwei gerichtete Strecken $\overrightarrow{PQ}$ und $\overrightarrow{P'Q'}$ sind gleich, wenn gilt:

$$x_Q - x_P = x_{Q'} - x_{P'} ,$$
$$y_Q - y_P = y_{Q'} - y_{P'} .$$

Zwei parallele Strecken können sich durch einen Streckungsfaktor (Längenfaktor) unterscheiden. Ist dieser Faktor positiv, so sind die Strecken parallel und gleichgerichtet. Ist dieser Faktor negativ, so sind die Strecken parallel und entgegengesetzt gerichtet (Abb. 6.6).

Parallelität zweier gerichteter Strecken

Zwei gerichtete Strecken $\overrightarrow{PQ}$ und $\overrightarrow{P'Q'}$ sind parallel, wenn mit einem Faktor $\lambda \neq 0$ gilt:

$$x_Q - x_P = \lambda\,(x_{Q'} - x_{P'}) ,$$
$$y_Q - y_P = \lambda\,(y_{Q'} - y_{P'}) .$$

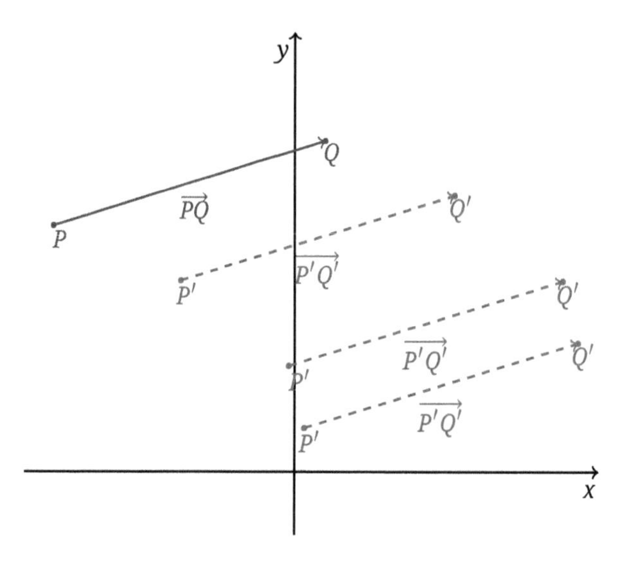

Abb. 6.6: Parallele und gleichgerichtete Strecken $\overrightarrow{PQ}$ und $\overrightarrow{P'Q'}$.

Beispiel 6.5. Gegeben seien die Punkte $P = (-2, 7)$, $P' = (1, 6)$ und $Q = (3, -1)$. Wir bestimmen einen Punkt $Q' = (x_{Q'}, y_{Q'})$, sodass die gerichteten Strecken $\overrightarrow{PQ}$ und $\overrightarrow{P'Q'}$ gleich sind (Abb. 6.7).

Zunächst bekommt man die gerichteten Strecken

$$\overrightarrow{PQ} = (3,-1) - (-2,7) = (5,-8)$$

und

$$\overrightarrow{P'Q'} = (x_{Q'}, y_{Q'}) - (1,6) = (x_{Q'} - 1, y_{Q'} - 6)\,.$$

Die Bedingung

$$\overrightarrow{PQ} = \overrightarrow{P'Q'}$$

liefert zwei Gleichungen,

$$x_{Q'} - 1 = 5 \quad \text{und} \quad y_{Q'} - 6 = -8\,,$$

aus denen sich ergibt

$$x_{Q'} = 6 \quad \text{und} \quad y_{Q'} = -2\,.$$

□

Beispiel 6.6. Gegeben seien die Punkte $P = (-2,3)$, $P' = (1,2)$ und $Q = (-3,-1)$. Wir bestimmen Punkte $Q' = (x_{Q'}, y_{Q'})$ so, dass die gerichteten Strecken $\overrightarrow{PQ}$ und $\overrightarrow{P'Q'}$ parallel sind.

Zunächst berechnen wir die gerichteten Strecken

$$\overrightarrow{PQ} = (-3,-1) - (-2,3) = (-1,-4)$$

und

$$\overrightarrow{P'Q'} = (x_{Q'}, y_{Q'}) - (1,2) = (x_{Q'} - 1, y_{Q'} - 2)\,.$$

Die Bedingung

$$\overrightarrow{P'Q'} = \lambda\,\overrightarrow{PQ}$$

liefert zwei Gleichungen,

$$x_{Q'} - 1 = \lambda\,(-1) \quad \text{und} \quad y_{Q'} - 2 = \lambda\,(-4)\,,$$

mit beliebigem $\lambda \in \mathbb{R}$. Insgesamt bekommt man Punkte Q' mit Ortsvektoren

$$\overrightarrow{OQ'} = (x_{Q'}, y_{Q'}) = (1 - \lambda, 2 - 4\lambda)\,.$$

Offenbar liegen die Punkte auf einer Geraden durch den Punkt P', die parallel zur Strecke $\overrightarrow{PQ}$ verläuft.

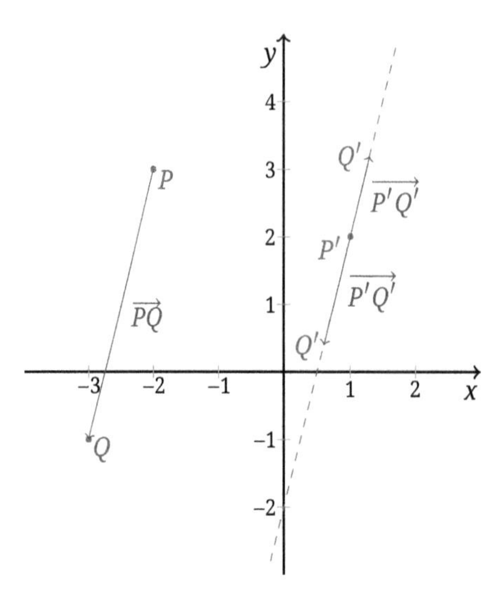

Abb. 6.7: Die Punkte $P = (-2, 3)$, $P' = (1, 2)$, $Q = (-3, -1)$. Gerichtete Strecke $\overrightarrow{PQ}$ mit Parallelen $\overrightarrow{P'Q'}$.

□

Gerichtete Strecken, die durch Parallelverschiebung aus einer einzigen Strecke hervorgehen, fasst man zu einem einzigen Verschiebungsvektor zusammen (Abb. 6.8):

$$\vec{a} = (x_a, y_a)\,.$$

Ein Verschiebungsvektor wirkt auf die Punkte der Ebene durch Abtragen:

Verschiebungsvektor

Ein Punkt $P = (x_P, y_P)$ wird durch Abtragen des Vektors $\vec{a} = (x_a, y_a)$ in einen Bildpunkt verschoben, dessen Ortsvektor die Komponenten besitzt

$$\overrightarrow{OP} + \vec{a} = (x_p + x_a, y_P + y_a)\,.$$

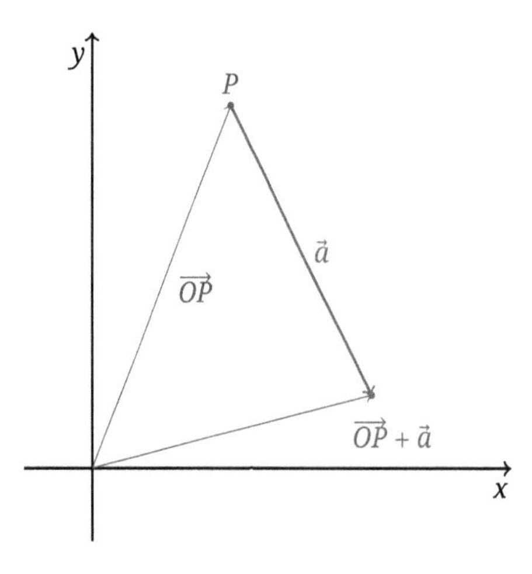

Abb. 6.8: Verschiebungsvektor $\vec{a}$.

Verschiebt man einen Punkt $P = (x_P, y_P)$ durch Abtragen des Vektors $\vec{a} = (x_a, y_a)$ und verschiebt man anschließend den Bildpunkt durch Abtragen des Vektors $\vec{b} = (x_b, y_b)$, dann entsteht ein Bildpunkt mit dem Ortsvektor (Abb. 6.9):

$$\begin{aligned}(\overrightarrow{OP} + \vec{a}) + \vec{b} &= ((x_p + x_a) + x_b, (y_P + y_a) + y_b) \\ &= (x_p + (x_a + x_b), y_P + (y_a + y_b)) \\ &= \overrightarrow{OP} + (\vec{a} + \vec{b}) = \overrightarrow{OP} + \vec{a} + \vec{b}\,.\end{aligned}$$

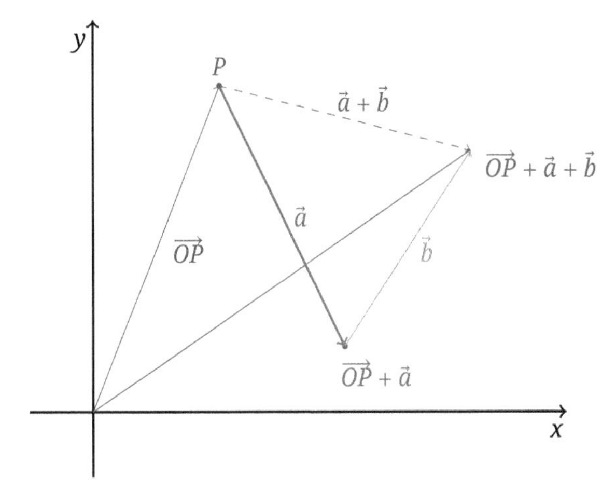

Abb. 6.9: Verschiebungsvektor $\vec{a} + \vec{b}$.

Dies führt auf die Parallelogrammregel:

Parallelogrammregel
Man erhält die Summe zweier Vektoren $\vec{a}$ und $\vec{b}$, indem man den Vektor $\vec{b}$ parallel verschiebt, bis sein Anfangspunkt im Endpunkt von $\vec{a}$ liegt. Der Pfeil, der nun den Anfangspunkt von $\vec{a}$ in den Endpunkt von $\vec{b}$ überführt, stellt den Summenvektor $\vec{c} = \vec{a} + \vec{b}$ dar. Er liegt diagonal in dem Parallelogramm, welches die Vektoren $\vec{a}$ und $\vec{b}$ aufspannen (Abb. 6.10).

Beispiel 6.7. Der Punkt $P = (2, -1)$ wird vom Vektor $\vec{a} = (x_a, y_a)$ und anschließend vom Vektor $\vec{b} = (-19, 8)$ verschoben. Wir bestimmen den Vektor $\vec{a}$ so, dass sich als Bildpunkt der Punkt $(-3, -4)$ ergibt.

Die Verschiebung des Punktes P durch $\vec{a}$ und $\vec{b}$ in den Punkt $(-3, -4)$ wird beschrieben durch

$$\begin{aligned}(-3, -4) &= \overrightarrow{OP} + \vec{a} + \vec{b} \\ &= (2, -1) + (x_a, y_a) + (-19, 8) \\ &= (x_a - 17, y_a + 7)\,.\end{aligned}$$

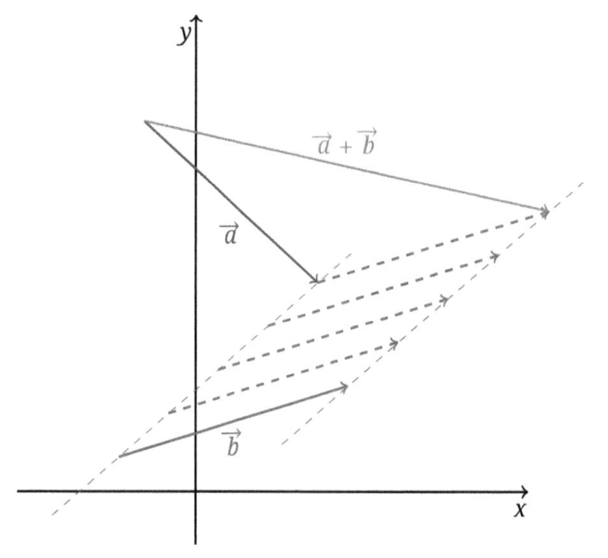

Abb. 6.10: Addition zweier Vektoren $\vec{a}$ und $\vec{b}$ nach der Parallelogrammregel.

Hieraus erhält man zwei Gleichungen für die Komponenten des Vektors $\vec{a}$:

$$x_a - 17 = -3 \quad \text{und} \quad y_a + 7 = -4$$

mit der Lösung

$$x_a = 14 \,, \quad y_a = -11 \,. \qquad \square$$

Wird eine Gerade durch zwei Punkte $P_1 = (x_1, y_1)$ und $P_2 = (x_2, y_2)$ festgelegt, so bekommen wir die Zwei-Punkte-Form der Geradengleichung für einen beliebigen Punkt $P = (x, y)$ auf der Geraden:

$$\frac{y - y_1}{x - x_1} = \frac{y_2 - y_1}{x_2 - x_1} \,.$$

Umformen ergibt

$$y = \frac{y_2 - y_1}{x_2 - x_1} (x - x_1) + y_1 \,.$$

Nun erscheint die Gerade in der Form einer Funktion. Jedem $x \in \mathbb{R}$ wird genau ein $y \in \mathbb{R}$ zugeordnet, sodass der Punkt (x, y) auf der Geraden liegt. Setzt man mit beliebigem $\lambda \in \mathbb{R}$

$$x = x_1 + \lambda (x_2 - x_1) \,,$$

so durchläuft x wieder alle reellen Zahlen, und wir bekommen als zugehörigen Funktionswert

$$y = y_1 + \lambda\,(y_2 - y_1)\,.$$

Das heißt, die Gerade kann folgendermaßen beschrieben werden:

Punkt-Richtungs-Form der Geradengleichung

$$\overrightarrow{OP} = \overrightarrow{OP_1} + \lambda\,\overrightarrow{P_1P_2}\,.$$

Der Vektor $\overrightarrow{P_1P_2}$ stellt den Richtungsvektor der Geraden dar. Man kann als Richtungsvektor auch einen Vektor $\vec{a}$ vorgeben. Die Gerade wird durch einen Punkt und durch einen Vektor festgelegt, der vorgibt, in welche Richtung sich ein beliebiger Punkt auf der Geraden bewegen kann (Abb. 6.11).

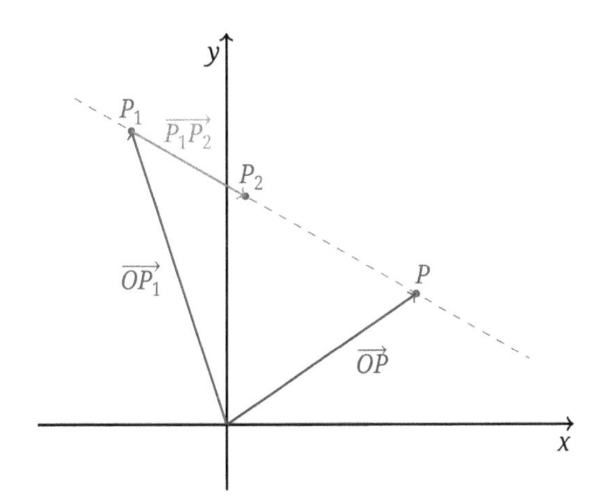

Abb. 6.11: Punkt-Richtungs-Form der Geraden. Richtung durch P_1 und P_2 gegeben.

Beispiel 6.8. Gegeben sei die Gerade, die durch den Punkt $P_1 = (-2, 3)$ geht und parallel zum Vektor $\vec{a} = (3, -1)$ verläuft.

In vektorieller Form beschreiben wir einen Punkt auf der Geraden durch (Abb. 6.12):

$$\overrightarrow{OP} = \overrightarrow{OP_1} + \lambda\,\vec{a} = (-2 + 3\,\lambda, 3 - \lambda)\,, \quad \lambda \in \mathbb{R}\,.$$

Das heißt, der Punkt $P = (x, y)$ liegt genau dann auf der Geraden, wenn die folgenden beiden Gleichungen gelten:

$$x = -2 + 3\,\lambda\,, \quad y = 3 - \lambda\,.$$

Eliminiert man den Parameter λ, indem man die erste Gleichung nach λ auflöst,

$$\lambda = \frac{x+2}{3},$$

so ergibt sich folgende Form der Geradengleichung:

$$y = -\frac{1}{3}x + \frac{7}{3}.$$

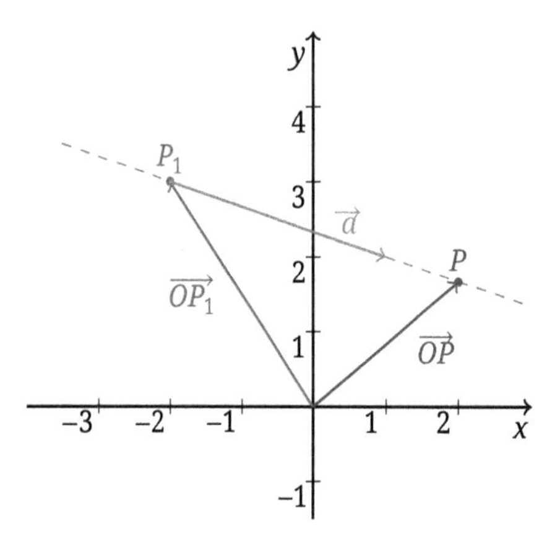

Abb. 6.12: Die Gerade $\overrightarrow{OP} = (-2 + 3\lambda, 3 - \lambda)$.

□

Durch Multiplikation mit Skalaren kann man die Länge und die Richtung eines Vektors verändern. Die Richtung eines Vektors ergibt nur im Vergleich mit einem weiteren Vektor einen Sinn. Die Länge eines Vektors $\vec{a} = (x_a, y_a)$ wird gegeben durch (Abb. 6.13):

Länge eines Vektors

$$\|\vec{a}\| = \sqrt{x_a^2 + y_a^2}.$$

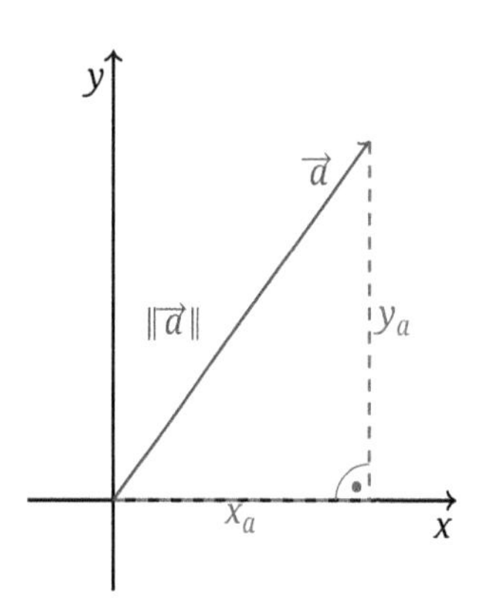

Abb. 6.13: Die Länge eines Vektors ergibt sich nach dem Satz des Pythagoras: $\|\vec{a}\|^2 = x_a^2 + y_a^2$.

Offenbar besitzt der Nullvektor die Länge null, alle anderen Vektoren besitzen positive Längen. Aus der Parallelogrammregel entnimmt man die sogenante Dreiecksungleichung. Sie besagt, dass die Länge einer Seite eines Dreiecks nie größer sein kann als die Summe der Längen der beiden gegenüberliegenden Seiten (Abb. 6.14).

Dreiecksungleichung

$$\|\vec{a} + \vec{b}\| \leq \|\vec{a}\| + \|\vec{b}\| .$$

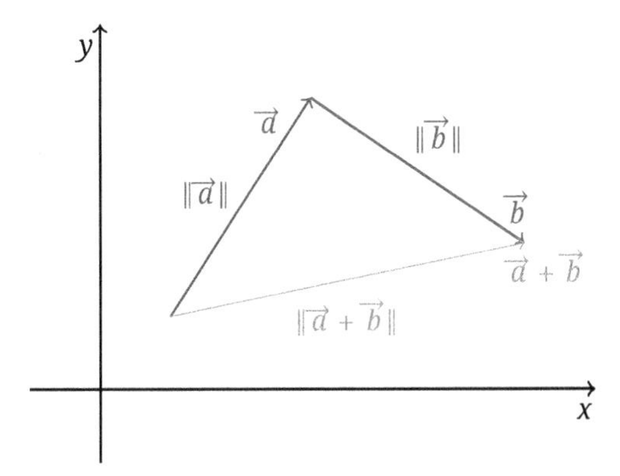

Abb. 6.14: Dreiecksungleichung.

Beispiel 6.9. Der Vektor $\vec{a} = (-3, 2)$ besitzt die Länge

$$\|\vec{a}\| = \sqrt{(-3)^2 + 2^2} = \sqrt{13} .$$

Der Vektor $\vec{b} = (7, -9)$ besitzt die Länge

$$\|\vec{b}\| = \sqrt{7^2 + (-9)^2} = \sqrt{130} .$$

Der Vektor

$$\vec{a} + \vec{b} = (-3, 2) + (7, -9) = (4, -7)$$

besitzt die Länge

$$\|\vec{a} + \vec{b}\| = \sqrt{4^2 + (-7)^2} = \sqrt{65} .$$

Offenbar gilt

$$\sqrt{65} < \sqrt{13} + \sqrt{130} .$$

□

Multipliziert man einen Vektor $\vec{a}$ mit einem Skalar λ, so verändert man seine Länge und möglicherweise die Richtung. Ist $0 \le \lambda$, so stellt $\lambda\vec{a}$ denjenigen Vektor dar, der dieselbe Richtung wie $\vec{a}$ besitzt, aber die λ-fache Länge hat. Ist $0 > \lambda$, so stellt

$$\lambda\,\vec{a} = -(-\lambda\,\vec{a})$$

denjenigen Vektor dar, der die λ-fache Länge von $\vec{a}$ hat und entgegengesetzt gerichtet ist (Abb. 6.15).

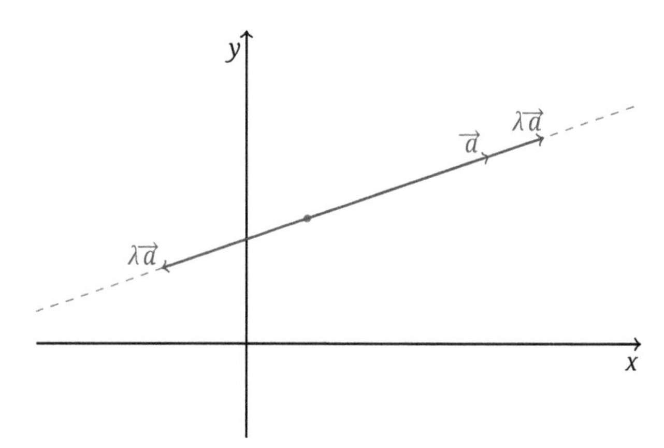

Abb. 6.15: Skalare Vielfache eines Vektors.

Durch die Rechnung

$$\begin{aligned}\|\lambda\,\vec{a}\| &= \|(\lambda\,x_a, \lambda\,y_a)\| \\ &= \sqrt{(\lambda\,x_a)^2 + (\lambda\,y_a)^2} \\ &= |\lambda|\,\sqrt{x_a^2 + y_a^2}\end{aligned}$$

erhält man sofort die folgende Eigenschaft der Länge:

$$\|\lambda\,\vec{a}\| = |\lambda|\,\|\vec{a}\|\,.$$

Beispiel 6.10. Der Vektor $(-4)\cdot(3,-5)$ besitzt die Länge

$$\|(-4)\cdot(3,-5)\| = 4\,\sqrt{3^2 + (-5)^2} = 4\,\sqrt{34}\,.$$

Man kann dies auch direkt nachvollziehen, indem man zuerst die Komponenten bestimmt

$$(-4)\cdot(3,-5) = (-12, 20)$$

und dann die Länge berechnet,

$$\|(-4)\,(3,-5)\| = \|(-12,20)\| = \sqrt{(-12)^2 + 20^2}$$
$$= 4\sqrt{34}\,.$$ □

Man kann sich nun auch leicht überlegen, dass in der Dreiecksungleichung das Gleichheitszeichen genau dann gilt, wenn einer der beiden Vektoren durch Multiplikation mit einem positiven Skalar aus dem anderen hervorgeht.

Gleichheit in der Dreiecksungleichung
Sei $\vec{a} \neq \vec{0}$ und $\vec{b} \neq \vec{0}$. Dann ist

$$\|\vec{a} + \vec{b}\| = \|\vec{a}\| + \|\vec{b}\|$$

gleichbedeutend damit, dass

$$\vec{b} = \lambda\,\vec{a}$$

mit einem Skalar $\lambda > 0$ gilt.

Offenbar gilt bei $\vec{b} = \lambda\vec{a}$ und $\lambda > 0$

$$\|\vec{a} + \vec{b}\| = \|(1+\lambda)\,\vec{a}\| = (1+\lambda)\,\|\vec{a}\| = \|\vec{a}\| + \|\vec{b}\|\,.$$

Ist jedoch $\vec{b} = \lambda\vec{a}$ und $\lambda < 0$, so gilt

$$\|\vec{a} + \vec{b}\| = \|(1+\lambda)\,\vec{a}\| = |1+\lambda|\,\|\vec{a}\|$$

und

$$\|\vec{a}\| + \|\vec{b}\| = (1 + |\lambda|)\,\|\vec{a}\|\,.$$

Die Zahl $1 + |\lambda| = 1 - \lambda$ kann weder gleich $1 + \lambda$ noch gleich $-(1+\lambda)$ sein.

Falls die Vektoren $\vec{a}$ und $\vec{b}$ aber durch keinen Faktor auseinander hervorgehen, dann spannen sie ein Dreieck auf, und es kann nur das Kleinerzeichen in der Dreiecksungleichung gelten.

Beispiel 6.11. Wir betrachten zwei Punkte $P = (x_P, y_P)$ und $Q = (x_Q, y_Q)$ und bestimmen die Koordinaten des Mittelpunkts der Strecke $\overrightarrow{PQ}$ (Abb. 6.16).

Offenbar bekommt man den Mittelpunkt M der Strecke $\overrightarrow{PQ}$, indem man den Nullpunkt O nacheinander den Verschiebungen $\overrightarrow{OP}$ und $\frac{1}{2}\overrightarrow{PQ}$ unterwirft. Das heißt, der gesuchte Mittelpunkt M besitzt den Ortsvektor

$$\begin{aligned}\overrightarrow{OM} &= \overrightarrow{OP} + \frac{1}{2}\overrightarrow{PQ}\\ &= \overrightarrow{OP} + \frac{1}{2}(\overrightarrow{OQ} - \overrightarrow{OP})\\ &= \frac{1}{2}(\overrightarrow{OP} + \overrightarrow{OQ})\,,\end{aligned}$$

aus dem die Koordinaten

$$M = \left(\frac{1}{2}(x_P + x_Q), \frac{1}{2}(y_P + y_Q)\right)$$

abgelesen werden können.

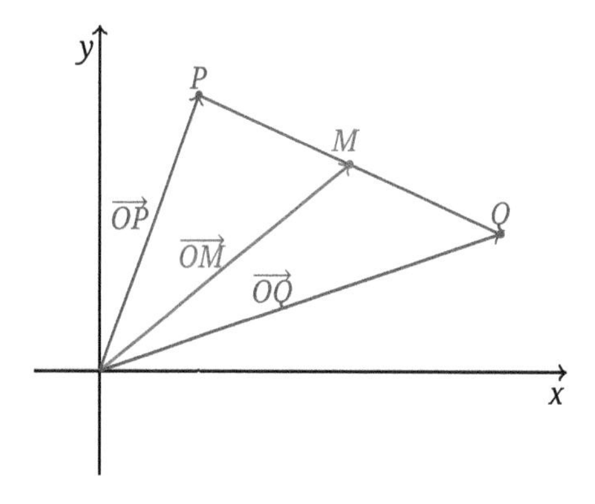

Abb. 6.16: Mittelpunkt einer Strecke.

□

Neben der Länge ist eine weitere geometrische Größe, der eingeschlossene Winkel, mit den Vektoren verknüpft (Abb. 6.17). Seien P, Q, R drei Punkte in der Ebene und

$$\vec{a} = \overrightarrow{PQ}, \quad \vec{b} = \overrightarrow{PR}, \quad \vec{b} - \vec{a} = \overrightarrow{QR}.$$

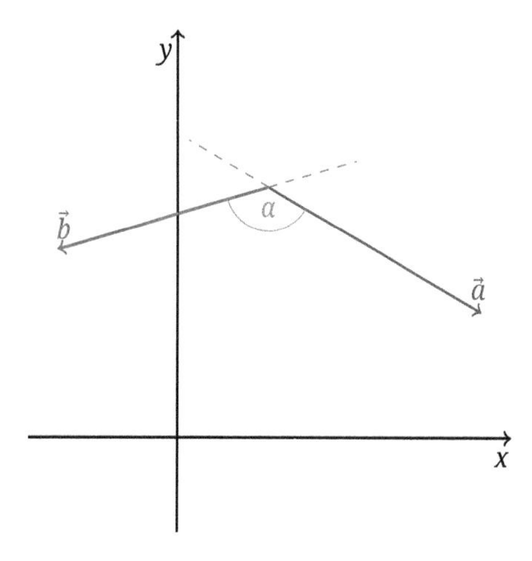

Abb. 6.17: Von zwei Vektoren $\vec{a}$ und $\vec{b}$ eingeschlossener Winkel $0 \leq \alpha(\vec{a}, \vec{b}) \leq \pi$.

Der Kosinussatz besagt dann, dass gilt

$$\|\overrightarrow{QR}\|^2 = \|\overrightarrow{PQ}\|^2 + \|\overrightarrow{PR}\|^2 - 2\cos(\alpha(\overrightarrow{PQ}, \overrightarrow{PR}))\|\overrightarrow{PQ}\|\,\|\overrightarrow{PR}\|,$$

bzw.

$$\|\vec{b}-\vec{a}\|^2 = \|\vec{a}\|^2 + \|\vec{b}\|^2 - 2\cos(\alpha(\vec{a},\vec{b}))\|\vec{a}\|\,\|\vec{b}\|\,.$$

Mithilfe der Definition der Länge berechnen wir

$$\begin{aligned}
&\cos(\alpha(\vec{a},\vec{b}))\|\vec{a}\|\,\|\vec{b}\| \\
&= \frac{1}{2}\left(\|\vec{a}\|^2 + \|\vec{b}\|^2 - \|\vec{b}-\vec{a}\|^2\right) \\
&= \frac{1}{2}\left(x_a^2 + y_a^2 + x_b^2 + y_b^2 - (x_a - x_b)^2 - (y_a - y_b)^2\right) \\
&= x_a\,x_b + y_a\,y_b
\end{aligned}$$

und führen das skalare Produkt ein:

Skalares Produkt
Das skalare Produkt zweier Vektoren $\vec{a} = (x_a, y_a)$ und $\vec{b} = (x_b, y_b)$ ist eine reelle Zahl, die den Vektoren $\vec{a}$ und $\vec{b}$ zugeordnet wird durch

$$\vec{a}\,\vec{b} = x_a\,x_b + y_a\,y_b\,.$$

Das skalare Produkt zweier Vektoren $\vec{a}$ und $\vec{b}$ ergibt sich als Produkt aus der Länge des Vektors $\vec{a}$, der Länge des Vektors $\vec{b}$ und dem Kosinus des von beiden Vektoren eingeschlossenen Winkels,

$$\vec{a}\,\vec{b} = \|\vec{a}\|\,\|\vec{b}\|\,\cos(\alpha(\vec{a},\vec{b}))\,.$$

Umgekehrt kann der von zwei Vektoren $\vec{a},\vec{b} \neq \vec{0}$ eingeschlossene Winkel mithilfe des skalaren Produktes berechnet werden:

Skalares Produkt und Winkel

$$\cos\big(\alpha(\vec{a},\vec{b})\big) = \frac{\vec{a}\,\vec{b}}{\|\vec{a}\|\,\|\vec{b}\|}\,.$$

Das skalare Produkt ist offenbar genau dann gleich Null, wenn die Vektoren einen Winkel von 90° einschließen, also senkrecht aufeinander stehen.

Schließlich ist das skalare Produkt eines Vektors $\vec{a} = (x_a, y_a)$ mit sich selbst nichts anderes als das Quadrat der Länge von $\vec{a}$,

$$\vec{a}\,\vec{a} = x_a^2 + y_a^2 = \|\vec{a}\|^2$$

bzw.

Skalares Produkt und Länge

$$\|\vec{a}\| = \sqrt{\vec{a}\,\vec{a}}\,.$$

Beispiel 6.12. Gegeben seien zwei ebene Vektoren $\vec{a} = (x_a, y_a) \neq (0,0)$ und $\vec{b} = (1, y_b)$. Wie muss man y_b wählen, damit $\vec{a}$ und $\vec{b}$ senkrecht stehen? (Abb. 6.18).

Wir berechnen das skalare Produkt

$$\vec{a}\,\vec{b} = x_a + y_a y_b\,.$$

Die Vektoren $\vec{a}$ und $\vec{b}$ stehen genau dann senkrecht, wenn gilt:

$$x_a + y_a y_b = 0\,.$$

Nun unterscheiden wir zwei Fälle: $y_a \neq 0$ und $y_a = 0$. Im ersten Fall muss

$$y_b = -\frac{x_a}{y_a}$$

gewählt werden. Im zweiten Fall kann es keinen Vektor $\vec{b}$ geben, der senkrecht auf $\vec{a}$ steht.

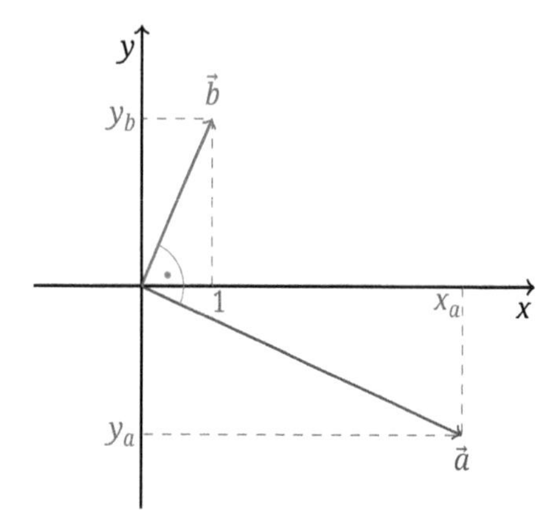

Abb. 6.18: Vektor $\vec{a} = (x_a, y_a)$ und senkrecht stehender Vektor $\vec{b} = (1, y_b)$.

□

Beispiel 6.13. Seien $\vec{a} = (2,1)$ und $\vec{b} = (-3,4)$, (Abb. 6.19). Dann gilt für die Längen und das skalare Produkt von $\vec{a}$ und $\vec{b}$

$$\|\vec{a}\| = \sqrt{2^2 + 1^2} = \sqrt{5}\,,$$
$$\|\vec{b}\| = \sqrt{3^2 + 4^2} = 5\,,$$
$$\vec{a}\,\vec{b} = 2 \cdot (-3) + 1 \cdot 4 = -2\,.$$

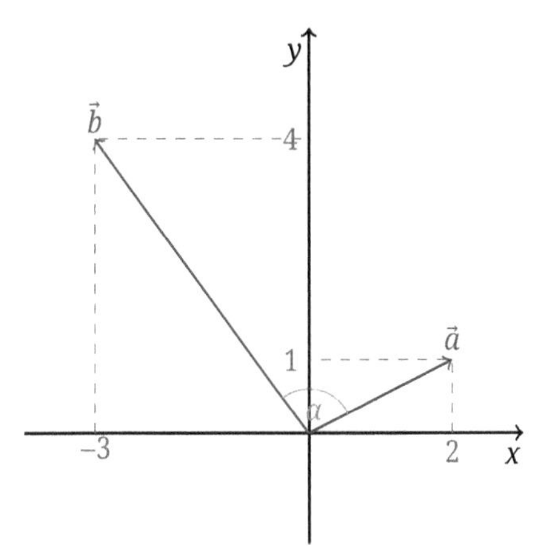

Abb. 6.19: Die Vektoren $\vec{a} = (2,1)$, $\vec{b} = (-3,4)$ mit dem eingeschlossenen Winkel α.

Somit folgt für den Winkel $\alpha = \alpha(\vec{a}, \vec{b})$

$$\cos(\alpha) = \frac{\vec{a}\,\vec{b}}{\|\vec{a}\|\,\|\vec{b}\|} = \frac{-2}{\sqrt{5}\,5} = -\frac{2\sqrt{5}}{25},$$

und damit $\alpha \approx 100°$. □

Der von zwei Vektoren eingeschlossene Winkel ist nicht von der Länge dieser Vektoren abhängig. Geometrisch sieht man sofort, dass der Winkel erhalten bleibt, solange die Vektoren ihre Richtung nicht verändern. Man kann dies auch nachrechnen: Sind zwei Vektoren $\vec{a}, \vec{b} \neq \vec{0}$ gegeben, dann gilt für Skalare $\lambda, \mu > 0$

$$\begin{aligned}\cos(\alpha(\vec{a}, \vec{b})) &= \frac{\vec{a}\,\vec{b}}{\|\vec{a}\|\,\|\vec{b}\|} \\ &= \frac{\vec{a}}{\|\vec{a}\|}\,\frac{\vec{b}}{\|\vec{b}\|} \\ &= \frac{\lambda\,\vec{a}}{\|\lambda\,\vec{a}\|}\,\frac{\mu\,\vec{b}}{\|\mu\,\vec{b}\|} \\ &= \cos(\alpha(\lambda\,\vec{a}, \mu\,\vec{b}))\,.\end{aligned}$$

Diese Überlegung zeigt insbesondere, dass man sich bei der Berechnung von Winkeln auf Vektoren der Länge eins zurückziehen kann (Abb. 6.20).

Einheitsvektor

$$\|\vec{e}\| = \sqrt{x_e^2 + y_e^2} = 1\,.$$

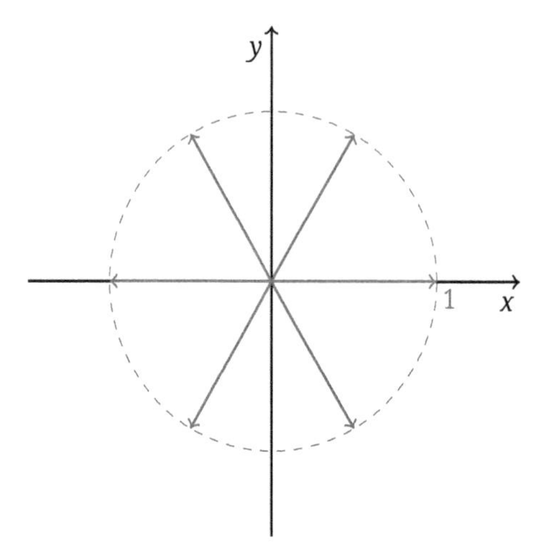

Abb. 6.20: Einheitsvektoren in der Ebene. Die Pfeilspitzen beschreiben einen Kreis mit dem Radius eins.

Beispiel 6.14. Wir suchen Vektoren $\vec{b}$ in der Ebene, die mit dem Vektor $\vec{a} = (1, 2)$ den Winkel 60° einschließen (Abb. 6.21).

Mit (x_b, y_b) ergibt sich folgende Beziehung für den eingeschlossenen Winkel:

$$\begin{aligned}\frac{1}{2} &= \cos(60^\circ) \\ &= \cos(\alpha(\vec{a}, \vec{b})) \\ &= \frac{x_b + 2y_b}{\sqrt{5}\sqrt{x_b^2 + y_b^2}} .\end{aligned}$$

Quadriert man auf beiden Seiten, so bekommt man die Gleichung

$$\frac{1}{4} = \frac{(x_b + 2y_b)^2}{5(x_b^2 + y_b^2)}$$

bzw.

$$y_b^2 + \frac{16}{11} x_b y_b - \frac{1}{11} x_b^2 = 0 .$$

Diese quadratische Gleichung lösen wir nach y_b auf und erhalten zwei Lösungen (mit zunächst noch beliebigem x_b),

$$y_{b_{1,2}} = \frac{1}{11}(-8 \pm 5\sqrt{3})\, x_b .$$

Berücksichtigt man, dass $\sqrt{3} > 1.7$ ist und damit $5\sqrt{3} > 8$, dann ergeben sich folgende Vektoren:

$$\vec{b} = \left(x_b, \frac{1}{11}(-8 - 5\sqrt{3})\, x_b \right), \quad x_b < 0,$$
$$\vec{b} = \left(x_b, \frac{1}{11}(-8 + 5\sqrt{3})\, x_b \right), \quad x_b > 0.$$

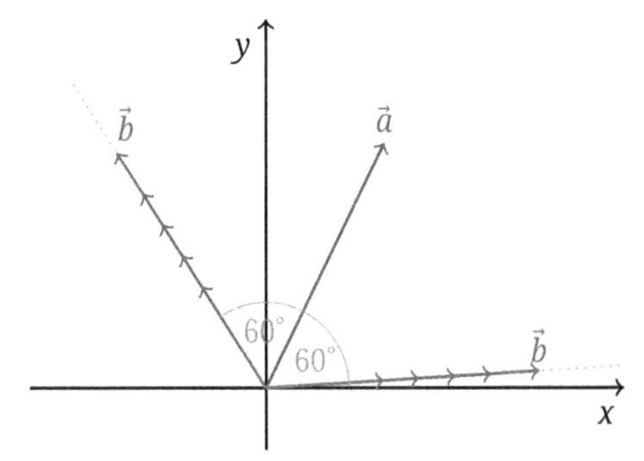

Abb. 6.21: Vektoren $\vec{b}$, die mit dem festen Vektor $\vec{a} = (1, 2)$ einen Winkel von 60° einschließen.

□

Beispiel 6.15. $\vec{r}_1$ und $\vec{r}_2$ seien zwei beliebige Vektoren mit gleicher Länge. Dann stehen die Vektoren

$$\vec{a} = \vec{r}_1 + \vec{r}_2 \quad \text{und} \quad \vec{b} = \vec{r}_1 - \vec{r}_2$$

stets senkrecht aufeinander. Denn es gilt:

$$\begin{aligned} \vec{a}\,\vec{b} &= (\vec{r}_1 + \vec{r}_2)\,(\vec{r}_1 - \vec{r}_2) \\ &= \vec{r}_1\,\vec{r}_1 + \vec{r}_2\,\vec{r}_1 - \vec{r}_1\,\vec{r}_2 - \vec{r}_2\,\vec{r}_2 \\ &= \vec{r}_1\,\vec{r}_1 - \vec{r}_2\,\vec{r}_2 = |r_1|^2 - |r_2|^2 \\ &= 0\,. \end{aligned}$$

(Offenbar bedeutet dies geometrisch, dass sich die Diagonalen in einer Raute senkrecht schneiden. In einem von zwei Vektoren aufgespannten Parallelogramm wird eine Diagonale durch die Summe und die andere Diagonale durch die Differenz der Vektoren gegeben). □

6.2 Räumliche Vektoren

Bei der Einführung von Vektoren im Raum geht man analog zum Fall in der Ebene vor. Manche Operationen mit Vektoren im Raum stellen nicht nur größere Anforderungen an unser Vorstellungsvermögen, sondern bekommen im Raum erst ihre Bedeutung und Anwendung. Wir beschränken uns im Wesentlichen darauf, diese Punkte herauszuarbeiten.

Zur Festlegung eines Punktes im Raum benötigt man drei Zahlenangaben. Man wählt zunächst einen festen Punkt als Nullpunkt im Raum. Dann legt man drei sich rechtwinklig schneidende Zahlengeraden durch den Nullpunkt. Diese Zahlengeraden werden als x-Achse, y-Achse bzw. als z-Achse bezeichnet. Jeder Punkt P im Raum wird durch ein Zahlentripel (x, y, z) festgelegt: $P = (x, y, z)$. Man fällt das Lot von P auf die x-y-Ebene. Die Koordinate x wird durch die Entfernung des Punktes P von der y-z-Ebene gegeben. Sie ist positiv (negativ), wenn der Punkt vor (hinter) der y-z-Ebene liegt. Die Koordinate y wird durch die Entfernung des Punktes P von der x-z-Ebene gegeben. Sie ist positiv (negativ), wenn der Punkt rechts (links) von der x-z-Ebene liegt. Die Koordinate z wird durch die Entfernung des Punktes P von der x-y-Ebene gegeben. Sie ist positiv (negativ), wenn der Punkt oberhalb (unterhalb) von der x-y-Ebene liegt. (Zur Festlegung der positiven und negativen Richtung einer Achse benötigt man einen Standpunkt, von dem man die drei Achsen betrachtet. Die Wahl dieses Standpunktes ist natürlich frei.)

Beispiel 6.16. Wir zeichnen die Punkte $P = (2, 3, 1)$ und $Q = (-2, 1, -2)$ im Raum (Abb. 6.22).

Zum Punkt P gelangt man wie folgt. Vom Nullpunkt geht man zwei Einheiten in Richtung der positiven x-Achse, anschließend auf einer Parallelen zur y-Achse drei Einheiten in Richtung der positiven y-Achse und dann auf einer Parallelen zur z-Achse eine Einheit in Richtung der positiven z-Achse.

Zum Punkt Q gelangt man wie folgt. Vom Nullpunkt geht man zwei Einheiten in Richtung der negativen x-Achse, anschließend auf einer Parallelen zur y-Achse eine Einheit in Richtung der positiven y-Achse und dann auf einer Parallelen zur z-Achse zwei Einheiten in Richtung der negativen z-Achse.

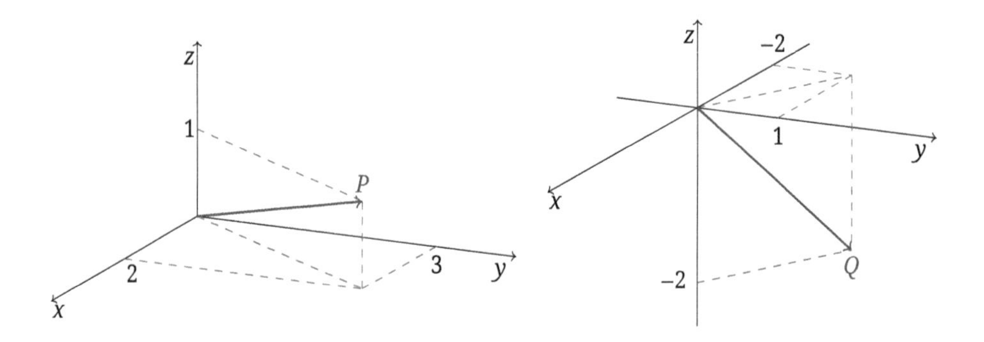

Abb. 6.22: Der Punkt $P = (2, 3, 1)$ (links) und der Punkt $Q = (-2, 1, -2)$ (rechts).

□

Einem Punkt $P = (x, y, z)$ im Raum kann man wieder einen Ortsvektor zuordnen, der vom Nullpunkt auf den Punkt P zeigt. Die Komponenten des Ortsvektors stimmen mit den Koordinaten des Punktes überein (Abb. 6.23).

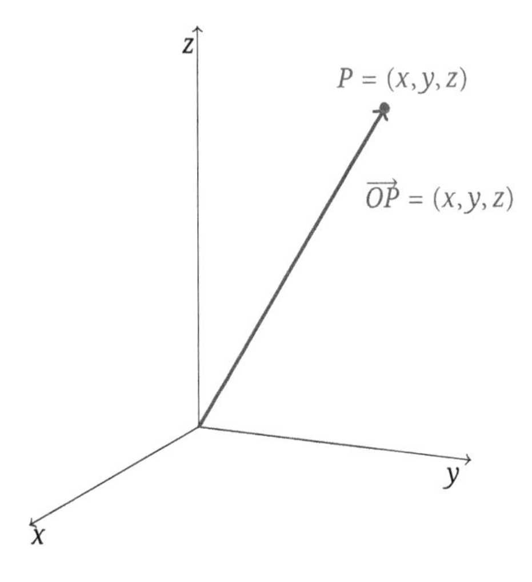

Abb. 6.23: Der Punkt $P = (x, y, z)$ und der Ortsvektor $\overrightarrow{OP} = (x, y, z)$.

Durch Parallelverschiebung von Ortsvektoren gelangt man wieder zu allgemeineren Vektoren. Sie werden durch ein Tripel, welches aus drei Komponenten besteht, beschrieben.

Rechnen mit Vektoren im Raum

$$(x_1, y_1, z_1) + (x_2, y_2, z_2) = (x_1 + x_2, y_1 + y_2, z_1 + z_2),$$
$$\lambda\,(x, y, z) = (\lambda\,x, \lambda\,y, \lambda\,z).$$

Zwei parallele Vektoren können sich wieder durch einen Streckungsfaktor (Längenfaktor) unterscheiden.

Parallelität und Gleichheit zweier Vektoren
Zwei Vektoren $\vec{a} = (x_a, y_a, z_a)$ und $\vec{b} = (x_b, y_b, z_b)$ sind parallel, wenn mit einem Faktor $\lambda \neq 0$ gilt:

$$x_a = \lambda\,x_b\,, \quad y_a = \lambda\,y_b\,, \quad z_a = \lambda\,z_b\,.$$

Ist der Faktor $\lambda > 0$, so sind die Vektoren parallel und gleichgerichtet. Ist der Faktor $\lambda < 0$, so sind die Vektoren parallel und entgegengesetzt gerichtet. Gleichheit der Vektoren herrscht bei $\lambda = 1$.

Gleichgerichtete Vektoren, die man durch Parallelverschiebung ineinander überführen kann, betrachten wir wieder als gleich und fassen sie zu einem einzigen Verschiebungsvektor zusammen.

Verschiebungsvektor im Raum
Ein Punkt $P = (x_P, y_P, y_P)$ wird durch Abtragen des Vektors $\vec{a} = (x_a, y_a, z_a)$ in einen Bildpunkt verschoben, dessen Ortsvektor die Komponenten besitzt (Abb. 6.24):

$$\overrightarrow{OP} + \vec{a} = (x_p + x_a, y_P + y_a, z_P + z_a)\,.$$

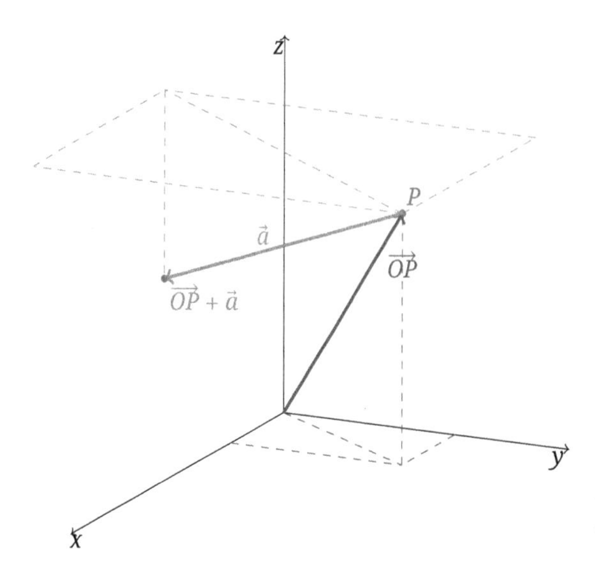

Abb. 6.24: Verschiebung des Punktes P im Raum durch den Vektor $\vec{a}$ in den Punkt $\overrightarrow{OP} + \vec{a}$.

Beispiel 6.17. Gegeben seien die Punkte $P = (-1, -2, 4)$ und $Q = (7, 1, -3)$. Wir berechnen den Verschiebungsvektor $\overrightarrow{PQ}$, der den Punkt P in den Punkt Q verschiebt.

Wir bilden die Differenz der Ortsvektoren,

$$\overrightarrow{PQ} = \overrightarrow{OQ} - \overrightarrow{OP} = (7, 1, -3) - (-1, -2, 4) = (8, 3, -7)\,.$$

Offenbar gilt für den Differenzvektor

$$\overrightarrow{OP} + \overrightarrow{PQ} = (-1, -2, 4) + (8, 3, -7) = (7, 1, -3)\,,$$

d. h., durch Abtragen des Verschiebungsvektors $\overrightarrow{PQ}$ am Punkt P gelangt man zum Punkt Q. □

Beispiel 6.18. Gegeben seien die Punkte $P = (-1, 1, 3)$, $P' = (2, 1, 2)$ und $Q = (3, -3, -1)$. Wir bestimmen Punkte $Q' = (x_{Q'}, y_{Q'}, z_{Q'})$ so, dass die gerichteten Strecken $\overrightarrow{PQ}$ und $\overrightarrow{P'Q'}$ parallel sind (Abb. 6.25).

Zunächst berechnen wir die gerichteten Strecken

$$\overrightarrow{PQ} = (3, -3, -1) - (-1, 1, 3) = (4, -4, -4)$$

und

$$\overrightarrow{P'Q'} = (x_{Q'}, y_{Q'}, z_{Q'}) - (2, 1, 2) = (x_{Q'} - 2, y_{Q'} - 1, z_{Q'} - 2)\,.$$

Die Bedingung

$$\overrightarrow{P'Q'} = \lambda\,\overrightarrow{PQ}$$

liefert drei Gleichungen:

$$x_{Q'} - 2 = \lambda 4 \quad \text{und} \quad y_{Q'} - 1 = \lambda(-4), \quad z_{Q'} - 2 = \lambda(-4),$$

mit beliebigem $\lambda \in \mathbb{R}$. Insgesamt bekommt man Punkte Q' mit Ortsvektoren

$$\overrightarrow{OQ'} = (x_{Q'}, y_{Q'}, z_{Q'}) = (2 + 4\lambda, 1 - 4\lambda, 2 - 4\lambda).$$

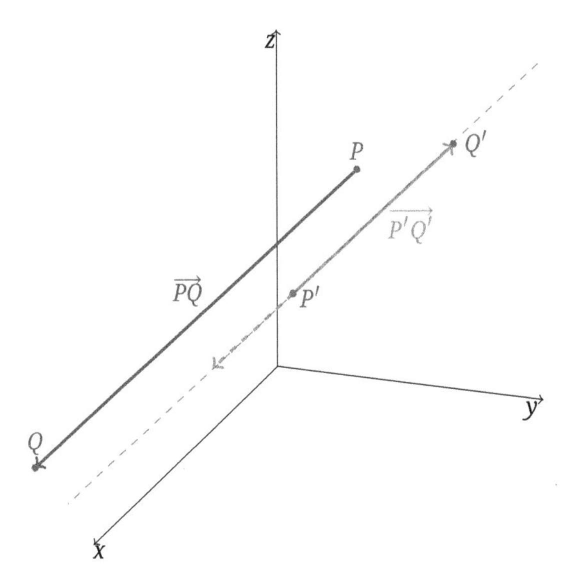

Abb. 6.25: Die Punkte $P = (-1, 1, 3)$, $P' = (2, 1, 2)$, $Q = (3, -3, -1)$ und Vektoren $\overrightarrow{P'Q'}$, die parallel zum Vektor $\overrightarrow{PQ}$ verlaufen.

□

Mit den Operationen Addition und Multiplikation mit Skalaren bilden die Verschiebungsvektoren einen Vektorraum. Die Gesetze, welchen diese Operationen unterliegen, können wie folgt zusammengefasst werden:

Vektorraumgesetze

1.) $\vec{a} + \vec{b} = \vec{b} + \vec{a}$,
2) $\vec{a} + (\vec{b} + \vec{c}) = (\vec{a} + \vec{b}) + \vec{c}$,
3) $\vec{a} + \vec{0} = \vec{a}$ und $\vec{a} + (-\vec{a}) = \vec{0}$,
4) $\lambda(\mu\,\vec{a}) = (\lambda\,\mu)\,\vec{a}$,
5) $\lambda\,(\vec{a} + \vec{b}) = \lambda\,\vec{a} + \lambda\,\vec{b}$,
6) $(\lambda + \mu)\,\vec{a} = \lambda\,\vec{a} + \mu\,\vec{a}$.

Mit den Vektorraumgesetzen kann man insbesondere Gleichungen analog zu linearen Gleichungen im Körper der reellen Zahlen $\mathbb{R}$ lösen.

Beispiel 6.19. Wir bestimmen einen Vektor $\vec{a}$, der folgende Gleichung erfüllt:

$$(2,2,2) + 3\,\vec{a} = 7\,(1,-4,1)\,.$$

Wir subtrahieren den Vektor (2, 2, 2) auf beiden Seiten,

$$3\,\vec{a} = 7\,(1,-4,1) - (2,2,2)$$

bzw.

$$3\,\vec{a} = (7,-28,7) - (2,2,2) = (5,-30,5)\,.$$

Es gibt also genau eine Lösung

$$\vec{a} = \left(\frac{5}{3}, -10, \frac{5}{3}\right).$$ □

Beispiel 6.20. Kann man einen Skalar λ so wählen, dass folgende Gleichung gilt:

$$3\lambda\,(2,2,1) + 4\,(-1,0,-1) = (2,-1,1)\,?$$

Die Forderung ist gleichbedeutend mit

$$\lambda\,(6,6,3) = (2,-1,1) - 4\,(-1,0,-1)$$

bzw.

$$\lambda\,(6,6,3) = (6,-1,5)\,.$$

Offenbar kann diese Gleichung für keinen Skalar richtig sein. □

Jedem Vektor im Raum kann wieder eine Länge zugeordnet werden. Geometrisch geschieht dies, indem man den Satz des Pythagoras zweimal anwendet.

Länge eines Vektors
Die Länge des Vektors $\vec{a} = (x_a, y_a, z_a)$ im Raum wird gegeben durch

$$\|\vec{a}\| = \sqrt{x_a^2 + y_a^2 + z_a^2}\,.$$

Der Vektor $\vec{a}$ bildet zusammen mit seiner Projektion p in die $x-y$-Ebene und dem Abschnitt z_a auf der z-Achse ein rechtwinkliges Dreieck (Abb. 6.26):

$$\|\vec{a}\|^2 = p^2 + z_a^2\,.$$

Ein weiteres rechtwinkliges Dreieck bilden p und die Abschnitte x_a und y_a auf der x- bzw. y-Achse:

$$p^2 = x_a^2 + y_b^2 .$$

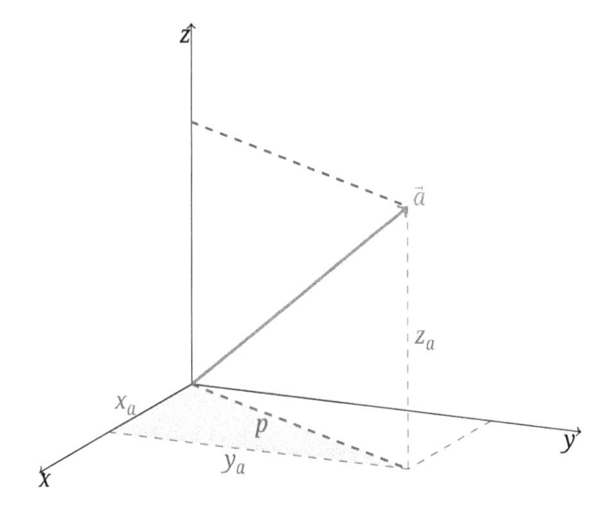

Abb. 6.26: Vektor $\vec{a}$ im Raum mit Projektion p in die $x - y$-Ebene.

Der Längenbegriff im Raum kann auch analytisch als eine unmittelbare Verallgemeinerung des Längenbegriffs in der Ebene gesehen werden. Ist $\vec{a} = (x_a, y_a, 0)$ ein ebener Vektor, so lautet seine Länge:

$$\|\vec{a}\| = \|(x_a, y_a, 0)\| = \sqrt{x_a^2 + y_a^2} .$$

Die folgenden Eigenschaften der Länge ergeben sich wie im ebenen Fall:

Eigenschaften der Länge
1) $\|\vec{a}\| > 0$ für $\vec{a} \neq \vec{0}$ (und $\|\vec{0}\| = 0$),
2) $\|\lambda \vec{a}\| = |\lambda| \, \|\vec{a}\|$.

Beispiel 6.21. Der Vektor $\vec{a} = (3, -1, 4)$ besitzt die Länge

$$\|\vec{a}\| = |(3, -1, 4)| = \sqrt{3^2 + 1 + 4^2} = \sqrt{26} .$$

Skalare Vielfache von $\vec{a}$ (Abb. 6.27),

$$\lambda \vec{a} = \lambda (3, -1, 4),$$

besitzen die Länge

$$\|\lambda \vec{a}\| = \|\lambda (3, -1, 4)\| = |\lambda| \sqrt{26} .$$

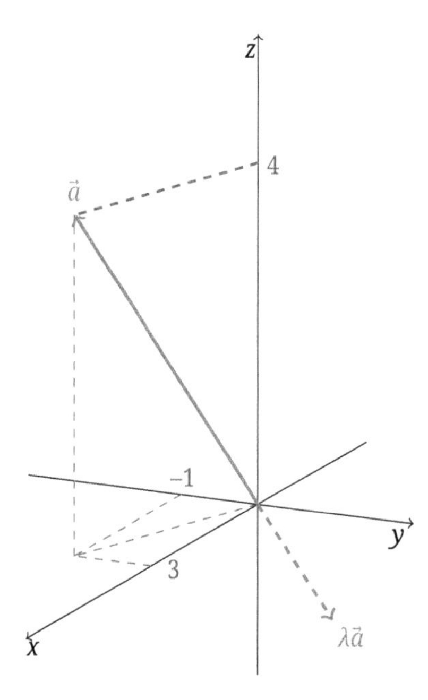

Abb. 6.27: Der Vektor $\vec{a} = (3, -1, 4)$ und ein Vektor $\lambda\vec{a}$.

□

Die Länge kann wieder als Sonderfall des skalaren Produkts aufgefasst werden:

Skalares Produkt
Das skalare Produkt zweier Vektoren im Raum $\vec{a} = (x_a, y_a, z_a)$ und $\vec{b} = (x_b, y_b, z_b)$ ist eine reelle Zahl, die den Vektoren $\vec{a}$ und $\vec{b}$ zugeordnet wird durch

$$\vec{a}\,\vec{b} = x_a x_b + y_a y_b + z_a z_b\,.$$

Zwei Vektoren $\vec{a} \neq \vec{0}$ und $\vec{b} \neq \vec{0}$ schließen einen Winkel $0 \leq \alpha(\vec{a}, \vec{b}) \leq \pi$ ein, für den gilt (Abb. 6.28):

$$\cos\big(\alpha(\vec{a}, \vec{b})\big) = \frac{\vec{a}\,\vec{b}}{\|\vec{a}\|\,\|\vec{b}\|}\,.$$

Die Einführung des skalaren Produkts kann man analog zum ebenen Fall begründen. Begibt man sich zunächst in die Ebene durch den Ursprung, in welcher die Vektoren $\vec{a}$ und $\vec{b}$ liegen, so besagt der Kosinussatz, dass gilt:

$$\|\vec{b} - \vec{a}\|^2 = \|\vec{a}\|^2 + \|\vec{b}\|^2 - 2\,\cos(\alpha(\vec{a}, \vec{b}))\|\vec{a}\|\,\|\vec{b}\|\,.$$

Mithilfe der Definition der Länge berechnet man nun

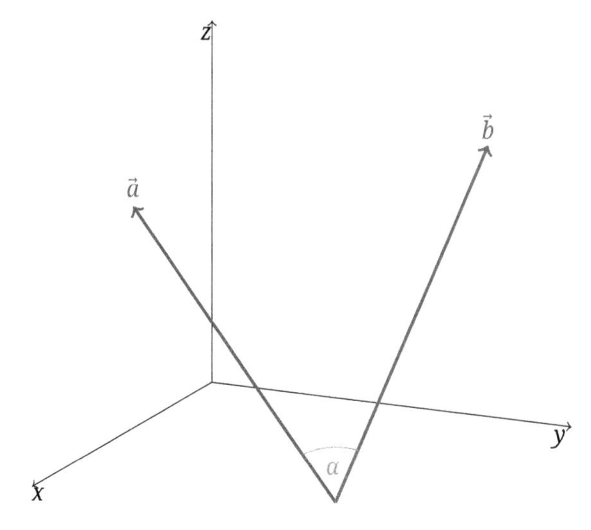

Abb. 6.28: Von zwei Vektoren $\vec{a}$ und $\vec{b}$ im Raum eingeschlossener Winkel. (Der Winkel wird in der Ebene genommen, die von den Vektoren aufgespannt wird).

$$\begin{aligned}
&\cos(\alpha(\vec{a},\vec{b}))\|\vec{a}\|\,\|\vec{b}\| \\
&\quad = \frac{1}{2}\left(\|\vec{a}\|^2 + \|\vec{b}\|^2 - \|\vec{b}-\vec{a}\|^2\right) \\
&\quad = \frac{1}{2}\left(x_a^2 + y_a^2 + z_a^2 + x_b^2 + y_b^2 + z_b^2\right) \\
&\qquad - \frac{1}{2}\left((x_a - x_b)^2 + (y_a - y_b)^2 + (z_a - z_b)^2\right) \\
&\quad = x_a\,x_b + y_a\,y_b + z_a\,z_b\,.
\end{aligned}$$

Beispiel 6.22. Seien $\vec{a} = (2,3,2)$ und $\vec{b} = (2,0,1)$. Dann gilt für die Längen und das skalare Produkt von $\vec{a}$ und $\vec{b}$

$$\begin{aligned}
\|\vec{a}\| &= \sqrt{2^2 + 3^2 + 2^2} = \sqrt{17}\,, \\
\|\vec{b}\| &= \sqrt{2^2 + 1^2} = \sqrt{5}\,, \\
\vec{a}\,\vec{b} &= 2\cdot 2 + 2\cdot 1 = 6\,.
\end{aligned}$$

Somit folgt für den Winkel $\alpha = \alpha(\vec{a},\vec{b})$, (Abb. 6.29):

$$\cos(\alpha) = \frac{\vec{a}\,\vec{b}}{\|\vec{a}\|\,\|\vec{b}\|} = \frac{6}{\sqrt{17}\,\sqrt{5}}\,,$$

und damit $\alpha \approx 49.3987°$.

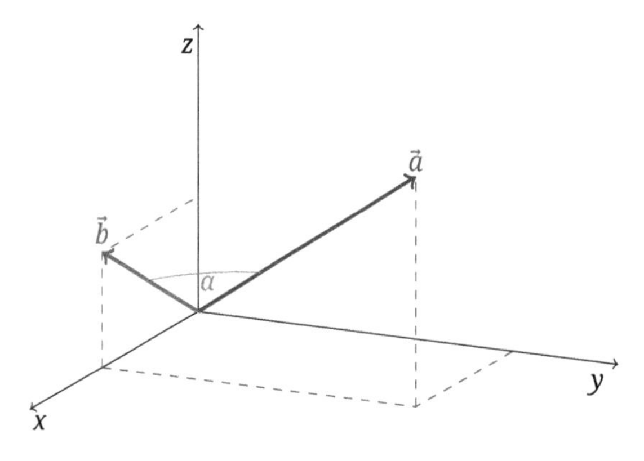

Abb. 6.29: Die Vektoren $\vec{a} = (2,3,2), \vec{b} = (2,0,1)$ mit eingeschlossenem Winkel α.

□

Das skalare Produkt besitzt wie im ebenen Fall folgende Eigenschaften:

Eigenschaften des skalaren Produkts

1) $\vec{a}\,\vec{a} = \|a\|^2, \vec{a}\,\vec{a} = 0 \Longleftrightarrow \vec{a} = \vec{0}$,
2) $\vec{a}\,\vec{b} = \vec{b}\,\vec{a}$,
3) $(\vec{a} + \vec{b})\,\vec{c} = \vec{a}\,\vec{c} + \vec{b}\,\vec{c}$,
4) $(\lambda\,\vec{a})\,\vec{b} = \lambda\,\vec{a}\,\vec{b}$,
5) $\|\vec{a} + \vec{b}\| \leq \|\vec{a}\| + \|\vec{b}\|$ (Dreiecksungleichung).

Mit dem skalaren Produkt können senkrecht aufeinander stehende Vektoren charakterisiert werden.

Senkrechte Vektoren

Sei $\vec{a}, \vec{b} \neq \vec{0}$. Dann gilt $\vec{a}\,\vec{b} = 0 \Longleftrightarrow \alpha = \frac{\pi}{2}$, und

$$\vec{a}\,\vec{b} > 0 \quad \Longleftrightarrow \quad 0 \leq \alpha < \frac{\pi}{2},$$
$$\vec{a}\,\vec{b} < 0 \quad \Longleftrightarrow \quad \frac{\pi}{2} < \alpha \leq \pi.$$

Wir zeichnen wieder Vektoren mit der Länge eins aus:

Einheitsvektor

$$\|\vec{e}\| = \sqrt{x_e^2 + y_e^2 + z_e^2} = 1.$$

Die Einheitsvektoren in Richtung der Koordinatenachsen stehen paarweise senkrecht aufeinander und spielen eine ausgezeichnete Rolle (Abb. 6.30).

Einheitsvektoren in Richtung der Koordinatenachsen

Für die Einheitsvektoren in Richtung der Koordinatenachsen $\vec{e}_x = (1,0,0), \vec{e}_y = (0,1,0), \vec{e}_z = (0,0,1)$, gilt

$$\vec{e}_x\,\vec{e}_y = 0, \quad \vec{e}_y\,\vec{e}_z = 0, \quad \vec{e}_z\,\vec{e}_x = 0.$$

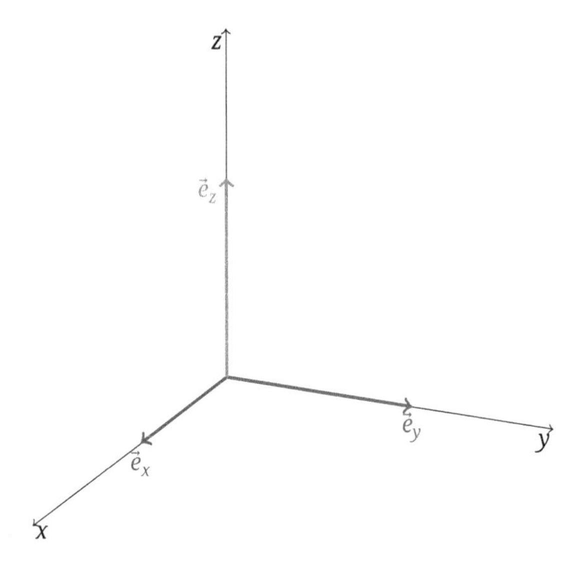

Abb. 6.30: Einheitsvektoren in Richtung der drei Koordinatenachsen $\vec{e}_x, \vec{e}_y, \vec{e}_z$.

Die geometrische Zerlegung eines Vektors in seine Komponenten durch Projektion auf die Einheitsvektoren in Richtung der Koordinatenachsen kann mit dem skalaren Produkt analytisch gefasst werden. Schreiben wir

$$\begin{aligned}\vec{a} &= (x_a, y_a, z_a)\\ &= x_a\,(1,0,0) + y_a\,(0,1,0) + z_a\,(0,0,1)\\ &= x_a\,\vec{e}_x + y_a\,\vec{e}_y + z_a\,\vec{e}_z\,,\end{aligned}$$

so folgt mit den Eigenschaften des skalaren Produkts und der Einheitsvektoren in Richtung der Koordinatenachsen

$$x_a = \vec{a}\,\vec{e}_x\,, \quad y_a = \vec{a}\,\vec{e}_y\,, \quad z_a = \vec{a}\,\vec{e}_z\,.$$

Wenn man einen Ortsvektor $\overrightarrow{OP}$ auf diese Weise zerlegt, so erhält man die Koordinaten des Punktes $P = (x_P, y_P, z_P)$,

$$x_P = \overrightarrow{OP}\,\vec{e}_x\,, \quad y_P = \overrightarrow{OP}\,\vec{e}_y\,, \quad z_P = \overrightarrow{OP}\,\vec{e}_z\,.$$

Beispiel 6.23. Ein beliebiger Einheitsvektor $\vec{e}$ im Raum wird durch die mit den Koordinatenachsen eingeschlossenen Winkel festgelegt. Für die Komponenten $\vec{e} = (x_e, y_e, z_e) = x_e\vec{e}_x + y_e\vec{e}_y + z_e\vec{e}_z$ gilt nämlich

$$\begin{aligned}x_e &= \vec{e}\,\vec{e}_x = \cos(\alpha(\vec{e},\vec{e}_x))\,,\\ y_e &= \vec{e}\,\vec{e}_y = \cos(\alpha(\vec{e},\vec{e}_y))\,,\\ z_e &= \vec{e}\,\vec{e}_z = \cos(\alpha(\vec{e},\vec{e}_z))\,.\end{aligned}$$

Man bezeichnet die Kosinus der Winkel, die der Einheitsvektor $\vec{e}$ mit den Einheitsvektoren $\vec{e}_x$, $\vec{e}_y$ bzw. $\vec{e}_z$ einschließt, als Richtungskosinus (Abb. 6.31):

$$(\cos(\alpha(\vec{e},\vec{e}_x)))^2 + (\cos(\alpha(\vec{e},\vec{e}_y)))^2 + (\cos(\alpha(\vec{e},\vec{e}_z)))^2 = 1\,.$$

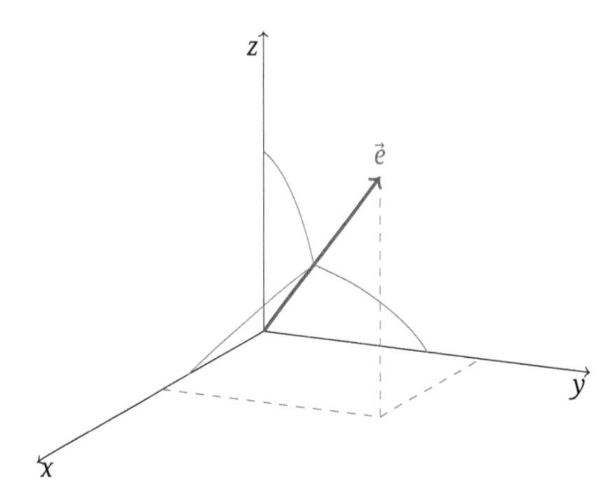

Abb. 6.31: Die RichtungsKosinus eines Einheitsvektors $\vec{e}$.

□

Den geometrischen Begriff der Projektion auf eine Koordinatenachse verallgemeinern wir und projizieren einen Vektor auf eine Gerade, die durch den Anfangspunkt des Vektors verläuft. Die Richtung der Geraden geben wir ohne Einschränkung durch einen Einheitsvektor vor. Man spricht dann von der Projektion des Vektors $\vec{a}$ in Richtung eines Einheitsvektors $\vec{e}$, (Abb. 6.32).

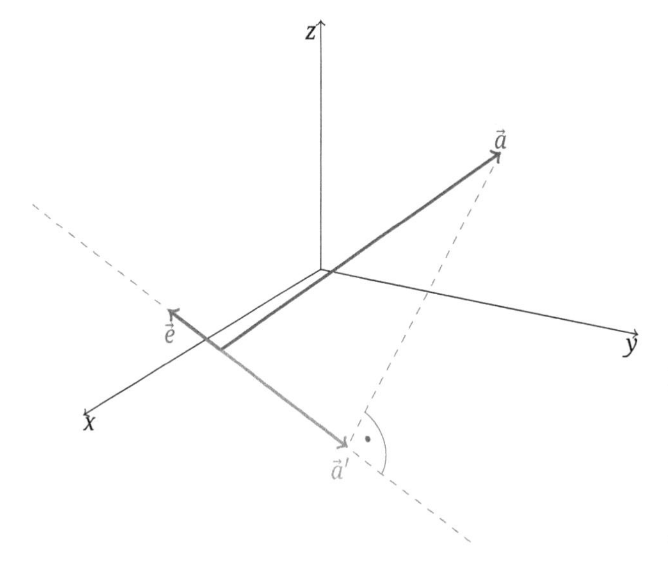

Abb. 6.32: Projektion des Vektors $\vec{a}$ in Richtung eines Einheitsvektors $\vec{e}$. Der Projektionsvektor $\vec{a}' = (\vec{a} \cdot \vec{e})\vec{e}$ und der Einheitsvektor $\vec{e}$ sind parallel, müssen aber nicht gleichgerichtet sein.

Der Projektionsvektor $\vec{a'}$ stellt die senkrechte Projektion des Vektors $\vec{a}$ auf die durch den Anfangspunkt von $\vec{a}$ in Richtung von $\vec{e}$ verlaufende Gerade dar. Im Fall $0 \leq \alpha(\vec{a}, \vec{e}) \leq \pi/2$ bekommen wir die Gleichungen

$$\cos(\alpha(\vec{a}, \vec{e})) = \frac{\vec{a}\,\vec{e}}{\|\vec{a}\|} \quad \text{und} \quad \cos(\alpha(\vec{a}, \vec{e})) = \frac{\|\vec{a'}\|}{\|\vec{a}\|},$$

(wobei $\|\vec{a}\| \neq 0$ angenommen wird). Eliminieren wir den Winkel, so ergibt sich

$$\vec{a}\,\vec{e} = \|\vec{a'}\|,$$

und mit

$$\vec{a'} = \|\vec{a'}\|\,\vec{e}$$

folgt

$$\vec{a'} = (\vec{a}\,\vec{e})\,\vec{e}.$$

Im Fall $\pi/2 < \alpha(\vec{a}, \vec{e}) \leq \pi$ betrachten wir zunächst die Projektion $\vec{a''}$ auf den Einheitsvektor $-\vec{e}$ und stellen fest:

$$\vec{a''} = (\vec{a} \cdot (-\vec{e}))\,(-\vec{e}) = \vec{a'}.$$

Insgesamt können wir auch hier schreiben

$$\vec{a'} = \cos(\alpha(\vec{a}, \vec{e}))\|\vec{a}\|\,\vec{e}.$$

Projektion
Sei $\vec{a}$ ein Vektor und $\vec{e}$ ein Einheitsvektor. Der Vektor

$$\vec{a'} = (\vec{a}\,\vec{e})\,\vec{e}$$

heißt Projektion des Vektors $\vec{a}$ in Richtung $\vec{e}$.

Beispiel 6.24. Sind $\vec{e}_1$, $\vec{e}_2$, $\vec{e}_3$ drei beliebige Einheitsvektoren, die paarweise senkrecht aufeinander stehen, dann kann man folgende Zerlegung eines Vektors $\vec{a}$ durch Projektion vornehmen:

$$\vec{a} = (\vec{a}\,\vec{e}_1)\,\vec{e}_1 + (\vec{a}\,\vec{e}_2)\,\vec{e}_2 + (\vec{a}\,\vec{e}_3)\,\vec{e}_3.$$

Offenbar ergibt die Summe der Projektionsvektoren in Richtung der drei Einheitsvektoren gerade den Vektor $\vec{a}$. Man kann natürlich auch den Vektor $\vec{a}$ zunächst mit unbekannten Skalaren darstellen:

$$\vec{a} = \lambda_1\,\vec{e}_1 + \lambda_2\,\vec{e}_2 + \lambda_3\,\vec{e}_3.$$

Bildung der skalaren Produkte auf beiden Seiten ergibt dann

$$\lambda_1 = \vec{a}\,\vec{e}_1\,, \quad \lambda_2 = \vec{a}\,\vec{e}_2\,, \quad \lambda_3 = \vec{a}\,\vec{e}_3\,. \qquad \square$$

Das Skalarprodukt $\vec{a}\,\vec{b}$ kann man nun mithilfe der Projektionsvektoren folgendermaßen geometrisch deuten. Projiziert man $\vec{a}$ auf die Gerade, welche dieselbe Richtung wie $\vec{b}$ besitzt, so erhält man einen Vektor $\vec{a'}$ der Länge

$$\|\vec{a'}\| = \|\vec{a}\|\left|\cos(\alpha(\vec{a},\vec{b}))\right|.$$

Multipliziert man $\|\vec{a'}\|$ mit $\|\vec{b}\|$, so bekommt man den Betrag des skalaren Produkts $\vec{a}\,\vec{b}$, (Abb. 6.33).

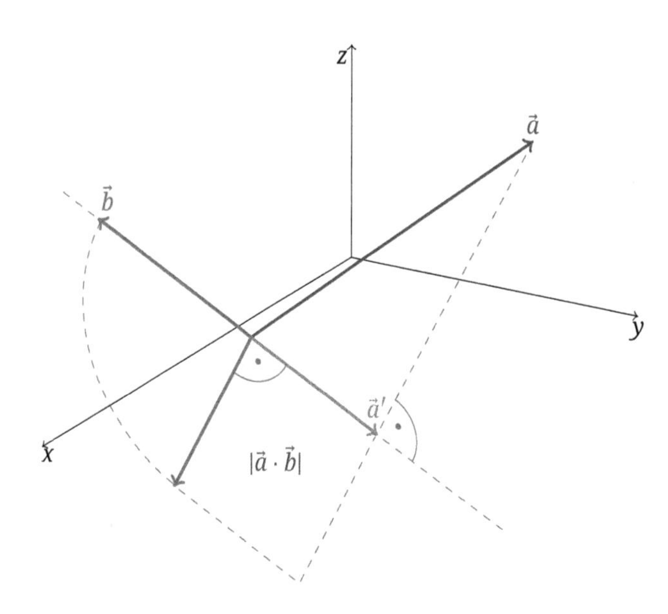

Abb. 6.33: Skalares Produkt und Projektionsvektor. Der Betrag des Skalarprodukts der Vektoren $\vec{a}$ und $\vec{b}$ ist gleich dem Inhalt eines Rechtecks mit den Seitenlängen $\|\vec{a}'\|$ und $\|\vec{b}\|$.

Das skalare Produkt ordnet einem Paar von Vektoren einen Skalar zu. Man kann einem Paar von Vektoren durch Produktbildung auch einen Vektor zuordnen.

Vektorielles Produkt
Seien $\vec{a} = (x_a, y_a, z_a)$ und $\vec{b} = (x_b, y_b, z_b)$ Vektoren aus dem Raum. Dann heißt der Vektor

$$\vec{a} \times \vec{b} = (y_a\,z_b - z_a\,y_b, z_a\,x_b - x_a\,z_b, x_a\,y_b - y_a\,x_b)$$

vektorielles Produkt der Vektoren $\vec{a}$ und $\vec{b}$.

Man kann sich das vektorielle Produkt mit dem folgenden Schema merken:

Schema für das vektorielle Produkt

$$\vec{a} \times \vec{b} = \begin{vmatrix} \vec{e}_x & x_a & x_b \\ \vec{e}_y & y_a & y_b \\ \vec{e}_z & z_a & z_b \end{vmatrix}$$

$$= \vec{e}_x \begin{vmatrix} y_a & y_b \\ z_a & z_b \end{vmatrix} - \vec{e}_y \begin{vmatrix} x_a & x_b \\ z_a & z_b \end{vmatrix} + \vec{e}_z \begin{vmatrix} x_a & x_b \\ y_a & y_b \end{vmatrix}$$

$$= \vec{e}_x (y_a z_b - z_a y_b) + \vec{e}_y (z_a x_b - x_a z_b) + \vec{e}_z (x_a y_b - y_a x_b) .$$

Beispiel 6.25. Wir berechnen das vektorielle Produkt der Vektoren $\vec{a} = (2, -1, 3)$ und $\vec{b} = (-1, 4, -2)$. Es ergibt sich

$$\begin{aligned} &\vec{a} \times \vec{b} \\ &\quad = ((-1) \cdot (-2) - 3 \cdot 4\,,\, 3 \cdot (-1) - 2 \cdot (-2)\,,\, 2 \cdot 4 - (-1) \cdot (-1)) \\ &\quad = (-10, 1, 7) . \end{aligned}$$

Mit dem Rechenschema erhalten wir

$$\vec{a} \times \vec{b} = \begin{vmatrix} \vec{e}_x & 2 & -1 \\ \vec{e}_y & -1 & 4 \\ \vec{e}_z & 3 & -2 \end{vmatrix}$$

$$= \vec{e}_x \begin{vmatrix} -1 & 4 \\ 3 & -2 \end{vmatrix} - \vec{e}_y \begin{vmatrix} 2 & -1 \\ 3 & -2 \end{vmatrix} + \vec{e}_z \begin{vmatrix} 2 & -1 \\ -1 & 4 \end{vmatrix}$$

$$= -10\,\vec{e}_x + \vec{e}_y + 7\,\vec{e}_z .$$

□

Beispiel 6.26. Das vektorielle Produkt zweier ebener Vektoren $\vec{a} = (x_a, y_a, 0)$ und $\vec{b} = (x_b, y_b, 0)$ ergibt einen Vektor, der senkrecht auf der $x - y$-Ebene steht,

$$\vec{a} \times \vec{b} = (0, 0, x_a y_b - y_a x_b) .$$

Im Ausnahmefall $x_a y_b = y_a x_b$ kann natürlich auch der Nullvektor entstehen. In schematischer Rechnung erhalten wir

$$\vec{a} \times \vec{b} = \begin{vmatrix} \vec{e}_x & x_a & x_b \\ \vec{e}_y & y_a & y_b \\ \vec{e}_z & 0 & 0 \end{vmatrix}$$

$$= \vec{e}_x \begin{vmatrix} y_a & y_b \\ 0 & 0 \end{vmatrix} - \vec{e}_y \begin{vmatrix} x_a & x_b \\ 0 & 0 \end{vmatrix} + \vec{e}_z \begin{vmatrix} x_a & x_b \\ y_a & y_b \end{vmatrix}$$

$$= (x_a y_b - y_a x_b)\,\vec{e}_z .$$

□

Das vektorielle Produkt ist nicht kommutativ. Vertauscht man die Reihenfolge der Vektoren, so bleibt zwar die Länge des Produktvektors erhalten, er zeigt aber in die entgegengesetzte Richtung. Das Produkt eines Vektors mit sich selbst ergibt stets den Nullvektor. Der Produktvektor steht senkrecht auf beiden am vektoriellen Produkt beteiligten Vektoren. Wir stellen die wichtigsten Regeln für das vektorielle Produkt zusammen.

Eigenschaften des vektoriellen Produkts

1) $\vec{a} \times \vec{b} = -\vec{b} \times \vec{a}, \vec{a} \times \vec{a} = \vec{0}$,
2) $(\vec{a} \times \vec{b})\,\vec{a} = (\vec{a} \times \vec{b})\,\vec{b} = 0$,
3) $(\lambda\,\vec{a}) \times \vec{b} = \lambda\,(\vec{a} \times \vec{b})$,
4) $(\vec{a} + \vec{b}) \times \vec{c} = \vec{a} \times \vec{c} + \vec{b} \times \vec{c}$.

Sind $\vec{a} = (x_a, y_a, z_a)$ und $\vec{b} = (x_b, y_b, z_b)$ beliebige Vektoren aus dem Raum. Dann gilt

$$\begin{aligned} \vec{a} \times \vec{b} &= (y_a\,z_b - z_a\,y_b, z_a\,x_b - x_a\,z_b, x_a\,y_b - y_a\,x_b) \\ &= -(y_b\,z_a - z_b\,y_a, z_b\,x_a - x_b\,z_a, x_b\,y_a - y_b\,x_a) \\ &= -\vec{b} \times \vec{a} \end{aligned}$$

und

$$\begin{aligned} \vec{a} \times \vec{a} &= (y_a\,z_a - z_a\,y_a, z_a\,x_a - x_a\,z_a, x_a\,y_a - y_a\,x_a) \\ &= (0, 0, 0)\,. \end{aligned}$$

Bilden wir nun zuerst den Produktvektor und multiplizieren anschließend skalar mit $\vec{a}$,

$$\begin{aligned} &(\vec{a} \times \vec{b})\,\vec{a} \\ &\quad = (y_a\,z_b - z_a\,y_b, z_a\,x_b - x_a\,z_b, x_a\,y_b - y_a\,x_b)\,(x_a, y_a, y_a) \\ &\quad = (y_a\,z_b - z_a\,y_b)\,x_a + (z_a\,x_b - x_a\,z_b)\,y_a \\ &\qquad + (x_a\,y_b - y_a\,x_b)\,z_a \\ &\quad = x_a\,y_a\,z_b - x_a\,y_b\,z_a + x_b\,y_a\,z_a \\ &\qquad - x_a\,y_a\,z_b + x_a\,y_b\,z_a - x_b\,y_a\,z_a \\ &\quad = 0\,. \end{aligned}$$

Genauso bekommt man $(\vec{a}\times\vec{b})\,\vec{b} = 0$. Durch Nachrechnen anhand der Definition ergeben sich auch die Eigenschaften 3) und 4).

Grundlegend für eine geometrische Interpretation des vektoriellen Produkts ist der Zusammenhang zwischen dem vektoriellen und dem skalaren Produkt.

Zusammenhang zwischen vektoriellem und skalarem Produkt

Vektorielles und skalares Produkt sind durch folgende Gleichung verknüpft:

$$\|\vec{a} \times \vec{b}\|^2 = \|\vec{a}\|^2\,\|\vec{b}\|^2 - (\vec{a}\,\vec{b})^2\,.$$

Das Quadrat der Länge des vektoriellen Produkts ist gleich dem Produkt der Quadrate der Längen der beteiligten Vektoren vermindert um das Quadrat ihres skalaren Produkts. Dies kann man leicht nachrechnen. Sei $\vec{a} = (x_a, y_a, z_a)$, $\vec{b} = (x_b, y_b, z_b)$, dann gilt

$$\begin{aligned}\|\vec{a} \times \vec{b}\|^2 &= (y_a z_b - z_a y_b)^2 + (z_a x_b - x_a z_b)^2 \\ &\quad + (x_a y_b - y_a x_b)^2 \\ &= (x_a^2 + y_a^2 + z_a^2)(x_b^2 + y_b^2 + z_b^2) \\ &\quad - (x_a x_b + y_a y_b + z_a z_b)^2 .\end{aligned}$$

Wir betrachten nun die geometrischen Eigenschaften des vektoriellen Produkts. Je zwei Vektoren im dreidimensionalen Raum spannen (von ausgearteten Fällen abgesehen) ein Parallelogramm auf (Abb. 6.34). Schreiben wir das skalare Produkt mit Hilfe des von den Vektoren eingeschlossenen Winkels, so folgt

$$\begin{aligned}\|\vec{a} \times \vec{b}\|^2 &= \|\vec{a}\|^2 \, \|\vec{b}\|^2 - (\vec{a}\vec{b})^2 \\ &= \|\vec{a}\|^2 \, \|\vec{b}\|^2 \, (1 - \cos^2(\alpha(\vec{a}, \vec{b})) \\ &= \|\vec{a}\|^2 \, \|\vec{b}\|^2 \, \sin^2(\alpha(\vec{a}, \vec{b})) .\end{aligned}$$

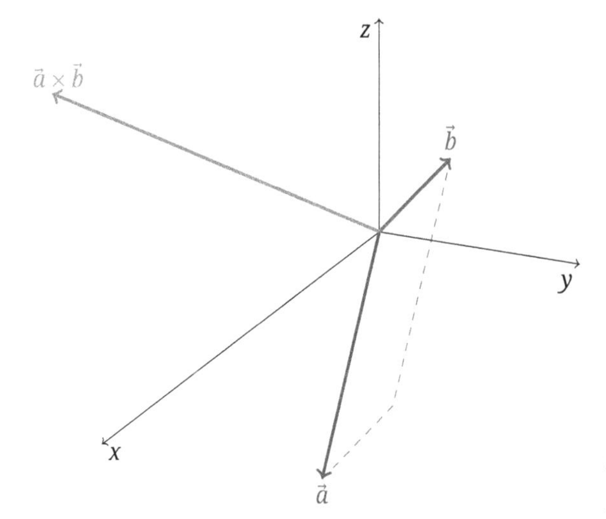

Abb. 6.34: Vektorielles Produkt der Vektoren $\vec{a}$ und $\vec{b}$ mit dem von $\vec{a}$ und $\vec{b}$ aufgespannten Parallelogramm.

Offenbar wird hier das Produkt des Quadrates der Länge der Grundseite mit dem Quadrat der Länge der Höhe des aufgespannten Parallelogramms gebildet.

Länge des vektoriellen Produkts

Die Länge des vektoriellen Produkts $\vec{a} \times \vec{b}$ ist gleich dem Flächeninhalt des von den Vektoren $\vec{a}$ und $\vec{b}$ aufgespannten Parallelogramms (Abb. 6.35):

$$\|\vec{a} \times \vec{b}\| = \|\vec{a}\| \, \|\vec{b}\| \, \sin\big(\alpha(\vec{a}, \vec{b})\big) \, .$$

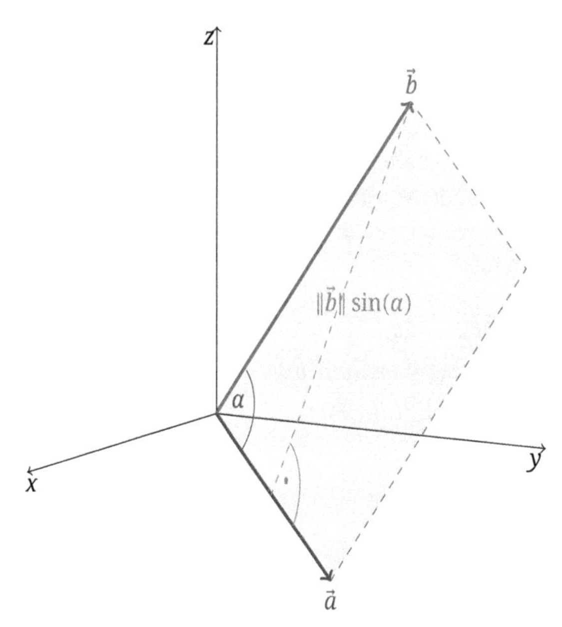

Abb. 6.35: Inhalt des von den Vektoren $\vec{a}$ und $\vec{b}$ aufgespannten Parallelogramms.

Beispiel 6.27. Gegeben sei ein Dreieck in der Ebene mit den Eckpunkten

$$P_1 = (3, 2) \, , \quad P_2 = (7, 7) \, , \quad P_3 = (12, 1) \, .$$

Wir berechnen seinen Flächeninhalt mit dem vektoriellen Produkt (Abb. 6.36).

Wir tragen zuerst den Vektor $\overrightarrow{P_1P_2} = (4, 5)$ am Punkt P_3 ab und bekommen den Punkt

$$\overrightarrow{OP_4} = \overrightarrow{OP_3} + \overrightarrow{P_1P_2} = (16, 6) \, .$$

Die Vektoren $\overrightarrow{P_1P_2} = (4, 5)$ und $\overrightarrow{P_1P_3} = (9, -1)$ spannen nun ein Parallelogramm in der Ebene auf mit den Eckpunkten P_1, P_2, P_3, P_4. Der Fächeninhalt dieses Parallelogramms ist doppelt so groß wie der Inhalt des gegebenen Dreiecks. Als Nächstes betrachten wir das Parallelogramm im Raum, wo es von den Vektoren

$$\vec{a} = (4, 5, 0) \quad \text{und} \quad \vec{b} = (9, -1, 0)$$

aufgespannt wird. Der Flächeninhalt des Parallelogramms ergibt sich nun zu

$$\begin{aligned}\|\vec{a} \times \vec{b}\| &= \|(4, 5, 0) \times (9, -1, 0)\| = \|(0, 0, -4 - 45)\| \\ &= 49\,.\end{aligned}$$

Der Inhalt des gegebenen Dreiecks beträgt somit $49/2$.

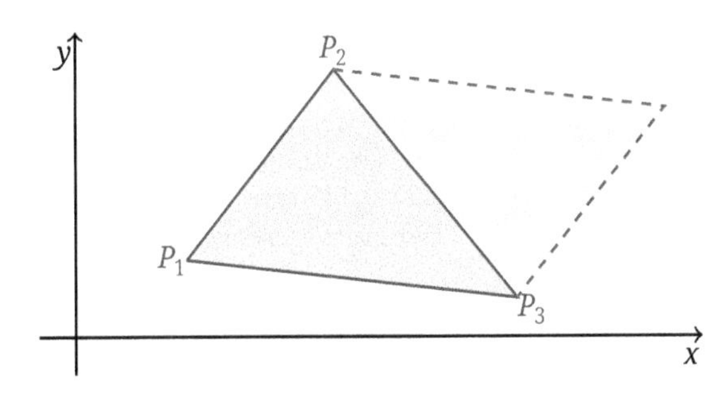

Abb. 6.36: Inhalt des ebenen Dreiecks mit den Eckpunkten $P_1 = (3, 2)$, $P_2 = (7, 7)$, $P_3 = (12, 1)$.

□

Beispiel 6.28. Gegeben sei das von den Vektoren

$$\vec{a} = (-2, 1, 1) \quad \text{und} \quad \vec{b} = (1, 1, 1/2)$$

aufgespannte Parallelogramm. Wir berechnen seinen Inhalt (Abb. 6.37).

Dazu benötigen wir den Betrag des vektoriellen Produkts,

$$\begin{aligned}\|\vec{a} \times \vec{b}\| &= \left\|(-2, 1, 1) \times \left(1, 1, \frac{1}{2}\right)\right\| \\ &= \left\|\left(\frac{1}{2} - 1\,,\ -(-1 - 1)\,,\ (-2 - 1)\right)\right\| \\ &= \left\|\left(-\frac{1}{2}\,,\ 2\,,\ -3\right)\right\| \\ &= \sqrt{\frac{1}{4} + 4 + 9} \\ &= \frac{\sqrt{53}}{2}\,.\end{aligned}$$

Der Inhalt des gegebenen Parallelogramms beträgt somit $\sqrt{53}/2$.

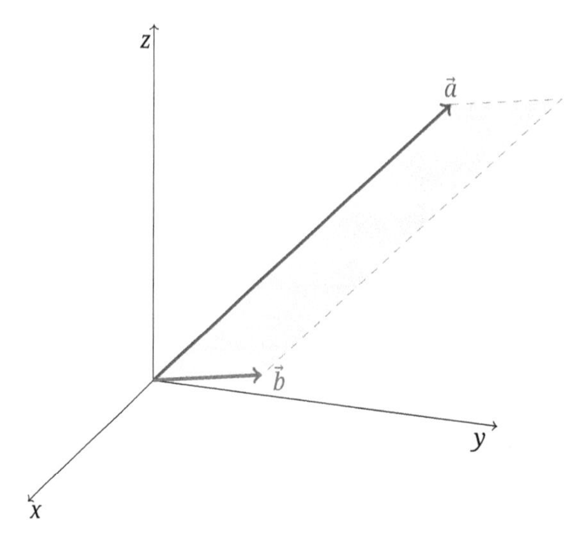

Abb. 6.37: Von den Vektoren $\vec{a} = (-2, 1, 1)$ und $\vec{b} = (1, 1, 1/2)$ aufgespanntes Parallelogramm.

□

Das vektorielle Produkt $\vec{a} \times \vec{b}$ steht senkrecht auf den Vektoren $\vec{a}$ und $\vec{b}$, und seine Länge entspricht der Fläche des von beteiligten Vektoren aufgespannten Parallelogramms. Wir wollen uns die geometrische Bedeutung seiner Richtung klar machen. Wenn die Vektoren in der $x - y$-Ebene liegen, können wir eine Drehung um die z-Achse anschließen, sodass einer der beiden in Richtung von $\vec{e}_x$ zeigt,

$$\vec{a} = (x_a, 0, 0)\,, \quad \vec{b} = (x_b, y_b, 0)\,.$$

Das vektorielle Produkt ergibt dann den Vektor

$$\vec{a} \times \vec{b} = (0, 0, x_a y_b).$$

Die Richtung des vektoriellen Produkts kann nun abgelesen werden. Wenn $x_a y_b > 0$ ist, zeigt $\vec{a} \times \vec{b}$ in Richtung von $\vec{e}_z$, und wenn $x_a y_b < 0$ ist, zeigt $\vec{a} \times \vec{b}$ in Richtung von $-\vec{e}_z$. Die Richtung bleibt erhalten, wenn wir die Drehung wieder rückgängig machen. Im ebenen Fall können die drei Vektoren $\vec{a}$, $\vec{b}$ und $\vec{a} \times \vec{b}$ wie Daumen, Zeigefinger und Mittelfinger der rechten Hand angeordnet werden (Abb. 6.38).

Dreifingerregel der rechten Hand

Die Vektoren $\vec{a}$, $\vec{b}$ und $\vec{a} \times \vec{b}$ können wie Daumen, Zeigefinger und Mittelfinger der rechten Hand angeordnet werden.

Man sagt dafür auch: die Vektoren $\vec{a}$, $\vec{b}$ und $\vec{a} \times \vec{b}$ bilden ein Rechtssystem (Abb. 6.38, Abb. 6.39).

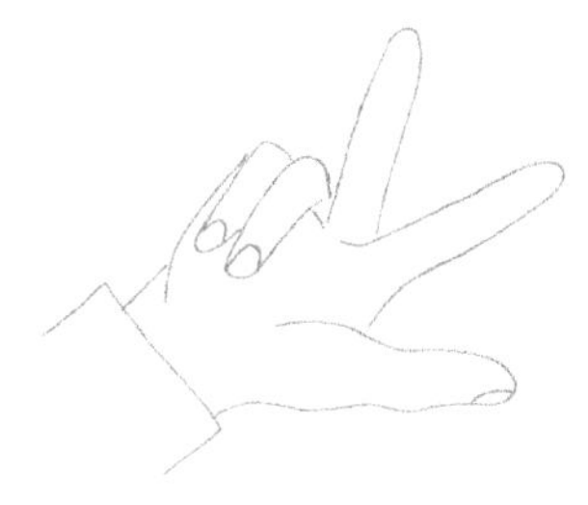

Abb. 6.38: Dreifingerregel der rechten Hand: Daumen, Zeigefinger und Mittelfinger der rechten Hand bilden ein Rechtssystem.

Die Dreifingerregel gilt allgemein. Man dreht die von den beiden Vektoren aufgespannte Ebene, bis sie mit der (x, y)-Ebene zusammenfällt. Anschließend dreht man die (x, y)-Ebene bis der Vektor $\vec{a}$ in Richtung von $\vec{e}_x$ zeigt. Nun bestimmt man die Richtung des vektoriellen Produkt und führt die inversen Drehungen in umgekehrter Reihenfolge aus. Das starre Dreibein der Vektoren $\vec{a}$, $\vec{b}$ und $\vec{a} \times \vec{b}$ bleibt dabei erhalten und somit auch die Richtung des vektoriellen Produkts. Wir blicken von der Spitze des Pfeiles $\vec{a} \times \vec{b}$ auf die Vektoren $\vec{a}$ und $\vec{b}$. Der Vektor $\vec{a}$ kann im entgegengesetzten Uhrzeigersinn mit einem Drehwinkel $0 \leq \alpha \leq \pi$ in Richtung des Vektors $\vec{b}$ überführt werden.

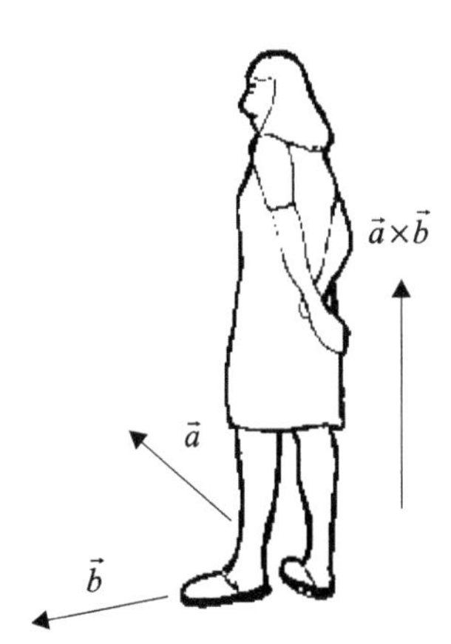

Abb. 6.39: Alternativ zur Dreifingerregel kann man sich das vektorielle Produkt auch so merken: Man stellt den rechten Fuß auf den Vektor $\vec{a}$ und den linken Fuß auf den Vektor $\vec{b}$, dann zeigt der Vektor $\vec{a} \times \vec{b}$ in Richtung des Körpers. (Wie bei der Dreifingerregel mit Zeige- und Mittelfinger kann man auch hier mit den Füßen wohl nur schwer einen Winkel einschließen, der größer als π ist).

Mit dem vektoriellen Produkt lässt sich entscheiden, ob zwei Vektoren parallel sind. Denn in diesem Fall spannen sie kein Parallelogramm auf. Die Länge ihres vektoriellen Produkts beträgt Null (Abb. 6.40).

Vektorielles Produkt paralleler Vektoren

Wenn das vektorielle Produkt zweier Vektoren den Nullvektor ergibt,

$$\vec{a} \times \vec{b} = \vec{0},$$

dann ist dies gleichbedeutend damit, dass die beiden Vektoren linear abhängig sind.

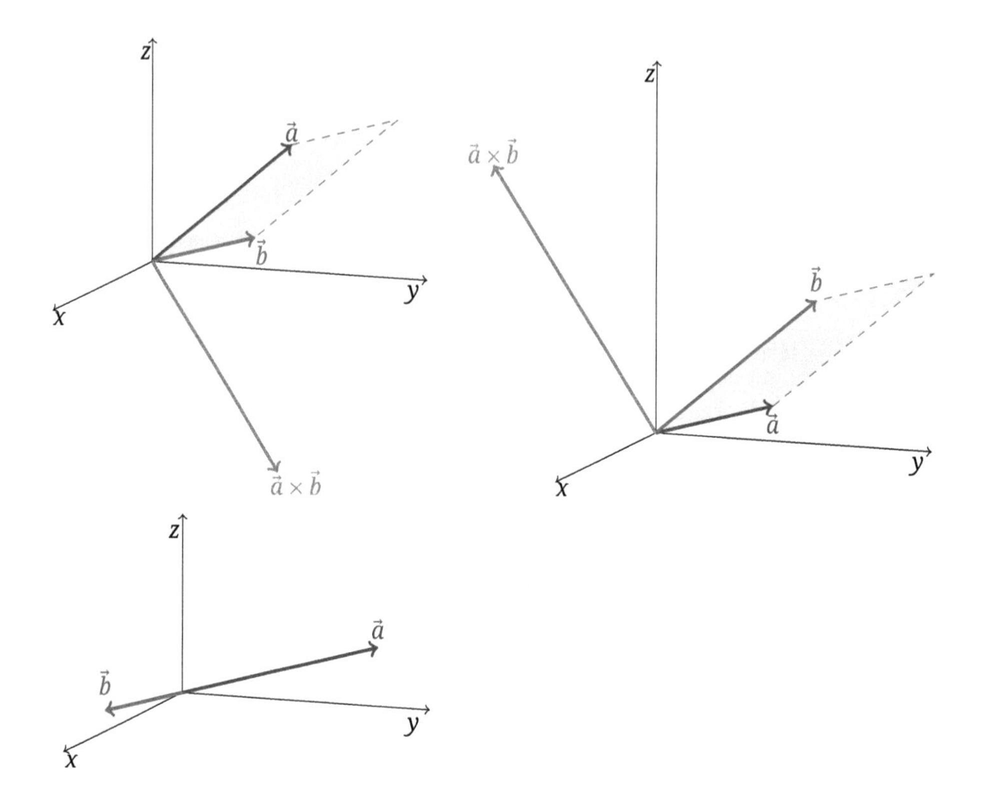

Abb. 6.40: Vektorielles Produkt zweier Vektoren $\vec{a}$ und $\vec{b}$: Richtung (oben) und Parallelität (links).

Wir betrachten eine weitere Kombination aus dem vektoriellen und dem skalaren Produkt.

Spatprodukt
Das Skalarprodukt der Vektoren $\vec{a} \times \vec{b}$ und $\vec{c}$ heißt Spatprodukt:

$$[\vec{a}, \vec{b}, \vec{c}] = (\vec{a} \times \vec{b})\,\vec{c}\,.$$

Mit dem Rechenschema für das vektorielle Produkt ergibt sich folgendes Schema zur Berechnung des Spatprodukts:

Rechenschema für das Spatprodukt

$$\begin{aligned}[\vec{a}, \vec{b}, \vec{c}] &= x_a y_b z_c + x_b y_c z_a + x_c y_a z_b \\ &\quad - x_c y_b z_a - x_a y_c z_b - x_b y_a z_c \\ &= \begin{vmatrix} x_a & x_b & x_c \\ y_a & y_b & y_c \\ z_a & z_b & z_c \end{vmatrix}.\end{aligned}$$

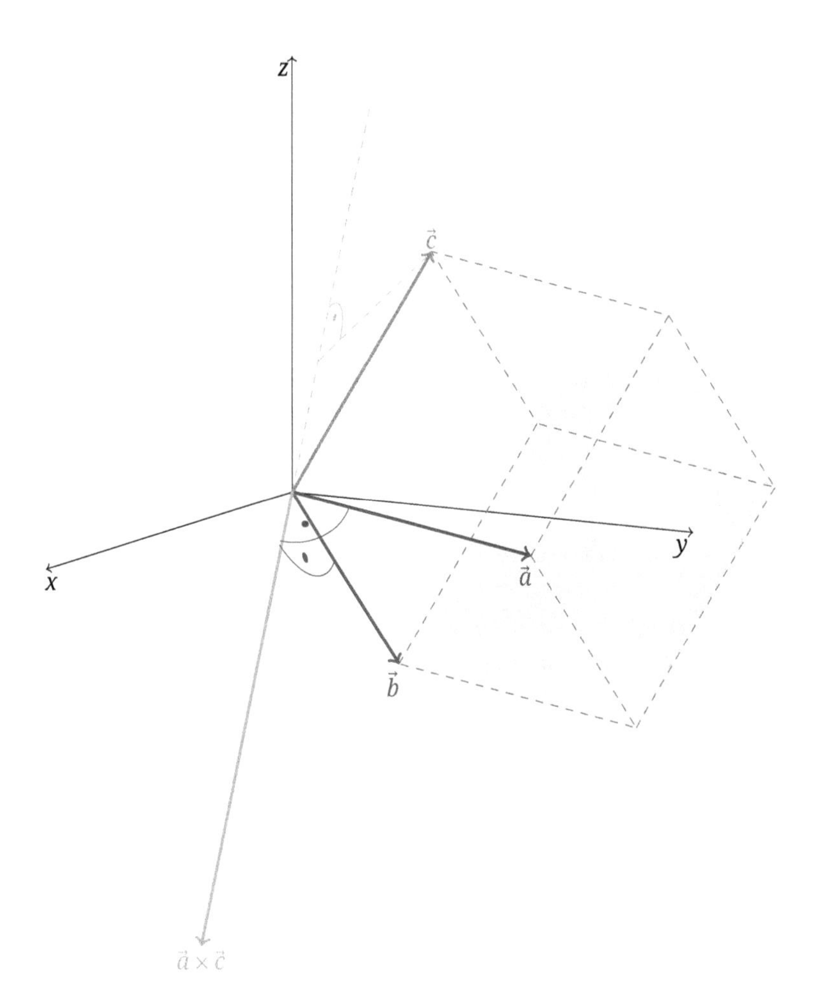

Abb. 6.41: Die Vektoren $\vec{a}$, $\vec{b}$ und $\vec{c}$ erzeugen ein Spat. Das von $\vec{a}$ und $\vec{b}$ erzeugte Parallelogramm wird als Grundfläche betrachtet.

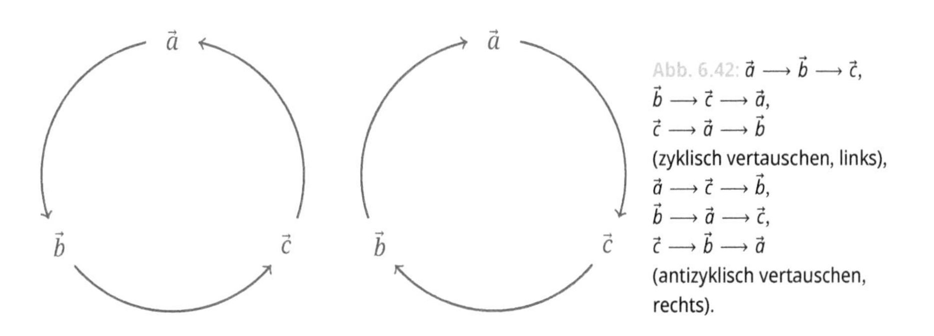

Abb. 6.42: $\vec{a} \longrightarrow \vec{b} \longrightarrow \vec{c}$,
$\vec{b} \longrightarrow \vec{c} \longrightarrow \vec{a}$,
$\vec{c} \longrightarrow \vec{a} \longrightarrow \vec{b}$
(zyklisch vertauschen, links),
$\vec{a} \longrightarrow \vec{c} \longrightarrow \vec{b}$,
$\vec{b} \longrightarrow \vec{a} \longrightarrow \vec{c}$,
$\vec{c} \longrightarrow \vec{b} \longrightarrow \vec{a}$
(antizyklisch vertauschen, rechts).

Man bestätigt dieses Rechenschema sofort durch Nachrechnen:

$$(\vec{a} \times \vec{b})\, \vec{c}$$
$$= (y_a z_b - z_a y_b, z_a x_b - x_a z_b, x_a y_b - y_a x_b)\,(x_c, y_c, z_c)$$
$$= x_c y_a z_b - x_c y_b z_a + x_b y_c z_a - x_a y_c z_b + x_a y_b z_c - x_b y_a z_c\,.$$

Wir betrachten drei Vektoren $\vec{a}$, $\vec{b}$ und $\vec{c}$, die ein Spat aufspannen. Das von den Vektoren $\vec{a}$ und $\vec{b}$ aufgespannte Parallelogramm denken wir uns als Grundfläche des Spats. Der Betrag des vektoriellen Produktes $\|\vec{a} \times \vec{b}\|$ stellt dann den Inhalt der Grundfläche dar. Die Höhe des Spats ergibt sich durch Projektion des Vectors $\vec{c}$ in Richtung der Senkrechten auf der Grundfläche, die durch das vektorielle Produkt gegeben wird: $\|\vec{c}\|\,|\cos(\alpha(\vec{c}, \vec{a} \times \vec{b}))|$. Das Volumen V des Spats erhält man nach der Formel Grundfläche mal Höhe:

$$V = \|\vec{a} \times \vec{b}\|\, \|\vec{c}\|\, \left|\cos(\alpha(\vec{c}, \vec{a} \times \vec{b}))\right| = \left|[\vec{a}, \vec{b}, \vec{c}]\right|.$$

Man braucht hierbei die Beträge, weil der Kosinus des eingeschlossenen Winkels $\cos(\alpha(\vec{c}, \vec{a} \times \vec{b}))$ negativ sein kann. Mit dem Spatprodukt kann man nun auch definieren, wann drei beliebige Vektoren ein Rechtssystem bilden. Gilt $V = [\vec{a}, \vec{b}, \vec{c}]$, so bilden die Vektoren $\vec{a}, \vec{b}, \vec{c}$ ein Rechtssystem. Im Fall $V = -[\vec{a}, \vec{b}, \vec{c}]$ liegt kein Rechtssystem vor.

Volumen eines Spats
Seien $\vec{a}$, $\vec{b}$ und $\vec{c}$ drei Vektoren, die ein Spat (Parallelflach) aufspannen. Der Betrag des Spatprodukts $|[\vec{a}, \vec{b}, \vec{c}]|$ stellt das Volumen des Spats dar (Abb. 6.41).

Das Spatprodukt besitzt eine wichtige Eigenschaft, die sich aus der Tatsache ergibt, dass das Volumen des Spats nicht von der ausgewählten Grundfläche abhängt. Die Auswahl einer andern Grundfläche kann man auch als Vertauschen der Reihenfolge der Vektoren ansehen. Unabhängig von der Reihenfolge, in der die drei Vektoren angeordnet werden, erhält man stets denselben Betrag des Spatprodukts. Vertauscht man zyklisch, so bleibt das Rechtssystem und das Vorzeichen erhalten. Vertauscht man antizyklisch, so ändert sich das Vorzeichen, und man hat kein Rechtssystem mehr (Abb. 6.42).

Beispiel 6.29. Gegeben seien die Vektoren $\vec{a} = (2, 3, -2)$ und $\vec{b} = (3, -4, 1)$. Wir bestimmen γ so, dass die Vektoren $\vec{a}, \vec{b}, \vec{c} = (1, 1, \gamma)$ ein Rechtssystem bilden (Abb. 6.43).

Das Spatprodukt ergibt

$$[\vec{a}, \vec{b}, \vec{c}] = \begin{vmatrix} 2 & 3 & 1 \\ 3 & -4 & 1 \\ -2 & 1 & \gamma \end{vmatrix}$$
$$= 2 \cdot (-4) \cdot \gamma + 3 \cdot (-2) + 3 - (-4) \cdot (-2) - 2 - 3 \cdot 3 \cdot \gamma$$
$$= -13 - 17\gamma\,.$$

Das Spatprodukt ist echt positiv, falls $y < -\frac{13}{17}$ ist. In diesem Fall bilden die Vektoren $\vec{a}$, $\vec{b}$, $\vec{c}$ ein Rechtssystem. Falls $y = -13/17$ gilt, wird von den Vektoren überhaupt kein Spat aufgespannt. Falls $y > -13/17$ ist, bilden die Vektoren $\vec{a}$, $\vec{b}$, $\vec{c}$ kein Rechtssystem.

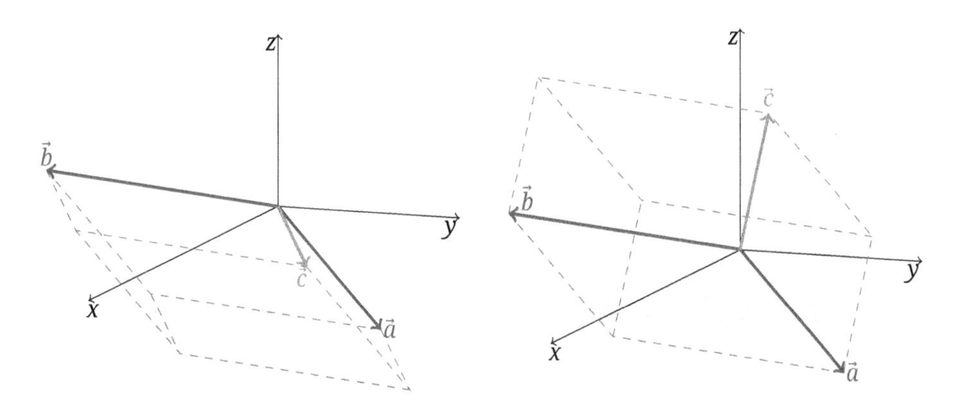

Abb. 6.43: Von den Vektoren (2, 3, −2), (3, −4, 1) und (1, 1, y) aufgespannter Spat für verschiedene y. Rechtssystem (links), kein Rechtssystem (rechts).

□

6.3 Gerade und Ebene im Raum

Mithilfe der Vektorrechnung lassen sich Geraden und Ebenen im Raum leicht beschreiben. Durch einen Punkt P_0 und einen Richtungsvektor $\vec{a}$ wird eine Gerade festgelegt. Man trägt alle skalaren Vielfachen des Richtungsvektors am festen Punkt P_0 ab (Abb. 6.44).

Punkt-Richtungs-Form der Geradengleichung

$$\overrightarrow{OP} = \overrightarrow{OP_0} + t\,\vec{a}, \quad \vec{r} = \vec{r}_0 + t\,\vec{a}.$$

Durch zwei verschiedene Punkte P_0 und P_1 im Raum kann man genau eine Gerade legen. Man nimmt den Verschiebungsvektor $\overrightarrow{P_0P_1}$ als Richtungsvektor und den Punkt P_0 als festen Punkt auf der Geraden. Man kann genauso gut den Punkt P_1 als festen Punkt nehmen oder den Vektor $\overrightarrow{P_1P_0}$ als Richtungsvektor bzw. allgemein ein skalares Vielfaches des Vektors $\overrightarrow{P_0P_1}$. Man kann ein und dieselbe Gerade mit verschiedenen Richtungsvektoren darstellen. Richtungsvektoren müssen ungleich dem Nullvektor und parallel sein.

Zwei-Punkte-Form der Geradengleichung

$$\overrightarrow{OP} = \overrightarrow{OP_0} + t\,\overrightarrow{P_0P_1}, \quad \vec{r} = \vec{r}_0 + t\,\overrightarrow{P_0P_1}.$$

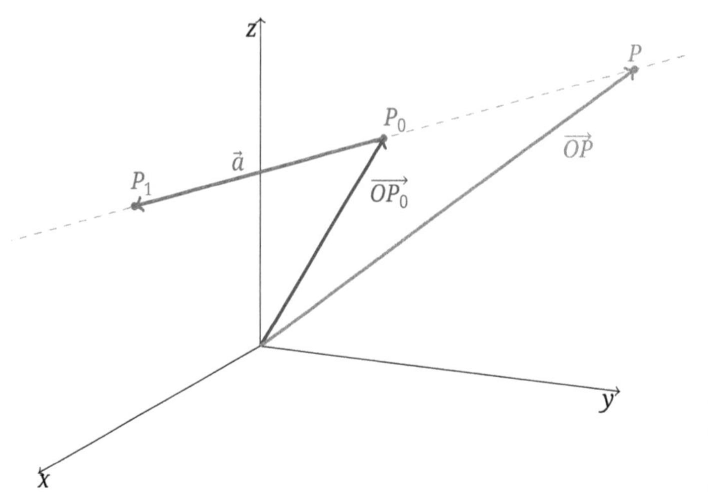

Abb. 6.44: Gerade durch die Punkte P_0 und P_1 mit Richtungsvektor $\vec{a} = \overrightarrow{P_1P_2}$.

In Komponenten erhält man:

Parameterdarstellung der Geradengleichung

$$x = x_0 + t\,x_a\,, \quad y = y_0 + t\,y_a\,, \quad z = z_0 + t\,z_a\,.$$

Beispiel 6.30. Durch die Punkte $P_0 = (-1/2, 5, -3)$ und $P_1 = (3, 1, 7)$ werde eine Gerade gelegt. Wir prüfen nach, ob die Punkte $Q = (1/2, 1/2, 1)$ bzw. $R = (5/4, 3, 2)$ auf dieser Geraden liegen (Abb. 6.45).

Mit $\overrightarrow{P_0P_1} = (\frac{7}{2}, -4, 10)$ lautet die Gleichung der Gerade durch P_0 und P_1:

$$\vec{r} = (3, 1, 7) + t\left(\frac{7}{2}, -4, 10\right).$$

In Komponentendarstellung bekommen wir die Gleichungen

$$x = 3 + t\,\frac{7}{2}\,, \quad y = 1 - t\,4\,, \quad z = 7 + t\,10\,.$$

Setzt man den Punkt Q in die Geradengleichungen ein, so erhält man folgendes System:

$$\frac{1}{2} = 3 + t\,\frac{7}{2}\,, \quad \frac{1}{2} = 1 - t\,4\,, \quad 1 = 7 + t\,10\,.$$

Aus der ersten Gleichung bekommt man $t = -\frac{5}{7}$, während aus der zweiten $t = \frac{1}{8}$ folgt. Das System besitzt also keine Lösung und der Punkt Q liegt nicht auf der Geraden.

Setzt man den Punkt R in die Geradengleichungen ein, so erhält man folgendes System:

$$\frac{5}{4} = 3 + t\,\frac{7}{2}\,, \qquad 3 = 1 - t\,4\,, \qquad 2 = 7 + t\,10\,,$$

mit der Lösung $t = -\frac{1}{2}$. Der Punkt $R = (3,1,7) - \frac{1}{2}\,(\frac{7}{2},-4,10)$ liegt auf der Geraden.

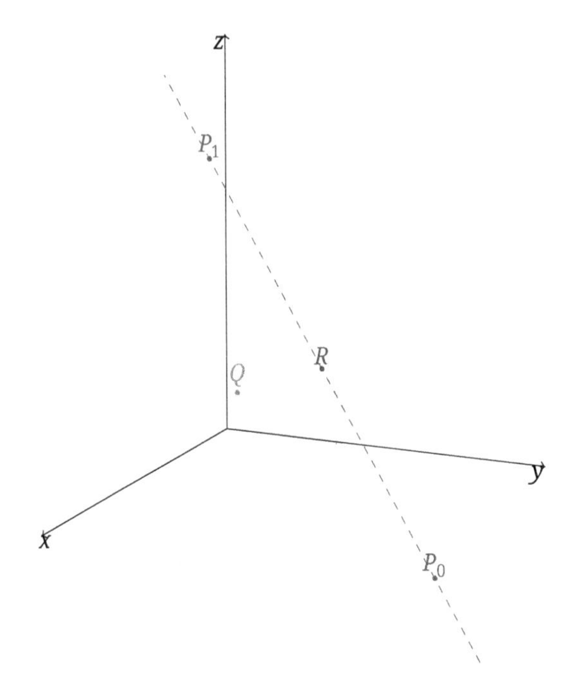

Abb. 6.45: Gerade durch die Punkte P_0 und P_1 mit den Punkten Q und R.

□

Man kann Geraden auch parameterfrei darstellen. Ist $\vec{a}$ ein Richtungsvektor und P_0 irgendein fester Punkt auf der Geraden, so muss der Vektor $\overrightarrow{P_0P}$, der den festen Punkt P_0 in einen beliebigen Punkt auf der Geraden verschiebt, parallel zum Richtungsvektor sein:

$$\vec{a} \parallel \overrightarrow{P_0P} = \overrightarrow{OP} - \overrightarrow{OP_0} = \vec{r} - \vec{r}_0\,.$$

Zwei Vektoren sind genau dann parallel, wenn ihr vektorielles Produkt den Nullvektor ergibt. Damit erhält man folgende parameterfreie Darstellung der Gerade:

Parameterfreie Darstellung der Gerade

$$\vec{a} \times \overrightarrow{P_0P} = \vec{a} \times (\vec{r} - \vec{r}_0) = \vec{0}\,.$$

Beispiel 6.31. Gegeben sei folgende Gerade:

$$x = 3 + 2t\,, \quad y = 1 + t\,, \quad z = -3t\,,$$

mit dem Parameter $t \in \mathbb{R}$. Das heißt, die Gerade wird von allen Punkten $P = (x, y, z)$ gebildet, deren Koordinaten sich durch die angegebenen Gleichungen festgelegt werden. Wir suchen eine parameterfreie Darstellung dieser Geraden.

Für ein festes t erhält man einen festen Punkt auf der Geraden. Nahe liegend ist es, $t = 0$ zu setzen. Man bekommt dann den Punkt

$$P_0 = (3, 1, 0)\,.$$

In Punkt-Richtungs-Form können wir die Grade nun schreiben als

$$\overrightarrow{OP} = \overrightarrow{OP_0} + t\,\vec{a}$$

mit

$$\vec{a} = (2, 1, -3)\,.$$

Ohne Verwendung eines Parameters kann man die Gerade wie folgt darstellen:

$$\vec{a} \times \overrightarrow{P_0P} = (2, 1, -3) \times (x - 3, y - 1, z)\,.$$

Rechnet man das vektorielle Produkt aus, so ergeben sich drei Gleichungen:

$$3y + z - 3 = 0\,, \quad -3x - 2z + 9 = 0\,, \quad -x + 2y + 1 = 0\,.$$

Eine parameterfreie Darstellung kann man auch auf algebraischem Weg gewinnen, indem man jeweils aus zwei Gleichungen der Parameterdarstellung den Parameter eliminiert,

$$x = 3 + 2t \quad \Longrightarrow \quad x - 3 = 2t$$

und

$$y = 1 + t \quad \Longrightarrow \quad y - 1 = t\,.$$

Insgesamt

$$x - 3 = 2(y - 1) \quad \Longrightarrow \quad -x + 2y + 1 = 0\,.$$

Analog ergeben sich die beiden anderen Gleichungen. Aus $\frac{1}{2}x - \frac{3}{2} = -\frac{1}{3}z$ folgt $-3x + 2z + 9 = 0$ und aus $y - 1 = -\frac{1}{3}z$ folgt $3y + z - 3 = 0$. □

Fällt man von einem Punkt P_1 außerhalb einer Geraden das Lot und berechnet den Abstand des Punktes P_1 vom Fußpunkt des Lots, so bekommt man den Abstand des Punktes P_1 von der Geraden (Abb. 6.46).

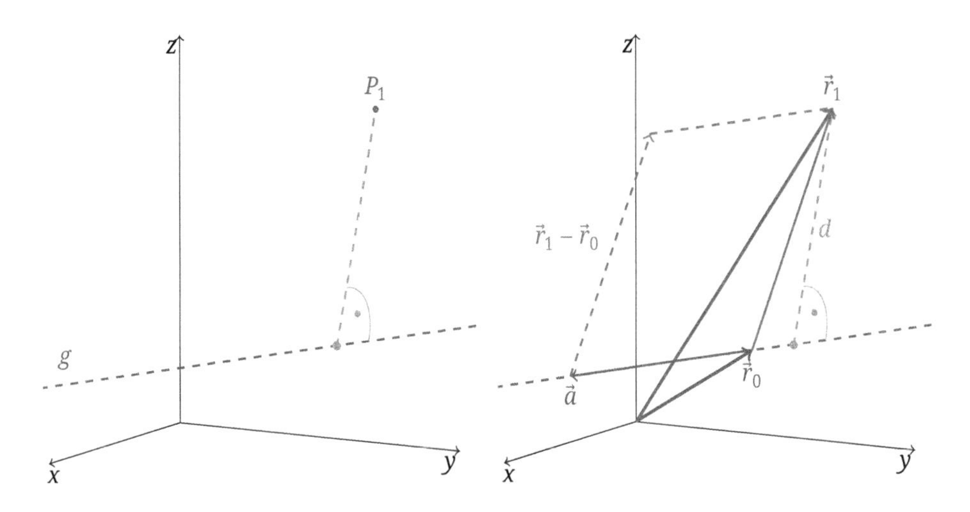

Abb. 6.46: Abstand eines Punktes P_1 von einer Geraden g, (links). Der Flächeninhalt des Parallelogramms kann mit der Formel Grundseite × Höhe und mit dem vektoriellen Produkt berechnet werden, (rechts).

Man kann die Abstandsformel bekommen, indem man mit dem Richtungsvektor $\vec{a}$ und dem Differenzvektor $\vec{r}_1 - \vec{r}_0$ ein Parallelogramm aufspannt. Die Höhe dieses Parallelogramms ist gleich dem gesuchten Abstand d. Hieraus ergibt sich die Gleichung

$$\|\vec{a}\|\, d = \left\|\vec{a} \times (\vec{r}_1 - \vec{r}_0)\right\| .$$

Beträgt der Abstand Null, so ist dies offenbar gleichbedeutend damit, dass der gegebene Punkt auf der Geraden liegt.

Der Abstand des Punktes P_1 mit dem Ortsvektor $\vec{r}_1$ von der Geraden $g : \vec{r} = \vec{r}_0 + t\,\vec{a}$ beträgt:

Abstand eines Punktes von einer Geraden

$$d = \frac{\|\vec{a} \times (\vec{r}_1 - \vec{r}_0)\|}{\|\vec{a}\|} .$$

Beispiel 6.32. Gegeben sei die Gerade

$$x = 3 - t\,, \quad y = 2t\,, \quad z = 2 + 3t\,.$$

Man bestimme den Abstand des Punktes $P_1 = (1, 1, 2)$ von der Geraden.

Der Punkt $P_0 = (3, 0, 2)$ liegt auf der gegebenen Geraden und $\vec{a} = (-1, 2, 3)$ stellt einen Richtungsvektor dar. Wir bilden den Differenzvektor

$$\overrightarrow{P_0P_1} = (-2, 1, 0)$$

und berechnen das vektorielle Produkt,

$$\vec{a} \times \overrightarrow{P_0P_1} = (-1, 2, 3) \times (-2, 1, 0) = (-3, -6, 3)\,.$$

Die Länge des Richtungsvektors bzw. des vektoriellen Produkts beträgt

$$\|\vec{a}\| = \sqrt{14}\,, \quad \|\vec{a} \times \overrightarrow{P_0P_1}\| = \sqrt{54}\,.$$

Hieraus ergibt sich der Abstand zu

$$d = \frac{\sqrt{54}}{\sqrt{14}}\,. \qquad \square$$

Wenn zwei Vektoren nicht parallel sind, spannen sie ein Parallelogramm auf. Man bildet skalare Vielfache mit positives Skalaren zwischen Null und Eins und addiert sie nach der Parallelogrammregel (Abb. 6.47).

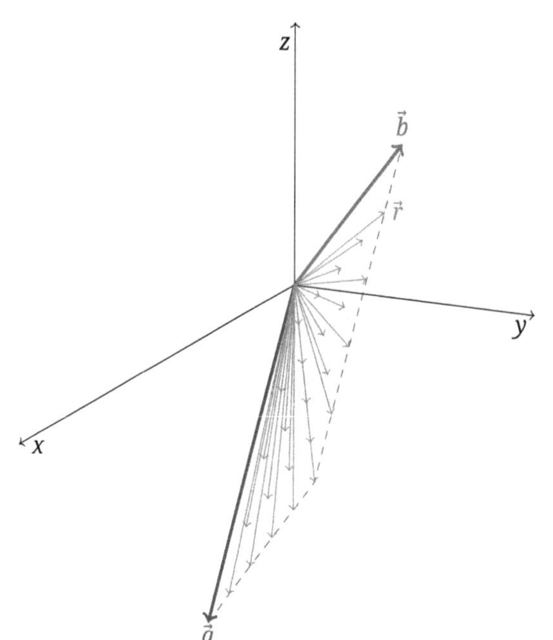

Abb. 6.47: Von zwei Vektoren $\vec{a}$ und $\vec{b}$ aufgespanntes Parallelogramm: $\vec{r} = s\,\vec{a} + t\,\vec{b}$ $0 \le t \le 1, 0 \le s \le 1$.

Man kann dieses Parallelogramm weiter zu einer Ebene ausdehnen. Anschließend kann die Ebene aus dem Ursprung heraus verschoben und in einem beliebigen Punkt im Raum angeheftet werden. Durch einen Punkt P_0 und zwei nicht parallele Vektoren $\vec{a}$ und $\vec{b}$ wird dann eine Ebene festgelegt.

Punkt-Richtungs-Form der Ebenengleichung

$$\overrightarrow{OP} = \overrightarrow{OP_0} + s\,\vec{a} + t\,\vec{b}, \quad \vec{r} = \vec{r}_0 + s\,\vec{a} + t\,\vec{b}.$$

Wenn zwei Vektoren nicht parallel sind, dann spannen sie ein Parallelogramm mit positivem Flächeninhalt auf. Dies ist äquivalent damit, dass ihr vektorielles Produkt nicht gleich dem Nullvektor ist. Wenn drei Vektoren nicht in eine einzige Ebene gelegt werden können, dann spannen sie einen Spat mit positivem Volumen auf. Dies ist ist äquivalent damit, dass ihr Spatprodukt nicht gleich Null ist.

Durch drei Punkte P_1, P_2, P_3 wird genau dann eine Ebene festgelegt, wenn sie nicht auf einer einzigen Geraden liegen. Durch drei Punkte werden zunächst zwei nicht parallele Richtungsvektoren und damit eine Ebene festgelegt (Abb. 6.48):

Drei-Punkte-Form der Ebenengleichung

$$\overrightarrow{OP} = \overrightarrow{OP_1} + s\,\overrightarrow{P_1P_2} + t\overrightarrow{P_1P_3}, \quad \vec{r} = \vec{r}_0 + s\,\overrightarrow{P_1P_2} + t\,\overrightarrow{P_1P_3}.$$

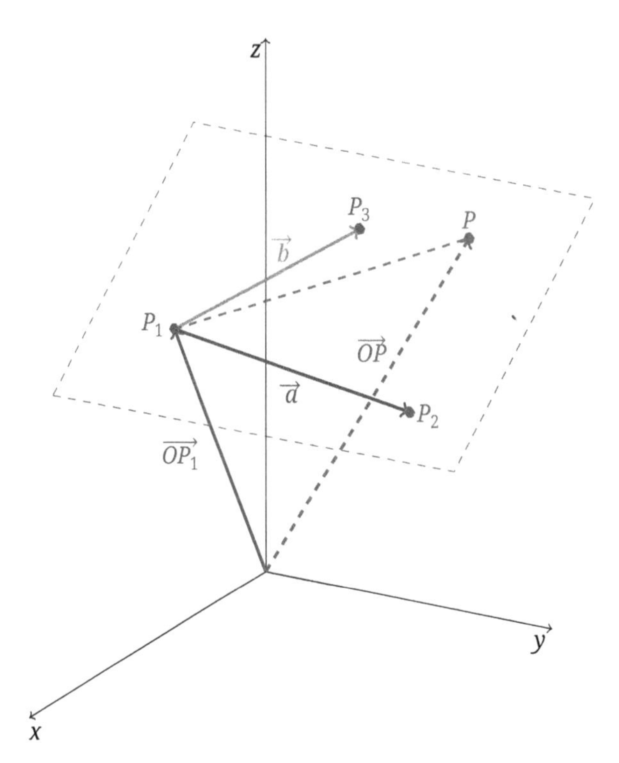

Abb. 6.48: Ebene durch die Punkte P_1, P_2 und P_3 mit Richtungsvektoren $\vec{a} = \overrightarrow{P_1P_2}$ und $\vec{b} = \overrightarrow{P_1P_3}$.

Mithilfe der Richtungsvektoren ergeben sich sofort die auf der Ebene senkrecht stehenden Vektoren (Abb. 6.49).

Normalenvektoren einer Ebene

$$\vec{n} = \lambda(\vec{a} \times \vec{b}), \quad \lambda \neq 0.$$

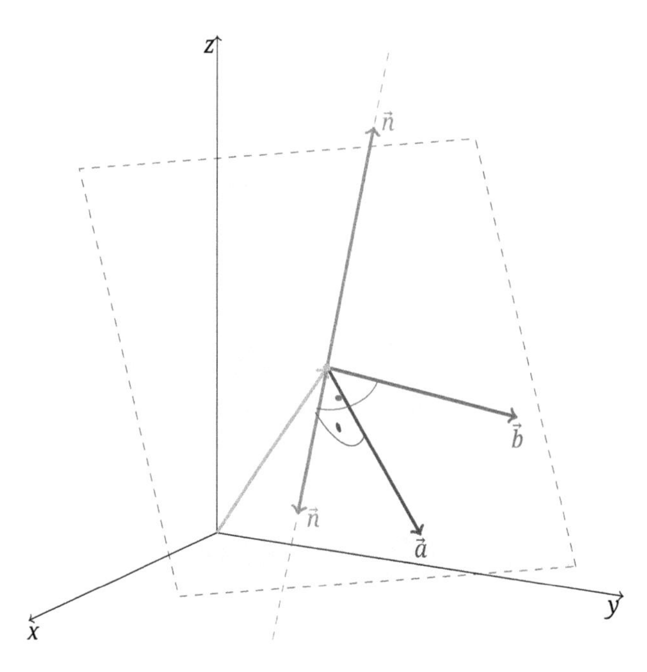

Abb. 6.49: Normalenvektoren $\vec{n}$ einer Ebene mit Richtungsvektoren $\vec{a}$, $\vec{b}$.

Mit den Komponenten

$$\overrightarrow{OP_0} = (x_0, y_0, z_0), \quad \vec{a} = (x_a, y_a, z_a), \quad \vec{b} = (x_b, y_b, z_b)$$

nimmt die Ebenengleichung folgende Gestalt an:

Parameterdarstellung der Ebenengleichung

$$x = x_0 + s\,x_a + t\,x_b,$$
$$y = y_0 + s\,y_a + t\,y_b,$$
$$z = z_0 + s\,z_a + t\,z_b.$$

Beispiel 6.33. Durch die drei Punkte $P_1 = (2, 1, -1)$, $P_2 = (-2, 3, 1)$ und $P_3 = (0, -2, -3)$ wird eine Ebene festgelegt. Wir geben die Gleichung dieser Ebene und Normalenvektoren an.

Zunächst ermitteln wir zwei Richtungsvektoren:

$$\overrightarrow{P_1P_2} = (-4, 2, 2), \quad \overrightarrow{P_1P_3} = (-2, -3, -2),$$

und bekommen folgende Ebenengleichung:

$$\vec{r} = (2, 1, -1) + s\,(-4, 2, 2) + t\,(-2, -3, -2)$$

bzw.

$$x = 2 - 4s - 2t\,, \quad y = 1 + 2s - 3t\,, \quad z = -1 + 2s - 2t\,.$$

Mit dem vektoriellen Produkt

$$\overrightarrow{P_1P_2} \times \overrightarrow{P_1P_3} = (2, -12, 16)$$

bekommen wir Normalenvektoren

$$\lambda\,(2, -12, 16)\,, \quad \lambda \neq 0\,.$$ □

Eliminieren der Parameter aus der Ebenengleichung führt auf die parameterfreie Darstellung. Das skalare Produkt eines in der Ebenen liegenden Vektors mit einem Normalenvektor verschwindet:

$$\vec{n}\,(\vec{r} - \vec{r}_0) = \vec{n}\,(s\,\vec{a} + t\,\vec{b}) = 0\,.$$

Insbesondere gilt:

$$(\vec{a} \times \vec{b})\,(\vec{r} - \vec{r}_0) = (\vec{a} \times \vec{b})\,(s\,\vec{a} + t\,\vec{b}) = 0\,.$$

Das Produkt auf der linken Seite stellt gerade ein Spatprodukt dar:

Parameterfreie Darstellung der Ebene

$$\vec{n}\,(\vec{r} - \vec{r}_0) = [\vec{a}\,, \vec{b}\,, \vec{r} - \vec{r}_0] = 0\,.$$

Geometrisch besagt diese parameterfreie Form der Ebenengleichung gerade, dass alle von einen festen Punkt ausgehenden Vektoren, die auf einem gegebenen Normalenvektor senkrecht stehen, eine Ebene bilden.

Algebraisch gesehen stellt eine Ebene wiederum eine Gleichung ersten Grades dar. Nehmen wir an, dass der Normalenvektor die Komponenten $\vec{n} = (A, B, C)$ und der Punkt P auf der Ebene die Koordinaten $P = (x, y, z)$ besitzt. Sei ferner das skalare Produkt $\vec{n}\,\vec{r}_0 = D$, dann nimmt die Ebenengleichung die Gestalt einer Gleichung ersten Grades an.

Gleichung ersten Grades

$$A\,x + B\,y + C\,z = D\,.$$

Als Sonderfall der Gleichung ersten Grades im Raum erhält man bei $C = 0$ eine Gleichung zweiten Grades in der Ebene. Durch die Gleichung

$$Ax + By = D$$

können wir eine Gerade in der Ebene oder eine Ebene im Raum mit Normalenvektor $(A, B, 0)$ darstellen. Die Gerade $Ax + By = D$ in der $x-y$-Ebene stellt den Schnitt der Ebene $Ax + By = D$ im Raum mit der $x-y$-Ebene dar.

Beispiel 6.34. Durch die Gleichung

$$3x + 4y - z = -5$$

wird eine Ebene im Raum gegeben. Wir beschreiben die Ebene in der Punkt-Richtungs-Form.

Man kann für x bzw. y beliebige Parameter einsetzen und bekommt folgende Punkte auf der Ebene:

$$(x, y, z) = (s, t, 3s + 4t + 5) = (0, 0, 5) + s\,(1, 0, 3) + t\,(0, 1, 4)\,.$$

Es liegt also eine Ebene durch den Punkt $P_0 = (0, 0, 5)$ mit Richtungsvektoren $\vec{a} = (1, 0, 3)$ und $\vec{b} = (0, 1, 4)$ vor.

Die Punkt-Richtungs-Form ist nicht eindeutig. Setzt man beispielsweise für y bzw. z beliebige Parameter, so bekommt man folgende Darstellung für die Punkte auf der Ebene:

$$\begin{aligned}(x, y, z) &= \left(-\frac{4}{3}s + \frac{1}{3}t - 5, s, t\right)\\ &= (-3, 0, 0) + s\left(-\frac{4}{3}, 1, 0\right) + t\left(\frac{1}{3}, 0, 1\right).\end{aligned}$$

Die Ebene wird nun im Punkt $(-3, 0, 0)$ abgetragen und besitzt die Richtungsvektoren $(-4/3, 1, 0)$ und $(1/3, 0, 1)$. □

Zur Bestimmung des Abstands des Nullpunktes von einer Ebene (Abb. 6.50) gehen wir von der parameterfreien Form

$$\vec{n} \cdot \vec{r} = \vec{n} \cdot \vec{r}_0$$

der Ebenengleichung aus.

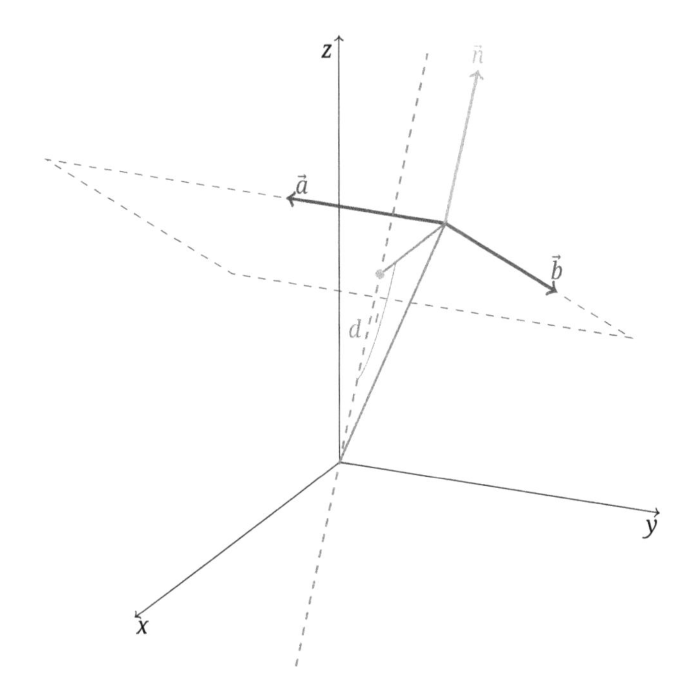

Abb. 6.50: Abstand des Nullpunktes von einer Ebene mit Richtungsvektoren $\vec{a}, \vec{b}$ und Normalenvktor $\vec{n}$. Die Gerade durch den Nullpunkt in Richtung $\vec{n}$ ergibt den Abstand d.

Projiziert man den Vektor $\vec{r}_0$ in Richtung des Normaleneinheitsvektors

$$\vec{n}_0 = \frac{1}{\|\vec{n}\|}\vec{n},$$

so kann man den Abstand des Nullpunktes von der Ebene ablesen.

Abstand des Nullpunktes von einer Ebene

$$d = |\vec{n}_0 \vec{r}_0|, \quad \vec{n}_0 = \frac{\vec{n}}{\|\vec{n}\|}.$$

Dies führt uns darauf, den Normalenvektor zu einem Einheitsvektor zu machen. Dazu multiplizieren wir die Ebenengleichung mit $\frac{1}{\|\vec{n}\|}$ und bekommen die Hessesche Normalform der Ebenengleichung.

Hessesche Normalform der Ebenengleichung

$$\vec{n}_0 \vec{r} - \vec{n}_0 \vec{r}_0 = 0.$$

Ist eine Ebene in der Form

$$Ax + By + Cz = D$$

gegeben, so bringt man sie auf die Hessesche Normalform

$$\frac{A}{\sqrt{A^2+B^2+C^2}}x+\frac{B}{\sqrt{A^2+B^2+C^2}}y+\frac{C}{\sqrt{A^2+B^2+C^2}}z-\frac{D}{\sqrt{A^2+B^2+C^2}}=0$$

und liest dann ihren Abstand vom Nullpunkt ab,

$$d=\left|\frac{D}{\sqrt{A^2+B^2+C^2}}\right|.$$

Wir können auch den Abstand eines beliebigen Punktes von der Ebene ermitteln. Man legt durch diesen Punkt eine Ebene, die parallel zur Ausgangsebene verläuft, und betrachtet jeweils den Abstand des Nullpunktes von beiden Ebenen. Mit der Hesseschen Normalform der Ebene

$$\vec{n}_0\,\vec{r}-\vec{n}_0\,\vec{r}_0=0$$

und dem Ortsvektor $\vec{r}_1=\overrightarrow{OP_1}$, ergibt sich der gesuchte Abstand als (Abb. 6.51):

Abstand eines Punktes von einer Ebene

$$|\vec{n}_0\,\vec{r}_1-\vec{n}_0\,\vec{r}_0|\,.$$

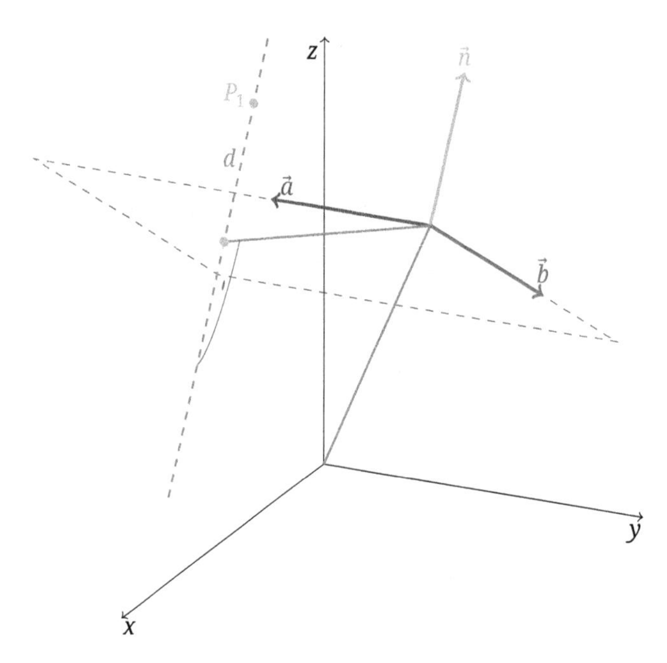

Abb. 6.51: Abstand eines Punktes P_1 von einer Ebene mit Richtungsvektoren $\vec{a}$, $\vec{b}$ und Normalenvektor $\vec{n}$. Die Gerade durch den Nullpunkt in Richtung $\vec{n}$ ergibt den Abstand.

Beispiel 6.35. Gegeben sei die Ebene

$$\vec{r}=\vec{r}_0+s\,\vec{a}+t\,\vec{b}\,,\quad \vec{r}_0=(1,5,2),\vec{a}=(3,-1,2),\vec{b}=(-1,3,-2)\,,$$

und der Punkt $P_1 = (7,1,4)$. Wir bestimmen den Abstand d_0 des Nullpunktes und den Abstand d_1 des Punktes P_1 von der Ebene (Abb. 6.52).

Wir berechnen zuerst einen Normalenvektor, $\vec{n} = \vec{a} \times \vec{b} = (-4,4,8)$, multiplizieren anschließend mit

$$\frac{1}{\|n\|} = \frac{1}{\sqrt{96}} = \frac{1}{4\sqrt{6}} = \frac{\sqrt{6}}{24}$$

und bekommen einen Normaleneinheitsvektor auf der Ebene:

$$\vec{n}_0 = \left(-\frac{\sqrt{6}}{6}, \frac{\sqrt{6}}{6}, \frac{\sqrt{2}}{\sqrt{3}}\right).$$

Der Abstand d_0 des Nullpunktes von der Ebene lautet:

$$d_0 = |\vec{n}_0\,\vec{r}_0| = \left|\left(-\frac{\sqrt{6}}{6}, \frac{\sqrt{6}}{6}, \frac{\sqrt{2}}{\sqrt{3}}\right)(1,5,2)\right| = 4\,\frac{\sqrt{2}}{\sqrt{3}}.$$

Der Abstand d_1 des Punktes P_1 von der Ebene ergibt sich durch folgende Rechnung:

$$\begin{aligned}|\vec{n}_0\,\vec{r}_1 - \vec{n}_0\,\vec{r}_0| &= \left|\left(-\frac{\sqrt{6}}{6}, \frac{\sqrt{6}}{6}, \frac{\sqrt{2}}{\sqrt{3}}\right)((7,1,4)-(1,5,2))\right| \\ &= |-\sqrt{6}| = \sqrt{6} = d.\end{aligned}$$

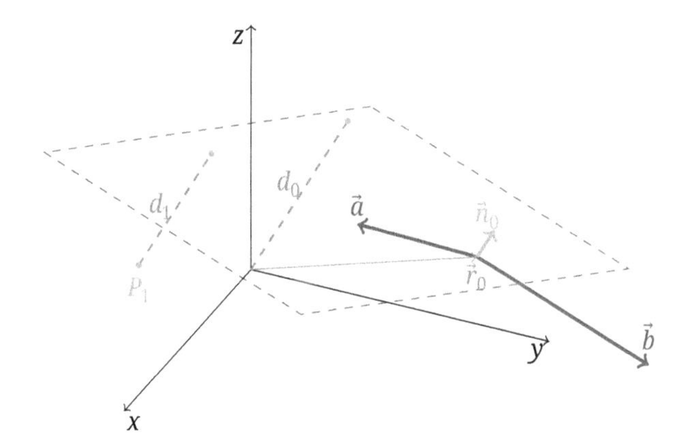

Abb. 6.52: Abstand d_0 des Nullpunktes und Abstand d_1 des Punktes P_1 von der Ebene mit Richtungsvektoren $\vec{a}, \vec{b}$ und Normalenvektor $\vec{n}$.

□

6.4 Komplexe Zahlen

Da das Quadrat einer reellen Zahl stets nichtnegativ ist, besitzt die einfache Gleichung

$$x^2 = -1$$

im Körper der reellen Zahlen keine Lösung. Um Abhilfe zu schaffen, nimmt man eine Erweiterung des reellen Zahlkörpers vor, indem man eine Zahl i hinzufügt. Für diese Zahl wird festgelegt, dass

$$i^2 = -1 .$$

Im erweiterten Körper $\mathbb{C}$ rechnen wir mit i wie mit einer rellen Zahl. Es gilt insbesondere $(-i)\,(-i) = -1$, und wir haben eine zweite Lösung für $x^2 = -1$. Mit reellen Zahlen x und y bilden wir nun Kombinationen (Ausdrücke) der Form $x + y\,i$ und erhalten dadurch komplexe Zahlen.

Realteil und Imaginärteil
Die Menge der komplexen Zahlen $\mathbb{C}$ besteht aus allen Kombinationen

$$\mathbb{C} = \{z \,|\, z = x + y\,i\,, \quad x, y \in \mathbb{R}\} .$$

Man bezeichnet x als Realteil und y als Imaginärteil:

$$\mathrm{Re}(z) = \mathrm{Re}(x + y\,i) = x\,, \quad \mathrm{Im}(z) = \mathrm{Im}(x + y\,i) = y\,.$$

Diese Bezeichnungen gehen auf die sogenannte imaginäre Einheit i zurück. Die reellen Zahlen finden sich als Teilmenge der komplexen Zahlen wieder. Reelle Zahlen sind komplexen Zahlen, deren Imaginärteil verschwindet. Zwei komplexe Zahlen sind genau dann gleich, wenn die Realteile und die Imaginärteile jeweils übereinstimmen:

Gleichheit zweier komplexer Zahlen

$$x_1 + y_1\,i = x_2 + y_2\,i \quad \Longleftrightarrow \quad x_1 = x_2 \quad \text{und} \quad y_1 = y_2$$

Es zeigt sich nun, dass die Festlegung $i^2 = -1$ genügt, um $\mathbb{C}$ zu einem Zahlkörper zu machen, in welchem quadratische Gleichungen gelöst werden können. Unter Beachtung der Körperaxiome werden komplexe Zahlen zunächst addiert und subtrahiert:

$$\begin{aligned} x_1 + y_1\,i + x_2 + y_2\,i &= x_1 + x_2 + y_1\,i + y_2\,i \\ &= (x_1 + x_2) + (y_1 + y_2)\,i\,, \\ x_1 + y_1\,i - (x_2 + y_2\,i) &= x_1 - x_2 + y_1\,i - y_2\,i \\ &= (x_1 - x_2) + (y_1 - y_2)\,i\,. \end{aligned}$$

Man kann eine komplexe Zahl auch mit einer reellen Zahl multiplizieren:

$$u\,(x + y\,i) = u\,x + (u\,y)\,i\,.$$

Man addiert also, indem man Realteil zu Realteil und Imaginärteil zu Imaginärteil addiert. Man multipliziert mit einer reellen Zahl, indem man diese jeweils mit dem Realteil und dem Imaginärteil multipliziert. Damit ergeben sich Rechenoperationen, die analog zu den Operationen mit ebenen Vektoren vorgehen. Führt man eine reelle Achse (für den Realteil) und eine imaginäre Achse (für den Imaginärteil) ein, so kann man komplexe Zahlen wie Vektoren in der Ebene veranschaulichen. Man spricht allerdings von Zeigern und nicht von Vektoren, da komplexe Zahlen im Gegensatz zu Vektoren auch multipliziert werden können. Die von der reellen und der imaginären Achse aufgespannte Ebene heißt Gaußsche Ebene.

Beispiel 6.36. Wir berechnen folgende komplexen Zahlen:

$$\begin{aligned}
3 + i + 1 - 7i &= 3 + 1 + (1 - 7)\, i = 4 - 6i\,, \\
-4 - 17i - (2 - 3i) &= -4 - 2 + (-17 + 3)\, i = -6 - 14i\,, \\
3\,(5 - 4i) &= 15 - 12i\,.
\end{aligned}$$

Wir bestimmen Real- und Imaginärteil der folgenden komplexen Zahl:

$$\begin{aligned}
z &= 3\,(2i + \pi + \sqrt{2}\, i) - 25i \\
&= 3\pi + 6i + 3\sqrt{2}\, i - 25i \\
&= 3\pi + (-19 + 3\sqrt{2})\, i\,.
\end{aligned}$$

Es ergibt sich also

$$\mathrm{Re}(z) = 3\pi\,, \quad \mathrm{Im}(z) = -19 + 3\sqrt{2}\,. \qquad \square$$

Die Addition zweier komplexer Zahlen kann man sich mit der Zeigerdarstellung in der Gaußschen Ebene analog zur Parallelogrammregel für ebene Vektoren veranschaulichen (Abb. 6.53).

Die geometrische Interpretation der Multiplikation und Division ist nicht so elementar und erfordert mehr Vorarbeit. Wir multiplizieren zuerst wieder unter Beachtung der Körperaxiome und der Festlegung $i^2 = -1$:

$$\begin{aligned}
(x_1 + y_1 i)\,(x_2 + y_2 i) &= x_1 x_2 + x_2 y_1 i + x_1 y_2 i + y_1 y_2 i^2 \\
&= (x_1 x_2 - y_1 y_2) + (x_1 y_2 + y_1 x_2)\, i\,.
\end{aligned}$$

Mit $x_1 = x_2 = 0$ und $y_1 = y_2 = -1$ kann man aus der allgemeinen Multiplikationsregel bestätigen:

$$(-i)^2 = (-i)\,(-i) = (0 + (-1)\, i)\,(0 + (-1)\, i) = -1\,.$$

Beispiel 6.37. Wir bilden folgende Produkte komplexer Zahlen:

$$(-3 + i)\,(2 - 5i) = -6 + 2i + 15i + 5 = -1 + 17i\,,$$

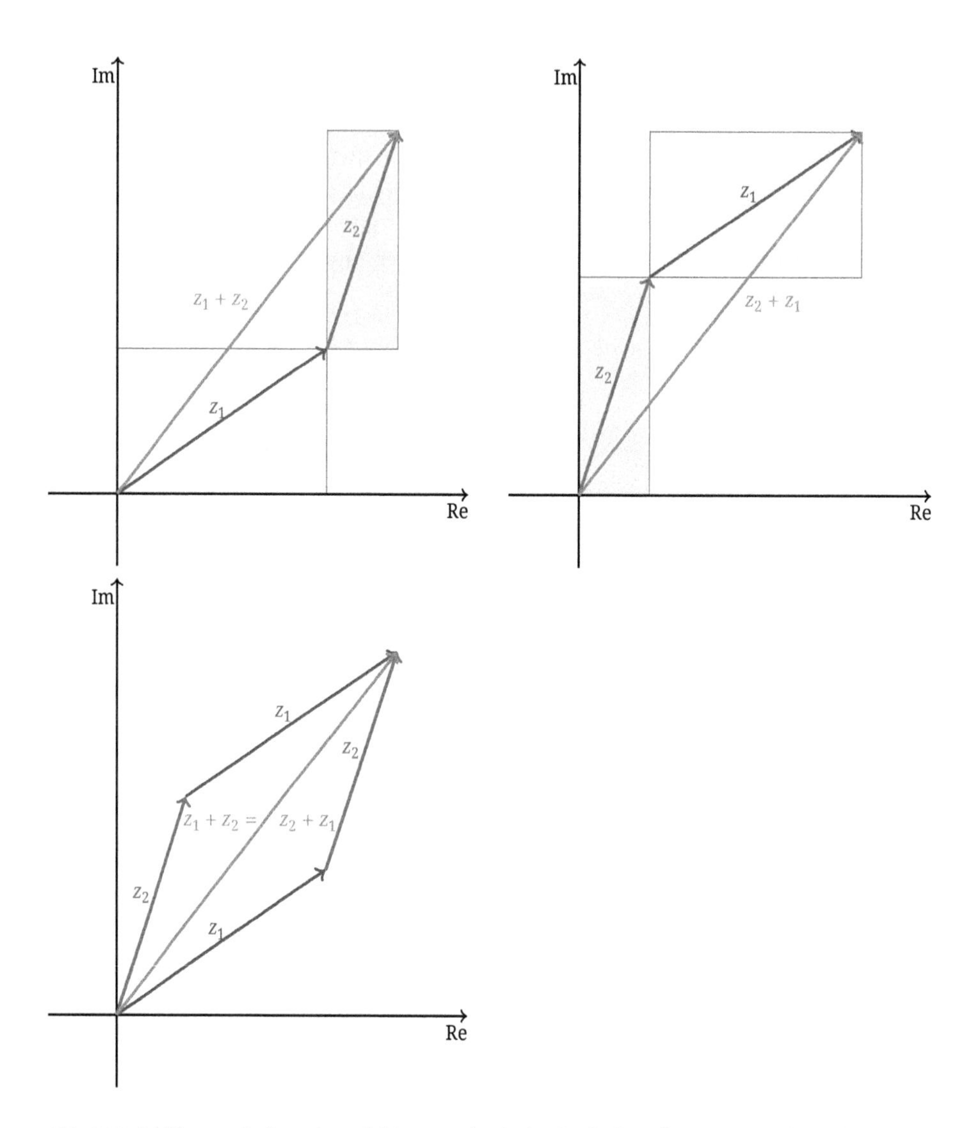

Abb. 6.53: Addition zweier komplexer Zahlen z_1 und z_2 in der Gaußschen Ebene, $z_1 + z_2$ (oben links), $z_2 + z_1$ (oben rechts), Parallelogrammregel (links).

$$(\sqrt{2} - \sqrt{3}\, i)\,(\sqrt{3} + \sqrt{2}\, i) = \sqrt{6} - 3\,i + 2\,i + \sqrt{6} = 2\,\sqrt{6} - i\,.$$

Wir vereinfachen den Ausdruck,

$$(2 + 3\,i)^2 - 5 - 4\,i = 4 + 12\,i - 9 - 5 - 4\,i = -10 + 8\,i\,.$$

□

Durch Spiegelung eines Zeigers z an der reellen Achse ergibt sich die konjugiert komplexe Zahl $\bar{z}$. Die konjugiert komplexe Zahl braucht man bei der Division.

Konjugiert komplexe Zahl
Die komplexe Zahl $\bar{z} = x - y\,i$ heißt die zu $z = x + y\,i$ konjugiert komplexe Zahl.

Multipliziert man eine komplexe Zahl mit ihrer konjugiert komplexen, so entsteht eine rein reelle Zahl. Diese ergibt gerade das Quadrat der Länge des ebenen Vektors (x, y).

Multiplikation mit der konjugiert komplexen Zahl

$$z\,\bar{z} = (x + y\,i)\,(x - y\,i) = x^2 + y^2 \,.$$

Ist $z = x + y\,i \neq 0 + 0\,i = 0$, dann muss gelten $x^2 + y^2 > 0$, und wir können aus $z\,\bar{z} = x^2 + y^2$ durch Division durch $(x^2 + y^2)\,z$ bekommen:

$$\frac{1}{z} = \frac{1}{x + y\,i} = \frac{\bar{z}}{x^2 + y^2} = \frac{x - y\,i}{x^2 + y^2} \,.$$

Wir bestätigen dies noch durch Erweiterung mit der konjugiert komplexen Zahl:

$$\begin{aligned} \frac{1}{z} &= \frac{1}{x + y\,i} \\ &= \frac{x - y\,i}{(x + y\,i)\,(x - y\,i)} = \frac{x - y\,i}{x^2 + y^2} \\ &= \frac{x}{x^2 + y^2} - \frac{y}{x^2 + y^2}\,i \,. \end{aligned}$$

Beispiel 6.38. Gegeben seien die komplexen Zahlen

$$\text{(a)} \quad z = i \,, \qquad \text{(b)} \quad z = 1 - 3\,i \,.$$

Im Fall (a) gilt

$$\bar{z} = -i \,, \qquad z\,\bar{z} = 1 \,, \qquad \frac{1}{z} = -i \,.$$

Im Fall (b) gilt

$$\bar{z} = 1 + 3\,i \,, \qquad z\,\bar{z} = 10 \,, \qquad \frac{1}{z} = \frac{1}{10} + \frac{3}{10}\,i \,.$$

□

Auf dieselbe Art kann man nun durch eine komplexe Zahl dividieren, wenn sie von Null verschieden ist:

$$\begin{aligned}\frac{x_1 + y_1\,i}{x_2 + y_2\,i} &= \frac{(x_1 + y_1\,i)\,(x_2 - y_2\,i)}{(x_2 + y_2\,i)\,(x_2 - y_2\,i)}\\ &= \frac{x_1\,x_2 + y_1\,y_2 + (-x_1\,y_2 + x_2\,y_1)\,i}{x_2^2 + y_2^2}\\ &= \frac{x_1\,x_2 + y_1\,y_2}{x_2^2 + y_2^2} + \frac{-x_1\,y_2 + x_2\,y_1}{x_2^2 + y_2^2}\,i\\ &= \frac{x_1\,x_2 + y_1\,y_2}{x_2^2 + y_2^2} - \frac{x_1\,y_2 - x_2\,y_1}{x_2^2 + y_2^2}\,i\,.\end{aligned}$$

Beispiel 6.39. Wir vereinfachen folgende Ausdrücke:

$$\text{(a)}\quad \frac{-3 + 2\,i}{7 - i}\,,\qquad \text{(b)}\quad \frac{1}{2 - \frac{3}{4+2\,i}}\,,\qquad \text{(c)}\quad \frac{1 + 2\,i}{1 + 3\,i} - \frac{1 - 3\,i}{(1 - 2\,i)^2}\,.$$

Mit den Rechenregeln ergibt sich im Fall (a)

$$\frac{-3 + 2\,i}{7 - i} = \frac{(-3 + 2\,i)\,(7 + i)}{(7 - i)\,(7 + i)} = -\frac{23}{50} + \frac{11}{50}\,i\,,$$

im Fall (b)

$$\begin{aligned}\frac{1}{2 - \frac{3}{4+2\,i}} &= \frac{1}{2 - \frac{3\,(4-2\,i)}{(4+2\,i)\,(4-2\,i)}} = \frac{1}{2 - (\frac{3}{5} - \frac{3}{10}\,i)}\\ &= \frac{1}{\frac{7}{5} + \frac{3}{10}\,i} = \frac{\frac{7}{5} - \frac{3}{10}\,i}{(\frac{7}{5} + \frac{3}{10}\,i)\,(\frac{7}{5} - \frac{3}{10}\,i)}\\ &= \frac{28}{41} - \frac{6}{41}\,i\,,\end{aligned}$$

und im Fall (c)

$$\begin{aligned}&\frac{1 + 2\,i}{1 + 3\,i} - \frac{1 - 3\,i}{(1 - 2\,i)^2}\\ &\quad= \frac{(1 + 2\,i)\,(1 - 3\,i)}{(1 + 3\,i)\,(1 - 3\,i)} - \frac{(1 - 3\,i)\,(1 + 2\,i)^2}{(1 - 2\,i)^2\,(1 + 2\,i)^2}\\ &\quad= \frac{(1 + 2\,i)\,(1 - 3\,i)}{(1 + 3\,i)\,(1 - 3\,i)} - \frac{(1 - 3\,i)\,(1 + 2\,i)^2}{((1 - 2\,i)\,(1 + 2\,i))^2}\\ &\quad= \frac{(1 + 2\,i)\,(1 - 3\,i)}{10} - \frac{(1 - 3\,i)\,(1 + 2\,i)^2}{25}\\ &\quad= \frac{1}{50}\,(5\,(1 + 6 - i) - 2\,(1 - 3\,i)\,(-3 + 4\,i))\\ &\quad= \frac{1}{50}\,((35 - 5\,i) - 2\,(9 + 13\,i))\\ &\quad= \frac{17}{50} - \frac{31}{50}\,i\,.\end{aligned}$$

□

Wir fassen die Rechenoperationen für die komplexen Zahlen zusammen. Mit diesen Operationen bilden die komplexen Zahlen einen Körper.

Rechenoperationen mit komplexen Zahlen
Addition:

$$x_1 + y_1 i + x_2 + y_2 i = (x_1 + x_2) + (y_1 + y_2) i ,$$

Subtraktion:

$$x_1 + y_1 i - (x_2 + y_2 i) = (x_1 - x_2) + (y_1 - y_2) i ,$$

Multiplikation:

$$(x_1 + y_1 i)(x_2 + y_2 i) = (x_1 x_2 - y_1 y_2) + (x_1 y_2 + y_1 x_2) i ,$$

Division:

$$\frac{x_1 + y_1 i}{x_2 + y_2 i} = \frac{x_1 x_2 + y_1 y_2}{x_2^2 + y_2^2} + \frac{-x_1 y_2 + x_2 y_1}{x_2^2 + y_2^2} i ,$$

falls $x_2 + y_2 i \neq 0$.

Die einfache quadratische Gleichung

$$z^2 = -1$$

besitzt im Körper der komplexen Zahlen zwei Lösungen

$$z_{1/2} = \pm i .$$

Ist $q \geq 0$ eine beliebige reelle Zahl, dann besitzt die Gleichung

$$z^2 = -q$$

die Lösungen $z_{1/2} = \pm \sqrt{q}\, i$.

Allgemeiner gilt nun:

Quadratische Gleichung
Die quadratische Gleichung

$$z^2 + pz + q = 0 \quad \text{mit} \quad p, q \in \mathbb{R}$$

besitzt folgende Lösungen:

$$z_{1/2} = \begin{cases} -\frac{p}{2} \pm \sqrt{d} & \text{für} \quad d > 0 , \\ -\frac{p}{2} & \text{für} \quad d = 0 , \\ -\frac{p}{2} \pm \sqrt{-d}\, i & \text{für} \quad d < 0 , \end{cases}$$

mit der Diskriminante $d = \frac{p^2}{4} - q$.

Man sieht dies wiederum sofort, wenn man die Gleichung durch quadratische Ergänzung umformt:

$$\left(z + \frac{p}{2}\right)^2 = \frac{p^2}{4} - q\,.$$

Beispiel 6.40. Wir betrachten die Gleichung

$$z^2 + 2z + \frac{3}{2} = 0\,,$$

welche eine negative Diskriminante besitzt, $d = 1 - \frac{3}{2} = -\frac{1}{2}$.

Wir bekommen zwei komplexe Lösungen:

$$\begin{aligned} z_{1/2} &= -1 \pm \sqrt{-d}\,i = -1 \pm \sqrt{\frac{1}{2}}\,i \\ &= -1 \pm \frac{\sqrt{2}}{2}\,i\,. \end{aligned}$$

□

Beispiel 6.41. Mit einer beliebigen reellen Zahl p betrachten wir die Gleichung

$$z^2 + pz + \frac{4}{3} = 0\,.$$

Die Diskriminante lautet $d = \frac{p^2}{4} - \frac{4}{3}$, und wir bekommen folgende Lösungen:

$$z_{1/2} = \begin{cases} -\frac{p}{2} \pm \sqrt{\frac{p^2}{4} - \frac{4}{3}} & \text{für} \quad |p| > \frac{4}{\sqrt{3}}\,, \\ -\frac{p}{2} & \text{für} \quad |p| = \frac{4}{\sqrt{3}}\,, \\ -\frac{p}{2} \pm \sqrt{\frac{4}{3} - \frac{p^2}{4}}\,i & \text{für} \quad |p| < \frac{4}{\sqrt{3}}\,. \end{cases}$$

□

Eine komplexe Zahl z kann man als ebenen Vektor betrachten und somit einem Zeiger z in der Gaußschen Ebene eine Länge zuordnen. Da Zeiger wie reelle Zahlen multipliziert werden können, spricht man jedoch nicht von der Länge sondern vom Betrag einer komplexen Zahl.

Betrag einer komplexen Zahl

Die reelle Zahl $|z| = \sqrt{x^2 + y^2}$ wird als Betrag der komplexen Zahl $z = x + y\,i$ bezeichnet.

Verschwindet der Imaginärteil einer komplexen Zahl, so haben wir die Beziehung:

$$|z| = |x + 0\,i| = \sqrt{x^2} = |x|\,.$$

Auf der reellen Achse stimmen also die durch die Länge eines Zeigers erklärte Betragsfunktion und die reelle Betragsfunktion überein.

Beispiel 6.42. Wir berechnen jeweils den Betrag von folgenden komplexen Zahlen:

$$z = i\,, \quad z = 2 - i\,, \quad z = -4 + 7\,i\,.$$

Es gilt

$$\begin{aligned} |i| &= \sqrt{0 + 1^2} = 1\,,\\ |2 - i| &= \sqrt{2^2 + (-1)^2} = \sqrt{5}\,,\\ |-4 + 7\,i| &= \sqrt{4^2 + 7^2} = \sqrt{65}\,. \end{aligned}$$

□

Beispiel 6.43. Sei $z_0 = -2 + i$. Wo liegen die komplexen Zahlen, für die gilt

$$|z - z_0| < 2 \quad \text{bzw.} \quad |z - z_0| = 2\,?$$

Mit $z = x + y\,i$ berechnen wir

$$z - z_0 = x + 2 + (y - 1)\,i$$

und

$$|z - z_0| = \sqrt{(x + 2)^2 + (y - 1)^2}\,.$$

Hieraus folgt

$$|z - z_0| < 2 \quad \Longleftrightarrow \quad (x + 2)^2 + (y - 1)^2 < 4$$

bzw.

$$|z - z_0| = 2 \quad \Longleftrightarrow \quad (x + 2)^2 + (y - 1)^2 = 4\,.$$

Die komplexen Zahlen mit $|z - z_0| < 2$ liegen also im Inneren eines Kreises um z_0 mit Radius 2. Die komplexen Zahlen mit $|z - z_0| = 2$ liegen auf dem Kreis um z_0 mit Radius 2, (Abb. 6.54). Diese Aussagen hätte man auch sofort aufgrund geometrischer Überlegungen machen können. Man fasst dabei den Betrag der Differenz zweier komplexer Zahlen als ihren Abstand auf.

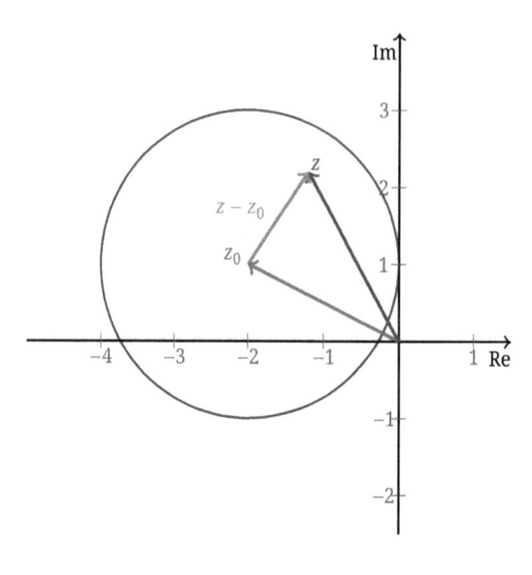

Abb. 6.54: Kreis $|z - z_0| = 2$ in der komplexen Ebene mit Radius 2 und Mittelpunkt $z_0 = -2 + i$. Komplexe Zahlen mit $|z - z_0| < 2$ bilden das Innere des Kreises.

□

In den Eigenschaften des Betrags von komplexen Zahlen spiegeln sich die Eigenschaften der Länge von ebenen Vektoren und die Eigenschaften des Betrags von reellen Zahlen wieder.

Eigenschaften des Betrags einer komplexen Zahl
Der Betrag von komplexen Zahlen besitzt folgende Eigenschaften:
1) $|z| \geq 0$, $|z| = 0 \Longleftrightarrow z = 0$,
2) $|z|^2 = z\,\bar{z}$,
3) $|z| = |-z| = |\bar{z}|$,
4) $|z_1\,z_2| = |z_1|\,|z_2|$,
5) $|\frac{1}{z}| = \frac{1}{|z|}$ für $z \neq 0$,
6) $|z_1 + z_2| \leq |z_1| + |z_2|$ (Dreiecksungleichung).

Für $z = x + y\,i$ gilt

$$|z|^2 = x^2 + y^2 = (x + y\,i)\,(x - y\,i) = z\,\bar{z}\,.$$

Hieraus entnimmt man sofort die Eigenschaft 1). Die Summe zweier Quadrate ist stets nichtnegativ und kann nur dann verschwinden, wenn beide Summanden verschwinden. Ferner gilt

$$|x + y\,i| = |-x - y\,i| = |x - y\,i| = \sqrt{x^2 + y^2}\,.$$

Aus

$$z_1\,z_2 = (x_1 + y_1\,i)\,(x_2 + y_2\,i) = (x_1\,x_2 - y_1 y_2) + (x_1 y_2 + y_1\,x_2)\,i$$

folgt

$$\begin{aligned} |z_1 z_2| &= \sqrt{(x_1 x_2 - y_1 y_2)^2 + (x_1 y_2 + y_1 x_2)^2} \\ &= \sqrt{x_1^2 x_2^2 + x_1^2 y_2^2 + x_2^2 y_1^2 + y_1^2 y_2^2} \\ &= \sqrt{(x_1^2 + y_1^2)(x_2^2 + y_2^2)} \\ &= |z_1|\,|z_2|\,. \end{aligned}$$

Aus

$$\frac{1}{z} = \frac{\bar{z}}{z\,\bar{z}} = \frac{\bar{z}}{|z|^2}$$

folgt

$$\left|\frac{1}{z}\right| = \frac{1}{|z|}\,.$$

Hieraus ergibt sich der Betrag eines Quotienten,

$$\left|\frac{z_1}{z_2}\right| = \frac{|z_1|}{|z_2|}\,.$$

Die Dreiecksungleichung weisen wir wie folgt nach:

$$\begin{aligned} |z_1 + z_2|^2 &= (z_1 + z_2)(\bar{z}_1 + \bar{z}_2) \\ &= z_1 \bar{z}_1 + z_2 \bar{z}_2 + z_1 \bar{z}_2 + \bar{z}_1 z_2 \\ &= |z_1|^2 + |z_2|^2 + z_1 \bar{z}_2 + \overline{z_1 \bar{z}_2} \\ &= |z_1|^2 + |z_2|^2 + 2\,\mathrm{Re}(z_1 \bar{z}_2)\,. \end{aligned}$$

Stets gilt für komplexe Zahlen $\mathrm{Re}(z) \leq |z|$ und damit

$$|z_1 + z_2|^2 \leq |z_1|^2 + |z_2|^2 + 2\,|z_1|\,|z_2| = \big(|z_1| + |z_2|\big)^2\,.$$

Insgesamt ergibt sich daraus die Behauptung.

Beispiel 6.44. Wir berechnen den Betrag

$$\left|\frac{1}{(3 - 2\,i)^3}\right|.$$

Es gilt

$$|3 - 2\,i| = \sqrt{9 + 4} = \sqrt{13}$$

und mit den Eigenschaften des Betrags,

$$\left|\frac{1}{(3-2i)^3}\right| = \frac{1}{|3-2i|^3} = \frac{1}{\sqrt{13}^3} = \frac{\sqrt{13}}{13^2}\,. \qquad \square$$

Beispiel 6.45. Wo liegen die komplexen Zahlen, welche die Gleichung erfüllen

$$\left|\frac{z-2}{z-i}\right| = 2\,?$$

Offensichtlich muss $z = i$ von vornherein ausgeschlossen werden, sodass wir zu folgender Gleichung übergehen können:

$$|z-2| = 2\,|z-i| \quad\Longleftrightarrow\quad |z-2|^2 = 4\,|z-i|^2\,.$$

Mit $z = x + y\,i$ folgt dann

$$(x-2)^2 + y^2 = 4\,x^2 + 4\,(y-1)^2 \quad\Longleftrightarrow\quad \left(x+\frac{2}{3}\right)^2 + \left(y-\frac{4}{3}\right)^2 = \frac{20}{9}\,.$$

Die gesuchten Zahlen liegen also auf einem Kreis in der komplexen Ebene mit dem Radius $\frac{2\sqrt{5}}{3}$ und dem Mittelpunkt $-\frac{2}{3} + \frac{4}{3}\,i$. Der Abstand des Mittelpunktes vom Ausnahmepunkt i beträgt $\frac{\sqrt{5}}{3}$. Der Ausnahmepunkt liegt also innerhalb des Kreises. $\square$

Die Addition zweier komplexer Zahlen lässt sich wie die Addition von ebenen Vektoren mit der Parallelogrammregel geometrisch interpretieren. Für die Multiplikation fehlt noch eine geometrische Interpretation. Anstelle von Real- und Imaginärteil kann man eine komplexe Zahl auch durch ihren Betrag und einen zugeordneten Winkel festlegen, das Argument (Abb. 6.55).

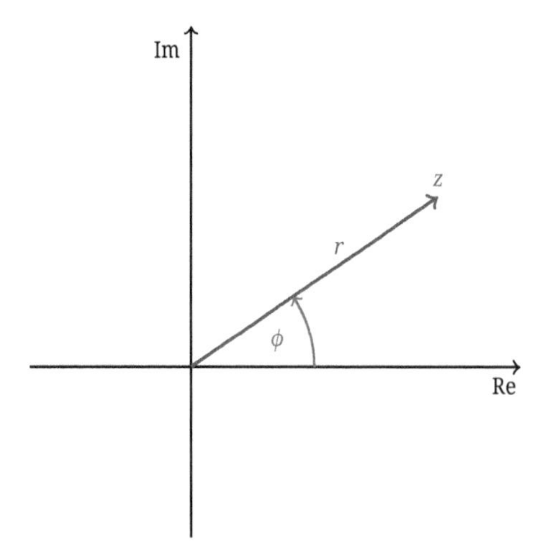

Abb. 6.55: Komplexen Zahl z festgelegt durch den Betrag $r = |z|$ und das Argument $\phi = \arg(z)$.

Den Winkel ϕ, den die positive reelle Achse und der zu einer komplexen Zahl $z \neq 0$ gehörige Zeiger in der Gaußschen Ebene einschließen, bezeichnet man als Argument von z. In der oberen Halbebene wächst der Winkel von $\phi = 0$ (positive reelle Achse) bis $\phi = \pi$ (negative reelle Achse). In der unteren Halbebene wächst der Winkel im Intervall $(-\pi, 0)$. Es gilt also $-\pi < \phi \leq \pi$. Für das Argument können auch andere Winkelbereiche festgelegt werden. Diese Winkelbereiche müssen lediglich halboffene Intervalle der Länge 2π darstellen. In jedem Fall ist die Zuordnung der beiden Parameter Betrag und Argument umkehrbar eindeutig. Zu einer komplexen Zahl $z \neq 0$ gibt es genau ein Paar (r, ϕ), $r > 0$. Ist umgekehrt $r = |z| > 0$ und $\phi = \arg(z)$, so gilt

$$z = r\left(\cos(\phi) + \sin(\phi)\, i\right).$$

Beispiel 6.46. Man gebe den Betrag und das Argument folgender komplexer Zahlen an:

$$1, \quad -1, \quad i, \quad -i, \quad 1+i, \quad 1-i.$$

Es gilt

$$\begin{aligned} |1| &= 1 \quad \text{und} \quad \arg(1) = 0\,, \\ |-1| &= 1 \quad \text{und} \quad \arg(-1) = \pi\,, \\ |i| &= 1 \quad \text{und} \quad \arg(i) = \frac{\pi}{2}\,, \\ |-i| &= 1 \quad \text{und} \quad \arg(-i) = -\frac{\pi}{2}\,, \\ |1+i| &= \sqrt{2} \quad \text{und} \quad \arg(1+i) = \frac{\pi}{4}\,, \\ |1-i| &= \sqrt{2} \quad \text{und} \quad \arg(1-i) = -\frac{\pi}{4}\,. \end{aligned}$$

□

Im Allgemeinen berechnet man das Argument mithilfe von Arcusfunktionen. Am gebräuchlichsten ist der Einsatz des Arcuskosinus sowie des Arcustangens. Wir beschränken uns auf den Arcuskosinus (Abb. 6.56).

Berechnung des Arguments

Sei $z = x + y\,i$ und $r = \sqrt{x^2 + y^2} > 0$. Dann gilt

$$\arg(z) = \begin{cases} \arccos(\frac{x}{r})\,, & y \geq 0\,, \\ -\arccos(\frac{x}{r})\,, & y < 0\,. \end{cases}$$

Liegt $z = x + y\,i$ in der oberen komplexen Halbebene, dann gibt das Argument gerade den Winkel an, der von den Vektoren (x, y) und $(1, 0)$ in der reellen Ebene eingeschlossen wird, und den wir mithilfe des Skalarprodukts berechnen. Trigonometrisch können wir wie folgt vorgehen.

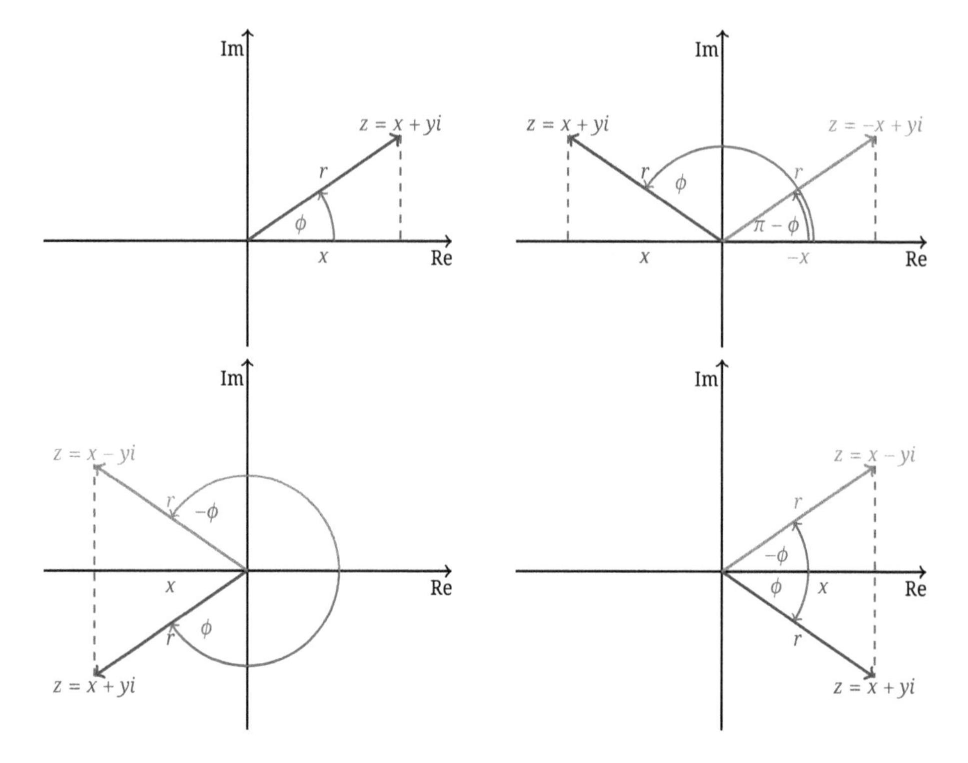

Abb. 6.56: Berechnung des Arguments $\phi = \arg(z)$ der komplexen Zahl $z = x + yi$, $r = \sqrt{x^2 + y^2}$ mit der Kosinusbeziehung im rechtwinkligen Dreieck. 1. Quadrant: $\cos(\phi) = x/r$, $\phi = \arccos(x/r)$, (oben links). 2. Quadrant: $\cos(\pi - \phi) = -x/r$, $\pi - \phi = \arccos(-x/r) = \pi - \arccos(-x/r)$, also $\phi = \arccos(x/r)$, (oben rechts). Im 3. und 4. Quadranten gilt: $\phi = -\arccos(x/r)$, (unten links, unten rechts).

Im ersten Quadranten gilt $\frac{x}{r} = \cos(\phi)$. Auf der positiven reellen Achse gilt $\frac{x}{r} = 1$ und somit $\arg(z) = \arccos(1) = 0$. Auf der positiven imaginären Achse gilt $\frac{x}{r} = 0$ und somit $\arg(z) = \arccos(0) = \frac{\pi}{2}$. Den zweiten Quadranten spielt man auf den ersten zurück, $\frac{-x}{r} = \cos(\pi - \phi) = -\cos(\phi)$ also $\frac{x}{r} = \cos(\phi)$. In der unteren Halbene geht man zuerst zur konjugiert komplexen Zahl über. Sie besitzt denselben Realteil und denselben Betrag. Das Argument wechselt das Vorzeichen.

Eulersche Formel
Sei $\phi \in \mathbb{R}$. Dann schreiben wir in Kurzform:

$$e^{\phi i} = \cos(\phi) + \sin(\phi)\, i\,.$$

Mit der Eulerschen Formel werden Zahlen auf dem Einheitskreis erfasst. Man kann aber sofort Zahlen mit beliebigen Beträgen darstellen:

$$z = r\left(\cos(\phi) + \sin(\phi)\, i\right) = r\, e^{\phi\, i}\,, \quad r > 0\,, \phi \in \mathbb{R}\,.$$

Wegen der Periodizität der Winkelfunktionen kann man bei der Polardarstellung einer komplexen Zahl stets ganzzahlige Vielfache von 2π zum Winkel hinzu addieren:

$$z = r\,e^{\phi\, i} = r\,e^{(\phi + k\,2\pi)\, i}, \quad k \in \mathbb{Z}.$$

Das Argument liefert einen Winkel aus dem Intervall $(-\pi, \pi]$. Anschließend können ganzzahlige Vielfache von 2π addiert werden.

Beispiel 6.47. Wir stellen die Zahl $z = -3 - 2\,i$ in Polarform dar (Abb. 6.57).

Zunächst berechnen wir den Betrag

$$r = |z| = |-3 - 2\,i| = \sqrt{3^3 + 2^2} = \sqrt{13}\,.$$

Nun berechnen wir das Argument,

$$\phi = \arg(z) = -\arccos\left(\frac{x}{r}\right) = -\arccos\left(\frac{-3}{\sqrt{13}}\right) \approx -2.5536\,.$$

Damit bekommen wir folgende Polardarstellungen:

$$z = \sqrt{13}\,e^{(-\arccos(\frac{-3}{\sqrt{13}}) + k\,2\pi)\, i}, \quad k \in \mathbb{Z}.$$

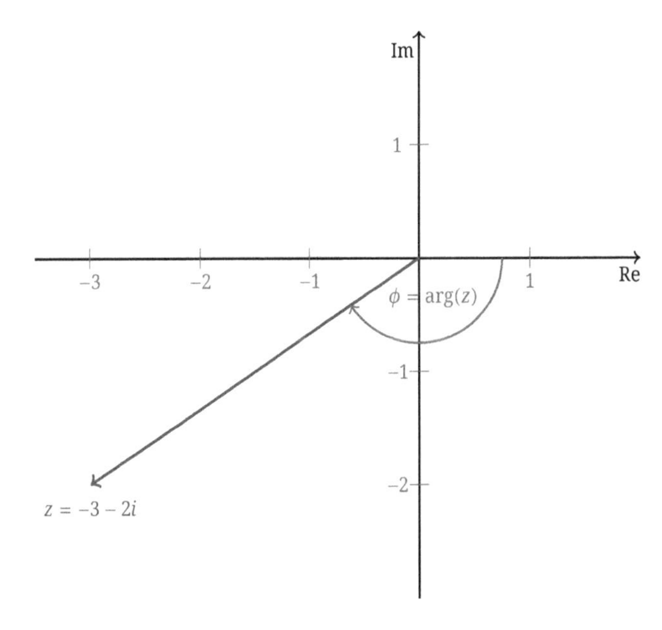

Abb. 6.57: Das Argument der komplexen Zahl $z = -3 - 2\,i$.

□

Die Eulersche Formel befindet sich im Einklang mit der Funktionalgleichung der reellen Exponentialfunktion. Wir berechnen das Produkt zweier komplexer Zahlen in Polardarstellung:

$$\begin{aligned} z_1\, z_2 &= r_1\, e^{\phi_1 i}\, r_2\, e^{\phi_2 i} \\ &= r_1\,(\cos(\phi_1) + \sin(\phi_1)\, i)\, r_2\,(\cos(\phi_2) + \sin(\phi_2)\, i) \\ &= r_1\, r_2\,(\cos(\phi_1)\, \cos(\phi_2) - \sin(\phi_1)\, \sin(\phi_2)) \\ &\quad + r_1\, r_2\,(\cos(\phi_1)\, \sin(\phi_2) + \sin(\phi_1)\cos(\phi_2))\, i \\ &= r_1\, r_2\,(\cos(\phi_1 + \phi_2) + \sin(\phi_1 + \phi_2)\, i)\,. \end{aligned}$$

Bei der letzten Umformung benutzt man die Additionstheoreme für den Sinus bzw. Kosinus. Ist $z \neq 0$, so folgt

$$\frac{1}{z} = \frac{1}{r\, e^{\phi\, i}} = \frac{1}{r}\, e^{-\phi\, i}$$

aus

$$r\, e^{\phi\, i}\, \frac{1}{r}\, e^{-\phi\, i} = e^{0\, i} = 1\,.$$

Insgesamt gelten folgende Regeln:

Rechnen mit komplexen Zahlen in Polardarstellung
Seien $z_1 = r_1\, e^{\phi_1 i}$ und $z_2 = r_2\, e^{\phi_2 i}$ zwei komplexe Zahlen in Polardarstellung. Dann gilt

$$z_1\, z_2 = r_1\, r_2\, e^{(\phi_1 + \phi_2)\, i}$$

und falls $r_2 \neq 0$,

$$\frac{z_1}{z_2} = \frac{r_1}{r_2}\, e^{(\phi_1 - \phi_2)\, i}\,.$$

Die Polardarstellung erlaubt somit eine bequeme Ausführung der Multiplikation und der Division. Die Beträge werden multipliziert/dividiert und die Winkel addiert/subtrahiert. Insbesondere bedeutet die Multiplikation einer Zahl z mit einer einer Zahl $e^{\phi\, i}$, dass der Zeiger z um den Winkel ϕ gedreht wird.

Aus der Multiplikations- bzw. Divisionsregel leiten wir folgende Regel für das Potenzieren ab:

$$z^n = (r\, e^{\phi\, i})^n = r^n\, e^{n\,\phi\, i}\,.$$

Beispiel 6.48. Sei $z_1 = -1 - i$ und $z_2 = -1 + i$. Wir stellen die Zahlen z_1, z_2 und z_2^7 in Polarform dar und zeigen, dass gilt $z_2^7 = 8\, z_1$. Ferner berechnen wir das Produkt $z_1^2\, z_2^4$.

Es gilt offenbar (Abb. 6.57):

$$z_1 = \sqrt{2}\, e^{-\frac{3}{4}\pi\, i}\,, \quad z_2 = \sqrt{2}\, e^{\frac{3}{4}\pi\, i}\,.$$

Hieraus ergibt sich

$$\begin{aligned} z_2^7 &= (\sqrt{2})^7\, e^{\frac{21}{4}\pi i} \\ &= 2^3\, \sqrt{2}\, e^{\frac{5}{4}\pi i}\, e^{4\pi i} \\ &= 8\, \sqrt{2}\, e^{-\frac{3}{4}\pi i} \\ &= 8\, z_1\,. \end{aligned}$$

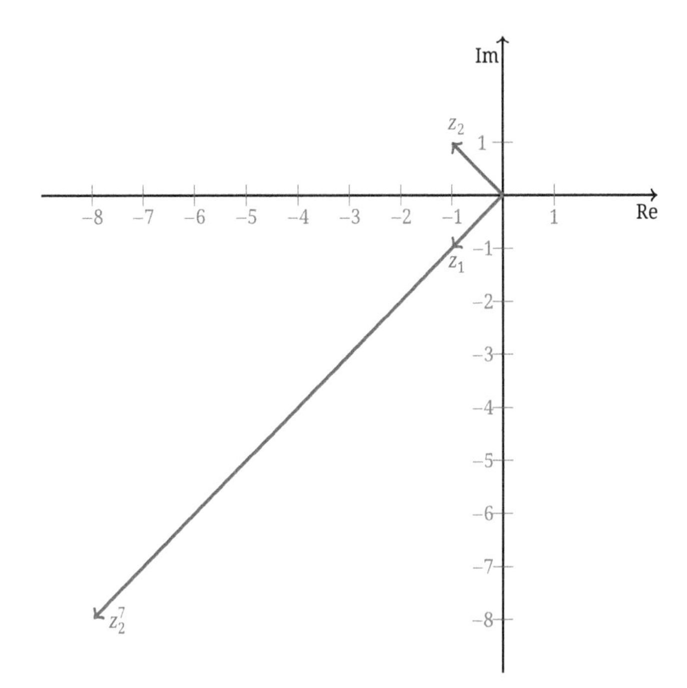

Abb. 6.58: Die Zahlen $z_1 = -1 - i$, $z_2 = -1 + i$ und z_2^7 in der Gaußschen Ebene.

Es gilt

$$z_1^2 = (\sqrt{2})^2\, e^{-2\,\frac{3}{4}\pi i} = 2\, e^{-\frac{3}{2}\pi i} = 2\, e^{\frac{1}{2}\pi i} = 2\, i\,.$$

und

$$z_2^4 = (\sqrt{2})^4\, e^{4\,\frac{3}{4}\pi i} = 4\, e^{3\pi i} = 4\, e^{\pi i}\, e^{2\pi i} = -4\,.$$

Hieraus folgt

$$z_1^2\, z_2^4 = 2\, i\,(-4) = -8\, i\,. \qquad \square$$

Mithilfe der Regel für das Potenzieren bestätigt man die Formel für die n-ten Wurzeln.

***n*-te Wurzeln**
Die Gleichung

$$z^n = z_0 = r_0 \, e^{\phi_0 \, i}, \quad r_0, \phi_0 \in \mathbb{R}, r_0 > 0,$$

besitzt folgende n Lösungen in $\mathbb{C}$:

$$z_k = \sqrt[n]{r_0} \, e^{(\frac{\phi_0}{n} + \frac{k-1}{n} 2\pi) i}, \quad k = 1, \ldots, n.$$

Man rechnet leicht nach:

$$(z_k)^n = \left(\sqrt[n]{r_0}\right)^n e^{n(\frac{\phi_0}{n} + \frac{k-1}{n} 2\pi) i} = r_0 \, e^{\phi_0 \, i} \, e^{(k-1) 2\pi i} = r_0 \, e^{\phi_0 \, i} = z_0 \, .$$

Der Fundamentalssatz der Algebra besagt, dass die Gleichung $z^n = z_0$ keine weiteren Lösungen besitzt.

Beispiel 6.49. Wir berechnen die Lösungen der Gleichung $z^4 = -1 - i$.
Die Gleichung

$$z^4 = \sqrt{2} \, e^{-\frac{3}{4} \pi i}$$

besitzt folgende vier Lösungen (Abb. 6.58):

$$z_k = \sqrt[4]{\sqrt{2}} \, e^{-\frac{3}{16} \pi i + (k-1) \frac{2}{4} \pi i}, \quad k = 1, 2, 3, 4 \, .$$

Das heißt,

$$z_k = 2^{\frac{1}{8}} \, e^{-\frac{3}{16} \pi i + (k-1) \frac{1}{2} \pi i}, \quad k = 1, 2, 3, 4 \, .$$

Offenbar gilt $z_1 = -z_3$ und $z_3 = -z_4$.

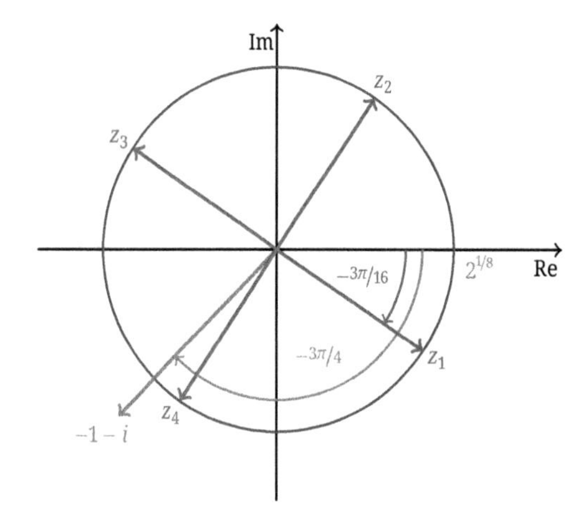

Abb. 6.59: Die vier Wurzeln der Gleichung $z^4 = -1 - i$ mit der rechten Seite $-1 - i$ in der Gaußschen Ebene ($2^{\frac{1}{8}} = 1.090507\ldots$).

□

Beispiel 6.50. Wir berechnen die Lösungen der Gleichung

$$z^2 + 2\,i\,z + \sqrt{3}\,i = 0\,.$$

Mit der Beziehung

$$(z + i)^2 = z^2 + 2\,i\,z - 1$$

nehmen wir die quadratische Ergänzung vor,

$$z^2 + 2\,i\,z = (z + i)^2 + 1\,.$$

Die Gleichung kann nun wie folgt geschrieben werden:

$$(z + i)^2 = -1 - \sqrt{3}\,i\,.$$

Wir schreiben die rechte Seite in Polarform. Mit

$$|-1 - \sqrt{3}\,i| = \sqrt{(-1)^2 + (\sqrt{3})^2} = 2$$

und

$$\arg(-1 - \sqrt{3}\,i) = -\arccos\left(\frac{-1}{2}\right) = -\frac{2}{3}\pi$$

bekommen wir

$$-1 - \sqrt{3}\,i = 2\,e^{-\frac{2}{3}\pi\,i}\,.$$

Die gegebene Gleichung besitzt somit zwei Lösungen:

$$z_{1/2} = -i + \sqrt{2}\,e^{-\frac{1}{3}\pi\,i+(k-1)\pi\,i}\,, \quad k = 1, 2\,.$$

Mit der Eulerschen Formel folgt

$$\begin{aligned} z_1 &= -i + \sqrt{2}\left(\cos\left(\frac{1}{3}\pi\right) - \sin\left(\frac{1}{3}\pi\right)i\right) \\ &= \frac{1}{2}\sqrt{2} - \left(\frac{\sqrt{3}}{\sqrt{2}} + 1\right)i \end{aligned}$$

und

$$\begin{aligned} z_2 &= -i - \sqrt{2}\left(\cos\left(\frac{1}{3}\pi\right) - \sin\left(\frac{1}{3}\pi\right)i\right) \\ &= -\frac{1}{2}\sqrt{2} + \left(\frac{\sqrt{3}}{\sqrt{2}} - 1\right)i\,. \end{aligned}$$

□

7 Lineare Gleichungssysteme

7.1 Gleichungen mit zwei Unbekannten

Bei der Berechnung des Schnittpunktes zweier Geraden sind wir bereits auf ein System von zwei Gleichungen für zwei Unbekannte gestoßen. Wir stellen ein solches System nun allgemein in der Form dar:

Lineares System mit zwei Gleichungen und zwei Unbekannten

$$a_{11}\,x_1 + a_{12}\,x_2 = b_1\,,$$
$$a_{21}\,x_1 + a_{22}\,x_2 = b_2\,.$$

Dabei sind $a_{11}, a_{12}, a_{21}, a_{22} \in \mathbb{R}$ gegebene Koeffizienten, $b_1, b_2 \in \mathbb{R}$ gegebene rechte Seiten, und es werden Unbekannte $x_1, x_2 \in \mathbb{R}$ gesucht, welche die beiden Gleichungen erfüllen.

Beim Schneiden von Geraden sind wir folgendermaßen vorgegangen: Die erste Gleichung wird mit a_{22} und die zweite Gleichung mit a_{12} multipliziert:

$$a_{11}\,a_{22}\,x_1 + a_{12}\,a_{22}\,x_2 = a_{22}\,b_1\,,$$
$$a_{12}\,a_{21}\,x_1 + a_{12}\,a_{22}\,x_2 = a_{12}\,b_2\,.$$

Durch Subtraktion dieser beiden letzten Gleichungen wird x_2 eliminiert:

$$(a_{11}\,a_{22} - a_{21}\,a_{12})\,x_1 = a_{22}\,b_1 - a_{12}\,b_2\,.$$

Analog wird die erste Gleichung mit a_{21} und die zweite Gleichung mit a_{11} multipliziert:

$$a_{11}\,a_{21}\,x_1 + a_{21}\,a_{12}\,x_2 = a_{21}\,b_1\,,$$
$$a_{11}\,a_{21}\,x_1 + a_{11}\,a_{22}\,x_2 = a_{11}\,b_2\,.$$

Durch Subtraktion wird nun x_1 eliminiert:

$$(a_{11}\,a_{22} - a_{12}\,a_{21})\,x_2 = a_{11}\,b_2 - a_{21}\,b_1\,.$$

In den hergeleiteten Bestimmungsgleichungen für x_1 und x_2 treten Koeffizienten auf, deren Struktur bereits beim vektoriellen Produkt zutage trat, und die wir im Folgenden näher beschreiben wollen.

Zweireihige Determinante
Ist $\begin{pmatrix} a_{11} & a_{12} \\ a_{21} & a_{22} \end{pmatrix}$ eine 2×2-Matrix aus beliebigen reellen Zahlen, so wird folgende Zahl als Determinante bezeichnet:

$$\begin{vmatrix} a_{11} & a_{12} \\ a_{21} & a_{22} \end{vmatrix} = a_{11}\,a_{22} - a_{12}\,a_{21}\,.$$

https://doi.org/10.1515/9783111503639-007

Man kann sich folgendes Schema für die Determinante einer 2×2-Matrix einprägen:

$$\begin{vmatrix} a_{11} & a_{12} \\ a_{21} & a_{22} \end{vmatrix} = \begin{matrix} a_{11} & & a_{12} \\ & \times & \\ a_{21} & & a_{22} \\ \downarrow & & \downarrow \\ - & & + \end{matrix} .$$

Beispiel 7.1. Wir berechnen die Determinante

$$\begin{vmatrix} -\frac{2}{3} & 17 \\ \frac{11}{5} & -\frac{19}{2} \end{vmatrix} = \frac{2}{3}\frac{19}{2} - \frac{11}{5} 17 = -\frac{466}{15} .$$

Wir berechnen mit beliebigen $a, b, c \in \mathbb{R}$ die Determinante

$$\begin{vmatrix} a & b \\ b & c \end{vmatrix} = a\,c - b^2 .$$

Wir berechnen mit beliebigem $\phi \in \mathbb{R}$ die Determinante

$$\begin{vmatrix} \cos(\phi) & -\sin(\phi) \\ \sin(\phi) & \cos(\phi) \end{vmatrix} = \left(\cos(\phi)\right)^2 + \left(\sin(\phi)\right)^2 = 1 .$$

□

Beispiel 7.2. Wir berechnen folgende Determinante

$$\begin{aligned} \begin{vmatrix} a - \lambda & b \\ c & d - \lambda \end{vmatrix} &= (a - \lambda)\,(d - \lambda) - b\,c \\ &= \lambda^2 - (a + d)\,\lambda + a\,d - b\,c \\ &= \lambda^2 - (a + d)\,\lambda + \begin{vmatrix} a & b \\ c & d \end{vmatrix} . \end{aligned}$$

□

Beispiel 7.3. Für welche λ verschwindet die Determinante

$$\begin{vmatrix} \lambda & -3 \\ -2 & \lambda - 1 \end{vmatrix} ?$$

Wir berechnen zuerst die Determinante

$$\begin{vmatrix} \lambda & -3 \\ -2 & \lambda - 1 \end{vmatrix} = \lambda\,(\lambda - 1) - 6 = \lambda^2 - \lambda - 6 .$$

Die Gleichung

$$\lambda^2 - \lambda - 6 = 0$$

besitzt zwei reelle Lösungen,

$$\lambda_{1/2} = \frac{1}{2} \pm \sqrt{\frac{1}{4} + 6} = \frac{1}{2} \pm \frac{5}{2}\,.$$

Somit verschwindet die Determinante für $\lambda_1 = -2$ und $\lambda_2 = 3$. □

Die Lösung eines linearen Gleichungssystems mit zwei Gleichungen und zwei Unbekannten

$$\begin{aligned} a_{11}\,x_1 + a_{12}\,x_2 &= b_1\,,\\ a_{21}\,x_1 + a_{22}\,x_2 &= b_2\,, \end{aligned}$$

lässt sich nun mithilfe von Determinanten beschreiben. Verschwindet die Determinante der Koeffizientenmatrix des gegebenen Gleichungsystems nicht,

$$\begin{vmatrix} a_{11} & a_{12} \\ a_{21} & a_{22} \end{vmatrix} = a_{11}\,a_{22} - a_{12}\,a_{21} \neq 0\,,$$

so besitzt das System genau eine Lösung:

$$x_1 = \frac{b_1\,a_{22} - b_2\,a_{21}}{a_{11}\,a_{22} - a_{12}\,a_{21}} = \frac{\begin{vmatrix} b_1 & a_{12} \\ b_2 & a_{22} \end{vmatrix}}{\begin{vmatrix} a_{11} & a_{12} \\ a_{21} & a_{22} \end{vmatrix}}\,,$$

$$x_2 = \frac{a_{11}\,b_2 - a_{21}\,b_1}{a_{11}\,a_{22} - a_{12}\,a_{21}} = \frac{\begin{vmatrix} a_{11} & b_1 \\ a_{21} & b_2 \end{vmatrix}}{\begin{vmatrix} a_{11} & a_{12} \\ a_{21} & a_{22} \end{vmatrix}}\,.$$

Dieses Ergebnis fassen wir zusammen und bekommen die Cramersche Regel (Abb. 7.1):

Cramersche Regel für Systeme mit zwei Gleichungen und zwei Unbekannten
Gegeben sei das System

$$\begin{aligned} a_{11}\,x_1 + a_{12}\,x_2 &= b_1\,,\\ a_{21}\,x_1 + a_{22}\,x_2 &= b_2\,, \end{aligned}$$

und es gelte

$$\begin{vmatrix} a_{11} & a_{12} \\ a_{21} & a_{22} \end{vmatrix} \neq 0\,.$$

Dann besitzt das System genau eine Lösung:

$$x_1 = \frac{\begin{vmatrix} b_1 & a_{12} \\ b_2 & a_{22} \end{vmatrix}}{\begin{vmatrix} a_{11} & a_{12} \\ a_{21} & a_{22} \end{vmatrix}}, \quad x_2 = \frac{\begin{vmatrix} a_{11} & b_1 \\ a_{21} & b_2 \end{vmatrix}}{\begin{vmatrix} a_{11} & a_{12} \\ a_{21} & a_{22} \end{vmatrix}}.$$

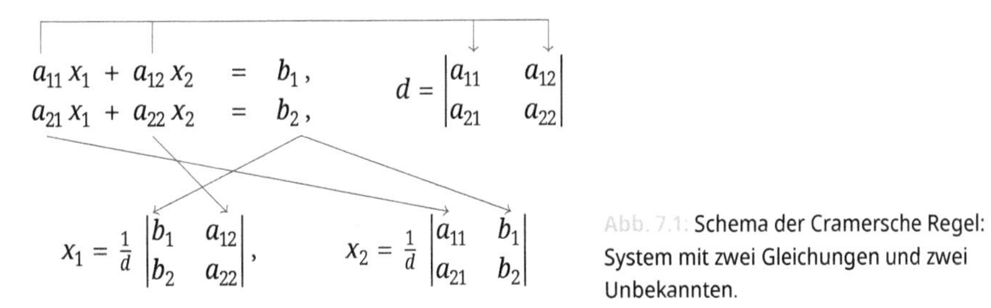

Abb. 7.1: Schema der Cramersche Regel: System mit zwei Gleichungen und zwei Unbekannten.

Beispiel 7.4. Wir lösen das folgende System mit der Cramerschen Regel:

$$3x_1 + \frac{1}{2}x_2 = 5,$$
$$7x_1 - x_2 = 4.$$

Die Determinante des Systems ergibt sich zu

$$\begin{vmatrix} 3 & \frac{1}{2} \\ 7 & -1 \end{vmatrix} = -\frac{13}{2},$$

und mit der Cramerschen Regel bekommen wir

$$x_1 = \frac{\begin{vmatrix} 5 & \frac{1}{2} \\ 4 & -1 \end{vmatrix}}{\begin{vmatrix} 3 & \frac{1}{2} \\ 7 & -1 \end{vmatrix}} = \frac{14}{13}, \quad x_2 = \frac{\begin{vmatrix} 3 & 5 \\ 7 & 4 \end{vmatrix}}{\begin{vmatrix} 3 & \frac{1}{2} \\ 7 & -1 \end{vmatrix}} = \frac{46}{13}.$$

Wir lösen das System noch mit dem Gleichsetzungs- und dem Einsetzungsverfahren. Durch Auflösen der ersten bzw. der zweiten Gleichung nach x_1 ergibt sich

$$x_1 = -\frac{1}{6}x_2 + \frac{5}{3}$$

bzw.

$$x_1 = \frac{1}{7}x_2 + \frac{4}{7}.$$

Gleichsetzen ergibt eine Gleichung zur Bestimmung von x_2,

$$-\frac{1}{6}x_2 + \frac{5}{3} = \frac{1}{7}x_2 + \frac{4}{7} \iff \frac{13}{42}x_2 = \frac{23}{21}.$$

Damit hat man $x_2 = \frac{46}{13}$, und weiter:

$$x_1 = \frac{1}{7} \cdot \frac{46}{13} + \frac{4}{7} = \frac{14}{13}.$$

Beim Einsetzungsverfahren lösen wir beispielsweise die erste Gleichung nach x_1 auf und setzen in die zweite Gleichung ein

$$7\left(-\frac{1}{6}x_2 + \frac{5}{3}\right) - x_2 = 4 \iff \frac{13}{6}x_2 = \frac{23}{3}.$$

Damit hat man wieder $x_2 = \frac{46}{13}$ und $x_1 = \frac{14}{13}$. □

Beispiel 7.5. Für welche $a \in \mathbb{R}$ wird das folgende System mit der Cramerschen Regel lösbar:

$$\begin{aligned} (a+1)\,x_1 - \ x_2 &= 2\,, \\ -3\,x_1 + (a+2)\,x_2 &= -1\,. \end{aligned}$$

Die Determinante des Systems ergibt sich zu

$$\begin{vmatrix} a+1 & -1 \\ -3 & a+2 \end{vmatrix} = a^2 + 3\,a - 1\,.$$

Die Gleichung

$$a^2 + 3\,a - 1 = 0$$

besitzt folgende Lösungen:

$$a_{1/2} = -\frac{3}{2} \pm \frac{\sqrt{13}}{2}\,.$$

Für alle $a \neq a_{1/2}$ kann das System mit der Cramerschen Regel gelöst werden:

$$\begin{aligned} x_1 &= \frac{\begin{vmatrix} 2 & -1 \\ -1 & a+2 \end{vmatrix}}{a^2 + 3\,a - 1} = \frac{2\,a + 3}{a^2 + 3\,a - 1}\,, \\ x_2 &= \frac{\begin{vmatrix} a+1 & 2 \\ -3 & -1 \end{vmatrix}}{a^2 + 3\,a - 1} = \frac{-a + 5}{a^2 + 3\,a - 1}\,. \end{aligned}$$

□

Zwei Geraden in der Ebene können 1) einen Schnittpunkt besitzen, 2) zusammenfallen oder 3) parallel und verschieden sein. Betrachten wir das Problem der Lage zweier

Geraden als System von zwei Gleichungen mit zwei Unbekannten, so entspricht der Fall 1) der eindeutigen Lösbarkeit des Systems, der Fall 2) der mehrdeutigen Lösbarkeit des Systems und der Fall 3) der Unlösbarkeit des Systems. Der Fall 1) tritt genau dann ein, wenn die Determinante des Systems nicht verschwindet. Der Schnittpunkt kann mit der Cramerschen Regel bestimmt werden. Verschwindet die Determinante des Systems jedoch, so tritt einer der Fälle 2) oder 3) ein. (Hier wird auch folgender Ausnahmefall eingeschlossen: alle Koeffizienten des Systems sind gleich Null).

Der Gaußsche Algorithmus (Abb. 7.2) benötigt keine Unterscheidung zwischen den Fällen 1) bzw. 2) und 3). Er basiert ebenfalls darauf, dass man ein Gleichungssystem durch gewisse Operationen umformen darf, ohne die Lösungsmenge zu verändern. Man geht aber so vor, dass über die Lösbarkeit während des Lösungsvorgangs mit entschieden wird. Wir betrachten das System

$$\begin{aligned} a_{11}\,x_1 + a_{12}\,x_2 &= b_1\,, \\ a_{21}\,x_1 + a_{22}\,x_2 &= b_2\,. \end{aligned}$$

Zunächst diskutieren wir den Sonderfall

$$a_{11} = a_{12} = a_{21} = a_{22} = 0\,.$$

In diesem Fall wird das System unlösbar, wenn $b_1 \neq 0$ oder $b_2 \neq 0$. Ist jedoch $b_1 = 0$ und $b_2 = 0$, so stellen alle x_1, x_2 Lösungen dar.

Wenn wenigstens einer der Koeffizienten $a_{11}, a_{12}, a_{21}, a_{22}$ nicht verschwindet, dann können wir $a_{11} \neq 0$ annehmen. Falls nötig, nimmt man hierzu eine Vertauschung der Zeilen oder eine Umbenennung der Unbekannten vor. Multiplizieren wir die erste Zeile mit $\frac{1}{a_{11}}$, so ergibt sich

$$\begin{array}{ccccc} x_1 & + & \dfrac{a_{12}}{a_{11}}\,x_2 & = & \dfrac{b_1}{a_{11}}\,, \\ a_{21}\,x_1 & + & a_{22}\,x_2 & = & b_2\,. \end{array}$$

Multiplizieren wir die erste Zeile des neuen Systems mit a_{21} und subtrahieren anschließend, so bekommen wir das System

$$\begin{array}{cccc} x_1 \; + & \dfrac{a_{12}}{a_{11}}\,x_2 & = & \dfrac{b_1}{a_{11}}\,, \\ & \left(a_{22} - \dfrac{a_{12}\,a_{21}}{a_{11}}\right) x_2 & = & \left(b_2 - \dfrac{a_{21}\,b_1}{a_{11}}\right). \end{array}$$

A: Ist nun der Faktor

$$a_{22} - \frac{a_{12}\,a_{21}}{a_{11}} = \frac{1}{a_{11}}\,(a_{11}\,a_{22} - a_{12}\,a_{21}) = \frac{1}{a_{11}} \begin{vmatrix} a_{11} & a_{12} \\ a_{21} & a_{22} \end{vmatrix} \neq 0\,,$$

so kann das System in folgende obere Dreiecksform überführt werden:

$$\begin{aligned} x_1 + \frac{a_{12}}{a_{11}} x_2 &= \frac{b_1}{a_{11}}, \\ x_2 &= \frac{a_{11}\, b_2 - a_{21}\, b_1}{a_{11}\, a_{22} - a_{12}\, a_{21}}. \end{aligned}$$

Der Dreiecksform kann leicht die Lösung entnommen werden. Man bekommt wieder die Cramersche Regel.

B: Ist der Faktor $a_{22} - \frac{a_{12}\, a_{21}}{a_{11}} = 0$, so unterscheiden wir zwei Unterfälle:

$$\text{B1}: \quad b_2 - \frac{a_{21}\, b_1}{a_{11}} = 0, \quad \text{B2}: \quad b_2 - \frac{a_{21}\, b_1}{a_{11}} \neq 0.$$

B1: Das System ist mehrdeutig lösbar. Beide Gleichungen stimmen bis auf einen Faktor überein. B2: Das System besitzt keine Lösung.

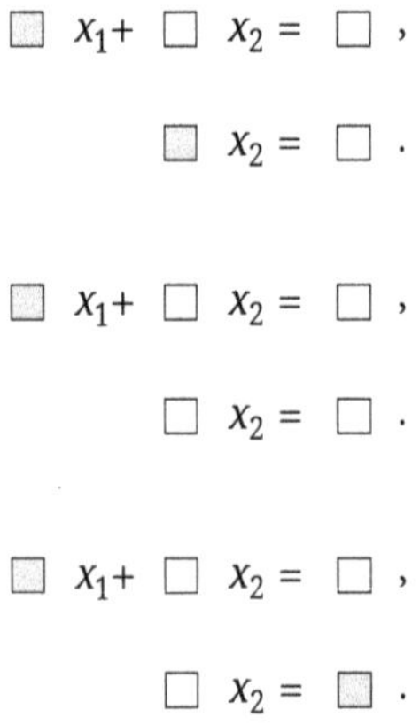

$$\begin{aligned} \square\, x_1 + \square\, x_2 &= \square\,, \\ \square\, x_2 &= \square\,. \end{aligned}$$

$$\begin{aligned} \square\, x_1 + \square\, x_2 &= \square\,, \\ \square\, x_2 &= \square\,. \end{aligned}$$

$$\begin{aligned} \square\, x_1 + \square\, x_2 &= \square\,, \\ \square\, x_2 &= \square\,. \end{aligned}$$

Abb. 7.2: Gaußscher Algorithmus zur Lösung eines Systems mit zwei Gleichungen und zwei Unbekannten. (Koeffizient $a_{11} \neq 0$). Weiße Felder stehen für verschwindende Koeffizienten, dunkelgraue Felder für nicht verschwindende Koeffizienten und hellgraue Felder für Koeffizienten, die für die Lösbarkeit keine Bedeutung besitzen. Eindeutig lösbarer Fall (oben), mehrdeutig lösbarer Fall (Mitte), nicht lösbarer Fall (unten).

Die verschiedenen Fälle, die beim Gaußschen Algorithmus auftreten können, lassen sich wie folgt geometrisch interpretieren: Durch das Ausgangssystem werden zwei Geraden in der $x_1 - x_2$-Ebene beschrieben. Im Fall A liegen zwei nicht parallele Geraden vor. Durch Fallunterscheidungen kann man leicht sehen, dass stets die Anstiege verschieden sein müssen. Zwei nicht parallele Geraden in der Ebene besitzen aber genau einen Schnittpunkt. Im Fall B1 sind die Geraden parallel und fallen zusammen. Im Fall B2 sind die Geraden parallel, besitzen aber keinen gemeinsamen Punkt.

Beispiel 7.6. Wir lösen das folgende System mit dem Gaußschen Algorithmus,

$$\begin{aligned} \text{(I)} \quad 3\,x_1 - 5\,x_2 &= \frac{1}{2}, \\ \text{(II)} \quad 2\,x_1 + 7\,x_2 &= 5. \end{aligned}$$

Erster Schritt: Wir erzeugen eine Eins in der ersten Gleichung in der ersten Spalte,

$$\begin{array}{llcrcll} (\mathrm{I},1) & x_1 & - & \frac{5}{3}x_2 & = & \frac{1}{6}, & \frac{1}{3}(\mathrm{I}) \\ (\mathrm{II},1) & 2x_1 & + & 7x_2 & = & 5. & \end{array}$$

Wir erzeugen eine Null unterhalb der Eins,

$$\begin{array}{llcrcll} (\mathrm{I},2) & x_1 & - & \frac{5}{3}x_2 & = & \frac{1}{6}, & \\ (\mathrm{II},2) & 0 & + & \frac{31}{3}x_2 & = & \frac{14}{3}. & (\mathrm{II},1) - 2(\mathrm{I},1) \end{array}$$

Zweiter Schritt: Wir erzeugen eine Eins in der zweiten Gleichung in der zweiten Spalte,

$$\begin{array}{llcrcll} (\mathrm{I},3) & x_1 & - & \frac{5}{3}x_2 & = & \frac{1}{6}, & \\ (\mathrm{II},3) & 0 & + & x_2 & = & \frac{14}{31}. & \frac{3}{31}(\mathrm{II},2) \end{array}$$

Das System ist eindeutig lösbar:

$$x_2 = \frac{14}{31}, \quad x_1 = \frac{1}{6} + \frac{5}{3} \cdot \frac{14}{31} = \frac{57}{62}. \qquad \square$$

Beispiel 7.7. Sei a eine beliebige reelle Zahl. Wir lösen das folgende System mit dem Gaußschen Algorithmus:

$$\begin{array}{llcrcl} (\mathrm{I}) & a\,x_1 & - & 4x_2 & = & \frac{2}{3}, \\ (\mathrm{II}) & -2x_1 & + & 6x_2 & = & 2. \end{array}$$

Erster Schritt: Wir erzeugen eine Eins in der ersten Gleichung in der ersten Spalte,

$$\begin{array}{llcrcll} (\mathrm{I},1) & -2x_1 & + & 6x_2 & = & 2, & (\mathrm{II}) \\ (\mathrm{II},1) & a\,x_1 & - & 4x_2 & = & \frac{2}{3}, & (\mathrm{I}) \\ (\mathrm{I},2) & x_1 & - & 3x_2 & = & -1, & -\frac{1}{2}(\mathrm{I},1) \\ (\mathrm{II},2) & a\,x_1 & - & 4x_2 & = & \frac{2}{3}. & \end{array}$$

Wir erzeugen eine Null unterhalb der Eins,

$$\begin{array}{llcrcll} (\mathrm{I},3) & x_1 & - & 3x_2 & = & -1, & \\ (\mathrm{II},3) & 0 & + & (3a-4)\,x_2 & = & a + \frac{2}{3}. & (\mathrm{II},2) - a(\mathrm{I},2) \end{array}$$

Zweiter Schritt:

$$(A): \quad a \neq \frac{4}{3}, \quad (B): \quad a = \frac{4}{3}.$$

(A): Wir erzeugen eine Eins in der zweiten Gleichung in der zweiten Spalte,

$$\begin{array}{llcrcll} (I,4) & x_1 & - & 3x_2 & = & -1, & \\ (II,4) & 0 & + & x_2 & = & \frac{a+\frac{2}{3}}{3a-4}. & \frac{1}{3a-4}\,(II,3) \end{array}$$

Das System ist eindeutig lösbar:

$$x_2 = \frac{3a+2}{3(3a-4)}, \quad x_1 = \frac{6}{3a-4}.$$

(B): Das System lautet:

$$\begin{array}{llcrcl} (I,3) & x_1 & - & 3x_2 & = & -1, \\ (II,3) & 0 & + & 0 & = & 2, \end{array}$$

und besitzt somit keine Lösung. □

Beispiel 7.8. Seien a, b_1, b_2 beliebige reelle Zahlen. Wir lösen das folgende System mit dem Gaußschen Algorithmus:

$$\begin{array}{llcrcl} (I) & x_1 & - & a x_2 & = & b_1, \\ (II) & -5x_1 & - & 3x_2 & = & b_2. \end{array}$$

Erster Schritt: Wir erzeugen eine Null unterhalb der Eins in der ersten Gleichung in der ersten Spalte,

$$\begin{array}{llcrcll} (I,1) & x_1 & - & a x_2 & = & b_1, & \\ (II,1) & 0 & - & (5a+3)x_2 & = & 5b_1+b_2. & (II)+5\,(I) \end{array}$$

Zweiter Schritt:

$$(A): \quad a \neq -\frac{3}{5}, \quad (B): \quad a = -\frac{3}{5}.$$

(A): Wir erzeugen eine Eins in der zweiten Gleichung in der zweiten Spalte,

$$\begin{array}{llcrcll} (I,2) & x_1 & - & a x_2 & = & b_1, & \\ (II,2) & 0 & + & x_2 & = & -\frac{5b_1+b_2}{5a+3}. & -\frac{1}{5a+3}\,(II,2) \end{array}$$

Das System ist eindeutig lösbar:

$$x_2 = -\frac{5\,b_1 + b_2}{5\,a + 3}, \quad x_1 = \frac{3\,b_1 - a\,b_2}{5\,a + 3}.$$

(B): Das System lautet:

$$\begin{array}{llcccl} \text{(I,2)} & x_1 & - & a\,x_2 & = & b_1, \\ \text{(II,2)} & 0 & + & 0 & = & 5\,b_1 + b_2, \quad a = -\frac{3}{5}. \end{array}$$

(B1): $5\,b_1 + b_2 = 0$. Das System besteht nur aus einer Gleichung,

$$x_1 - a\,x_2 = b_1,$$

und besitzt folgende Lösungen:

$$x_2 = \lambda, \quad x_1 = a\,\lambda + b_1,$$

mit beliebigem λ.

(B2): $5\,b_1 + b_2 \neq 0$. Das System besitzt keine Lösung. □

Während man die Cramersche Regel nur bei Systemen mit derselben Anzahl von Gleichungen und Unbekannten heranziehen kann, funktioniert der Gaußsche Algorithmus auch bei anderen Systemen.

Beispiel 7.9. Wir wenden den Gaußschen Algorithmus auf das folgende System mit drei Gleichungen und zwei Unbekannten an (Abb. 7.3):

$$\begin{array}{lrcrcl} \text{(I)} & 3\,x_1 & + & 4\,x_2 & = & 1, \\ \text{(II)} & 2\,x_1 & - & x_2 & = & 7, \\ \text{(III)} & -6\,x_1 & - & 5\,x_2 & = & 2. \end{array}$$

Erster Schritt: Wir erzeugen eine Eins in der ersten Gleichung in der ersten Spalte,

$$\begin{array}{lrcrcl} \text{(I,1)} & x_1 & + & \frac{4}{3}\,x_2 & = & \frac{1}{3}, \quad \frac{1}{3}\,\text{(I)} \\ \text{(II,1)} & 2\,x_1 & - & x_2 & = & 7, \\ \text{(III,1)} & -6\,x_1 & - & 5\,x_2 & = & 2. \end{array}$$

Wir erzeugen Nullen unterhalb der Eins,

$$\begin{array}{lccccccl}
\text{(I,2)} & x_1 & + & \frac{4}{3}x_2 & = & \frac{1}{3}, & \\
\text{(II,2)} & 0 & - & \frac{11}{3}x_2 & = & \frac{19}{3}, & \text{(II,1)} - 2\,\text{(I,1)} \\
\text{(III,2)} & 0 & + & 3x_2 & = & 4. & \text{(III,1)} + 6\,\text{(I,1)}
\end{array}$$

Zweiter Schritt: Wir erzeugen eine Eins in der zweiten Gleichung in der zweiten Spalte,

$$\begin{array}{lccccccl}
\text{(I,3)} & x_1 & + & \frac{4}{3}x_2 & = & \frac{1}{3}, & \\
\text{(II,3)} & 0 & + & x_2 & = & -\frac{19}{11}, & -\frac{3}{11}\,\text{(II,2)} \\
\text{(III,3)} & 0 & + & 3x_2 & = & 4. &
\end{array}$$

Wir erzeugen eine Null unterhalb der Eins in der zweiten Gleichung in der zweiten Spalte,

$$\begin{array}{lccccccl}
\text{(I,4)} & x_1 & + & \frac{4}{3}x_2 & = & \frac{1}{3}, & \\
\text{(II,4)} & 0 & + & x_2 & = & -\frac{19}{11}, & \\
\text{(III,4)} & 0 & + & 0 & = & \frac{101}{11}. & \text{(III,3)} - 3\,\text{(II,3)}
\end{array}$$

Offensichtlich endet der Gaußsche Algorithmus mit einem Widerspruch, denn

$$0 \neq \frac{101}{11}.$$

Das System besitzt keine Lösung.

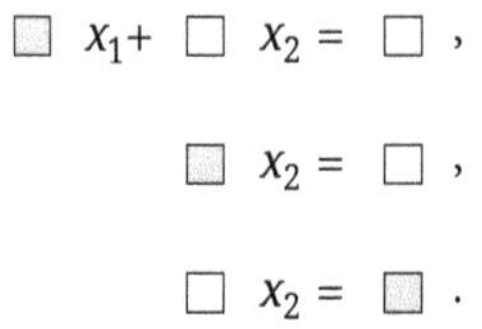

$$\begin{array}{rcl}
\square\, x_1 + \square\, x_2 & = & \square\,, \\
\square\, x_2 & = & \square\,, \\
\square\, x_2 & = & \square\,.
\end{array}$$

Abb. 7.3: Gaußscher Algorithmus zur Lösung eines Systems mit drei Gleichungen und zwei Unbekannten. Nicht lösbarer Fall.

□

Ein System mit drei Gleichungen und zwei Unbekannten ist überbestimmt und kann nur in Ausnahmefällen eine Lösung besitzen. Geometrisch gesehen werden drei Geraden in der Ebene betrachtet. Damit das System lösbar wird, müssen je zwei Geraden einen Schnittpunkt besitzen, und die dann noch verbleibende dritte Gerade muss ebenfalls durch diesen Punkt gehen.

7.2 Gleichungen mit drei Unbekannten

Ordnen wir $9 = 3 \times 3$ Zahlen zu einem quadratischen Schema an, so entsteht eine 3×3-Matrix. Man erklärt die Determinante einer solchen Matrix aus drei Reihen und drei Spalten wie folgt:

Dreireihige Determinante

Ist $\begin{pmatrix} a_{11} & a_{12} & a_{13} \\ a_{21} & a_{22} & a_{23} \\ a_{31} & a_{32} & a_{33} \end{pmatrix}$ eine 3×3-Matrix aus beliebigen reellen Zahlen, so wird folgende Zahl als Determinante bezeichnet:

$$\begin{vmatrix} a_{11} & a_{12} & a_{13} \\ a_{21} & a_{22} & a_{23} \\ a_{31} & a_{32} & a_{33} \end{vmatrix}$$
$$= a_{11}\,a_{22}\,a_{33} + a_{12}\,a_{23}\,a_{31} + a_{13}\,a_{21}\,a_{32}$$
$$- a_{13}\,a_{22}\,a_{31} - a_{11}\,a_{23}\,a_{32} - a_{12}\,a_{21}\,a_{33}\,.$$

Die Determinante einer 3×3-Matrix kann man sich gut mit der Sarrusschen Regel merken, die genau wie das Rechenschema zur Berechnung des Spatprodukts vorgeht.

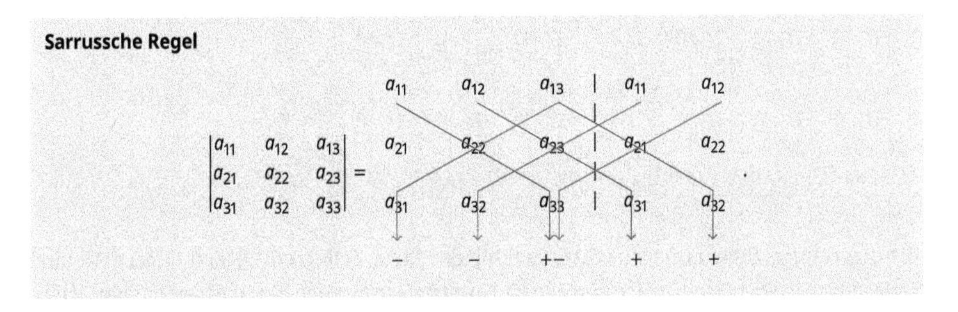

Beispiel 7.10. Wir berechnen die Determinante

$$\begin{vmatrix} 2 & \frac{13}{5} & 19 \\ -4 & 15 & -\frac{21}{9} \\ 17 & 8 & -7 \end{vmatrix}$$
$$= -2 \cdot 15 \cdot 7 - \frac{13}{5} \cdot \frac{21}{9} \cdot 17 - 19 \cdot 4 \cdot 8$$
$$- 17 \cdot 15 \cdot 19 + 8 \cdot \frac{21}{9} \cdot 2 - 7 \cdot 4 \cdot \frac{13}{5}$$
$$= -210 - \frac{1547}{15} - 608 - 4845 + \frac{112}{3} - \frac{364}{5}$$
$$= -\frac{29008}{5}\,.$$

Wir berechnen mit beliebigen $a, b, c, d, f, g \in \mathbb{R}$ die Determinante

$$\begin{vmatrix} a & d & f \\ d & b & g \\ f & g & c \end{vmatrix}$$
$$= a\,b\,c + d\,g\,f + f\,d\,g - f^2\,b - g^2\,a - c\,d^2$$
$$= a\,b\,c + 2\,d\,f\,g - a\,g^2 - b\,f^2 - c\,d^2 . \qquad \square$$

Die Berechnung einer dreireihigen Determinante kann auf die Berechnung von drei zweireihigen Determinanten zurückgeführt werden. Man muß dazu nur die sechs Summanden, welche bei der Berechnung einer dreireihigen Determinante auftreten, in geeigneter Weise umordnen.

Entwickeln nach Zeilen

$$\begin{vmatrix} a_{11} & a_{12} & a_{13} \\ a_{21} & a_{22} & a_{23} \\ a_{31} & a_{32} & a_{33} \end{vmatrix}$$
$$= a_{11}\,a_{22}\,a_{33} + a_{12}\,a_{23}\,a_{31} + a_{13}\,a_{21}\,a_{32}$$
$$\quad - a_{13}\,a_{22}\,a_{31} - a_{11}\,a_{23}\,a_{32} - a_{12}\,a_{21}\,a_{33}$$
$$= a_{11} \begin{vmatrix} a_{22} & a_{23} \\ a_{32} & a_{33} \end{vmatrix} - a_{12} \begin{vmatrix} a_{21} & a_{23} \\ a_{31} & a_{33} \end{vmatrix} + a_{13} \begin{vmatrix} a_{21} & a_{22} \\ a_{31} & a_{32} \end{vmatrix}$$
$$= -a_{21} \begin{vmatrix} a_{12} & a_{13} \\ a_{32} & a_{33} \end{vmatrix} + a_{22} \begin{vmatrix} a_{11} & a_{13} \\ a_{31} & a_{33} \end{vmatrix} - a_{23} \begin{vmatrix} a_{11} & a_{12} \\ a_{31} & a_{32} \end{vmatrix}$$
$$= a_{31} \begin{vmatrix} a_{12} & a_{13} \\ a_{22} & a_{23} \end{vmatrix} - a_{32} \begin{vmatrix} a_{11} & a_{13} \\ a_{21} & a_{23} \end{vmatrix} + a_{33} \begin{vmatrix} a_{11} & a_{12} \\ a_{21} & a_{22} \end{vmatrix} .$$

Die dreireihige Determinante wurde nach jeder ihrer Zeilen entwickelt. Man geht eine Zeile durch und bildet drei zweireihige Unterdeterminaten. Dazu streicht man diese Zeile und jeweils die Spalte, in der man sich gerade befindet. Die Unterdeterminanten zusammen mit dem Vorzeichen, das aus einem Schachbrettmuster entnommen werden kann, bezeichnet man als Adjunkten (Abb. 7.4).

+	−	+
−	+	−
+	−	+

Abb. 7.4: Vorzeichenregel für die Bildung der Adjunkten bei einer dreireihigen Determinante.

Analog zur Entwicklung nach Zeilen kann man die Determinante nach Spalten entwickeln. Man geht eine Spalte durch und bildet drei zweireihige Unterdeterminaten. Dazu streicht man diese Spalte und jeweils die Zeile, in der man sich gerade befindet.

Die Unterdeterminanten zusammen mit dem Vorzeichen, das demselben Schachbrettmuster entnommen werden kann, bezeichnet man wieder als Adjunkten (Abb. 7.5).

Entwickeln nach Spalten

$$\begin{vmatrix} a_{11} & a_{12} & a_{13} \\ a_{21} & a_{22} & a_{23} \\ a_{31} & a_{32} & a_{33} \end{vmatrix}$$

$$= a_{11}\, a_{22}\, a_{33} + a_{12}\, a_{23}\, a_{31} + a_{13}\, a_{21}\, a_{32}$$
$$- a_{13}\, a_{22}\, a_{31} - a_{11}\, a_{23}\, a_{32} - a_{12}\, a_{21}\, a_{33}$$

$$= a_{11} \begin{vmatrix} a_{22} & a_{23} \\ a_{32} & a_{33} \end{vmatrix} - a_{21} \begin{vmatrix} a_{12} & a_{13} \\ a_{32} & a_{33} \end{vmatrix} + a_{31} \begin{vmatrix} a_{12} & a_{13} \\ a_{22} & a_{33} \end{vmatrix}$$

$$= -a_{12} \begin{vmatrix} a_{21} & a_{23} \\ a_{31} & a_{33} \end{vmatrix} + a_{22} \begin{vmatrix} a_{11} & a_{13} \\ a_{31} & a_{33} \end{vmatrix} - a_{32} \begin{vmatrix} a_{11} & a_{13} \\ a_{21} & a_{23} \end{vmatrix}$$

$$= a_{13} \begin{vmatrix} a_{21} & a_{22} \\ a_{31} & a_{32} \end{vmatrix} - a_{23} \begin{vmatrix} a_{11} & a_{12} \\ a_{31} & a_{32} \end{vmatrix} + a_{33} \begin{vmatrix} a_{11} & a_{12} \\ a_{21} & a_{22} \end{vmatrix} .$$

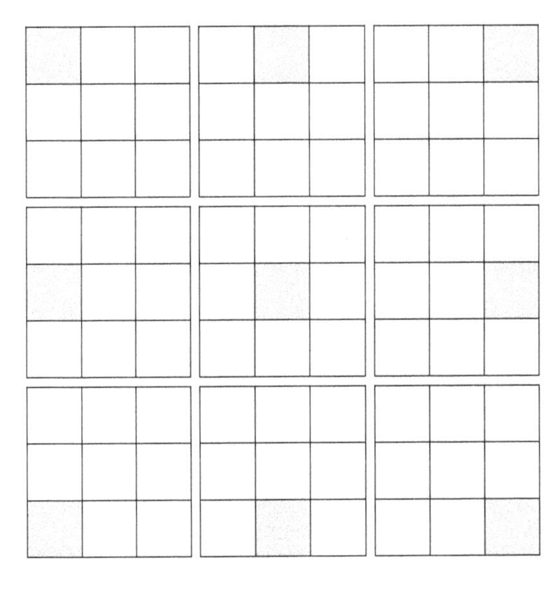

Abb. 7.5: Berechnung einer dreireihigen Determinante durch Bildung der Adjunkten. Jede Zeile und jede Spalte des Schemas ergibt die Determinante (Entwickeln nach Zeilen bzw. Spalten).

Beispiel 7.11. Wir berechnen mit beliebigen $a, b, c, d, f, g \in \mathbb{R}$ die folgende Determinante nach der Sarrusschen Regel und durch Entwickeln nach der dritten Zeile:

$$\begin{vmatrix} a & d & f \\ -d & b & g \\ -f & -g & c \end{vmatrix} = a\,b\,c - d\,g\,f + d\,g\,f + b f^2 + a\,g^2 + c\,d^2$$
$$= a\,b\,c + a\,g^2 + b f^2 + c\,d^2 ,$$

$$\begin{aligned}\begin{vmatrix} a & d & f \\ -d & b & g \\ -f & -g & c \end{vmatrix} &= -f \begin{vmatrix} d & f \\ b & g \end{vmatrix} - (-g) \begin{vmatrix} a & f \\ -d & g \end{vmatrix} + c \begin{vmatrix} a & d \\ -d & b \end{vmatrix} \\ &= (-f)(dg - bf) + g(ag + df) + c(ab + d^2) \\ &= abc + ag^2 + bf^2 + cd^2 . \end{aligned}$$

□

Beispiel 7.12. Mit der Sarrusschen Regel berechnen wir die Determinante ($\phi, \theta \in \mathbb{R}$ beliebig)

$$\begin{aligned}&\begin{vmatrix} \sin(\phi)\cos(\theta) & \sin(\phi)\sin(\theta) & \cos(\phi) \\ r\cos(\phi)\cos(\theta) & r\cos(\phi)\sin(\theta) & -r\sin(\phi) \\ -r\sin(\phi)\sin(\theta) & r\sin(\phi)\cos(\theta) & 0 \end{vmatrix} \\ &= r^2(\sin(\phi))^3(\sin(\theta))^2 + r^2\sin(\phi)(\cos(\phi))^2(\cos(\theta))^2 \\ &\quad + r^2\sin(\phi)(\cos(\phi))^2(\sin(\theta))^2 + r^2(\sin(\phi))^3(\cos(\theta))^2 \\ &= r^2(\sin(\phi))^3 + r^2\sin(\phi)(\cos(\phi))^2((\cos(\theta))^2 + (\sin(\theta))^2) \\ &= r^2\sin(\phi)((\sin(\phi))^2 + (\cos(\phi))^2) \\ &= r^2\sin(\phi) . \end{aligned}$$

Entwickeln nach der dritten Spalte ergibt dasselbe Ergebnis:

$$\begin{aligned}&\begin{vmatrix} \sin(\phi)\cos(\theta) & \sin(\phi)\sin(\theta) & \cos(\phi) \\ r\cos(\phi)\cos(\theta) & r\cos(\phi)\sin(\theta) & -r\sin(\phi) \\ -r\sin(\phi)\sin(\theta) & r\sin(\phi)\cos(\theta) & 0 \end{vmatrix} \\ &= \cos(\phi)\begin{vmatrix} r\cos(\phi)\cos(\theta) & r\cos(\phi)\sin(\theta) \\ -r\sin(\phi)\sin(\theta) & r\sin(\phi)\cos(\theta) \end{vmatrix} \\ &\quad + r\sin(\phi)\begin{vmatrix} \sin(\phi)\cos(\theta) & \sin(\phi)\sin(\theta) \\ -r\sin(\phi)\sin(\theta) & r\sin(\phi)\cos(\theta) \end{vmatrix} \\ &= \cos(\phi)(r^2\sin(\phi)\cos(\phi)(\cos(\theta))^2 + r^2\sin(\phi)\cos(\phi)(\sin(\theta))^2) \\ &\quad + r\sin(\phi)(r(\sin(\phi))^2)(\cos(\theta))^2 + r(\sin(\phi))^2(\sin(\theta))^2) \\ &= (r^2(\sin(\phi))^3 + \sin(\phi)(\cos(\phi))^2)((\cos(\theta))^2 + (\sin(\theta))^2) \\ &= r^2\sin(\phi) . \end{aligned}$$

□

Beispiel 7.13. Wir berechnen mit beliebigen $a, b, c, d, f, g \in \mathbb{R}$ die Determinante der oberen Dreiecksmatrix

$$\begin{pmatrix} a & d & f \\ 0 & b & g \\ 0 & 0 & c \end{pmatrix} .$$

Durch Entwickeln nach der ersten Spalte bekommt man

$$\begin{vmatrix} a & d & f \\ 0 & b & g \\ 0 & 0 & c \end{vmatrix} = a \begin{vmatrix} b & g \\ 0 & c \end{vmatrix} = a\,b\,c\,. \qquad \square$$

Sind Koeffizienten $a_{jk} \in \mathbb{R}$, $j,k = 1,2,3$ und rechte Seiten b_1, b_2, b_3 gegeben und werden Unbekannte $x_1, x_2, x_3 \in \mathbb{R}$ gesucht, dann wird durch folgende Gleichungen ein lineares System mit drei Gleichungen und drei Unbekannten gegeben:

Lineares System mit drei Gleichungen und drei Unbekannten

$$\begin{aligned} a_{11}\,x_1 + a_{12}\,x_2 + a_{13}\,x_3 &= b_1\,, \\ a_{21}\,x_1 + a_{22}\,x_2 + a_{23}\,x_3 &= b_2\,, \\ a_{31}\,x_1 + a_{32}\,x_2 + a_{33}\,x_3 &= b_3\,. \end{aligned}$$

Wir multiplizieren die erste Gleichung mit a_{23} und die zweite mit a_{13} und bilden die Differenz,

$$(a_{11}\,a_{23} - a_{13}\,a_{21})\,x_1 + (a_{12}\,a_{23} - a_{13}\,a_{22})\,x_2 = a_{23}\,b_1 - a_{13}\,b_2\,.$$

Genauso multiplizieren wir die erste Gleichung mit a_{33} und die dritte mit a_{13} und bilden die Differenz,

$$(a_{11}\,a_{33} - a_{13}\,a_{31})\,x_1 + (a_{12}\,a_{33} - a_{13}\,a_{32})\,x_2 = a_{33}\,b_1 - a_{13}\,b_3\,.$$

Damit haben wir x_3 eliminiert und können nun wie im Fall eines Systems mit zwei Unbekannten vorgehen. Wir multiplizieren die erste der beiden soeben erhaltenen Gleichungen mit $a_{12}\,a_{33} - a_{13}\,a_{32}$ und die zweite mit $a_{12}\,a_{23} - a_{13}\,a_{22}$ und bilden die Differenz,

$$\begin{aligned} &((a_{11}\,a_{23} - a_{13}\,a_{21})\,(a_{12}\,a_{33} - a_{13}\,a_{32}) \\ &\quad - (a_{11}\,a_{33} - a_{13}\,a_{31})\,(a_{12}\,a_{23} - a_{13}\,a_{22}))\,x_1 \\ &= (a_{23}\,b_1 - a_{13}\,b_2)\,(a_{12}\,a_{33} - a_{13}\,a_{32}) \\ &\quad - (a_{33}\,b_1 - a_{13}\,b_3)\,(a_{12}\,a_{23} - a_{13}\,a_{22})\,. \end{aligned}$$

Umformen ergibt

$$\begin{aligned} &(a_{11}\,a_{22}\,a_{33} + a_{12}\,a_{23}\,a_{31} + a_{13}\,a_{21}\,a_{32} \\ &\quad - a_{13}\,a_{22}\,a_{31} - a_{11}\,a_{23}\,a_{32} - a_{12}\,a_{21}\,a_{33})\,a_{13}\,x_1 \\ &= (b_1\,a_{22}\,a_{33} + a_{12}\,a_{23}\,b_3 + a_{13}\,b_2\,a_{32} \\ &\quad - a_{13}\,a_{22}\,b_3 - b_1\,a_{23}\,a_{32} - a_{12}\,b_2\,a_{33})\,a_{13}\,. \end{aligned}$$

Diese Gleichung lässt sich folgendermaßen schreiben:

$$\begin{vmatrix} a_{11} & a_{12} & a_{13} \\ a_{21} & a_{22} & a_{23} \\ a_{31} & a_{32} & a_{33} \end{vmatrix} a_{13}\, x_1 = \begin{vmatrix} b_1 & a_{12} & a_{13} \\ b_2 & a_{22} & a_{23} \\ b_3 & a_{32} & a_{33} \end{vmatrix} a_{13}\,.$$

Analog hätte man die folgenden Gleichungen herleiten können:

$$\begin{vmatrix} a_{11} & a_{12} & a_{13} \\ a_{21} & a_{22} & a_{23} \\ a_{31} & a_{32} & a_{33} \end{vmatrix} a_{23}\, x_1 = \begin{vmatrix} b_1 & a_{12} & a_{13} \\ b_2 & a_{22} & a_{23} \\ b_3 & a_{32} & a_{33} \end{vmatrix} a_{23}\,,$$

$$\begin{vmatrix} a_{11} & a_{12} & a_{13} \\ a_{21} & a_{22} & a_{23} \\ a_{31} & a_{32} & a_{33} \end{vmatrix} a_{33}\, x_1 = \begin{vmatrix} b_1 & a_{12} & a_{13} \\ b_2 & a_{22} & a_{23} \\ b_3 & a_{32} & a_{33} \end{vmatrix} a_{33}\,.$$

Drei entsprechende Gleichungen ergeben sich jeweils zur Bestimmung von x_2 und x_3.

Wenn wir voraussetzen, dass die Determinante des Systems nicht verschwindet,

$$\begin{vmatrix} a_{11} & a_{12} & a_{13} \\ a_{21} & a_{22} & a_{23} \\ a_{31} & a_{32} & a_{33} \end{vmatrix} \neq 0\,,$$

so kann nicht gleichzeitig eine Spalte aus lauter Nullen bestehen. Es ergibt sich mindestens eine Gleichung, die jeweils eine Unbekannte eindeutig festlegt. Insgesamt bekommt man die Cramersche Regel:

Cramersche Regel für Systeme mit drei Gleichungen und drei Unbekannten

Gegeben sei das System

$$\begin{aligned} a_{11}\, x_1 + a_{12}\, x_2 + a_{13}\, x_3 &= b_1\,, \\ a_{21}\, x_1 + a_{22}\, x_2 + a_{23}\, x_3 &= b_2\,, \\ a_{31}\, x_1 + a_{32}\, x_2 + a_{33}\, x_3 &= b_3\,, \end{aligned}$$

und es gelte

$$\begin{vmatrix} a_{11} & a_{12} & a_{13} \\ a_{21} & a_{22} & a_{23} \\ a_{31} & a_{32} & a_{33} \end{vmatrix} \neq 0\,.$$

Dann besitzt das System genau eine Lösung:

$$x_1 = \frac{\begin{vmatrix} b_1 & a_{12} & a_{13} \\ b_2 & a_{22} & a_{23} \\ b_3 & a_{32} & a_{33} \end{vmatrix}}{\begin{vmatrix} a_{11} & a_{12} & a_{13} \\ a_{21} & a_{22} & a_{23} \\ a_{31} & a_{32} & a_{33} \end{vmatrix}}\,, \quad x_2 = \frac{\begin{vmatrix} a_{11} & b_1 & a_{13} \\ a_{21} & b_2 & a_{23} \\ a_{31} & b_3 & a_{33} \end{vmatrix}}{\begin{vmatrix} a_{11} & a_{12} & a_{13} \\ a_{21} & a_{22} & a_{23} \\ a_{31} & a_{32} & a_{33} \end{vmatrix}}\,, \quad x_3 = \frac{\begin{vmatrix} a_{11} & a_{12} & b_1 \\ a_{21} & a_{22} & b_2 \\ a_{31} & a_{32} & b_3 \end{vmatrix}}{\begin{vmatrix} a_{11} & a_{12} & a_{13} \\ a_{21} & a_{22} & a_{23} \\ a_{31} & a_{32} & a_{33} \end{vmatrix}}\,.$$

Wiederum lässt sich die Aussage umkehren. Wenn ein System genau eine Lösung besitzt, dann kann die Determinante des Systems nicht verschwinden, und die Lösung wird mit der Cramerschen Regel gegeben (Abb. 7.6).

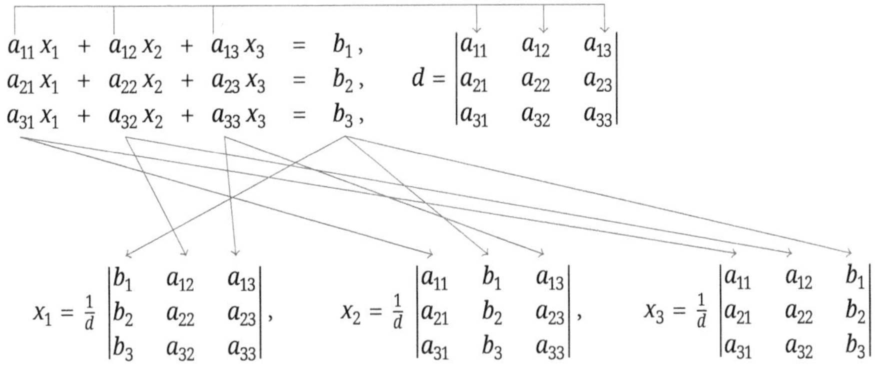

$$\begin{aligned} a_{11}x_1 + a_{12}x_2 + a_{13}x_3 &= b_1, \\ a_{21}x_1 + a_{22}x_2 + a_{23}x_3 &= b_2, \\ a_{31}x_1 + a_{32}x_2 + a_{33}x_3 &= b_3, \end{aligned} \qquad d = \begin{vmatrix} a_{11} & a_{12} & a_{13} \\ a_{21} & a_{22} & a_{23} \\ a_{31} & a_{32} & a_{33} \end{vmatrix}$$

$$x_1 = \frac{1}{d}\begin{vmatrix} b_1 & a_{12} & a_{13} \\ b_2 & a_{22} & a_{23} \\ b_3 & a_{32} & a_{33} \end{vmatrix}, \qquad x_2 = \frac{1}{d}\begin{vmatrix} a_{11} & b_1 & a_{13} \\ a_{21} & b_2 & a_{23} \\ a_{31} & b_3 & a_{33} \end{vmatrix}, \qquad x_3 = \frac{1}{d}\begin{vmatrix} a_{11} & a_{12} & b_1 \\ a_{21} & a_{22} & b_2 \\ a_{31} & a_{32} & b_3 \end{vmatrix}$$

Abb. 7.6: Schema der Cramersche Regel: System mit drei Gleichungen und drei Unbekannten.

Beispiel 7.14. Gegeben sei das System

$$\begin{aligned} 2x_1 - 4x_2 + 3x_3 &= 13, \\ -3x_1 + 2x_2 - 2x_3 &= -3, \\ 5x_1 + 2x_2 + 3x_3 &= 7. \end{aligned}$$

Es gilt zunächst

$$\begin{vmatrix} 2 & -4 & 3 \\ -3 & 2 & -2 \\ 5 & 2 & 3 \end{vmatrix} = -24 \neq 0,$$

sodass die Cramersche Regel folgende Lösung liefert:

$$x_1 = \frac{\begin{vmatrix} 13 & -4 & 3 \\ -3 & 2 & -2 \\ 7 & 2 & 3 \end{vmatrix}}{\begin{vmatrix} 2 & -4 & 3 \\ -3 & 2 & -2 \\ 5 & 2 & 3 \end{vmatrix}} = \frac{90}{-24} = -\frac{15}{4},$$

$$x_2 = \frac{\begin{vmatrix} 2 & 13 & 3 \\ -3 & -3 & -2 \\ 5 & 7 & 3 \end{vmatrix}}{\begin{vmatrix} 2 & -4 & 3 \\ -3 & 2 & -2 \\ 5 & 2 & 3 \end{vmatrix}} = \frac{-21}{-24} = \frac{7}{8},$$

$$x_3 = \frac{\begin{vmatrix} 2 & -4 & 13 \\ -3 & 2 & -3 \\ 5 & 2 & 7 \end{vmatrix}}{\begin{vmatrix} 2 & -4 & 3 \\ -3 & 2 & -2 \\ 5 & 2 & 3 \end{vmatrix}} = \frac{-192}{-24} = 8. \qquad \square$$

Beispiel 7.15. Sei $a_{11} \neq 0$, $a_{22} \neq 0$ und $a_{33} \neq 0$. Wir lösen das folgende System in Dreiecksform:

$$\begin{array}{rcrcrcl} a_{11}\,x_1 & + & a_{12}\,x_2 & + & a_{13}\,x_3 & = & b_1\,, \\ & & a_{22}\,x_2 & + & a_{23}\,x_3 & = & b_2\,, \\ & & & & a_{33}\,x_3 & = & b_3\,. \end{array}$$

Zunächst erhalten wir durch Einsetzen

$$\begin{aligned} x_3 &= \frac{1}{a_{33}}\,b_3\,, \\ x_2 &= \frac{1}{a_{22}}\left(b_2 - a_{23}\,\frac{1}{a_{33}}\,b_3\right) \\ &= \frac{1}{a_{22}}\,b_2 - \frac{a_{23}}{a_{22}\,a_{33}}\,b_3\,, \\ x_1 &= \frac{1}{a_{11}}\left(b_1 - a_{12}\left(\frac{1}{a_{22}}\,b_2 - \frac{a_{23}}{a_{22}\,a_{33}}\,b_3\right) - a_{13}\,\frac{1}{a_{33}}\,b_3\right) \\ &= \frac{1}{a_{11}}\,b_1 - \frac{a_{12}}{a_{11}\,a_{22}}\,b_2 + \left(\frac{a_{12}\,a_{23}}{a_{11}\,a_{22}\,a_{33}} - \frac{a_{13}}{a_{11}\,a_{33}}\right)b_3\,. \end{aligned}$$

Wenden wir die Cramersche Regel an, so ergibt sich

$$\begin{aligned} x_1 &= \frac{\begin{vmatrix} b_1 & a_{12} & a_{13} \\ b_2 & a_{22} & a_{23} \\ b_3 & 0 & a_{33} \end{vmatrix}}{a_{11}\,a_{22}\,a_{33}} \\ &= \frac{a_{22}\,a_{33}\,b_1 - a_{12}\,a_{33}\,b_2 + (a_{12}\,a_{23} - a_{13}\,a_{22})\,b_3}{a_{11}\,a_{22}\,a_{33}}\,, \end{aligned}$$

$$x_2 = \frac{\begin{vmatrix} a_{11} & b_1 & a_{13} \\ 0 & b_2 & a_{23} \\ 0 & b_3 & a_{33} \end{vmatrix}}{a_{11}\,a_{22}\,a_{33}} = \frac{a_{11}\,a_{33}\,b_2 - a_{11}\,a_{23}\,b_3}{a_{11}\,a_{22}\,a_{33}}\,,$$

$$x_3 = \frac{\begin{vmatrix} a_{11} & a_{12} & b_1 \\ 0 & a_{22} & b_2 \\ 0 & 0 & b_3 \end{vmatrix}}{a_{11}\,a_{22}\,a_{33}} = \frac{a_{11}\,a_{22}\,b_3}{a_{11}\,a_{22}\,a_{33}}\,.$$

Offenbar stimmen beide Ergebnisse überein. □

Systeme mit drei Unbekannten erfordern keine neuen grundsätzlichen Überlegungen. Der Gaußsche Algorithmus funktioniert im Prinzip wie bei Systemen mit zwei Unbekannten, wir gehen lediglich noch einen Schritt weiter. Wir stellen das Verfahren nicht im allgemeinen Fall dar, sondern arbeiten wesentliche Aspekte anhand von Beispielen heraus.

Beispiel 7.16. Wir lösen das folgende System mit drei Gleichungen und drei Unbekannten (Abb. 7.7):

$$\begin{array}{llcccccl}
\text{(I)} & & & 2\,x_2 & + & x_3 & = & 2\,, \\
\text{(II)} & \frac{1}{2}\,x_1 & + & 3\,x_2 & & & = & 2\,, \\
\text{(III)} & 5\,x_1 & & & + & 2\,x_3 & = & 1\,.
\end{array}$$

Erster Schritt: Wir erzeugen eine Eins in der ersten Gleichung in der ersten Spalte,

$$\begin{array}{lccccccccl}
\text{(I,1)} & \frac{1}{2}\,x_1 & + & 3\,x_2 & + & 0 & = & 2\,, & \text{(II)} \\
\text{(II,1)} & 0 & + & 2\,x_2 & + & x_3 & = & 2\,, & \text{(I)} \\
\text{(III,1)} & 5\,x_1 & + & 0 & + & 2\,x_3 & = & 1\,, & \\
\text{(I,2)} & x_1 & + & 6\,x_2 & + & 0 & = & 4\,, & 2\,\text{(I,1)} \\
\text{(II,2)} & 0 & + & 2\,x_2 & + & x_3 & = & 2\,, & \\
\text{(III,2)} & 5\,x_1 & + & 0 & + & 2\,x_3 & = & 1\,. &
\end{array}$$

Wir erzeugen Nullen unterhalb der Eins,

$$\begin{array}{lccccccccl}
\text{(I,3)} & x_1 & + & 6\,x_2 & + & 0 & = & 4\,, & \\
\text{(II,3)} & 0 & + & 2\,x_2 & + & x_3 & = & 2\,, & \\
\text{(III,3)} & 0 & - & 30\,x_2 & + & 2\,x_3 & = & -19\,. & \text{(III,2)} - 5\,\text{(I,2)}
\end{array}$$

Zweiter Schritt: Wir erzeugen eine Eins in der zweiten Gleichung in der zweiten Spalte,

$$\begin{array}{lccccccccl}
(\mathrm{I},4) & x_1 & + & 6\,x_2 & + & 0 & = & 4\,, & \\
(\mathrm{II},4) & 0 & + & x_2 & + & \frac{1}{2}\,x_3 & = & 1\,, & \frac{1}{2}\,(\mathrm{II},3) \\
(\mathrm{III},4) & 0 & - & 30\,x_2 & + & 2\,x_3 & = & -19\,. &
\end{array}$$

Wir erzeugen eine Null unterhalb der Eins in der zweiten Gleichung in der zweiten Spalte,

$$\begin{array}{lccccccccl}
(\mathrm{I},5) & x_1 & + & 6\,x_2 & + & 0 & = & 4\,, & \\
(\mathrm{II},5) & 0 & + & x_2 & + & \frac{1}{2}\,x_3 & = & 1\,, & \\
(\mathrm{III},5) & 0 & + & 0 & + & 17\,x_3 & = & 11\,. & (\mathrm{III},4) + 30\,(\mathrm{II},4)
\end{array}$$

Dritter Schritt: Wir erzeugen eine Eins in der dritten Gleichung in der dritten Spalte,

$$\begin{array}{lccccccccl}
(\mathrm{I},6) & x_1 & + & 6\,x_2 & + & 0 & = & 4\,, & \\
(\mathrm{II},6) & 0 & + & x_2 & + & \frac{1}{2}\,x_3 & = & 1\,, & \\
(\mathrm{III},6) & 0 & + & 0 & + & x_3 & = & \frac{11}{17}\,. & \frac{1}{17}\,(\mathrm{III},5)
\end{array}$$

Das System ist eindeutig lösbar:

$$x_3 = \frac{11}{17}\,, \quad x_2 = 1 - \frac{1}{2}\,\frac{11}{17} = \frac{23}{34}\,, \quad x_1 = 4 - 6\,\frac{23}{34} = -\frac{1}{17}\,.$$

$$\begin{array}{l}
\square\; x_1 + \square\; x_2 + \square\; x_3 = \square\,, \\
\qquad\quad \square\; x_2 + \square\; x_3 = \square\,, \\
\qquad\qquad\qquad \square\; x_3 = \square\,,
\end{array}$$

Abb. 7.7: Gaußscher Algorithmus zur Lösung eines Systems mit drei Gleichungen und drei Unbekannten. Eindeutig lösbarer Fall.

□

Beispiel 7.17. Wir lösen das folgende System mit drei Gleichungen und drei Unbekannten (Abb. 7.8):

$$\begin{array}{lccccccc}
(\mathrm{I}) & 2\,x_1 & + & 3\,x_2 & + & 3\,x_3 & = & -5\,, \\
(\mathrm{II}) & x_1 & + & 5\,x_2 & + & \frac{5}{2}\,x_3 & = & 0\,, \\
(\mathrm{III}) & 7\,x_1 & + & 21\,x_2 & + & \frac{27}{2}\,x_3 & = & -10\,.
\end{array}$$

Erster Schritt: Wir erzeugen eine Eins in der ersten Gleichung in der ersten Spalte,

$$
\begin{array}{lccccccccl}
(\text{I},1) & x_1 & + & \frac{3}{2}x_2 & + & \frac{3}{2}x_3 & = & -\frac{5}{2}, & \frac{1}{2}\,(\text{I}) \\
(\text{II},1) & x_1 & + & 5x_2 & + & \frac{5}{2}x_3 & = & 0, & \\
(\text{III},1) & 7x_1 & + & 21x_2 & + & \frac{27}{2}x_3 & = & -10. &
\end{array}
$$

Wir erzeugen Nullen unterhalb der Eins,

$$
\begin{array}{lccccccccl}
(\text{I},2) & x_1 & + & \frac{3}{2}x_2 & + & \frac{3}{2}x_3 & = & -\frac{5}{2}, & \\
(\text{II},2) & 0 & + & \frac{7}{2}x_2 & + & x_3 & = & \frac{5}{2}, & (\text{II},1)-(\text{I},1) \\
(\text{III},2) & 0 & + & \frac{21}{2}x_2 & + & 3x_3 & = & \frac{15}{2}. & (\text{III},1)-7\,(\text{I},1)
\end{array}
$$

Zweiter Schritt: Wir erzeugen eine Eins in der zweiten Gleichung in der zweiten Spalte,

$$
\begin{array}{lccccccccl}
(\text{I},3) & x_1 & + & \frac{3}{2}x_2 & + & \frac{3}{2}x_3 & = & -\frac{5}{2}, & \\
(\text{II},3) & 0 & + & x_2 & + & \frac{2}{7}x_3 & = & \frac{5}{7}, & \frac{2}{7}\,(\text{II},2) \\
(\text{III},3) & 0 & + & \frac{21}{2}x_2 & + & 3x_3 & = & \frac{15}{2}. &
\end{array}
$$

Wir erzeugen eine Null unterhalb der Eins in der zweiten Gleichung in der zweiten Spalte,

$$
\begin{array}{lccccccccl}
(\text{I},4) & x_1 & + & \frac{3}{2}x_2 & + & \frac{3}{2}x_3 & = & -\frac{5}{2}, & \\
(\text{II},4) & 0 & + & x_2 & + & \frac{2}{7}x_3 & = & \frac{5}{7}, & \\
(\text{III},4) & 0 & + & 0 & + & 0 & = & 0. & (\text{III},3)-\frac{21}{2}\,(\text{II},3)
\end{array}
$$

Das System besteht nur aus zwei Gleichungen und besitzt folgende Lösungen:

$$x_3 = \lambda\,, \quad x_2 = \frac{5}{7} - \frac{2}{7}\lambda\,, \quad x_1 = -\frac{25}{7} - \frac{15}{14}\lambda\,.$$

$$
\begin{array}{rcl}
\square\, x_1 + \square\, x_2 + \square\, x_3 & = & \square\,, \\
\square\, x_2 + \square\, x_3 & = & \square\,, \\
\square\, x_3 & = & \square\,,
\end{array}
$$

Abb. 7.8: Gaußscher Algorithmus zur Lösung eines Systems mit drei Gleichungen und drei Unbekannten. Mehrdeutig lösbarer Fall.

□

Beispiel 7.18. Wir lösen das folgende System mit drei Gleichungen und drei Unbekannten (Abb. 7.9):

$$\begin{array}{lrcrcrcr}
\text{(I)} & \frac{2}{3}x_1 & + & 4x_2 & - & \frac{3}{2}x_3 & = & 5\,, \\
\text{(II)} & \frac{1}{2}x_1 & - & 2x_2 & + & 3x_3 & = & -3\,, \\
\text{(III)} & \frac{7}{6}x_1 & + & \frac{26}{3}x_2 & - & 4x_3 & = & -1\,.
\end{array}$$

Erster Schritt: Wir erzeugen eine Eins in der ersten Gleichung in der ersten Spalte,

$$\begin{array}{lrcrcrcrl}
\text{(I,1)} & x_1 & + & 6x_2 & - & \frac{9}{4}x_3 & = & \frac{15}{2}\,, & \frac{3}{2}\,\text{(I)} \\
\text{(II,1)} & \frac{1}{2}x_1 & - & 2x_2 & + & 3x_3 & = & -3\,, & \\
\text{(III,1)} & \frac{7}{6}x_1 & + & \frac{26}{3}x_2 & - & 4x_3 & = & -1\,. &
\end{array}$$

Wir erzeugen Nullen unterhalb der Eins,

$$\begin{array}{lrcrcrcrl}
\text{(I,2)} & x_1 & + & 6x_2 & - & \frac{9}{4}x_3 & = & \frac{15}{2}\,, & \\
\text{(II,2)} & 0 & - & 5x_2 & + & \frac{33}{8}x_3 & = & -\frac{27}{4}\,, & \text{(II,1)} - \frac{1}{2}\text{(I,1)} \\
\text{(III,2)} & 0 & + & \frac{5}{3}x_2 & - & \frac{11}{8}x_3 & = & -\frac{39}{4}\,. & \text{(III,1)} - \frac{7}{6}\,\text{(I,1)}
\end{array}$$

Zweiter Schritt: Wir erzeugen eine Eins in der zweiten Gleichung in der zweiten Spalte,

$$\begin{array}{lrcrcrcrl}
\text{(I,3)} & x_1 & + & 6x_2 & - & \frac{9}{4}x_3 & = & \frac{15}{2}\,, & \\
\text{(II,3)} & 0 & + & x_2 & - & \frac{33}{40}x_3 & = & \frac{27}{20}\,, & -\frac{1}{5}\,\text{(II,2)} \\
\text{(III,3)} & 0 & + & \frac{5}{3}x_2 & - & \frac{11}{8}x_3 & = & -\frac{39}{4}\,. &
\end{array}$$

Wir erzeugen eine Null unterhalb der Eins in der zweiten Gleichung in der zweiten Spalte,

$$\begin{array}{lrcrcrcrl}
\text{(I,4)} & x_1 & + & 6x_2 & - & \frac{9}{4}x_3 & = & \frac{15}{2}\,, & \\
\text{(II,4)} & 0 & + & x_2 & - & \frac{33}{40}x_3 & = & \frac{27}{20}\,, & \\
\text{(III,4)} & 0 & + & 0 & + & 0 & = & -12\,. & \text{(III,3)} - \frac{5}{3}\,\text{(II,3)}
\end{array}$$

Der Gaußsche Algorithmus endet mit einem Widerspruch. Das System besitzt keine Lösung.

$$\begin{aligned} \square\, x_1 + \square\, x_2 + \square\, x_3 &= \square\,, \\ \square\, x_2 + \square\, x_3 &= \square\,, \\ \square\, x_3 &= \square\,, \end{aligned}$$

Abb. 7.9: Gaußscher Algorithmus zur Lösung eines Systems mit drei Gleichungen und drei Unbekannten. Nicht lösbarer Fall.

□

Beispiel 7.19. Wir lösen das folgende System mit zwei Gleichungen und drei Unbekannten mit beliebigen rechten Seiten $b_1, b_2 \in \mathbb{R}$, (Abb. 7.10):

$$\begin{array}{lrcrcrcl} \text{(I)} & 17\,x_1 & - & 2\,x_2 & + & x_3 & = & b_1\,, \\ \text{(II)} & -4\,x_1 & + & 9\,x_2 & - & 3\,x_3 & = & b_2\,. \end{array}$$

Erster Schritt: Wir erzeugen eine Eins in der ersten Gleichung in der ersten Spalte,

$$\begin{array}{lrcrcrcll} \text{(I,1)} & x_1 & - & \frac{2}{17}\,x_2 & + & \frac{1}{17}\,x_3 & = & \frac{b_1}{17}\,, & \frac{1}{17}\,\text{(I)} \\ \text{(II,1)} & -4\,x_1 & + & 9\,x_2 & - & 3\,x_3 & = & b_2\,. & \end{array}$$

Wir erzeugen eine Null unterhalb der Eins,

$$\begin{array}{lrcrcrcll} \text{(I,2)} & x_1 & - & \frac{2}{17}\,x_2 & + & \frac{1}{17}\,x_3 & = & \frac{b_1}{17}\,, & \\ \text{(II,2)} & 0 & + & \frac{145}{17}\,x_2 & - & \frac{47}{17}\,x_3 & = & \frac{4\,b_1}{17} + b_2\,, & \text{(II,1)} + 4\,\text{(I,1)} \end{array}$$

Zweiter Schritt: Wir erzeugen eine Eins in der zweiten Gleichung in der zweiten Spalte,

$$\begin{array}{lrcrcrcll} \text{(I,3)} & x_1 & - & \frac{2}{17}\,x_2 & + & \frac{1}{17}\,x_3 & = & \frac{b_1}{17}\,, & \\ \text{(II,3)} & 0 & + & x_2 & - & \frac{47}{145}\,x_3 & = & \frac{4\,b_1}{145} + \frac{17\,b_2}{145}\,, & \frac{17}{145}\,\text{(II,2)} \end{array}$$

Das System besitzt folgende Lösungen mit beliebigem $\lambda \in \mathbb{R}$:

$$\begin{aligned} x_3 &= \lambda\,, \\ x_2 &= \frac{4\,b_1}{145} + \frac{17\,b_2}{145} + \frac{47}{145}\,\lambda\,, \\ x_1 &= \frac{9\,b_1}{145} + \frac{2\,b_2}{145} - \frac{3}{145}\,\lambda\,. \end{aligned}$$

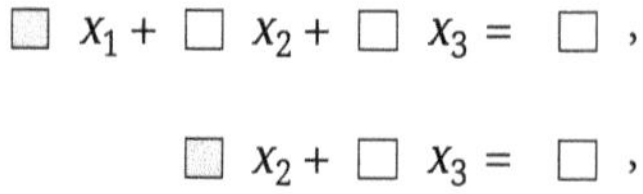

$$\square\ x_1 + \square\ x_2 + \square\ x_3 = \square\ ,$$
$$\square\ x_2 + \square\ x_3 = \square\ ,$$

Abb. 7.10: Gaußscher Algorithmus zur Lösung eines Systems mit zwei Gleichungen und drei Unbekannten. Mehrdeutig lösbarer Fall.

□

Beispiel 7.20. Für welche rechten Seiten $b_1, b_2 \in \mathbb{R}$ wird das folgende System mit zwei Gleichungen und drei Unbekannten lösbar:

$$\begin{array}{lccccccc} \text{(I)} & 2\,x_1 & + & 2\,x_2 & - & 3\,x_3 & = & b_1\,, \\ \text{(II)} & 4\,x_1 & + & 4\,x_2 & - & 6\,x_3 & = & b_2\,? \end{array}$$

Wir gehen nach dem Gaußschen Algorithmus vor (Abb. 7.11).

Erster Schritt: Wir erzeugen eine Eins in der ersten Gleichung in der ersten Spalte,

$$\begin{array}{lccccccc} \text{(I,1)} & x_1 & + & x_2 & - & \dfrac{3}{2}\,x_3 & = & \dfrac{b_1}{2}\,, \quad \dfrac{1}{2}\,\text{(I)} \\ \text{(II,1)} & 4\,x_1 & + & 4\,x_2 & - & 6\,x_3 & = & b_2\,. \end{array}$$

Wir erzeugen eine Null unterhalb der Eins,

$$\begin{array}{lccccccc} \text{(I,2)} & x_1 & + & x_2 & - & \dfrac{3}{2}\,x_3 & = & \dfrac{b_1}{2}\,, \\ \text{(II,2)} & 0 & + & 0 & + & 0 & = & -2\,b_1 + b_2\,, \quad \text{(II,1)} - 4\,\text{(I,1)} \end{array}$$

Falls $b_1 \neq \frac{b_2}{2}$, endet der Gaußsche Algorithmus mit einem Widerspruch. Das System besitzt keine Lösung.

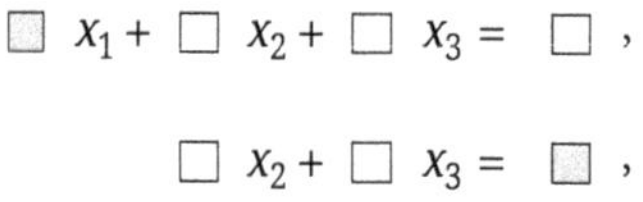

$$\square\ x_1 + \square\ x_2 + \square\ x_3 = \square\ ,$$
$$\square\ x_2 + \square\ x_3 = \square\ ,$$

Abb. 7.11: Gaußscher Algorithmus zur Lösung eines Systems mit zwei Gleichungen und drei Unbekannten. Nicht lösbarer Fall.

Falls $b_1 = \frac{b_2}{2}$, besteht das System nur aus einer einzigen Gleichung. Wir bekommen dann folgende Lösungen mit beliebigem $\lambda_2, \lambda_3 \in \mathbb{R}$:

$$x_3 = \lambda_3\,, \quad x_2 = \lambda_2\,, \quad x_1 = \frac{b_1}{2} - \lambda_2 + \frac{3}{2}\,\lambda_3\,.$$

□

Betrachtet man zwei Gleichungen mit drei Unbekannten

$$a_{11}\,x_1 + a_{12}\,x_2 + a_{13}\,x_3 = b_1\,,$$
$$a_{21}\,x_1 + a_{22}\,x_2 + a_{23}\,x_3 = b_2\,,$$

so sucht man die Schnittmenge zweier Ebenen im Raum. Es können folgende Fälle eintreten:

1) Die Normalenvektoren

$$\vec{n}_1 = (a_{11}, a_{12}, a_{13}) \quad \text{und} \quad \vec{n}_2 = (a_{21}, a_{22}, a_{23})$$

sind parallel, und die Ebenen besitzen einen gemeinsamen Punkt. Die Ebenen fallen zusammen.

2) Die Normalenvektoren $\vec{n}_1$ und $\vec{n}_2$ sind wieder parallel, besitzen aber keinen gemeinsamen Punkt. Dann sind die Ebenen parallel, aber nicht gleich.

3) Die Normalenvektoren $\vec{n}_1$ und $\vec{n}_2$ sind nicht parallel. Die Ebenen besitzen eine Schnittgerade (Abb. 7.12).

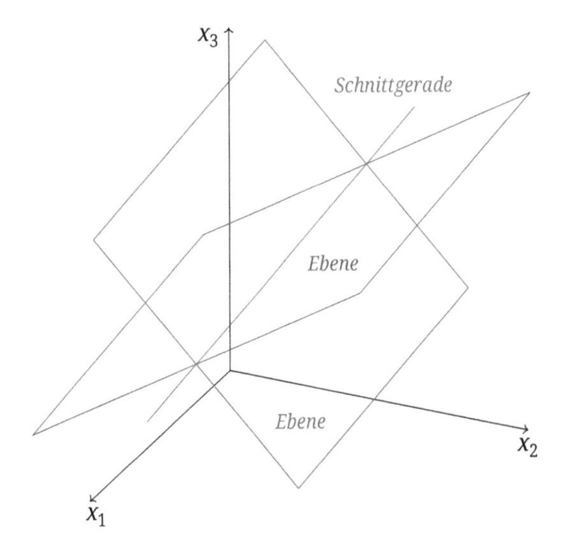

Abb. 7.12: Zwei sich schneidende Ebenen mit Schnittgerade.

Betrachtet man drei Gleichungen mit drei Unbekannten,

$$\begin{aligned} a_{11}\, x_1 + a_{12}\, x_2 + a_{13}\, x_3 &= b_1\,, \\ a_{21}\, x_1 + a_{22}\, x_2 + a_{23}\, x_3 &= b_2\,, \\ a_{31}\, x_1 + a_{32}\, x_2 + a_{33}\, x_3 &= b_3\,, \end{aligned}$$

so sucht man die Schnittmenge dreier Ebenen im Raum. Wir schneiden zunächst die ersten beiden Ebenen miteinander und nehmen dann die dritte hinzu. Entsprechend den obigen drei Fällen ergeben sich folgende Möglichkeiten:

1) Die zusammenfallenden Ebenen werden mit einer dritten Ebene geschnitten. Das heißt, die Schnittmenge kann aus einer Geraden oder der leeren Menge bestehen.

2) Die zwei parallelen Ebenen besitzen keinen Schnittpunkt und die Schnittmenge von allen drei Ebenen ist damit auch leer.

3) Die ersten beiden Ebenen besitzen eine Schnittgerade. Diese Schnittgerade muss nun mit der dritten Ebene geschnitten werden. Ist die Schnittgerade parallel zur dritten Ebene, so kann die Schnittmenge leer sein oder aus der Schnittgeraden bestehen. Die Schnittgerade und die dritte Ebene können sich aber auch in einem Punkt schneiden.

7.3 Matrizen

Die Koeffizienten eines linearen Gleichungssystems bilden eine rechteckige Matrix von reellen Zahlen. Man kann sich eine Matrix sowohl aus Zeilen als auch aus Spalten aufgebaut denken. Eine Matrix entsteht, indem man Zeilen oder Spalten, die jeweils die gleiche Anzahl von Elementen enthalten, untereinander oder nebeneinander schreibt (Abb. 7.13).

Matrix
Unter einer $m \times n$-Matrix versteht man ein rechteckiges Zahlenschema mit m Zeilen und n Spalten:

$$A = \begin{pmatrix} a_{11} & a_{12} & \cdots & a_{1,n-1} & a_{1n} \\ a_{21} & a_{22} & \cdots & a_{2,n-1} & a_{2n} \\ \vdots & \vdots & \ddots & \vdots & \vdots \\ a_{m-1,1} & a_{m-1,2} & \cdots & a_{m-1,n-1} & a_{m-1,n} \\ a_{m1} & a_{m2} & \cdots & a_{m,n-1} & a_{mn} \end{pmatrix}.$$

Das Element a_{jk} mit dem Zeilenindex j und dem Spaltenindex k steht in der j-ten Zeile und in der k-ten Spalte.

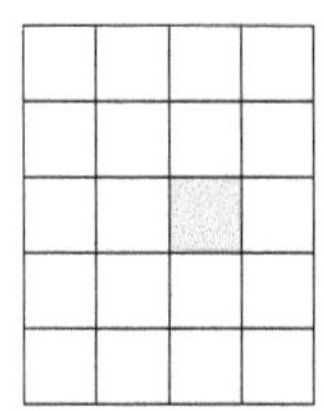

Abb. 7.13: 5×4-Matrix mit Element 3, 3.

Man kann nur Matrizen miteinander vergleichen, wenn sie dieselbe Anzahl von Zeilen und dieselbe Anzahl von Spalten besitzen. Zwei Matrizen sind genau dann gleich, wenn sie elementweise übereinstimmen. Man darf also im Allgemeinen keine Zeilen (oder Spalten) miteinander vertauschen, ohne dass eine neue Matrix entsteht. Jede Zeile bzw. Spalte einer Matrix bildet ihrerseits wieder eine Matrix, die eine einzige Zeile bzw. Spalte besitzt.

Beispiel 7.21. Die Matrix

$$A = \begin{pmatrix} 7 & 5 & 3 \\ 8 & 6 & 4 \\ 9 & 7 & 5 \\ 10 & 8 & 6 \end{pmatrix}$$

besitzt vier Zeilen und drei Spalten. Das Element mit dem Zeilenindex 2 und dem Spaltenindex 3 lautet

$$a_{2,3} = 4\,.$$

Die Matrix

$$B = \begin{pmatrix} 0 & 2 & -7 \end{pmatrix}$$

besitzt eine Zeile,

$$\begin{pmatrix} 0 & 2 & -7 \end{pmatrix},$$

und drei Spalten,

$$(0)\,, \quad (2)\,, \quad (-7)\,.$$

Die Matrix

$$C = \begin{pmatrix} -3 \\ -2 \\ 7 \end{pmatrix}$$

besitzt drei Zeilen,

$$(-3)\,, \quad (-2)\,, \quad (7)\,,$$

und eine Spalte,

$$\begin{pmatrix} -3 \\ -2 \\ 7 \end{pmatrix}.$$

□

Beispiel 7.22. Gegeben sei die Matrix

$$A = \begin{pmatrix} 2 & -1 & 13 \\ -4 & 0 & 5 \end{pmatrix}.$$

Die Matrix A besteht aus folgenden zwei Zeilen:

$$\begin{pmatrix} 2 & -1 & 13 \end{pmatrix}, \quad \begin{pmatrix} -4 & 0 & 5 \end{pmatrix},$$

und aus folgenden drei Spalten:

$$\begin{pmatrix} 2 \\ -4 \end{pmatrix}, \quad \begin{pmatrix} -1 \\ 0 \end{pmatrix}, \quad \begin{pmatrix} 13 \\ 5 \end{pmatrix}.$$

Man könnte nun die Zeilen auch zu folgender 2×3-Matrix zusammensetzen:

$$B = \begin{pmatrix} -4 & 0 & 5 \\ 2 & -1 & 13 \end{pmatrix}.$$

Nun ist aber $A \neq B$.

Man könnte auch die Spalten zu folgender 2×3-Matrix zusammensetzen:

$$C = \begin{pmatrix} 13 & -1 & 2 \\ 5 & 0 & -4 \end{pmatrix}.$$

Wiederum gilt $A \neq C$. □

Beispiel 7.23. Die Elemente a_{jk} einer 3×4 Matrix A seien gegeben durch

$$a_{jk} = \begin{cases} 2j + k & \text{für} \quad j > k, \\ j - k & \text{für} \quad j \leq k. \end{cases}$$

Wir geben die Matrix A explizit an:

$$\begin{pmatrix} 0 & -1 & -2 & -3 \\ 5 & 0 & -1 & -2 \\ 7 & 8 & 0 & -1 \end{pmatrix}.$$ □

Man kann in einer Matrix Zeilen und Spalten vertauschen. Diese Operation heißt Transposition und stellt aus einer Matrix mit m Zeilen und n Spalten eine Matrix mit n Zeilen und m Spalten her.

Transponierte Matrix

Sei $A = (a_{jk})_{\substack{j=1,\ldots,m, \\ k=1,\ldots,n}}$ eine $m \times n$-Matrix. Die $n \times m$ Matrix $A^T = (a^T_{kj})_{\substack{k=1,\ldots,n, \\ j=1,\ldots,m}}$ mit den Elementen $a^T_{kj} = a_{jk}$, $k = 1, \ldots, n, j = 1, \ldots, m$, heißt die zu A transponierte Matrix.

Beispiel 7.24. Wir transponieren die Matrizen

$$A = \begin{pmatrix} -\frac{1}{3} & 1 & 0 & -1 \\ 2 & \frac{1}{2} & -1 & 5 \\ -3 & \frac{5}{2} & 0 & 1 \end{pmatrix} \quad \text{und} \quad B = \begin{pmatrix} \frac{2}{5} & 1 & -7 \\ 2 & -1 & \frac{1}{2} \\ \frac{5}{3} & 0 & -2 \end{pmatrix}$$

und bekommen

$$A^T = \begin{pmatrix} -\frac{1}{3} & 2 & -3 \\ 1 & \frac{1}{2} & \frac{5}{2} \\ 0 & -1 & 0 \\ -1 & 5 & 1 \end{pmatrix} \quad \text{und} \quad B^T = \begin{pmatrix} \frac{2}{5} & 2 & \frac{5}{3} \\ 1 & -1 & 0 \\ -7 & \frac{1}{2} & -2 \end{pmatrix}. \qquad \square$$

Führt man die Transposition zweimal nacheinander aus, so gelangt man wieder zur Ausgangsmatrix,

$$(A^T)^T = A\,.$$

Beispiel 7.25. Die 3×4-Matrix

$$A = \begin{pmatrix} a_{11} & a_{12} & a_{13} & a_{14} \\ a_{21} & a_{22} & a_{23} & a_{24} \\ a_{31} & a_{32} & a_{33} & a_{34} \end{pmatrix}$$

besitzt als transponierte die 4×3-Matrix,

$$A^T = \begin{pmatrix} a_{11} & a_{21} & a_{31} \\ a_{12} & a_{22} & a_{32} \\ a_{13} & a_{23} & a_{33} \\ a_{14} & a_{24} & a_{34} \end{pmatrix}.$$

Transponiert man A^T, so erhält man wieder A,

$$(A^T)^T = \begin{pmatrix} a_{11} & a_{12} & a_{13} & a_{14} \\ a_{21} & a_{22} & a_{23} & a_{24} \\ a_{31} & a_{32} & a_{33} & a_{34} \end{pmatrix}. \qquad \square$$

Wie bei den Vektoren kann man eine Addition von Matrizen und eine Multiplikation mit Skalaren einführen. Man addiert zwei Matrizen, indem man elementweise addiert. Das kann natürlich nur dann funktionieren, wenn beide Matrizen dieselbe Anzahl von Zeilen und dieselbe Anzahl von Spalten besitzen. Die Multiplikation eines Skalars mit einer Matrix erfolgt durch elementweise Multiplikation.

Summe von Matrizen und Produkte von Skalaren mit Matrizen
Seien $A = (a_{jk})_{\substack{j=1,\dots,m,\\ k=1,\dots,n}}$ und $B = (b_{jk})_{\substack{j=1,\dots,m,\\ k=1,\dots,n}}$, $m \times n$-Matrizen und $\lambda \in \mathbb{R}$.
Die $m \times n$-Matrix

$$A + B = (a_{jk} + b_{jk})_{\substack{j=1,\dots,m,\\ k=1,\dots,n}}$$

wird als Summe der beiden Matrizen A und B bezeichnet. Die $m \times n$-Matrix

$$\lambda A = (\lambda\, a_{jk})_{\substack{j=1,\dots,m,\\ k=1,\dots,n}}$$

wird als Produkt der Matrix A mit dem Skalar λ bezeichnet.

Beispiel 7.26. Gegeben seien die Matrizen

$$A = \begin{pmatrix} 2 & 2 & -1 \\ -1 & 5 & 3 \end{pmatrix}, \quad B = \begin{pmatrix} 8 & -2 & 1 \\ -3 & -6 & -5 \end{pmatrix}.$$

Wir bilden die Summe

$$A + B = \begin{pmatrix} 10 & 0 & 0 \\ -4 & -1 & -2 \end{pmatrix}$$

und das Produkt

$$3B = \begin{pmatrix} 24 & -6 & 3 \\ -9 & -18 & -15 \end{pmatrix}.$$

Die Summe

$$A + B^T = \begin{pmatrix} 2 & 2 & -1 \\ -1 & 5 & 3 \end{pmatrix} + \begin{pmatrix} 8 & -3 \\ -2 & -6 \\ 1 & -5 \end{pmatrix}$$

ist nicht erklärt. Die folgende Summe kann wieder berechnet werden:

$$\begin{aligned} 2A^T - 3B^T &= 2\begin{pmatrix} 2 & -1 \\ 2 & 5 \\ -1 & 3 \end{pmatrix} - 3\begin{pmatrix} 8 & -3 \\ -2 & -6 \\ 1 & -5 \end{pmatrix} \\ &= \begin{pmatrix} 4 & -2 \\ 4 & 10 \\ -2 & 6 \end{pmatrix} - \begin{pmatrix} 24 & -9 \\ -6 & -18 \\ 3 & -15 \end{pmatrix} \\ &= \begin{pmatrix} 20 & 7 \\ 10 & 28 \\ -5 & 21 \end{pmatrix}. \end{aligned}$$

□

Bei der Multiplikation von Matrizen gehen wir vom skalaren Produkt zweier Vektoren aus. Das skalare Produkt zweier räumlicher Vektoren war wie folgt erklärt:

$$\vec{a}\,\vec{b} = (x_a, y_a, z_a)\,(x_b, y_b, z_b) = x_a\,x_b + y_a\,y_b + z_a\,z_b\,.$$

Wir transponieren den zweiten Vektor und fassen den Vektor $\vec{a}$ als 1×3-Matrix auf und den Vektor $\vec{b}^T$ als 3×1-Matrix. Das Matrizenprodukt ergibt dann eine 1×1-Matrix, also einen Skalar:

$$\begin{pmatrix} x_a & y_a & z_a \end{pmatrix} \begin{pmatrix} x_b \\ y_b \\ z_b \end{pmatrix} = \begin{pmatrix} x_a\,x_b + y_a\,y_b + z_a\,z_b \end{pmatrix}\,.$$

Diese Idee verallgemeinern wir in zwei Schritten. Man nimmt zuerst eine Matrix aus einer Zeile und n Spalten und multipliziert sie mit einer Matrix aus n Zeilen und einer Spalte,

$$\begin{aligned} \begin{pmatrix} a_1 & a_2 & \cdots & a_n \end{pmatrix} \begin{pmatrix} b_1 \\ b_2 \\ \vdots \\ b_n \end{pmatrix} &= \begin{pmatrix} a_1\,b_1 + a_2\,b_2 + \cdots + a_n\,b_n \end{pmatrix} \\ &= \left(\textstyle\sum_{k=1}^{n} a_k\,b_k \right)\,. \end{aligned}$$

Die Spaltenzahl der ersten bzw. die Zeilenzahl der zweiten Matrix kann beliebig groß sein, beide Anzahlen müssen aber übereinstimmen. Im zweiten Schritt schreiben wir m Zeilen untereinander und p Spalten nebeneinander,

$$\begin{pmatrix} a_{11} & a_{12} & \cdots & a_{1n} \\ a_{21} & a_{22} & \cdots & a_{2n} \\ \vdots & \vdots & \cdots & \vdots \\ a_{m1} & a_{m2} & \cdots & a_{mn} \end{pmatrix} \begin{pmatrix} b_{11} & b_{12} & \cdots & b_{1p} \\ b_{21} & b_{22} & \cdots & b_{2p} \\ \vdots & \vdots & \cdots & \vdots \\ b_{n1} & b_{n2} & \cdots & b_{np} \end{pmatrix}$$

Da in jeder Zeile und jeder Spalte n Elemente stehen, kann jede Zeile mit jeder Spalte multipliziert werden. Dies führt auf das Matrizenprodukt.

Produktmatrix

Sei $A = (a_{jk})_{\substack{j=1,\ldots,m,\\ k=1,\ldots,n}}$ eine $m \times n$-Matrix und $B = (b_{kl})_{\substack{k=1,\ldots,n,\\ l=1,\ldots,p}}$ eine $n \times p$-Matrix.

Die $m \times p$-Matrix

$$A\,B = \left(\sum_{k=1}^{n} a_{jk}\,b_{kl} \right)_{\substack{j=1,\ldots,m,\\ l=1,\ldots,p}}$$

heißt Produktmatrix (Produkt aus A und B).

Beispiel 7.27. Gegeben seien die Matrizen

$$A = \begin{pmatrix} 2 & -1 \\ -3 & -2 \end{pmatrix} \quad \text{und} \quad B = \begin{pmatrix} -1 & 2 & 1 \\ -5 & 0 & \frac{3}{2} \end{pmatrix}.$$

Das Produkt $A\,B$ ergibt die 2×3-Matrix

$$A\,B = \begin{pmatrix} 3 & 4 & \frac{1}{2} \\ 13 & -6 & -6 \end{pmatrix}.$$

Das Produkt $B^T A$ ergibt die 3×2-Matrix

$$B^T A = \begin{pmatrix} -1 & -5 \\ 2 & 0 \\ 1 & \frac{3}{2} \end{pmatrix} \begin{pmatrix} 2 & -1 \\ -3 & -2 \end{pmatrix} = \begin{pmatrix} 13 & 11 \\ 4 & -2 \\ -\frac{5}{2} & -4 \end{pmatrix}.$$

□

Beispiel 7.28. Gegeben seien die Matrizen

$$A = \begin{pmatrix} 0 & -3 & -8 & -15 \\ 3 & 0 & -5 & -12 \\ 8 & 5 & 0 & -7 \end{pmatrix}, \quad X = \begin{pmatrix} -1 \\ \frac{1}{2} \\ 4 \\ 3 \end{pmatrix}, \quad Y = \begin{pmatrix} -2 & 1 & 2 \end{pmatrix}.$$

Wir berechnen folgende Produkte:

$$A\,X = \begin{pmatrix} \frac{-157}{2} \\ -59 \\ \frac{-53}{2} \end{pmatrix},$$

$$Y\,A = \begin{pmatrix} 19 & 16 & 11 & 4 \end{pmatrix},$$

$$X\,Y = \begin{pmatrix} 2 & -1 & -2 \\ -1 & \frac{1}{2} & 1 \\ -8 & 4 & 8 \\ -6 & 3 & 6 \end{pmatrix}.$$

□

Beispiel 7.29. Beim Matrizenprodukt gilt das assoziative Gesetz, d. h., man kann bei Mehrfachprodukten auf Klammern verzichten. Wir betrachten hierzu die drei Matrizen

$$A := \begin{pmatrix} -1 & 0 \\ -3 & 5 \end{pmatrix}, \quad B = \begin{pmatrix} 4 & -3 & 0 \\ 3 & 4 & 5 \end{pmatrix}, \quad C = \begin{pmatrix} -1 & 5 & 4 & -2 \\ 3 & 1 & 3 & 4 \\ -2 & 5 & 2 & 1 \end{pmatrix}.$$

Wir berechnen die Produkte

$$A\,B = \begin{pmatrix} -4 & 3 & 0 \\ 3 & 29 & 25 \end{pmatrix}$$

und

$$(A\,B)\,C = \begin{pmatrix} 13 & -17 & -7 & 20 \\ 34 & 169 & 149 & 135 \end{pmatrix}.$$

Die Produkte

$$B\,C = \begin{pmatrix} -13 & 17 & 7 & -20 \\ -1 & 44 & 34 & 15 \end{pmatrix}$$

und

$$A\,(B\,C) = \begin{pmatrix} 13 & -17 & -7 & 20 \\ 34 & 169 & 149 & 135 \end{pmatrix}$$

ergeben dasselbe Resultat.

Beim Matrizenprodukt gilt das distributive Gesetz, d. h., man kann Klammern auflösen oder umgekehrt Ausklammern. Wir betrachten hierzu die Matrizen

$$A = \begin{pmatrix} 2 & -1 & 4 \\ 3 & 5 & 6 \end{pmatrix}, \quad B = \begin{pmatrix} 4 & 5 & -1 \\ 3 & 4 & 5 \end{pmatrix}, \quad C = \begin{pmatrix} 0 & 4 & 3 & -3 \\ 2 & 0 & 2 & 5 \\ -1 & 7 & 4 & -3 \end{pmatrix}.$$

Wir berechnen zuerst die Summe

$$A + B = \begin{pmatrix} 6 & 4 & 3 \\ 6 & 9 & 11 \end{pmatrix}$$

und multiplizieren anschließend,

$$(A + B)\,C = \begin{pmatrix} 5 & 45 & 38 & -7 \\ 7 & 101 & 80 & -6 \end{pmatrix}.$$

Nun bilden wir zuerst die Produkte

$$A\,C = \begin{pmatrix} -6 & 36 & 20 & -23 \\ 4 & 54 & 43 & -2 \end{pmatrix}, \quad B\,C = \begin{pmatrix} 11 & 9 & 18 & 16 \\ 3 & 47 & 37 & -4 \end{pmatrix}.$$

Die folgende Addition liefert dasselbe Resultat:

$$A\,C + B\,C = \begin{pmatrix} 5 & 45 & 38 & -7 \\ 7 & 101 & 80 & -6 \end{pmatrix}.$$

□

Beim Matrizenprodukt darf man im Allgemeinen die Reihenfolge der Faktoren nicht vertauschen. Dies scheitert schon an der einfachen Tatsache, dass ein Produkt zweier Matrizen AB erklärt sein kann, aber die Vertauschung BA nicht. Aber auch dann, wenn die Matrizen quadratisch sind und beide Produkte erklären, ist die Vertauschbarkeit nur in speziellen Fällen gegeben.

Beispiel 7.30. Wir betrachten die beiden Matrizen

$$A = \begin{pmatrix} a & b \\ c & d \end{pmatrix} \quad \text{und} \quad B = \begin{pmatrix} 1 & -1 \\ 0 & 2 \end{pmatrix}$$

und fragen, wann die Gleichung $AB = BA$ gilt.

Wir rechnen die Produkte aus und erhalten

$$AB = \begin{pmatrix} a & -a + 2b \\ c & -c + 2d \end{pmatrix} \quad \text{und} \quad BA = \begin{pmatrix} a - c & b - d \\ 2c & 2d \end{pmatrix}.$$

Vergleicht man elementweise, so zeigt sich zuerst, dass beide Matrizen genau dann in der ersten Spalte übereinstimmen, wenn gilt:

$$c = 0\,.$$

Damit die Matrizen auch in der zweiten Spalte übereinstimmen, bleibt noch die Bedingung

$$-a + 2b = b - d\,.$$

Es gilt also die Vertauschbarkeit der beiden Matrizen genau dann, wenn folgende Bedingungen erfüllt sind:

$$c = 0 \quad \text{und} \quad a = b + d\,.$$ □

Die Einheitsmatrix ist eine quadratische Matrix mit Einsen in der Hauptdiagonalen und Nullen außerhalb dieser Diagonalen. Betrachten wir die 3×3-Matrix

$$E = \begin{pmatrix} 1 & 0 & 0 \\ 0 & 1 & 0 \\ 0 & 0 & 1 \end{pmatrix}.$$

Multiplizieren wir mit einer beliebigen 3×3-Matrix, so gilt:

$$EA = \begin{pmatrix} 1 & 0 & 0 \\ 0 & 1 & 0 \\ 0 & 0 & 1 \end{pmatrix} \begin{pmatrix} a_{11} & a_{12} & a_{13} \\ a_{21} & a_{22} & a_{23} \\ a_{31} & a_{32} & a_{33} \end{pmatrix} = \begin{pmatrix} a_{11} & a_{12} & a_{13} \\ a_{21} & a_{22} & a_{23} \\ a_{31} & a_{32} & a_{33} \end{pmatrix} = A$$

und

$$A\,E = \begin{pmatrix} a_{11} & a_{12} & a_{13} \\ a_{21} & a_{22} & a_{23} \\ a_{31} & a_{32} & a_{33} \end{pmatrix} \begin{pmatrix} 1 & 0 & 0 \\ 0 & 1 & 0 \\ 0 & 0 & 1 \end{pmatrix} = \begin{pmatrix} a_{11} & a_{12} & a_{13} \\ a_{21} & a_{22} & a_{23} \\ a_{31} & a_{32} & a_{33} \end{pmatrix} = A\,.$$

Einheitsmatrizen mit beliebig vielen Zeilen und Spalten drückt man am besten mit dem Kronecker-Symbol aus.

Kronecker-Symbol und Einheitsmatrix
Das Kronecker-Symbol beschreibt das folgende quadratische Zahlenschema:

$$\delta_{jk} = \begin{cases} 1, & j = k, \\ 0, & j \neq k, \quad j,k = 1,\ldots,n\,. \end{cases}$$

Die $n \times n$-Matrix $E = (\delta_{jk})_{\substack{j=1,\ldots,n,\\ k=1,\ldots,n}}$ heißt $n \times n$ Einheitsmatrix.

Für alle $n \times p$-Matrizen A und für alle $m \times n$-Matrizen B bestehen die Gleichungen

$$E\,A = A \quad \text{und} \quad B\,E = B\,.$$

Die Einheitsmatrix wirkt allgemein als Einselement beim Matrizenprodukt.

Beispiel 7.31. Für beliebige 2×3-Matrizen

$$\begin{pmatrix} a_{11} & a_{12} & a_{13} \\ a_{21} & a_{22} & a_{23} \end{pmatrix}$$

gilt

$$\begin{pmatrix} 1 & 0 \\ 0 & 1 \end{pmatrix} \begin{pmatrix} a_{11} & a_{12} & a_{13} \\ a_{21} & a_{22} & a_{23} \end{pmatrix} \begin{pmatrix} 1 & 0 & 0 \\ 0 & 1 & 0 \\ 0 & 0 & 1 \end{pmatrix} = \begin{pmatrix} a_{11} & a_{12} & a_{13} \\ a_{21} & a_{22} & a_{23} \end{pmatrix}.$$

□

Ein System mit zwei Gleichungen und zwei Unbekannten,

$$a_{11}\,x_1 + a_{12}\,x_2 = b_1\,,$$
$$a_{21}\,x_1 + a_{22}\,x_2 = b_2\,,$$

lässt sich wie folgt mithilfe von Matrizen schreiben:

$$\begin{pmatrix} a_{11} & a_{12} \\ a_{21} & a_{22} \end{pmatrix} \begin{pmatrix} x_1 \\ x_2 \end{pmatrix} = \begin{pmatrix} b_1 \\ b_2 \end{pmatrix}.$$

Verschwindet die Determinante der Systemmatrix A nicht,

$$|A| = \begin{vmatrix} a_{11} & a_{12} \\ a_{21} & a_{22} \end{vmatrix} \neq 0\,,$$

dann besitzt das System für jede rechte Seite genau eine Lösung. Wir betrachten nun die speziellen rechten Seiten

$$\begin{pmatrix} 1 \\ 0 \end{pmatrix} \quad \text{und} \quad \begin{pmatrix} 0 \\ 1 \end{pmatrix}.$$

Nach der Cramerschen Regel ergibt sich jeweils folgende Lösung:

$$x_1 = \frac{\begin{vmatrix} 1 & a_{12} \\ 0 & a_{22} \end{vmatrix}}{|A|} = \frac{a_{22}}{|A|}, \quad x_2 = \frac{\begin{vmatrix} a_{11} & 1 \\ a_{21} & 0 \end{vmatrix}}{|A|} = -\frac{a_{21}}{|A|},$$

bzw.

$$x_1 = \frac{\begin{vmatrix} 0 & a_{12} \\ 1 & a_{22} \end{vmatrix}}{|A|} = -\frac{a_{12}}{|A|}, \quad x_2 = \frac{\begin{vmatrix} a_{11} & 0 \\ a_{21} & 1 \end{vmatrix}}{|A|} = \frac{a_{11}}{|A|}.$$

Fasst man die beiden Ergebnisse in Matrixform zusammen, so ergibt sich folgende Gleichung:

$$\begin{pmatrix} a_{11} & a_{12} \\ a_{21} & a_{22} \end{pmatrix} \begin{pmatrix} \frac{a_{22}}{|A|} & -\frac{a_{12}}{|A|} \\ -\frac{a_{21}}{|A|} & \frac{a_{11}}{|A|} \end{pmatrix} = \begin{pmatrix} 1 & 0 \\ 0 & 1 \end{pmatrix}.$$

In Analogie zum inversen Element der Multiplikation spricht man von der inversen Matrix. Voraussetzung dafür, dass eine Inverse existiert, ist eine nichtverschwindende Determinante.

Inverse einer 2×2-Matrix
Man bezeichnet die Matrix

$$A^{-1} = \frac{1}{|A|} \begin{pmatrix} a_{22} & -a_{12} \\ -a_{21} & a_{11} \end{pmatrix}$$

als die Inverse der Matrix

$$A = \begin{pmatrix} a_{11} & a_{12} \\ a_{21} & a_{22} \end{pmatrix}.$$

Man kann zeigen, dass gilt:

$$AA^{-1} = A^{-1}A = E = \begin{pmatrix} 1 & 0 \\ 0 & 1 \end{pmatrix}.$$

Beispiel 7.32. Die Matrix

$$A = \begin{pmatrix} \frac{1}{2} & -1 \\ 3 & 5 \end{pmatrix}$$

besitzt die Determinante

$$|A| = \frac{11}{2}$$

und kann invertiert weden. Die inverse Matrix lautet:

$$A^{-1} = \frac{2}{11}\begin{pmatrix} 5 & 1 \\ -3 & \frac{1}{2} \end{pmatrix}.$$

Betrachten wir nun folgendes Gleichungssystem:

$$\frac{1}{2}x_1 - x_2 = 15,$$
$$3x_1 + 5x_2 = 13,$$

bzw.

$$A\begin{pmatrix} x_1 \\ x_2 \end{pmatrix} = \begin{pmatrix} 15 \\ 13 \end{pmatrix}.$$

Wir können die Lösung auch mithilfe der inversen Matrix angeben,

$$\begin{pmatrix} x_1 \\ x_2 \end{pmatrix} = A^{-1}\begin{pmatrix} 15 \\ 13 \end{pmatrix} = \begin{pmatrix} 16 \\ -7 \end{pmatrix}.$$ □

Wie bei den 2×2-Matrizen kann man auch bei 3×3-Matrizen verfahren. Das System

$$a_{11}x_1 + a_{12}x_2 + a_{13}x_3 = b_1,$$
$$a_{21}x_1 + a_{22}x_2 + a_{23}x_3 = b_2,$$
$$a_{31}x_1 + a_{32}x_2 + a_{33}x_3 = b_3,$$

können wir mithilfe von Matrizen schreiben:

$$A\begin{pmatrix} x_1 \\ x_2 \\ x_3 \end{pmatrix} = \begin{pmatrix} a_{11} & a_{12} & a_{13} \\ a_{21} & a_{22} & a_{23} \\ a_{31} & a_{32} & a_{33} \end{pmatrix}\begin{pmatrix} x_1 \\ x_2 \\ x_3 \end{pmatrix} = \begin{pmatrix} b_1 \\ b_2 \\ b_3 \end{pmatrix}.$$

Unter der Voraussetzung

$$|A| = \begin{vmatrix} a_{11} & a_{12} & a_{13} \\ a_{21} & a_{22} & a_{23} \\ a_{31} & a_{32} & a_{33} \end{vmatrix} \neq 0$$

besitzt das System genau eine Lösung:

$$x_1 = \frac{\begin{vmatrix} b_1 & a_{12} & a_{13} \\ b_2 & a_{22} & a_{23} \\ b_3 & a_{32} & a_{33} \end{vmatrix}}{|A|}, \quad x_2 = \frac{\begin{vmatrix} a_{11} & b_1 & a_{13} \\ a_{21} & b_2 & a_{23} \\ a_{31} & b_3 & a_{33} \end{vmatrix}}{|A|},$$

$$x_3 = \frac{\begin{vmatrix} a_{11} & a_{12} & b_1 \\ a_{21} & a_{22} & b_2 \\ a_{31} & a_{32} & b_3 \end{vmatrix}}{|A|}.$$

Für die speziellen rechten Seiten,

$$\begin{pmatrix} 1 \\ 0 \\ 0 \end{pmatrix}, \quad \begin{pmatrix} 0 \\ 1 \\ 0 \end{pmatrix}, \quad \begin{pmatrix} 0 \\ 0 \\ 1 \end{pmatrix},$$

ergeben sich jeweils folgende Lösungen nach der Cramerschen Regel:

$$x_1 = \frac{\begin{vmatrix} a_{22} & a_{23} \\ a_{32} & a_{33} \end{vmatrix}}{|A|}, \quad x_2 = -\frac{\begin{vmatrix} a_{21} & a_{23} \\ a_{31} & a_{33} \end{vmatrix}}{|A|}, \quad x_3 = \frac{\begin{vmatrix} a_{21} & a_{22} \\ a_{31} & a_{32} \end{vmatrix}}{|A|},$$

bzw.

$$x_1 = -\frac{\begin{vmatrix} a_{12} & a_{13} \\ a_{32} & a_{33} \end{vmatrix}}{|A|}, \quad x_2 = \frac{\begin{vmatrix} a_{11} & a_{13} \\ a_{31} & a_{33} \end{vmatrix}}{|A|}, \quad x_3 = -\frac{\begin{vmatrix} a_{11} & a_{12} \\ a_{31} & a_{32} \end{vmatrix}}{|A|},$$

bzw.

$$x_1 = \frac{\begin{vmatrix} a_{12} & a_{23} \\ a_{22} & a_{23} \end{vmatrix}}{|A|}, \quad x_2 = -\frac{\begin{vmatrix} a_{11} & a_{13} \\ a_{21} & a_{23} \end{vmatrix}}{|A|}, \quad x_3 = \frac{\begin{vmatrix} a_{11} & a_{12} \\ a_{21} & a_{22} \end{vmatrix}}{|A|}.$$

Wir fassen diese Ergebnisse wieder zusammen und bekommen die inverse Matrix.

Inverse einer 3 × 3-Matrix
Die Matrix

$$A = \begin{pmatrix} a_{11} & a_{12} & a_{13} \\ a_{21} & a_{22} & a_{23} \\ a_{31} & a_{32} & a_{33} \end{pmatrix}$$

besitze eine nichtverschwindende Determinante. Man bezeichnet die Matrix

$$A^{-1} = \frac{1}{|A|} \begin{pmatrix} \begin{vmatrix} a_{22} & a_{23} \\ a_{32} & a_{33} \end{vmatrix} & -\begin{vmatrix} a_{12} & a_{13} \\ a_{32} & a_{33} \end{vmatrix} & \begin{vmatrix} a_{12} & a_{23} \\ a_{22} & a_{23} \end{vmatrix} \\ -\begin{vmatrix} a_{21} & a_{23} \\ a_{31} & a_{33} \end{vmatrix} & \begin{vmatrix} a_{11} & a_{13} \\ a_{31} & a_{33} \end{vmatrix} & -\begin{vmatrix} a_{11} & a_{13} \\ a_{21} & a_{23} \end{vmatrix} \\ \begin{vmatrix} a_{21} & a_{22} \\ a_{31} & a_{32} \end{vmatrix} & -\begin{vmatrix} a_{11} & a_{12} \\ a_{31} & a_{32} \end{vmatrix} & \begin{vmatrix} a_{11} & a_{12} \\ a_{21} & a_{22} \end{vmatrix} \end{pmatrix}$$

als zu A inverse Matrix. Man kann zeigen, dass gilt:

$$AA^{-1} = A^{-1}A = E = \begin{pmatrix} 1 & 0 & 0 \\ 0 & 1 & 0 \\ 0 & 0 & 1 \end{pmatrix}.$$

Beispiel 7.33. Wir berechnen die Inverse der folgenden Matrix:

$$A = \begin{pmatrix} 5 & 0 & 5 \\ -4 & 3 & 0 \\ 0 & 5 & 2 \end{pmatrix}.$$

Die Determinante beträgt

$$\det(A) = -70\,,$$

sodass die Inverse existiert. Wir bekommen die Inverse in der Gestalt:

$$A^{-1} = -\frac{1}{70} \begin{pmatrix} \begin{vmatrix} 3 & 0 \\ 5 & 2 \end{vmatrix} & -\begin{vmatrix} 0 & 5 \\ 5 & 2 \end{vmatrix} & \begin{vmatrix} 0 & 5 \\ 3 & 0 \end{vmatrix} \\ -\begin{vmatrix} -4 & 2 \\ 0 & 2 \end{vmatrix} & \begin{vmatrix} 5 & 5 \\ 0 & 2 \end{vmatrix} & -\begin{vmatrix} 5 & 5 \\ -4 & 0 \end{vmatrix} \\ \begin{vmatrix} -4 & 3 \\ 0 & 5 \end{vmatrix} & -\begin{vmatrix} 5 & 0 \\ 0 & 5 \end{vmatrix} & \begin{vmatrix} 5 & 0 \\ -4 & 3 \end{vmatrix} \end{pmatrix}$$

$$= -\frac{1}{70} \begin{pmatrix} 6 & 25 & -15 \\ 8 & 10 & -20 \\ -20 & -25 & 15 \end{pmatrix} = \begin{pmatrix} -\frac{3}{35} & -\frac{5}{14} & \frac{3}{14} \\ -\frac{4}{35} & -\frac{1}{7} & \frac{2}{7} \\ \frac{2}{7} & \frac{5}{14} & -\frac{3}{14} \end{pmatrix}.$$

□

8 Grenzwerte und Ableitungen

8.1 Folgen und Grenzwerte

Wenn man die natürlichen Zahlen in die reellen Zahlen abbildet, entsteht eine Folge.

Folge
Eine Folge $\{a_n\}_{n=1}^{\infty}$ ist eine Zuordnung, die jedem $n \in \mathbb{N}$ eine Zahl $a_n \in \mathbb{R}$ zuordnet: $\mathbb{N} \to \mathbb{R}, n \longrightarrow a_n$.

Das Bildelement a_n heißt Folgenglied mit dem Index n. Man kann das Abzählen der Folgenglieder von einem beliebigen ganzzahligen Index an aufwärts beginnen. Als Folgen werden dann auch solche Zuordnungen bezeichnet, die jedem $n \geq m$, $m \in \mathbb{Z}$, eine Zahl $a_n \in \mathbb{R}$ zuordnen.

Beispiel 8.1. Durch folgende Zuordnungen werden Folgen dargestellt:

$$\text{(a)} \quad a_n = n\,, \quad n \geq 0\,, \quad \text{(b)} \quad a_n = n^2\,, \quad n \geq 1\,, \quad \text{(c)} \quad a_n = 3\,, \quad n \geq 1\,,$$

$$\text{(d)} \quad a_n = \frac{2n-3}{n-5}\,, \quad n \geq 5\,, \quad \text{(e)} \quad a_n = (-1)^{n-1}\,n - \frac{1}{n}\,, \quad n \geq 1\,,$$

$$\text{(f)} \quad a_n = \begin{cases} 1\,, & \text{für ungerades } n\,, \\ \frac{1}{n}\,, & \text{für gerades } n\,. \end{cases}$$

Wir geben jeweils die ersten vier Folgenglieder an:

$$\begin{array}{ll} \text{(a)} & a_0 = 0\,, \quad a_1 = 1\,, \quad a_2 = 2\,, \quad a_3 = 3\,, \\ \text{(b)} & a_1 = 1\,, \quad a_2 = 4\,, \quad a_3 = 9\,, \quad a_4 = 16\,, \\ \text{(c)} & a_1 = 3\,, \quad a_2 = 3\,, \quad a_3 = 3\,, \quad a_4 = 3\,, \\ \text{(d)} & a_{-4} = -\frac{11}{9}\,, \quad a_{-3} = -\frac{9}{2}\,, \quad a_{-2} = -\frac{7}{3}\,, \quad a_{-1} = -\frac{5}{4}\,, \\ \text{(e)} & a_1 = 0\,, \quad a_2 = -\frac{5}{2}\,, \quad a_3 = \frac{8}{3}\,, \quad a_4 = -\frac{17}{4}\,, \\ \text{(f)} & a_1 = 1\,, \quad a_2 = \frac{1}{2}\,, \quad a_3 = 1\,, \quad a_4 = \frac{1}{4}\,. \end{array}$$

□

Man kann sich eine Folge $\{a_n\}$ veranschaulichen, indem man die Zahlen a_n auf der Zahlengerade abträgt, oder indem man ihren Graphen in der Ebene zeichnet:

Graph einer Folge
Die Punktmenge

$$\{(n, a_n) \mid n \in \mathbb{N}\}$$

heißt Graph der Folge $\{a_n\}$.

https://doi.org/10.1515/9783111503639-008

Zeichnet man die Folgenglieder als Punkte auf der Zahlengeraden ein, so kann man die Reihenfolge nur dadurch sichtbar machen, dass man den Index n bzw. das Folgenglied a_n zu jedem Punkt hinzu schreibt. Bei der Darstellung des Graphen der Folge in der Ebene hat man den Vorteil, dass die Reihenfolge der Folgenglieder bzw. der Charakter der Folge als Funktion auf natürliche Weise sichtbar wird. Bei der Darstellung auf der Zahlengeraden wird nur die Bildmenge dieser Funktion gezeichnet.

Beispiel 8.2. Wie berechnen die ersten zehn Glieder der Folge

$$a_n = (-1)^n \frac{2n - n^2}{5n^2 - n} + \frac{n}{4}, \qquad n \geq 1,$$

und zeichnen die Teilmenge des Graphen $\{(n, a_n) \mid 1 \leq n \leq 6\}$.

Es ergibt sich

$$\begin{aligned} &a_1 = 0, \quad a_2 = \frac{1}{2}, \quad a_3 = \frac{23}{28}, \quad a_4 = \frac{17}{19}, \\ &a_5 = \frac{11}{8}, \quad a_6 = \frac{79}{58}, \quad a_7 = \frac{129}{68}, \\ &a_8 = \frac{24}{13}, \quad a_9 = \frac{53}{22}, \quad a_{10} = \frac{229}{98}, \end{aligned}$$

und folgender Graph (Abb. 8.1):

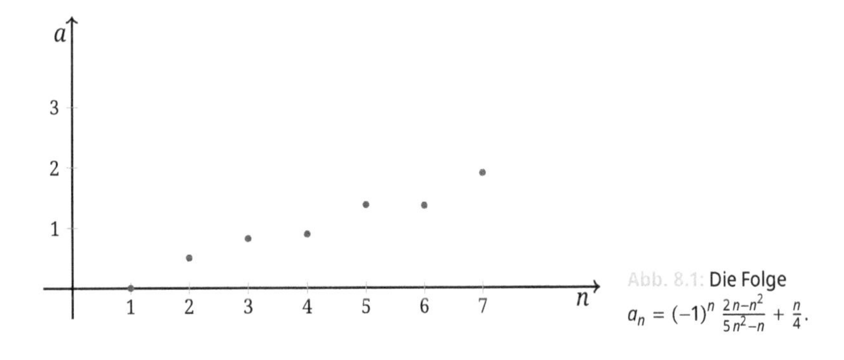

Abb. 8.1: Die Folge $a_n = (-1)^n \frac{2n-n^2}{5n^2-n} + \frac{n}{4}$.

□

Man kann eine Folge auch durch eine Rekursionsformel festlegen und spricht dann von einer rekursiven Folge.

Beispiel 8.3. Wird a_0 beliebig festgesetzt und a_{n+1} aus a_n durch die Formel

$$a_{n+1} = \frac{1}{2}\left(a_n + \frac{2}{a_n}\right), \qquad a_0 = b,$$

berechnet, so entsteht eine Folge. Die ersten vier Folgenglieder berechnet man bei beliebigem Startwert $a_0 = b$ zu

$$
\begin{aligned}
a_0 &= b\,,\\
a_1 &= \frac{2+b^2}{2\,b}\,,\\
a_2 &= \frac{4+12\,b^2+b^4}{8\,b+4\,b^3}\,,\\
a_3 &= \frac{16+224\,b^2+280\,b^4+56\,b^6+b^8}{8\,(8\,b+28\,b^3+14\,b^5+b^7)}\,.
\end{aligned}
$$

Wählt man $a_0 = 3$, so erhält man folgende Werte (Abb. 8.2):

$$a_0 = 3\,,\quad a_1 = \frac{11}{6}\,,\quad a_2 = \frac{193}{132}\,,\quad a_3 = \frac{72097}{50952} \approx 1.4149984\,.$$

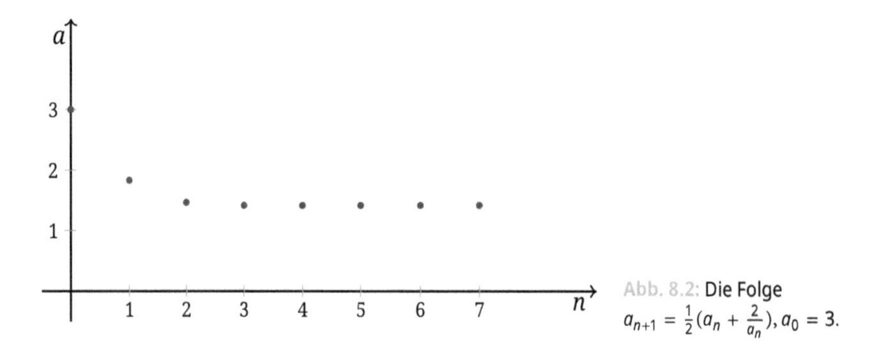

Abb. 8.2: Die Folge $a_{n+1} = \frac{1}{2}(a_n + \frac{2}{a_n}), a_0 = 3$.

□

Wenn eine Folge einem Grenzwert zustrebt, nennt man sie konvergent. Man kann die Konvergenz anschaulich folgendermaßen erklären: Legt man ein Intervall $(a-\epsilon, a+\epsilon)$ um den Grenzwert, so müssen alle Folgenglieder bis auf endlich viele Ausnahmen in diesem Intervall liegen. Geht man in der Darstellung von einer Folge in der Ebene aus, so gibt man zuerst einen ϵ-Streifen um den Grenzwert a vor,

$$\{(x,y) \,|\, a-\epsilon < y < a+\epsilon\}\,.$$

Nun müssen wiederum alle Punkte (n, a_n) bis auf endlich viele Ausnahmen in diesem Streifen liegen. Die Tatsache, dass es für jedes vorgegebene Intervall bzw. für jeden vorgegebenen Streifen höchstens endlich viele Ausnahmen gibt, kann man auch so ausdrücken: Ab einem bestimmten Index liegen alle Folgenglieder in dem gegebenen Intervall bzw. Streifen.

Grenzwert einer Folge
Eine Folge $\{a_n\}$ heißt konvergent gegen den Grenzwert $a \in \mathbb{R}$, wenn es zu jeder reellen Zahl $\epsilon > 0$ einen Index $n_\epsilon \in \mathbb{N}$ gibt, sodass für alle Indizes $n > n_\epsilon$ gilt

$$|a_n - a| < \epsilon .$$

Man schreibt $\lim_{n\to\infty} a_n = a$.

Beispiel 8.4. Gegeben seien die Folgen

$$\text{(a)} \quad a_n = \frac{(-1)^n}{2n+1}, \quad n \geq 1, \quad \text{(b)} \quad a_n = \frac{2}{3(3n-2)} \quad n \geq 1 .$$

Man bestimme jeweils ein $n_{0.1}$, sodass $|a_n| < 0.1$ für alle $n > n_{0.1}$.

(a) Ist $n > n_{0.1} = 4$, so gilt (Abb. 8.3):

$$|a_n| = \frac{1}{2n+1} < \frac{1}{11} < 0.1 .$$

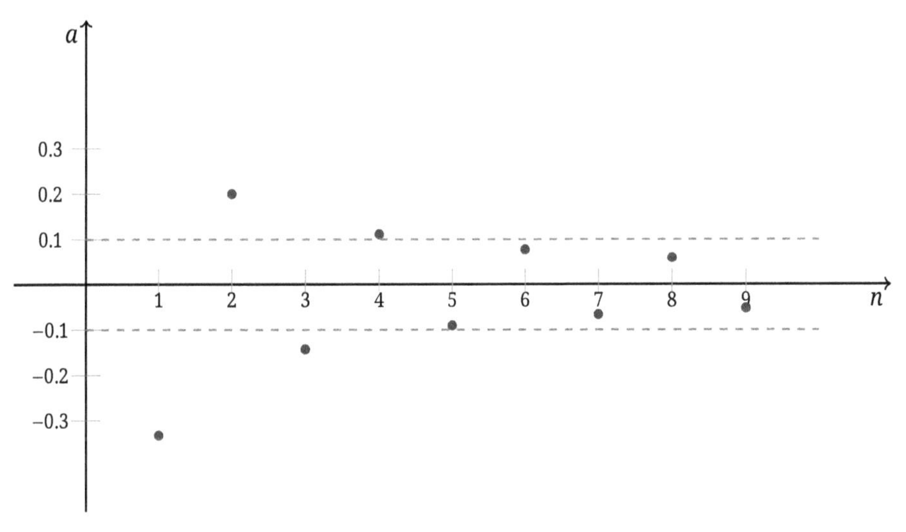

Abb. 8.3: Die Folge $a_n = \frac{(-1)^n}{2n+1}$.

(b) Ist $n > n_{0.1} = 3$, so gilt (Abb. 8.4):

$$|a_n| = \frac{2}{3(3n-2)} < \frac{2}{23} < 0.1 .$$

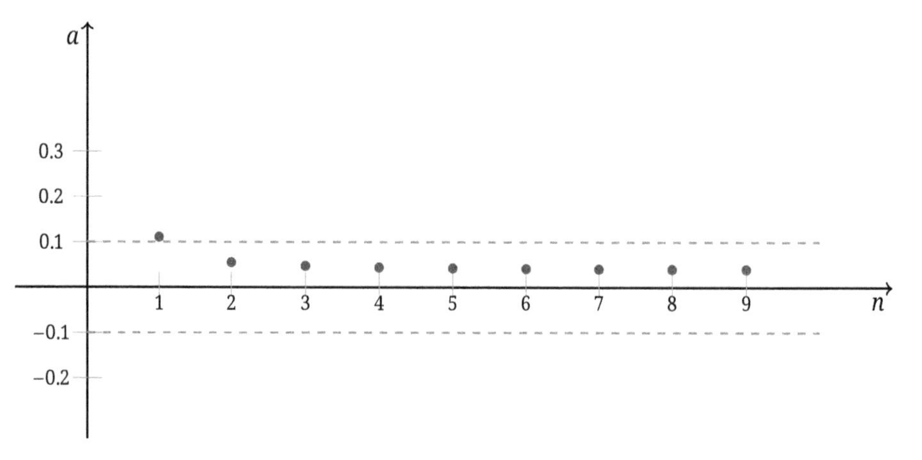

Abb. 8.4: Die Folge $a_n = \frac{2}{3(3n-2)}$.

□

Beim Grenzwertbegriff muss man daran denken, dass der zu vorgegebenem ϵ gesuchte Index n_ϵ nicht eindeutig angegegeben werden kann. Wenn ein Index die geforderte Bedingung erfüllt, so wird diese auch von allen größeren Indizes erfüllt. Man braucht aber keineswegs den kleinstmöglichen Index anzugeben.

Beispiel 8.5. Die Folge

$$a_n = \frac{1}{n}, \quad n > 0,$$

konvergiert gegen Null:

$$\lim_{n\to\infty} \frac{1}{n} = 0.$$

Zu vorgegebenem $\epsilon > 0$ muß ein n_ϵ gefunden werden, sodass $n > n_\epsilon$ nach sich zieht:

$$|a_n - 0| = \frac{1}{n} < \epsilon.$$

Offenbar kann jede natürliche Zahl als n_ϵ gewählt werden, wenn sie

$$n_\epsilon \geq \frac{1}{\epsilon}$$

erfüllt. Damit ist die Konvergenz der Folge gegen den Grenzwert Null bewiesen. □

Beispiel 8.6. Wir weisen nach, dass gilt:

$$\lim_{n\to\infty} \frac{5n - 10}{n + 2} = 5.$$

Zu vorgegebenem $\epsilon > 0$ muss ein n_ϵ gefunden werden, sodass $n > n_\epsilon$ nach sich zieht:

$$|a_n - 5| = \left|\frac{5n - 10}{n + 2} - 5\right| < \epsilon\,.$$

Zunächst ergibt Umformen

$$|a_n - 5| = \left|-\frac{20}{n + 2}\right| = \frac{20}{n + 2}\,.$$

Damit bekommen wir folgende Äquivalenz bei $n \geq 0$ und $\epsilon > 0$:

$$\begin{gathered} |a_n - 5| < \epsilon \\ \Updownarrow \\ \frac{20}{n+2} < \epsilon \\ \Updownarrow \\ \frac{20}{\epsilon} < n + 2 \\ \Updownarrow \\ \frac{20}{\epsilon} - 2 < n\,. \end{gathered}$$

Hieraus entnehmen wir, dass jede natürliche Zahl als n_ϵ gewählt werden kann, wenn sie

$$n_\epsilon \geq \frac{20}{\epsilon} - 2$$

erfüllt. Damit ist die Konvergenz der Folge gegen den Grenzwert 5 bewiesen. □

Der Nachweis der Konvergenz an Hand der Definition - Vorgabe eines ϵ-Streifens und Suche eines zugehörigen n_ϵ-Index - ist in den meisten Fällen sehr aufwendig. Die folgenden Sätze über die Konvergenz von Summen-, Produkt- und Quotientenfolgen können leicht bewiesen werden.

Konvergenz der Summen-, Produkt- und Quotientenfolge

Aus $\lim_{n\to\infty} a_n = a$ und $\lim_{n\to\infty} b_n = b$ folgt

$$\lim_{n\to\infty} a_n + b_n = a + b \quad \text{und} \quad \lim_{n\to\infty} a_n b_n = a\,b\,.$$

Ist ferner $b \neq 0$, so gilt

$$\lim_{n\to\infty} \frac{a_n}{b_n} = \frac{a}{b}\,.$$

Hiermit können Grenzwertwertbestimmungen oft auf die Kenntnis der Grenzwerte einfacherer Folgen zurückgeführt werden.

Beispiel 8.7. Wir prüfen, ob die Folgen

$$\text{(a)}\quad a_n = \frac{3n+5}{5n^2+8n-1}, \quad \text{(b)}\quad a_n = \frac{n^3-6n^2+1}{5n^3+6n+2}, \quad \text{(c)}\quad a_n = \frac{n^3+n}{2n}$$

konvergieren und bestimmen gegebenenfalls den Grenzwert.

(a) Zunächst formen wir um:

$$a_n = \frac{\frac{3}{n}+\frac{5}{n^2}}{5+\frac{8}{n}-\frac{1}{n^2}}.$$

Da $\frac{1}{n}$ gegen Null konvergiert und die konstante Folge $c_n = 3$ gegen Drei konvergiert, gilt

$$\lim_{n\to\infty} 3\,\frac{1}{n} = 0\,.$$

Ebenso ergibt sich die Konvergenz der Produktfolge,

$$\lim_{n\to\infty} 5\,\frac{1}{n}\,\frac{1}{n} = 0\,,$$

sodass der Nenner von a_n gegen Null konvergiert. Die Folge, die im Zähler von a_n steht, ist konvergent mit dem Grenzwert 5, und insgesamt bekommt man

$$\lim_{n\to\infty} a_n = 0\,.$$

(b) Wir formen ähnlich wie im Teil (a) um und erhalten

$$a_n = \frac{1-\frac{6}{n}+\frac{1}{n^3}}{5+\frac{6}{n^2}+\frac{2}{n^3}}.$$

Der Grenzwert kann nun aus Summen, Produkten und Quotienten zusammengesetzt werden:

$$\lim_{n\to\infty} a_n = \frac{1}{5}\,.$$

(c) Die Folge

$$a_n = \frac{n^3+n}{2n} = \frac{n^2}{2} + \frac{1}{2}$$

wächst über alle Grenzen. Man kann zu jeder beliebig großen Zahl s Folgenglieder angeben, welche noch grßer sind als s. Dies ist nicht vereinbar damit, dass alle Folgenglieder, deren Index einen bestimmten Schwellenindex übersteigt, in einem endlichen Streifen liegen. Keine Zahl $a \in \mathbb{R}$ kann Grenzwert der Folge sein. □

Auf den Folgen baut der Begriff der unendlichen Reihe auf. Ziel dabei ist es, die Summenbildung auf unendlich viele Summanden auszudehnen. Sei

$$\{a_n\}_{n=1}^{\infty} = \{a_1, a_2, a_3, \ldots\}$$

eine Folge. Aus dieser Folge stellen wir eine neue Folge her, indem wir jeweils Teilsummen bilden,

$$\begin{aligned} s_1 &= a_1 , \\ s_2 &= a_1 + a_2 , \\ s_3 &= a_1 + a_2 + a_3 , \\ &\vdots \\ s_n &= \sum_{k=1}^{n} a_k . \end{aligned}$$

Wenn wir die Teilsumme immer weiter ausdehnen, nähern wir uns der unendlichen Reihe $a_1 + a_2 + a_3 + \cdots$.

Unendliche Reihe

Sei $\{a_n\}_{n=1}^{\infty}$ eine Folge mit der Teilsummenfolge $\{s_n\}_{n=1}^{\infty}$. Die Folge der Teilsummen konvergiere mit dem Grenzwert s,

$$\lim_{n\to\infty} s_n = s .$$

Dann sagt man, dass die unendliche Reihe mit der Summe s konvergiert,

$$\lim_{n\to\infty} s_n = \sum_{k=1}^{\infty} a_k .$$

Wie bei den Folgen spielt auch bei den Reihen die Wahl des Beginns der Indizierung der Folgenglieder keine Rolle. Ist beispielsweise $\{a_n\}_{n=0}^{\infty}$ eine Folge, bei welcher die Folgenglieder von Null an nummeriert werden, dann bilden wir entsprechende Teilsummen,

$$\begin{aligned} s_0 &= a_0 , \\ s_1 &= a_0 + a_1 , \\ s_2 &= a_0 + a_1 + a_2 , \\ &\vdots \\ s_n &= \sum_{k=0}^{n} a_k , \end{aligned}$$

und schreiben

$$\lim_{n\to\infty} s_n = \sum_{k=0}^{\infty} a_k .$$

Man kann alle Regeln für die Bildung von Grenzwerten übertragen. Beispielweise kann man einen gemeinsamen Faktor vor den Grenzwert ziehen. Unendliche Reihen unterscheiden sich aber von endlichen Summen in einem wesentlichen Punkt. Man darf die Reihenfolge der Summanden nicht einfach umordnen. Von der Definition der unendlichen Reihe ist klar, dass eine Umordnung die Folge der Teilsummen verändern und dadurch zu einem anderen Grenzwert führen kann. Es nicht leicht einzusehen, dass man eine Reihe dann beliebig umordnen darf, wenn auch die Reihe der Beträge konvergiert. Man spricht in diesem Fall auch von absoluter Konvergenz. Die geometrische Reihe stellt das wichtigste Beispiel für eine absolut konvergente Reihe dar.

Geometrische Reihe
Sei q eine Zahl mit $|q| < 1$. Dann konvergiert die geometrische Reihe:

$$\sum_{k=0}^{\infty} q^k = \frac{1}{1-q} .$$

Man kann dies leicht einsehen, indem man die Teilsummen bildet. Für $n \geq 0$ und $q \neq 1$ gilt:

$$s_n = \sum_{k=0}^{n} q^k = \frac{1-q^{n+1}}{1-q}$$

und hieraus folgt für $|q| < 1$:

$$\lim_{n\to\infty} s_n = \frac{1}{1-q} .$$

Die geometrische Reihe konvergiert absolut.

Beispiel 8.8. Wir berechnen folgende Reihen:

$$\begin{aligned}
\sum_{k=0}^{\infty}\left(\frac{1}{5}\right)^k &= \left(\frac{1}{5}\right)^0 + \left(\frac{1}{5}\right)^1 + \left(\frac{1}{5}\right)^2 + \cdots \\
&= 1 + \frac{1}{5} + \frac{1}{25} + \frac{1}{125} + \cdots \\
&= \frac{1}{1-\frac{1}{5}} = \frac{5}{4} , \\
\sum_{k=0}^{\infty}\left(-\frac{1}{5}\right)^k &= \left(\frac{1}{5}\right)^0 - \left(\frac{1}{5}\right)^1 - \left(\frac{1}{5}\right)^2 \pm \cdots \\
&= 1 - \frac{1}{5} + \frac{1}{25} - \frac{1}{125} \pm \cdots \\
&= \frac{1}{1-(-\frac{1}{5})} = \frac{5}{6} ,
\end{aligned}$$

$$
\begin{aligned}
\sum_{k=0}^{\infty} \frac{3}{8}\left(\frac{7}{9}\right)^k &= \frac{3}{8}\sum_{k=0}^{\infty}\left(\frac{7}{9}\right)^k \\
&= \frac{3}{8}\left(\left(\frac{7}{9}\right)^0 + \left(\frac{7}{9}\right)^1 + \left(\frac{7}{9}\right)^2 + \cdots\right) \\
&= \frac{3}{8}\,\frac{1}{1-\frac{7}{9}} = \frac{3}{8}\cdot\frac{9}{2} = \frac{27}{16}\,, \\
\sum_{k=1}^{\infty}\left(\frac{33}{100}\right)^k &= \left(\frac{33}{100}\right)^1 + \left(\frac{33}{100}\right)^2 + \cdots \\
&= -1 + \left(\frac{33}{100}\right)^0 + \left(\frac{33}{100}\right)^1 + \left(\frac{33}{100}\right)^2 + \left(\frac{33}{100}\right)^3 + \cdots \\
&= -1 + \sum_{k=0}^{\infty}\left(\frac{33}{100}\right)^k \\
&= -1 + \frac{1}{1-\frac{33}{100}} = \frac{33}{67}\,.
\end{aligned}
$$

□

Wir betrachten eine Funktion f und einen Punkt x_0 aus dem Definitionsbereich. Zu jeder Folge $\{x_n\}_{n=1}^{\infty}$ im Definitionsbereich erhält man eine Folge von Funktionswerten $\{f(x_n)\}_{n=1}^{\infty}$. Es ist überhaupt nicht selbstverständlich, dass eine Folge $\{f(x_n)\}_{n=1}^{\infty}$ stets gegen $f(x_0)$ konvergiert, wenn $\{x_n\}_{n=1}^{\infty}$ gegen x_0 konvergiert.

Beispiel 8.9. Wir betrachten die Funktion

$$f(x) = \frac{1}{x}\,, \qquad x > 0\,.$$

Ist $\{x_n\}_{n=1}^{\infty}$ eine beliebige Folge mit $x_n > 0$ und

$$\lim_{n\to\infty} x_n = x_0 > 0\,,$$

so gilt nach dem Satz über den Grenzwert von Quotiententenfolgen (Abb. 8.5):

$$\lim_{n\to\infty} f(x_n) = \lim_{n\to\infty}\frac{1}{x_n} = \frac{1}{x_0}\,.$$

Nun betrachten wir die Funktion

$$f(x) = \begin{cases} 1\,, & x > 0\,, \\ 0\,, & x \le 0 \end{cases}$$

und die Folge $x_n = \frac{1}{n}$, $n > 1$. Offenbar gilt hier (Abb. 8.6):

$$\lim_{n\to\infty} x_n = \lim_{n\to\infty}\frac{1}{n} = 0\,,$$

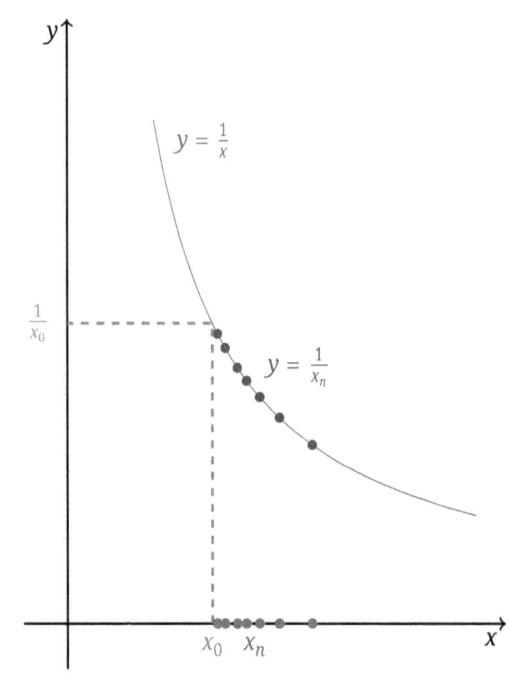

Abb. 8.5: Die Folge im Definitionsbereich mit zugehöriger Folge von Funktionswerten bei der Funktion $f(x) = \frac{1}{x}$.

aber

$$\lim_{n\to\infty} f(x_n) = \lim_{n\to\infty} 1 = 1 \neq 0 = f(0)\,.$$

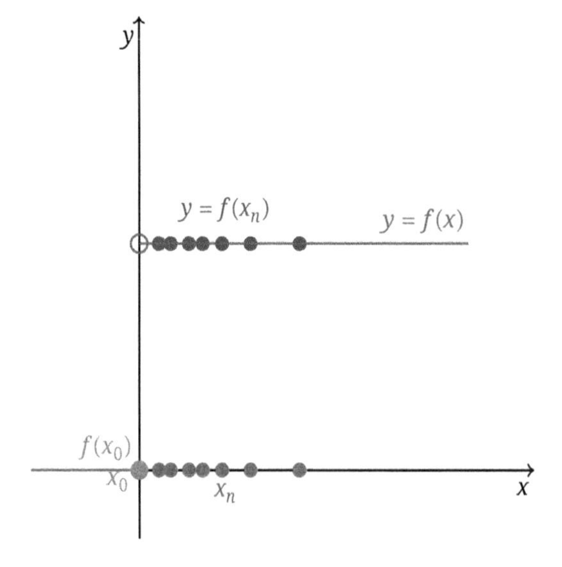

Abb. 8.6: Folge $x_n = \frac{1}{n}$ im Definitionsbereich mit zugehöriger Folge von Funktionswerten $f(x_n) = 1$ bei der Funktion $f(x) = 1, x > 0$ und $f(x) = 0, x \leq 0$.

□

Überträgt sich bei jeder Folge von Urbildern die Konvergenz auf die Folge der Bilder und stimmt der Grenzwert stets mit dem Funktionswert überein, dann spricht man von Stetigkeit.

Stetigkeit, Graph einer stetigen Funktion
Eine Funktion $f : \mathbb{D} \longrightarrow \mathbb{R}$ ist genau dann stetig im Punkt $x_0 \in \mathbb{D}$, wenn die zu irgendeiner gegen x_0 konvergenten Folge $\{x_n\}_{n=1}^{\infty}$ gehörige Folge von Funktionswerten $\{f(x_n)\}_{n=1}^{\infty}$ gegen $f(x_0)$ konvergiert,

$$\lim_{n\to\infty} x_n = x_0 \quad \Longrightarrow \quad \lim_{n\to\infty} f(x_n) = f(x_0) .$$

Die Stetigkeit einer Funktion kann man sich folgendermaßen in der Ebene veranschaulichen. Gibt man einen ϵ-Streifen um den Funktionswert $f(x_0)$,

$$\left\{(x,y) \,|\, f(x_0) - \epsilon < y < f(x_0) + \epsilon\right\},$$

in der Ebene vor, so gibt es ein δ_ϵ mit $(x, f(x)) \in S_\epsilon$ für $x_0 - \delta_\epsilon < x < x_0 + \delta_\epsilon$.

Eine stetige Funktion besitzt die Eigenschaft der lokalen Flachheit. Beobachtet man die Funktionswerte nur in einer Umgebung eines festen Punktes x_0 und nimmt eine hinreichende Verkleinerung dieser Umgebung vor, so kann man die Funktion als Konstante betrachten. Diesen Effekt macht man durch Maßstabsvergrößerung in Richtung der x-Achse sichtbar. Bei variablem h geht man dabei vom ursprünglichen Graphen $(x, f(x))$ zu folgendem Graphen über (Abb. 8.7):

$$(x_0 + \lambda\, h, f(x_0 + h)), \quad \lambda > 1 .$$

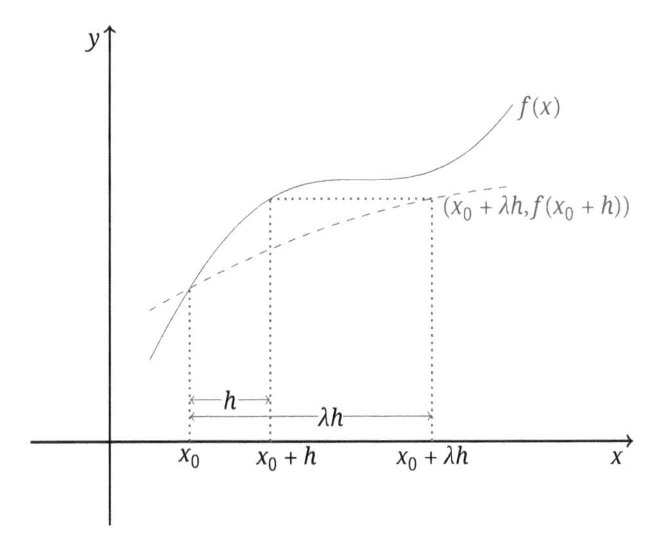

Abb. 8.7: Eine Funktion $f(x)$ mit dem Graphen $(x_0 + \lambda h, f(x_0 + h)), \lambda > 1$, Maßstabsvergrößerung in Richtung der x-Achse.

Folgende Überlegung zeigt, dass sich diese Graphen dem Graphen $(x, f(x_0))$ nähern: Wir setzen

$$x = x_0 + \lambda h \iff h = \frac{x - x_0}{\lambda}$$

und schreiben die gestreckten Graphen als

$$\left(x, f\left(x_0 + \frac{x - x_0}{\lambda}\right)\right).$$

Wird nun λ unendlich groß, so geht $\frac{x-x_0}{\lambda}$ gegen Null, und die Funktionen

$$f_\lambda(x) = f\left(x_0 + \frac{x - x_0}{\lambda}\right)$$

streben punktweise (in jedem festen Punkt x) gegen die konstante Funktion $x \longrightarrow f(x_0)$ (Abb. 8.8).

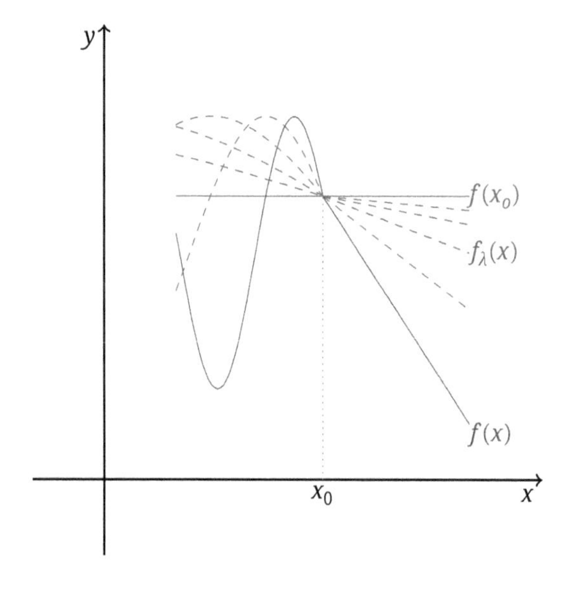

Abb. 8.8: Eine Funktion $f(x)$ mit Funktionen $f_\lambda(x) = f(x_0 + \frac{x-x_0}{\lambda})$ in einer Umgebung eines Punktes x_0. Für große λ gehen die Funkionen $f_\lambda(x)$ gegen die konstante Funktion $x \longrightarrow f(x_0)$.

Beispiel 8.10. Wir betrachten den lokalen Übergang der Funktion

$$f(x) = (x - 1)^2$$

in die konstante Funktion $f(2) = 1$.

Setzt man bei $\lambda > 0$

$$x = 2 + \lambda h \iff h = \frac{x - 2}{\lambda},$$

so ergibt sich der Graph

$$(2 + \lambda h, f(2 + h))$$

zu

$$\left(x, f\left(2 + \frac{x-2}{\lambda}\right)\right).$$

Offenbar gilt

$$f_\lambda(x) = f\left(2 + \frac{x-2}{\lambda}\right) = \left(1 + \frac{x-2}{\lambda}\right)^2$$

und die Funktion $f_\lambda(x) = (1 + \frac{x-2}{\lambda})^2$ strebt bei wachsenden λ gegen $f(2) = 1$ (Abb. 8.9).

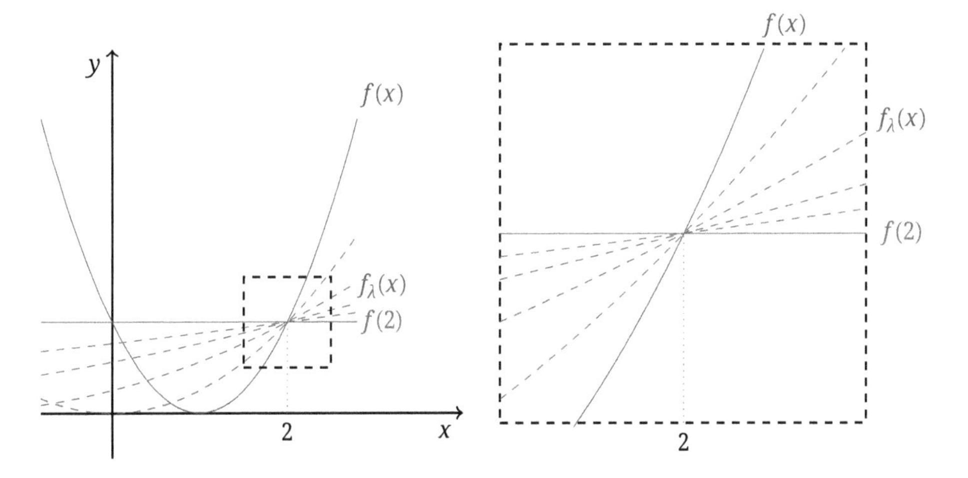

Abb. 8.9: Lokaler Übergang der Funktion $f(x) = (x-1)^2$ in die konstante Funktion $x \longrightarrow f(2) = 1$ durch Maßstabsvergrößerung in x-Richtung. Die Funktionen $f_\lambda(x)$ gehen punktweise gegen $f(2)$.

□

Lücken im Definitionsbereich einer Funktion können oft durch Grenzwertbildung geschlossen werden.

Grenzwert einer Funktion
Die Funktion $f : (a, x_0) \cup (x_0, b) \longrightarrow \mathbb{R}$ besitzt in x_0 den Grenzwert g, wenn die folgende Funktion in x_0 stetig ist:

$$\tilde{f}(x) = \begin{cases} f(x), & x \in (a, x_0) \cup (x_0, b), \\ g, & x = x_0. \end{cases}$$

Man schreibt: $\lim_{x \to x_0} f(x) = g$.

Beispiel 8.11. Die Funktion

$$f(x) = \frac{(x^2 - 1)(x + 2)}{x + 1}$$

kann für alle $x \in \mathbb{R}$ mit Ausnahme der Stelle $x = -1$ erklärt werden. Wir formen die Funktionsvorschrift für $x \neq -1$ um,

$$\begin{aligned} f(x) &= \frac{(x^2 - 1)(x + 2)}{x + 1} = \frac{(x + 1)(x - 1)(x + 2)}{x + 1} \\ &= (x + 2)(x - 1) . \end{aligned}$$

Hieraus entnimmt man sofort, dass die Funktion

$$\tilde{f}(x) = \begin{cases} f(x) , & x \in x \neq -1 \\ -2 , & x = -1 \end{cases}$$

stetig ist. Somit gilt (Abb. 8.10):

$$\lim_{x \to -1} f(x) = -2 .$$

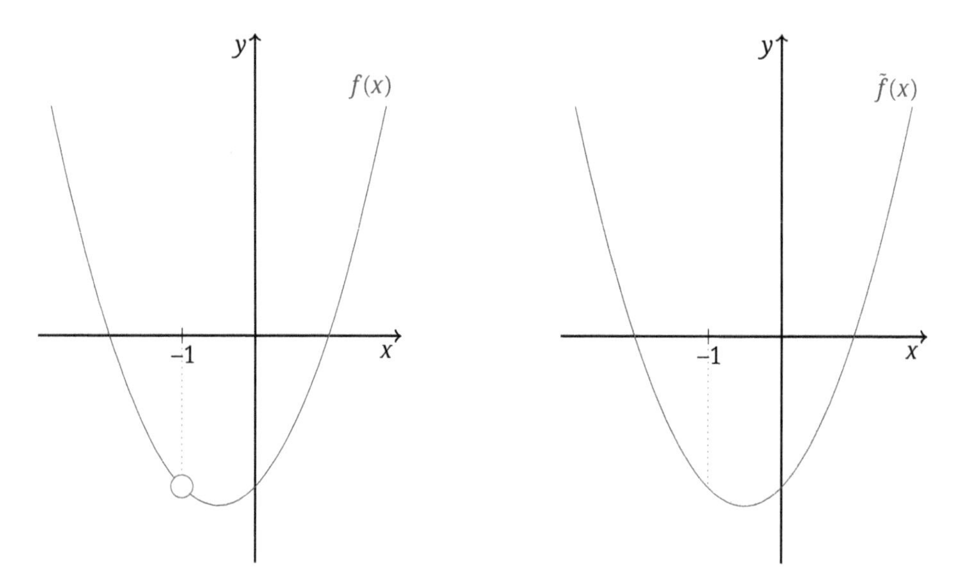

Abb. 8.10: Die Funktion $f(x) = \frac{(x^2-1)(x+2)}{x+1}$, $x \neq -1$,(links). Die Funktion $\tilde{f}(x) = (x + 2)(x - 1)$ mit dem Grenzwert von f im Punkt $x = -1$.

□

8.2 Differenzenquotienten und Ableitung

Im Folgenden seien Funktionen f stets in einem offenen Intervall $(a, b) = \{x \in \mathbb{R} \mid a < x < b\}$ erklärt. Wir halten nun $x_0 \in (a, b)$ fest und variieren $x \in (a, b)$.

Differenzenquotient
Der Quotient

$$\frac{f(x) - f(x_0)}{x - x_0}, \quad x \neq x_0$$

wird als Differenzenquotient bezeichnet.

Der Differenzenquotient gibt die Steigung der Geraden an, die durch die Punkte $(x_0, f(x_0))$ und $(x, f(x))$ geht. Man bezeichnet diese Geraden als Sekanten. Lässt man nun x gegen x_0 streben, so wird man über die Differenzenquotienten zur Differenzierbarkeit geführt.

Differenzierbarkeit
Eine Funktion $f : (a, b) \longrightarrow \mathbb{R}$ heißt differenzierbar im Punkt $x_0 \in (a, b)$, wenn der folgende Grenzwert existiert:

$$\lim_{x \to x_0} \frac{f(x) - f(x_0)}{x - x_0}.$$

Beispiel 8.12. Wir betrachten eine konstante Funktion $f(x) = c$. Der Differenzenquotient ergibt hier stets Null,

$$\frac{f(x) - f(x_0)}{x - x_0} = 0.$$

In einem beliebigen Punkt x_0 ergibt sich damit der Grenzwert

$$\lim_{x \to x_0} \frac{f(x) - f(x_0)}{x - x_0} = 0. \qquad \square$$

Beispiel 8.13. Die Funktion $f(x) = x^3$ ist für alle $x \in \mathbb{R}$ erklärt. In einem beliebigen Punkt $x_0 \in \mathbb{R}$ berechnen wir den Grenzwert

$$\lim_{x \to x_0} \frac{f(x) - f(x_0)}{x - x_0}.$$

Wir schreiben den Differenzenquotienten mithilfe von $x = x - x_0 + x_0$ um,

$$\begin{aligned}\frac{f(x)-f(x_0)}{x-x_0} = \frac{x^3-x_0^3}{x-x_0} &= \frac{1}{x-x_0}\left(((x-x_0)+x_0)^3 - x_0^3\right)\\ &= \frac{1}{x-x_0}\left((x-x_0)^3 + 3\,(x-x_0)^2\,x_0 + 3\,(x-x_0)\,x_0^2 + x_0^3 - x_0^3\right)\\ &= (x-x_0)^2 + 3\,(x-x_0)\,x_0 + 3\,x_0^2\,.\end{aligned}$$

Nun ergibt sich der Grenzwert (Abb. 8.11):

$$\lim_{x\to x_0}\frac{f(x)-f(x_0)}{x-x_0} = \lim_{x\to x_0}\frac{x^3-x_0^3}{x-x_0} = 3\,x_0^2\,.$$

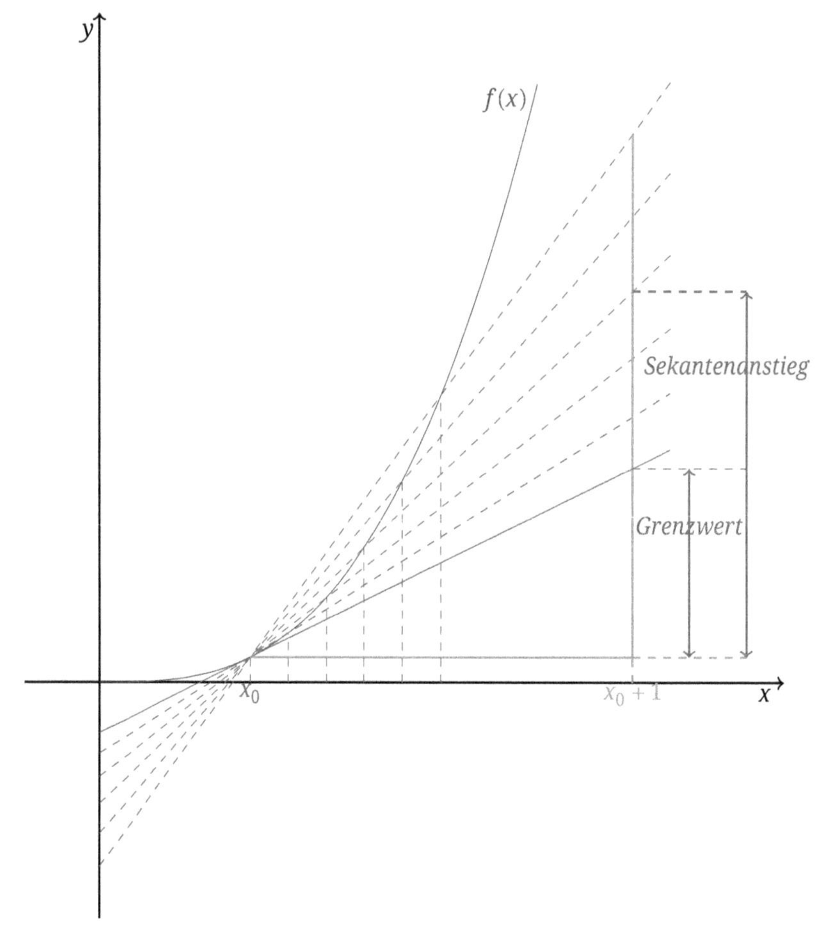

Abb. 8.11: Grenzübergang an einer Stelle x_0 des Differenzenquotienten bei der Funktion $f(x) = x^3$. Das Steigungdreieck der Sekante wird jeweils über der Grundseite mit der Länge eins gezeichnet, sodass der Differenzenquotient abgelesen werden kann.

□

Beispiel 8.14. Die Funktion $f(x) = \sqrt{x}$ ist für $x > 0$ erklärt. In einem beliebigen Punkt $x_0 > 0$ berechnen wir den Grenzwert des Differenzenquotienten.

Zunächst formen wir mit der Beziehung

$$x - x_0 = (\sqrt{x} - \sqrt{x_0})(\sqrt{x} + \sqrt{x_0})$$

um:

$$\begin{aligned}\frac{\sqrt{x} - \sqrt{x_0}}{x - x_0} &= \frac{\sqrt{x} - \sqrt{x_0}}{x - x_0} \\ &= \frac{\sqrt{x} - \sqrt{x_0}}{(\sqrt{x} - \sqrt{x_0})(\sqrt{x} + \sqrt{x_0})} \\ &= \frac{1}{\sqrt{x} + \sqrt{x_0}}.\end{aligned}$$

Hieraus entnimmt man sofort, dass (Abb. 8.12)

$$\lim_{x \to x_0} \frac{f(x) - f(x_0)}{x - x_0} = \lim_{x \to x_0} \frac{\sqrt{x} - \sqrt{x_0}}{x - x_0} = \frac{1}{2\sqrt{x_0}}.$$

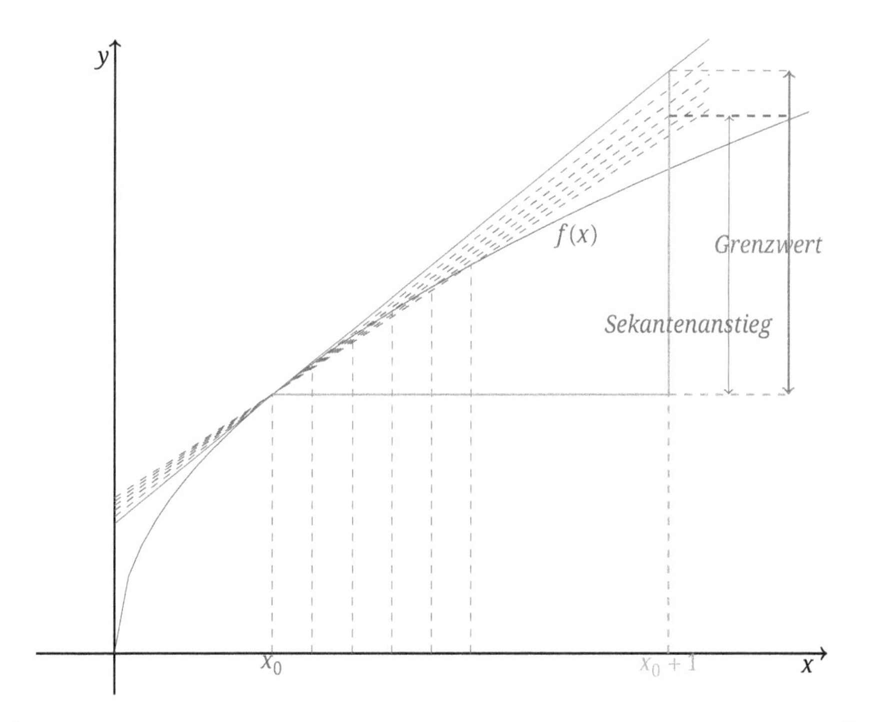

Abb. 8.12: Grenzübergang an einer Stelle x_0 des Differenzenquotienten bei der Funktion $f(x) = \sqrt{x}$.

□

Der Grenzwert des Differenzenquotienten wird auch als Ableitung bezeichnet.

Ableitung
Der Grenzwert des Differenzenquotienten heißt Ableitung von f an der Stelle $x = x_0$. Man schreibt:

$$f'(x_0) = \lim_{x \to x_0} \frac{f(x) - f(x_0)}{x - x_0}$$
$$= \frac{df}{dx}(x_0) = \frac{d}{dx}f(x_0)\,.$$

Ist eine Funktion differenzierbar, so gehen die vom Punkt $(x_0,f(x_0))$ ausgehenden Sekanten beim Grenzprozess in eine Gerade mit dem Anstieg $f'(x_0)$ über. Diese Gerade heißt Tangente und berührt die Funktion im Punkt x_0. (Abb. 8.13)

Tangente an eine Funktion
Die Gleichung der Tangente an die Funktion f im Punkt x_0 lautet:

$$t(x) = f(x_0) + f'(x_0)\,(x - x_0)\,.$$

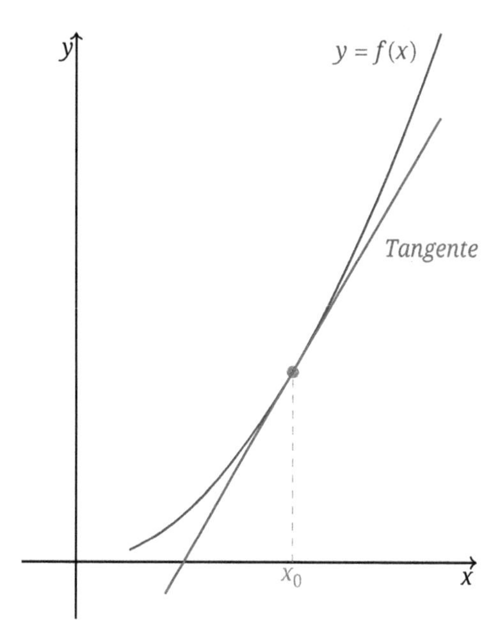

Abb. 8.13: Tangente an eine Funktion $y = f(x)$ im Punkt x_0.

Man kann zeigen, dass eine differenzierbare Funktion lokal mit ihrer Tangente übereinstimmt. Dazu multipliziert man alle Strecken vom festen Punkt $(x_0,f(x_0))$ aus gesehen mit einem Faktor. Man nimmt eine Maßstabsvergrößerung auf beiden Achsen vor. Vom Graphen $(x,f(x))$ geht man ähnlich wie bei der lokalen Flachheit stetiger Funktionen zu dem Graphen über (Abb. 8.14):

$$(x_0 + \lambda h, f(x_0) + \lambda (f(x_0 + h) - f(x_0))), \quad \lambda > 1.$$

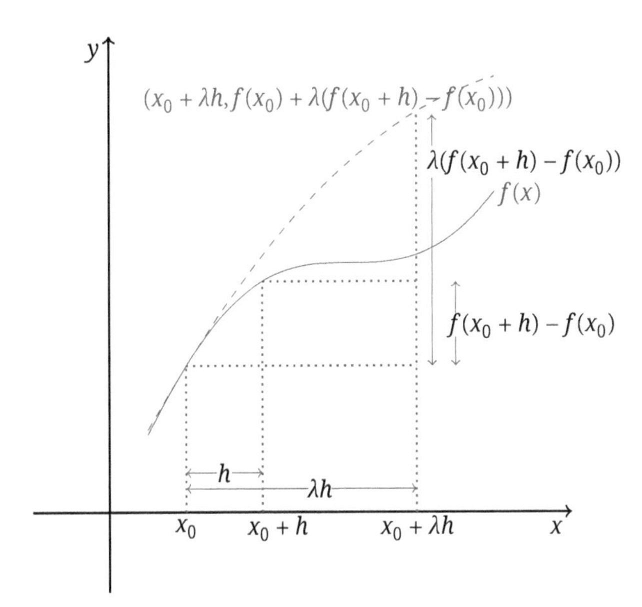

Abb. 8.14: Eine Funktion $f(x)$ mit dem Graphen $(x_0 + \lambda h, f(x_0) + \lambda(f(x_0 + h) - f(x_0)))$, $\lambda > 1$, Maßstabsvergrößerung in Richtung der x-Achse und der y-Achse.

Folgende Überlegung zeigt, dass sich diese Graphen der Tangente nähern. Wir setzen

$$x = x_0 + \lambda h \quad \Longleftrightarrow \quad h = \frac{x - x_0}{\lambda}$$

und schreiben die gestreckten Graphen als

$$\left(x, f(x_0) + \lambda \left(f\left(x_0 + \frac{x - x_0}{\lambda}\right) - f(x_0)\right)\right).$$

Umformen ergibt

$$\left(x, f(x_0) + \frac{f(x_0 + \frac{x - x_0}{\lambda}) - f(x_0)}{\frac{x - x_0}{\lambda}}(x - x_0)\right).$$

Wird λ unendlich groß, so geht $\frac{x - x_0}{\lambda}$ gegen Null, und die Funktionen

$$f_{\lambda\lambda}(x) = f(x_0) + \lambda \left(f\left(x_0 + \frac{x - x_0}{\lambda}\right) - f(x_0)\right)$$

streben punktweise gegen die Tangente, $t(x) = f(x_0) + f'(x_0)(x - x_0)$, (Abb. 8.15).

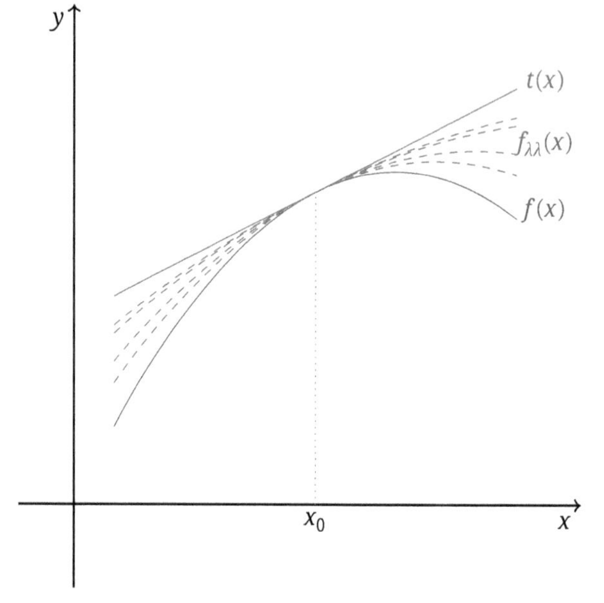

Abb. 8.15: Eine Funktion $f(x)$ mit Funktionen $f_{\lambda\lambda}(x) = f(x_0) + \lambda(f(x_0 + \frac{x-x_0}{\lambda}) - f(x_0))$ in einer Umgebung eines Punktes x_0. Für große λ gehen die Funkionen $f_{\lambda\lambda}(x)$ gegen die Tangente, $t(x) = f(x_0) + f'(x_0)(x - x_0)$.

Beispiel 8.15. Betrachten wir erneut die Funktion $f(x) = x^3$. Ihre Tangente im Punkt x_0 besitzt folgende Gleichung:

$$\begin{aligned} t(x) &= x_0^3 + 3\,x_0^2\,(x - x_0) \\ &= 3\,x_0^2\,x + x_0^3 - 2\,x_0^3\,. \end{aligned}$$

Setzt man bei $\lambda > 0$

$$x = x_0 + \lambda\,h \quad \Longleftrightarrow \quad h = \frac{x - x_0}{\lambda}\,,$$

so ergibt sich der Graph

$$(x_0 + \lambda\,h, f(x_0) + \lambda\,(f(x_0 + h) - f(x_0)))$$

zu

$$\left(x, f(x_0) + \lambda\left(f\left(x_0 + \frac{x - x_0}{\lambda}\right) - f(x_0)\right)\right).$$

Offenbar gilt

$$\begin{aligned} f_{\lambda\lambda}(x) &= f(x_0) + \lambda\left(f\left(x_0 + \frac{x - x_0}{\lambda}\right) - f(x_0)\right) \\ &= x_0^3 + \lambda\left(\left(x_0 + \frac{x - x_0}{\lambda}\right)^3 - x_0^3\right) \end{aligned}$$

$$= x_0^3 + \lambda \left(3\,x_0^2 \, \frac{x - x_0}{\lambda} + 3\,x_0 \left(\frac{x - x_0}{\lambda} \right)^2 + \left(\frac{x - x_0}{\lambda} \right)^3 \right)$$

$$= x_0^3 + \lambda \left(\left(x_0 + \frac{x - x_0}{\lambda} \right)^3 - x_0^3 \right)$$

$$= x_0^3 + 3\,x_0^2\,(x - x_0) + 3\,x_0 \, \frac{(x - x_0)^2}{\lambda} + \frac{(x - x_0)^3}{\lambda^2},$$

und die Funktion $f_{\lambda\lambda}(x)$ strebt bei wachsendem λ gegen $t(x) = x_0^3 + 3\,x_0^2\,(x - x_0)$, (Abb. 8.16).

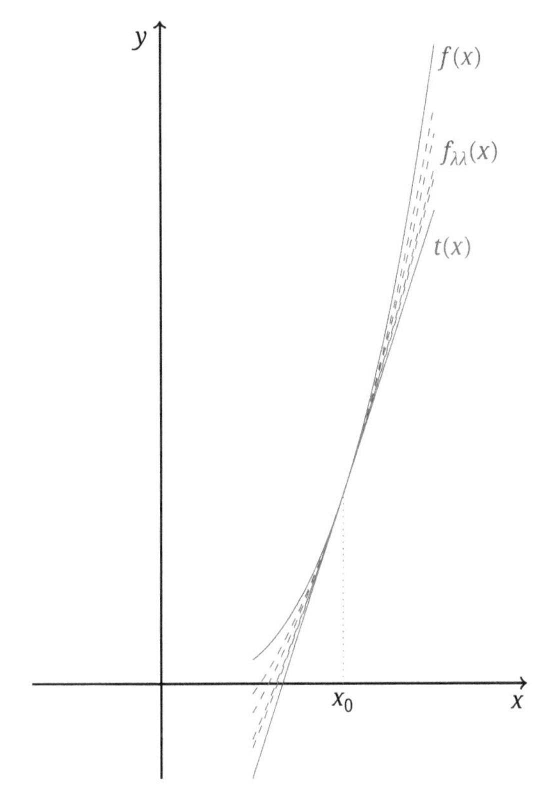

Abb. 8.16: Lokaler Übergang der Funktion $f(x) = x^3$ in ihre Tangente im Punkt $x_0 = 1$ durch Maßstabsvergrößerung in x- und y-Richtung.

□

Geht man von der Variablen x zu $h = x - x_0$ über, so ergibt sich eine leicht abgewandelte Möglichkeit der Berechnung des Grenzwerts des Differenzenquotienten:

Differenzenquotient mit Zuwachs *h*

Eine Funktion $f : (a, b) \longrightarrow \mathbb{R}$ besitzt im Punkt $x_0 \in (a, b)$ genau dann die Ableitung $f'(x_0)$, wenn gilt:

$$f'(x_0) = \lim_{h \to 0} \frac{f(x_0 + h) - f(x_0)}{h}.$$

Beispiel 8.16. Für die folgenden Funktionen berechnen wir die Ableitung in einem Punkt x_0:

$$f(x) = x^2 - 1\,, \quad g(x) = \frac{1}{x^2}\,, x \neq 0\,.$$

Wir berechnen den Differenzenquotienten im Punkt x_0 mit dem Zuwachs h,

$$\begin{aligned} \frac{f(x_0+h) - f(x_0)}{h} &= \frac{(x_0+h)^2 - x_0^2}{h} \\ &= \frac{2\,x_0\,h + h^2}{h} \\ &= 2\,x_0 + h\,. \end{aligned}$$

Hieraus folgt sofort

$$f'(x_0) = \lim_{h\to 0} \frac{f(x_0+h) - f(x_0)}{h} = 2\,x_0\,.$$

Genauso berechnen wir im Punkt $x_0 \neq 0$:

$$\begin{aligned} \frac{g(x_0+h) - g(x_0)}{h} &= \frac{\frac{1}{(x_0+h)^2} - \frac{1}{x_0^2}}{h} \\ &= \frac{x_0^2 - (x_0+h)^2}{h\,(x_0+h)^2\,x_0^2} \\ &= -\frac{2}{x_0\,(x_0+h)^2} - \frac{h}{(x_0+h)^2\,x_0^2}\,. \end{aligned}$$

Hieraus folgt wieder unmittelbar

$$g'(x_0) = \lim_{h\to 0} \frac{g(x_0+h) - g(x_0)}{h} = -\frac{2}{x_0^3}\,.$$

□

Beispiel 8.17. Für die Sinus- und Kosinusfunktion berechnen wir die Ableitung in einem Punkt x_0.

Aus der Darstellung von Sinus und Tangens am Einheitskreis entnimmt man für $h > 0$ die Abschätzung

$$0 < \sin(h) < h < \tan(h)\,.$$

Hieraus folgen die Ungleichungen

$$1 < \frac{h}{\sin(h)} < \frac{1}{\cos(h)}\,,$$

die auch für $h < 0$ gelten. Damit bekommen wir den Grenzwert (Abb. 8.17):

$$\lim_{h \to 0} \frac{\sin(h)}{h} = 1.$$

Mit trigonometrischen Umformungen ergibt sich der Grenzwert (Abb. 8.17):

$$\begin{aligned}\lim_{h \to 0} \frac{1 - \cos(h)}{h} &= \lim_{h \to 0} \frac{1 - \cos(2\,\frac{h}{2})}{h} = \lim_{h \to 0} \frac{(\sin(h))^2}{h} \\ &= \lim_{h \to 0} \sin(h)\,\frac{\sin(h)}{h} = 0.\end{aligned}$$

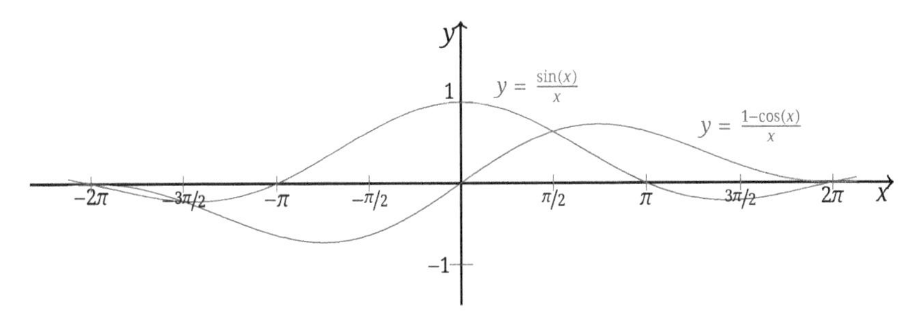

Abb. 8.17: Die Funktionen $y = \frac{\sin(x)}{x}$ und $y = \frac{1-\cos(x)}{x}$.

Wir berechnen den Differenzenquotienten im Punkt x_0 mithilfe der Additionstheoreme,

$$\begin{aligned}&\frac{\sin(x_0 + h) - \sin(x_0)}{h} \\ &= \frac{\sin(x_0)\,\cos(h) + \sin(h)\,\cos(x_0) - \sin(x_0)}{h} \\ &= \frac{\sin(x_0)\,(\cos(h) - 1)}{h} + \frac{\sin(h)\,\cos(x_0)}{h} \\ &= \sin(x_0)\,\frac{\cos(h) - 1}{h} + \cos(x_0)\,\frac{\sin(h)}{h}.\end{aligned}$$

Hieraus folgt sofort

$$\sin'(x_0) = \lim_{h \to 0} \frac{\sin(x_0 + h) - \sin(x_0)}{h} = \cos(x_0).$$

Analog bekommt man

$$\cos'(x_0) = \lim_{h \to 0} \frac{\cos(x_0 + h) - \cos(x_0)}{h} = -\sin(x_0).$$

□

Wenn eine Funktion in einem Punkt nicht differenzierbar ist, so kann dort ein Grenzübergang des Differenzenquotientienten von links oder von rechts mit verschiedenen Grenzwerten möglich sein. Wir schränken dabei die Differenzenquotienten auf von links oder von rechts genommene Quotienten ein:

$$\frac{f(x_0+h)-f(x_0)}{h}, \quad h<0,$$
$$\frac{f(x_0+h)-f(x_0)}{h}, \quad h>0.$$

Im ersten Fall bekommen wir dann den linksseitigen Grenzwert $\lim_{h\to 0^-}$ und im zweiten Fall den rechtsseitigen Grenzwert $\lim_{h\to 0^+}$.

Linksseitige und rechtsseitige Differenzierbarkeit
Die Funktion f heißt in x_0 links- bzw. rechtsseitig differenzierbar, wenn der folgende Grenzwert existiert:

$$\lim_{h\to 0^-}\frac{f(x_0+h)-f(x_0)}{h}$$

bzw.

$$\lim_{h\to 0^+}\frac{f(x_0+h)-f(x_0)}{h}.$$

Beispiel 8.18. Für die folgende Funktion berechnen wir den linksseitigen und den rechtseitigen Grenzwert des Differenzenquotienten in den Punkten $x_0 = 0$ und $x_0 = -1$:

$$f(x) = |x^2+x|.$$

Im Punkt $x_0 = 0$ bekommen wir

$$\frac{f(h)-f(0)}{h} = \begin{cases} \frac{-h^2-h}{h} & \text{für} \quad h<0, \\ \frac{h^2+h}{h} & \text{für} \quad h>0, \end{cases}$$

und damit

$$\lim_{h\to 0^-}\frac{f(x_0+h)-f(x_0)}{h} = -1$$

bzw.

$$\lim_{h\to 0^+}\frac{f(x_0+h)-f(x_0)}{h} = 1.$$

Im Punkt $x_0 = -1$ bekommen wir

$$\frac{f(-1+h)-f(-1)}{h} = \begin{cases} \frac{-h+h^2}{h} & \text{für} \quad h<0, \\ \frac{h-h^2}{h} & \text{für} \quad h>0, \end{cases}$$

und damit wieder (Abb. 8.18):

$$\lim_{h\to 0^-} \frac{f(x_0+h)-f(x_0)}{h} = -1$$

bzw.

$$\lim_{h\to 0^+} \frac{f(x_0+h)-f(x_0)}{h} = 1\,.$$

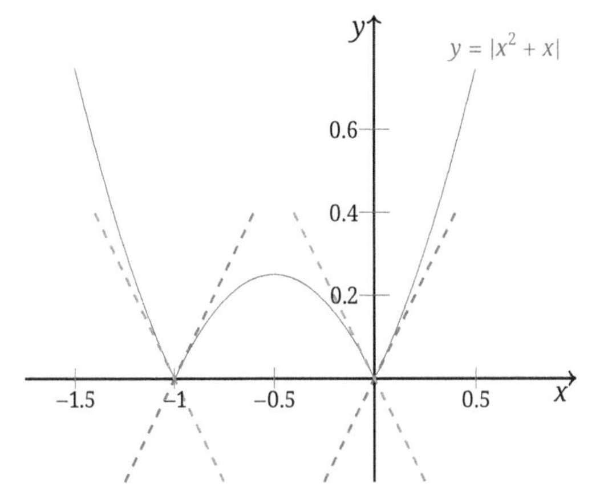

Abb. 8.18: Die Funktion $f(x) = |x^2 + x|$ mit (einseitigen) Tangenten in den Punkten $x_0 = 0$ und $x_0 = -1$.

□

Eine Funktion kann einen sehr unübersichtlichen Verlauf nehmen, und die Stellen, an denen keine Stetigkeit oder keine Differenzierbarkeit vorliegt, können in komplizierter Weise im Definitionsbereich verteilt sein. In der Praxis kommt man jedoch mit Funktionen sehr weit, die als Unstetigkeitsstellen Sprungstellen und als Ausnahmestellen der Differenzierbarkeit Stellen aufweisen, an denen die Funktion lediglich links- und rechtsseitig differenzierbar ist (Abb. 8.19).

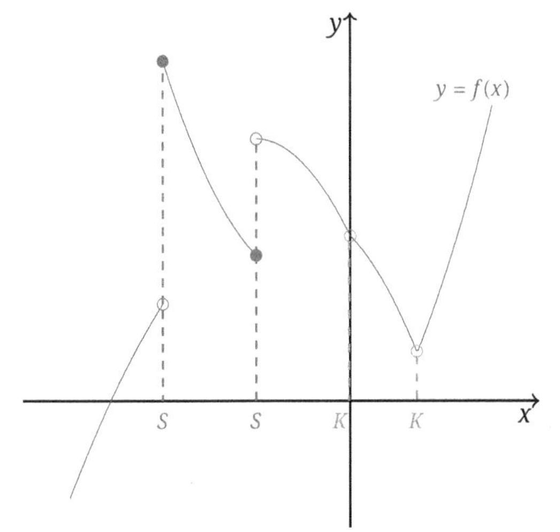

Abb. 8.19: Funktion f mit Sprungstellen S und Knickstellen K.

8.3 Ableitungsfunktion und Regeln

Ist eine Funktion überall differenzierbar, so können wir die Ableitungsfunktion bilden.

Ableitungsfunktion

Sei $f : (a,b) \longrightarrow \mathbb{R}$ eine differenzierbare Funktion, d. h., f ist in jedem Punkt $x \in (a,b)$ differenzierbar. Man ordnet dann jedem $x \in (a,b)$ die Ableitung

$$f'(x) = \lim_{h\to 0} \frac{f(x+h) - f(x)}{h}$$

zu und erhält dadurch eine Funktion:

$$f' : (a,b) \longrightarrow \mathbb{R}, \quad f' : x \longrightarrow f'(x) = \frac{df}{dx}(x) = \frac{d}{dx}f(x).$$

Die Funktion f' nennen wir Ableitungsfunktion, oder kurz, Ableitung von f.

Beispiel 8.19. Die Ableitung der Exponentialfunktion $x \longrightarrow e^x$ in einem beliebigen Punkt x kann auf die Ableitung im Punkt $x_0 = 0$ zurückgeführt werden. Zunächst gilt (Abb. 8.20):

$$\begin{aligned}\frac{e^{x+h} - e^x}{h} &= \frac{e^x\, e^h - e^x}{h} = e^x\,\frac{e^h - e^0}{h}\\ &= e^x\,\frac{e^h - 1}{h}.\end{aligned}$$

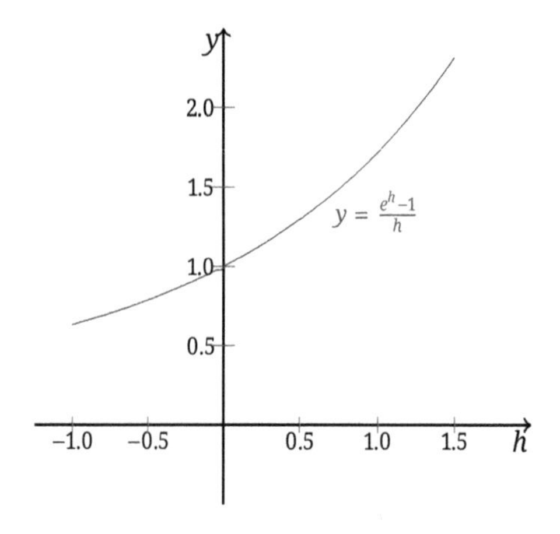

Abb. 8.20: Die Funktion $h \to \frac{e^h-1}{h}$.

Den Grenzwert

$$\lim_{h\to 0} \frac{e^h - 1}{h} = 1$$

kann man sich durch die Reihendarstellung plausibel machen:

$$\frac{e^h - 1}{h} = \frac{(1 + \frac{h^1}{1!} + \frac{h^2}{2!} + \frac{h^3}{3!} + \cdots) - 1}{h}$$
$$= \frac{1}{1!} + \frac{h^1}{2!} + \frac{h^2}{3!} + \cdots .$$

Damit bekommen wir

$$\frac{d}{dx} e^x = \lim_{h \to 0} \frac{e^{x+h} - e^x}{h} = e^x .$$

Offenbar wird die Ableitungsfunktion der Exponentialfunktion wieder durch die Exponentialfunktion gegeben. Die Exponentialfunktion reproduziert sich bei der Ableitung (Abb. 8.21).

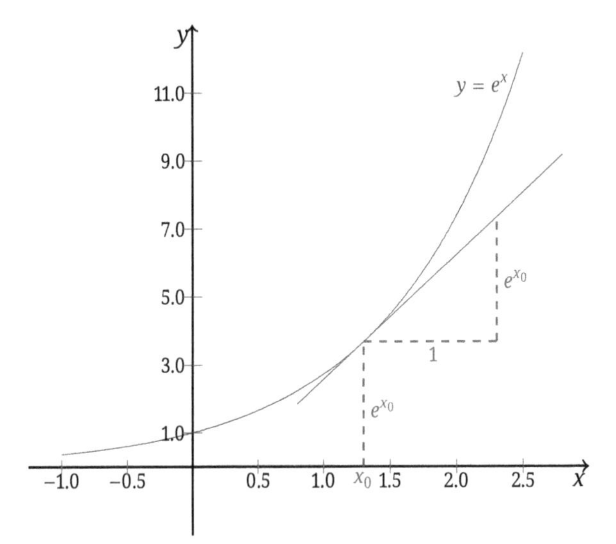

Abb. 8.21: Die Exponentialfunktion mit Tangente und Steigungsdreieck im Punkt x_0.

□

Wenn die Ableitungsfunktion wiederum in einem Punkt differenzierbar ist, kann man erneut ableiten. Man kommt dann zur zweiten Ableitung.

Höhere Ableitungen
Wenn die Ableitungsfunktion f' auch eine differenzierbare Funktion ist, dann sagt man, f ist zweimal differenzierbar und schreibt

$$(f')'(x) = f''(x) .$$

Allgemein bezeichnen wir eine Funktion als n-mal differenzierbar, wenn nacheinander alle Ableitungsfunktionen $f', f'', f''', f^{(4)}, \ldots, f^{(n-1)}$ und $f^{(n)}$ gebildet werden können. Man schreibt

$$f^{(n)}(x) = \frac{d^n f}{dx^n}(x) = \frac{d^n}{dx^n} f(x) .$$

Bei vielen Anwendungen tritt der Fall auf, dass eine Funktion differenziert werden kann und dann nur noch die Stetigkeit der Ableitung intersiert. Eine differenzierbare Funktion mit stetiger Ableitungsfunktion heißt stetig differenzierbar.

Beispiel 8.20. Wir berechnen die ersten sechs Ableitungen der Funktion

$$f(x) = x^5$$

und zeigen allgemein, dass gilt

$$\frac{d^{n+1}}{dx^{n+1}} x^n = 0 .$$

Wir erhalten folgende Ableitungen:

$$\begin{aligned} f'(x) &= 5x^4 , \\ f''(x) &= 4 \cdot 5x^3 , \\ f'''(x) &= 3 \cdot 4 \cdot 5x^2 , \\ f^{(4)}(x) &= 2 \cdot 3 \cdot 4 \cdot 5x , \\ f^{(5)}(x) &= 2 \cdot 3 \cdot 4 \cdot 5 = 5! , \\ f^{(6)}(x) &= 0 . \end{aligned}$$

Offensichtlich gilt für ein Monom $f(x) = x^n$, $n \in \mathbb{N}$

$$f^{(n)}(x) = n!$$

und

$$f^{(n+1)}(x) = 0 . \qquad \square$$

Beispiel 8.21. Wir berechnen jeweils die ersten vier Ableitungen der Sinus- und der Kosinusfunktion.

Es gilt

$$\begin{aligned} \sin'(x) &= \cos(x) , \\ \sin''(x) &= -\sin(x) , \\ \sin'''(x) &= -\cos(x) , \\ \sin^{(4)}(x) &= \sin(x) , \end{aligned}$$

und

$$\begin{aligned} \cos'(x) &= -\sin(x) , \\ \cos''(x) &= -\cos(x) , \end{aligned}$$

$$\cos'''(x) = \sin(x),$$
$$\cos^{(4)}(x) = \cos(x).$$

Offenbar hat man damit bereits alle höheren Ableitungen von Sinus und Kosinus ermittelt. Beispielsweise gilt

$$\sin^{(5)}(x) = \sin'(x) = \cos(x)$$

und

$$\cos^{(5)}(x) = \cos'(x) = -\sin(x).$$ □

Nachdem man sich einen gewissen Grundvorrat differenzierbarer Funktionen geschaffen hat, wird er mithilfe einiger Regeln ausgebaut. Die Ableitung einer Summe von Funktionen ist gleich der Summe der Ableitungen. Die Ableitung eines Produkts oder eines Quotienten von Funktionen muss man sich mit etwas komplizierteren Regeln für Grenzwerte herleiten.

Summen-, Produkt- und Quotientenregel

Seien $f, g : (a, b) \longrightarrow \mathbb{R}$ in x_0 differenzierbare Funktionen, dann gilt

1) $(f + g)'(x_0) = f'(x_0) + g'(x_0)$,
2) $(f\,g)'(x_0) = f'(x_0)g(x_0) + f(x_0)g'(x_0)$,
3) $(\frac{f}{g})'(x_0) = \frac{f'(x_0)g(x_0)-f(x_0)g'(x_0)}{g(x_0)^2}$.
   (Die Quotientenfunktion ist in $M = \{x \in (a, b) | \, g(x) \neq 0\}$ erklärt).

Beispiel 8.22. Ist f eine differenzierbare Funktion und c eine Konstante, so ist cf ebenfalls eine differenzierbare Funktion, und es gilt

$$\frac{d}{dx}(c\,f(x)) = c\,\frac{d}{dx}f(x).$$

Dies ergibt sich sofort aus der Produktregel und der Tatsache, dass die Ableitung jeder konstanten Funktion Null ergibt:

$$\frac{d}{dx}(c\,f(x)) = \frac{d}{dx}(c)\,f(x) + c\,\frac{d}{dx}f(x) = c\,\frac{d}{dx}f(x).$$ □

Beispiel 8.23. Mit der Summenregel berechnen wir die Ableitung eines Polynoms

$$P_n(x) = a_n\,x^n + a_{n-1}\,x^{n-1} + \cdots + a_1\,x + a_0$$

und bekommen

$$P_n'(x) = n\,a_n\,x^{n-1} + (n-1)\,a_{n-1}\,x^{n-2} + \cdots + 2\,a_2\,x + a_1.$$ □

Beispiel 8.24. Durch Anwenden der Quotientenregel berechnen wir die Ableitung folgender Funktionen:

$$x \longrightarrow \frac{1}{x^n}, \quad x > 0, \quad n > 0,$$
$$x \longrightarrow \tan(x), \quad -\frac{\pi}{2} < x < \frac{\pi}{2}.$$

Wir erhalten

$$\frac{d}{dx}\frac{1}{x^n} = \frac{-n\,x^{n-1}}{x^{2n}} = -n\,\frac{1}{x^{n+1}}$$

und

$$\begin{aligned}\frac{d}{dx}\tan(x) &= \frac{d}{dx}\frac{\sin(x)}{\cos(x)}\\ &= \frac{(\cos(x))^2 + (\sin(x))^2}{(\cos(x))^2}\\ &= \frac{1}{(\cos(x))^2}\\ &= 1 + \big(\tan(x)\big)^2.\end{aligned}$$ □

Beispiel 8.25. Mit der Produkt- und der Quotientenregel berechnen wir die Ableitungen folgender Funktionen:

$$f(x) = \frac{x^4 - x + 1}{x^2 + 1}, \quad g(x) = \frac{1}{x^2}\,e^x, \quad x > 0.$$

Es ergibt sich

$$\begin{aligned}f'(x) &= \frac{(x^4 - x + 1)\,2x - (4x^3 - 1)\,(x^2 + 1)}{(x^2 + 1)^2}\\ &= \frac{-2x^5 - 4x^3 - x^2 + 2x + 1}{(x^2 + 1)^2},\\ g'(x) &= -\frac{2}{x^3}\,e^x + \frac{1}{x^2}\,e^x = \frac{x - 2}{x^3}\,e^x.\end{aligned}$$ □

Die Verkettung differenzierbarer Funktionen ist wieder differenzierbar. Ihre Ableitung setzt sich als Produkt zusammen aus der Ableitung der äußeren Funktion und der Ableitung der inneren Funktion.

Kettenregel
Seien $f : (a,b) \longrightarrow \mathbb{R}$ in $x_0 \in (a,b)$ und $g : f((a,b)) \longrightarrow \mathbb{R}$ in $f(x_0) \in f((a,b))$ differenzierbare Funktionen. Dann ist die Verkettung $g \circ f : (a,b) \longrightarrow \mathbb{R}$ differenzierbar in x_0, und es gilt

$$(g \circ f)'(x_0) = g'\big(f(x_0)\big)f'(x_0).$$

Beispiel 8.26. Es sei f eine differenzierbare Funktion und c eine Konstante, und die Verkettung $v(x) = f(c\,x)$ sei möglich. Dann gilt

$$v'(x) = c f'(c\,x)\,.$$

Dies ergibt sich sofort aus der Kettenregel, wenn man die Funktionen $f(x)$ und $g(x) = cx$ verkettet und $v(x) = f(g(x))$ ableitet. □

Beispiel 8.27. Sei $a > 0$ eine Konstante. Wir berechnen die Ableitung der allgemeinen Exponentialfunktion

$$v(x) = a^x\,, \quad x \in \mathbb{R}\,.$$

Definitionsgemäß schreiben wir

$$v(x) = e^{\ln(a)\,x}$$

und bekommen mit der Kettenregel

$$v'(x) = \ln(a)\,e^{\ln(a)\,x} = \ln(a)\,a^x\,.$$ □

Beispiel 8.28. Wir nehmen an, dass die Funktionen f, g, h differenzierbar sind und dass folgende Verkettung gebildet werden kann:

$$(h \circ g \circ f)(x) = h(g(f(x)))\,.$$

Dann bekommen wir durch zweimaliges Anwenden der Kettenregel

$$(h \circ g \circ f)'(x) = h'(g(f(x)))\,g'(f(x))f'(x)\,.$$ □

Beispiel 8.29. Wir berechnen die Ableitung der Funktion

$$v(x) = \sin(\sqrt{1 + x^2})\,.$$

Offenbar kann man v als Verkettung $v(x) = h(g(f(x)))$ folgender Funktionen auffassen:

$$h(x) = \sin(x)\,, \quad g(x) = \sqrt{x}\,, \quad f(x) = 1 + x^2\,.$$

Damit ergibt sich

$$v'(x) = \cos(\sqrt{1 + x^2})\,\frac{1}{2\sqrt{1 + x^2}}\,2x = x\,\frac{\cos(\sqrt{1 + x^2})}{\sqrt{1 + x^2}}\,.$$ □

Beispiel 8.30. Wir gehen von der Beziehung $\tan'(x) = 1 + (\tan(x))^2$ aus und berechnen die vierte Ableitung des Tangens mit der Kettenregel.

Dazu verketten wir die Funktion $x \longrightarrow 1 + x^2$ mit $x \longrightarrow \tan(x)$ und bekommen

$$\begin{aligned}
\tan''(x) &= 2\,\tan(x)\,\tan'(x)\\
&= 2\,\tan(x) + 2\,(\tan(x))^3,\\
\tan'''(x) &= 2\,\tan'(x) + 6\,(\tan(x))^2\,\tan'(x)\\
&= 2 + 8\,(\tan(x))^2 + 6\,(\tan(x))^4,\\
\tan^{(4)}(x) &= 16\,\tan(x)\,\tan'(x) + 24\,(\tan(x))^3\,\tan'(x)\\
&= 16\,\tan(x) + 40\,(\tan(x))^3 + 24\,(\tan(x))^5.
\end{aligned}$$

□

Mit der Kettenregel ist die Ableitung der Umkehrfunktion verwandt. Ist f eine differenzierbare Funktion mit differenzierbarer Umkehrfunktion f^{-1}, so gilt wegen $f^{-1}(f(x)) = x$

$$\frac{d}{dx} f^{-1}(f(x)) = \frac{d}{dx} x \quad \Longleftrightarrow \quad (f^{-1})'(f(x))\,f'(x) = 1.$$

Präziser kann man folgendes sagen:

Differenzierbarkeit der Umkehrfunktion

Die stetige Funktion $f : [a, b] \longrightarrow \mathbb{R}$ sei streng monoton und in $x_0 \in (a, b)$ differenzierbar mit $f'(x_0) \neq 0$. Dann ist die Umkehrfunktion $f^{-1} : f([a, b]) \longrightarrow [a, b]$ in $f(x_0)$ differenzierbar, und es gilt (Abb. 8.22):

$$\left(f^{-1}\right)'\left(f(x_0)\right) = \frac{1}{f'(x_0)}.$$

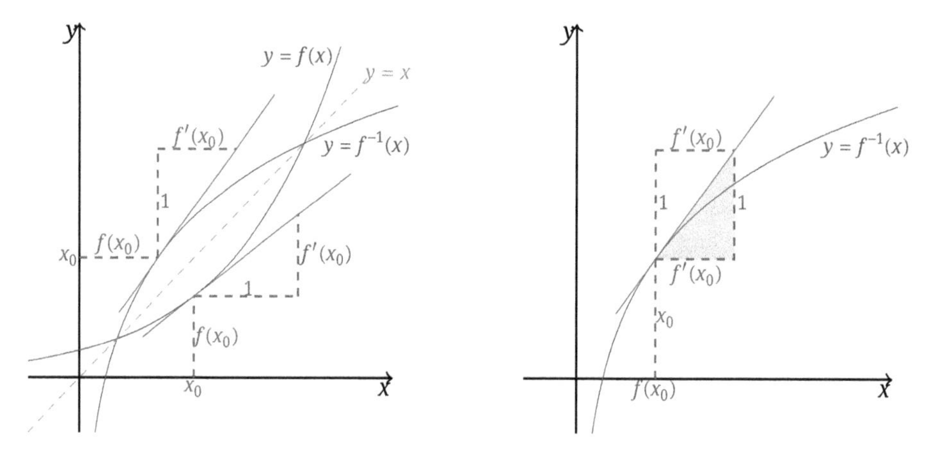

Abb. 8.22: Ableitung der Umkehrfunktion durch Spiegelung an der 1. Winkelhalbierenden (links), die Ableitungsregel $(f^{-1})'(f(x_0)) = 1/f'(x_0)$ (rechts).

Beispiel 8.31. Wir berechnen die Ableitung der Wurzelfunktion mithilfe der Ableitung der Funktion $f(x) = x^2, x > 0$.

Offenbar gilt $f^{-1}(x) = \sqrt{x}$, $x > 0$, und wir bekommen zunächst in einem Punkt $y_0 = x_0^2 > 0$,

$$\begin{aligned}(f^{-1})'(y_0) &= (f^{-1})'(f(x_0)) \\ &= \frac{1}{f'(x_0)} = \frac{1}{2x_0} \\ &= \frac{1}{2\sqrt{y_0}}.\end{aligned}$$

Wir erhalten also für beliebige $x > 0$ das bekannte Ergebnis

$$\frac{d}{dx}\sqrt{x} = \frac{1}{2\sqrt{x}}. \qquad \square$$

Beispiel 8.32. Wir berechnen die Ableitung der Funktion

$$f(x) = x^{\frac{m}{n}}, \quad x > 0, \quad m \in \mathbb{Z}, \quad n \in \mathbb{N}.$$

Wir schreiben

$$f(x) = (x^{\frac{1}{n}})^m$$

und leiten zunächst die Umkehrfunktion $g^{-1}(x) = x^{\frac{1}{n}}$ von $g(x) = x^n$ ab. In einem Punkt $y_0 = x_0^n > 0$ bekommen wir

$$\begin{aligned}(g^{-1})'(y_0) &= (g^{-1})'(g(x_0)) \\ &= \frac{1}{g'(x_0)} = \frac{1}{n x_0^{n-1}} \\ &= \frac{1}{n y_0^{\frac{n-1}{n}}} = \frac{1}{n} y_0^{\frac{1}{n}-1}.\end{aligned}$$

Dies ergibt

$$\frac{d}{dx} x^{\frac{1}{n}} = \frac{1}{n} x^{\frac{1}{n}-1}.$$

Insgesamt liefert nun die Kettenregel

$$\begin{aligned}\frac{d}{dx} x^{\frac{m}{n}} &= m\,(x^{\frac{1}{n}})^{m-1} \frac{1}{n} x^{\frac{1}{n}-1} \\ &= \frac{m}{n} x^{\frac{m}{n}-1}.\end{aligned} \qquad \square$$

Beispiel 8.33. Wir berechnen die Ableitung des natürlichen Logarithmus. Mit

$$f(x) = e^x\,, \quad x \in \mathbb{R}\,, \quad f^{-1}(x) = \ln(x)\,, \quad x > 0\,,$$

bekommen wir zunächst in einem Punkt $y_0 = e^{x_0} > 0$

$$\begin{aligned}(f^{-1})'(y_0) &= (f^{-1})'(f(x_0)) \\ &= \frac{1}{f'(x_0)} = \frac{1}{e^{x_0}} \\ &= \frac{1}{y_0}\,.\end{aligned}$$

Somit gilt für beliebige $x > 0$

$$\frac{d}{dx}\ln(x) = \frac{1}{x}\,.$$

Damit ergibt sich auch die n-te Ableitungen des natürlichen Logarithmus,

$$\begin{aligned}\ln'(x) &= \frac{1}{x}\,, \\ \ln''(x) &= -\frac{1}{x^2}\,, \\ \ln'''(x) &= 2\,\frac{1}{x^3} = \frac{2!}{x^3}\,, \\ \ln^{(4)}(x) &= -3\cdot 2\,\frac{1}{x^4} = -\frac{3!}{x^4}\,, \\ \ln^{(5)}(x) &= 4\cdot 3\cdot 2\,\frac{1}{x^5} = -\frac{4!}{x^5}\,.\end{aligned}$$

Offensichtlich gilt für die n-te Ableitung ($n \in \mathbb{N}$)

$$\ln^{(n)}(x) = (-1)^{n-1}\,\frac{(n-1)!}{x^n}\,.$$

□

Beispiel 8.34. Wir differenzieren folgende Funktionen:

$$(a) f(x) = x\,e^x\,(\sin(x))^2\,, \quad g(x) = \sqrt{3x}\,\sin(x^2)\,,$$

und

$$(b) f(x) = x^2\,\cos\left(\frac{\pi}{x}\right), \quad g(x) = \frac{1}{x^2\,\ln(x)}\,.$$

Nach der Produktregel erhalten wir zunächst folgende Ableitung eines dreifachen Produkts:

$$\frac{d}{dx}(u(x)\,v(x)\,w(x)) = \frac{d}{dx}(u(x)\,v(x)) + u(x)\,v(x)\,\frac{d}{dx}w(x)$$
$$= u'(x)\,v(x)\,w(x) + u(x)\,v'(x)\,w(x) + u(x)\,v(x)\,w'(x)\,.$$

Durch Anwenden der Summen-, Produkt-, Quotienten- und Kettenregel bekommen wir im Fall (a)

$$f'(x) = (e^x + x\,e^x)\,(\sin(x))^2 + x\,e^x\,2\,\sin(x)\,\cos(x)$$
$$= (x+1)\,e^x\,(\sin(x))^2 + 2\,x\,e^x\,\sin(x)\,\cos(x)\,,$$
$$g'(x) = \frac{3}{2\,\sqrt{3\,x}}\,\sin(x^2) + 2\,x\,\sqrt{3\,x}\,\cos(x^2)\,,$$

und im Fall (b)

$$f'(x) = 2\,x\,\cos\left(\frac{\pi}{x}\right) + \pi\,\sin\left(\frac{\pi}{x}\right),$$
$$g'(x) = -\frac{1}{x^3 \ln(x)^2} - \frac{2}{x^3\ln(x)}\,.$$

□

Wir stellen zum Schluss noch einige wichtige Ableitungen zusammen.

Einige wichtige Ableitungen

$$\frac{d}{dx}c = 0\,, \quad c \in \mathbb{R}\,,$$
$$\frac{d}{dx}x^n = n\,x^{n-1}\,, \quad n \in \mathbb{N}\,,$$
$$\frac{d}{dx}x^{-n} = -n\,x^{-n-1}\,, \quad x \neq 0\,, \quad n \in \mathbb{N}\,,$$
$$\frac{d}{dx}\sqrt{x} = \frac{1}{2\,\sqrt{x}}\,, \quad x > 0\,,$$
$$\frac{d}{dx}x^{\frac{m}{n}} = \frac{m}{n}\,x^{\frac{m}{n}-1}\,, \quad x > 0\,, m \in \mathbb{Z}\,, n \in \mathbb{N}\,,$$
$$\frac{d}{dx}e^x = e^x\,,$$
$$\frac{d}{dx}\ln(x) = \frac{1}{x}\,, \quad x > 0\,,$$
$$\frac{d}{dx}\sin(x) = \cos(x)\,,$$
$$\frac{d}{dx}\cos(x) = -\sin(x)\,.$$

8.4 Taylorentwicklung

Übersteigt bzw. unterschreitet der Funktionswert an einer bestimmten Stelle alle Funktionswerte aus einer gewissen Umgebung dieser Stelle benachbarte Funktionswerte, so spricht man von einer relativen (lokalen) Extremalstelle. Liegt die fragliche Stelle am Rand des Definitionsbereichs, so kann man natürlich nur mit Funktionswerten aus einer einseitigen Umgebung vergleichen.

Relative Extremalstellen
Die Funktion $f : [a, b] \longrightarrow \mathbb{R}$ besitzt an der Stelle $x_0 \in [a, b]$ ein relatives Maximum bzw. Minimum, wenn

$$f(x_0) \geq f(x) \quad \text{bzw.} \quad f(x_0) \leq f(x)$$

für alle x aus einer gewissen Umgebung von x_0 gilt.

Über die Größe der Umgebung wird nichts verlangt. Sie kann sehr klein sein, und Extremalstellen können in geringen Abständen aufeinander folgen (Abb. 8.23).

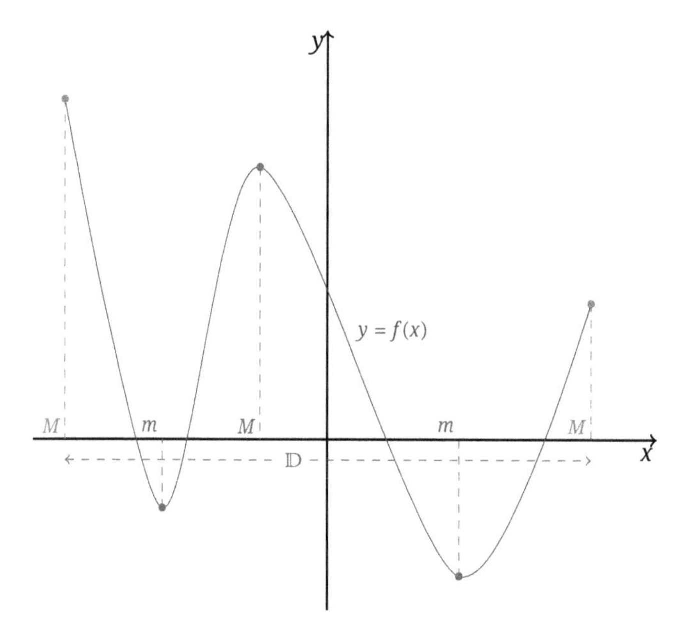

Abb. 8.23: Extremalstellen der Funktion $f : \mathbb{D} \longrightarrow \mathbb{R}$ im Inneren und am Rand des Definitionsintervalls (Minimalstellen m, Maximalstellen M).

Übersteigt bzw. unterschreitet ein Funktionswert sämtliche Funktionswerte aus dem Definitionsbereich, so liegt ein absolutes Extremum vor.

Absolute Extremalstellen

$$f(x_0) \geq f(x) \quad \text{bzw.} \quad f(x_0) \leq f(x) \quad \text{für alle} \quad x.$$

Eine Besonderheit dieser Definition besteht darin, dass bei einer konstanten Funktion alle Stellen x_0 sowohl Maxima als auch Minima darstellen.

Extremalstellen differenzierbarer Funktionen sind durch waagerechte Tangenten charakterisiert.

Notwendige Bedingung für Extremalstellen
Die Funktion $f : [a,b] \longrightarrow \mathbb{R}$ sei in $x_0 \in (a,b)$ differenzierbar und besitze dort ein relatives Extremum. Dann gilt

$$f'(x_0) = 0\,.$$

Wenn f eine relative Minimalstelle in x_0 besitzt, dann gilt in einer Umgebung von x_0

$$\frac{f(x) - f(x_0)}{x - x_0} \leq 0 \quad \text{für} \quad x < x_0$$

und

$$\frac{f(x) - f(x_0)}{x - x_0} \geq 0 \quad \text{für} \quad x_0 < x\,.$$

Aus der ersten Ungleichung ergibt sich $f'(x_0) \leq 0$ und aus der zweiten $f'(x_0) \geq 0$. Damit kann nur noch $f'(x_0) = 0$ sein. (Wenn eine Maximalstelle vorliegt, verfährt man analog). Umgekehrt kann man aus $f'(x_0) = 0$ nicht schließen, dass eine Extremalstelle vorliegt. Man muss weitere Überlegungen anstellen, auf die wir später eingehen werden.

Außerdem gibt dieser Satz nur für relative Extremalstellen im Inneren des Definitionsintervalles eine notwendige Bedingung an. In den Randpunkten a, b einer dort rechts- bzw. linksseitig differenzierbaren Funktion können durchaus Extremalstellen mit nichtverschwindender Ableitung vorliegen (Abb. 8.24).

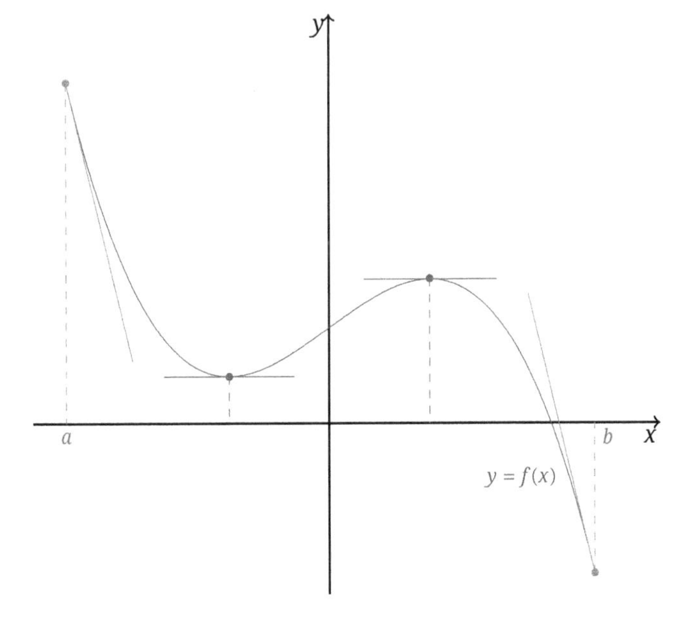

Abb. 8.24: Die Funktion $f : [a,b] \longrightarrow \mathbb{R}$ mit Extremalstellen in den Rändern von $[a,b]$ mit nicht-waagerechten Tangenten und Extremalstellen im Inneren von $[a,b]$ mit waagerechten Tangenten.

Beispiel 8.35. Wir bestimmen diejenigen Stellen, die als Extremalstellen der folgenden Funktionen infrage kommen (Abb. 8.25):

$$f(x) = x^2\, e^x + 1\,, \quad x \in \mathbb{R}\,, \quad g(x) = \frac{x}{x^2+1}\,, \quad -3 \le x \le 3\,.$$

Die Ableitung von f ergibt

$$f'(x) = 2\,x\,e^x + x^2\,e^x = (2\,x + x^2)\,e^x\,.$$

Offenbar gibt es nun genau zwei Stellen,

$$x_0 = 0\,, \quad x_0 = -2\,,$$

mit $f'(x_0) = 0$.

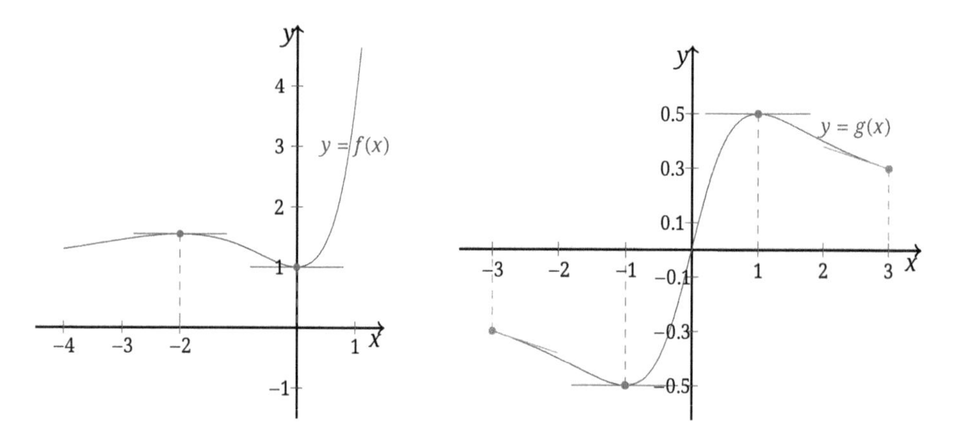

Abb. 8.25: Extremalstellen der Funktion $f(x) = x^2\, e^x + 1, x \in \mathbb{R}$, (links), Extremalstellen der Funktion $g(x) = \frac{x}{x^2+1}, -3 \le x \le 3$. Zwei Extremalstellen liegen an den Rändern bei $x_0 = \pm 3$ (rechts).

Die Graphiken zeigen, dass die Nullstellen der Ableitungen hier tatsächlich Extremalstellen liefern. □

Der Satz von Rolle besagt, dass im Inneren des Definitionsintervalls einer differenzierbaren Funktion stets eine Stelle mit einer waagerechten Tangente existiert, wenn die Funktionswerte an den Rändern übereinstimmen (Abb. 8.26).

Satz von Rolle

Die Funktion $f : [a, b] \longrightarrow \mathbb{R}$ sei stetig und in (a, b) differenzierbar.

Es gelte $f(a) = f(b)$. Dann gibt es mindestens ein $\xi \in (a, b)$ mit $f'(\xi) = 0$.

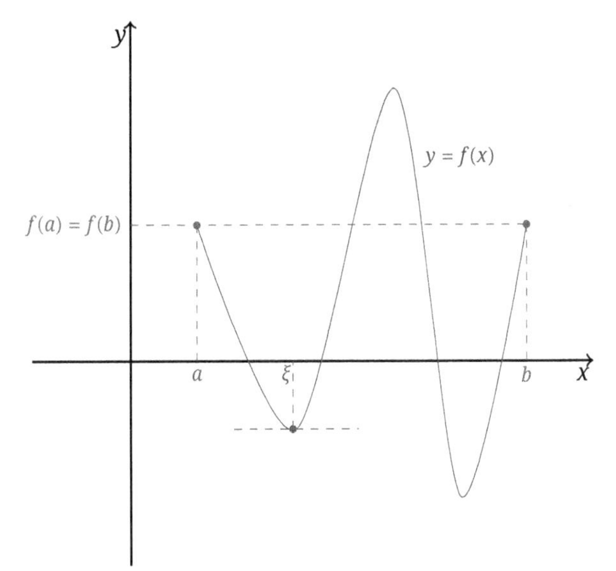

Abb. 8.26: Der Satz von Rolle: differenzierbare Funktion $f : [a, b] \longrightarrow \mathbb{R}$ mit $f(a) = f(b)$.

Der Beweis des Satzes von Rolle beruht auf dem Grundgedanken, dass eine Funktion mindestens eine absolute Minimalstelle und mindestens eine absolute Maximalstelle besitzt, wenn sie auf einem abgeschlossenen Intervall stetig ist. Der Satz besagt, dass es mindestens eine Stelle mit waagerechter Tangente gibt. Über die Anzahl und über die Lage solcher Stellen macht er keine Aussage.

Mittelwertsatz
Die Funktion $f : [a, b] \longrightarrow \mathbb{R}$ sei stetig und in (a, b) differenzierbar. Dann gibt es mindestens ein $\xi \in (a, b)$ mit

$$f'(\xi) = \frac{f(b) - f(a)}{b - a} .$$

Der Mittelwertsatz besagt, dass im Inneren eines Intervalls mindestens ein Punkt liegen muss, in welchem die Tangente parallel zur Sekante durch die Randpunkte ist. Man kann den Mittelwertsatz auf den Satz von Rolle zurückführen (Abb. 8.27). Dazu zieht man die eine Parallele zur Sekante durch die Endpunkte des Definitionsintervalls von der Funktion ab,

$$h(x) = f(x) - \frac{f(b) - f(a)}{b - a}(x - a) .$$

Für die Hilfsfunktion h gilt nun

$$h(a) = h(b) = f(a) \quad \text{und} \quad h'(x) = f'(x) - \frac{f(b) - f(a)}{b - a} .$$

Nach dem Satz von Rolle existiert mindestens ein ξ mit

$$h'(\xi) = 0 \iff f'(\xi) = \frac{f(b) - f(a)}{b - a}.$$

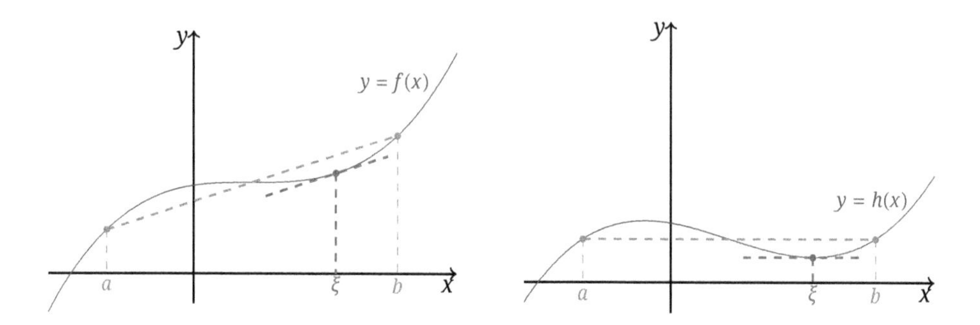

Abb. 8.27: Mittelwertsatz für die Funktion $f(x)$ im Intervall $[a, b]$ (links) und Satz von Rolle für die Funktion $h(x) = f(x) - \frac{f(b)-f(a)}{b-a}(x - a)$ (rechts).

Der Mittelwertsatz kann auch so formuliert werden:

$$f(b) = f(a) + f'(\xi)(x - a).$$

In einem weiteren Schritt kann man sich auf ein beliebiges Teilintervall $[x_0, x]$ bzw. $[x, x_0]$ von $[a, b]$ zurückziehen. Der Mittelwertsatz garantiert, dass es zu jedem $x \in [a, b]$ mindestens eine Zwischenstelle ξ_x zwischen x_0 und x bzw. x und x_0 gibt mit

$$f(x) = f(x_0) + f'(\xi_x)(x - x_0).$$

Beispiel 8.36. Wir bestätigen den Mittelwertsatz anhand der Funktion (Abb. 8.28):

$$f(x) = 3x^2 - 8x + 10 \quad \text{für} \quad x \in [1, 5].$$

Es gilt $f(5) - f(1) = 45 - 5 = 40$ und $f'(x) = 6x - 8$. Wir benötigen also ein ξ aus dem offenen Intervall $(1, 5)$ mit

$$6\xi - 8 = \frac{40}{4} = 10.$$

Offensichtlich erfüllt $\xi = 3$ diese Bedingung.

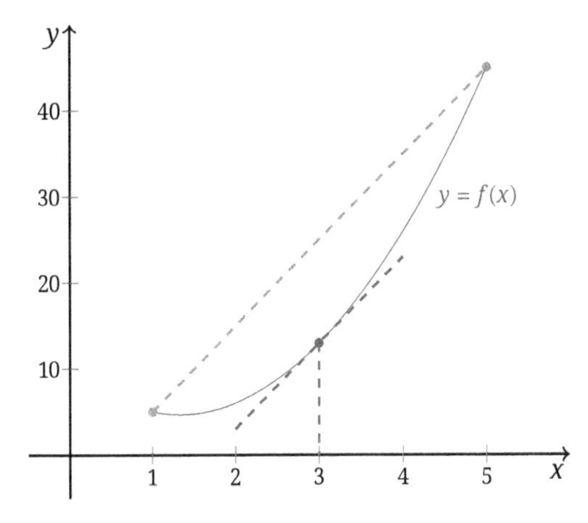

Abb. 8.28: Der Mittelwertsatz für die Funktion $f(x) = 3x^2 - 8x + 10$ im Intervall $[1, 5]$.

□

Mithilfe des Mittelwertsatzes kann man die Differenz benachbarter Funktionswerte abschätzen. Lässt sich der Funktionswert an einer bestimmten Stelle leicht berechnen, so ersetzt man häufig benachbarte Funktionswerte durch diesen bekannten Wert, wenn die Abweichung klein bleibt.

Beispiel 8.37. Unter Verwendung des Mittelwertsatzes geben wir eine Abschätzung für die Zahlenwerte

$$|0.998^5 - 1|, \ |1.0002^{\frac{1}{4}} - 1|.$$

Mit $f(x) = x^5$ wird $f(0.998) = 0.998^5$ und $f(1) = 1$. Wenden wir im Intervall $[0.998, 1]$ den Mittelwertsatz an, so gilt mit einem $\xi \in (0.998, 1)$

$$|0.998^5 - 1| = |5\,\xi^4|\,|0.998 - 1|.$$

Die Zwischenstelle kennen wir nicht und schätzen ab $\xi^4 < 1$. Damit ergibt sich weiter

$$|0.998^5 - 1| < 5 \cdot 2 \cdot 10^{-4} = \frac{1}{1000}.$$

Mit $f(x) = x^{\frac{1}{4}}$ wird $f(1.0002) = 1.0002^{\frac{1}{4}}$ und $f(1) = 1$. Wenden wir nun im Intervall $[1, 1.0001]$ den Mittelwertsatz an, so gilt mit einer Zwischenstelle $\xi \in (1, 1.0002)$

$$|1.0002^{\frac{1}{4}} - 1| = \left|\frac{1}{4}\,\xi^{\frac{4}{4}}\right|\,|1.0002 - 1|.$$

Schätzen wir wieder den unbekannten Wert $\xi^{-\frac{3}{4}} < 1$ ab, so ergibt sich

$$|1.0001^{\frac{1}{4}} - 1| < \frac{1}{4} \cdot 2 \cdot 10^{-4} = \frac{2}{10000}.$$

□

Die Ableitung einer konstanten Funktion verschwindet. Umgekehrt folgt mit dem Mittelwertsatz, dass eine Funktion mit verschwindender Ableitung konstant sein muss. Etwas allgemeiner gilt: Zwei Funktionen mit gleicher Ableitung können sich höchstens um eine additive Konstante unterscheiden.

Konstante Funktion
Die Funktion $f : [a,b] \longrightarrow \mathbb{R}$ sei stetig und in (a,b) differenzierbar. Für alle $x \in (a,b)$ sei $f'(x) = 0$. Dann gilt $f(x) = f(a)$ für alle $x \in [a,b]$. Die Funktionen

$$f : [a,b] \longrightarrow \mathbb{R} \quad \text{und} \quad g : [a,b] \longrightarrow \mathbb{R}$$

seien stetig und in (a,b) differenzierbar. Für alle $x \in (a,b)$ sei $f'(x) = g'(x)$. Dann gilt

$$f(x) = g(x) + f(a) - g(a)$$

für alle $x \in [a,b]$.

Die Voraussetzungen des Mittelwertsatzes sind offenbar in jedem Teilintervall $[a,x] \subseteq [a,b]$ gegeben. Damit existiert zu jedem $x \in (a,b]$ ein $\xi_x \in (a,x)$ mit

$$\frac{f(x) - f(a)}{x - a} = f'(\xi_x) = 0\,,$$

also $f(x) = f(a)$. Eine differenzierbare Funktion ist somit genau dann eine konstante Funktion, wenn ihre Ableitung verschwindet. Setzt man nun $h(x) = f(x) - g(x)$, so ist $h'(x) = 0$ für alle x gleichbedeutend damit, dass $h(x) = h(a) = f(a) - g(a)$ gilt.

Beispiel 8.38. Eine in ganz $\mathbb{R}$ erklärte $n+1$-mal differenzierbare Funktion f ist genau dann ein Polynom vom Grad n, wenn für alle $x \in \mathbb{R}$ gilt

$$f^{(n+1)}(x) = 0\,.$$

Mit den Ableitungsregeln bekommen wir für $f(x) = \sum_{k=0}^{n} a_k\, x^k$, $a_k \in \mathbb{R}$, die Ableitungen

$$\begin{aligned}
f'(x) &= \sum_{k=1}^{n} k\, a_k\, x^{k-1}\,,\\
f''(x) &= \sum_{k=2}^{n} k\,(k-1)\, a_k\, x^{k-2}\,,\\
&\vdots\\
f^{(n)}(x) &= \sum_{k=n}^{n} k!\, a_k\, x^{k-n}\,,
\end{aligned}$$

und schließlich

$$f^{(n+1)}(x) = 0\,.$$

Nun sei umgekehrt $f^{(n+1)}(x) = 0$. Zunächst muss $f^{(n)}(x) = a_n$ eine Konstante sein. Da die Funktion $x \longrightarrow a_n x$ dieselbe Ableitung wie $f^{(n)}$ hat, muss mit einer weiteren Konstanten a_{n-1} gelten $f^{(n)}(x) = a_n x + a_{n-1}$. Mit insgesamt $n+1$ Schritten erhält man die Behauptung. □

Als Nächstes geben wir ein hinreichendes Kriterium für die Monotonie einer Funktion an.

Monotoniekriterium
Die Funktion $f : [a, b] \longrightarrow \mathbb{R}$ sei stetig und in (a, b) differenzierbar. Für alle $x \in (a, b)$ sei

$$f'(x) \leq 0 \quad \text{bzw.} \quad f'(x) \geq 0\,.$$

Dann ist $f(x)$ in $[a, b]$ monoton fallend bzw. monoton wachsend. Ist

$$f'(x) < 0 \quad \text{bzw.} \quad f'(x) > 0$$

für alle $x \in (a, b)$, dann ist $f(x)$ in $[a, b]$ streng monoton fallend bzw. streng monoton wachsend.

In einem beliebigen Intervall $[x_1, x_2]$ $(a \leq x_1 < x_2 \leq b)$ können wir den Mittelwertsatz anwenden:

$$f(x_2) - f(x_1) = f'(\xi_{x_1,x_2})\,(x_2 - x_1)$$

mit einer Zwischenstelle $\xi_{x_1,x_2} \in ([x_1, x_2])$. Ist $f'(\xi_{x_1,x_2}) \leq 0$, so folgt $f(x_1) \leq f(x_2)$. Ist $f'(\xi_{x_1,x_2}) \geq 0$, so folgt $f(x_1) \geq f(x_2)$. Ist $f'(\xi_{x_1,x_2}) < 0$, so folgt $f(x_1) < f(x_2)$. Ist $f'(\xi_{x_1,x_2}) > 0$, so folgt $f(x_1) > f(x_2)$. Nun sei umgekehrt f in $[a, b]$ monoton fallend und in (a, b) differenzierbar. (Ist f monoton wachsend, dann argumentiert man analog). Für alle $x, x_0 \in (a, b)$ gilt:

$$\frac{f(x) - f(x_0)}{x - x_0} \leq 0$$

und hieraus folgt:

$$\lim_{x \longrightarrow x_0} \frac{f(x) - f(x_0)}{x - x_0} = f'(x_0) \leq 0\,.$$

Man kann aber aus $\frac{f(x)-f(x_0)}{x-x_0} < 0$ nicht folgern $f'(x_0) < 0$. Aus strenger Monotonie ergibt sich nicht, dass die Ableitung nirgends verschwindet. Das zeigen folgende Beispiele. Funktionen wie $f(x) = x^3, f(x) = x^5$ sind streng monoton wachsend, aber $f'(0) = 0$. Die Funktion $f(x) = (x - 1)^3$ ist streng monoton wachsend, aber $f'(1) = 0$.

Beispiel 8.39. Wir fragen, in welchen Bereichen die folgende Funktion monoton ist:

$$f(x) = x^3 - 2x - 2\,.$$

Zunächst bestimmen wir die Ableitung,

$$f'(x) = 3x^2 - 2 .$$

Die Ableitung besitzt zwei Nullstellen,

$$x_{1/2} = \pm\sqrt{\frac{2}{3}} ,$$

und es gilt

$$f'(x) \begin{cases} > 0 , & x < -\sqrt{\frac{2}{3}} , \\ < 0 , & -\sqrt{\frac{2}{3}} < x < \sqrt{\frac{2}{3}} , \\ > 0 , & x > \sqrt{\frac{2}{3}} . \end{cases}$$

Nach dem Monotoniekriterium ist f im Intervall $x < -\sqrt{2/3}$ monoton wachsend, im Intervall $-\sqrt{2/3} < x < \sqrt{2/3}$ monoton fallend und im Intervall $x > \sqrt{2/3}$ monoton wachsend. Man erkennt sofort, dass die Randpunkte $x_{1/2}$ zum jeweiligen Monotonieintervall hinzu genommen werden können (Abb. 8.29).

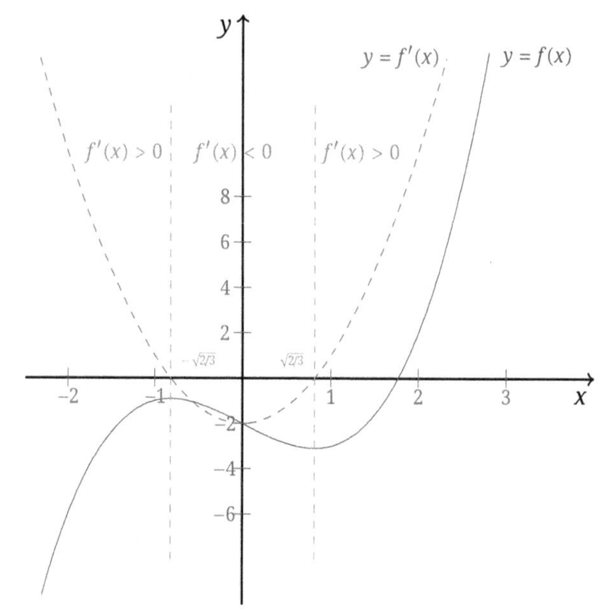

Abb. 8.29: Die Funktion $f(x) = x^3 - 2x - 2$ mit der Ableitung $f'(x)$ und Monotoniebereichen.

□

Der Satz von Rolle führt auf den Mittelwertsatz. Auf analoge Weise kann man den Mittelwertsatz verallgemeinern.

Satz von Taylor
Die Funktion $f : [a,b] \longrightarrow \mathbb{R}$ sei in $[a,b]$ n-mal stetig differenzierbar und in (a,b) $n+1$-mal differenzierbar. Sei $x_0 \in [a,b]$, dann gibt es zu jedem $x \in [a,b]$ ein ξ_x mit $x_0 < \xi_x < x$ oder $x < \xi_x < x_0$, sodass

$$f(x) = \sum_{\nu=0}^{n} \frac{f^{(\nu)}(x_0)}{\nu!}(x-x_0)^{\nu} + \frac{f^{(n+1)}(\xi_x)}{(n+1)!}(x-x_0)^{n+1} .$$

Ist $n = 0$, so stimmt die Aussage des Satzes von Taylor mit der des Mittelwertsatzes überein. Für $n = 1$ ergibt sich

$$f(x) = f(x_0) + f'(x_0)(x-x_0) + \frac{f''(\xi_x)}{2!}(x-x_0)^2 .$$

Für $n = 2$ ergibt sich:

$$f(x) = f(x_0) + f'(x_0)(x-x_0) + \frac{f''(x_0)}{2!}(x-x_0)^2 + \frac{f'''(\xi_x)}{3!}(x-x_0)^3 .$$

Für $n = 3$ ergibt sich:

$$f(x) = f(x_0) + f'(x_0)(x-x_0) + \frac{f''(x_0)}{2!}(x-x_0)^2 + \frac{f'''(x_0)}{3!}(x-x_0)^3 + \frac{f^{(4)}(\xi_x)}{4!}(x-x_0)^4 ,$$

und so weiter. Wir bezeichnen den Polynomanteil bei der Taylorentwicklung als Taylorpolynom:

Taylorpolynom
Ist die Funktion f genügend oft differenzierbar, so bezeichnet man das Polynom

$$T_n(f,x,x_0) = \sum_{\nu=0}^{n} \frac{f^{(\nu)}(x_0)}{\nu!}(x-x_0)^{\nu}$$

als Taylorpolynom n-ten Grades von f mit dem Entwicklungspunkt x_0. Die (unendliche) Reihe heißt Taylorreihe:

$$T(f,x,x_0) = \sum_{\nu=0}^{\infty} \frac{f^{(\nu)}(x_0)}{\nu!}(x-x_0)^{\nu} .$$

Beispiel 8.40. Wir berechnen das Taylorpolynom n-ten Grades der Exponentialfunktion $f(x) = e^x$ mit dem Entwicklungspunkt x_0 (Abb. 8.30).

Mit den Ableitungen

$$f^{n}(x) = e^x$$

ergibt sich das Taylorpolynom,

$$\begin{aligned} T_n(f,x,x_0) &= e^{x_0} + e^{x_0}(x-x_0) + \frac{e^{x_0}}{2!}(x-x_0)^2 + \cdots + \frac{e^{x_0}}{n!}(x-x_0)^n \\ &= \sum_{\nu=0}^{n} \frac{e^{x_0}}{\nu!}(x-x_0)^\nu . \end{aligned}$$

Insbesondere erhält man für den Entwicklungspunkt $x_0 = 0$ das Polynom

$$T_n(f,x,0) = 1 + x + \frac{x^2}{2!} + \cdots + \frac{x^n}{n!} = \sum_{\nu=0}^{n} \frac{x^\nu}{\nu!} .$$

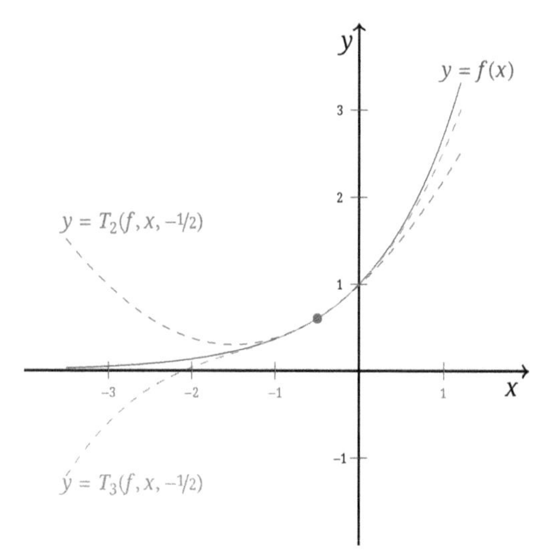

Abb. 8.30: Die Exponentialfunktion $f(x) = e^x$ und die Taylorpolynome $T_2(f,x,-1/2)$, $T_3(f,x,-1/2)$.

□

Beispiel 8.41. Wir berechnen die Taylorpolynome der Sinus- und Kosinusfunktion um den Entwicklungspunkt $x_0 = 0$ (Abb. 8.31).

Mit den Ableitungen

$$\sin'(x) = \cos(x), \quad \cos'(x) = -\sin(x),$$

bekommen wir

$$\begin{aligned} \sin(x) &= x - \frac{x^3}{3!} + \frac{x^5}{5!} + \cdots + (-1)^n \frac{x^{2n+1}}{(2n+1)!}, \\ \cos(x) &= 1 - \frac{x^2}{2!} + \frac{x^4}{4!} + \cdots + (-1)^n \frac{x^{2n}}{(2n)!}. \end{aligned}$$

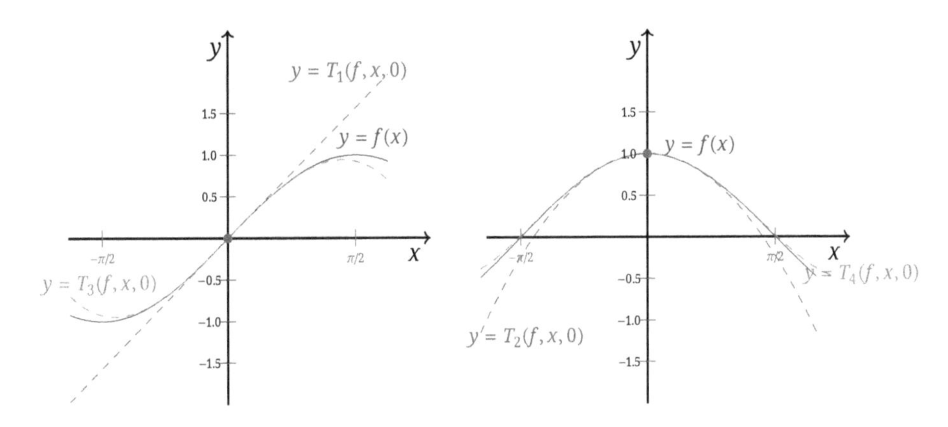

Abb. 8.31: Die Sinusfunktion $f(x) = \sin(x)$ und die Taylorpolynome $T_1(f,x,0)$, $T_3(f,x,0)$ (links), die Kosinusfunktion $f(x) = \cos(x)$ und die Taylorpolynome $T_2(f,x,0)$, $T_4(f,x,0)$ (rechts).

□

Mit dem Satz von Taylor kann man wesentlich bessere Näherungen für Funktionswerte gewinnen als mit dem Mittelwertsatz. Man ersetzt die Funktion in einer Umgebung einer bestimmten Stelle durch das Taylorpolynom

$$f(x) - T_n(f,x,x_0) = \frac{f^{(n+1)}(\xi_x)}{(n+1)!}(x-x_0)^{n+1}.$$

Das Taylorpolynom kann meistens erheblich leichter ausgewertet werden als die Funktion selbst. Man muss allerdings dabei einen Fehler in Kauf nehmen.

Beispiel 8.42. Wir berechnen einen Näherungswert für $\sqrt{1.015}$, indem wir die Funktion $f(x) = \sqrt{1+x}$ ersetzen durch das Taylorpolynom vom Grad zwei um $x_0 = 0$.

Es gilt für $x > -1$

$$f'(x) = \frac{1}{2\sqrt{1+x}},$$
$$f''(x) = -\frac{1}{4\sqrt{(1+x)^3}},$$
$$f'''(x) = \frac{3}{8\sqrt{(1+x)^5}}.$$

Mit den ersten drei Ableitungen bekommen wir

$$\sqrt{1+x} = 1 + \frac{1}{2}x - \frac{1}{4}\frac{x^2}{2} + \frac{3}{8\sqrt{(1+\xi_x)^5}}\frac{x^3}{3!},$$

wobei ξ_x eine unbekannte Stelle zwischen 0 und x ist. Wegen

$$\sqrt{1.015} = \sqrt{1 + \frac{15}{1000}}$$

setzen wir im Taylorpolynom

$$x = \frac{15}{1000}$$

und erhalten

$$\sqrt{1.015} = 1 + \frac{1}{2}\frac{15}{1000} - \frac{1}{4}\frac{(\frac{15}{1000})^2}{2} + \frac{3}{8\sqrt{(1+\xi_x)^5}}\frac{(\frac{15}{1000})^3}{6}.$$

Für die Zwischenstelle gilt nun

$$0 < \xi_x < \frac{15}{1000}.$$

Als Näherungswert für $\sqrt{1.015}$ ergibt sich

$$\sqrt{1.015} \approx 1 + \frac{1}{2}\frac{15}{1000} - \frac{1}{4}\frac{(\frac{15}{1000})^2}{2} \approx 1.00747.$$

Wir begehen dabei einen Fehler F, der durch

$$F = \frac{3}{8\sqrt{(1+\xi_x)^5}}\frac{(\frac{15}{1000})^3}{6}$$

gegeben wird. Da wir nicht mehr über die Zwischenstelle aussagen können, als dass sie zwischen 0 und $\frac{15}{1000}$ liegt, verkleinern wir den Nenner und schätzen den Fehler ab:

$$0 < F < \frac{3}{8}\frac{(\frac{15}{1000})^3}{6} \approx 2.10937 \cdot 10^{-7}.$$ □

Beispiel 8.43. Wir berechnen einen Näherungswert für cos(93°), indem wir die Kosinusfunktion ersetzen durch das Taylorpolynom vom Grad drei um $x_0 = 90° = \frac{\pi}{2}$.

Es gilt

$$\cos(x) = \cos(x_0) - \sin(x_0)(x - x_0) - \cos(x_0)\frac{(x-x_0)^2}{2!} + \sin(x_0)\frac{(x-x_0)^3}{3!} + \cos(\xi_x)\frac{(x-x_0)^4}{4!}$$

bzw.

$$\cos(x) = -\left(x - \frac{\pi}{2}\right) + \frac{1}{3!}\left(x - \frac{\pi}{2}\right)^3 + \cos(\xi_x)\frac{1}{4!}\left(x - \frac{\pi}{2}\right)^4.$$

Setzt man nun

$$x = 93^\circ = \frac{\pi}{2} + \frac{\pi}{60}$$

ein, so folgt

$$\cos(93^\circ) - \left(-\frac{\pi}{60} + \frac{1}{6}\left(\frac{\pi}{60}\right)^3\right) = \cos(\xi_x)\,\frac{1}{4!}\left(\frac{\pi}{60}\right)^4$$

mit einer unbekannten Stelle ξ_x, die zwischen $\frac{\pi}{2}$ und $\frac{\pi}{2} + \frac{\pi}{60}$ liegt. Nehmen wir den Näherungswert,

$$\cos(93^\circ) \approx -\frac{\pi}{60} + \frac{1}{6}\left(\frac{\pi}{60}\right)^3 \approx -0.052336\,,$$

so begehen wir einen Fehler

$$F = \cos(\xi_x)\,\frac{1}{24}\left(\frac{\pi}{60}\right)^4.$$

Da wir die Zwischenstelle nicht kennen, schätzen wir ab

$$-1 < \cos(\xi_x) < 0$$

und bekommen Fehlerschranken,

$$-\frac{1}{24}\left(\frac{\pi}{60}\right)^4 < F < 0\,.$$

Für die untere Schranke ermittelt man den Wert

$$-\frac{1}{24}\left(\frac{\pi}{60}\right)^4 \approx -3.13172 \cdot 10^{-7}\,.$$

□

Die Ersetzung einer Funktion durch ihr Taylorpolynom kann bei der Berechnung von Grenzwerten sehr hilfreich sein, insbesondere wenn der Satz über den Grenzwert eines Quotienten nicht anwendbar ist.

Beispiel 8.44. Wir berechnen die folgenden Grenzwerte mithilfe von Taylorpolynomen:

$$\lim_{x\to 0} \frac{\sin(x)}{x} \quad \text{und} \quad \lim_{x\to 0} \frac{1-\cos(x)}{x}\,.$$

Offenbar bereiten diese Grenzwerte Schwierigkeiten, weil an der Stelle x_0 sowohl der Zähler als auch der Nenner verschwindet. Schreiben wir für x nahe bei Null mit Zwischenstellen ξ_x und η_x

$$\sin(x) = x - \frac{\xi_x^3}{3!}\,x^3\,,$$
$$\cos(x) = 1 + \frac{\eta_x^2}{2!}\,x^2\,,$$

so ergibt sich für $x \neq 0$ aus einer kleinen Umgebung von $x_0 = 0$

$$\frac{\sin(x)}{x} = \frac{x - \frac{\xi_x^3}{3!}\,x^3}{x} = 1 - \frac{\xi_x^3}{3!}\,x^2\,,$$

bzw.

$$\frac{1-\cos(x)}{x} = \frac{-\frac{\eta_x^2}{2!}\,x^2}{x} = -\frac{\eta_x^2}{2!}\,x\,.$$

Hiermit kann man nun bequem zur Grenze übergehen:

$$\lim_{x\to 0}\frac{\sin(x)}{x} = 1\,, \quad \lim_{x\to 0}\frac{1-\cos(x)}{x} = 0\,.$$ □

Beispiel 8.45. Die Funktion

$$f(x) = \frac{1}{x} - \frac{1}{e^x - 1}$$

ist offenbar für $x_0 = 0$ nicht erklärt. Wir fragen, ob $f(x)$ an der Stelle $x_0 = 0$ einen Grenzwert besitzt (Abb. 8.32).

Zunächst kann man f außerhalb der fraglichen Stelle zusammenfassen, dass

$$f(x) = \frac{e^x - 1 - x}{x\,(e^x - 1)}\,.$$

Zähler und Nenner können jeweils durch Taylorpolynome vom Grad zwei um den Entwicklungspunkt $x_0 = 0$ angenähert werden,

$$e^x - 1 - x = \frac{1}{2}\,x^2 + \frac{1}{3!}\,e^{\xi_x}\,x^3$$

bzw.

$$x(e^x - 1) = x^2 + \frac{1}{3!}\,(3+\eta_x)\,e^{\eta_x}\,x^3\,.$$

Die Zwischenstellen ξ_x bzw. η_x streben gegen 0, wenn x gegen 0 strebt. Schreiben wir nun $f(x)$ als

$$f(x) = \frac{\frac{1}{2} + \frac{1}{3!}\,e^{\xi_x}\,x}{1 + \frac{1}{3!}\,(3+\eta_x)\,e^{\eta_x}\,x}\,,$$

so kann der Grenzübergang vollzogen werden:

$$\lim_{x \to 0} f(x) = \frac{1}{2}.$$

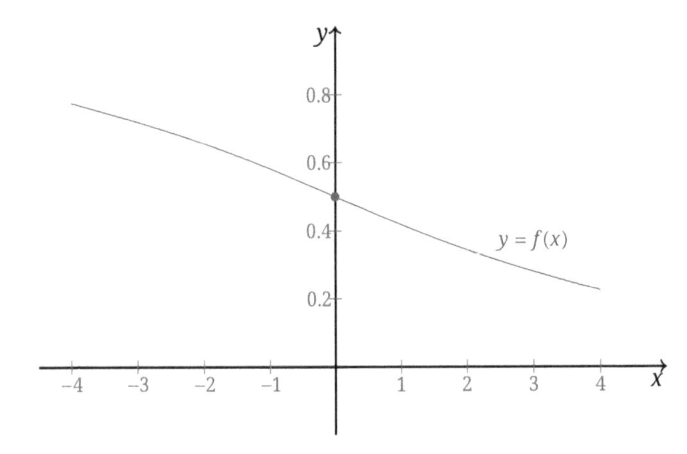

Abb. 8.32: Die Funktion $f(x) = \frac{1}{x} - \frac{1}{e^x - 1}$ mit dem Grenzwert im Punkt $x_0 = 0$.

□

Eine notwendige Bedingung für eine Extremalstelle einer differenzierbaren Funktion im Inneren des Definitionsintervalls ist das Vorliegen einer waagerechten Tangente. Diese notwendige Bedingung ist jedoch nicht hinreichend. Das heißt, es kann an einer Stelle eine waagerechte Tangente vorhanden sein, ohne dass dort auch eine Extremalstelle vorliegt. Ein einfaches Beispiel stellt die Funktion $f(x) = (x-2)^3 + 1$ dar (Abb. 8.33). Im Punkt $x_0 = 2$ verschwindet die Ableitung $f'(x) = 3(x-2)^2$, aber es liegt bei $x_0 = 2$ keine Extremalstelle vor.

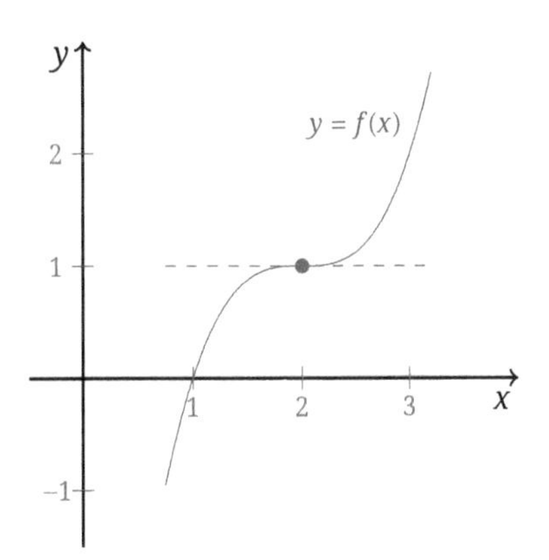

Abb. 8.33: Die Funktion $f(x) = (x-2)^3 + 1$ mit der Tangente im Punkt $x_0 = 2$.

Wir benutzen nun den Satz von Taylor, um hinreichende Bedingungen zu erhalten.

Hinreichende Bedingungen für Extremalstellen
Sei $f : (a, b) \longrightarrow \mathbb{R}$ n-mal stetig differenzierbar. Im Punkt $x_0 \in (a, b)$ gelte

$$f'(x_0) = f''(x_0) = \cdots = f^{(n-1)}(x_0) = 0 \quad \text{und} \quad f^{(n)}(x_0) \neq 0$$

mit geradem $n \in \mathbb{N}$, $n \geq 2$. Dann besitzt f in x_0 ein relatives Maximum, falls $f^{(n)}(x_0) < 0$ und ein relatives Minimum, falls $f^{(n)}(x_0) > 0$ ist. Gelten die obigen Voraussetzungen mit ungeradem $n \in \mathbb{N}$, $n \geq 1$, dann kann f in x_0 keine Extremalstelle besitzen.

Nach dem Satz von Taylor erhalten wir durch Entwicklung um den Punkt x_0

$$f(x) = f(x_0) + \frac{f^{(n)}(\xi_x)}{n!}(x - x_0)^n$$

mit Zwischenstellen ξ_x zwischen x_0 und x. Da die Funktion $f^{(n)}$ stetig ist, ist mit $f^{(n)}(x_0) < 0$ bzw. $f^{(n)}(x_0) > 0$ auch $f^{(n)}(\xi_x) < 0$ bzw. $f^{(n)}(\xi_x) > 0$, falls x in einer genügend kleinen Umgebung von x_0 liegt. Damit bekommt man sofort die Behauptungen. Die hinreichenden Bedingungen garantieren Extremalstellen und legen auch fest, ob Minimal- oder Maximalstellen vorliegen. Es sind aber auch Funktionen mit Extremalstellen denkbar, ohne dass die oben formulierten Bedingungen erfüllt sind.

In den Anwendungen trifft man den Fall besonders häufig an, in dem die zweite Ableitung nicht verschwindet und eine Entscheidung über Extremalstellen herbeiführt.

Hinreichende Bedingungen für Extremalstellen (zweite Ableitung)
Sei $f : (a, b) \longrightarrow \mathbb{R}$ zweimal stetig differenzierbar. Sei

$$f'(x_0) = 0\,, \quad f''(x_0) \neq 0\,, \quad x_0 \in (a, b)\,.$$

Dann gilt

$$\begin{aligned} f''(x_0) < 0 \quad &\Longrightarrow \quad x_0 \quad \text{ist relative Maximalstelle}\,, \\ f''(x_0) > 0 \quad &\Longrightarrow \quad x_0 \quad \text{ist relative Minimalstelle}\,. \end{aligned}$$

Beispiel 8.46. Wir betrachten die Funktion:

$$f(x) = x + \sin(2x)\,, \qquad x \in [-\pi, \pi]\,.$$

und suchen Extremalstellen im Inneren von $[-\pi, \pi]$. Für $x = \pm\frac{1}{3}\pi$ und $x = \pm\frac{2}{3}\pi$ gilt:

$$f'(x) = 1 + 2\cos(2x) = 0$$

sowie

$$f''\left(\pm\frac{1}{3}\pi\right) = -4\sin\left(\pm\frac{2}{3}\pi\right)$$
$$= \mp 2\sqrt{3}$$

und

$$f''\left(\pm\frac{2}{3}\pi\right) = -4\sin\left(\pm\frac{4}{3}\pi\right)$$
$$= \pm 2\sqrt{3}\,.$$

Wir haben also in $-\pi/3$ und in $2\pi/3$ ein relatives Minimum und in $-2\pi/3$ und in $\pi/3$ ein relatives Maximum. Im linken Randpunkt $-\pi$ liegt ein absolutes Minimum und im rechten Randpunkt π ein absolutes Maximum vor (Abb. 8.34).

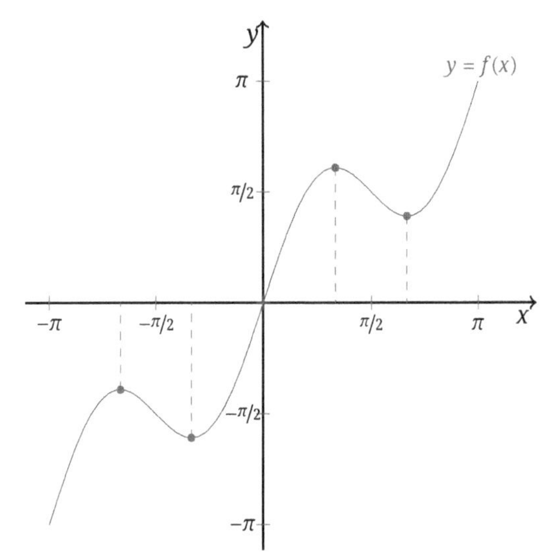

Abb. 8.34: Extremalstellen der Funktion $f(x) = x + \sin(2x)$ im Intervall $(-\pi, \pi)$.

□

Wenn stets $f''(x) \geq 0$ gilt, also f' monoton wächst, dann bezeichnet man den Graphen der Funktion f als konvexe Funktion bzw. konvex von oben (Linkskurve). Wenn stets $f''(x) \leq 0$ gilt, also f' monoton fällt, dann bezeichnet man den Graphen der Funktion f als konkave Funktion bzw. konvex von unten (Rechtskurve). (Abb. 8.35).

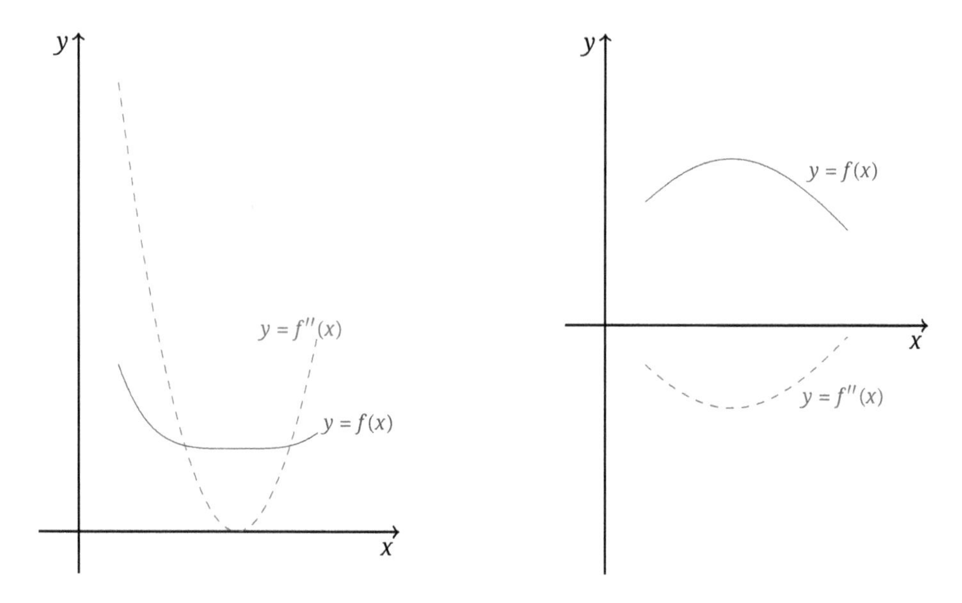

Abb. 8.35: Konvexe Funktion f (links) und konkave Funktion f (rechts), jeweils mit zweiter Ableitung f''.

Wendepunkte liegen dort, wo der Graph von einer Rechtskurve in eine Linkskurve übergeht oder umgekehrt. Wir können sie als Extremalstellen der ersten Ableitung charakterisieren.

Wendestelle
Sei $f : (a, b) \longrightarrow \mathbb{R}$ stetig differenzierbar. Jede Extremalstelle $x_0 \in (a, b)$ der Ableitung $f' : (a, b) \longrightarrow \mathbb{R}$ heißt Wendestelle von f (Abb. 8.36).

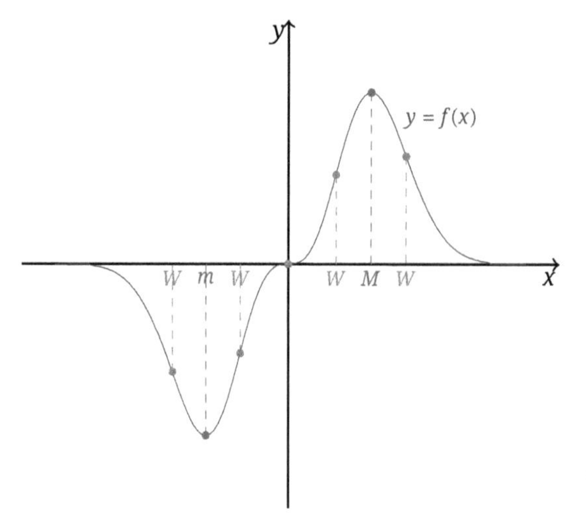

Abb. 8.36: Minimalstelle (m), Maximalstelle (M) und Wendestellen (W) einer Funktion f.

Notwendige sowie hinreichende Bedingungen für Wendestellen ergeben sich wie folgt mit der dritten Ableitung. Sei

$$f : (a, b) \longrightarrow \mathbb{R}$$

zweimal stetig differenzierbar. Dann erfüllt jede Wendestelle $x_0 \in (a, b)$ die notwendige Bedingung

$$f''(x_0) = 0 .$$

Ist f dreimal stetig differenzierbar, dann gilt: Falls

$$f'''(x_0) < 0$$

hat f' in x_0 eine relative Maximalstelle. Falls

$$f'''(x_0) > 0$$

hat f' in x_0 eine relative Minimalstelle.

Beispiel 8.47. Wir bestimmen die Extremal- und Wendestellen der Funktion

$$f(x) = \frac{1}{1 + x^4} .$$

Die ersten drei Ableitungen von f ergeben sich mit der Quotienten- und der Kettenregel zu

$$\begin{aligned} f'(x) &= -\frac{4\,x^3}{(1 + x^4)^2} , \\ f''(x) &= \frac{5\,x^4 - 3}{(1 + x^4)^3} , \\ f'''(x) &= -\frac{24\,(x^9 - 10\,x^5 + x)}{(1 + x^4)^4} . \end{aligned}$$

Die einzige Nullstelle von f' liegt bei 0 und stellt wegen $f''(0) = 0, f'''(0) = 0, f^{(4)}(0) < 0$ eine Maximalstelle dar. Die Nullstellen von f'' liegen bei $\pm\sqrt[4]{3/3}$. Offensichtlich stellt $-\sqrt[4]{3/3}$ wegen $f'''(-\sqrt[4]{3/3}) < 0$ eine Maximalstelle von f' dar, während $\sqrt[4]{3/3}$ wegen $f'''(\sqrt[4]{3/3}) > 0$ eine Minimalstelle von f' darstellt. Beide Stellen sind also Wendestellen. Man kann auch einfacher sehen, dass f nur in $x = 0$ ein Maximum und sonst keine Extremalstellen besitzen kann. Es gilt $f'(x) > 0, x < 0$, (f wächst streng monoton) und $f'(x) < 0, x > 0$, (f fällt streng monoton). (Abb. 8.37). Die Eigenschaften der Funktion f werden von vielen Funktionen geteilt, beispielsweise von $\frac{1}{1+x^2+x^4}$.

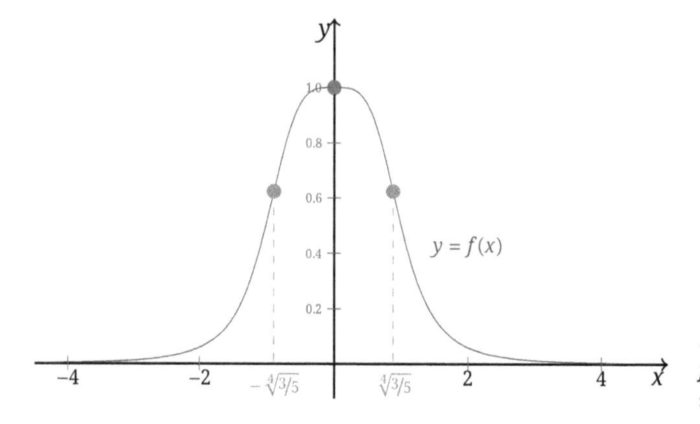

Abb. 8.37: Die Funktion $f(x) = \frac{1}{1+x^4}$ mit Extremalstelle und Wendestellen.

□

Beispiel 8.48. Die Funktion

$$f(x) = x + (\sin(x))^2$$

hat keine Extremalstellen. Wegen $f'(x) = 1 + 2\sin(x)\cos(x) = 1 + \sin(2x) \geq 0$ ist f monoton wachsend. Man sieht sofort, dass f sogar streng monoton wächst (Abb. 8.38). In jedem Punkt $x_k = \frac{\pi}{4} + k\frac{\pi}{2}$, $k \in \mathbb{Z}$, besitzt die Funktion eine Wendestelle. Denn es gilt:

$$f''(x) = 2\cos(2x) \quad \text{und} \quad f'''(x) = -4\sin(2x)\,.$$

sowie $f''(x_k) = 0$ und

$$f'''(x_{2k}) = -4 \quad \text{und} \quad f'''(x_{2k+1}) = 4\,.$$

Für die Stellen x_{2k+1}, $k \in \mathbb{Z}$, gilt $f'(x_{2k+1}) = 0$. Wir haben also Wendestellen mit waagerechter Tangente (Sattelpunkte). Schränken wir f auf ein beliebiges endliches Intervall ein, so liegt am linken Rand ein Minimum und am rechten Rand ein Maximum vor (Abb. 8.38). Die Eigenschaften der Funktion f werden auch hier wieder von vielen Funktionen geteilt, beispielsweise von $x + \sin(x)$.

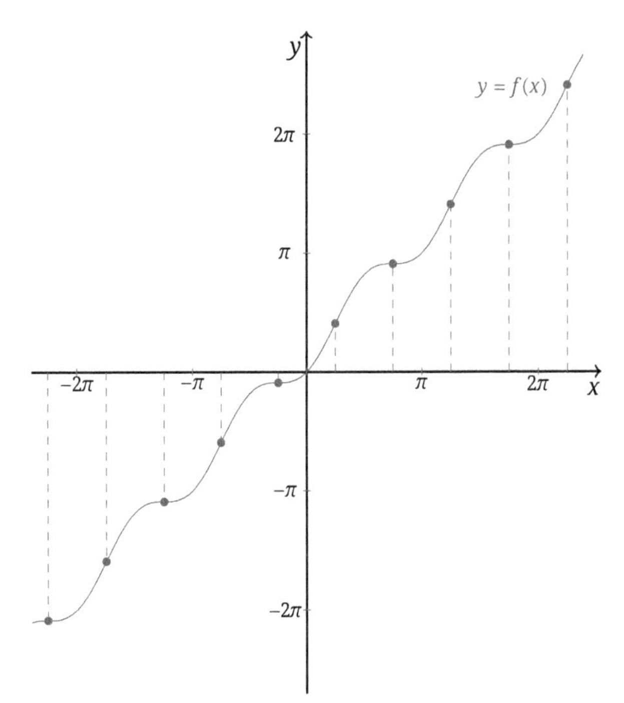

Abb. 8.38: Wendepunkte der Funktion $f(x) = x + (\sin(x))^2$.

□

9 Integrale

9.1 Bestimmte Integration

Wir betrachten eine stetige Funktion in einem abgeschlossenen Intervall,

$$f: [a,b] \to \mathbb{R}.$$

Der Funktion f wird folgendermaßen der Riemannsche Summen zugeordnet. Zunächst unterteilen wir das Intervall in n gleich lange Teilintervalle der Länge

$$\triangle x = \frac{b-a}{n}.$$

Wir benötigen dazu $n+1$ Unterteilungspunkte,

$$x_k = a + k\,\frac{b-a}{n}, \quad k = 0, 1, \ldots, n.$$

Aus jedem Teilintervall greift man nun einen beliebigen Zwischenpunkt heraus

$$\xi_k \in [x_{k-1}, x_k], \quad k = 1, \ldots, n$$

und bildet eine Riemannsche Summe (Abb. 9.1, Abb. 9.2):

Riemannsche Summe

$$S_n(f,a,b) = \sum_{k=1}^{n} f(\xi_k)\,\triangle x = \frac{b-a}{n}\sum_{k=1}^{n} f(\xi_k).$$

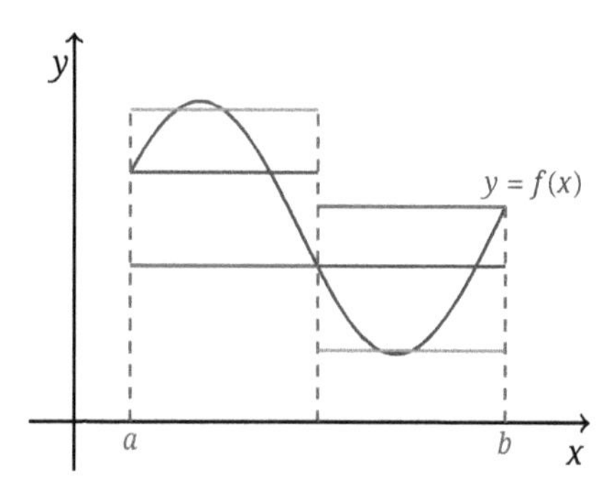

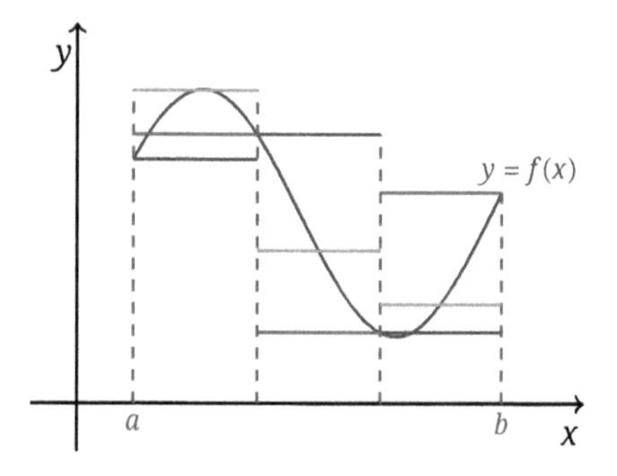

https://doi.org/10.1515/9783111503639-009

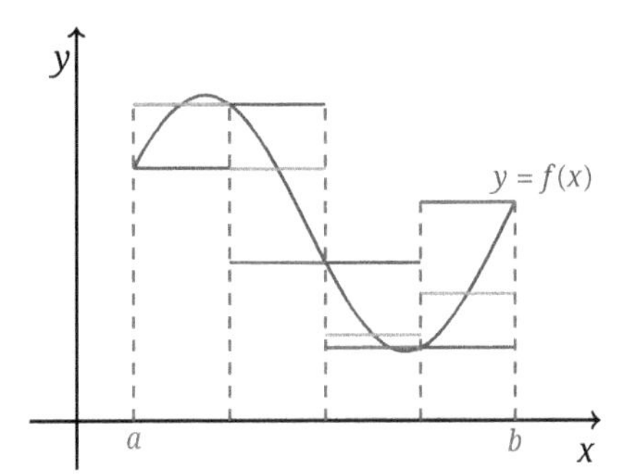

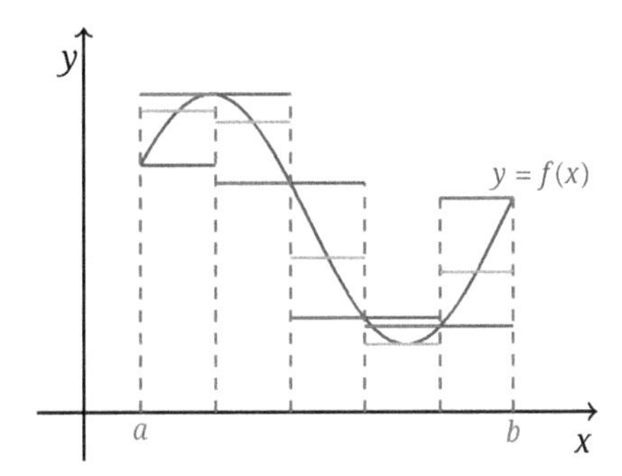

Abb. 9.1: Riemannsche Summen der Funktion $f : [a, b] \longrightarrow \mathbb{R}$: Als Zwischenpunkt wird der linke und der rechte Eckpunkt sowie der Mittelpunkt des Intervalls gewählt. Die Funktion nimmt nur positive Werte an. Unterteilung von $[a, b]$ in 2 Teilintervalle (oben links), 3 Teilintervalle (oben rechts), 4 Teilintervalle (unten links), 5 Teilintervalle (unten rechts).

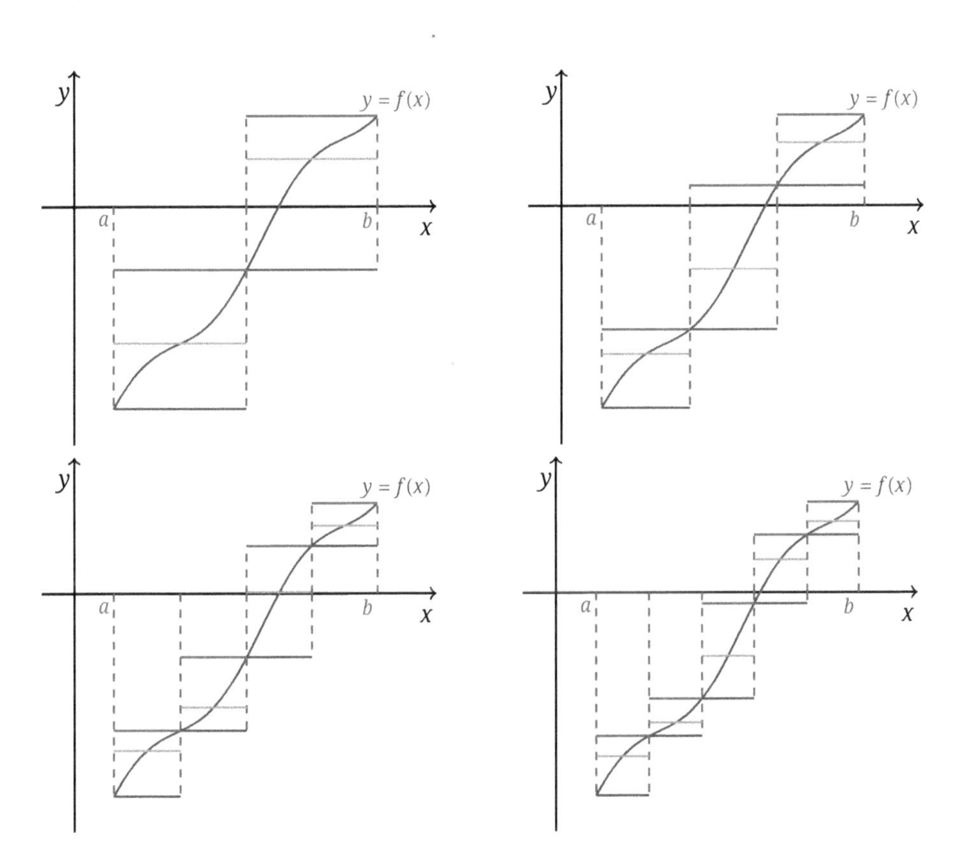

Abb. 9.2: Riemannsche Summen der Funktion $f : [a, b] \longrightarrow \mathbb{R}$: Als Zwischenpunkt wird der linke und der rechte Eckpunkt sowie der Mittelpunkt des Intervalls gewählt. Die Funktion nimmt positive und negative Werte an. Unterteilung von $[a, b]$ in 2 Teilintervalle (oben links), 3 Teilintervalle (oben rechts), 4 Teilintervalle (unten links), 5 Teilintervalle (unten rechts).

Beispiel 9.1. Wir betrachten eine konstante Funktion,

$$f : [a,b] \to \mathbb{R}, \quad f(x) = c,$$

und bilden Riemannsche Summen (Abb. 9.3).

Die Wahl der Zwischenpunkte in den Teilintervallen spielt hier keine Rolle:

$$S_n(f,a,b) = \frac{b-a}{n} \sum_{k=1}^{n} f(\xi_k) = \frac{b-a}{n} \sum_{k=1}^{n} c = \frac{b-a}{n} n c$$
$$= (b-a)\, c .$$

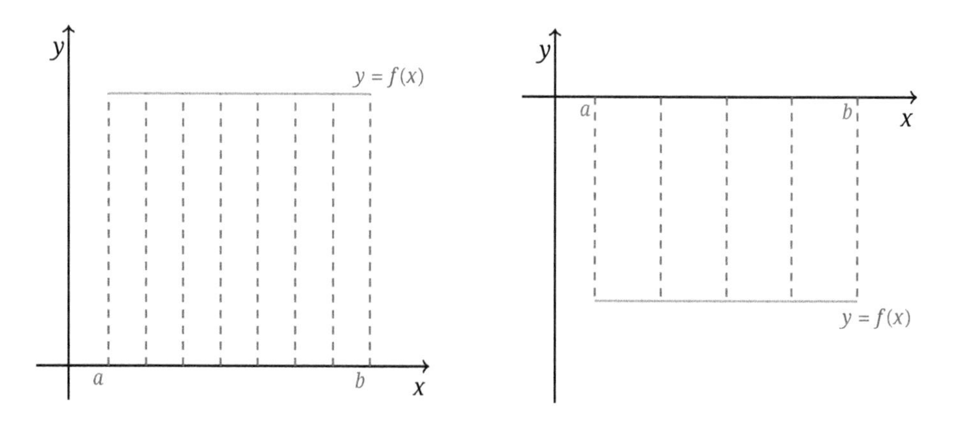

Abb. 9.3: Riemannsche Summen einer konstanten positiven Funktion $f(x)$ (links) und einer konstanten negativen Funktion $f(x)$ (rechts). Die positive bzw. negative Rechtecksfläche wird aus kleinen streifenförmigen Rechtecken zusammengesetzt.

□

Beispiel 9.2. Wir betrachten die Funktionen

$$f : [0,1] \to \mathbb{R}, \quad f(x) = x, \quad g : [0,1] \to \mathbb{R}, \quad g(x) = x^2,$$

und bilden Riemannsche Summen, indem wir als Zwischenpunkte den linken und den rechten Eckpunkt sowie der Mittelpunkt des jeweiligen Teilintervalls wählen.

Wir unterteilen das Intervall $[0,1]$ mit $n+1$ Unterteilungspunkten,

$$x_k = k\,\frac{1}{n}, \quad k = 0,1,\ldots,n,$$

und wählen Zwischenpunkte $\xi_k \in [x_{k-1}, x_k]$, $k = 1, \ldots, n$,:

$$\text{(a)} \quad \xi_k = (k-1)\,\frac{1}{n}\,, \qquad \text{(b)} \quad \xi_k = k\,\frac{1}{n}\,, \qquad \text{(c)} \quad \xi_k = \left(k - \frac{1}{2}\right)\frac{1}{n}\,.$$

Als Riemannsche Summen der Funktion f erhalten wir

$$S_n(f, 0, 1) = \frac{1}{n}\sum_{k=1}^{n} \xi_k\,,$$

bzw.

$$\text{(a)} \quad S_n(f, 0, 1) = \frac{1}{n}\sum_{k=1}^{n}(k-1)\,\frac{1}{n} = \frac{1}{n^2}\left(\sum_{k=1}^{n} k - n\right),$$

$$\text{(b)} \quad S_n(f, 0, 1) = \frac{1}{n}\sum_{k=1}^{n} k\,\frac{1}{n} = \frac{1}{n^2}\sum_{k=1}^{n} k\,,$$

$$\text{(c)} \quad S_n(f, 0, 1) = \frac{1}{n}\sum_{k=1}^{n}\left(k - \frac{1}{2}\right)\frac{1}{n} = \frac{1}{n^2}\left(\sum_{k=1}^{n} k - \frac{n}{2}\right).$$

Mit der Summe

$$\sum_{k=1}^{n} k = \frac{n\,(n+1)}{2}$$

folgt weiter

$$\text{(a)} \quad S_n(f, 0, 1) = \frac{1}{2} - \frac{1}{2n}\,,$$

$$\text{(b)} \quad S_n(f, 0, 1) = \frac{1}{2} + \frac{1}{2n}\,,$$

$$\text{(c)} \quad S_n(f, 0, 1) = \frac{1}{2}\,.$$

Offenbar streben die Summen mit wachsender Anzahl n der Teilintervalle gegen den Inhalt der Dreiecksfläche, die von der Funktion f und den Geraden $y = 0$ und $x = 1$ eingeschlossen wird (Abb. 9.4). In allen drei Fällen gilt

$$\lim_{n\to\infty} S_n(f, 0, 1) = \frac{1}{2}\,.$$

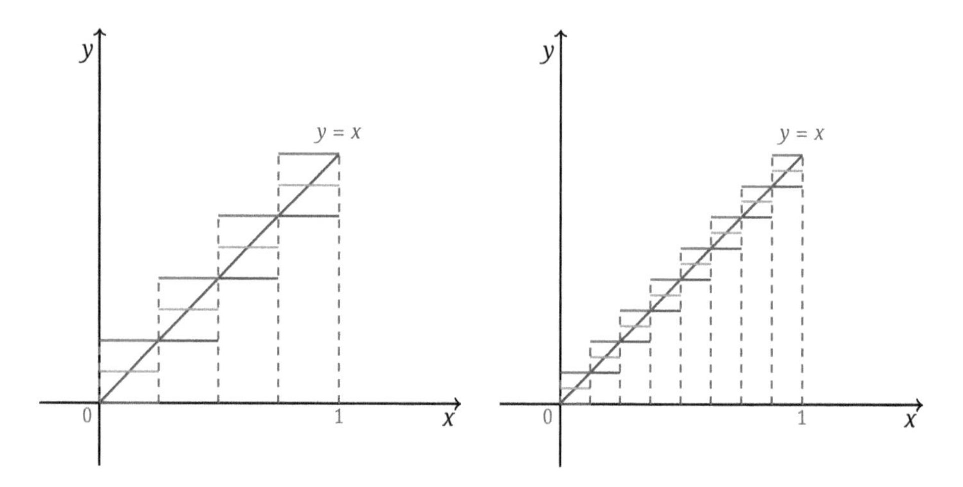

Abb. 9.4: Riemannsche Summen der Funktion $f(x) = x$ über dem Intervall $[0,1]$. $n = 4$ (links), $n = 8$ (rechts).

Als Riemannsche Summen der Funktion g erhalten wir

$$S_n(g,0,1) = \frac{1}{n}\sum_{k=1}^{n} \xi_k^2\,,$$

bzw.

$$\text{(a)} \quad S_n(g,0,1) = \frac{1}{n}\sum_{k=1}^{n}(k-1)^2\,\frac{1}{n^2} = \frac{1}{n^3}\sum_{k=1}^{n}(k-1)^2\,,$$

$$\text{(b)} \quad S_n(g,0,1) = \frac{1}{n}\sum_{k=1}^{n}k^2\,\frac{1}{n^2} = \frac{1}{n^3}\sum_{k=1}^{n}k^2\,,$$

$$\text{(c)} \quad S_n(g,0,1) = \frac{1}{n}\sum_{k=1}^{n}(k-\frac{1}{2})^2\,\frac{1}{n^2} = \frac{1}{n^3}\sum_{k=1}^{n}(k-\frac{1}{2})^2\,.$$

Verwendet man noch die Summen

$$\begin{aligned}
\sum_{k=1}^{n} k^2 &= \frac{n\,(n+1)\,(2\,n+1)}{6}\,, \\
&= \frac{n^3}{3} + \frac{n^2}{2} + \frac{n}{6}\,, \\
\sum_{k=1}^{n}(k-1)^2 &= \sum_{k=1}^{n-1} k^2 \\
&= \frac{(n-1)\,n\,(2\,(n-1)+1)}{6}\,,
\end{aligned}$$

$$\sum_{k=1}^{n}\left(k-\frac{1}{2}\right)^2 = \sum_{k=1}^{n}\left(k^2-k+\frac{1}{4}\right)$$
$$= \frac{n\,(n+1)\,(2\,n+1)}{6} - \frac{n\,(n+1)}{2} + \frac{n}{4},$$

so folgt weiter

$$\text{(a)} \quad S_n(g,0,1) = \frac{1}{3} - \frac{1}{2\,n} + \frac{1}{6\,n^2},$$
$$\text{(b)} \quad S_n(g,0,1) = \frac{1}{3} + \frac{1}{2\,n} + \frac{1}{6\,n^2},$$
$$\text{(c)} \quad S_n(g,0,1) = \frac{1}{3} - \frac{1}{12\,n^2}.$$

Offenbar streben die Summen mit wachsender Anzahl n der Teilintervalle gegen den Inhalt der Fläche, die von der Funktion g und den Geraden $y = 0$ und $x = 1$ eingeschlossen wird (Abb. 9.5). In allen drei Fällen gilt

$$\lim_{n\to\infty} S_n(g,0,1) = \frac{1}{3}.$$

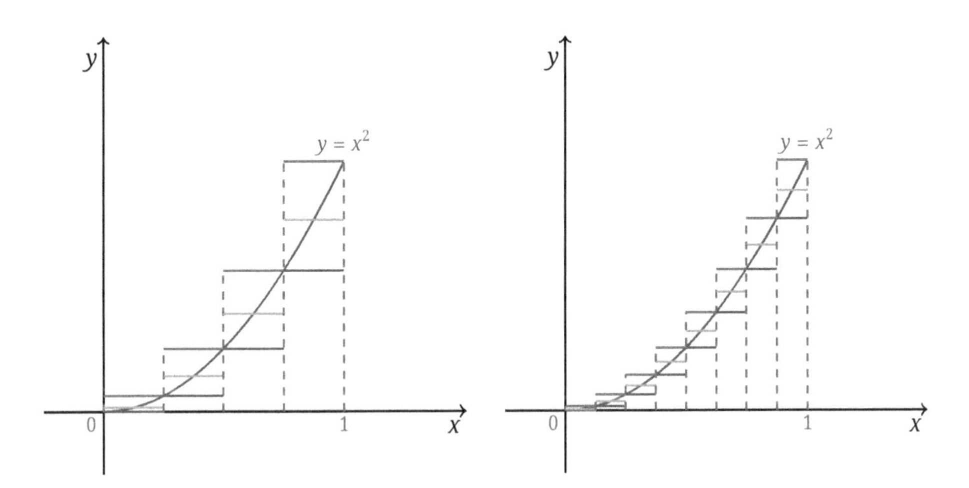

Abb. 9.5: Riemannsche Summen der Funktion $g(x) = x^2$ über dem Intervall $[0,1]$. $n = 4$ (links), $n = 8$ (rechts).

□

Man kann sich die Summenbildung anschaulich so vorstellen, dass man die Fläche unter einer (positiven) Kurve durch Summen annähert. Der Integralbegriff ist jedoch allgemeiner als diese Vorstellung. Er kennt auch negative Flächen und gleicht positive und negative Flächen aus.

Bestimmtes Integral, Fläche unter einer Kurve
Unabhängig von der Wahl der Zwischenpunkte konvergiert jede Folge Riemannscher Summen gegen ein und denselben Grenzwert, nämlich das Integral

$$\lim_{n\to\infty} S_n(f,a,b) = \int_a^b f(x)\,dx\,.$$

Ist $f(x) \geq 0$ für alle $x \in [a,b]$, so beschreibt das bestimmte Integral (Abb. 9.6)

$$\int_a^b f(x)\,dx$$

den Inhalt der Fläche, die von der Kurve f, der x-Achse und den Geraden $x = a$, $x = b$ begrenzt wird.

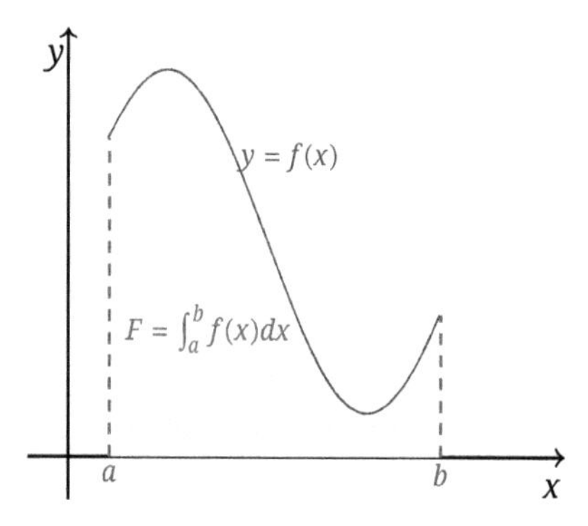

Abb. 9.6: Fläche F unter einer Kurve $y = f(x)$.

Unmittelbar aus der Definition des Integrals erhält man folgende Regel über die Aufteilung des Integrationsintervalles.

Aufteilung des Integrationsintervalls

$$\int_a^b f(x)\,dx = \int_a^c f(x)\,dx + \int_c^b f(x)\,dx\,, \quad a < c < b\,.$$

Von den Grenzwertsätzen übertragen sich ebenfalls folgende Regeln. Das Integral über eine Summe ist gleich der Summe der Integrale, und Konstante dürfen vor das Integral gezogen werden.

Einfache Integrationsregeln

$$\int_a^b \big(f(x) + g(x)\big)\,dx = \int_a^b f(x)\,dx + \int_a^b g(x)\,dx\,,$$

$$\int_a^b c f(x)\,dx = c \int_a^b f(x)\,dx\,, \quad c \in \mathbb{R},.$$

Ferner erweisen sich folgende Vereinbarungen zur Anordnung der Integrationsgrenzen als sinnvoll und konsistent mit den Regeln:

Vereinbarungen über Integrationsgrenzen

$$\int_a^a f(x)\,dx = 0\,, \quad \int_b^a f(x)\,dx = -\int_a^b f(x)\,dx\,.$$

Die Benennung der Integrationsvariable ist für den Wert des Integrals nicht von Bedeutung. Man kann beliebig über den Namen solcher Variablen verfügen. Man muss ihn aber so wählen, dass keine Verwechslung möglich ist. Beispielsweise gilt $\int_0^1 x^2\,dx = \int_0^1 t^2\,dt = \frac{1}{3}$ oder allgemein:

Benennung der Integrationsvariable

$$\int_a^b f(x)\,dx = \int_a^b f(t)\,dt\,.$$

Wenn wir jedoch schreiben $\int_a^b f(t)\,dx$, so betrachten wir ein festes $t \in [a,b]$ und integrieren die konstante Funktion $x \longrightarrow f(t), x \in [a,b]$ und bekommen (Abb. 9.7):

$$\int_a^b f(t)\,dx = f(t)\,(b-a)\,.$$

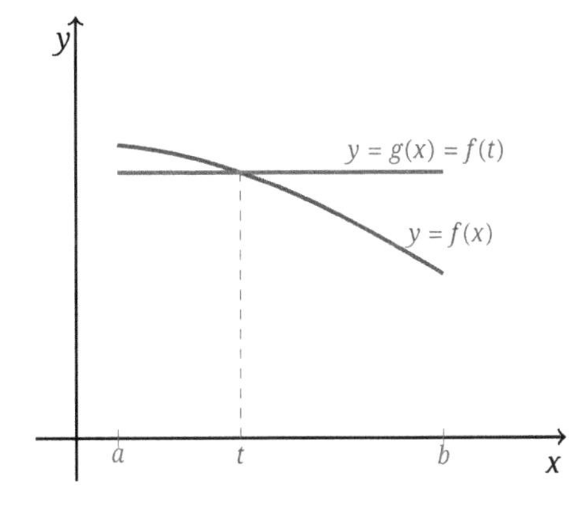

Abb. 9.7: Eine Funktion $f : [a,b] \longrightarrow \mathbb{R}, x \longrightarrow f(x)$, ein festes $t \in [a,b]$ und die konstante Funktion $g : [a,b] \longrightarrow \mathbb{R}, x \longrightarrow f(t)$.

9.2 Hauptsatz und Folgerungen

Das Integral (insbesondere die Fläche unter der Kurve einer positiven Funktion) kann in eine Rechtecksfläche mit gleichem Inhalt verwandelt werden. Den Rechtecksflächen wird dabei ebenfalls ein Vorzeichen zugeordnet, indem man sie als Integrale konstanter Funktionen betrachtet.

Wegen der Abschätzung

$$\min_{a\le x\le b} f(x)\,(b-a) \le \frac{b-a}{n}\sum_{k=1}^{n} f(\xi_k) \le \max_{a\le x\le b} f(x)\,(b-a)$$

gilt beim Grenzübergang die Ungleichung

$$\min_{a\le x\le b} f(x)\,(b-a) \le \int_a^b f(x)\,dx \le \max_{a\le x\le b} f(x)\,(b-a)\,.$$

Da eine stetige Funktion jeden Wert zwischen Minimum und Maximum als Funktionswert an mindestens einer Stelle $\xi \in (a,b)$ annehmen muss, folgt:

Mittelwertsatz der Integralrechnung

$$\int_a^b f(x)\,dx = f(\xi)\,(b-a)\,.$$

Der Mittelwertsatz der Integralrechnung (Abb. 9.8) garantiert die Existenz einer Zwischenstelle $\xi \in (a,b)$, so dass die obige Gleichung gilt. Es wird nicht behauptet, dass es nur eine solche Stelle geben kann. Es werden auch keine Angaben zur Lage dieser Stellen gemacht.

Beispiel 9.3. Wir bestätigen den Mittelwertsatz der Integralrechnung anhand der Funktion (Abb. 9.9):

$$f : [-1,1] \to \mathbb{R}\,, \quad f(x) = x^2\,.$$

Mithilfe Riemannscher Summen und einem Grenzübergang wurde bereits gezeigt, dass

$$\int_{-1}^{1} x^2\,dx = \frac{1}{3}\,.$$

Auf Grund der Symmetrie der Fläche unter der Kurve sieht man sofort, dass

$$\int_{-1}^{0} x^2\,dx = \int_{0}^{1} x^2\,dx$$

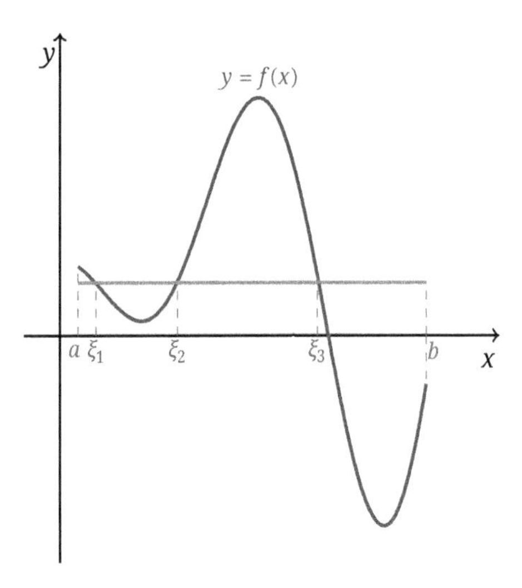

Abb. 9.8: Mittelwertsatz der Integralrechnung für eine Funktion $f : [a, b] \longrightarrow \mathbb{R}$. Es gibt hier drei mögliche Zwischenstellen ξ_1, ξ_2, ξ_3, mit deren Funktionswert das Integral in eine Rechtecksfläche verwandelt werden kann.

und

$$\int_{-1}^{1} x^2\,dx = \int_{-1}^{0} x^2\,dx + \int_{0}^{1} x^2 = \frac{2}{3}\,.$$

Nun müssen Stellen ξ gefunden werden mit

$$f(\xi)\,\big(1-(-1)\big) = 2\,\xi^2 = \frac{2}{3}\,.$$

Offenbar erfüllen folgende Stellen diese Bedingung: $\xi_{1/2} = \pm\sqrt{1/3}$.

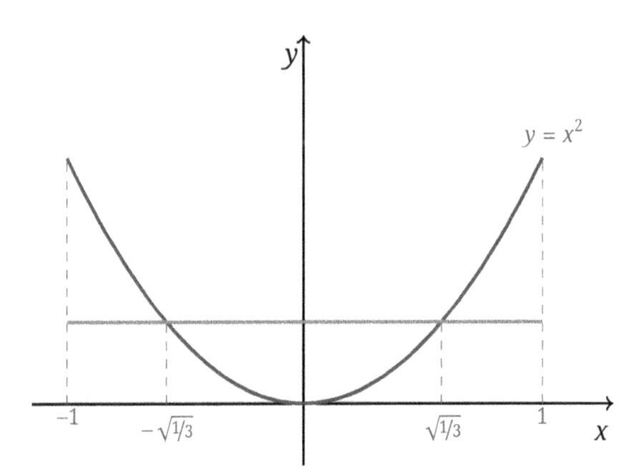

Abb. 9.9: Die Fläche unter der Kurve $f(x) = x^2$ wird über dem Intervall $[-1, 1]$ in eine Rechtecksfläche verwandelt.

□

Lässt man die obere Grenze variieren und legt jeweils das Intervall $[a, x]$ zugrunde, so bekommt man eine Abhängigkeit der Zwischenstelle von der oberen Grenze (Abb. 9.10):

$$\int_a^x f(t)\,dt = f(\xi_x)\,(x-a)\,.$$

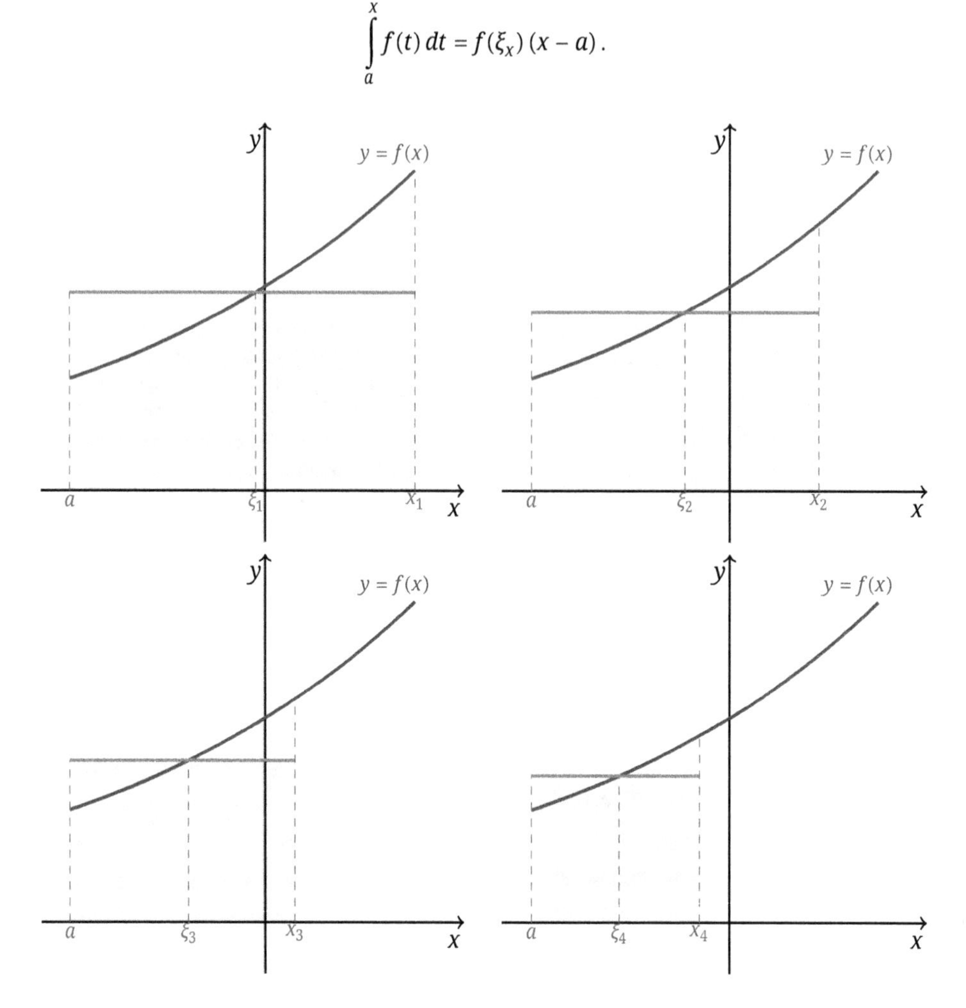

Abb. 9.10: Mittelwertsatz der Integralrechnung für eine Funktion $f : [a,b] \longrightarrow \mathbb{R}$. Zwischenstellen im Grundintervall $[a, x_k]$ hängen von der jeweiligen oberen Grenze x_k ab.

Für eine stetige Funktion $f : [a,b] \to \mathbb{R}$ bilden wir die zugehörige Flächenfunktion $F : [a,b] \to \mathbb{R}$:

Flächenfunktion

$$F(x) = \int_a^x f(t)\,dt\,.$$

Wir betrachten also das Integral als Funktion der oberen Grenze. Im Falle positiver Funktionen gibt die Flächenfunktion gerade den Inhalt der Fläche unter der Kurve f über dem Intervall $[a, x]$ an.

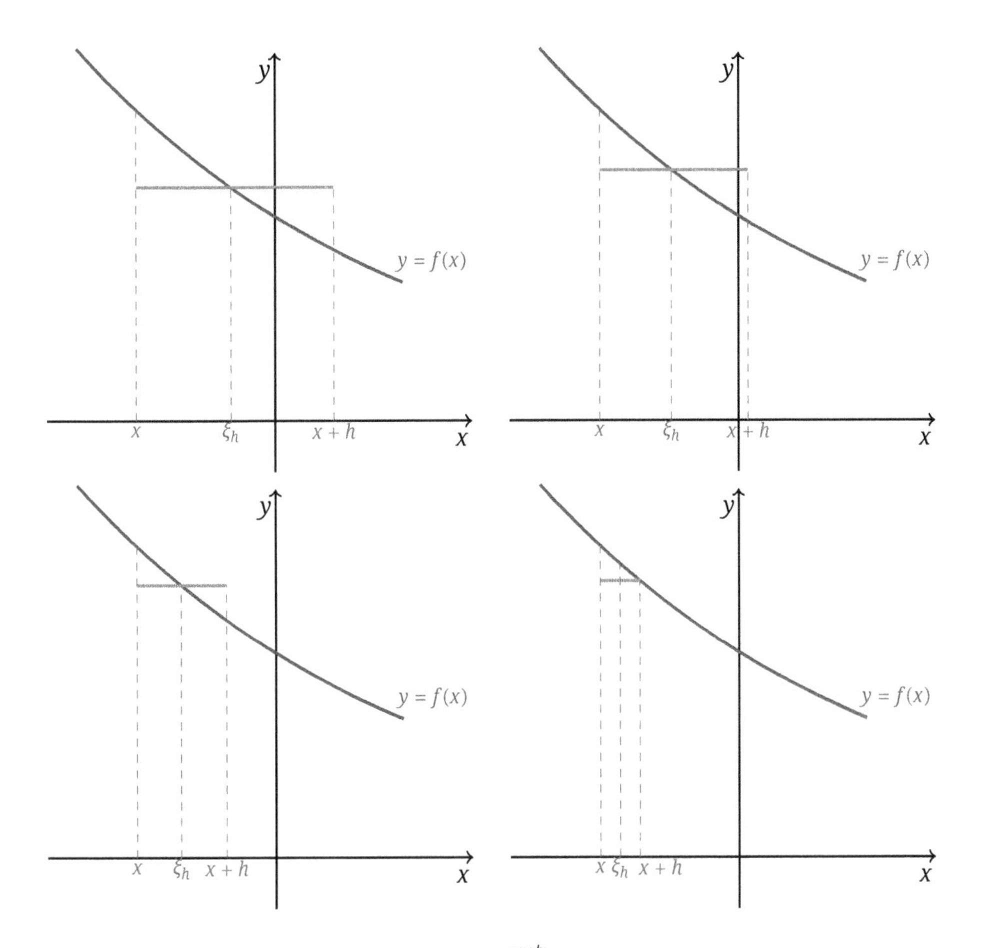

Abb. 9.11: Ableitung der Flächenfunktion: Das Integral $\int_x^{x+h} f(t)\,dt$ wird jeweils mithilfe des Funktionswerts an einer Zwischenstelle ξ_h in ein Rechteck verwandelt. Wenn h gegen Null strebt, strebt die Zwischenstelle ξ_h gegen x und die Höhe des Rechtecks gegen $f(x)$.

Man kann nun zeigen, dass die Flächenfunktion differenzierbar ist (Abb. 9.11). Mit der Intervalladditivität des Integrals gilt für $h > 0$

$$\int_a^x f(t)\,dt + \int_x^{x+h} f(t)\,dt = \int_a^{x+h} f(t)\,dt$$

bzw.

$$F(x+h) - F(x) = \int_x^{x+h} f(t)\,dt\,.$$

Nach dem Mittelwertsatz bekommen wir mit einer Zwischenstelle $x < \xi_h < x + h$

$$\int_x^{x+h} f(t)\,dt = f(\xi_h)\,h$$

und insgesamt

$$\frac{F(x+h)-F(x)}{h} = \frac{1}{h}\int_x^{x+h} f(t)\,dt = f(\xi_h)\,.$$

Für $h < 0$ gilt eine ähnliche Überlegung, und die Ableitung der Flächenfunktion wird als Hauptsatz der Differenzial- und Integralrechnung formuliert:

Hauptsatz

$$F'(x) = \frac{d}{dx}\int_a^x f(t)\,dt = f(x)\,.$$

Die Ableitung des Integrals nach der oberen Grenze ergibt also den Integranden an der oberen Grenze. Die Bildung der Flächenfunktion und die Ableitung sind somit inverse Operationen. Führt man sie nacheinander aus, so erhält man die Ausgangsfunktion. Man kann den Hauptsatz auch mit der Eigenschaft der lokalen Flachheit veranschaulichen. Eine stetige Funktion kann man lokal als Konstante betrachten. Bei festem x_0 geht man dabei vom Graphen $(x_0 + h, f(x_0 + h))$ zu folgenden Graphen über: $f_\lambda(x) = f(x_0 + {}^{(x-x_0)}/_\lambda)$. Mit wachsendem Vergrößerungsfaktor (Zoomen) nähert man sich dem Graphen einer konstanten Funktion: $x \longrightarrow f(x_0)$. Die Fläche unter der Kurve wird durch das Zoomen lokal in ein Rechteck verwandelt (Abb. 9.12):

$$\int_{x_0}^{x_0+h} f(t)\,dt \approx \int_{x_0}^{x_0+h} f_\lambda(t)\,dt \approx f(x_0)\,h\,.$$

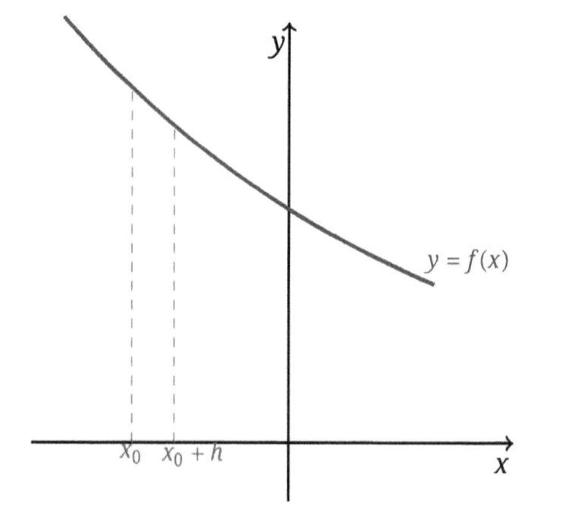

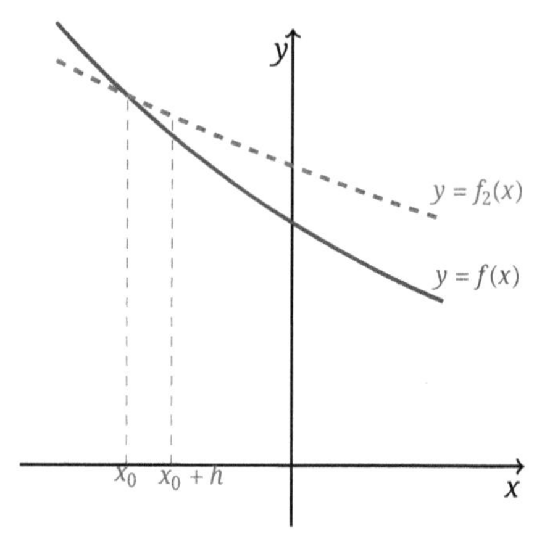

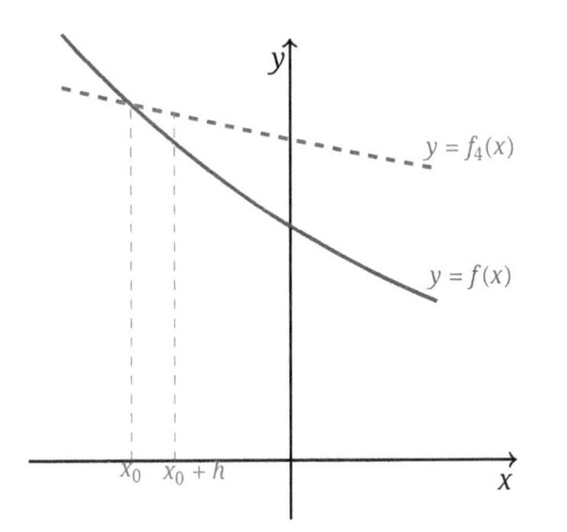

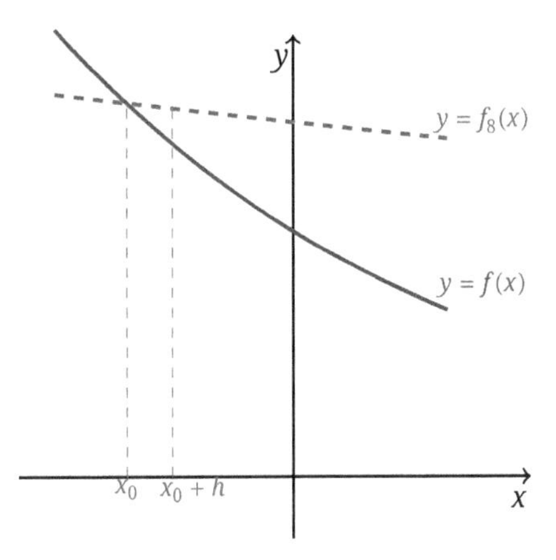

Abb. 9.12: Der Hauptsatz als Konsequenz der lokalen Flachheit einer stetigen Funktion. Die Funktion $f(x)$ wird nahe bei einem Punkt x_0 durch die mit Streckungsfaktoren versehenen Funktionen $f_\lambda(x)$ ersetzt. Die Funktion $f(x)$ mit Fläche unter der Kurve (oben links), die Funktion $f_2(x)$ (oben rechts), die Funktion $f_4(x)$ (unten links), die Funktion $f_8(x)$ (unten rechts).

Beispiel 9.4. Wir bestätigen den Hauptsatz der Differenzial-und Integralrechnung anhand der Funktion (Abb. 9.13)

$$f(x) = c\,x\,, \quad x \geq 0\,,$$

wobei $c > 0$ eine beliebige Konstante sein soll.

Eine geometrische Überlegung zeigt, dass das Integral

$$F(x) = \int_0^x c\,t\,dt$$

die Fläche eines Dreiecks mit der Grundseite x und der Höhe cx beschreibt. Somit gilt

$$F(x) = c\,\frac{x^2}{2}$$

und

$$F'(x) = \frac{d}{dx}\left(c\,\frac{x^2}{2}\right) = c\,x = f(x)\,.$$

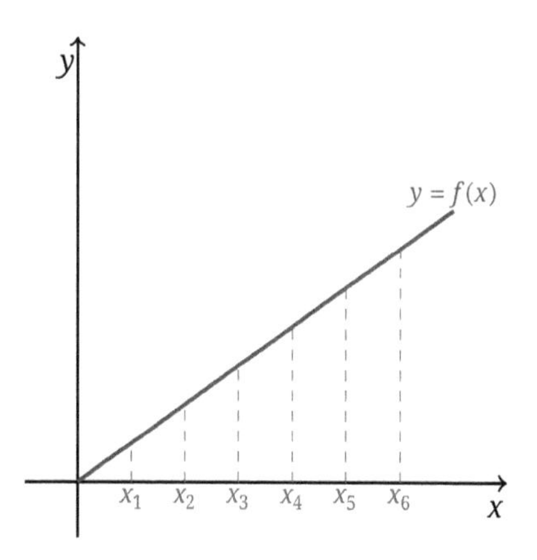

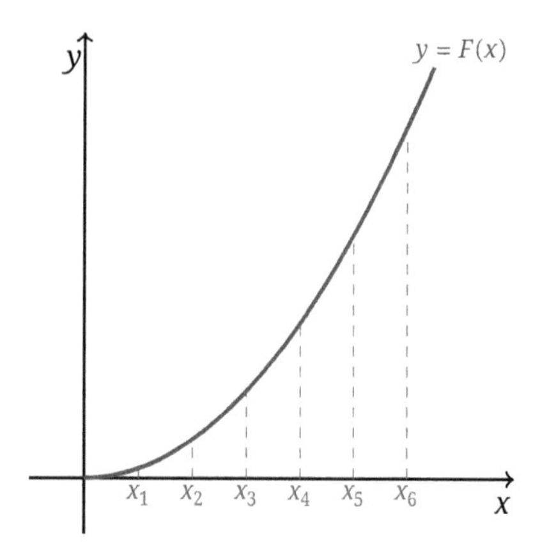

Abb. 9.13: Die Fläche unter der Kurve $f(x) = c\,x$ für verschiedene obere Grenzen x_k (links) und die Flächenfunktion $F(x) = \int_0^x t\,dt = c\frac{x^2}{2}$ (rechts).

□

Die Flächenfunktion ist nicht die einzige Funktion mit der Eigenschaft $F'(x) = f(x)$. Durch Addieren einer beliebigen Konstante c ergeben sich weitere solche Stammfunktionen:

Stammfunktion

$$G(x) = \int_a^x f(t)\,dt + c\,.$$

Man kann mit dem Mittelwertsatz der Differenzialrechnung zeigen, dass es keine weiteren Funktionen G mit der Eigenschaft

$$G'(x) = f(x)$$

als die angegebenen Stammfunktionen gibt. Die Flächenfunktion selbst zeichnet sich durch die Eigenschaft $G(a) = 0$ aus. Zu jedem $c \in \mathbb{R}$ gibt es genau eine Stammfunktion G mit $G(a) = c$. Umgekehrt gibt es zu jeder Stammfunktion G genau eine Konstante c, sodass gilt

$$G(x) = \int_a^x f(t)\,dt + c\,.$$

Hieraus folgt, dass sich zwei Stammfunktionen G_1 und G_2 einer stetigen Funktion f nur um eine Konstante unterscheiden können. Ist nämlich

$$G_1(x) = \int_a^x f(t)\,dt + c_1 \quad \text{und} \quad G_2(x) = \int_a^x f(t)\,dt + c_2\,,$$

so ergibt sich sofort

$$G_2(x) = G_1(x) + c_2 - c_1 = G_1(x) + G_2(a) - G_1(a)\,.$$

Setzt man in dieser Beziehung eine beliebige Stammfunktion $G_1 = G$ und die Flächenfunktion $G_2 = F$ ein, so bekommt man

$$\int_a^x f(t)\,dt = G(x) - G(a)\,.$$

Damit wird eine wichtige Möglichkeit zur bestimmten Integration eröffnet, die in vielen Fällen wesentlich schneller uim Ziel führt als der Weg über Riemannsche Summen und Grenzprozesse.

Bestimmte Integration mit Stammfunktionen
Ist G eine Stammfunktion der stetigen Funktion f, so gilt

$$\int_a^b f(x)\,dx = G(x)\Big|_a^b = G(b) - G(a)\,.$$

Wenn man eine Stammfunktion kennt, dann erhält man das bestimmte Integral, indem man die Stammfunktion an der oberen Grenze und an der unteren Grenze auswertet und die Differenz bildet. Insbesondere beinhaltet der Hauptsatz auch folgende Aussage:

$$\int_a^b f'(x)\,dx = f(b) - f(a)\,.$$

Beispiel 9.5. Sei n eine feste natürliche Zahl und $f(x) = x^n$. Wegen

$$\frac{d}{dx}\left(\frac{x^{n+1}}{n+1}\right) = x^n$$

stellt

$$G(x) = \frac{x^{n+1}}{n+1}$$

eine Stammfunktion von f dar, und es gilt

$$\int_a^b x^n\,dx = \frac{x^{n+1}}{n+1}\Big|_a^b = \frac{1}{n+1}\left(b^{n+1} - a^{n+1}\right).$$

Sei $0 < a < b$ und $f(x) = \frac{1}{x}$. Wegen

$$\ln'(x) = \frac{1}{x}$$

stellt

$$G(x) = \ln(x)$$

eine Stammfunktion von f dar, und es gilt

$$\int_a^b \frac{1}{x}\,dx = \ln(x)\Big|_a^b = \ln(b) - \ln(a)\,.$$

Wir überzeugen uns noch davon, dass die Verwendung einer anderen Stammfunktion den Wert des Integrals nicht verändert. Weitere Stammfunktionen können sich vom natürlichen Logarithmus nur durch eine Konstante unterscheiden. Verwenden wir nun $\ln(x) + c$ anstatt $\ln(x)$, so ergibt sich

$$\int_a^b \frac{1}{x}\,dx = \left(\ln(x) + c\right)\Big|_a^b = \ln(b) + c - \left(\ln(a) + c\right) = \ln(b) - \ln(a)\,. \qquad \square$$

Beispiel 9.6. Wir vergleichen das Integral

$$\int_0^{2\pi} \sin(x)\,dx$$

mit dem Inhalt der Fläche, die von dem Graphen der Sinusfunktion und der x-Achse über dem Intervall $[0, 2\pi]$ eingeschlossen wird (Abb. 9.14).

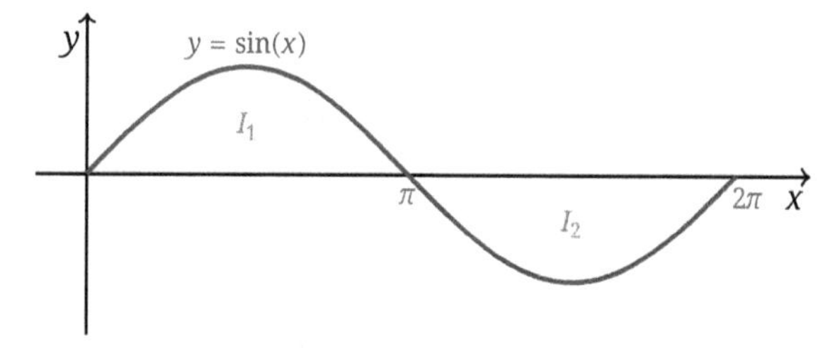

Abb. 9.14: Von dem Graphen der Sinusfunktion und der x-Achse über dem Intervall $[0, 2\pi]$ eingeschlossene Fläche mit Teilflächen I_1 und I_2.

Wegen $\cos'(x) = -\sin(x)$ stellt $G(x) = -\cos(x)$ eine Stammfunktion von $\sin(x)$ dar. Damit folgt

$$\int_0^{2\pi} \sin(x)\,dx = \left(-\cos(x)\right)\Big|_0^{2\pi} = -\cos(2\pi) + \cos(0) = 0\,.$$

Die eingeschlossene Fläche setzt sich aus zwei Flächenstücken zusammen mit dem Inhalt I_1 bzw. I_2 zusammen. Es ergibt sich

$$\begin{aligned} I_1 &= \int_0^{\pi} \sin(x)\,dx = (-\cos(x))\big|_0^{\pi} \\ &= -\cos(\pi) + \cos(0) = 2\,, \\ I_2 &= -\int_{\pi}^{2\pi} \sin(x)\,dx = -(-\cos(x))\big|_0^{\pi} \\ &= -(-\cos(2\pi) + \cos(\pi)) = 2, \end{aligned}$$

und insgesamt, $I = 4$. □

Beispiel 9.7. Von den Graphen der Funktionen $f_1(x) = x$, $f_2(x) = x^2$ und der Geraden $x = \frac{3}{2}$ wird eine Fläche eingeschlossen. Wir berechnen den Inhalt dieser Fläche.

Im Intervall $[0,1]$ gilt $f_1(x) \geq f_2(x)$. Im Intervall $[1, \frac{3}{2}]$ gilt $f_1(x) \leq f_2(x)$, (Abb. 9.15).

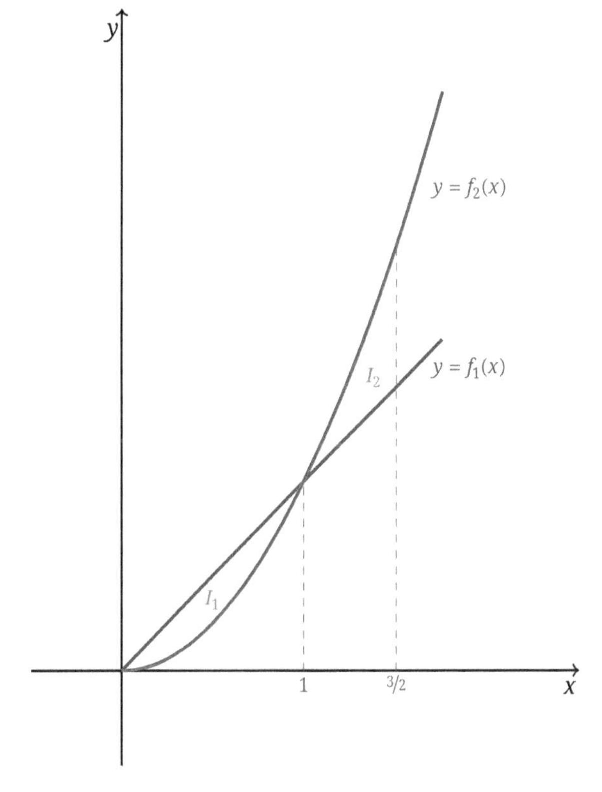

Abb. 9.15: Von den Kurven $f_1(x) = x$, $f_2(x) = x^2$ und der Geraden $x = 3/2$ begrenzte Fläche mit Teilflächen I_1 und I_2.

Die eingeschlossene Fläche I setzt sich aus zwei Flächenstücken zusammen,

$$\begin{aligned} I_1 &= \int_0^1 x\,dx - \int_0^1 x^2\,dx \\ &= \frac{x^2}{2}\Big|_0^1 - \frac{x^3}{3}\Big|_0^1 \\ &= \frac{1}{2} - \frac{1}{3} = \frac{1}{6} \end{aligned}$$

und

$$\begin{aligned} I_2 &= \int_1^{\frac{3}{2}} x^2\,dx - \int_1^{\frac{3}{2}} x\,dx \\ &= \frac{x^3}{3}\Big|_1^{\frac{3}{2}} - \frac{x^2}{2}\Big|_1^{\frac{3}{2}} \\ &= \frac{27}{24} - \frac{1}{3} - \left(\frac{9}{8} - \frac{1}{2}\right) = \frac{1}{6}\,. \end{aligned}$$

Die eingeschlossene Fläche hat den Inhalt

$$I = I_1 + I_2 = \frac{1}{3}\,.$$

□

Beispiel 9.8. Von den Graphen der Funktionen

$$f_1(x) = (x-3)^2\,, \quad f_2(x) = \frac{1}{4}(x+1)^2 - 4$$

und der y-Achse wird eine Fläche eingeschlossen. Wir berechnen den Inhalt dieser Fläche (Abb. 9.16).

Wir berechnen zuerst die Schnittpunkte der beiden Graphen und formen um,

$$\begin{gathered} (x-3)^2 = \frac{1}{4}(x+1)^2 - 4 \\ \Updownarrow \\ x^2 - 6x + 9 = \frac{x^2}{4} + \frac{x}{2} - \frac{15}{4} \\ \Updownarrow \\ \frac{3}{4}x^2 - \frac{13}{2}x + \frac{51}{4} = 0 \\ \Updownarrow \\ x^2 - \frac{26}{3}x + 17 = 0 \\ \Updownarrow \\ \left(x - \frac{13}{3}\right)^2 = \left(\frac{13}{3}\right)^2 - 17 = \frac{16}{9}\,. \end{gathered}$$

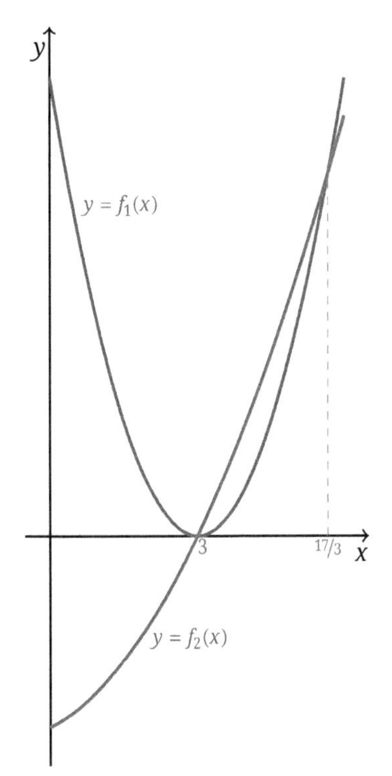

Abb. 9.16: Von den Kurven $f_1(x) = (x-3)^2, f_2(x) = \frac{1}{4}(x+1)^2 - 4$ und der y-Achse begrenzte Fläche.

Hieraus ergibt sich für die Schnittpunkte

$$x_1 = \frac{13}{3} - \frac{4}{3} = 3\,, \quad x_2 = \frac{13}{3} + \frac{4}{3} = \frac{17}{3}\,.$$

Der gesuchte Flächeninhalt I setzt sich damit aus den Inhalten von zwei Flächen zusammen,

$$\begin{aligned}
I &= \int_0^3 f_1(x)\,dx - \int_0^3 f_2(x)\,dx + \int_3^{\frac{17}{3}} f_2(x)\,dx - \int_3^{\frac{17}{3}} f_1(x)\,dx \\
&= \int_0^3 (f_1(x) - f_2(x))\,dx + \int_3^{\frac{17}{3}} (f_2(x) - f_1(x))\,dx \\
&= \frac{3}{4}\int_0^3 \left(x^2 - \frac{26}{3}x + 17\right) dx + 3\int_3^{\frac{17}{3}} \left(-x^2 + \frac{26}{3}x - 17\right) dx \\
&= \left(\frac{x^3}{3} - \frac{26}{3}\frac{x^2}{2} + 17x\right)\bigg|_0^3 + \left(-\frac{x^3}{3} + \frac{26}{3}\frac{x^2}{2} - 17x\right)\bigg|_3^{\frac{17}{3}} \\
&= \frac{63}{4} + \frac{64}{27} = \frac{1957}{108}\,.
\end{aligned}$$

□

Wenn man die Flächenfunktion mit dem Mittelwertsatz in ein Rechteck verwandelt und jeweils über der Grundseite Eins ein flächengleiches Rechteck abträgt, erhält man eine einigermaßen anschauliche Vorstellung einer Stammfunktion. Wir wollen nun einen anderen, konstruktiven Weg zur Herstellung von Stammfunktionen gehen.

Jedem Punkt (x, y) aus dem Streifen (Abb. 9.17)

$$S = \{(x, y) \mid a \leq x \leq b \text{ und } y \text{ beliebig}\}$$

wird eine Richtung $f(x)$ zugeordnet, die man sich durch ein kleines Geradenstück durch den Punkt (x, y) mit dem Anstieg $f(x)$ veranschaulichen kann. In dem Streifen S entsteht auf diese Weise ein Richtungsfeld, das aus sogenannten Linienelementen besteht.

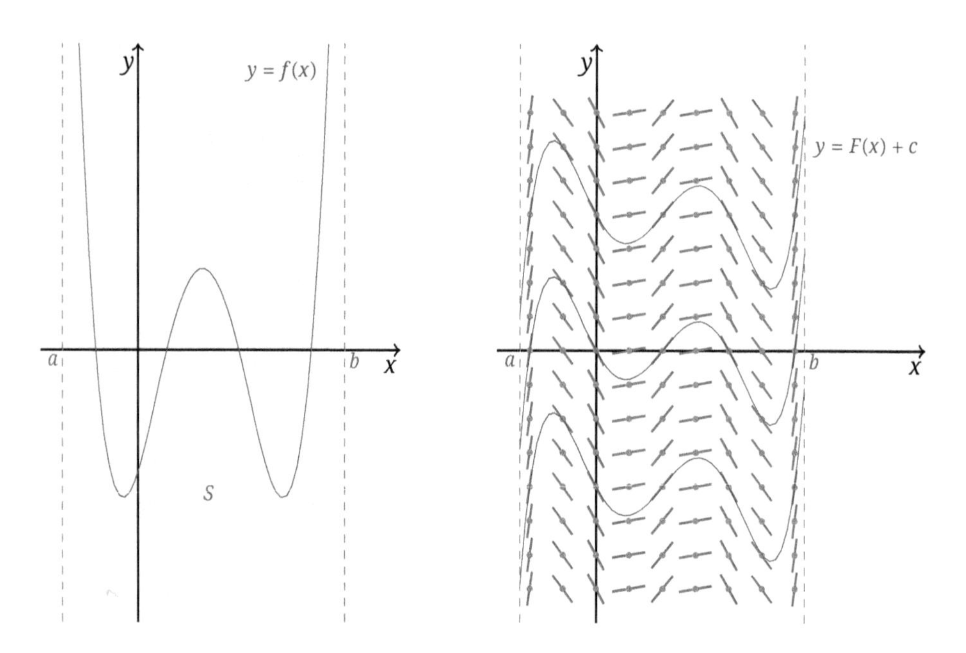

Abb. 9.17: Eine Funktion $y = f(x)$ (links) mit Stammfunktionen $y = F(x) + c$ im Richtungsfeld im Streifen $S = \{(x, y) \mid a \leq x \leq b\}$ (rechts).

Wir bilden nun n gleich lange Teilintervalle

$$[x_{m-1}, x_m], \quad m = 1, 2, \ldots, n, \quad x_m = a + m \triangle x, \quad m = 0, 2, \ldots, n,$$

mit der Länge

$$\triangle x = \frac{b-a}{n},$$

und erhalten eine Unterteilung des Ausgangsintervalls. Damit konstruieren wir einen Polygonzug. In den ersten Intervallen bekommen wir

$$\begin{aligned}
P_n(x) &= c + f(x_0)\,(x - x_0)\,, \quad x \in [x_0, x_1]\,,\\
P_n(x) &= c + f(x_0)\,(x_1 - x_0) + f(x_1)\,(x - x_1)\\
&= c + f(x_0)\,\triangle x + f(x_1)\,(x - x_1)\,, \quad x \in [x_1, x_2]\,,\\
P_n(x) &= c + f(x_0)\,(x_1 - x_0) + f(x_1)\,(x_2 - x_1) + f(x_2)\,(x - x_2)\\
&= c + f(x_0)\,\triangle x + f(x_1)\,\triangle x + f(x_2)\,(x - x_2)\,, \quad x \in [x_2, x_3]\,,\\
&\;\vdots
\end{aligned}$$

Allgemein gilt

$$P_n(x) = c + \sum_{k=1}^{m-1} f(x_{k-1})\,\triangle x + f(x_{m-1})(x - x_{m-1})\,,$$
$$\text{für} \quad x \in [x_{m-1}, x_m]\,, m = 1, 2, \ldots, n\,.$$

Im ersten Teilintervall ($m = 1$) entfällt der mittlere Summand. Der Polygonzug schneidet zunächst die Linienelemente des Richtungsfeldes, schmiegt sich jedoch bei wachsendem n immer besser in das Richtungsfeld.

Offenbar streben die Polygonzüge bei $n \to \infty$ gegen diejenige Stammfunktion F, welche die Anfangsbedingung $F(a) = c$ erfüllt. Dazu berechnen wir

$$\int_a^x f(t)\,dt + c - P_n(x) = \int_a^x f(t)dt - \left(\sum_{k=1}^{m-1} f(x_{k-1})\,\triangle x + f(x_{m-1})(x - x_{m-1}) \right).$$

Der zweite Summand auf der rechten Seite stellt nämlich eine Riemannsche Summe über dem Intervall $[a, x]$ dar. Das Intervall wird dabei in m gleichlange Teilintervalle der Länge $\triangle x = (b-a)/n$ und in ein weiteres Teilintervall der Länge

$$x - x_m < \triangle x\,.$$

eingeteilt. Hieraus folgt

$$\int_a^x f(t)\,dt + c = \lim_{n\to\infty} P_n(x)\,.$$

Wir wählen nun eine beliebige Stammfunktion G einer stetigen Funktion f und schalten mithilfe der folgenden Beziehung Polygonzüge als Näherungen für die Stammfunktion ein (Abb. 9.18):

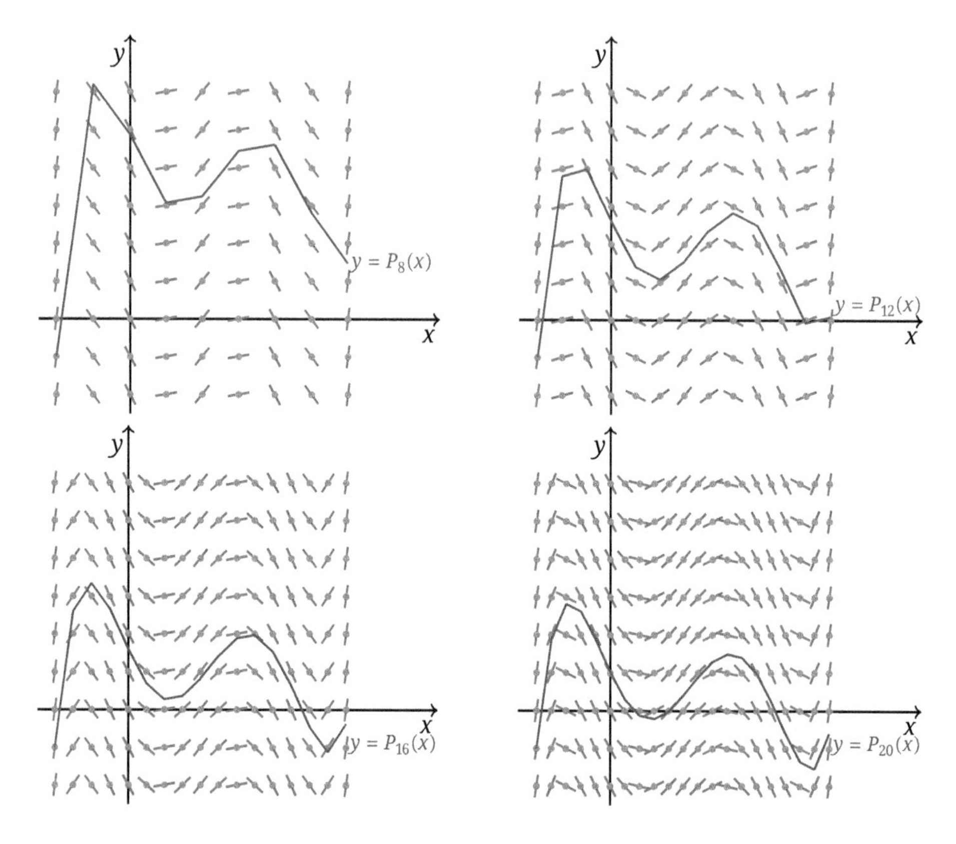

Abb. 9.18: Von einer Funktion f vorgegebenes Richtungsfeld. Konstruktion einer Stammfunktion F mittels Polygonzügen $y = P_n(x)$. Unterteilung des Grundintervalls in n Teilintervalle, $n = 8$ (oben links), $n = 12$ (oben rechts), $n = 16$ (unten links), $n = 20$ (unten rechts).

$$\begin{aligned}\sum_{k=1}^{n} f(\xi_k) \triangle x &= \sum_{k=1}^{n} f(x_{k-1}) \triangle x \\ &= c + \sum_{k=1}^{n} f(x_{k-1}) \triangle x - c \\ &= P_n(b) - P_n(a) .\end{aligned}$$

Danach zeigen die Grenzübergänge

$$\lim_{n\to\infty} \sum_{k=1}^{n} f(x_{k-1}) \triangle x = \int_a^b f(x)dx$$

und

$$\lim_{n\to\infty}\big(P_n(b) - P_n(a)\big) = G(b) - G(a)\,,$$

dass die Beziehung besteht

$$\int_a^b f(x)\,dx = G(b) - G(a)\,.$$

9.3 Unbestimmte Integration

Der Hauptsatz zeigt, dass der Wert eines bestimmten Integrals sofort angegeben werden kann, wenn man eine Stammfunktion kennt. Das Problem, Stammfunktionen einer vorgelegten stetigen Funktion zu finden, wird als unbestimmte Integration bezeichnet.

Unbestimmtes Integral
Sei $f\ :\ [a,b] \longrightarrow \mathbb{R}$ stetig. Unter dem unbestimmten Integral über f versteht man die Menge aller Stammfunktionen

$$\int f(x)\,dx = \big\{G \mid G : [a,b] \longrightarrow \mathbb{R}, G' = f\big\}$$

von f und schreibt $\int f(x)\,dx = G(x) + c$.

Diese Schreibweise soll zum Ausdruck bringen, dass man die Menge aller Stammfunktionen beschreiben kann, indem man eine beliebige Stammfunktion nimmt und beliebige Konstante addiert. Die Aussage $\int f(x)dx = G(x) + c$ ist äquivalent mit $G'(x) = f(x)$. Insbesondere gilt

$$\int f'(x)\,dx = f(x) + c\,.$$

Beispiel 9.9. In einem Intervall $[a,b]$ betrachten wir die Funktion

$$f(x) = x^3 + 2x - 1\,.$$

Es gilt

$$\int f(x)\,dx = \int (x^3 + 2x - 1)\,dx = \frac{x^4}{4} + x^2 - x + c\,.$$

Hier haben wir als Stammfunktion gewählt

$$G(x) = \frac{x^4}{4} + x^2 - x\,.$$

Genauso gut hätten wir als Stammfunktion

$$G(x) = \frac{x^4}{4} + x^2 - x + 19$$

wählen können und schreiben

$$\int f(x)\,dx = \int (x^3 + 2x - 1)\,dx = \frac{x^4}{4} + x^2 - x + 19 + c\,.$$ □

Die Stammfunktion kann im Allgemeinen auf einen maximalen Definitionsbereich erstreckt werden, der sich aus dem maximalen Definitionsbereich der Funktion ergibt. Man braucht kein Grundintervall anzugeben, wenn man dies berücksichtigt.

Beispiel 9.10. Wir betrachten die Funktion

$$f(x) = \frac{1}{x}\,, \qquad x \neq 0\,.$$

Wir können in jedem Intervall $[a, b]$, welches die Null nicht enthält, eine Stammfunktion angeben. Diese Stammfunktion kann dann genau wie die Funktion f selbst auf ein Intervall $x > 0$ bzw. $x < 0$ erstreckt werden (Abb. 9.19).

Für $x > 0$ gilt

$$\ln'(x) = \frac{1}{x}$$

und somit

$$\int \frac{1}{x}\,dx = \ln(x) + c\,, \qquad x > 0\,.$$

Für $x < 0$ gilt nach der Kettenregel

$$\frac{d}{dx}\ln(-x) = -\frac{1}{-x} = \frac{1}{x}$$

und somit

$$\int \frac{1}{x}\,dx = \ln(-x) + c\,, \qquad x < 0\,.$$

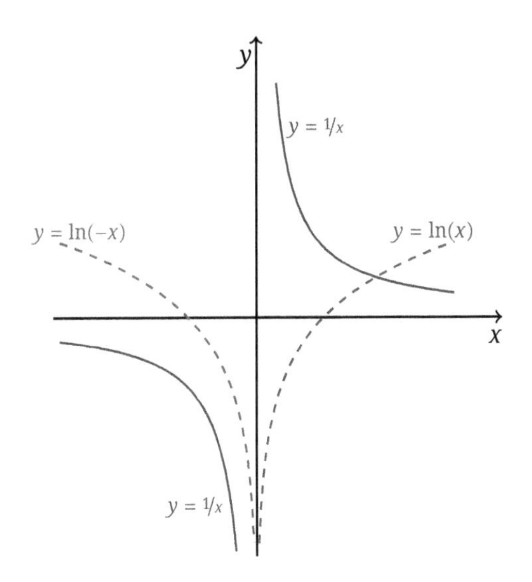

Abb. 9.19: Die Funktion $y = \frac{1}{x}, x \neq 0$, und Stammfunktionen $y = \ln(x), x > 0, y = \ln(-x), x < 0$.

□

Techniken für die unbestimmte Integration spielen eine wichtige Rolle für die bestimmte Integration. Wir beginnen mit zwei einfache Eigenschaften des unbestimmten Integrals, welche die Regeln über die Ableitung der Summe von Funktionen bzw. die Ableitung des Produkts einer Funktion mit einer Konstanten widerspiegeln.

Summenregel
Seien f und g stetig und $\alpha \in \mathbb{R}$. Dann gilt

$$\int \big(f(x) + g(x)\big)\, dx = \int f(x)\, dx + \int g(x)\, dx$$

und

$$\int \alpha f(x)\, dx = \alpha \int f(x)\, dx .$$

Beispiel 9.11. Seien α und β beliebige Konstante. Wir berechnen das unbestimmte Integral

$$\int (\alpha \sin(x) + \beta x^3)\, dx .$$

Mit der Summenregel und

$$\int \sin(x)\, dx = -\cos(x) + c \quad \text{und} \quad \int x^3\, dx = \frac{x^4}{4} + c$$

ergibt sich

$$\int (\alpha \sin(x) + \beta x^3)\, dx = -\alpha \cos(x) + \beta \frac{x^4}{4} + c .$$

Die beliebige additive Konstante bezeichnen wir jeweils mit c. Das Ergebnis bedeutet nichts anderes als

$$\frac{d}{dx}\left(-\alpha\,\cos(x)+\beta\,\frac{x^4}{4}+c\right)=\alpha\,\sin(x)+\beta\,x^3\,. \qquad \square$$

Schreibt man die Regel für die Ableitung eines Produkts $(f\,g)(x)=f(x)\,g(x)$ zweier Funktion

$$(f\,g)'(x)=f'(x)\,g(x)+f(x)\,g'(x)$$

in der Form

$$f(x)\,g'(x)=(f\,g)'(x)-f'(x)\,g(x)\,,$$

so ergibt sich als Umkehrung die Produktintegration, die meistens als partielle Integration bezeichnet wird.

Partielle Integration
Sind f und g stetig differenzierbar, dann gilt

$$\int f(x)\,g'(x)\,dx=f(x)\,g(x)-\int f'(x)\,g(x)\,dx\,.$$

Wenn man ein Integral der Form $\int f(x)g'(x)dx$ gegeben hat und damit nichts anzufangen weiß, kann man oft statt dessen das Integral $\int f'(x)g(x)dx$ bestimmen. In solchen Fällen leistet die partielle Integration gute Dienste.

Beispiel 9.12. Wir betrachten das unbestimmte Integral $\int x\,\sin(x)\,dx$.

Setzt man $f(x)=x$ und $g(x)=-\cos(x)$, so gilt zunächst $g'(x)=\sin(x)$ und

$$\begin{aligned}\int x\,\sin(x)\,dx&=x\,(-\cos(x))-\int(-\cos(x))\,dx\\&=-x\,\cos(x)+\int\cos(x)\,dx\\&=-x\,\cos(x)+\sin(x)+c\,.\end{aligned}$$

Anstatt $g(x)=-\cos(x)$ hätte man auch $g(x)=-\cos(x)+\gamma$ mit einer beliebigen Konstante γ setzen können. Das Ergebnis hätte sich natürlich nicht verändert:

$$\begin{aligned}\int x\,\sin(x)\,dx&=x\,(-\cos(x)+\gamma)-\int(-\cos(x)+\gamma)\,dx\\&=-x\,\cos(x)+\gamma\,x+\int(\cos(x)-\gamma)\,dx\\&=-x\,\cos(x)+\gamma\,x+\sin(x)-\gamma\,x+c\\&=-x\,\cos(x)+\sin(x)+c\,.\end{aligned}$$

$\square$

Beispiel 9.13. Das unbestimmte Integral

$$\int \ln(x)\, dx$$

ist in der vorliegenden Form nicht zugänglich. Setzt man $f(x) = \ln(x)$ und $g(x) = x$, so gilt zunächst $g'(x) = 1$ und

$$\begin{aligned}\int \ln(x)\, dx &= \ln(x)\, x - \int \frac{1}{x}\, x\, dx \\ &= x \ln(x) - x + c\,.\end{aligned}$$

Für $x > 0$ gilt somit

$$\frac{d}{dx}\big(x \ln(x) - x\big) = \ln(x)\,. \qquad \square$$

Oft führt die partielle Integration erst nach mehreren Schritten zum Ziel.

Beispiel 9.14. Durch zweimaliges Anwenden der partiellen Integration zeigen wir, dass

$$\frac{d}{dx}\big(x\,(\ln(x))^2 - 2x \ln(x) - 2x\big) = (\ln(x))^2, \quad x > 0\,.$$

Wir setzen zuerst $f(x) = (\ln(x))^2$ und $g(x) = x$ und bekommen

$$\begin{aligned}\int (\ln(x))^2\, dx &= (\ln(x))^2\, x - \int 2 \ln(x)\, \frac{1}{x}\, x\, dx \\ &= x\,(\ln(x))^2 - 2 \int \ln(x)\, dx\,.\end{aligned}$$

In einem zweiten Schritt muss nun durch erneute partielle Integration das Integral $\int \ln(x)dx$ bestimmt werden. Insgesamt ergibt sich

$$\int (\ln(x))^2\, dx = x\,(\ln(x))^2 - 2x \ln(x) - 2x + c\,. \qquad \square$$

Beispiel 9.15. Durch partielle Integration folgt

$$\begin{aligned}\int x^2 \cos(x)\, dx &= x^2 \sin(x) - 2 \int x \sin(x)\, dx \\ &= x^2 \sin(x) + 2x \cos(x) - 2 \int \cos(x)\, dx \\ &= x^2 \sin(x) + 2x \cos(x) - 2 \sin(x) + c\,.\end{aligned}$$

Durch partielle Integration folgt

$$\int (\sin(x))^2\,dx = -\sin(x)\cos(x) + \int (\cos(x))^2\,dx$$
$$= -\sin(x)\cos(x) + \int \left(1 - (\sin(x))^2\right) dx\,.$$

Hieraus ergibt sich

$$2\int (\sin(x))^2\,dx = -\sin(x)\cos(x) + \int\,dx$$

bzw.

$$\int (\sin(x))^2\,dx = -\frac{1}{2}\sin(x)\cos(x) + \frac{1}{2}x + c\,. \qquad \square$$

Häufig führt die partielle Integration auf eine Gleichung, der man das gesuchte Integral entnehmen kann.

Beispiel 9.16. Wir berechnen das unbestimmte Integral

$$\int e^x \cos(x)\,dx\,.$$

Mit partieller Integration erhalten wir

$$\int e^x \cos(x)\,dx = e^x \sin(x) - \int e^x \sin(x)\,dx$$

und

$$\int e^x \sin(x)\,dx = -e^x \cos(x) + \int e^x \cos(x)\,dx\,.$$

Durch Einsetzen des zweiten Integrals ergibt sich die Gleichung

$$\int e^x \cos(x)\,dx = e^x \sin(x) - \left(-e^x \cos(x) + \int e^x \cos(x)\,dx\right).$$

Durch Auflösen erhält man

$$\int e^x \cos(x)\,dx = \frac{1}{2} e^x (\cos(x) + \sin(x)) + c\,. \qquad \square$$

Die partielle Integration lässt sich sofort auf bestimmte Integrale übertragen.

Partielle Integration bei bestimmten Integralen
Sind $f : [a,b] \longrightarrow \mathbb{R}$ und $g : [a,b] \longrightarrow \mathbb{R}$ stetig differenzierbar, dann gilt

$$\int_a^b f(x)\,g'(x)\,dx = f(x)\,g(x)\Big|_a^b - \int_a^b f'(x)\,g(x)\,dx\,.$$

Die partielle Integration bei bestimmten Integralen ist auch sehr einfach auf direktem Weg zugänglich. Schreibt man nämlich

$$f(b)\,g(b) - f(a)\,g(a) = \int_a^b (f \cdot g)'(x)\,dx\,,$$

so ergibt sich mit der Produktregel

$$f(b)\,g(b) - f(a)\,g(a) = \int_a^b f'(x)\,g(x)\,dx + \int_a^b f(x)\,g'(x)\,dx$$

bzw.

$$\int_a^b f(x)\,g'(x)\,dx = f(x)\,g(x)\big|_a^b - \int_a^b f'(x)\,g(x)\,dx\,.$$

Beispiel 9.17. Für $a < 0$ berechnen wir die Integrale (Abb. 9.20)

$$\int_a^0 e^x \cos(x)\,dx \quad \text{und} \quad \int_a^0 e^x \sin(x)\,dx\,.$$

Mit partieller Integration erhalten wir

$$\begin{aligned}\int_a^0 e^x \cos(x)\,dx &= e^x \sin(x)\big|_a^0 - \int_a^0 e^x \sin(x)\,dx\\ &= -e^a \sin(a) - \int_a^0 e^x \sin(x)\,dx\end{aligned}$$

und

$$\begin{aligned}\int_a^0 e^x \sin(x)\,dx &= -e^x \cos(x)\big|_a^0 + \int_a^0 e^x \cos(x)\,dx\\ &= -1 + e^a \cos(a) + \int_a^0 e^x \cos(x)\,dx\,.\end{aligned}$$

Eliminiert man die gesuchten Integrale aus den beiden Gleichungen, so erhält man

$$\int_a^0 e^x \cos(x)\,dx = \frac{1}{2} - \frac{1}{2}\,e^a\,(\cos(a) + \sin(a))$$

und

$$\int_a^0 e^x \sin(x)\,dx = -\frac{1}{2} + \frac{1}{2} e^a (\cos(a) - \sin(a)).$$

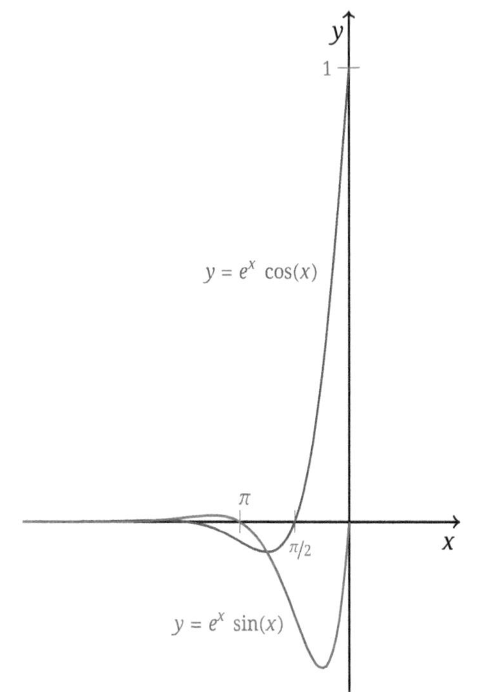

Abb. 9.20: Die Funktionen $y = e^x \cos(x)$ und $y = e^x \sin(x)$.

Man kann das Integrationsintervall sogar auf die ganze negative Halbachse erstrecken und erhält durch den Grenzübergang $a \to -\infty$

$$\int_{-\infty}^0 e^x \cos(x)\,dx = \frac{1}{2}$$

und

$$\int_{-\infty}^0 e^x \sin(x)\,dx = -\frac{1}{2}. \qquad \square$$

Für die Ableitung der Verkettung zweier Funktionen gilt die Kettenregel,

$$\frac{d}{dx} f(g(x)) = f'(g(x))\,g'(x).$$

Derselbe Sachverhalt kann auch so formuliert werden:

$$\int f'(g(x))\, g'(x)\, dx = f(g(x)) + c\,.$$

Die Verkettung $f(g(x))$ stellt eine Stammfunktion von $f'(g(x))g'(x)$ dar.
Ersetzen wir die Funktionen $f'(x)$ durch $f(x)$ und $f(x)$ durch

$$F(x) = \left(\int f(t)dt\right)_{t=x}\,,$$

so ergibt sich die Substitutionsregel.

Substitutionsregel
Sei $f : [a,b] \longrightarrow \mathbb{R}, x \longrightarrow f(x)$ stetig und $\phi : [\alpha,\beta] \longrightarrow [a,b], t \longrightarrow \phi(t)$ stetig differenzierbar. Dann gilt

$$\int f(\phi(t))\, \phi'(t)\, dt = \left(\int f(x)\, dx\right)_{x=\phi(t)}\,.$$

Ist $\phi([\alpha,\beta]) = [a,b]$ und $\phi'(t) \neq 0$ für alle t, dann gilt

$$\int f(x)\, dx = \left(\int f(\phi(t))\, \phi'(t)\, dt\right)_{t=\phi^{-1}(x)}\,.$$

Man ersetzt (substituiert) bei der Integration x durch $\phi(t)$ und integriert anstatt über $f(x)$ über $f(\phi(t))\phi'(t)$. In der ersten Form liegt die Substitutionsregel als unmittelbare Folge der Kettenregel auf der Hand und man bräuchte sie eigentlich gar nicht gesondert zu erwähnen. Die zweite Form der Substutionsregel besitzt jedoch breite Anwendungsmöglichkeiten. Ein zunächst unzugängliches Integral kann oft durch eine geschickte Substitution ermittelt werden.

Beispiel 9.18. Das Integral

$$\int e^{t^3}\, t^2\, dt$$

kann nach einer kleinen Umformung durch Substitution ermittelt werden. Mit $f(x) = e^x$ und $\phi(t) = t^3$ gilt

$$\begin{aligned}\int e^{t^3}\, t^2\, dt &= \frac{1}{3}\int e^{t^3}\, 3\, t^2\, dt \\ &= \left(\frac{1}{3}\int e^x\, dx\right)_{x=t^3} + c = \frac{1}{3}e^{t^3} + c\,.\end{aligned}$$

Wir sind natürlich nicht an eine bestimmte Bezeichnung der Variablen gebunden. Es gilt entsprechend der Substitutionsregel, dass

$$\int (\sin(x))^3\, \cos(x)\, dx = \frac{1}{3}(\sin(x))^3 + c\,.$$

Denn

$$\int (\sin(x))^3 \cos(x)\,dx = \left(\int \xi^3\,d\xi\right)_{\xi=\sin(x)}$$
$$= \left(\frac{\xi^4}{4}\right)_{\xi=\sin(x)} + c = \frac{1}{4}(\sin(x))^4 + c\,.$$

Genau so bekommt man

$$\int \frac{(\ln(x))^2}{x}\,dx = \left(\int \xi^2\,d\xi\right)_{\xi=\ln(x)}$$
$$= \left(\frac{\xi^3}{3}\right)_{\xi=\ln(x)} = \frac{1}{3}(\ln(x))^3 + c\,.$$

□

Beispiel 9.19. Gesucht werde das Integral

$$\int \frac{e^{2x}}{e^x+1}\,dx\,.$$

Wir substituieren $x = \phi(t) = \ln(t)$ (bei $t > 0$):

$$\int \frac{e^{2x}}{e^x+1}\,dx = \left(\int \frac{t^2}{t+1}\,\frac{1}{t}\,dt\right)_{t=\phi^{-1}(x)=e^x}$$
$$= \left(\int \frac{t}{t+1}\,dt\right)_{t=e^x}$$
$$= \left(\int \left(1 - \frac{1}{t+1}\right)dt\right)_{t=e^x}$$
$$= (t - \ln(t+1))_{t=e^x} + c$$
$$= e^x - \ln(e^x+1) + c\,.$$

□

Beispiel 9.20. Gesucht werde das Integral

$$\int \sin(x^2)\,x^3\,dx\,.$$

Wir substituieren $x = \phi(t) = \sqrt{t}$ (bei $x > 0$ und $t > 0$):

$$\int \sin(x^2)\,x^3\,dx = \left(\int \sin(t)\,(\sqrt{t})^3\,\frac{1}{2\sqrt{t}}\,dt\right)_{t=\phi^{-1}(x)=x^2}$$
$$= \left(\int \sin(t)\,\frac{t}{2}\,dt\right)_{t=x^2}$$
$$= \frac{1}{2}(-t\cos(t) + \sin(t))_{t=x^2} + c$$
$$= -\frac{1}{2}x^2\cos(x^2) + \frac{1}{2}\sin(x^2) + c\,.$$

Wir substituieren $x = \phi(t) = -\sqrt{t}$ (bei $x < 0$ und $t > 0$):

$$\begin{aligned}
&\int \sin(x^2)\, x^3\, dx \\
&= \left(\int \sin((-\sqrt{t})^2)\, (-\sqrt{t})^3 \left(-\frac{1}{2\sqrt{t}}\right) dt \right)_{t=\phi^{-1}(x)=x^2} \\
&= \left(\int \sin(t)\, \frac{t}{2}\, dt \right)_{t=x^2} \\
&= -\frac{1}{2} x^2 \cos(x^2) + \frac{1}{2} \sin(x^2) + c\,. \qquad \square
\end{aligned}$$

Ein wichtiges Grundintegral formulieren wir zunächst mit der Kettenregel. Ist $f(x) > 0$, so gilt

$$\frac{d}{dx} \ln(f(x)) = \frac{f'(x)}{f(x)}$$

bzw.

$$\int \frac{f'(x)}{f(x)}\, dx = \ln(f(x)) + c\,.$$

Ist $f(x) < 0$, so gilt

$$\frac{d}{dx} \ln(-f(x)) = \frac{-f'(x)}{-f(x)} = \frac{f'(x)}{f(x)}$$

bzw.

$$\int \frac{f'(x)}{f(x)}\, dx = \ln(-f(x)) + c\,.$$

Beide Fälle fassen wir zusammen:

Logarithmische Integrale
Für differenzierbare Funktionen $f(x) \neq 0$ gilt

$$\int \frac{f'(x)}{f(x)}\, dx = \ln(|f(x)|) + c\,.$$

Man kann sich diesen Sachverhalt auch mit der Substitutionsregel klarmachen (für $f(x) > 0$):

$$\int \frac{f'(x)}{f(x)}\, dx = \left(\int \frac{1}{\xi}\, d\xi \right)_{\xi=f(x)} = \ln(f(x)) + c\,.$$

Beispiel 9.21. Der Nenner der Funktion $g(x) = \frac{e^x}{2e^x+1}$ ist echt positiv (Abb. 9.21). Eine Fallunterscheidung ist nicht erforderlich, und es gilt:

$$\int g(x)\,dx = \frac{1}{2}\int \frac{2\,e^x}{2\,e^x+1}\,dx = \frac{1}{2}\int \frac{f'(x)}{f(x)}\,dx = \frac{1}{2}\ln(2\,e^x+1) + c\,.$$

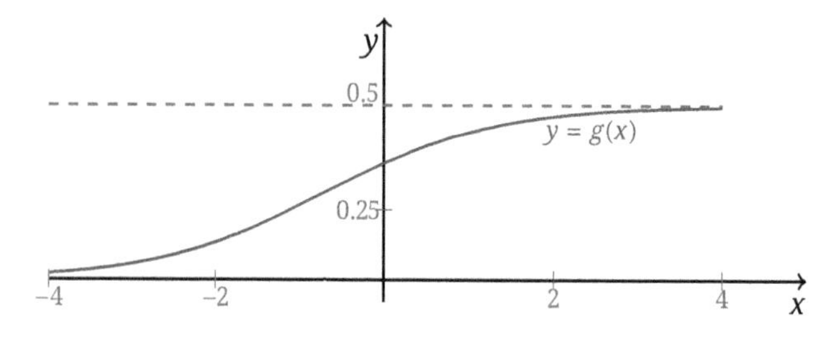

Abb. 9.21: Die Funktion $g(x) = \frac{e^x}{2e^x+1}$. Die Funktion ist auf ganz $\mathbb{R}$ erklärt und stetig. Die Stammfunktion existiert dann ebenfalls auf ganz $\mathbb{R}$.

Die Funktion $g(x) = \frac{x}{x^2-1}$ besitzt zwei Nullstellen des Nenners (Polstellen) $x = -1, 1$, (Abb. 9.22).

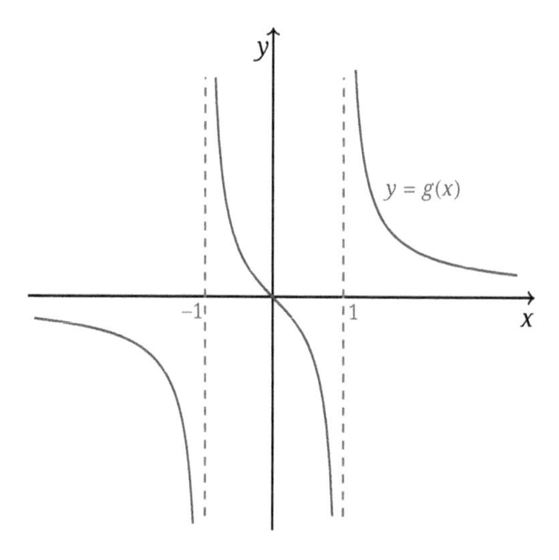

Abb. 9.22: Die Funktion $g(x) = \frac{x}{x^2-1}$ mit den Geraden $x = -1$ und $x = +1$. Über die Polstellen kann man nicht integrieren. Wir müssen die Stammfunktion auf drei Teilintervallen bilden.

Betrachten wir das Integral

$$\int g(x)\,dx = \frac{1}{2}\int \frac{2\,x}{x^2-1}\,dx = \frac{1}{2}\int \frac{f'(x)}{f(x)}\,dx\,,$$

so müssen wegen der Nullstellen (und des Vorzeichenwechsels) im Nenner drei Fälle unterschieden werden.

Wir bekommen drei Stammfunktionen:

$$\int g(x)\,dx = \begin{cases} \frac{1}{2}\ln(x^2-1), & x<-1, \\ \frac{1}{2}\ln(-(x^2-1)), & -1<x<1, \\ \frac{1}{2}\ln(x^2-1), & 1<x. \end{cases}$$

□

Wie bei der partiellen Integration überträgt man die Integration durch Substitution sofort auf bestimmte Integrale.

Substitutionsregel bei bestimmten Integralen

Sei $f : [a,b] \longrightarrow \mathbb{R}, x \longrightarrow f(x)$ stetig und $\phi : [\alpha,\beta] \longrightarrow [a,b], t \longrightarrow \phi(t)$ stetig differenzierbar. Dann gilt

$$\int_\alpha^\beta f\big(\phi(t)\big)\,\phi'(t)\,dx = \int_{\phi(\alpha)}^{\phi(\beta)} f(x)\,dx\,.$$

Falls $\phi'(t) \neq 0$ für alle t und $\phi([\alpha,\beta]) = [a,b]$, dann gilt

$$\int_a^b f(x)\,dx = \int_{\phi^{-1}(a)}^{\phi^{-1}(b)} f\big(\phi(t)\big)\,\phi'(t)\,dt\,.$$

Die Substitutionsregel bei bestimmten Integralen ist wiederum auf direktem Weg einfach zugänglich. Schreibt man nämlich mit $F' = f$ und der Kettenregel

$$F(\phi(\beta)) - F(\phi(\alpha)) = \int_\alpha^\beta (F\circ\phi)'(t)\,dt = \int_\alpha^\beta f(\phi(t))\,\phi'(t)\,dt$$

sowie

$$F(\phi(\beta)) - F(\phi(\alpha)) = \int_{\phi(\alpha)}^{\phi(\beta)} F'(x)\,dx = \int_{\phi(\alpha)}^{\phi(\beta)} f(x)\,dx\,,$$

so ergibt sich die Substitutionsregel,

$$\int_\alpha^\beta f(\phi(t))\,\phi'(t)\,dt = \int_{\phi(\alpha)}^{\phi(\beta)} f(x)\,dx\,.$$

Beispiel 9.22. Wir berechnen den Inhalt der Hälfte einer Kreisscheibe mit dem Radius Eins (Abb. 9.23):

$$\int_{-1}^{1} \sqrt{1-x^2}\,dx = \frac{\pi}{2}.$$

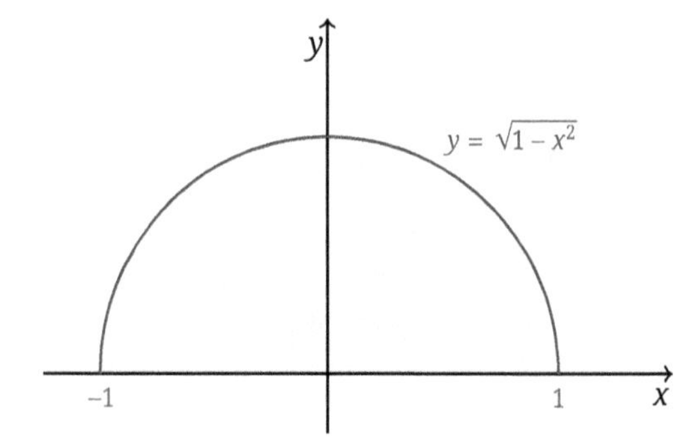

Abb. 9.23: Halbkreis mit dem Radius Eins begrenzt durch die Funktion $f(x) = \sqrt{1-x^2}$.

Mit $f(x) = \sqrt{1-x^2}$, $x \in [-1,1]$ und der Substitution $\phi(t) = \cos(t)$, $(\phi : [0,\pi] \to [0,1]$, $\phi'(t) < 0)$, ergibt sich

$$\begin{aligned}
\int_{-1}^{1} \sqrt{1-x^2}\,dx &= \int_{\phi^{-1}(-1)}^{\phi^{-1}(1)} \sqrt{1-(\cos(t))^2}\,(-\sin(t))\,dt \\
&= -\int_{\pi}^{0} (\sin(t))^2)\,dt = \int_{0}^{\pi} (\sin(t))^2\,dt \\
&= \int_{0}^{\pi} \left(\frac{1}{2} - \frac{1}{2}\cos(2t)\right) dt \\
&= \left(\frac{1}{2}t - \frac{1}{4}\sin(2t)\right)\Big|_{0}^{\pi} \\
&= \frac{\pi}{2}.
\end{aligned}$$

□

10 Mehrdimensionale Analysis

10.1 Partielle Ableitung

Bildet eine Funktion f eine Teilmenge der reellen Zahlen in die reellen Zahlen ab, so entsteht eine Funktion von einer unabhängigen Variablen. Wir verallgemeinern den Begriff der Funktion von einer unabhängigen Variablen, indem wir eine Teilmenge der Ebene bzw. des Raumes als Definionsbereich zugrunde legen. Diese beiden Fälle werden hier als Prototypen für Funktionen von mehreren Veränderlichen betrachtet. Die meisten Überlegungen lassen sich hier noch veranschaulichen und können leicht formal auf den allgemeinen Fall übertragen werden.

Funktion von zwei Variablen, Funktion von drei Variablen
Die Funktion

$$f : \mathbb{D} \longrightarrow \mathbb{W}, \quad \mathbb{D} \subset \mathbb{R}^2, \mathbb{W} \subset \mathbb{R},$$

heißt Funktion von zwei Variablen.
Die Funktion

$$f : \mathbb{D} \longrightarrow \mathbb{W}, \quad \mathbb{D} \subset \mathbb{R}^3, \mathbb{W} \subset \mathbb{R},$$

heißt Funktion von drei Variablen.

Beispiel 10.1. Die Funktion

$$f(x,y) = \sin(x)\ \sin(y)$$

bildet die Ebene auf das Intervall $W = [-1, 1]$ ab. Die Funktion stellt ein Produkt zweier Funktionen einer einzigen Variablen dar.

Die Funktionen

$$f(x,y) = x^2 + y^2, \quad \text{bzw.} \quad g(x,y,z) = x^2 + y^2 + z^2$$

bilden die ganze Ebene bzw. den ganzen Raum in die positiven reellen Zahlen ab.

Die Funktion

$$f(x,y) = \sqrt{x\,y}$$

kann im ersten Quadranten der Ebene ($x \geq 0, y \geq 0$) und im dritten Quadranten ($x \leq 0$, $y \leq 0$) erklärt werden. Der Wertebereich besteht aus den nichtnegativen reellen Zahlen.

Die Funktion

$$f(x,y) = \frac{1}{x - y}$$

ist für alle Punkte der Ebene mit Ausnahme der Geraden $y = x$ erklärt. Alle reellen Zahlen außer der Null werden als Werte angenommen.

https://doi.org/10.1515/9783111503639-010

Die Funktion

$$f(x,y,z) = y\ \ln((x+z)^2)$$

ist im Raum mit Ausnahme der Ebene $z = -x$ erklärt. Alle reellen Zahlen werden als Werte angenommen. □

Eine Funktion einer Variablen veranschaulicht man durch einen Graphen, indem man die Punkte $(x, f(x))$ in die Ebene zeichnet. Über jedem Punkt im Definitionsbereich trägt man auf einer Senkrechten den Funktionswert ab. Genauso verfährt man bei einer Funktion $f(x,y)$ von zwei Variablen. Indem man alle Punkte $(x, y, f(x,y))$ in den Raum zeichnet, entsteht der Graph der Funktion (Abb. 10.1). Der Graph einer Funktion von einer Variablen stellt eine Kurve in der Ebene dar, während der Graph einer Funktion von zwei Variablen eine Fläche im Raum darstellt. Bei Funktionen von drei Variablen kann man ebenfalls Graphen definieren, aber die Veranschaulichung der Funktion ist nicht mehr möglich.

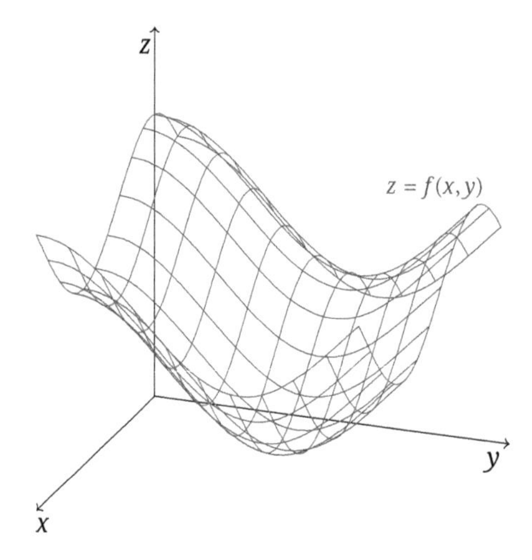

Abb. 10.1: Graph einer Funktion $f : \mathbb{R}^2 \longrightarrow \mathbb{R}$ von zwei Variablen als Fläche im Raum: $z = f(x,y)$.

Hat man eine Funktion von zwei Variablen $f(x,y)$, so kann man Kurven betrachten, die Punkte mit gleichem Funktionswert verbinden.

Höhenlinie
Eine Kurve, die durch eine Gleichung $f(x,y) = c$ gegeben wird, heißt Höhenlinie (oder auch Niveaulinie) der Funktion f (Abb. 10.2).

Das Höhenlinienbild ist eine zweidimensionale Darstellung einer Funktion von zwei Variablen, und darin liegt der Vorteil gegenüber dem Graphen. Der Nachteil besteht darin, dass die dreimensionale Vorstellung von der Funktion nicht gegeben ist. Man kann aber

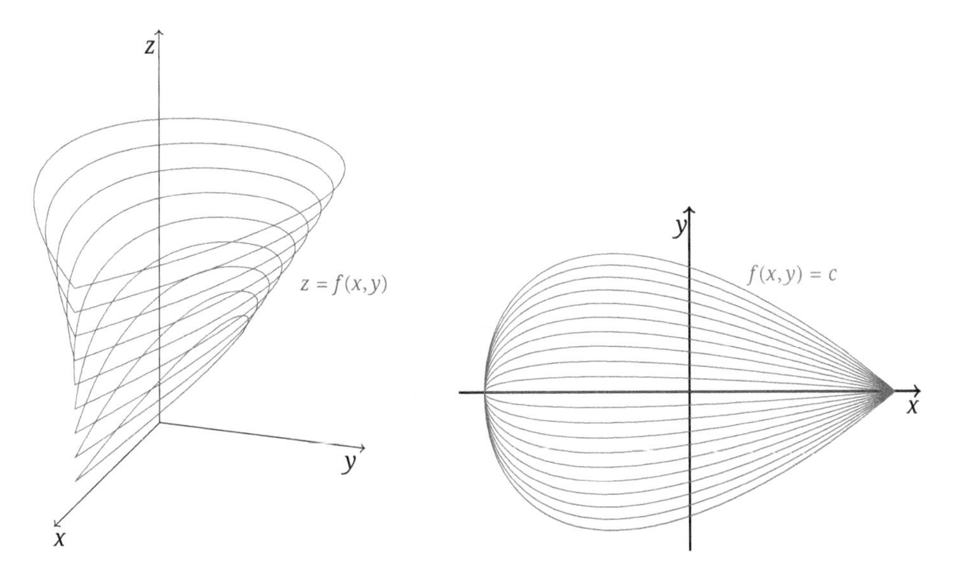

Abb. 10.2: Graph einer Funktion $f : \mathbb{R}^2 \longrightarrow \mathbb{R}$ von zwei Variablen als Fläche im Raum: $z = f(x,y)$ (links), Höhenlinienbild der Funktion f (rechts).

jede Höhenlinie mit der Angabe des Funktionswertes bzw. des Niveaus versehen. Indem man nach x oder y auflöst, kann eine Höhenlinie oft als Graph einer Funktion einer Variablen aufgefasst werden.

Beispiel 10.2. Wir betrachten folgende in der ganzen Ebene erklärten Funktionen:

$$f_1(x,y) = x^2 + y^2, \quad f_2(x,y) = e^{x-3y},$$
$$f_3(x,y) = \frac{1}{4}x^2 - y^2 + 1,$$

und zeichnen ihre Höhenlinien (Abb. 10.3).

Die Höhenlinien von f_1 bestehen aus Kreisen,

$$x^2 + y^2 = c, \quad c \geq 0.$$

Die Höhenlinien von f_2 bestehen aus Geraden,

$$y = \frac{1}{3}x + c, \quad c \in \mathbb{R}.$$

Die Höhenlinien von f_3 bestehen aus Hyperbeln,

$$\frac{1}{4}x^2 - y^2 = c, \quad c \in \mathbb{R}.$$

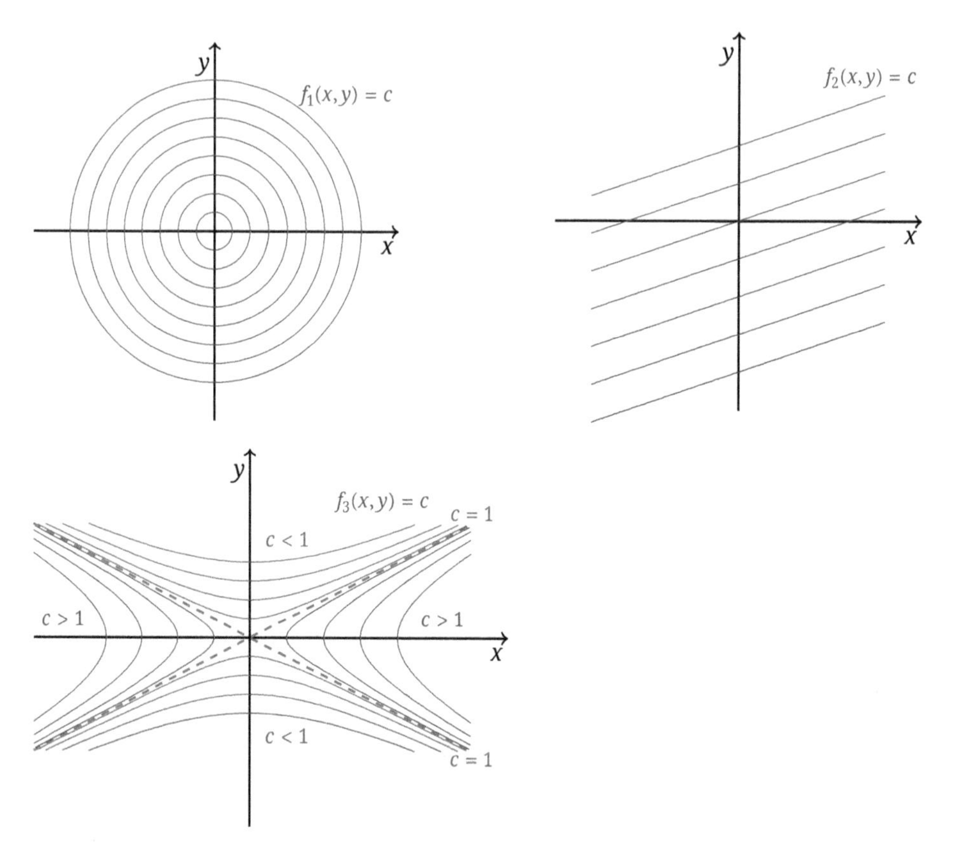

Abb. 10.3: Höhenlinien der Funktionen $f_1(x,y) = x^2 + y^2$ (oben links), $f_2(x,y) = e^{x-3y}$ (oben rechts), $f_3(x,y) = \frac{1}{4}x^2 - y^2 + 1$ (unten links).

□

Die Stetigkeit einer Funktion von mehreren Variablen wird analog zum Fall einer Variablen erklärt. Schreibt man eine noch so kleine ϵ-Umgebung des Funktionswerts $f(x_0,y_0)$ an einem bestimmten Punkt vor, dann gibt es eine δ-Umgebung des Punktes (x_0,y_0) mit folgender Eigenschaft: Alle Funktionswerte von Punkten (x,y) aus der δ-Umgebung fallen in die ϵ-Umgebung. Eine ϵ-Umgebung des Funktionswertes $f(x_0,y_0)$ ist wie im Fall einer Variablen nichts anders als ein Intervall $(f(x_0,y_0) - \epsilon, f(x_0,y_0) + \epsilon)$, während eine δ-Umgebung eines Punktes (x_0,y_0) das Innere einer Kreisscheibe mit dem Mittelunkt (x_0,y_0) und dem Radius δ darstellt. Im Raum ersetzt man dann eine Kreisscheibe durch ein Kugel.

Wenn wir eine Funktion f von zwei Variablen von einem festen Punkt ausgehend auf ein achsenparalleles Geradenstück einschränken, entsteht eine Funktion einer Variablen,

$$h \longrightarrow f(x+h,y) \quad \text{bzw.} \quad h \longrightarrow f(x,y+h)\,.$$

Man kann dies auch einfacher so sagen, dass man eine Veränderliche in einem Punkt festhält und nur die andere variieren lässt.

Partielle Ableitung
Sei f eine Funktion von zwei Variablen. Wenn der Grenzwert

$$\lim_{h \to 0} \frac{f(x+h,y) - f(x,y)}{h} = \frac{\partial f}{\partial x}(x,y) = \frac{\partial}{\partial x} f(x,y)$$

existiert, dann heißt f im Punkt (x,y) partiell differenzierbar nach x.

Wenn der Grenzwert

$$\lim_{h \to 0} \frac{f(x,y+h) - f(x,y)}{h} = \frac{\partial f}{\partial y}(x,y) = \frac{\partial}{\partial y} f(x,y)$$

existiert, dann heißt f im Punkt (x,y) partiell differenzierbar nach y.

Man bezeichnet die Grenzwerte

$$\frac{\partial f}{\partial x}(x,y) = \frac{\partial}{\partial x} f(x,y), \quad \frac{\partial f}{\partial y}(x,y) = \frac{\partial}{\partial y} f(x,y),$$

als partielle Ableitung von f nach x bzw. y im Punkt (x,y), (Abb. 10.4).

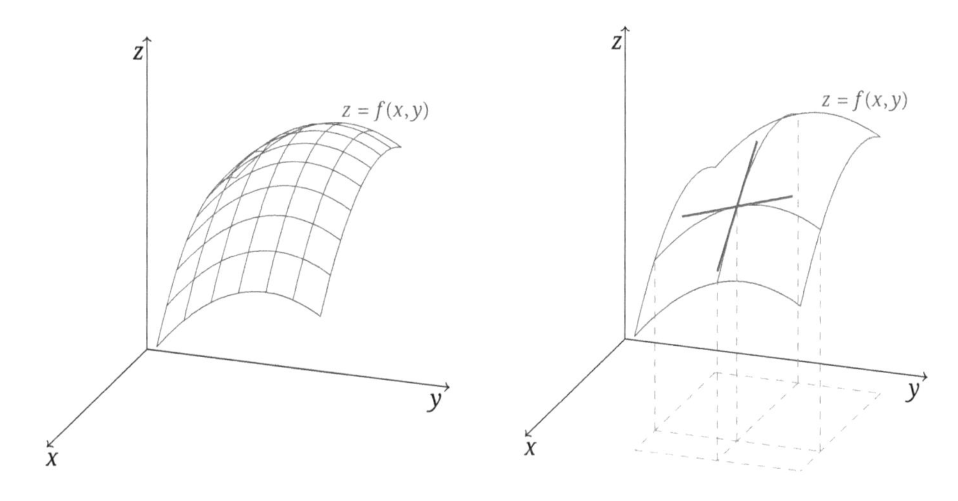

Abb. 10.4: Eine Funktion f von zwei Variablen (links), partielle Ableitungen (rechts).

Der Begriff der partiellen Ableitung kann unmittelbar auf Funktionen mit mehr als zwei Variablen verallgemeinert werden. Man hält alle Variablen bis auf eine fest und betrachtet sie als Konstante, sodass eine Funktion einer einzigen Variablen entsteht. Nach dieser Variablen wird dann differenziert. Die partielle Ableitung erfordert auch keine begriffliche Erweiterung der Ableitung von Funktionen einer Variablen. Alle Ableitungsregeln können übernommen werden.

Beispiel 10.3. Wir berechnen die partiellen Ableitungen der Funktion

$$f(x,y) = \sin(x\,y^2)\,.$$

Wir halten zunächst y fest und benutzen die Kettenregel,

$$\frac{\partial f}{\partial x}(x,y) = y^2\,\cos(x\,y^2)\,.$$

Nun halten wir x fest und bekommen

$$\frac{\partial f}{\partial y}(x,y) = 2\,x\,y\,\cos(x\,y^2)\,.$$

Als nächstes betrachten wir die folgende Funktion von drei Variablen:

$$f(x,y,z) = (x^2 + y)\,z^3\,.$$

Wir halten die Variablen y und z fest und bekommen

$$\frac{\partial f}{\partial x}(x,y,z) = 2\,x\,z^3\,.$$

Wir halten die Variablen x und z fest und bekommen

$$\frac{\partial f}{\partial y}(x,y,z) = z^3\,.$$

Wir halten die Variablen x und y fest und bekommen

$$\frac{\partial f}{\partial z}(x,y,z) = 3\,(x^2 + y)\,z^2\,.$$

□

Die Berechnung partieller Ableitungen von verketteten Funktionen machen wir an folgendem Fall klar. Sei $f(X(t),Y(t))$ eine Funktion von einer Variablen t, die durch Verkettung der Funktion von zwei Variablen $f(X,Y)$ mit der Funktion $t \to (X(t),Y(t))$ entsteht. Wir betrachten die Differenz der Funktionswerte und erhalten durch zweimalige Anwendung des Mittelwertsatzes

$$\begin{aligned}
f(X(t+h),Y(t+h)) &- f(X(t),Y(t)) \\
&= f(X(t+h),Y(t+h)) - f(X(t),Y(t+h)) \\
&\quad + f(X(t),Y(t+h)) - f(X(t),Y(t)) \\
&= \frac{\partial f}{\partial X}(\xi,Y(t+h))\,(X(t+h) - X(t)) \\
&\quad + \frac{\partial f}{\partial Y}(X(t),\eta)\,(Y(t+h) - Y(t))
\end{aligned}$$

$$
\begin{aligned}
&= \frac{\partial f}{\partial X}(\xi, Y(t+h))\,\frac{dX}{dt}(\tau_X)\,h \\
&\quad + \frac{\partial f}{\partial Y}(X(t),\eta)\,\frac{dY}{dt}(\tau_Y)\,h
\end{aligned}
$$

mit Zwischenstellen τ_X, τ_Y zwischen 0 und h, ξ zwischen $X(t)$ und $X(t+h)$ sowie η zwischen $Y(t)$ und $Y(t+h)$. Man kann dies verallgemeinern,

$$
\begin{aligned}
&f(X(x+h,y), Y(x+h,y)) - f(X(x,y), Y(x,y)) \\
&\quad = f(X(x+h,y), Y(x+h,y)) - f(X(x,y), Y(x+h,y)) \\
&\qquad + f(X(x,y), Y(x+h,y)) - f(X(x,y), Y(x,y)) \\
&\quad = \frac{\partial f}{\partial X}(\xi, Y(x+h,y))\,(X(x+h,y) - X(x,y)) \\
&\qquad + \frac{\partial f}{\partial Y}(X(x,y)\,,\eta)\,(Y(x+h,y) - Y(x,y)) \\
&\quad = \frac{\partial f}{\partial X}(\xi, Y(x+h,y))\,\frac{\partial X}{\partial x}(\tau_X,y)\,h \\
&\qquad + \frac{\partial f}{\partial Y}(X(x,y)\,,\eta)\,\frac{\partial Y}{\partial x}(\tau_Y,y)\,h\,,
\end{aligned}
$$

und erhält die partielle Ableitung der Vekettung $f(X(x,y), Y(x,y))$ nach x. Betrachten der Differenz $f(X(x,y+h), Y(x,y+h)) - f(X(x,y), Y(x,y))$ liefert analog die partielle Ableitung nach y.

Kettenregel
Die partiellen Ableitungen $\frac{\partial f}{\partial X}(X,Y)$ und $\frac{\partial f}{\partial Y}(X,Y)$ seien stetige Funktionen, die Funktionen $X(t)$ und $Y(t)$ seien differenzierbar. Dann ist die Verkettung differenzierbar, und es gilt

$$
\frac{d}{dt}f\big(X(t),Y(t)\big) = \frac{\partial f}{\partial X}\big(X(t),Y(t)\big)\frac{dX}{dt}(t) + \frac{\partial f}{\partial Y}\big(X(t),Y(t)\big)\frac{dY}{dt}(t)\,.
$$

Sind die Funktionen $X(x,y)$ und $Y(x,y)$ partiell differenzierbar, dann ist die Verkettung partiell differenzierbar, und es gilt

$$
\begin{aligned}
\frac{\partial}{\partial x}f\big(X(x,y),Y(x,y)\big) &= \frac{\partial f}{\partial X}\big(X(x,y),Y(x,y)\big)\frac{\partial X}{\partial x}(x,y) + \frac{\partial f}{\partial Y}\big(X(x,y),Y(x,y)\big)\frac{\partial Y}{\partial x}(x,y), \\
\frac{\partial}{\partial y}f\big(X(x,y),Y(x,y)\big) &= \frac{\partial f}{\partial X}\big(X(x,y),Y(x,y)\big)\frac{\partial X}{\partial y}(x,y) + \frac{\partial f}{\partial Y}\big(X(x,y),Y(x,y)\big)\frac{\partial Y}{\partial y}(x,y).
\end{aligned}
$$

Beispiel 10.4. Wir betrachten die Funktionen

$$
f(X,Y) = X^2 + Y^2\,, \quad X(t) = \sin(t)\,, \quad Y(t) = \cos(t)\,.
$$

Ihre Verkettung ergibt die konstante Funktion einer Variablen,

$$
f(X(t),Y(t)) = \big(\sin(t)\big)^2 + \big(\cos(t)\big)^2 = 1,
$$

mit der Ableitung

$$\frac{d}{dt} f(X(t), Y(t)) = 0\,.$$

Mit den Ableitungen

$$\frac{\partial f}{\partial X}(X, Y) = 2X\,, \quad \frac{\partial f}{\partial Y}(X, Y) = 2Y\,,$$
$$\frac{dX}{dt}(t) = \cos(t)\,, \quad \frac{dY}{dt}(t) = -\sin(t)\,,$$

liefert die Kettenregel

$$\frac{d}{dt} f(X(t), Y(t)) = 2\,\sin(t)\,\cos(t) + 2\,\cos(t)\,(-\sin(t)) = 0\,.$$

Die Verkettung der Funktion

$$f(X, Y) = \sqrt{X\,Y}\,, \quad X, Y > 0\,,$$

mit den Funktionen

$$X(t) = t^2\,, \quad Y(t) = e^t\,, \quad t > 0\,,$$

ergibt die Funktion einer Variablen,

$$f(X(t), Y(t)) = \sqrt{t^2\,e^t} = t\,\sqrt{e^t}\,.$$

Berechnen wir die Ableitung direkt, so bekommen wir

$$\frac{d}{dt} f(X(t), Y(t)) = \sqrt{e^t} + t\,\frac{e^t}{2\,\sqrt{e^t}} = \left(1 + \frac{t}{2}\right)\sqrt{e^t}\,.$$

Mit den Ableitungen

$$\frac{\partial f}{\partial X}(X, Y) = \frac{Y}{2\,\sqrt{X\,Y}}\,, \quad \frac{\partial f}{\partial Y}(X, Y) = \frac{X}{2\,\sqrt{X\,Y}}\,,$$
$$\frac{dX}{dt}(t) = 2\,t\,, \quad \frac{dY}{dt}(t) = e^t\,,$$

liefert die Kettenregel

$$\frac{d}{dt} f(X(t), Y(t)) = \frac{1}{2\,\sqrt{t^2\,e^t}}\,(e^t\,2\,t + t^2\,e^t) = \left(1 + \frac{t}{2}\right)\sqrt{e^t}\,.$$ □

Beispiel 10.5. Wir betrachten die Funktionen

$$f(X, Y) = \sin(X)\,Y\,, \quad X(x,y) = x + y\,, \quad Y(x,y) = x\,y\,.$$

Ihre Verkettung ergibt die Funktion von zwei Variablen,

$$f(X(x,y), Y(x,y)) = x\,y\ \sin(x+y),$$

mit den partiellen Ableitungen

$$\begin{aligned}
\frac{\partial}{\partial x} f(X(x,y), Y(x,y)) &= x\,y\ \cos(x+y) + y\ \sin(x+y)\,,\\
\frac{\partial}{\partial y} f(X(x,y), Y(x,y)) &= x\,y\ \cos(x+y) + x\ \sin(x+y)\,.
\end{aligned}$$

Mit den partiellen Ableitungen

$$\begin{aligned}
&\frac{\partial f}{\partial X}(X,Y) = Y\ \cos(X)\,, \quad \frac{\partial f}{\partial Y}(x,y) = \sin(X)\,,\\
&\frac{\partial X}{\partial x}(x,y) = 1\,, \quad \frac{\partial X}{\partial y}(x,y) = 1\,,\\
&\frac{\partial Y}{\partial x}(x,y) = y\,, \quad \frac{\partial Y}{\partial y}(x,y) = x\,,
\end{aligned}$$

ergibt sich nach der Kettenregel

$$\begin{aligned}
\frac{\partial}{\partial x} f(X(x,y), Y(x,y)) &= x\,y\ \cos(x+y) + \sin(x+y)\,y\,,\\
\frac{\partial}{\partial y} f(X(x,y), Y(x,y)) &= x\,y\ \cos(x+y) + \sin(x+y)\,x\,.
\end{aligned}$$

□

Die partielle Ableitung einer Funktion von mehreren Variablen stellt wiederum eine solche Funktion dar und kann partiell differenziert werden. Man bezeichnet diese Ableitungen dann als zweite partielle Ableitungen.

Beispiel 10.6. Die Funktion

$$f(x,x) = e^{x^2+y^2}$$

besitzt die partiellen Ableitungen

$$\frac{\partial f}{\partial x}(x,y) = 2\,x\,e^{x^2+y^2}\,, \quad \frac{\partial f}{\partial y}(x,y) = 2\,y\,e^{x^2+y^2}\,.$$

Man kann jede der partiellen Ableitungen wieder partiell nach beiden Variablen differenzieren und erhält die zweiten partiellen Ableitungen

$$\begin{aligned}
\frac{\partial}{\partial x}\frac{\partial f}{\partial x}(x,y) &= (2+4\,x^2)\,e^{x^2+y^2}\,,\\
\frac{\partial}{\partial y}\frac{\partial f}{\partial x}(x,y) &= 4\,x\,y\,e^{x^2+y^2}\,,
\end{aligned}$$

$$\frac{\partial}{\partial x}\frac{\partial f}{\partial y}(x,y) = 4\,x\,y\,e^{x^2+y^2}\,,$$
$$\frac{\partial}{\partial y}\frac{\partial f}{\partial y}(x,y) = (2+4y^2)\,e^{x^2+y^2}\,.$$

Offensichtlich gilt

$$\frac{\partial}{\partial x}\frac{\partial f}{\partial y}(x,y) = \frac{\partial}{\partial y}\frac{\partial f}{\partial x}(x,y)\,.$$ □

Analog zu den Funktionen von einer Variablen schreiben wir

$$\frac{\partial}{\partial x}\frac{\partial f}{\partial x}(x,y) = \frac{\partial^2 f}{\partial x^2}(x,y)$$

oder

$$\frac{\partial}{\partial x}\frac{\partial f}{\partial y}(x,y) = \frac{\partial^2 f}{\partial x\,\partial y}(x,y)$$

und so weiter. Entsprechend werden partielle Ableitungen höherer Ordnung erklärt. Beispielsweise bedeutet

$$\frac{\partial^3 f}{\partial x^2\,\partial y}(x,y) = \frac{\partial}{\partial x}\frac{\partial}{\partial x}\frac{\partial f}{\partial y}(x,y)$$

oder

$$\frac{\partial^3 f}{\partial x\,\partial y\,\partial z}(x,y,z) = \frac{\partial}{\partial x}\frac{\partial}{\partial y}\frac{\partial f}{\partial z}(x,y)\,.$$

Vorausgesetzt, dass man alle Ableitungen bilden kann, besitzt zum Beispiel eine Funktion von zwei Variablen acht partielle Ableitungen dritter Ordnung,

$$\frac{\partial^3 f}{\partial x\,\partial x\,\partial x}(x,y)\,,\ \frac{\partial^3 f}{\partial x\,\partial x\,\partial y}(x,y)\,,\ \frac{\partial^3 f}{\partial x\,\partial y\,\partial x}(x,y)\,,\ \frac{\partial^3 f}{\partial y\,\partial x\,\partial x}(x,y)\,,$$
$$\frac{\partial^3 f}{\partial y\,\partial y\,\partial x}(x,y)\,,\ \frac{\partial^3 f}{\partial y\,\partial x\,\partial y}(x,y)\,,\ \frac{\partial^3 f}{\partial x\,\partial y\,\partial y}(x,y)\,,\ \frac{\partial^3 f}{\partial y\,\partial y\,\partial y}(x,y)\,.$$

Mit ähnlichen Überlegungen wie beim Nachweis der Kettenregel kann man zeigen, dass die partiellen Ableitungen vertauschbar sind.

Höhere partielle Ableitungen
Wenn ein Funktion von mehreren Variablen partielle Ableitungen bis zur Ordnung j besitzt und alle partiellen Ableitungen stetige Funktionen darstellen, dann spielt die Reihenfolge bei der Bildung der partiellen Ableitungen keine Rolle.

Eine Funktion von zwei Variablen mit stetigen partiellen Ableitungen zweiter Ordnung besitzt drei verschiedene Ableitungen zweiter Ordnung,

$$\frac{\partial^2 f}{\partial x^2}(x,y)\,,\ \frac{\partial^2 f}{\partial x\,\partial y}(x,y)\,,\ \frac{\partial^2 f}{\partial y^2}(x,y)\,.$$

Sind auch die partiellen Ableitungen dritter Ordnung stetig, so besitzt die Funktion vier verschiedene Ableitungen dritter Ordnung,

$$\frac{\partial^3 f}{\partial x^3}(x,y)\,,\ \frac{\partial^3 f}{\partial x^2\,\partial y}(x,y)\,,\ \frac{\partial^3 f}{\partial x\,\partial y^2}(x,y)\,,\ \frac{\partial^3 f}{\partial y^3}(x,y)\,.$$

Wir betrachten zunächst eine stetig differenzierbare Funktion einer einzigen Variablen $f(x)$ und ihre Tangente in einem Punkt x_0. Die Differenz der Funktion und der Tangente kann nach dem Mittelwertsatz mit einer Zwischenstelle ξ zwischen x_0 und $x_0 + h$ geschrieben werden:

$$f(x_0 + h) - f(x_0) - f'(x_0)\,h = (f'(\xi) - f'(x_0))\,h\,.$$

Hieraus ergibt sich der Grenzwert

$$\lim_{h\to 0} \frac{f(x_0 + h) - f(x_0) - f'(x_0)\,h}{|h|} = 0\,,$$

das heißt, die Tangente berührt die Funktion. Wir können diese Überlegungen auf Funktionen von mehreren Variablen übertragen. Besitzt eine Funktion $f(x,y)$ von zwei Variablen stetige partielle Ableitungen, so schreiben wir die Differenz

$$\begin{aligned}
&f(x_0 + h, y_0 + k) - f(x_0,y_0) - \frac{\partial f}{\partial x}(x_0,y_0)\,h - \frac{\partial f}{\partial y}(x_0,y_0)\,k \\
&\quad= f(x_0 + h, y_0 + k) - f(x_0, y_0 + k) - \frac{\partial f}{\partial x}(x_0,y_0)\,h \\
&\qquad+ f(x_0, y_0 + k) - f(x_0,y_0) - \frac{\partial f}{\partial y}(x_0,y_0)\,k \\
&\quad= \left(\frac{\partial f}{\partial x}(\xi, y_0 + k) - \frac{\partial f}{\partial x}(x_0, y_0 + k)\right)h \\
&\qquad+ \left(\frac{\partial f}{\partial y}(x_0, \eta) - \frac{\partial f}{\partial y}(x_0,y_0)\right)k
\end{aligned}$$

mit Zwischenstellen ξ und η. Wegen der Beschränktheit der Quotienten

$$\left|\frac{h}{\sqrt{h^2 + k^2}}\right| \le 1\,, \quad \left|\frac{k}{\sqrt{h^2 + k^2}}\right| \le 1\,,$$

folgt

$$\lim_{\sqrt{h^2+k^2}\to 0} \frac{f(x_0+h,y_0+k)-f(x_0,y_0)-\frac{\partial f}{\partial x}(x_0,y_0)\,h-\frac{\partial f}{\partial y}(x_0,y_0)\,k}{\sqrt{h^2+k^2}} = 0\,.$$

Analog zur Tangente an eine Funktion einer Variablen im Punkt x_0,

$$y = f(x_0) + f'(x_0)\,(x - x_0)\,,$$

wird eine nach beiden Variablen stetig partiell differenzierbare Funktion von einer Ebene berührt.

Tangentialebene
Die Funktion $f(x,y)$ besitzt stetige partielle Ableitungen nach beiden Variablen. Die Ebene im Raum

$$z = f(x_0,y_0) + \frac{\partial f}{\partial x}(x_0,y_0)\,(x-x_0) + \frac{\partial f}{\partial y}(x_0,y_0)\,(y-y_0)$$

heißt Tangentialebene an die Funktion f im Punkt (x_0,y_0).

Der folgende Vektor stellt einen Normalenvektor der Tangentialebene dar:

$$\left(\frac{\partial f}{\partial x}(x_0,y_0), \frac{\partial f}{\partial y}(x_0,y_0), -1\right).$$

Beispiel 10.7. Wir stellen die Gleichung der Tangentialebene an die Funktion

$$f(x,y) = \sin(x)\,\sin(y)$$

im Punkt $(\frac{\pi}{4}, \frac{\pi}{4})$ auf (Abb. 10.5).

Mit den partiellen Ableitungen

$$\frac{\partial f}{\partial x}(x,y) = \cos(x)\,\sin(y)\,, \quad \frac{\partial f}{\partial y}(x,y) = \sin(x)\,\cos(y)\,,$$

und den Werten

$$\sin\left(\frac{\pi}{4}\right) = \frac{\sqrt{2}}{2}, \quad \cos\left(\frac{\pi}{4}\right) = \frac{\sqrt{2}}{2}\,,$$

ergibt sich

$$\begin{aligned} z &= \left(\sin\left(\frac{\pi}{4}\right)\right)^2 + \sin\left(\frac{\pi}{4}\right)\cos\left(\frac{\pi}{4}\right)\left(x-\frac{\pi}{4}\right) \\ &\quad + \sin\left(\frac{\pi}{4}\right)\cos\left(\frac{\pi}{4}\right)\left(y-\frac{\pi}{4}\right) \\ &= \frac{1}{2} + \frac{1}{2}\left(x-\frac{\pi}{4}\right) + \frac{1}{2}\left(x-\frac{\pi}{4}\right). \end{aligned}$$

Wir können die Tangentialebene schreiben als

$$\frac{1}{2}x + \frac{1}{2}y - z = \frac{\pi}{4} - \frac{1}{2}$$

mit dem Normalenvektor

$$\left(\frac{1}{2}, \frac{1}{2}, -1\right).$$

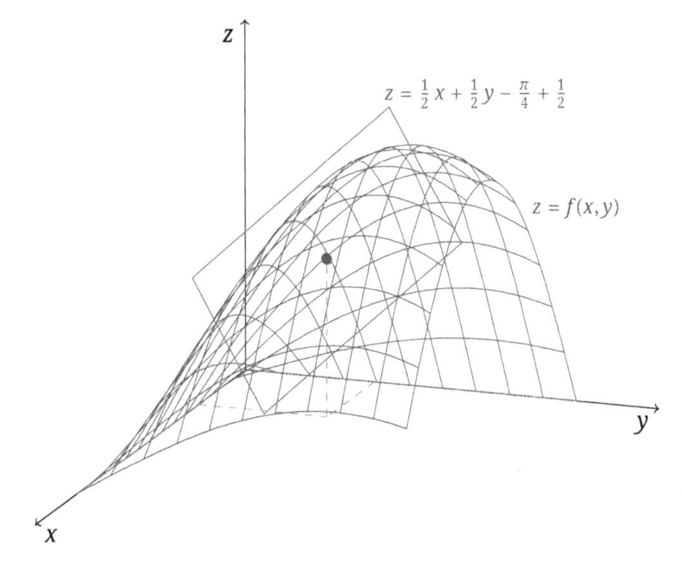

Abb. 10.5: Die Funktion $f(x,y) = \sin(x)\sin(y)$ mit der Tangentialebene im Punkt $(\pi/4, \pi/4)$.

□

Ist eine Funktion nach sämtlichen Variablen partiell differenzierbar, so können die partiellen Ableitungen zu einem Vektor zusammengefasst werden.

Gradient

Sei f eine Funktion von zwei bzw. drei Variablen, die nach sämtlichen Variablen partiell differenziert werden kann. Dann heißt der Vektor

$$\operatorname{grad} f(x,y) = \left(\frac{\partial f}{\partial x}(x,y), \frac{\partial f}{\partial y}(x,y)\right)$$

bzw.

$$\operatorname{grad} f(x,y,z) = \left(\frac{\partial f}{\partial x}(x,y,z), \frac{\partial f}{\partial y}(x,y,z), \frac{\partial f}{\partial z}(x,y,z)\right)$$

Gradient von f im Punkt (x,y) bzw. (x,y,z).

Beispiel 10.8. Die Funktion

$$f(x,y) = \sqrt{x^2 + y^2}, \quad x^2 + y^2 > 0,$$

besitzt die partiellen Ableitungen

$$\frac{\partial f}{\partial x}(x,y) = \frac{x}{\sqrt{x^2+y^2}}, \quad \frac{\partial f}{\partial y}(x,y) = \frac{y}{\sqrt{x^2+y^2}},$$

und den Gradienten (Abb. 10.6):

$$\operatorname{grad} f(x,y) = \frac{1}{\sqrt{x^2+y^2}}\,(x,y)\,.$$

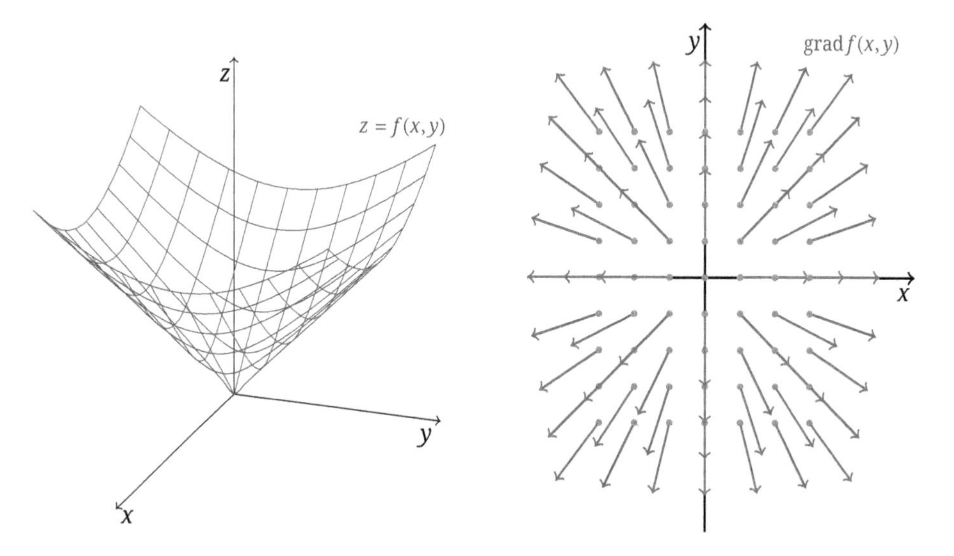

Abb. 10.6: Die Funktion $f(x,y) = \sqrt{x^2+y^2}$ (links), Gradientenvektoren von f (rechts).

Entsprechend besitzt die Funktion $f(x,y,z) = \sqrt{x^2+y^2+z^2}$, $x^2+y^2+z^2 > 0$, die partiellen Ableitungen

$$\frac{\partial f}{\partial x}(x,y,z) = \frac{x}{\sqrt{x^2+y^2+z^2}}, \quad \frac{\partial f}{\partial y}(x,y,z) = \frac{y}{\sqrt{x^2+y^2+z^2}},$$

$$\frac{\partial f}{\partial z}(x,y,z) = \frac{z}{\sqrt{x^2+y^2+z^2}},$$

und den Gradienten

$$\operatorname{grad} f(x,y,z) = \frac{1}{\sqrt{x^2+y^2+z^2}}\,(x,y,z)\,.$$

□

Beispiel 10.9. Sei $g(X)$ eine differenzierbare Funktion einer einzigen Variablen und X eine Funktion der drei Variablen x, y, z, die nach sämtlichen Variablen partiell differenzierbar ist. Die Verkettung

$$f(x,y,z) = g\big(X(x,y,z)\big)$$

besitzt folgende partiellen Ableitungen:

$$\begin{aligned}
\frac{\partial f}{\partial x}(x,y,z) &= g'\big(X(x,y,z)\big)\,\frac{\partial X}{\partial x}(x,y,z)\,,\\
\frac{\partial f}{\partial y}(x,y,z) &= g'\big(X(x,y,z)\big)\,\frac{\partial X}{\partial y}(x,y,z)\,,\\
\frac{\partial f}{\partial z}(x,y,z) &= g'\big(X(x,y,z)\big)\,\frac{\partial X}{\partial z}(x,y,z)\,,
\end{aligned}$$

und den Gradienten

$$\operatorname{grad} f(x,y,z) = g'\big(X(x,y,z)\big)\,\operatorname{grad} X(x,y,z)\,.$$

□

Bei der partiellen Ableitung schränken wir eine Funktion von zwei Variablen von einem festen Punkt ausgehend auf ein achsenparalleles Geradenstück ein und erhalten eine Funktion von einer Variablen. Man kann dies verallgemeinern und die Funktion f auf ein beliebiges Geradenstück einschränken. Dazu nehmen wir einen Einheitsvektor $\vec{e} = (e_x, e_y)$ als Richtungsvektor der Geraden

$$h \longrightarrow (x + h\,e_x, y + h\,e_y)$$

und erhalten durch Verkettung die Funktion

$$h \longrightarrow f(x + h\,e_x, y + h\,e_y)\,,$$

welche nur von der Variablen h abhängt. Sind die partiellen Ableitungen von f stetige Funktionen, so gilt nach der Kettenregel

$$\begin{aligned}
&\frac{d}{dh} f(x + h\,e_x, y + h\,e_y)\\
&\quad = \frac{\partial f}{\partial x}(x + h\,e_x, y + h\,e_y)\,e_x + \frac{\partial f}{\partial y}(x + h\,e_x, y + h\,e_y)\,e_y,
\end{aligned}$$

und an der Stelle $h = 0$,

$$\frac{d}{dh} f(x + h\,e_x, y + h\,e_y)\Big|_{h=0} = \frac{\partial f}{\partial x}(x,y)\,e_x + \frac{\partial f}{\partial y}(x,y)\,e_y\,.$$

Richtungsableitung
Sei f eine Funktion von Zwei, die nach sämtlichen Variablen stetige partielle Ableitungen besitzt. Man bezeichnet

$$\frac{\partial f}{\partial \vec{e}}(x,y) = \frac{\partial f}{\partial x}(x,y)\, e_x + \frac{\partial f}{\partial y}(x,y)\, e_y = \operatorname{grad} f(x,y)\, \vec{e}$$

als Richtungsableitung von f in Richtung des Einheitsvektors $\vec{e}$ im Punkt (x,y), (Abb. 10.7).

Nach Definiton der Ableitung mit dem Differenzenquotienten gilt folgende Gleichung:

$$\frac{\partial f}{\partial \vec{e}}(x,y) = \lim_{h\to 0} \frac{f(x+h\,e_x, y+h\,e_y) - f(x,y)}{h} = \lim_{h\to 0} \frac{f((x,y)+h\,\vec{e}) - f(x,y)}{h}\,.$$

Natürlich kann man die Richtungsableitung auch auf den Fall von drei Variablen ausdehnen.

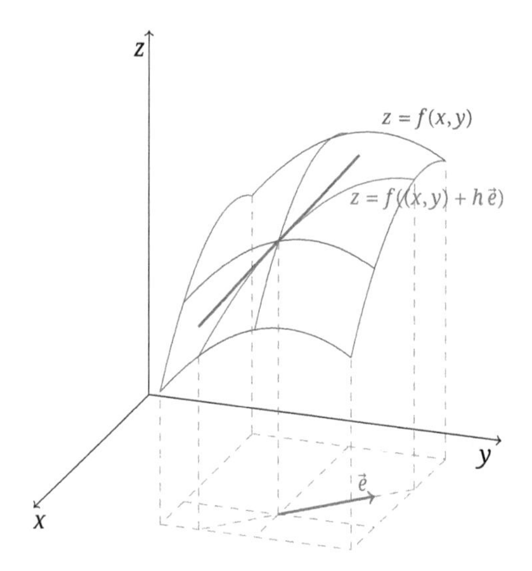

Abb. 10.7: Richtungsableitung einer Funktion f von zwei Variablen in Richtung des Einheitsvektors $\vec{e}$.

Beispiel 10.10. Gegeben sei die Funktion

$$f(x,y) = x^2 + y^2\,.$$

Wir berechnen die Richtungsableitung

$$\frac{\partial f}{\partial(\cos(\phi), \sin(\phi))}(x,y)$$

in Richtung des Einheitsvektors $\vec{e} = (\cos(\phi), \sin(\phi))$, (Abb. 10.8).

Es gilt

$$\frac{\partial f}{\partial \vec{e}}(x,y) = \operatorname{grad} f(x,y)\,\vec{e}$$
$$= 2x\ \cos(\phi) + 2y\ \sin(\phi)\,.$$

Nun schränken wir f auf eine Gerade durch den Punkt (x,y) in Richtung des Einheitsvektors $\vec{e}$ ein,

$$f(x + h\ \cos(\phi), y + \sin(\phi))$$
$$= (x + h\ \cos(\phi))^2 + (y + h\ \sin(\phi))^2$$
$$= x^2 + y^2 + 2x\,h\ \cos(\phi) + 2y\,h\ \sin(\phi)\,.$$

Die Richtungsableitung der Funktion f im Punkt (x,y) ergibt sich dann durch den Grenzwert

$$\frac{\partial f}{\partial(\cos(\phi), \sin(\phi))}(x,y)$$
$$= \lim_{h\to 0} \frac{f(x + h\,(\cos(\phi), y + h\ \sin(\phi)) - f(x,y)}{h}$$
$$= \lim_{h\to 0} 2x\ \cos(\phi) + 2y\ \sin(\phi)$$
$$= 2x\ \cos(\phi) + 2y\ \sin(\phi)\,.$$

Das selbe Ergebnis hätte man bekommen durch die Ableitung

$$\frac{d}{dh} f(x + h\,(\cos(\phi), y + h\ \sin(\phi))\Big|_{h=0}\,.$$

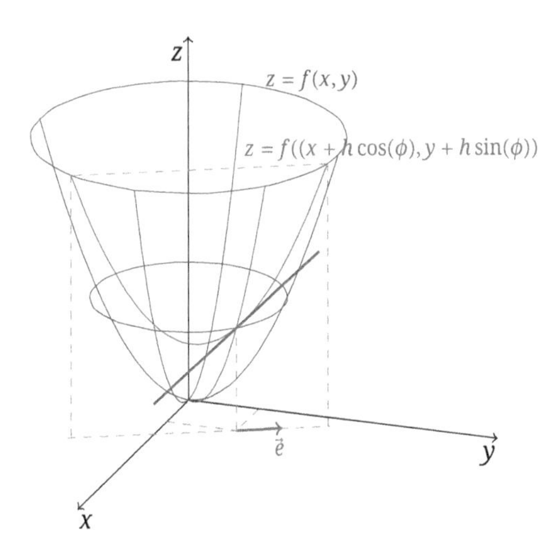

Abb. 10.8: Richtungsableitung der Funktion $f(x,y) = x^2 + y^2$ in Richtung des Einheitsvektors $\vec{e} = (\cos(\phi), \sin(\phi))$.

□

10.2 Mehrfachintegrale

Mit dem Integral über eine Funktion in einer Variablen kann man den Inhalt ebener Flächen berechnen. Mit diesem Integralbegriff sollen nun auch räumliche Gebilde behandelt werden. Ein erster einfacher Schritt wird durch die Berechnung von Rotationskörpern getan.

Wir betrachten eine in einem Rechteck $[a, b]$ erklärte, stetige Funktion f. Das Rechteck unterteilen wir in n Teilrechtecke der Länge (Abb. 10.9):

$$\triangle x = \frac{b-a}{n}$$

mit Unterteilungspunkten $x_k = a + k \triangle x, k = 0, 1, \ldots, n$.

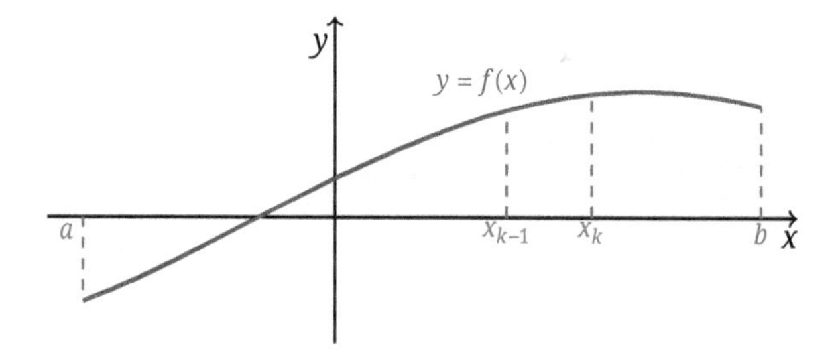

Abb. 10.9: Flächenstück unter einer Kurve $y = f(x)$.

Rotiert ein solches kleines Flächenstück um die x-Achse, so entsteht näherungsweise ein Zylinder mit dem Volumen

$$\pi \frac{b-a}{n} (f(\xi_k))^2,$$

wobei ξ_k eine Zwischenstelle zwischen x_{k-1} und x_k darstellt. Summiert man die Volumina aller Teilzylinder auf, so entsteht eine Näherung für das Volumen des Rotationskörpers, der durch Rotation der gesamten Kurve entsteht (Abb. 10.10).

Das gesamte Volumen ergibt sich durch Grenzübergang bei der Riemannschen Summe,

$$V = \lim_{n\to\infty} \sum_{k=1}^{n} \pi (f(\xi_k))^2 \frac{b-a}{n} = \pi (b-a) \lim_{n\to\infty} \frac{1}{n} \sum_{k=1}^{n} (f(\xi_k))^2 .$$

Mit dem bestimmten Integral kann man dies anders ausdrücken:

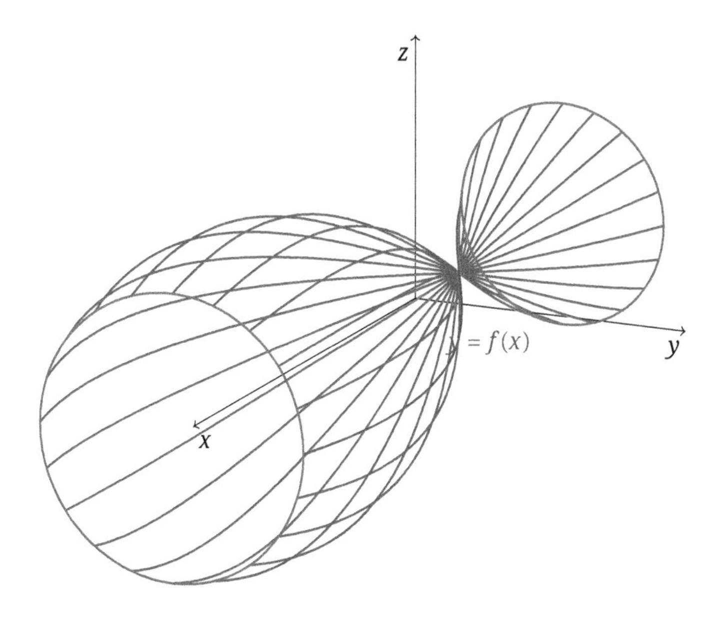

Abb. 10.10: Entstehung eines Rotationskörpers durch Drehung einer Kurve $y = f(x)$.

Volumen eines Rotationskörpers
Der durch Drehung einer Kurve $f : [a, b] \to \mathbb{R}$ entstehende Rotationskörpers besitzt das Volumen

$$V = \pi \int_a^b (f(x))^2 \, dx .$$

Beispiel 10.11. Wir berechnen das Volumen des Rotationskörpers, der durch die Rotation der Kurve (Abb. 10.11):

$$f(x) = \cos(x) , \quad x \in [0, \pi] ,$$

um die x-Achse erzeugt wird. Es gilt

$$\begin{aligned} V &= \pi \int_0^\pi (\cos(x))^2 \, dx \\ &= \pi \int_0^\pi \frac{1}{2} (1 + \cos(2x)) \, dx \\ &= \frac{\pi}{2} \left(x + \frac{1}{2} \sin(2x) \right) \Big|_0^\pi \\ &= \frac{\pi^2}{2} . \end{aligned}$$

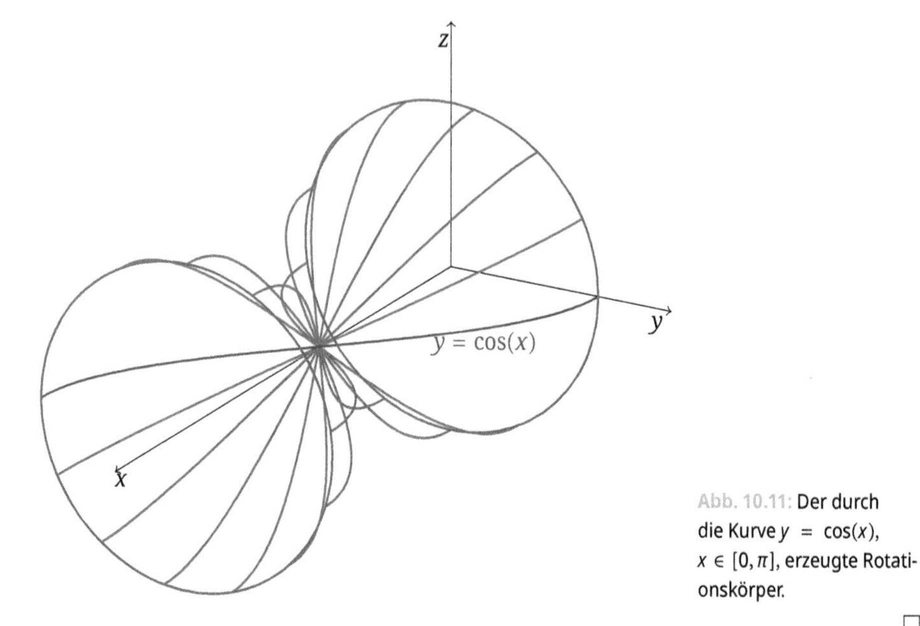

Abb. 10.11: Der durch die Kurve $y = \cos(x)$, $x \in [0, \pi]$, erzeugte Rotationskörper.

□

Wir betrachten nun eine stetige Funktion f von zwei Variablen, die zunächst nur positive Werte annehmen soll: $f(x, y) \geq 0$. Wir legen ein Rechteck in der $x-y$-Ebene zugrunde,

$$I = \{(x, y) \mid a \leq x \leq b, c \leq y \leq d\},$$

und versuchen, das von der Fläche f, der $x - y$-Ebene sowie den Ebenen $x = a$, $x = b$, $y = c$, $y = d$ begrenzte Volumen zu berechnen (Abb. 10.12).

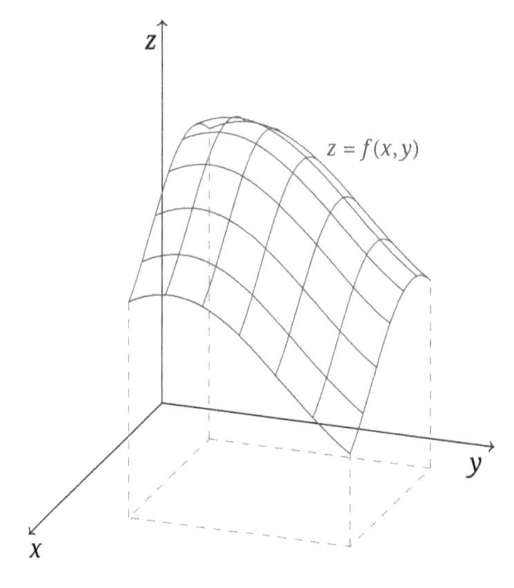

Abb. 10.12: Volumen unter einer Fläche $z = f(x, y)$.

Wir gehen analog zur Berechnung der Fläche unter einer Kurve vor. Die Intervalle $[a, b]$ bzw. $[c, d]$ unterteilen wir in n bzw. m gleichlange Teilintervalle der Länge

$$\triangle x = \frac{b-a}{n}, \quad \triangle y = \frac{d-c}{m}.$$

Die Geraden

$$x = x_k = a + k \triangle x, \quad y = y_j = c + j \triangle y, \quad k = 1, \ldots, n, j = 1 \ldots, m,$$

überziehen das Rechteck I mit einem Gitter, welches I in $n\,m$ gleichgroße Teilrechtecke unterteilt (Abb. 10.13).

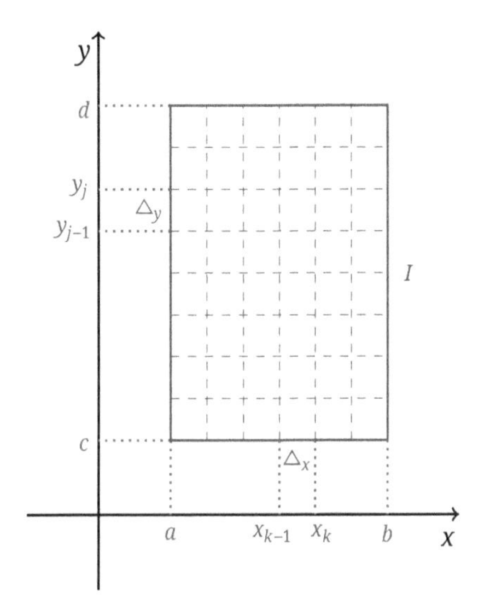

Abb. 10.13: Unterteilung des Rechtecks $I = \{(x, y) \mid a \leq x \leq b, c \leq y \leq d\}$ in $n\,m$ gleich große Teilrechtecke.

In jedem Teilrechteck wählen wir einen Punkt

$$(\xi_k, \eta_j), \quad x_{k-1} \leq \xi_k \leq x_k, \quad y_{j-1} \leq \eta_j \leq y_j$$

und bilden Riemannsche Summen (Abb. 10.14):

$$\sum_{k=1}^{n} \sum_{j=1}^{m} f(\xi_k, \eta_j) \triangle x \triangle y.$$

Anstelle von Rechtecksflächen im Fall einer Variablen werden nun die Volumina von Quadern aufsummiert.

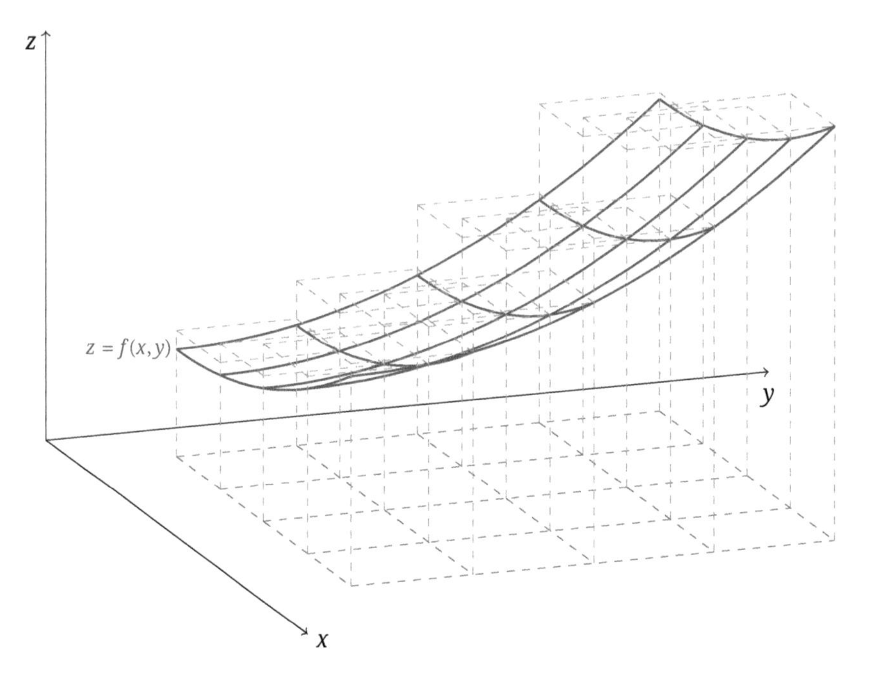

Abb. 10.14: Riemannsche Summe einer Funktion $z = f(x,y)$.

Beispiel 10.12. Wir betrachten die Funktion

$$f(x,y) = x\,.$$

Wir unterteilen das Rechteck

$$I = \{(x,y) \mid 0 \leq x \leq 1\,, 0 \leq y \leq 1\}$$

in $n\,m$ Teilrechtecke mit den Kantenlängen

$$\triangle x = \frac{1}{n}\,, \quad \triangle y = \frac{1}{m}\,.$$

Diese Unterteilung wird gegeben durch die Geraden

$$x = x_k = k \triangle x\,, \quad y = y_j = j \triangle y\,, \quad k = 1,\ldots,n\,, j = 1\ldots,m\,.$$

In jedem Teilrechteck wählen wir den rechten oberen Eckpunkt,

$$(\xi_k, \eta_j) = (x_k, y_j),$$

und bilden Riemannsche Summen (Abb. 10.15):

$$
\begin{aligned}
\sum_{k=1}^{n}\sum_{j=1}^{m} f(\xi_k,\eta_j) \triangle x \triangle y &= \sum_{k=1}^{n}\sum_{j=1}^{m} \xi_k \triangle x \triangle y \\
&= \frac{1}{n\,m}\sum_{k=1}^{n}\sum_{j=1}^{m} k\,\frac{1}{n} \\
&= \frac{1}{n\,m}\sum_{k=1}^{n} \frac{m}{n}\,k \\
&= \frac{1}{n^2}\sum_{k=1}^{n} k = \frac{1}{n^2}\,\frac{n^2+n}{2} \\
&= \frac{1}{2}\left(1+\frac{1}{n}\right).
\end{aligned}
$$

Offenbar strebt die Riemannsche Summe im Grenzfall n und m gegen Unendlich gegen den Wert $\frac{1}{2}$, welcher dem Volumen des Prismas mit der Grundfläche $\frac{1}{2}$ und der Höhe 1 entspricht.

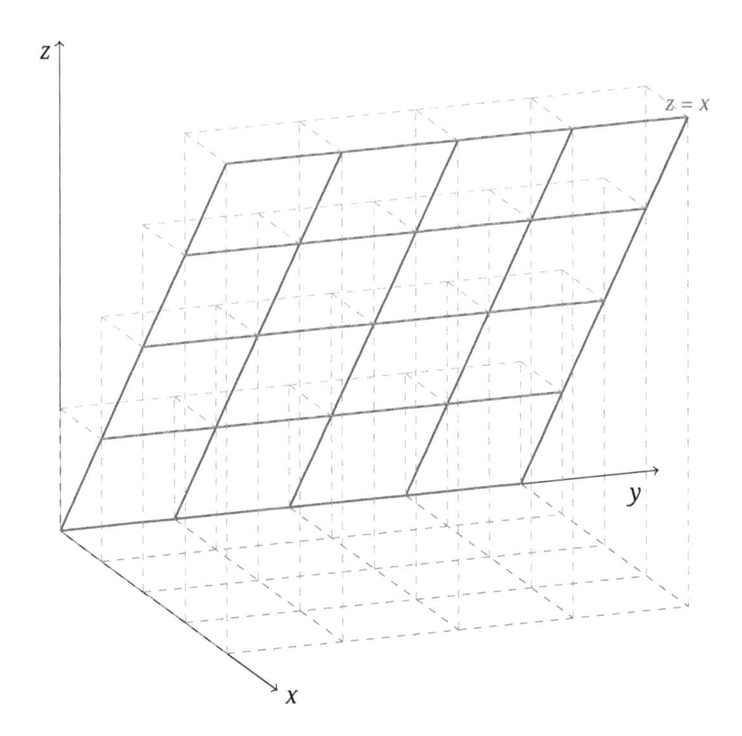

Abb. 10.15: Riemannsche Summe der Funktion $z = x$ über dem Intervall $0 \le x \le 1$, $0 \le y \le 1$.

□

Wie im eindimensionalen Fall, verfeinern wir nun allgemein die Zerlegung in Teilrechtecke, indem wir n und m nach Unendlich streben lassen. Dieser Grenzübergang kann in zwei Schritten vollzogen werden. Zuerst schreibt man

$$\lim_{n\to\infty}\sum_{k=1}^{n}\sum_{j=1}^{m} f(\xi_k,\eta_j)\,\triangle x\,\triangle y = \sum_{j=1}^{m}\lim_{n\to\infty}\left(\sum_{k=1}^{n} f(\xi_k,\eta_j)\,\triangle x\right)\triangle y$$

$$= \sum_{j=1}^{m}\left(\int_a^b f(x,\eta_j)\,dx\right)\triangle y,$$

und anschließend

$$\lim_{m\to\infty}\sum_{j=1}^{m}\left(\int_a^b f(x,\eta_j)\,dx\right)\triangle y = \int_c^d\left(\int_a^b f(x,y)\,dx\right)dy\,.$$

Man kann auch zuerst mit m und danach mit n zur Grenze übergehen. Die Vorstellung des Volumens unter einer Fläche spielt bei den Riemannschen Summen und bei den Grenzübergängen nun überhaupt keine Rolle mehr, und wir bekommen das Integral einer Funktion von zwei Variablen über einem Rechteck.

Integral einer Funktion von zwei Variablen über ein Rechteck
Das Integral der stetigen Funktion f über das Rechteck $I = \{(x,y)\,|\,a \le x \le b\,, c \le y \le d\}$ wird durch das Zweifachintegral gegeben:

$$\int_I f(x,y)\,dx\,dy = \int_c^d\left(\int_a^b f(x,y)\,dx\right)dy = \int_a^b\left(\int_c^d f(x,y)\,dy\right)dx.$$

Man lässt die Klammern oft weg und schreibt

$$\int_I f(x,y)\,dx\,dy = \int_c^d\int_a^b f(x,y)\,dx\,dy = \int_a^b\int_c^d f(x,y)\,dy\,dx\,.$$

Ähnlich wie bei der partiellen Ableitung wird hier zunächst eine Variable festgehalten und über die andere integriert. Man spricht deshalb auch von iterierter Integration. Zwei Einfachintegrale werden nacheinander ausgeführt. Die Reihenfolge spielt dabei keine Rolle.

Beispiel 10.13. Wir berechnen das Integral der Funktion

$$f(x,y) = x^2y + x$$

über das Rechteck

$$I = \{(x,y)\,|\,1 \le x \le 2\,, 0 \le y \le 3\}$$

und bekommen

$$\int_I f(x,y)dx\,dy = \int_0^3 \int_1^2 (x^2 y + x)dx\,dy$$
$$= \int_0^3 \left(\frac{x^3}{3} y + \frac{x^2}{2} \right) \Bigg|_{x=1}^{x=2} dy$$
$$= \int_0^3 \left(\frac{7}{3} y + \frac{3}{2} \right) dy$$
$$= \left(\frac{7}{3} \frac{y^2}{2} + \frac{3}{2} y \right) \Bigg|_{y=0}^{y=3} = \frac{7}{3} \cdot \frac{9}{2} + \frac{3}{2} \cdot 3 = 15\,.$$

Wir können auch anders vorgehen:

$$\int_I f(x,y)dx\,dy = \int_1^2 \int_0^3 (x^2 y + x)dy\,dx$$
$$= \int_1^2 \left(x^2 \frac{y^2}{2} + x\,y \right) \Bigg|_{y=0}^{y=3} dx$$
$$= \int_1^2 \left(\frac{9}{2} x^2 + 3\,x \right) dx$$
$$= \left(\frac{9}{2} \frac{x^3}{3} + 3\,\frac{x^2}{2} \right) \Bigg|_{x=1}^{x=2} = \frac{9}{2} \cdot \frac{7}{3} + \frac{3}{2} \cdot 3 = 15\,.$$

□

Zweifachintegrale über Rechtecke in der Ebene lassen sich nun unmittelbar verallgemeinern zu Dreifachintegralen über Quader im Raum.

Integral einer Funktion von drei Variablen über einen Quader

Das Integral der stetigen Funktion f über den Quader $I = \{(x,y,z) \,|\, a \le x \le b\,, c \le y \le d\,, g \le y \le h\,,\}$ wird durch das Dreifachintegral gegeben:

$$\int_I f(x,y,z)\,dx\,dy\,dz = \int_a^b \int_c^d \int_g^h f(x,y,z)\,dy\,dz\,dx = \int_c^d \int_g^h \int_a^b f(x,y,z)\,dx\,dy\,dz$$
$$= \int_c^d \int_a^b \int_g^h f(x,y,z)\,dx\,dz\,dy = \int_a^b \int_g^h \int_c^c f(x,y,z)\,dy\,dx\,dz$$
$$= \int_g^h \int_a^b \int_c^d f(x,y,z)\,dx\,dy\,dz = \int_a^b \int_c^d \int_g^g f(x,y,z)\,dz\,dx\,dy\,.$$

Beispiel 10.14. Gegeben sei der Quader $I = \{(x,y,z) \,|\, -1 \le x \le 1\,, 0 \le x \le 2\,, 0 \le z \le \frac{3\pi}{2}\}$.
Wir berechnen das Integral $\int_I f(x,y,z)\,dxdydz$ der Funktion: $f(x,y,z) = y\,\sin(x+z)$.

Das Dreifachintegral ergibt

$$\begin{aligned}
\int_I f(x,y,z)\,dx\,dy\,dz &= \int_0^{\frac{3\pi}{2}}\int_0^2\int_{-1}^1 y\,\sin(x+z)\,dx\,dy\,dz \\
&= \int_0^{\frac{3\pi}{2}}\int_0^2 (y\,(-\cos(x+z)))\Big|_{x=-1}^{x=1}\,dy\,dz \\
&= \int_0^{\frac{3\pi}{2}}\left(\int_0^2 y\,(-\cos(z+1)+\cos(z-1))\,dy\right)dz \\
&= \int_0^{\frac{3\pi}{2}}\left(\frac{y^2}{2}\,(-\cos(z+1)+\cos(z-1))\right)\Big|_{y=0}^{y=2}\,dz \\
&= \int_0^{\frac{3\pi}{2}} 2\,(-\cos(z+1)+\cos(z-1))\,dz \\
&= 2\left(-\sin\left(\frac{3\pi}{2}+1\right)+\sin\left(\frac{3\pi}{2}-1\right)\right)-2\,(-\sin(1)+\sin(-1)) \\
&= 4\,\sin(1)\,.
\end{aligned}$$

□

Anstelle eines Rechtecks legen wir nun eine Integrationsmenge zugrunde, die von zwei Kurven $\underline{g}(x)$, $\overline{g}(x)$ und den Geraden $x = a$, $x = b$ begrenzt wird. Eine solche Menge $\mathbb{D}$ wird über dem Grundintervall $[a, b]$ aufgebaut. Man kann auch sagen, die Menge $\mathbb{D}$ ist auf die x-Achse projizierbar (Abb. 10.16).

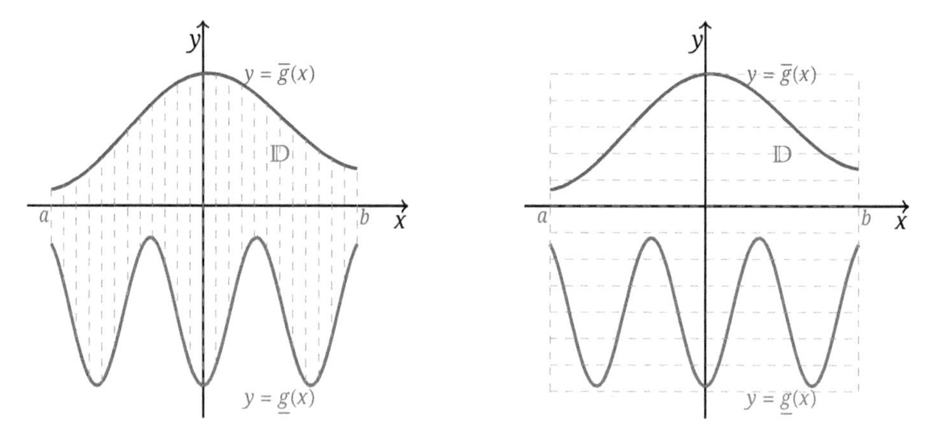

Abb. 10.16: Auf die x-Achse projizierbare Menge $\mathbb{D}$ (links). Projektion auf die y-Achse ist nicht möglich. Es gibt Projektionen, die den Rand mehrfach schneiden (rechts).

Der Integralbegriff lässt sich nun wie folgt auf projizierbare Mengen verallgemeinern:

Integral einer Funktion von zwei Variablen über eine projizierbare Menge
Eine Teilmenge $\mathbb{D}$ des $\mathbb{R}^2$ heißt auf die x-Achse projizierbar, wenn sie mit stetigen Funktionen $\underline{g}$, $\overline{g}$ beschrieben werden kann,

$$\mathbb{D} = \left\{(x,y) \mid a \le x \le b\,, \underline{g}(x) \le y \le \overline{g}(x)\right\}.$$

Für stetiges f erklärt man das Zweifachintegral über $\mathbb{D}$ durch

$$\int_{\mathbb{D}} f(x,y)\,dx\,dy = \int_a^b \int_{\underline{g}(x)}^{\overline{g}(x)} f(x,y)\,dy\,dx\,.$$

Der Integrand $f(x,y) = 1$ liefert gerade den Inhalt F des Flächenstücks, der durch die Kurven $\underline{g}(x), \overline{g}(x)$ und die Geraden $x = a$, $x = b$ begrenzt wird:

$$F = \int_{\mathbb{D}} dx\,dy = \int_a^b \int_{\underline{g}(x)}^{\overline{g}(x)} dy\,dx = \int_a^b (\overline{g}(x) - \underline{g}(x))\,dx\,.$$

Ist die Menge $\mathbb{D} \subset \mathbb{R}^2$ auf die y-Achse projizierbar (Abb. 10.17),

$$\mathbb{D} = \{(x,y) \mid c \le y \le d\,, \underline{g}(y) \le x \le \overline{g}(y)\}\,,$$

so gilt analog für stetiges f:

$$\int_{\mathbb{D}} f(x,y)\,dx\,dy = \int_c^d \int_{\underline{g}(y)}^{\overline{g}(y)} f(x,y)\,dx\,dy\,.$$

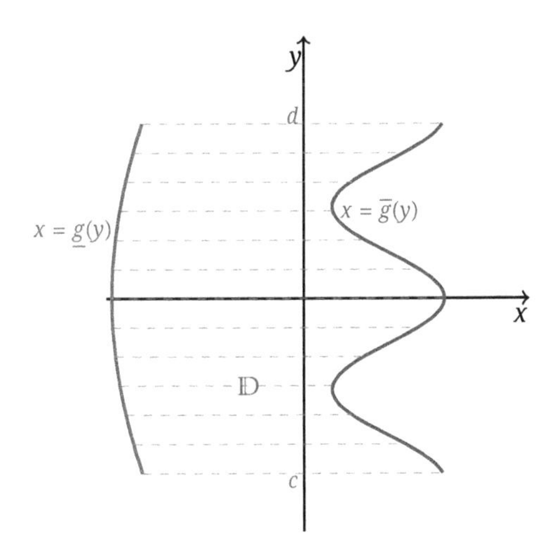

Abb. 10.17: Auf die y-Achse projizierbare Menge $\mathbb{D}$.

Eine Menge kann auf beide Achsen zugleich projizierbar sein. Es kann aber sein, dass die Parallelen zu einer Achse die Begrenzungkurven nur einmal schneiden, während die Parallelen zur anderen Achse die Begrenzungskurven mehrmals schneiden. Die Projizierbarkeit ist dann nur auf eine Achse gegeben.

Beispiel 10.15. Wir integrieren die Funktion $f(x,y) = xy$ über das Dreieck $\mathbb{D}$ mit den Eckpunkten $(0,0)$, $(1,0)$ und $(1,1)$.

Das Dreieck lässt sich auf beide Achsen projizieren (Abb. 10.18):

$$\mathbb{D} = \{(x,y) \mid 0 \le x \le 1, 0 = \underline{g}(x) \le y \le \overline{g}(x) = x\}$$

bzw.

$$\mathbb{D} = \{(x,y) \mid 0 \le y \le 1, y = \underline{g}(y) \le x \le \overline{g}(x) = 1\}.$$

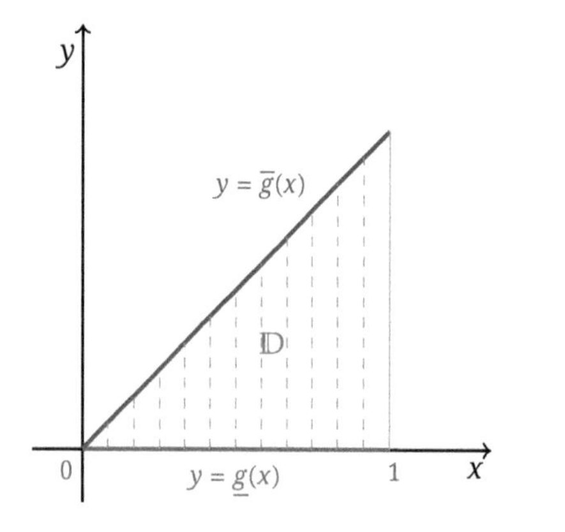

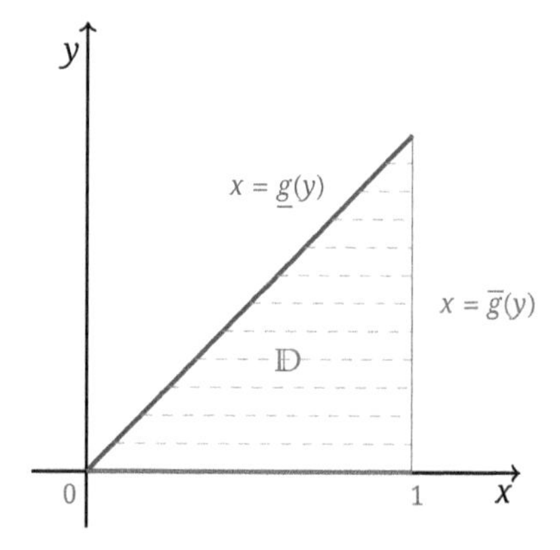

Abb. 10.18: Projektion der Dreiecksfläche $\mathbb{D}$ auf die x-Achse (links) und auf die y-Achse (rechts).

Bei der Projektion auf die x-Achse ergibt sich

$$\int_{\mathbb{D}} f(x,y)\,dx\,dy = \int_0^1 \int_0^x x\,y\,dy\,dx = \int_0^1 x \frac{y^2}{2}\Big|_{y=0}^{y=x} dx$$

$$= \int_0^1 \frac{x^3}{2}\,dx = \frac{1}{8}.$$

Bei der Projektion auf die y-Achse ergibt sich dasselbe Resultat:

$$\int_{\mathbb{D}} f(x,y)\,dx\,dy = \int_0^1 \int_y^1 x\,y\,dx\,dy = \int_0^1 \frac{x^2}{2}\,y\Big|_{x=y}^{y=1}\,dx$$

$$= \int_0^1 \left(\frac{y}{2} - \frac{y^3}{2}\right) dy = \frac{1}{8}\,. \qquad \square$$

Beispiel 10.16. Durch die Ellipse

$$\frac{x^2}{a^2} + \frac{x^2}{b^2} \le 1\,, \qquad a > 0\,, b > 0\,,$$

die positive x-Achse und die positive y-Achse wird ein Flächenstück $\mathbb{D}$ begrenzt. Wir berechnen das Integral der Funktion

$$f(x,y) = x\,y^2$$

über das Flächenstück $\mathbb{D}$.

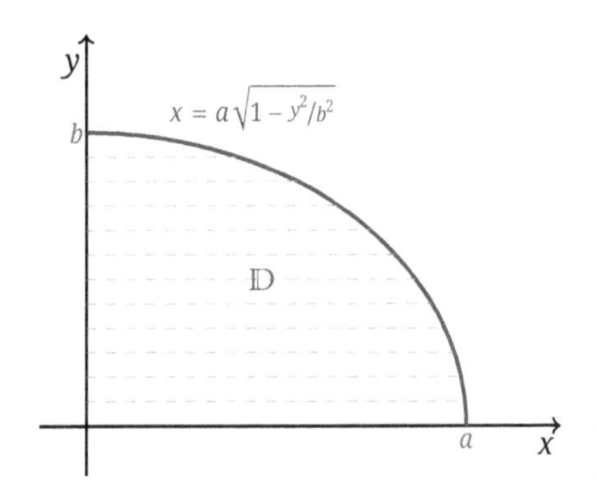

Abb. 10.19: Integration über einen Teil der Ellipsenscheibe $\frac{x^2}{a^2} + \frac{y^2}{b^2} \le 1$, Projektion auf die y-Achse.

Wir beschreiben $\mathbb{D}$ wie folgt (Abb. 10.19):

$$\mathbb{D} = \left\{(x,y) \in \mathbb{R}^2 \,\middle|\, 0 \le y \le b\,, 0 \le x \le a\sqrt{1 - \frac{y^2}{b^2}}\right\}$$

und bekommen

$$\int_{\mathbb{D}} f(x,y)\,dx\,dy = \int_0^b \int_0^{a\sqrt{1-\frac{y^2}{b^2}}} x\,y^2\,dx\,dy$$

$$= \int_0^b \frac{x^2}{2}\,y^2\Big|_{x=0}^{x=a\sqrt{1-\frac{y^2}{b^2}}}\,dy$$

$$
\begin{aligned}
&= \int_0^b \frac{a^2}{2}\left(1-\frac{y^2}{b^2}\right) y^2\, dy \\
&= \frac{a^2}{2} \int_0^b \left(y^2 - \frac{y^4}{b^2}\right) dy \\
&= \frac{a^2}{2}\left(\frac{y^3}{3} - \frac{y^5}{5\,b^2}\right)\Bigg|_{y=0}^{y=b} \\
&= \frac{1}{15}\, a^2\, b^3 .
\end{aligned}
$$

□

Als Integrationsmengen im dreidimensionalen Fall kommen Mengen in Frage, welche zunächst in eine Ebene und dann noch auf eine Achse projiziert werden können.

Integral einer Funktion von drei Variablen über eine projizierbare Menge
Eine Teilmenge $\mathbb{D}$ des $\mathbb{R}^3$ heißt in die $x-y$-Ebene projizierbar, wenn sie mit stetigen Funktionen $\underline{g}, \overline{g}$ und $\underline{h}, \overline{h}$ beschrieben werden kann,

$$\mathbb{D} = \left\{(x,y,z) \mid a \le x \le b\,, \underline{g}(x) \le y \le \overline{g}(x)\,, \underline{h}(x,y) \le z \le \overline{h}(x,y)\right\}.$$

Für stetiges f erklärt man das Dreifachintegral über $\mathbb{D}$ durch

$$\int_{\mathbb{D}} f(x,y,z)\, d\,x\, dy\, dz = \int_a^b \int_{\underline{g}(x)}^{\overline{g}(x)} \int_{\underline{h}(x,y)}^{\overline{h}(x,y)} f(x,y,z)\, dz\, dy\, dx\,.$$

Der Integrand $f(x,y,z) = 1$ liefert analog zum im ebenen Fall das Volumen V der durch die obigen Ungleichungen beschriebenen Integrationsmenge.

Beispiel 10.17. Wir berechnen das Volumen eines Prismas $\mathbb{D}$ mit den Kantenlängen a, b und c. Wir legen die x-Achse in Richtung der Kante a, die y-Achse in Richtung der Kante b und die z-Achse in Richtung der Kante c.

Die Grundfläche in der $x-y$-Ebene beschreiben wir durch (Abb. 10.20):

$$0 \le x \le a - \frac{a}{b} y\,, \quad 0 \le y \le b$$

und berechnen das Volumen als

$$
\begin{aligned}
\int_{\mathbb{D}} dx\, dy\, dz &= \int_0^b \int_0^{a-\frac{a}{b}y} \int_0^c dz\, dx\, dy \\
&= c \int_0^b \int_0^{a-\frac{a}{b}y} dx\, dy
\end{aligned}
$$

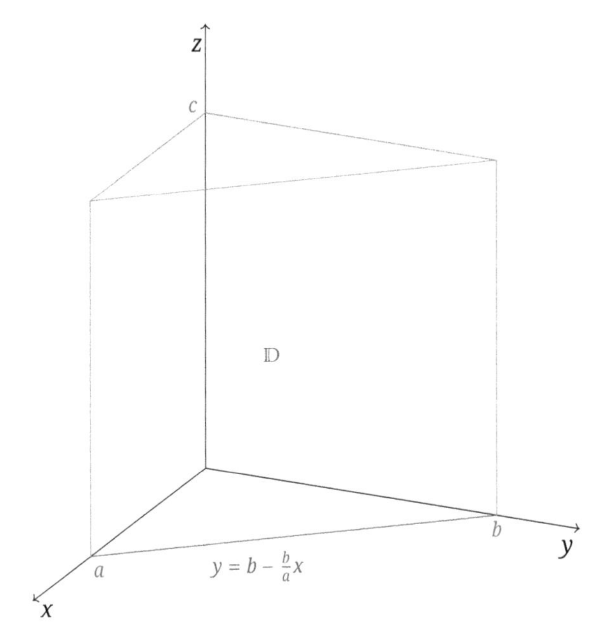

Abb. 10.20: Das Prisma $\mathbb{D}$ mit Grundfläche in der $x-y$-Ebene.

$$= c\int_0^b \left(a - \frac{a}{b}y\right) dy$$

$$= c\left(ay - \frac{a}{b}\frac{y^2}{2}\right)\Bigg|_0^b$$

$$= \frac{a\,b\,c}{2}.$$

Das mithilfe der Integralrechnung erzielte Ergebnis kann leicht geometrisch bestätigt werden. □

Beispiel 10.18. Wir berechnen das Volumen eines Tetraeders $\mathbb{D}$ mit den Kantenlängen a, b und c. Wir legen wieder die x-Achse in Richtung der Kante a, die y-Achse in Richtung der Kante b und die z-Achse in Richtung der Kante c.

Der Tetraeder wird begrenzt von der $x-y$-, der $y-z$-, der $x-z$-Ebene und der Ebene

$$\frac{x}{a} + \frac{y}{b} + \frac{z}{c} = 1.$$

Wir beschreiben zunächst die Grundfläche in der $x-y$-Ebene durch

$$\left\{(x,y)\,\middle|\, 0 \le x \le a\,, 0 \le y \le b - \frac{b}{a}x\right\}$$

und den Tetraeder insgesamt als (Abb. 10.21):

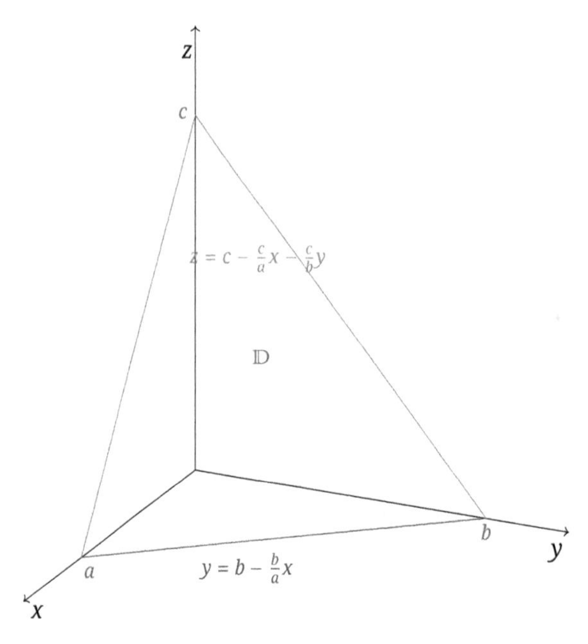

Abb. 10.21: Der Tetraeder $\mathbb{D}$ mit Grundfläche in der $x - y$-Ebene.

$$\mathbb{D} = \left\{(x,y,z) \,\middle|\, 0 \le x \le a\,, 0 \le y \le b - \frac{b}{a}x\,, 0 \le z \le c - \frac{c}{a}x - \frac{c}{b}y\right\}.$$

Für das Volumen ergibt sich dann

$$\begin{aligned}
\int_{\mathbb{D}} dx\,dy\,dz &= \int_0^a \int_0^{b-\frac{b}{a}x} \int_0^{c-\frac{c}{a}x-\frac{c}{b}y} dz\,dy\,dx \\
&= \int_0^a \int_0^{b-\frac{b}{a}x} \left(c - \frac{c}{a}x - \frac{c}{b}y\right) dy\,dx \\
&= \int_0^a \left(cy - \frac{c}{a}xy - \frac{c}{b}\frac{y^2}{2}\right)\Bigg|_{y=0}^{y=b-\frac{b}{a}x} dx \\
&= \int_0^a \left(\frac{bc}{2a^2}x^2 - \frac{bc}{a}x + \frac{bc}{2}\right) dx = \frac{abc}{6}.
\end{aligned}$$

Wieder kann man das Ergebnis durch geometrische Überlegungen bestätigen. □

Die Herleitung der Substitutionsregel im mehrdimensionalen Fall ist wesentlich schwieriger als bei eindimensionalen Integralen. Bildet man eine zweidimensionale Integrationsmenge $\mathbb{D}$ durch eine Abbildung

$$g(x,y) = (g_X(x,y), g_Y(x,y))$$

in den $\mathbb{R}^2$ ab, so benutzt man die Funktionalmatrix (oder Jacobimatrix),

$$\frac{dg}{dxdy}(x,y) = \begin{pmatrix} \frac{\partial g_X}{\partial x}(x,y) & \frac{\partial g_X}{\partial y}(x,y) \\ \frac{\partial g_y}{\partial x}(x,y) & \frac{\partial g_y}{\partial y}(x,y) \end{pmatrix}.$$

Im dreidimensionalen Fall bekommen wir entsprechend für die Abbildung

$$g(x,y,z) = (g_X(x,y,z), g_Y(x,y,z), g_Z(x,y,z))$$

die Funktionalmatrix (oder Jacobimatrix)

$$\frac{dg}{dxdydz}(x,y,z) = \begin{pmatrix} \frac{\partial g_X}{\partial x}(x,y,z) & \frac{\partial g_X}{\partial y}(x,y,z) & \frac{\partial g_X}{\partial z}(x,y,z) \\ \frac{\partial g_Y}{\partial x}(x,y,z) & \frac{\partial g_Y}{\partial y}(x,y,z) & \frac{\partial g_Y}{\partial z}(x,y,z) \\ \frac{\partial g_Z}{\partial x}(x,y,z) & \frac{\partial g_Z}{\partial y}(x,y,z) & \frac{\partial g_Z}{\partial z}(x,y,z) \end{pmatrix}.$$

Die Funktionalmatrix ersetzt die Ableitung bei eindimensionalen Abbildungen.

Substitutionsregel für Mehrfachintegrale
Sei $\mathbb{D} \subset \mathbb{R}^2$ eine projizierbare Menge. Die umkehrbare Abbildung $g : I \longrightarrow \mathbb{R}^2$ sei auf einem Intervall $I \supset \mathbb{D}$ stetig differenzierbar mit $\det(\frac{dg}{dxdydz}(x,y)) \neq 0$. Dann gilt für jede stetige Funktion $f : g(\mathbb{D}) \longrightarrow \mathbb{R}$:

$$\int\limits_{g(\mathbb{D})} f(X,Y)\, dXdY = \int\limits_{\mathbb{D}} f(g(x,y)) \left| \det\left(\frac{dg}{dxdy}(x,y) \right) \right| dxdydz\,.$$

Analog muss im dreidimensionalen Fall die Voraussetzung $\det(\frac{dg}{dxdydz}(x,y,z)) \neq 0$ erfüllt sein, damit für die stetige Funktion $f : g(\mathbb{D}) \longrightarrow \mathbb{R}$ gilt

$$\int\limits_{g(\mathbb{D})} f(X,Y,Z)\, dXdYdZ = \int\limits_{\mathbb{D}} f(g(x,y,z)) \left| \det\left(\frac{dg}{dxdydz}(x,y,z) \right) \right| dxdydz\,.$$

Beispiel 10.19. Wir bestimmen das Volumen, das von der Fläche

$$f(X,Y) = h\sqrt{1 - \frac{X^2}{a^2} - \frac{Y^2}{b^2}}$$

und der $X-Y$-Ebene im Raum eingeschlossen wird (dabei gelte $a,b,h > 0$).

Für das Volumen V gilt (Abb. 10.22):

$$V = \int\limits_G \left(\int\limits_0^{f(X,Y)} dZ \right) dXdY = \int\limits_G f(X,Y)\, dXdY\,.$$

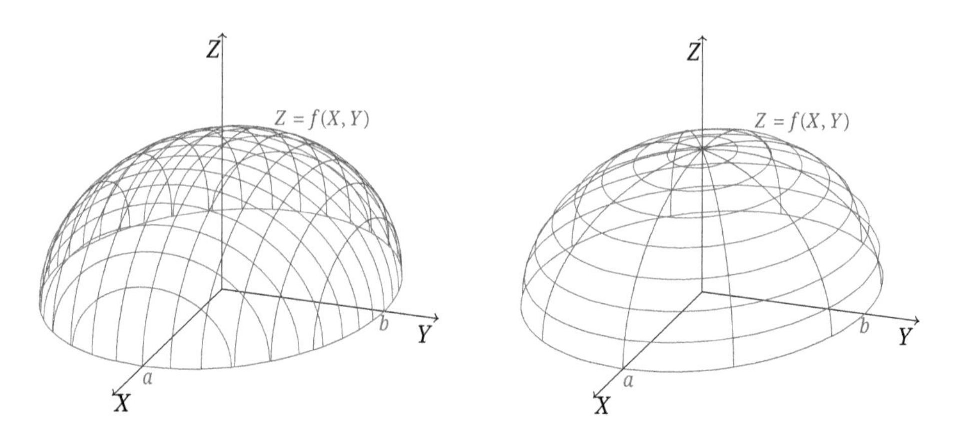

Abb. 10.22: Die Fläche $f(X,Y) = h\sqrt{1 - \frac{X}{a^2} - \frac{Y^2}{b^2}}$, kartesische Darstellung, (links), Polardarstellung (rechts).

Die ellipsenförmige Grundfläche kann als Bild des Intervalls

$$I = \{(r,\phi) \mid 0 < r \leq 1\,,\ 0 \leq \phi \leq 2\pi\}$$

unter der Abbildung

$$g(r,\phi) = (a\,r\cos(\phi)\,,b\,r\sin(\phi))$$

aufgefasst werden. Die Funktionaldeterminante von g lautet:

$$\frac{dg}{drd\phi}(r,\phi) = \begin{vmatrix} a\cos(\phi) & -a\,r\sin(\phi) \\ b\sin(\phi) & b\,r\cos(\phi) \end{vmatrix} = a\,b\,r\,.$$

Somit gilt

$$\begin{aligned} V &= \int_0^{2\pi}\int_0^1 h\,\sqrt{1-r^2}\,a\,b\,r\,dr\,d\phi \\ &= h\,a\,b\int_0^{2\pi}\left(-\frac{1}{3}\,(1-r^2)^{\frac{3}{2}}\right)\Bigg|_{r=0}^{r=1} d\phi \\ &= h\,a\,b\,\frac{2\pi}{3}\,. \end{aligned}$$

□

Beispiel 10.20. Wir berechnen das folgende iterierte Integral:

$$\int_{\frac{\sqrt{2}}{2}}^{1}\left(\int_{\sqrt{1-X^2}}^{X}\frac{1}{(\sqrt{X^2+Y^2})^3}\,dY\right)dX$$

indem wir den Integrationsbereich als Bild einer Menge $\mathbb{D}$ unter der Polarkoordinatenabbildung $X = r\cos(\phi)$, $Y = r\sin(\phi)$ darstellen.

Der Integrationsbereich hat folgende Gestalt (Abb. 10.23):

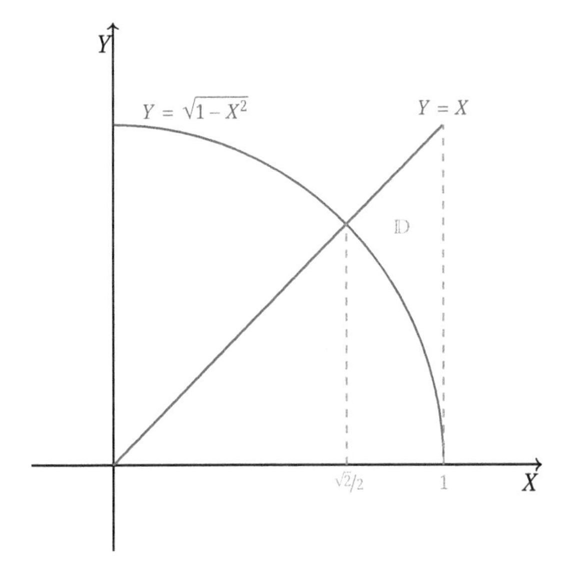

Abb. 10.23: Der Integrationsbereich $\mathbb{D}$: $\sqrt{2}/2 \le X \le 1$, $\sqrt{1-X^2} \le Y \le X$.

Der Integrationsbereich kann als Bild der Menge

$$0 \le \phi \le \frac{\pi}{4}, \quad 1 \le r \le \frac{1}{\cos(\phi)}$$

unter der Polarkoordinatenabbildung aufgefasst werden. Für das Integral ergibt sich nun

$$\begin{aligned}
\int_{\frac{\sqrt{2}}{2}}^{1}\left(\int_{\sqrt{1-X^2}}^{X} \frac{1}{(\sqrt{X^2+Y^2})^3}\,dY\right)dX &= \int_0^{\frac{\pi}{4}}\left(\int_1^{\frac{1}{\cos(\phi)}} \frac{1}{r^3}\, r\,dr\right)d\phi \\
&= -\int_0^{\frac{\pi}{4}} \frac{1}{r}\bigg|_{r=1}^{r=\frac{1}{\cos(\phi)}} d\phi \\
&= -\int_0^{\frac{\pi}{4}} (\cos(\phi)-1)\,d\phi \\
&= \frac{\pi}{4} - \frac{\sqrt{2}}{2}\,.
\end{aligned}$$

Man kann das Integral auch direkt mithilfe der Stammfunktionen

$$\int \frac{1}{\sqrt{1+X^2}^3}\,dX = \frac{X}{\sqrt{1+X^2}},$$
$$\int \frac{\sqrt{1-X^2}}{X^2}\,dX = -\frac{\sqrt{1-X^2}}{X} - \arcsin(X)$$

berechnen:

$$\begin{aligned}
\int_{\frac{\sqrt{2}}{2}}^{1}\left(\int_{\sqrt{1-X^2}}^{X} \frac{1}{(\sqrt{X^2+Y^2})^3}\,dY\right)dX &= \int_{\frac{\sqrt{2}}{2}}^{1} \frac{Y}{X^2\sqrt{X^2+Y^2}}\Bigg|_{Y=\sqrt{1-X^2}}^{Y=X} dX \\
&= \int_{\frac{\sqrt{2}}{2}}^{1}\left(\frac{1}{\sqrt{2}X^2} - \frac{\sqrt{1-X^2}}{X^2}\right)dX \\
&= \left(-\frac{1}{\sqrt{2}X} + \frac{\sqrt{1-X^2}}{X} + \arcsin(X)\right)\Bigg|_{X=\frac{\sqrt{2}}{2}}^{X=1} \\
&= \frac{\pi}{4} - \frac{\sqrt{2}}{2}.
\end{aligned}$$

□

Beispiel 10.21. Sei K ein gerader Kreiskegel mit der Spitze im Punkt $(0,0,H)$, $H > 0$, und der Z-Achse als Mittelachse. Der Radius des Grundkreises in der $X-Y$-Ebene sei R. Wir berechnen das Integral

$$\int_K (X^2+Y^2+Z^2)\,dXdYdZ\,.$$

Wir fassen den Kegel als Bild der Menge (Abb. 10.24)

$$\left\{(r,\pi,z) \in \mathbb{R}^3 \,\middle|\, 0 \le r \le R\left(1-\frac{z}{H}\right),\ 0 \le \phi \le 2\pi,\ 0 \le z \le H\right\}$$

unter der Zylinderkoordinatenabbildung auf,

$$g(r,\phi,z) = (r\cos(\phi), r\sin(\phi), z)\,.$$

Mit der Funktionalmatrix

$$\frac{dg}{drd\phi dz}(r,\phi,z) = \begin{pmatrix} \cos(\phi) & -r\sin(\phi) & 0 \\ \sin(\phi) & r\cos(\phi) & 0 \\ 0 & 0 & 1 \end{pmatrix} = r$$

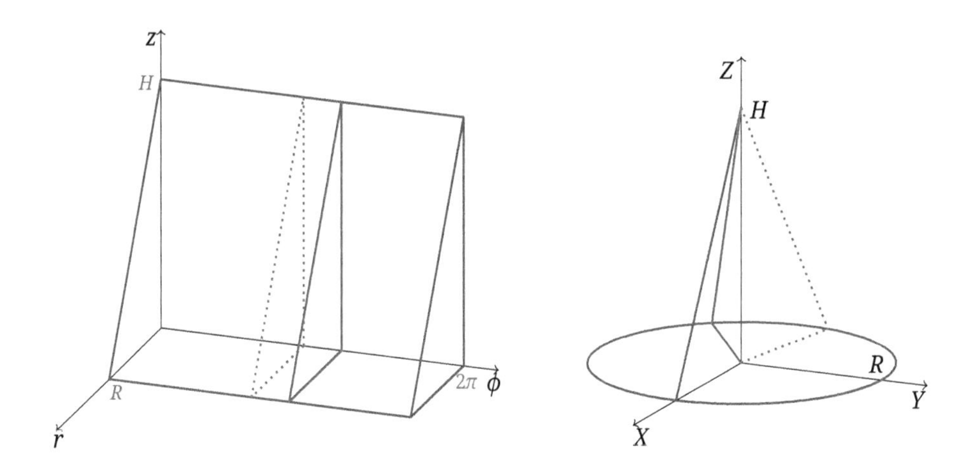

Abb. 10.24: Der Bereich $0 \leq r \leq R(1-\frac{z}{H})$, $0 \leq \phi \leq 2\pi$, $0 \leq z \leq H$ (Prisma, links) und sein Bild unter der Zylinderkoordinatenabbildung (Kegel, rechts).

gilt

$$\begin{aligned}
\int_K (X^2+Y^2+Z^2)\,dXdYdZ &= \int_0^{2\pi}\int_0^H \int_0^{R(1-\frac{z}{H})} (r^2+z^2)r\,drdzd\phi \\
&= 2\pi \int_0^H \int_0^{R(1-\frac{z}{H})} (r^3+z^2r)\,drdz \\
&= 2\pi \int_0^H \left(\frac{r^4}{4}+z^2\frac{r^2}{2}\right)\Bigg|_{r=0}^{r=R(1-\frac{z}{H})} dz \\
&= 2\pi \int_0^H \left(\frac{(R(1-\frac{z}{H}))^4}{4}+z^2\frac{(R(1-\frac{z}{H}))^2}{2}\right) dz \\
&= 2\pi\left(-\frac{1}{5}H\frac{R^4}{4}\left(1-\frac{z}{H}\right)^5\right)\Bigg|_{z=0}^{z=H} \\
&\quad + 2\pi\frac{R^2}{2}\left(\frac{z^3}{3}-\frac{z^4}{2H}+\frac{z^5}{5H^2}\right)\Bigg|_{z=0}^{z=H} \\
&= \frac{\pi}{30}R^2H(3R^2+H^2)\,.
\end{aligned}$$

□

10.3 Differentialgleichungen erster Ordnung

Wir betrachten erneut das Problem der Stammfunktion für eine stetige Funktion $g : [a, b] \to \mathbb{R}$. (Ausnahmefälle unendlicher Intervalle sind auch zugelassen). Wir formulieren das Problem in anderer Form und sagen, dass durch g die rechte Seite einer Differentialgleichung gegeben wird:

Differentialgleichung

$$y' = g(x) .$$

Jede differenzierbare Funktion $y : [a, b] \to \mathbb{R}$ mit

$$y'(x) = g(x) \quad \text{für alle} \quad x \in [a, b] \to \mathbb{R}$$

wird als Lösung dieser Differentialgleichung betrachtet. Wir integrieren auf beiden Seiten von einer beliebigen unteren Grenze $x_0 \in [a, b]$ an,

$$\int_{x_0}^{x} y(t)\, dt = \int_{x_0}^{x} g(t)\, dt,$$

und schreiben die Lösungen als

$$y(x) = y(x_0) + \int_{x_0}^{x} g(t)\, dt .$$

Den Wert der Lösung im Anfangspunkt x_0 darf man beliebig vorgeben. Man kann also nach allen Lösungen der Differentialgleichung fragen oder nach der Lösung, die durch einen vorgegebenen Anfangspunkt geht.

Anfangswertproblem

$$y' = g(x), \quad y(x_0) = y_0 .$$

Beispiel 10.22. Wir bestimmen die Lösung des Anfangswertproblems

$$y'(x) = x\, e^{-x^2} + x^2, \quad y(0) = y_0 .$$

Hier werden Lösungen gesucht, die jeweils durch den Anfangspunkt $(0, y_0)$ gehen. Mit $x_0 = 0$ ergibt sich folgende Lösung (Abb. 10.25):

$$
\begin{aligned}
y(x) &= y_0 + \int_0^x (t\, e^{-t^2} + t^2)\, dt \\
&= y_0 + \left(-\frac{e^{-t^2}}{2} + \frac{t^3}{3} \right)\Bigg|_{t=0}^{t=x} \\
&= -\frac{e^{-x^2}}{2} + \frac{x^3}{3} + y_0 + \frac{1}{2}\,.
\end{aligned}
$$

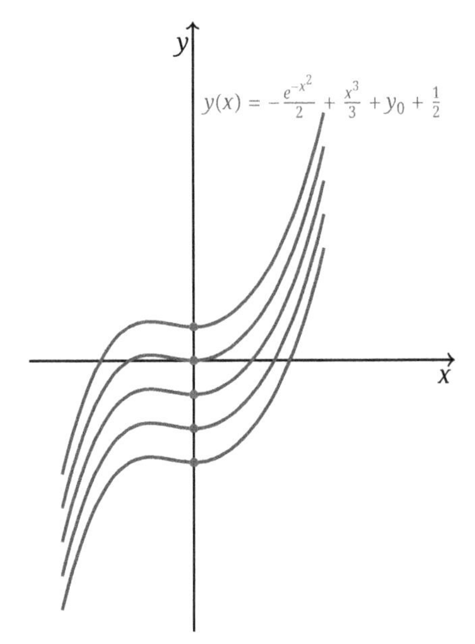

Abb. 10.25: Lösungen des Anfangswertproblems $y'(x) = x\,e^{-x^2} + x^2, y(0) = y_0$ mit den jeweiligen Anfangspunkten $(0, y_0)$.

□

Wir gehen zu einer etwas allgemeineren Differentialgleichung über, deren rechte Seite durch ein Produkt aus einer Funktion der unabhängigen Variablen und der gesuchten Funktion gegeben wird:

Lineare, homogene Differentialgleichung
Eine Differentialgleichung der Gestalt

$$y' = a(x)\,y$$

mit einer in einem Intervall stetigen Funktion a heißt lineare, homogene Differentialgleichung.

Zur Lösung einer homogenen Gleichung benötigt man lediglich eine Stammfunktion der Koeffizientenfunktion. Offenbar ist $y(x) = 0$ (für alle x) eine Lösung. Sei nun $y(x)$ eine Lösung, die in irgendeinem Punkt x_0 nicht verschwindet,

$$y(x_0) = y_0 \neq 0\,.$$

Aus Stetigkeitsgründen muss diese Lösung nahe bei x_0 von Null verschieden bleiben, und wir können dividieren. Also folgt

$$\frac{y'(x)}{y(x)} = a(x) .$$

Die Lösung muss entweder echt größer oder echt kleiner als Null sein. Beide Fälle können mithilfe des Betrages wie bei den logarithmischen Integralen zusammengefasst werden:

$$\frac{d}{dx} \ln(|y(x)|) = a(x) .$$

Integrieren wir auf beiden Seiten, so folgt

$$\ln(|y(x)|) - \ln(|y_0|) = \int_{x_0}^{x} a(t)\, dt .$$

Hieraus ergibt sich schließlich

$$|y(x)| = |y_0|\, e^{\int_{x_0}^{x} a(t)\, dt} .$$

Ist der Anfangswert $y_0 > 0$ ($y_0 < 0$), so verbleibt die Lösung für alle x größer Null (kleiner Null). Keine Lösung, die in irgendeinem Punkt von Null verschieden ist, kann die x-Achse schneiden.

Anfangswertproblem bei einer homogenen Differentialgleichung
Die Lösung des Anfangswertproblems

$$y' = a(x)y , \quad y(x_0) = y_0$$

ergibt sich zu

$$y(x) = y_0\, e^{\int_{x_0}^{x} a(t)\, dt} .$$

Jede Lösung muss folgende Gestalt annehmen: $y(x) = c\, e^{\int a(x)\, dx}$. Welche Stammfunktion dabei genommen wird, spielt keine Rolle, da sich zwei Stammfunktionen nur durch eine Konstante unterscheiden können.

Allgemeine Lösung einer homogenen Differentialgleichung
Die allgemeine Lösung der homogenen Gleichung

$$y' = a(x)\, y$$

mit beliebigem $c \in \mathbb{R}$ lautet

$$y(x) = c\, e^{\int a(x)\, dx} .$$

Bei der Lösung eines Anfangswertproblems kann man entweder bestimmt integrieren oder von der allgemeinen Lösung ausgehen und die Konstante anpassen.

Beispiel 10.23. Wir bestimmen die allgemeine Lösung der Differentialgleichung

$$y' = -(x+3)\,y\,.$$

Wir benötigen eine Stammfunktion der Koeffizientenfunktion

$$\int a(x)\,dx = \int (-x-3)\,dx = -\frac{x^2}{2} - 3\,x + d\,.$$

Die Konstante d ist beliebig. Damit bekommen wir folgende allgemeine Lösung:

$$y(x) = c\,e^{-\frac{x^2}{2}-3\,x+d}$$

mit einer beliebigen Konstanten c. Man sieht, dass die Integrationskonstante d keinen Einfluss mehr auf die Lösungsschar hat,

$$y(x) = c\,e^{\frac{-x^2}{2}-3\,x+d} = c\,e^{d}\,e^{-\frac{x^2}{2}-3\,x}\,.$$

Das heißt, die allgemeine Lösung mit einer beliebigen Konstanten c lautet (Abb. 10.26):

$$y(x) = c\,e^{-\frac{x^2}{2}-3\,x}\,.$$

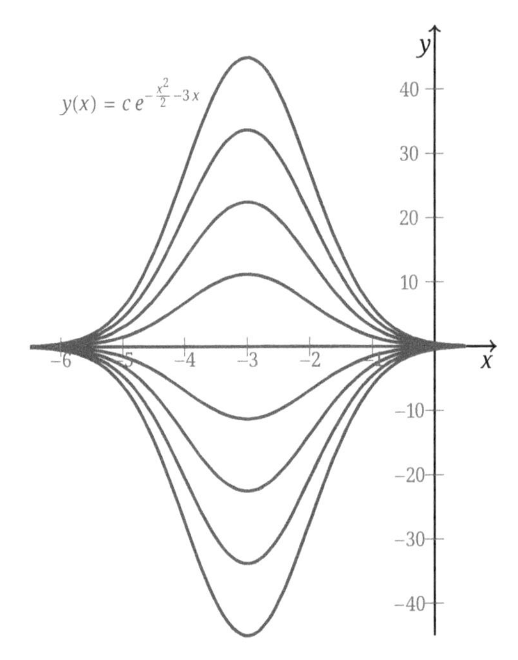

Abb. 10.26: Lösungen der Differentialgleichung $y' = -(x+3)\,y$.

□

Beispiel 10.24. Gesucht werde die Lösung des Anfangswertproblems,

$$y' = \cos(x)\,y\,, \quad y(\pi) = 2\,.$$

Wir können direkt vorgehen mit der Lösungsformel

$$\begin{aligned} y(x) &= 2\,e^{\int_\pi^x \cos(t)\,dt} \\ &= 2\,e^{-\sin(x)+\sin(\pi)} \\ &= 2\,e^{-\sin(x)}\,. \end{aligned}$$

Das selbe Ergebnis erhält man, wenn man zuerst die allgemeine Lösung bestimmt,

$$y(x) = c\,e^{\int \cos(x)\,dx} = c\,e^{-\sin(x)}\,.$$

Nun muss man aus der Schar aller Lösungen diejenige herausgreifen, welche

$$y(\pi) = 2 \quad \Longleftrightarrow \quad 2 = c\,e^0$$

erfüllt. Offenbar folgt $c = 2$ (Abb. 10.27).

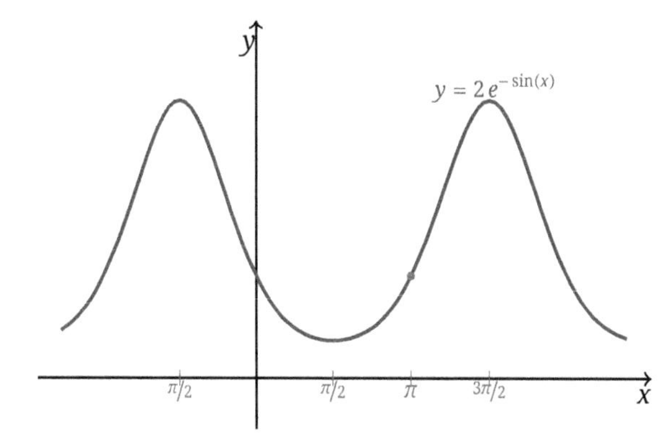

Abb. 10.27: Die Lösung des Anfangswertproblems $y'(x) = \cos(x)y$, $y(\pi) = 2$.

□

Beispiel 10.25. Wir betrachten die Differentialgleichung

$$y' = \frac{1}{x-1}y$$

und bestimmen die allgemeine Lösung.

Die Koeffizientenfunktion

$$a(x) = \frac{1}{x-1}$$

ist für alle $x \neq 1$ erklärt. Wir können die Differentialgleichung im Intervall $x < 1$ oder im Intervall $x > 1$ betrachten. Im ersten Fall ergibt sich folgende Stammfunktion für $a(x)$:

$$\int a(x)\,dx = \int \frac{1}{x-1}\,dx = \ln(-(x-1)) = \ln(1-x)\,, \quad x < 1\,.$$

Die allgemeine Lösung lautet damit

$$y(x) = c\,(1-x)\,, \quad x < 1\,.$$

Im zweiten Fall ergibt sich folgende Stammfunktion für $a(x)$:

$$\int a(x)\,dx = \int \frac{1}{x-1}\,dx = \ln(x-1)\,, \quad x > 1\,.$$

Die allgemeine Lösung lautet damit (Abb. 10.28):

$$y(x) = c\,(x-1)\,, \quad x > 1\,.$$

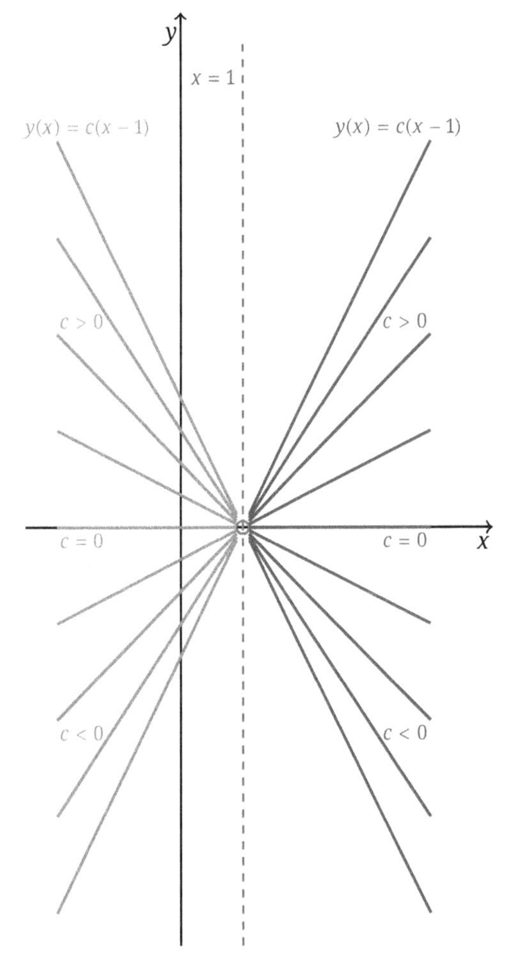

Abb. 10.28: Lösungen der Differentialgleichung $y' = \frac{1}{x-1}\,y$ im Intervall $x < 1$ bzw. $x > 1$.

□

Beispiel 10.26. Gesucht werde die allgemeine Lösung der Differentialgleichung

$$y' + x\,y = 0\,.$$

Wir schreiben die Gleichung um,

$$y' = -x\,y\,,$$

und bekommen folgende allgemeine Lösung:

$$y(x) = c\,e^{-\int x\,dx} = c\,e^{-\frac{x^2}{2}}\,.$$

□

Von der linearen homogenen Differentialgleichung führt ein weiterer Schritt zur separierbaren Differentialgleichung. Die rechte Seite wird hier durch ein Produkt aus einer Funktion der unabhängigen Variablen und einer Funktion der gesuchten Lösung gegeben.

Separierbare Differentialgleichung
Eine Differentialgleichung der Gestalt

$$y' = a(x)\,b(y)$$

mit einer in einem Intervall I stetigen Funktion a und einer in einem Intervall J stetigen Funktion b heißt separierbar.

Offenbar stellt die lineare, homogene Gleichung einen Sonderfall mit $b(y) = y$ dar. Wir betrachten zuerst $y' = a(x)\,b(y)$ zusammen mit einer Anfangsbedingung $y(x_0) = y_0$ und beginnen mit dem Ausnahmefall, dass y_0 eine Nullstelle von b ist,

$$b(y(x_0)) = b(y_0) = 0\,.$$

In diesem Fall stellt die konstante Funktion $y(x_0) = y_0$ die Lösung des Anfangswertproblems dar. Die Lösung der anderen Anfangswertprobleme erhält man analog zur linearen homogenen Gleichung. Aus Stetigkeitsgründen muss nahe bei x_0 die Ungleichung $b(y(x)) \neq 0$ bestehen, sodass wir schreiben können

$$\frac{1}{b(y(x))}y'(x) = a(x)\,.$$

Diese Gleichung integrieren wir,

$$\int_{x_0}^{x} \frac{y'(t)}{b(y(t))}\,dt = \int_{x_0}^{x} a(t)\,dt,$$

und erhalten durch die Substitution $s = y(t)$

$$\int_{y(x_0)}^{y(x)} \frac{1}{b(s)}\, ds = \int_{x_0}^{x} a(t)\, dt\,.$$

Die letztere Gleichung beinhaltet nun die Lösung Anfangswertproblems. Man bekommt sie explizit als eindeutige Auflösung $y(x)$ mit $y(x_0) = y_0$. Man bezeichnet dieses Verfahren als Separation der Variablen, weil man die Gleichung zuerst so umstellt, dass die gesuchte Funktion nur auf der linken Seite zu finden ist.

Separation der Variablen
Sei a eine auf einem Intervall I erklärte stetige Funktion und b eine auf einem Intervall J erklärte stetig differenzierbare Funktion. Ferner sei $b(y(x_0)) \neq 0$. Dann ergibt sich die Lösung des Anfangswertproblems,

$$y' = a(x)\, b(y)\,, \quad y(x_0) = y_0\,,$$

als eindeutige Auflösung der Gleichung

$$\int_{y_0}^{y} \frac{1}{b(s)}\, ds = \int_{x_0}^{x} a(t)\, dt$$

mit $y(x_0) = y_0$.

Unbestimmte Integration führt auf die allgemeine Lösung von $y' = a(x)\, b(y)$, wenn man die konstanten Lösungen, die durch Nullstellen von b verlaufen, noch hinzunimmt. Jede Kurve $y(x)$, die man als lokale Auflösung aus der Gleichung

$$\int \frac{1}{b(y)}\, dy = \int a(x)\, dx + c$$

erhält, stellt eine Lösung dar. Durch Anpassen der Konstanten an die Anfangsbedingung löst man das Anfangswertproblem.

Beispiel 10.27. Wir bestimmen die allgemeine Lösung der Differentialgleichung

$$yy' = e^x\,, \quad y > 0\,.$$

Die allgemeine Lösung ergibt sich aus der Gleichung

$$\int y\, dy = \int e^x\, dy + c$$

bzw.

$$\frac{y^2}{2} = e^x + c$$

durch Auflösen nach y. Berücksichtigt man $y > 0$, so ergeben sich folgende Lösungen:

$$y(x) = \sqrt{2\,e^x + d}\,, \quad d = 2c\,.$$

Ist die Konstante $d \geq 0$, so existiert die Lösung für alle $x \in \mathbb{R}$. Ist $d < 0$, so existiert die Lösung nur für $x > \ln(-\frac{d}{2})$, (Abb. 10.29).

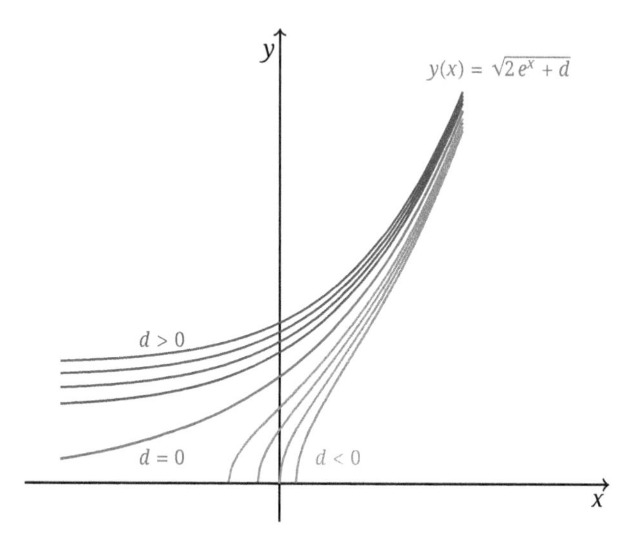

Abb. 10.29: Lösungen der Differentialgleichung $y\,y' = e^x$ für $d > 0$, $d = 0$ und $d < 0$.

□

Beispiel 10.28. Gegeben sei die Differentialgleichung

$$y' = \cos(x)\,e^y\,.$$

Wir bestimmen die Lösung der folgenden Anfangswertprobleme (Abb. 10.30):

$$y\left(\frac{\pi}{2}\right) = -\ln(2) \quad \text{bzw.} \quad y\left(-\frac{\pi}{2}\right) = -\ln(2)\,.$$

Offenbar sind die Variablen separiert. Die rechte Seite der Differentialgleichung stellt ein Produkt dar aus $a(x) = \cos(x)$ und $b(y) = e^y$. Durch Trennung der Veränderlichen ergibt sich die Lösung der Anfangswertprobleme aus

$$\int_{\ln(2)}^{y} e^{-s}\,ds = \int_{\pm\frac{\pi}{2}} \cos(t)\,dt\,.$$

Ausführen der Integration ergibt

$$-e^{-y} + e^{\ln(2)} = \sin(y) - \sin\left(\pm\frac{\pi}{2}\right)$$

bzw.

$$e^{-y} = -\sin(y) + \sin\left(\pm\frac{\pi}{2}\right) + 2\,.$$

Im ersten Fall lautet die Lösung

$$y(x) = -\ln(3 - \sin(x))\,.$$

Diese Lösung ist auf der ganzen reellen Achse erklärt.

Im zweiten Fall lautet die Lösung

$$y(x) = -\ln(1 - \sin(x))\,.$$

Diese Lösung ist nur solange erklärt, wie die Sinusfunktion ausgehend vom Anfangpunkt echt kleiner als Eins bleibt. Im offenen Intervall $(-3\pi/2, \pi/2)$ ist $\sin(x) < 1$, während in den Randpunkten des Intervalls der Wert Eins erreicht wird. Die Lösung $y(x) = -\ln(1 - \sin(x))$ ist dann nicht mehr erklärt und kann nicht weiter fortgesetzt werden.

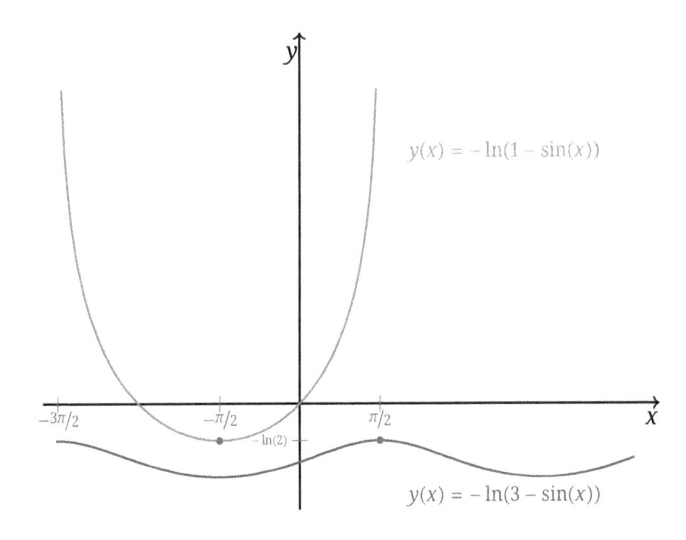

Abb. 10.30: Lösungen der Anfangswertprobleme $y' = \cos(x)\, e^y$, $y(\pm\frac{\pi}{2}) = -\ln(2)$.

□

Beispiel 10.29. Wir bestimmen die Lösung des Anfangswertproblems

$$y' = 1 + x + y^2 + x\,y^2\,, \quad y(0) = 0\,.$$

Wir trennen die Veränderlichen und schreiben die Differentialgleichung in der Form

$$y' = (1 + x)\,(1 + y^2)\,.$$

Die Lösung des Anfangswertproblems

$$y' = (1 + x)\,(1 + y^2)\,, \quad y(0) = 0\,,$$

ergibt sich aus der Gleichung

$$\int_0^{y(x)} \frac{1}{1+s^2}\, ds = \int_0^x (1+t)\, dt\,.$$

Wir verwenden die Umkehrfunktion

$$\arctan : \mathbb{R} \to \left(-\frac{\pi}{2}, \frac{\pi}{2}\right)$$

des Tangens $\tan : (-\frac{\pi}{2}, \frac{\pi}{2}) \to \mathbb{R}$ und bekommen zunächst

$$\arctan(y(x)) = \frac{x^2}{2} + x$$

bzw.

$$\arctan(y(x)) = \frac{x^2}{2} + x\,.$$

Betrachten wir die nach oben geöffnete Parabel (Abb. 10.31):

$$p(x) = \frac{x^2}{2} + x\,.$$

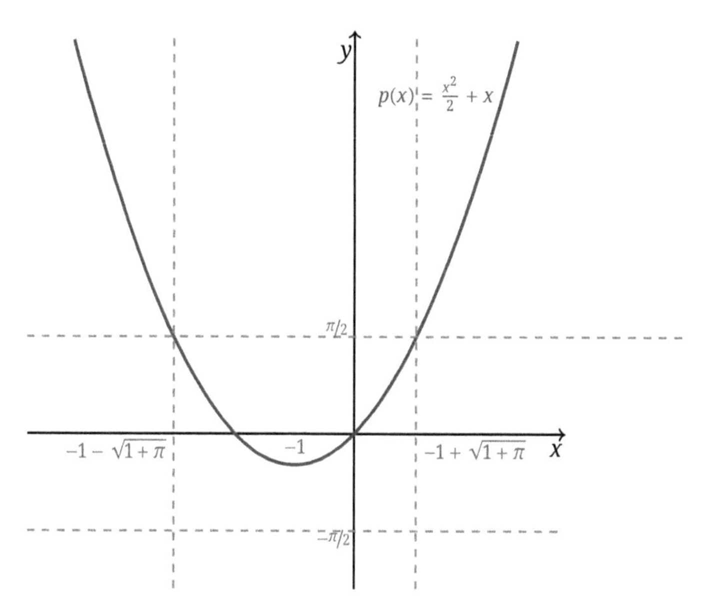

Abb. 10.31: Die Parabel $p(x) = \frac{x^2}{2} + x$ mit den Geraden $y = \pm\frac{\pi}{2}$ und $x = -1 \pm \sqrt{1+\pi}$.

Für $x = 0$ gilt $p(x) = 0$, und die Lösung

$$y(x) = \tan(p(x))$$

existiert solange, bis die Parabel den Streifen $(-\frac{\pi}{2} < y < \frac{\pi}{2})$ verlässt. Die Lösung, welche die Anfangsbedingung $y(0) = 0$ erfüllt, lautet (Abb. 10.32):

$$y(x) = \tan\left(\frac{x^2}{2} + x\right).$$

Der Punkt $(-1, -\frac{1}{2})$ stellt ein absolutes Minimum von $p(x)$ dar, sodass für alle $x \in \mathbb{R}$ gilt $p(x) > -\frac{\pi}{2}$. Für $x = -1 - \sqrt{1+\pi}$ und $x = -1 + \sqrt{1+\pi}$ gilt $p(x) = \frac{\pi}{2}$. Die Lösung existiert also im Intervall $-1 - \sqrt{1+\pi} < x < -1 + \sqrt{1+\pi}$.

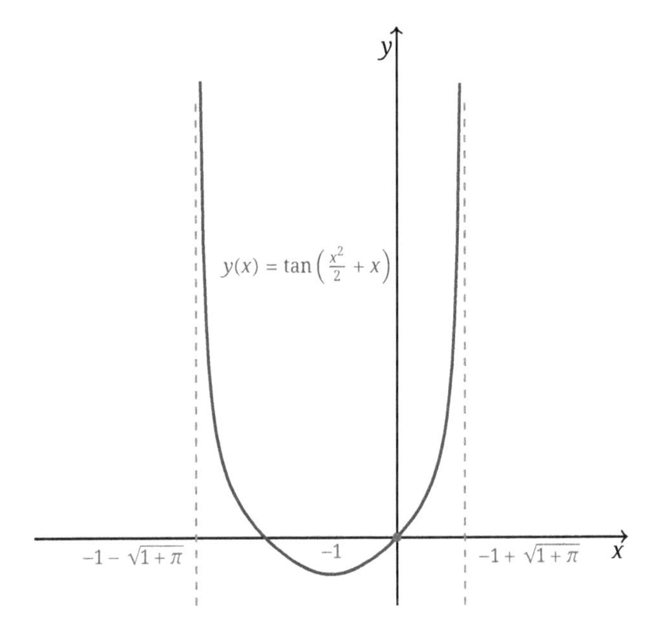

Abb. 10.32: Die Lösung des Anfangswertproblems $y' = (1+x)(1+y^2), y(0) = 0$.

□

Schließlich verallgemeinern wir die lineare, homogene Differentialgleichung durch Addieren einer Inhomogenität.

Lineare, inhomogene Differentialgleichung
Eine Differentialgleichung der Gestalt

$$y' = a(x)y + b(x)$$

mit in einem Intervall stetigen Funktionen a und b heißt lineare, inhomogene Differentialgleichung, wenn b nicht identisch verschwindet.

Wir versuchen zunächst irgend eine Lösung, eine sogenannte partikuläre Lösung, der inhomogenen Gleichung zu finden. Eine partikuläre Lösung stellt gewissermaßen das Gegenteil der allgemeinen Lösung dar. Wir machen dazu den Ansatz der Variation der Konstanten und ersetzen in der allgemeinen Lösung

$$y_p(x) = c\, e^{\int a(x)\, dx}$$

der homogenen Gleichung

$$y' = a(x)\, y$$

die Konstante c durch eine Funktion $c_p(x)$. Differenziert man

$$y_p(x) = c_p(x)\, e^{\int a(x)\, dx}$$

und setzt anschließend in die inhomogene Gleichung ein, so ergibt sich

$$(c_p'(x) + c_p(x)\, a(x))\, e^{\int a(x)\, dx} = a(x)\, c_p(x)\, e^{\int a(x)\, dx} + b(x)\,.$$

Dass die inhomogene Gleichung erfüllt wird, ist gleichbedeutend mit der Bedingung

$$c_p'(x) = b(x)\, e^{-\int a(x)\, dx}$$

für die Funktion $c_p(x)$. Es bleibt also, eine Stammfunktion von

$$b(x)\, e^{-\int a(x)\, dx}$$

zu bestimmen wie folgt:

$$c_p(x) = \int b(x)\, e^{-\int a(x)\, dx}\, dx\,.$$

Wir fassen zusammen:

Variation der Konstanten
Durch die Funktion

$$y_p(x) = \left(\int b(x)\, e^{-\int a(x)\, dx}\, dx \right) e^{\int a(x)\, dx}$$

wird eine partikuläre Lösung der inhomogenen Differentialgleichung gegeben,

$$y' = a(x)\, y + b(x)\,.$$

Beispiel 10.30. Wir berechnen eine partikuläre Lösung der Differentialgleichung

$$y' + \sin(x)\, y = \sin(x)\,.$$

Wir schreiben die Differentialgleichung um,

$$y' = -\sin(x)\,y + \sin(x),$$

und bekommen eine lineare, inhomogene Differentialgleichung mit

$$a(x) = -\sin(x)\,, \quad b(x) = \sin(x)\,.$$

Wir bestimmen zuerst

$$e^{\int a(x)\,dx} = e^{-\int \sin(x)\,dx} = e^{\cos(x)}\,,$$

bzw.

$$e^{-\int a(x)\,dx} = e^{-\cos(x)}$$

und

$$\int b(x)\,e^{-\int a(x)\,dx}\,dx = \int \sin(x)\,e^{-\cos(x)}\,dx = e^{-\cos(x)}\,.$$

Hierbei haben wir jeweils eine Stammfunktion frei gewählt. Wir können auch beliebige andere Stammfunktionen herausgreifen. Damit ergibt sich folgende partikuläre Lösung:

$$y_p(x) = e^{-\cos(x)}\,e^{\cos(x)} = 1\,.$$

Es lässt sich sehr leicht nachprüfen, dass y_p tatsächlich eine Lösung darstellt. Hätte man beispielsweise

$$\int a(x)\,dx = -\int \sin(x)\,dx = \cos(x) + c$$

bzw.

$$-\int a(x)\,dx = \int \sin(x)\,dx = -\cos(x) - c$$

mit einer beliebigen Konstanten c gesetzt, so hätte man

$$\begin{aligned}\int b(x)\,e^{-\int a(x)\,dx}\,dx &= \int \sin(x)\,e^{-\cos(x)-c}\,dx \\ &= e^{-c}\,e^{-\cos(x)}\,\cos(x)\end{aligned}$$

und ebenfalls die Lösung $y_p(x) = 1$ bekommen. □

Beispiel 10.31. Wir bestimmen eine partikuläre Lösung der inhomogenen Gleichung

$$y' - a\,y = a\,\cos(x + \delta)$$

(dabei sind a, α, δ Konstanten). Die allgemeine Lösung der homogenen Gleichung

$$y' = a\,y$$

ergibt sich sofort zu

$$y_h(x) = c\,e^{a\,x}\,.$$

Damit erhält man eine partikuläre Lösung durch Variation der Konstanten

$$y_p(x) = c_p(x)\,e^{a\,x}$$

mit

$$\begin{aligned} c_p(x) &= \int \alpha\,\cos(x+\delta)\,e^{-a\,x}\,dx \\ &= \frac{\alpha}{1+a^2}(-a\,\cos(x+\delta)+\sin(x+\delta))\,e^{-a\,x}\,. \end{aligned}$$

Insgesamt bekommen wir (Abb. 10.33):

$$y_p(x) = \frac{\alpha}{1+a^2}(-a\,\cos(x+\delta)+\sin(x+\delta))\,.$$

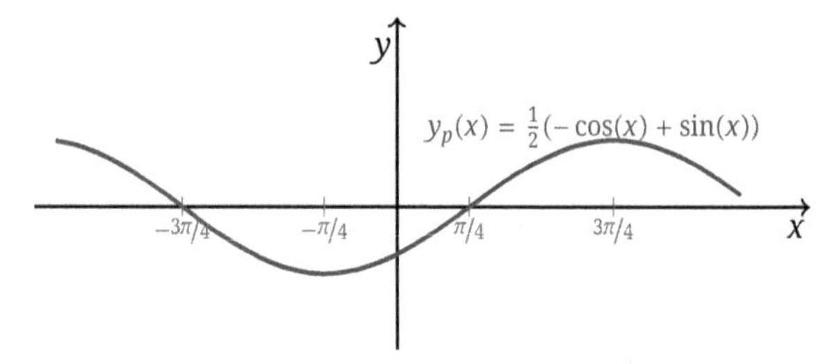

Abb. 10.33: Eine partikuläre Lösung der Differentialgleichung $y' - a\,y = \alpha\,\cos(x+\delta)$ bei $a = 1, \alpha = 1, \delta = 0$.

□

Wenn man eine partikuläre Lösung y_p einer linearen, inhomogenen Differentialgleichung

$$y' = a(x)\,y + b(x)$$

hat und addiert eine beliebige Lösung y_h der zugehörigen homogenen Differentialgleichung

$$y' = a(x)\,y\,,$$

so ergibt sich insgesamt wieder eine Lösung $y_h + y_p$ der inhomogenen Differentialgleichung. Dies kann man sofort durch Nachrechnen bestätigen:

$$\begin{aligned}(y_h + y_p)'(x) &= y_h'(x) + y_p'(x) \\ &= a(x)\, y_h(x) + a(x)\, y_p(x) + b(x) \\ &= a(x)\, (y_h + y_p)(x) + b(x)\,.\end{aligned}$$

Wir können die allgemeine Lösung der inhomogenen Differentialgleichung additiv zusammensetzen aus der allgemeinen Lösung der zugehörigen homogenen Differentialgleichung und einer partikulären Lösung der inhomogenen Differentialgleichung. Die allgemeine Lösung der homogenen Differentialgleichung enthält eine beliebige Konstante, die man gegebenen Anfangsbedingungen anpassen kann. Da somit jedes Anfangswertproblem gelöst werden kann, liegt die allgemeine Lösung der inhomogenen Differentialgleichung vor.

Beispiel 10.32. Wir bestimmen die Lösung des folgenden Anfangswertproblems:

$$y' = y + x\,, \quad y(x_0) = y_0\,.$$

Wir bestimmen zuerst

$$e^{\int a(x)\, dx} = e^{\int dx} = e^x$$

bzw.

$$e^{-\int a(x)\, dx} = e^{-x}$$

und

$$\int b(x)\, e^{-\int a(x)\, dx}\, dx = \int x\, e^{-x}\, dx = -(x+1)\, e^{-x}\,.$$

Damit ergibt sich folgende partikuläre Lösung der inhomogenen Differentialgleichung:

$$y_p(x) = -(x+1)\, e^{-x}\, e^x = -(x+1)\,.$$

Die allgemeine Lösung der zugehörigen homogenen Differentialgleichung

$$y' = y$$

lautet

$$y_h(x) = c\, e^x\,.$$

Damit bekommen wir folgende allgemeine Lösung der inhomogenen Differentialgleichung:

$$y(x) = c\, e^x - (x+1)\,.$$

Das Anfangswertproblem $y(x_0) = y_0$ wird durch Anpassen der Konstanten gelöst,

$$y_0 = c\,e^{x_0} - (x_0 + 1) \quad \Longleftrightarrow \quad c = (y_0 + x_0 + 1)\,e^{-x_0}\,. \qquad \square$$

Beispiel 10.33. Wir lösen das folgende Anfangswertproblem:

$$y' - \frac{2}{x}y = x^2 \sin(3\,x)\,, \quad y(1) = 0\,.$$

Die Differentialgleichung kann in der rechten Halbebene $x > 0$ oder in der linken Halbebene $x < 0$ betrachtet werden. Da der Anfangspunkt in der rechten Halbebene liegt, suchen wir dort nach der allgemeinen Lösung. Die allgemeine Lösung der homogenen Gleichung lautet

$$y_h(x) = c\,e^{\int \frac{2}{x}\,dx} = c\,e^{2\ln(x)} = c\,x^2\,.$$

Variation der Konstanten liefert eine partikuläre Lösung der inhomogenen Gleichung,

$$\begin{aligned} y_p(x) &= \left(\int x^2 \sin(3\,x)\,e^{-2\ln(x)}\,dx\right)x^2 \\ &= \left(\int \sin(3\,x)\,dx\right)x^2 \\ &= -\frac{1}{3}\cos(3\,x)\,x^2\,. \end{aligned}$$

Damit lautet die allgemeine Lösung der inhomogenen Gleichung

$$y(x) = c\,x^2 - \frac{1}{3}\cos(3\,x)\,x^2\,.$$

Die Anfangangsbedingung führt auf die Forderung

$$0 = c - \frac{1}{3}\cos(3) \quad \Longleftrightarrow \quad c = \frac{1}{3}\cos(3)\,.$$

Die Lösung des Anfangswertproblems lautet somit (Abb. 10.34):

$$y(x) = \frac{1}{3}\left(\cos(3) - \cos(3\,x)\right)x^2\,.$$

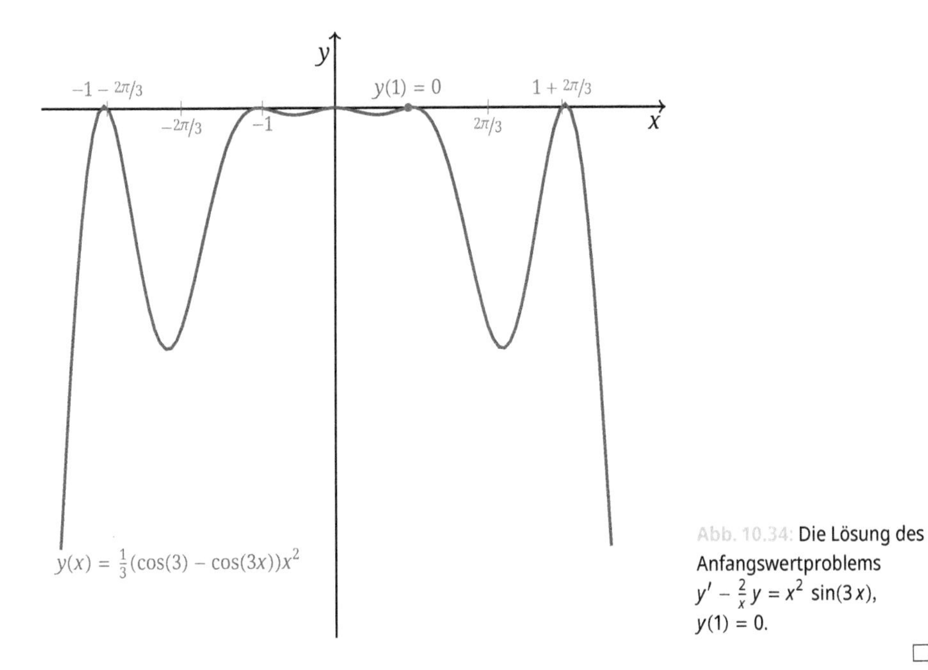

Abb. 10.34: Die Lösung des Anfangswertproblems $y' - \frac{2}{x}y = x^2 \sin(3x)$, $y(1) = 0$.

□

11 Strukturen

11.1 Algebra

Die Rechengesetze, die den Umgang mit ganzen, rationalen, reellen oder komplexen Zahlen regeln, werden von ihren Grundmengen abstrahiert und verallgemeinert. Man erhält algebraische Strukturen für abstrakte Mengen.

Gruppe
Sei G eine nichtleere Menge. Auf G sei eine zweistellige Operation (Verknüpfung) $\circ$ erklärt, die zwei Elementen $a \in G$ und $b \in G$ genau ein Element $a \circ b \in G$ zuordnet. Die Menge G mit der Verknüpfung $\circ$ heißt Gruppe, wenn folgende Bedingungen erfüllt sind:

Für alle $a, b, c \in G$ gilt das Assoziativgesetz $(a \circ b) \circ c = a \circ (b \circ c)$.
Es gibt ein neutrales Element $e \in G$, sodass für alle $a \in G$ gilt $e \circ a = a$.
Zu jedem $a \in G$ gibt es ein Element $a^{-1} \in G$ mit $a^{-1} \circ a = e$.
Gilt zusätzlich das Kommutativgesetz $a \circ b = b \circ a$ für alle $a, b \in G$, dann heißt die Gruppe abelsch.

Beispiel 11.1. Die ganzen Zahlen bilden mit der Verknüpfung $+$ die abelsche Gruppe $(\mathbb{Z}, +)$.

Die reellen Zahlen bilden mit der Verknüpfung $+$ die abelsche Gruppe $(\mathbb{R}, +)$.

Die Menge der von Null verschiedenen reellen Zahlen bildet mit der Verknüpfung $\cdot$ die abelsche Gruppe $(\mathbb{R} \setminus \{0\}, \cdot)$. □

Es gilt: linksinvers ist auch rechtsinvers, und linksneutral ist auch rechtsneutral,

$$\begin{aligned} a \circ a^{-1} &= e \circ (a \circ a^{-1}) = ((a^{-1})^{-1} \circ a^{-1}) \circ (a \circ a^{-1}) \\ &= (a^{-1})^{-1} \circ (a^{-1} \circ (a \circ a^{-1})) = (a^{-1})^{-1} \circ ((a^{-1} \circ a) \circ a^{-1}) \\ &= (a^{-1})^{-1} \circ (e \circ a^{-1}) = (a^{-1})^{-1} \circ a^{-1} = e\,, \\ a \circ e &= a \circ (a^{-1} \circ a) = (a \circ a^{-1}) \circ a = e \circ a\,. \end{aligned}$$

Mit ähnlichen Überlegungen kann man zeigen, dass es genau ein neutrales Element gibt, und dass jedes Element genau ein inverses besitzt. Die Gleichung $a \circ x = b$ hat dann eine eindeutige Lösung $x = a^{-1} \circ b$. Die Gleichung $x \circ a = b$ hat ebenfalls eine eindeutige Lösung $x = b \circ a^{-1}$. Ferner ist $(a^{-1})^{-1} = a$.

Beispiel 11.2. Besteht eine Gruppe nur aus einem einzigen Element, dann gibt es nur eine mögliche Verknüpfung $e \circ e = e$. Die Gruppe besteht nur aus dem neutralen Element.

Besteht eine Gruppe aus zwei Elementen, dem neutralen Element und einem davon verschiedenen Element a, dann kann die Verknüpfungstafel nur folgende Gestalt annehmen:

$\circ$	e	a
e	e	a
a	a	e

.

https://doi.org/10.1515/9783111503639-011

Die Verknüpfungen in der ersten Zeile $e \circ e = e$, $e \circ a = a$, und in der ersten Spalte $e \circ e = e$, $a \circ e = a$, liegen ohnehin fest. Es bleibt nur noch $a \circ a$. Das Element a braucht ein inverses Element. Dafür kommt e nicht infrage. Also gibt es nur noch die Alternative a und $a \circ a = e$.

Besteht eine Gruppe aus drei Elementen, dem neutralen Element und davon verschiedenen Elementen $a \neq b$, dann kann die Verknüpfungstafel nur folgende Gestalt annehmen:

$\circ$	e	a	b
e	e	a	b
a	a	b	e
b	b	e	a

,

und die Gruppe besteht aus den Elementen $e, a, b = a \circ a$. Die Verknüpfungen in der ersten Zeile und in der ersten Spalte liegen fest. Aus $a \circ b = a$ würde $b = e$ folgen und aus $a \circ b = b$ würde $a = e$ folgen. Also gilt $a \circ b = e$. Da das linksinverse gleich dem rechtsinversen Element ist, folgt $b \circ a = e$. Nun haben wir noch zwei offene Felder in der Verknüpfungstafel. In jeder Zeile und in jeder Spalte der Verknüpfungstafel tritt jedes Element genau einmal auf. Träte das Element c zweimal in einer Zeile auf, $d \circ x = c$ bzw. $d \circ y = c$, dann bekämen wir den Widerspruch $c \circ d^{-1} \neq c \circ d^{-1}$. Damit bleibt für jedes offene Feld nur noch eine Möglichkeit. □

Führt die Verknüpfung von Elementen einer Teilmenge U einer Gruppe G nicht aus U hinaus und liegen die inversen Elemente ebenfalls in U, dann spricht man von einer Untergruppe.

Untergruppe
Sei $(G, \circ)$ eine Gruppe und $U \subseteq G$ eine nichtleere Teilmenge. Wir bezeichnen U als Untergruppe von G, wenn gilt:
(1) $a \circ b \in U$ für alle $a, b \in U$ und (2) $a^{-1} \in U$ für alle $a \in U$.

Offensichtlich stellt eine $(U, \circ)$ wieder eine Gruppe dar. Jede Gruppe G: $U = \{e\}$ und $U = G$ hat zwei Untergruppen. Dass die Bedingung (1) nicht ausreicht für eine Untergruppe, zeigt das Beispiel der natürlichen Zahlen. Die Addition ist abgeschlossen, aber kein $n \in \mathbb{N}$ besitzt ein additives inverses Element in $\mathbb{N}$.

Die Bedingungen (1) und (2) können aber zusammengefasst werden zu folgender Bedingung: U ist genau dann eine Untergruppe von G, wenn gilt: $a \circ b^{-1} \in U$ für alle $a, b \in U$. Wenn die Bedingungen (1) und (2) erfüllt sind, dann ist mit $a, b \in U$ wegen (2) auch $b^{-1} \in U$ und wegen (1) auch $a \circ b^{-1} \in U$. Umgekehrt ist mit $a \in U$ zunächst $a \circ a^{-1} = e \in U$. Aus $e \in U$ und $a \in U$ folgt dann $e \circ a^{-1} = a^{-1} \in U$. Schließlich ist mit $a, b \in U$ zuerst $b^{-1} \in U$ und dann $a \circ (b^{-1})^{-1} = a \circ b \in U$.

Wir werden uns vorwiegend mit endlichen Gruppen beschäftigen. Man spricht bei endlichen Gruppen nicht von der Mächtigkeit, sondern von der Ordnung.

Ordnung einer Gruppe
Eine Gruppe G bestehe aus endlich vielen Elementen. Die Anzahl der Elemente von G wird als Ordnung von G bezeichnet: $|G|$.

Beispiel 11.3. Eine Teilmenge U einer endlichen Gruppe G wird bereits dann zur Untergruppe, wenn sie abgeschlossen unter der Gruppenoperation ist. Gilt also $a \circ b \in U$ für beliebige Elemente $a, b \in U$, dann müssen wir zeigen, dass für $a \in U$ auch a^{-1} in U liegt. Wir betrachten die Menge

$$aU = \{a \circ u \mid u \in U\}.$$

Wegen der Abgeschlossenheit gilt $aU \subseteq U$. Zwei Elemente $a \circ u_1 = a \circ u_2$ können nur dann gleich sein, wenn $u_1 = u_2$. Also enthält die Menge aU genauso viele Elemente wie U: $|aU| = |U|$. Wegen der Endlichkeit bedeutet dies aber $aU = U$. Nun muss ein $u \in U$ existieren mit $a = au$, d. h., $u = e \in U$. Schließlich muss ein $v \in U$ existieren mit $e = av$, d. h., $v = a^{-1} \in U$. □

Die Mengen aU betrachten wir allgemein für Gruppenelemente.

Nebenklasse
Sei $(G, \circ)$ eine Gruppe, U eine Untergruppe und a ein beliebiges Element von G. Die folgende Menge wird als (Links-) Nebenklasse von U bezeichnet:

$$aU = \{a \circ u \mid u \in U\}.$$

Ist G eine endliche Gruppe, dann besitzen Nebenklassen folgende Eigenschaften:
(1) $|aU| = |U|$ für alle $a \in G$,
(2) $aU = bU$ oder $aU \cap bU = \emptyset$ für alle $a, b \in G$.

Alle Nebenklassen haben dieselbe Mächtigkeit, nämlich $|U|$. Zwei Nebenklassen fallen entweder zusammen, oder sie besitzen kein gemeinsames Element.

Wäre $|aU| < |U|$, dann gäbe es ein $u_1 \neq u_2 \in U$ mit $a \circ u_1 = a \circ u_2$. Durch Verknüpfung mit a^{-1} folgt sofort der Widerspruch: $u_1 = u_2$. Damit ist (1) bewiesen. Nehmen wir an, der Durchschnitt ist nicht leer, $c \in aU \cap bU$. Dies bedeutet, dass es Elemente $u_1, u_2 \in U$ gibt mit $c = a \circ u_1 = b \circ u_2$. Dann schreiben wir $a = b \circ u_2 \circ u_1^{-1}$ und $b = a \circ u_1 \circ u_2^{-1}$. Die erste Gleichung besagt $a \in bU$ und die zweite $b \in aU$. Veknüpfen mit weiteren Elementen der Untergruppe U ergibt $aU \subseteq bU$ und $bU \subseteq aU$, also $aU = bU$.

Jedes Element einer Gruppe liegt in einer Nebenklasse. Die Nebenklassen sind disjunkt und führen zu einer Zerlegung der Gruppe.

Satz von Lagrange
Sei $(G, \circ)$ eine endliche Gruppe. Die Ordnung jeder Untergruppe U ist ein Teiler der Ordnung von G.

Für die trivialen Untergruppen $U = \{e\}$ und $U = G$ ist die Behauptung klar. Wir nehmen also an, es gibt ein $a_2 \in G$ und $a_2 \notin a_1 U$, $a_1 = e$. Hieraus folgt $a_2 U \neq a_1 U$ bzw. $a_1 U \cap a_2 U = \emptyset$. Nun betrachten wir die Vereinigung $a_1 U \cup a_2 U$ und unterscheiden zwei Fälle: 1) $a_1 U \cup a_2 U = G$ und 2) $(a_1 U \cup a_2 U) \subset G$. Im Fall 1) ist $|G| = 2\,|U|$ und die Behauptung ist bewiesen. Im Fall 2) gibt es ein Element $a_3 \in G \setminus (a_1 U \cup a_2 U)$ mit der Eigenschaft $a_3 U \cap a_1 U = \emptyset$ und $a_3 U \cap a_2 U = \emptyset$. Wir unterscheiden wieder die Fälle 1) $a_1 U \cup a_2 U \cup a_3 U = G$ und 2) $(a_1 U \cup a_2 U \cup a_3) U \subset G$. Im Fall 1) ist $|G| = 3\,|U|$ im Fall 2) wird das Verfahren fortgesetzt. Da G endlich ist, endet das Verfahren mit der disjunkten Zerlegung $G = a_1 U \cup a_2 U \cup a_3 U \cup \cdots \cup a_k U$ und $|G| = k\,|U|$.

Wir betrachten eine Gruppe $(G, \circ)$. Mit der Festsetzung $a^0 = e$ und $a^{-k} = (a^{-1})^k$ für $k \in \mathbb{N}$ erzeugt jedes Element $a \in G$ eine abelsche Untergruppe,

$$\langle a \rangle = \{a^j \mid j \in \mathbb{Z}\}.$$

Ist die Gruppe G endlich, so ist auch die Untergruppe $\langle a \rangle$ endlich. Bei den positiven Potenzen muss es einen kleinsten Exponenten k geben mit $a^k = a^l$ für genau ein kleineres l: $0 \leq l < k$. Bei der Auflistung der positiven Potenzen von a stellt a^k also die erste Wiederholung dar. Offenbar ist nun $n = k - l$ die kleinste natürliche Zahl mit $a^j = e$, und es gilt

$$\langle a \rangle = \{a^1, \ldots, a^n\} = \{e, a, \ldots, a^{n-1}\}.$$

Denn $\{e, a, \ldots, a^{n-1}\}$ enhält sämtliche Potenzen mit Exponenten $m \geq 0$ und wegen $a^{-1} = a^{n-1}$ auch alle Potenzen mit Exponenten $m < 0$.

Ordnung eines Elements
Sei $(G, \circ)$ eine endliche Gruppe. Die kleinste Zahl $n \in \mathbb{N}$ mit $a^n = e$ heißt Ordnung des Elements $a \in G$. Die Ordnung eines Elements teilt die Ordnung der Gruppe.

Die Ordnung n des Elements a ist also gleich der Ordnung der von a erzeugten Untergruppe $n = |\langle a \rangle|$. Das Einselement e besitzt die Ordnung eins. Nach dem Satz von Lagrange ist die Ordnung eines Elementes ein Teiler der Ordnung der Gruppe.

Ist a ein Element der Gruppe $(G, \circ)$, dann ist die Untergruppe $\langle a \rangle = \{a^j \mid j \in \mathbb{Z}\}$ zyklisch. Mit jedem Element $b \in \langle a \rangle$ gehören auch alle Potenzen b^m zu $\langle a \rangle$.

Zyklische Gruppe
Sei $(G, \circ)$ eine Gruppe. G heißt zyklisch, wenn es ein Element $a \in G$ gibt mit $G = \langle a \rangle$.

Beispiel 11.4. Sei $(G, \circ)$ eine endliche Gruppe der Ordnung n. Wir zeigen:

(1) Für alle Elemente $a \in G$ gilt $a^n = e$.

(2) Ist n eine Primzahl, dann ist G zyklisch.

(1) Die Ordnung m von a teilt die Ordnung der Gruppe, $n = k\,m$. Daraus folgt

$$a^n = a^{k\,m} = (a^m)^k = e^k = e\,.$$

(2) Die Ordnung der Gruppe $n > 1$ besitzt nur die Teiler $k = 1$ und $k = n$. Jedes Element $a \neq e$ besitzt damit die Odnung n. Daraus ergibt sich $G = \langle a \rangle$. □

Wir betrachten nun eine abelsche Gruppe $(R, \oplus)$, die mit einer zweiten Operation $\odot$ versehen ist. Beide Operationen werden durch das distributive Gesetze verbunden.

Ring
Sei R eine Menge, die mit der Operation $\oplus$ eine abelsche Gruppe bildet, d. h.,
1) Die Addition ist kommutativ: $a \oplus b = b \oplus a$,
2) Die Addition ist assoziativ: $(a \oplus b) \oplus c = a \oplus (b \oplus c)$,
3) Es gibt ein Nullelement der Addition: $a \oplus [0] = a$,
4) Es gibt ein inverses Element der Addition: $a \oplus (-a) = 0$.

Gelten ferner für die Multiplikation die folgenden Gesetze, dann heißt $(R, \oplus, \odot)$ ein Ring:
5) Die Multiplikation ist assoziativ: $(a \odot b) \odot c = a \odot (b \odot c)$,
6) Es gelten die Distributivgesetze: $(a \oplus b) \odot c = a \odot c \oplus b \odot c$ bzw. $a \odot (b \oplus c) = a \odot b \oplus a \odot c$.

Ist die Multiplikation kommutativ, $a \odot b = b \odot a$, so sprechen wir von einem kommutativen Ring. Gibt es ein Einselement der Multiplikation: $a \odot 1 = a$, so sprechen wir von einem Ring mit Eins. Besitzen alle Elemente aus dem Ring $a \neq 0$ ein inverses Element bezüglich der Multiplikation, und ist die Multiplikation kommutativ, dann bezeichnen wir $(R, \oplus, \odot)$ als Körper. In einem Körper werden der Einfachheit halber die Operationszeichen $+$ und $\cdot$ verwendet: $(\mathbb{K}, +, \cdot)$. Offensichtlich bildet $(\mathbb{K} \setminus \{0\}, \cdot)$ dann eine abelsche Gruppe. Man kann zeigen, dass $a \cdot 0 = 0$ für alle $a \in \mathbb{K}$ gilt, und dass aus $a \cdot b = 0$ folgt, dass $a = 0$ oder $b = 0$ ist. In einem Körper gibt es keine Nullteiler.

Ein bekanntes Beispiel für einen kommutativen Ring mit Eins stellen die ganzen Zahlen dar: $(\mathbb{Z}, +, \cdot)$. $(\mathbb{Z}, +)$ bildet eine abelsche Gruppe. Multiplikative Inverse existieren aber in $\mathbb{Z}$ für $a \neq 1$ nicht. Die rationalen Zahlen $(\mathbb{R}, +, \cdot)$ bilden hingegen einen Körper. Ein weiteres Beispiel für einen Körper liefern die komplexen Zahlen $(\mathbb{C}, +, \cdot)$.

Beispiel 11.5. Durch die folgenden Verknüpfungstafeln wird ein kommutativer Ring mit den Elementen $0, 1, a, b$ erklärt:

$+$	0	1	a	b
0	0	1	a	b
1	1	a	b	0
a	a	b	0	1
b	b	0	1	a

,

$\cdot$	0	1	a	b
0	0	0	0	0
1	0	1	a	b
a	0	a	0	a
b	0	b	a	1

.

Offensichtlich ist a ein Nullteiler: $a \cdot a = 0$. □

Polynome haben wir zunächst als Funktionen und nicht als algebraische Objekte betrachtet. Ein Polynom mit Koeffizienten aus $\mathbb{R}$ ($\mathbb{C}$) wird als Funktion betrachtet, die jedem $x \in \mathbb{R}$, ($x \in \mathbb{C}$), den folgenden Wert $p(x) \in \mathbb{R}$, ($p(x) \in \mathbb{C}$) zuordnet:

$$p(x) = a_n\,x^n + a_{n-1}\,x^{n-1} + \cdots + a_1\,x + a_0\,.$$

Es kann aber durchaus vokommen, dass man andere Argumente in ein Polynom einsetzen will, wie beispielsweise Matrizen oder Differentialoperatoren. Es muss nur sicher gestellt sein, dass die Potenzbildung, die Multiplikation mit reellen (komplexen) Zahlen und die Addition für diese Argumente definiert sind. Wir haben die Potenzen einer $n \times n$-Matrix A, $A^0 = E$, $A^1 = A$, $A^2 = A\,A, \ldots$ und können jede quadratische Matrix in ein Polynom einsetzen. Ähnlich können wir die Potenzen des Operators $\frac{d}{dt}$ bilden, $(\frac{d}{dt})^0 = 1$, $(\frac{d}{dt})^1 = \frac{d}{dt}$, $(\frac{d}{dt})^2 = \frac{d^2}{dt^2}, \ldots$ und können den Operator $\frac{d}{dt}$ in ein Polynom einsetzen.

Beispiel 11.6. Wir betrachten das Polynom

$$p(x) = 3\,x^3 - 2\,x^2 + x - 5\,.$$

Die Potenzen der Matrix

$$A = \begin{pmatrix} 2 & 1 & -1 \\ 3 & -2 & 0 \\ 0 & 5 & 4 \end{pmatrix}$$

lauten

$$A^0 = \begin{pmatrix} 1 & 0 & 0 \\ 0 & 1 & 0 \\ 0 & 0 & 1 \end{pmatrix}, \quad A^1 = \begin{pmatrix} 2 & 1 & -1 \\ 3 & -2 & 0 \\ 0 & 5 & 4 \end{pmatrix},$$
$$A^2 = \begin{pmatrix} 7 & -5 & 6 \\ 0 & 7 & -3 \\ 0 & 0 & 1 \end{pmatrix}, \quad A^3 = \begin{pmatrix} 2 & 1 & -1 \\ 3 & -2 & 0 \\ 15 & 10 & 16 \end{pmatrix},$$

und wir bekommen

$$p(A) = 3\,A^3 - 2\,A^2 + A - 5\,E = \begin{pmatrix} -20 & -28 & -82 \\ 66 & -108 & -30 \\ 150 & 210 & 114 \end{pmatrix}.$$

Als Nächstes setzen wir den Differentialoperator $\frac{d}{dt}$ in das Polynom ein,

$$p\left(\frac{d}{dt}\right) = 3\,\frac{d^3}{dt^3} - 2\,\frac{d^2}{dt^3} + \frac{d}{dt} - 5\,.$$

Der Operator wirkt nun auf die (dreimal differenzierbare) Funktionen $f(t)$,

$$p\left(\frac{d}{dt}\right)(f(t)) = 3f'''(t) - 2f''(t) + f'(t) - 5f(t)\,. \qquad \square$$

Wir wollen den Polynombegriff in zwei Richtungen verallgemeinern. Anstatt Koeffizienten aus $\mathbb{R}$ oder $\mathbb{C}$ zu nehmen, lassen wir Koeffizienten aus einem beliebigen Körper $\mathbb{K}$ zu. Außerdem gehen wir von der Vorstellung der Abbildung von $\mathbb{K}$ nach $\mathbb{K}$ ab. Wir sehen x nur als Unbestimmte (Platzhalter) für irgendwelche freien Objekte und nicht nur für Elemente aus $\mathbb{K}$ an.

Polynom
Sei $\mathbb{K}$ ein Körper. Ein Ausdruck der Gestalt

$$p(x) = a_n x^n + a_{n-1} x^{n-1} + \cdots + a_1 x + a_0 x^0 = \sum_{j=0}^{n} a_j x^j$$

mit Koeffizienten $a_j \in \mathbb{K}$, $0 \leq j \leq n$ heißt Polynom in der Unbestimmten x über dem Körper $\mathbb{K}$. Falls $a_n \neq 0$ ist, bezeichnet man n als den Grad des Polynoms, $\deg(p(x)) = n$.

Polynome der Form $p(x) = a_0 x^0 = a_0$ heißen konstante Polynome. Falls $a_0 \neq 0$ ist, haben sie den Grad 0. Die Definition des Polynomgrads greift nicht für das Polynom $p(x) = 0\,x^0$. Dieses Polynom hat keinen Grad. Oft wird diesem Polynom aber ebenfalls der Grad 0 zugewiesen. Man kann den Polynombegriff auch noch allgemeiner fassen und den Körper $\mathbb{K}$ durch einen Ring ersetzen.

Haben wir zwei Polynome,

$$p(x) = a_n x^n + a_{n-1} x^{n-1} + \cdots + a_1 x + a_0 x^0\,,$$
$$q(x) = b_m x^m + b_{m-1} x^{m-1} + \cdots + b_1 x + b_0 x^0\,,$$

dann sind die Polynome gleich, wenn für alle Indizes $j \geq 0$ gilt, dass $a_j = b_j$. Polynome mit verschiedenen Graden können nicht übereinstimmen.

Mit $a_j = 0$ für $j > \deg(p(x))$ und $b_j = 0$ für $j > \deg(q(x))$ wird die Summe zweier Polynome erklärt durch

$$p(x) + q(x) = \sum_{j=0}^{\max\{n,m\}} (a_j + b_j)\, x^j\,.$$

Das Produkt zweier Polynome wird erklärt durch

$$p(x) \cdot q(x) = \sum_{j=0}^{n+m} \left(\sum_{k=0}^{j} a_k\, b_{j-k} \right) x^j\,.$$

Wir schreiben kurz $p(x) \cdot q(x) = p(x)\,q(x)$. Man kann die Koeffizienten des Produkts direkt durch Multiplikation und Ordnen nach Potenzen bekommen,

$$\begin{aligned} p(x)\,q(x) = (a_n\,b_m)\,x^{n+m} &+ (a_n\,b_{m-1} + a_{n-1}\,b_m)\,x^{n+m-1} \\ &+ (a_n\,b_{m-2} + a_{n-1}\,b_{m-1} + a_{n-2}\,b_m)\,x^{n+m-2} + \cdots \\ &+ (a_1\,b_0 + a_0\,b_1)\,x^1 + (a_0\,b_0)\,x^0 \,. \end{aligned}$$

Offenbar ist der Grad des Produkts gleich der Summe der Grade der Faktoren,

$$\deg(p(x)\,q(x)) = \deg(p(x)) + \deg(q(x))\,.$$

Beispiel 11.7. Wir betrachten zwei Polynome über $\mathbb{R}$,

$$\begin{aligned} p(x) &= a_n\,x^n + a_{n-1}\,x^{n-1} + \cdots + a_1\,x + a_0\,x^0\,, \\ q(x) &= b_m\,x^m + b_{m-1}\,x^{m-1} + \cdots + b_1\,x + b_0\,x^0\,. \end{aligned}$$

Wenn sie identische Funktionen von $\mathbb{R}$ nach $\mathbb{R}$ liefern, dann stimmen ihre Koeffizienten überein. Wir bilden die Differenz:

$$h(x) = p(x) - q(x) = \sum_{j=0}^{\max\{n,m\}} (a_j - b_j)\,x^j\,.$$

Das Polynom $h(x)$ bildet alle x auf Null ab. Nach dem Fundamentalsatz der Algebra kann ein Polynom vom Grad n über $\mathbb{R}$ bzw. $\mathbb{C}$ höchstens n verschiedene Nullstellen haben. Also kann $h(x)$ keinen Koeffizienten besitzen, der nicht verschwindendet. Man kann die Koeffizienten auch durch Ableiten berechnen,

$$a_j - b_j = \frac{1}{j!}\,\frac{d^j h}{dx^j}(0) = 0\,.$$

Auf beliebige Körper lassen sich aber solche Überlegungen nicht übertragen. Durch folgende Verknüpfungstafeln wird ein Körper $\mathbb{K}$ mit drei Elementen $0, 1, a$ gegeben:

$+$	0	1	a
0	0	1	a
1	1	a	0
a	a	0	1

,

$\cdot$	0	1	a
0	0	0	0
1	0	1	a
a	0	a	1

.

Wir haben folgende Dreierpotenzen:

$$0^3 = 0\,, \quad 1^3 = 1\,, \quad a^3 = a^2\,a = 1\,a = a\,.$$

Das Polynom

$$p(x) = x^3 - x$$

mit den Koeffizienten $a_0 = 1$, $a_1 = 0$, $a_3 = 1$ bildet alle Elemente aus $\mathbb{K}$ auf $0 \in \mathbb{K}$ ab: $p(0) = 0, p(1) = 0, p(a) = 0$. Das Polynom stimmt also mit dem Nullpolynom $0\,x^0$ überein, obwohl nicht alle Koeffizienten gleich Null sind. □

Betrachtet man die Menge der Polynome über einem Körper und versieht sie mit der Addition und der Multiplikation, so entsteht ein Ring. Die Multiplikation ist kommutativ und besitzt ein Einselement, nämlich das konstante Polynom $p(x) = 1$. Der Grad des Einspolynoms $p(x) = 1$ ist gleich Null. Haben zwei Polynome nicht beide den Grad Null, so besitzt ihr Produkt einen Grad, der größer als Null ist. Nur konstante Polynome besitzen bei der Multiplikation inverse Elemente.

Polynomring
Sei $\mathbb{K}$ ein Körper. Die Menge aller Polynome über $\mathbb{K}$ bildet mit der Addition und der Multiplikation einen kommutativen Ring mit Eins: $\mathbb{K}[x]$.

Mit den Körpereigenschaften von $\mathbb{K}$ weist man sofort nach, dass $\mathbb{K}[x]$ einen Ring bildet. Man sieht auch, dass $\mathbb{K}[x]$ keine Nullteiler besitzt. Wenn das Produkt zweier Polynome Null ergibt, dann muss mindestens ein Faktor Null sein. Wir zeigen den Beweisgedanken an zwei Polynomen ersten Grades. Sei

$$(a_1\,x + a_0)\,(b_1\,x + b_0) = (a_1\,b_1)\,x^2 + (a_1\,b_0 + a_0\,b_1)\,x^1 + (a_0\,b_0)\,x^0 = 0\,.$$

Nun geht man vom niedrigsten Koeffizienten zum höchsten, $a_0\,b_0 \Rightarrow a_0 = 0$ oder $b_0 = 0$. Wir unterscheiden drei Fälle: (1) $a_0 = 0$ und $b_0 \neq 0$, (2) $a_0 \neq 0$ und $b_0 = 0$, (3) $a_0 = 0$ und $b_0 = 0$. Im Fall (1) folgt $a_1 = 0$ aus $a_1\,b_0 + a_0\,b_1 = 0$. Im Fall (1) folgt $b_1 = 0$ aus $a_1\,b_0 + a_0\,b_1 = 0$. Im Fall (3) kann aus $a_1\,b_0 + a_0\,b_1 = 0$ kein Schluss gezogen werden. Aber aus $a_1\,b_1 = 0$ folgt dann $a_0 = 0$ oder $b_0 = 0$. In jedem Fall ist $p(x) = 0$ oder $q(x) = 0$. Man kann auch anders argumentieren. Ist $p(x) \neq 0$ und $q(x) \neq 0$, dann ist $\deg(p(x)) > 0$ und $\deg(q(x)) > 0$ und damit $\deg(p(x)\,q(x)) > 0$.

Typische Beispiele für Polynomringe sind $\mathbb{Q}[x]$, $\mathbb{R}[x]$ und $\mathbb{C}[x]$.

Den bekannten Begriff der Nullstelle von Polynomen über $\mathbb{R}$ oder $\mathbb{C}$ verallgemeinert man wie folgt:

Nullstellen von Polynomen
Sei $\mathbb{K}[x]$ der Polynomring über dem Körper $\mathbb{K}$. Das Element $w \in \mathbb{K}$ heißt Nullstelle (Wurzel) des Polynoms $p(x) \in \mathbb{K}[x]$, wenn gilt: $p(w) = 0$.

Beispiel 11.8. Das Polynom $2\,x^2 - 1 \in \mathbb{Q}[x]$ hat keine Nullstellen. Das Polynom $2\,x^2 - 1 \in \mathbb{R}[x]$ hat zwei Nullstellen: $\frac{\sqrt{2}}{2}, -\frac{\sqrt{2}}{2}$. Das Polynom $x^2 + 1 \in \mathbb{R}[x]$ hat keine Nullstellen. Das Polynom $x^2 + 1 \in \mathbb{C}[x]$ hat zwei Nullstellen: $i, -i$.

Im Körper $\mathbb{K}$ mit drei Elementen $0, 1, a$,

+	0	1	a
0	0	1	a
1	1	a	0
a	a	0	1

,

·	0	1	a
0	0	0	0
1	0	1	a
a	0	a	1

,

gelten die Gleichungen $1 + a = 0$, $1 \cdot 1 = 1$, $a \cdot a = 1$. Das Polynom $x^2 + a$ besitzt die Nullstellen 1 und a. Weitere Nullstellen gibt es nicht. Das Polynom $x^2 + 1$ besitzt keine Nullstellen in $\mathbb{K}$. Es gilt $a+1 = 0$, und man entnimmt der Multiplikationstafel, dass $x^2 = a$ keine Lösung besitzt. □

Division von Polynomen mit Rest

Seien $f(x)$ und $g(x) \neq 0$ Polynome aus $\mathbb{K}[x]$. Dann gibt es eindeutig bestimmte Polynome $q(x), r(x) \in \mathbb{K}[x]$ mit $r(x) = 0$ oder $\deg(r(x)) < \deg(g(x))$ und

$$f(x) = q(x)\, g(x) + r(x)\,.$$

Wir beweisen zuerst die Eindeutigkeit und nehmen an, dass

$$f(x) = q_1(x)\, g(x) + r_1(x) = q_2(x)\, g(x) + r_2(x)\,.$$

Hieraus folgt sofort

$$(q_1(x) - q_2(x))\, g(x) = r_2(x) - r_1(x)\,.$$

Wäre nun $q_1(x) - q_2(x) \neq 0$, dann wäre $\deg(r_2(x) - r_1(x)) \geq \deg(g(x))$ im Widerspruch zu $r_2(x) - r_1(x) = 0$ oder $\deg(r_2(x) - r_1(x)) < \deg(g(x))$. Also ergibt sich $q_1(x) - q_2(x) = 0$ und damit $r_2(x) - r_1(x) = 0$.

Nun kommen wir zur Existenz der Polynome $q(x)$ und $r(x)$. Sei $\deg(f(x)) = n$ und $\deg(g(x)) = m$. Im Fall $f(x) = 0$ oder $n < m$ setzen wir $q(x) = 0$ und $r(x) = f(x)$ und bekommen die Behauptung. Im Fall $n \geq m$ schreiben wir

$$f(x) = a_n\, x^n + a_{n-1}\, x^{n-1} + \cdots + a_1\, x + a_0\, x^0\,, \quad g(x) = b_m\, x^m + b_{m-1}\, x^{m-1} + \cdots + b_1\, x + b_0\, x^0\,,$$

und bilden die Differenz,

$$r_1(x) = f(x) - \frac{a_n}{b_m}\, x^{n-m}\, g(x) = c_{1,n-1}\, x^{n-1} + \cdots + c_{1,1}\, x + c_{1,0}\, x^0\,.$$

Ist $n - 1 < m$, so sind wir bereits fertig. Ist $n - 1 \geq m$, so bilden wir wieder die Differenz,

$$r_2(x) = r_1(x) - \frac{c_{1,n-1}}{b_m}\, x^{n-1-m}\, g(x) = c_{2,n-2}\, x^{n-2} + \cdots + c_{2,1}\, x + c_{2,0}\, x^0\,.$$

Ist $n - 2 < m$, so endet der Prozess:

$$r_2(x) = r_1(x) - \frac{c_{1,n-1}}{b_m}\, x^{n-m}\, g(x) = f(x) - \left(\frac{a_n}{b_m}\, x^{n-m} + \frac{c_{1,n-1}}{b_m}\, x^{n-1-m}\right) x^{n-m}\, g(x)\,.$$

Andenfalls setzen wir das Verfahren fort. Bei jedem Schritt wird der Grad des Restes um Eins erniedrigt, bis der Rest einen Grad hat, der kleiner als m ist. Offensichtlich gilt im Fall $n \geq m$ für den Grad des Quotienten $\deg(q(x)) = n - m$.

Beispiel 11.9. Sei $p(x)$ ein Polynom aus $\mathbb{K}[x]$ und $a \in \mathbb{K}$. Dann bekommen wir bei der Division durch $x - a$ den Rest $r(x) = p(a)$,

$$p(x) = (x - a)\, q(x) + p(a)\,.$$

Division mit Rest durch $g(x) = x - a$ ergibt

$$p(x) = (x - a)\, q(x) + r(x)\,.$$

Dabei ist der $r(x) = 0$ oder $\deg(r(x)) = 0$. Einsetzen liefert $p(a) = r(a)$. Außerdem sehen wir, dass es genau dann eine Faktorisierung gibt,

$$p(x) = (x - a)\, q(x)\,,$$

wenn $p(a) = 0$ ist. Da jede Nullstelle zur Abspaltung eines Linearfaktors führt, kann ein Polynom vom Grad $n \geq 1$ höchstens n Nullstellen besitzen. □

Polynome, die in irgendwelche Faktoren zerlegt werden können, werden als reduzibel bezeichnet. Man schließt dabei aber triviale Fälle aus.

Irreduzibles Polynom
Sei $f(x)$ ein Polynom aus $\mathbb{K}[x]$ mit $\deg(f(x)) \geq 2$. Dann heißt $f(x)$ reduzibel, wenn es Polynome $g(x), h(x) \in \mathbb{K}[x]$ gibt mit $\deg(g(x)) \geq 1$, $\deg(h(x)) \geq 1$ und $f(x) = g(x)\, h(x)$. Ein Polynom, welches nicht reduzibel ist, heißt irreduzibel.

Hat ein Polynom $p(x)$ den Grad 2 und besitzt eine Nullstelle, dann können wir faktorisieren, $p(x) = (x - a)\, q(x)$. Das Polynom $q(x)$ hat den Grad 1 und kann eine von a verschiedene Nullstelle besitzen. Ein Polynom vom Grad 2 ist also genau dann reduzibel, wenn es mindestens eine Nullstelle besitzt. Ist ein Polynom vom Grad 3 reduzibel, dann zerfällt es in einen Faktor vom Grad 1 und einen vom Grad 2. Ein Polynom vom Grad 3 ist wiederum genau dann reduzibel, wenn es mindestens eine Nullstelle besitzt.

Beispiel 11.10. Wir fragen, ob das Polynom $p(x) = x^2 + 1$ in $\mathbb{Q}[x]$, $\mathbb{R}[x]$, $\mathbb{C}[x]$ reduzibel ist. Da in den Körpern $\mathbb{Q}$ und $\mathbb{R}$ keine Nullstellen vorliegen, ist $p(x)$ irreduzibel. In $\mathbb{C}[x]$ gilt jedoch $p(x) = (x - i)\,(x + i)$.

Im Körper $\mathbb{K}$ mit drei Elementen $0, 1, a$,

$$\begin{array}{c|ccc} + & 0 & 1 & a \\ \hline 0 & 0 & 1 & a \\ \hline 1 & 1 & a & 0 \\ \hline a & a & 0 & 1 \end{array}\,, \qquad \begin{array}{c|ccc} \cdot & 0 & 1 & a \\ \hline 0 & 0 & 0 & 0 \\ \hline 1 & 0 & 1 & a \\ \hline a & 0 & a & 1 \end{array}\,,$$

gelten die Gleichungen $0^2 + 1 = 0, 1^2 + 1 = a, a^2 + 1 = a$. Das Polynom $p(x)$ besitzt also keine Nullstellen und ist irreduzibel. □

Wir haben bisher algebraische Strukturen mit zwei Verknüpfungen (zweistelligen Operationen) betrachtet. Man kann auch weitere Operationen auf einer Menge erklären. Boolesche Algebren tragen zwei zweistellige und eine einstellige Operation. Sie stehen außerdem in einem engen Bezug zur Logik. Im Unterschied zu Ringen und Körpern gelten Komplementärgesetze, und die beiden zweistelligen Operationen verhalten sich distributiv zueinander.

Boolesche Algebra

Sei B eine Menge, die mit den zweistelligen Operationen $\oplus$ und $\odot$ sowie mit der einstelligen Operation $\neg$ versehen ist. Wir bezeichnen $(B, \oplus, \odot, \neg)$ als Boolesche Algebra, wenn folgende Gesetze gelten:

1) $a \oplus b = b \oplus a$ (Kommutativgesetz),
2) $(a \oplus b) \oplus c = a \oplus (b \oplus c)$ (Assoziativgesetz),
3) $a \oplus 0 = a$ (neutrales Element),
4) $a \odot b = b \odot a$ (Kommutativgesetz),
5) $(a \odot b) \odot c = a \odot (b \odot c)$ (Assoziativgesetz),
6) $a \odot 1 = a$ (neutrales Element),
7) $a \oplus \neg a = 1, a \odot \neg a = 0$ (Komplementärgesetze)
8) $a \odot (b \oplus c) = (a \odot b) \oplus (a \odot c), a \oplus (b \odot c) = (a \oplus b) \odot (a \oplus c)$ (Distributivgesetze).

Wie bei der Aussagenlogik lassen sich folgende Regeln herleiten:

1) $a \oplus a = a, a \odot a = a$ (Idempotenz),
2) $a \oplus 1 = 1, a \odot 0 = 0$,
3) $a \oplus (a \odot b) = a, a \odot (a \oplus b) = a$ (Absorption),
4) $\neg(\neg a) = a$ (Involution),
5) $\neg(a \oplus b) = \neg a \odot \neg b, \neg(a \odot b) = \neg a \oplus \neg b$ (De Morgan).

1) Wir beweisen dual mit den neutralen Elementen, den Komplementär- und den Distributivgesetzen,

$$a = a \oplus 0 = a \oplus (a \odot \neg a) = (a \oplus a) \odot (a \oplus \neg a) = (a \oplus a) \odot 1 = a \oplus a\,,$$
$$a = a \odot 1 = a \odot (a \oplus \neg a) = (a \odot a) \oplus (a \odot \neg a) = (a \odot a) \oplus 0 = a \odot a\,.$$

2) Wir benutzen die Idempotenz, die neutralen Elemente, die Komplementär- und die Distributivgesetze,

$$1 = a \oplus \neg a = a \oplus (\neg a \odot 1) = (a \oplus \neq a) \odot (a \oplus 1) = a \oplus 1\,,$$
$$0 = a \odot \neg a = a \odot (\neg a \oplus 0) = (a \odot \neq a) \oplus (a \odot 0) = a \odot 0\,.$$

3) Wir benutzen 2), die neutralen Elemente, die Komplementär- und die Distributivgesetze,

$$a = a \odot 1 = a \odot (1 \oplus b) = (a \odot 1) \oplus (a \odot b) = a \oplus (a \odot b)\,,$$
$$a = a \oplus 0 = a \oplus (0 \odot b) = (a \oplus 0) \odot (a \oplus b) = a \odot (a \oplus b)\,.$$

4) und 5) beruhen darauf, dass die Operation $\neg$ das einzige komplementäre Element liefert. Wir zeigen zuerst für ein beliebiges Element a', dass

$$a \oplus a' = 1 \text{ und } a \odot a' = 0 \Rightarrow a' = \neg a\,.$$

Wir schließen wie folgt:

$$a' = a' \odot 1 = a' \odot (a \oplus \neg a) = (a' \odot a) \oplus (a' \odot \neg a) = a' \odot \neg a$$

und weiter,

$$a' \odot \neg a = 0 \oplus (a' \odot \neg a) = (a \odot \neg a) \oplus (a' \odot \neg a) = (a \oplus a') \odot \neg a = 1 \odot \neg a = \neg a\,.$$

Nun folgt 4) aus den Beziehungen $\neg a \oplus \neg(\neg a) = 1$, $\neg a \odot \neg(\neg a) = 0$ und $\neg a \oplus a = 1$, $\neg a \odot a = 0$.

Schließlich zeigen wir 5)

$$\begin{aligned}(a \oplus b) \oplus (\neg a \odot \neg b) &= \big((a \oplus b) \oplus \neg a\big) \odot \big((a \oplus b) \oplus \neg b\big)\\ &= (a \oplus \neg a) \oplus b) \odot (a \oplus (b \oplus \neg b) = (1 \oplus b) \odot (1 \oplus a) = 1 \odot 1 = 1\,,\\ (a \oplus b) \odot (\neg a \odot \neg b) &= a \odot ((\neg a \odot \neg b) \oplus b \odot (\neg a \odot \neg b)\\ &= (a \odot \neg a) \odot \neg b \oplus (b \odot \neg b) \odot \neg a\\ &= 0 \odot \neg b \oplus 0 \odot \neg a = 0\end{aligned}$$

und

$$\begin{aligned}(a \odot b) \oplus (\neg a \oplus \neg b) &= (\neg a \oplus \neg b) \oplus (a \odot b)\\ &= \big((\neg a \oplus \neg b) \oplus a\big) \odot \big((\neg a \oplus \neg b) \oplus b\big) = (1 \oplus \neg b) \odot (1 \oplus \neg a) = 1 \odot 1 = 1\,,\\ (a \odot b) \odot (\neg a \oplus \neg b) &= (a \odot b) \odot \neg a \oplus (a \odot b) \odot \neg b = (a \odot \neg a) \odot b \oplus (b \odot \neg b) \odot a\\ &= 0 \odot b \oplus 0 \odot a = 0\,.\end{aligned}$$

Beispiel 11.11. Wir zeigen

$$a \oplus c = b \oplus c \text{ und } a \oplus \neg c = b \oplus \neg c \Rightarrow a = b\,.$$

Wir führen auf beiden Seiten der ersten Gleichung die Operation $\odot\neg c$ aus,

$$a \oplus c = b \oplus c \Rightarrow (a \oplus c) \odot \neg c = (b \oplus c) \odot \neg c \Rightarrow (a \odot \neg c) \oplus (c \odot \neg c) = (b \odot \neg c) \oplus (c \odot \neg c)$$
$$\Rightarrow a \odot \neg c = b \odot \neg c\,.$$

Analog folgt aus $a \oplus \neg c = b \oplus \neg c$ die Beziehung $a \odot \neg c = b \odot \neg c$. Insgesamt bekommen wir

$$(a \odot c) \oplus (a \odot \neg c) = (b \odot c) \oplus (b \odot \neg c)$$

bzw.

$$a \odot (c \oplus \neg c) = b \odot (c \oplus \neg c),$$

also $a = b$. □

Beispiel 11.12. Wir orientieren uns an den Wahrheitstafeln der Disjunktion, Konjunktion und Negation und erklären Operationen auf der Menge $\{0, 1\}$,

a	b	$a \oplus b$
0	0	0
1	0	1
0	1	1
1	1	1

,

a	b	$a \odot b$
0	0	0
1	0	0
0	1	0
1	1	1

,

a	$\neg a$
0	1
1	0

.

Man kann leicht nachrechnen, dass sich eine Boolesche Algebra ergibt. Die Operationen können natürlich auch wie bisher als Verknüpfungstafel dargestellt werden,

$\oplus$	0	1
0	0	1
1	1	1

,

$\odot$	0	1
0	0	0
1	0	1

,

	$\neg$
0	1
1	0

. □

Beispiel 11.13. Wir betrachten eine Menge $\mathbb{M}$ mit n Elementen. Sie besitzt 2^n verschiedene Teilmengen, die wir zur Potenzmenge $\mathcal{P}(\mathbb{M})$ zusammenfassen. Als zweistellige Operationen nehmen wir erstens die Vereinigung $\oplus$ mit dem neutralen Element $\emptyset$ und zweitens den Durchschnitt $\odot$ mit dem neutralen Element $\mathbb{M}$. Die einstellige Operation wird durch die Bildung der Komplementärmenge $\neg\mathbb{A} = \mathbb{M} \setminus \mathbb{A}$ gegeben. Offenbar gilt $\mathbb{A} \cup \neg\mathbb{A} = \mathbb{M}$ und $\mathbb{A} \cap \neg\mathbb{A} = \emptyset$. Die anderen Booleschen Axiome zeigt man analog. □

Betrachten wir die Boolesche Algebra der Potenzmenge $\mathcal{P}(\mathbb{M})$. Die Inklusion stellt eine partielle Ordnung auf der Algebra dar. Die Ordnungsrelation $\mathbb{A} \leq \mathbb{B} \Longleftrightarrow \mathbb{A} \subseteq \mathbb{B}$ ist reflexiv, antisymmetrisch und transitiv: $\mathbb{A} \leq \mathbb{A}$, $\mathbb{A} \leq \mathbb{B}, \mathbb{B} \leq \mathbb{A} \Longrightarrow \mathbb{A} = \mathbb{B}$, $\mathbb{A} \leq \mathbb{B}$, $\mathbb{B} \leq \mathbb{C} \Longrightarrow \mathbb{A} \leq \mathbb{C}$. Die Inklusion stellt keine Wohlordnung wie die Anordnung der reellen Zahlen dar. Je zwei reelle Zahlen stehen entweder in der Kleiner-, der Gleich-

oder der Größerbeziehung. Wir übertragen die Idee der partiellen Ordnung auf eine beliebige Boolesche Algebra $(B, \oplus, \odot, \neg)$ und definieren

$$a \leq b \quad \Longleftrightarrow \quad a \odot b = a\,.$$

In der Potenzmengenalgebra mit $\leq=\subseteq$ und $\odot = \cap$ gilt offenbar $\mathbb{A} \leq \mathbb{B} \Longleftrightarrow \mathbb{A} \odot \mathbb{B} = \mathbb{A}$. Im allgemeinen Fall folgt nun die Reflexivität aus der Idempotenz $a \odot a = a$. Mit dem Kommutativgesetz folgt aus $a \odot b = a$ und $b \odot a = b$ sofort $a = b$. Sei schließlich $a \odot b = a$ und $b \odot c = b$. Dann bekommen wir $a \odot c = (a \odot b) \odot c = a \odot (b \odot c) = a \odot b = a$.

Beispiel 11.14. Sei $B(\oplus, \odot, \neg)$ eine Boolesche Algebra. Wir betrachten das Produkt $B^n = B \times \cdots \times B$ und erklären komponentenweise die Operationen

$$\begin{aligned}(x_1, \ldots, x_n) \oplus (y_1, \ldots, y_n) &= (x_1 \oplus y_1, \ldots, x_n \oplus y_n)\,,\\ (x_1, \ldots, x_n) \odot (y_1, \ldots, y_n) &= (x_1 \odot y_1, \ldots, x_n \odot y_n)\,,\\ \neg(x_1, \ldots, x_n) &= (\neg x_1, \ldots, \neg x_n)\,.\end{aligned}$$

Wiederum entsteht eine Boolesche Algebra. □

Sei $\mathbb{M}$ eine Menge und $B(\oplus, \odot, \neg)$ eine Boolesche Algebra. Wir betrachten die Menge $\mathrm{Abb}(\mathbb{M}, B)$ von $\mathbb{M}$ nach B. Sind beide Mengen endlich $|\mathbb{M}| = m$, $B = n$, so beträgt die Anzahl der Abbildungen $|\mathrm{Abb}(\mathbb{M}, B)| = n^m$. Für jedes Element aus $\mathbb{M}$ gibt es n mögliche Bilder.

Wir erklären auf $\mathrm{Abb}(\mathbb{M}, B)$ Operationen

$$(f \oplus g)(x) = f(x) \oplus g(x)\,, \quad (f \odot g)(x) = f(x) \odot g(x)\,,$$
$$(\neg f)(x) = \neg f(x)\,,$$

und erhalten eine Boolesche Algebra.

Boolesche Funktionen
Sei $B(\oplus, \odot, \neg)$ eine Boolesche Algebra. Die Elemente aus der Algebra der Funktionen $\mathrm{Abb}(B^n, B)$ heißen Boolesche Funktionen.

Beispiel 11.15. Die Algebra $\mathrm{Abb}(\{0,1\}^2, \{0,1\})$ der Booleschen Funktionen $\{0,1\} \times \{0,1\} \longrightarrow \{0,1\}$ enthält $2^{(2^2)} = 16$ Elemente,

x_1	x_2	f_1	f_2	f_3	f_4	f_5	f_6	f_7	f_8
0	0	0	1	0	0	0	1	1	1
1	0	0	0	1	0	0	1	0	0
0	1	0	0	0	1	0	0	1	0
1	1	0	0	0	0	1	0	0	1

x_1	x_2	f_9	f_{10}	f_{11}	f_{12}	f_{13}	f_{14}	f_{15}	f_{16}
0	0	0	0	0	1	1	1	0	1
1	0	1	1	0	1	1	0	1	1
0	1	1	0	1	1	0	1	1	1
1	1	0	1	1	0	1	1	1	1

Folgende Booleschen Funktionen kennen wir bereits: die konstanten Funktionen f_1 und f_{16}, die Booleschen Operationen $\oplus$ und $\odot$, nämlich f_{15} und f_5. Die Funktion f_{12} entspricht dem Sheffer-Operator $x_1 \uparrow x_2$ dar. Alle sechzehn Booleschen Funktionen können mithilfe der Operationen $\oplus$, $\odot$ und $\neg$ ausgedrückt werden. Man kann aber auch alle Funktionen mit dem Sheffer-Operator herstellen. Mit $x_1 \uparrow x_2 = \neg(x_1 \odot x_2)$, der Idempotenz und den de Morganschen Regeln zeigt man

$$
\begin{aligned}
\neg x &= \neg(x \odot x) = x \uparrow x\,,\\
x_1 \oplus x_2 &= (\neg(\neg(x_1 \odot x_1))) \oplus (\neg(\neg(x_2 \odot x_2))) = \neg((\neg(x_1 \odot x_1)) \odot (\neg(x_1 \odot x_1))\\
&= (x_1 \uparrow x_1) \uparrow (x_2 \uparrow x_2)\,,\\
x_1 \odot x_2 &= \neg(\neg(x_1 \odot x_2)) = \neg((\neg(x_1 \odot x_2)) \odot (\neg(x_1 \odot x_2)))\\
&= (x_1 \uparrow x_2) \uparrow (x_1 \uparrow x_2)\,.
\end{aligned}
$$

□

Ein Polynom über einem Körper $\mathbb{K}$ können wir als Funktion von $\mathbb{K}$ nach $\mathbb{K}$ auffassen, die mit Konstanten aus $\mathbb{K}$, einer Variablen x und dem Körperoperationen $+$ und $\cdot$ gebildet wird. Wir verallgemeinern diesen Begriff auf mehrere Variable und legen Boolesche Algebren zugrunde.

Boolesche Polynome

Sei $B(\oplus, \odot, \neg)$ eine Boolesche Algebra. Funktionen $\mathrm{Abb}(B^n, B)$, die mit Konstanten $a \in B$, den Variablen $x_1, \ldots, x_n$ und den Verknüpfungen $\oplus$, $\odot$, $\neg$ gebildet werden können, heißen Boolesche Polynomfunktionen, bzw. Polynome.

Polynome über $\mathbb{K}$ schreiben wir meist in einer Normalform, zum Beispiel $x^4\,(-x)\,(a\,x + b) - c\,x = -a\,x^6 - b\,x^5 + c\,x$. Für Boolesche Polynome gibt es ebenfalls Normalformen. Ohne Beweis geben wir folgenden Satz an: Zu jedem Booleschen Polynom $f(x_1, \ldots, x_n)$ gibt es genau eine disjunktive Normalform,

$$
f(x_1, \ldots, x_n) = \bigoplus_{j_1,\ldots,j_n} a_{j_1,\ldots,j_n} \odot x_1^{j_n} \odot \cdots \odot x_n^{j_n} = \sum_{j_1,\ldots,j_n} a_{j_1,\ldots,j_n}\, x_1^{j_n} \cdots x_n^{j_n}\,,
$$

wobei die Indizes $j_k \in \{0,1\}$ liegen und $x_k^{j_k} = \neg x_k$ für $j_k = 0$ und $x_k^{j_k} = x_k$ für $j_k = 1$ gilt. Ohne Beweis geben wir auch folgenden wichtigen Sonderfall an: Für $B = \{0,1\}$ sind alle Funktionen aus $\mathrm{Abb}(B^n, B)$ Boolesche Polynome.

Für den Sonderfall $B = \{0,1\}$ zeigen wir, dass jedes Polynom aus $\mathrm{Abb}(B^n, B)$ auf folgendem Weg in die disjunktive Normalform gebracht werden kann:

$$f(x_1,\ldots,x_n) = \sum_{\substack{j_1,\ldots,j_n \\ f(j_1,\ldots,j_n)=1}} a_{j_1,\ldots,j_n} x_1^{j_1} \cdots x_n^{j_n} .$$

Offenbar gilt $x^j = 1$ genau dann, wenn $x = j$ ist. Im Fall $j = 0$ haben wir: $0^0 = \neg 0 = 1$ und $1^0 = \neg 1 = 0$. Im Fall $j = 1$ haben wir $0^1 = 0$ und $1^1 = 1$. Aus der Multiplikationstafel entnimmt man, dass Produkte nur dann 0 ergeben, wenn mindestens ein Faktor 0 ist. Damit folgt die Darstellung. Die Terme $x_1^{j_1} \cdots x_n^{j_n}$ werden als Minterme bezeichnet.

Beispiel 11.16. Das Boolesche Polynom ($n = 2$)

$$f(x,y) = x \oplus y$$

hat folgende disjunktive Normalform:

$$f(x,y) = x^1 y^0 \oplus x^0 y^1 \oplus x^1 y^1 .$$

Offenbar ist $f(x,y) = 1$ für genau folgende Tupel: $(1,0)$, $(0,1)$, $(1,1)$.

Das Boolesche Polynom ($n = 3$)

$$f(x,y,z) = x \oplus y \oplus z$$

hat folgende disjunktive Normalform:

$$\begin{aligned} f(x,y,z) = x^1 y^0 z^0 &\oplus x^0 y^1 z^0 \oplus x^0 y^0 z^1 \\ &\oplus x^1 y^1 z^0 \oplus x^1 y^0 z^1 \oplus x^0 y^1 z^1 \\ &\oplus x^1 y^1 z^1 . \end{aligned}$$

Offenbar ist $f(x,y,z) = 1$ für genau folgende Tripel: $(1,0,0)$, $(0,1,0)$, $(0,0,1)$, $(1,1,0)$, $(1,0,1)$, $(0,1,1)$, $(1,1,1)$. □

Beispiel 11.17. Wenn eine Boolesche Funktion aus $\mathrm{Abb}(B^n, B)$, $B = \{0,1\}$ gegeben ist, kann sie in die disjunktive Normalform gebracht werden. Oft stellt sich ein anderes Problem, nämlich die Funktion als Summe von Produkten mit einer minimalen Anzahl von Summanden darzustellen. Wir betrachten erneut die Booleschen Polynome ($n = 2$)

$$x^1 y^1 \oplus x^1 y^0 \oplus x^0 y^1$$

und ($n = 3$)

$$x^1 y^0 z^0 \oplus x^0 y^1 z^0 \oplus x^0 y^0 z^1 \oplus x^1 y^1 z^1 .$$

Wir benutzen nacheinander das Idempotenz-, Distributiv- und Komplementärgesetz und bekommen

$$\begin{aligned} x^1y^1 \oplus x^1y^0 \oplus x^0y^1 &= x^1y^1 \oplus x^1y^1 \oplus x^1y^0 \oplus x^0y^1 \\ &= x^1 \odot (y^1 + y^0) \oplus (x^1 + x^0) \odot y^1 \\ &= x^1 \oplus y^1 = x \oplus y\,. \end{aligned}$$

Analog ergibt sich unter Verwendung des vorigen Ergebnisses

$$\begin{aligned} &x^1y^1z^1 \oplus x^1y^1z^0 \oplus x^1y^0z^0 \oplus x^1y^0z^1 \oplus x^0y^1z^1 \oplus x^0y^1z^0 \oplus x^0y^0z^1 \\ &= (x^1y^1 \oplus x^1y^0) \oplus (y^1z^1 \oplus y^1z^0 \oplus y^0z^1) \\ &= x^1 \oplus y^1 \oplus z^1 = x \oplus y + z\,. \end{aligned}$$

Die durchgeführten Rechnungen lassen sich schematisch mit der Karnaugh-Abbildung darstellen (Abb. 11.1, Abb. 11.2). Im Fall $n = 4$ gibt es vier Minterme. Wir können nun in ein Schema für jeden Minterm eine Eins eintragen, wenn er in der Normalform auftritt. Das Schema der Minterme wird so angeordnet, dass zwei Nachbarn einer Zeile (Spalte) in einem (zwei) Faktoren übereinstimmen und beim zweiten (dritten) der Exponent von Null nach Eins oder umgekehrt wechselt. Die Anordnung wird zyklisch fortgesetzt.

	y^1	y^0
x^1	1	1
x^0	1	0

Abb. 11.1: Karnaugh-Abbildung der Normalform $x^1y^1 \oplus x^1y^0 \oplus x^0y^1$. Die benachbarten Einsen der ersten Zeile addieren sich zu x. Die benachbarten Einsen der ersten Spalte addieren sich zu y.

	y^1	y^1	y^0	y^0
x^1	1	1	1	1
x^0	1	1	0	1
	z^1	z^0	z^0	z^1

Abb. 11.2: Karnaugh-Abbildung der Normalform $x^1y^0z^0 \oplus x^0y^1z^0 \oplus x^0y^0z^1 \oplus x^1y^1z^1$. Die benachbarten Einsen der ersten Zeile addieren sich zu x. Die benachbarten Einsen der ersten, zweiten und vierten Spalte addieren sich zu $y \oplus z$.

□

11.2 Modulare Arithmetik

Die elementare Zahlentheorie legt mit der Teilbarkeitslehre und der modularen Arithmetik die Grundlage für zahlreiche Anwendungen in der Informatik.

Teiler
Sei $x, y \in \mathbb{Z}$ und $y \neq 0$. Die Zahl y teilt die Zahl x, wenn es ein $q \in \mathbb{Z}$ gibt mit $x = qy$. Man schreibt dafür $y \mid x$.

Offensichtlich ist der Quotient q eindeutig bestimmt. Es gibt keine echten Nullteiler in $\mathbb{Z}$. Ist $x = qy = 0$, dann muss $q = 0$ sein.

Primzahl
Sei $x \in \mathbb{N}, x > 1$, dann hat x mindestens zwei Teiler: 1 und x.
Die Zahl x heißt Primzahl, wenn sie außer 1 und x keine positiven Teiler besitzt.

Man kann zeigen, dass es unendlich viele Primzahlen gibt. Jede natürliche Zahl $x \geq 2$ besitzt eine eindeutige Zerlegung in Primzahlen,

$$x = p_1^{k_1} \cdots p_n^{k_n}$$

mit Primzahlen $p_1, \ldots, p_n$ und natürlichen Exponenten $k_1, \ldots, k_n$.

Da die Division im Bereich der ganzen Zahlen im Allgemeinen nicht aufgeht, dividiert man mit Rest.

Division mit Rest
Sei $x \in \mathbb{Z}$ und $y \in \mathbb{N}$. Dann gibt es eindeutig bestimmte Zahlen $q \in \mathbb{Z}$ und $r \in \mathbb{Z}, 0 \leq r < y$, sodass gilt

$$x = qy + r\,.$$

Aus der Umformung

$$x = qy + r \quad \Longleftrightarrow \quad \frac{x}{y} = q + \frac{r}{y}$$

ergeben sich die Bezeichnungen Quotient für q bzw. Rest für r.

Wenn y ein Teiler von x ist, haben wir $r = 0$, und die Behauptung ist bewiesen.

Wir nehmen nun an, dass y kein Teiler von x ist. Wir betrachten die Menge

$$\mathbb{M} = \{s \mid x - sy > 0\,,\ s \in \mathbb{Z}\}\,.$$

Die Menge $\mathbb{M}$ enthält mindestens ein Element. Im Fall $x > 0$, ist $s = 0 \in \mathbb{M}$. Im Fall $x \leq 0$ ist

$$x - (x-1)\,y = x\,(1-y) + y > 0\,,$$

denn wir haben $y \geq 1$ und $x\,(1-y) \geq 0$. Die Menge $\mathbb{M}$ ist endlich und enthält ein größtes Element q, und wir setzen $r = x - qy$. Wäre nun $r = y$, so ergäbe sich $y = x - qy$ bzw. $x = (q+1)\,y$ im Widerspruch dazu, dass y kein Teiler von x ist. Wäre nun $r > y$, so ergäbe sich $y < x - qy$ bzw. $x - (q+1)\,y > 0$ im Widerspruch dazu, dass q das größte Element der Menge $\mathbb{M}$ war.

Schließlich nehmen wir an, es gäbe zwei verschiedene Darstellungen,

$$x = q_1 y + r_1 \,, \quad x = q_2 y + r_2 \,,$$

mit $q_1 \neq q_2$ und $r_1 \neq r_2$. Wegen $0 \leq r_1 < y$ und $0 \leq r_2 < y$ ist aber $|r_1 - r_2| < y$, und die Poduktdarstellung

$$(q_1 - q_2)\,y = r_1 - r_2$$

führt zum Widerspruch.

Beispiel 11.18. Es gilt $7 \mid 21$, $7 \mid -21$, $-7 \mid 21$, $-7 \mid -21$, denn

$$21 = 3 \cdot 7\,, \quad -21 = (-3) \cdot 7\,, \quad 21 = (-3) \cdot (-7)\,, \quad -21 = 3 \cdot (-7)\,.$$

Aus den Beziehungen

$$23 = 3 \cdot 7 + 2\,, \quad -23 = (-4) \cdot 7 + 5\,, \quad 23 = (-3) \cdot (-7) + 2\,, \quad -23 = 4 \cdot (-7) + 5$$

ergibt sich 7 teilt 23 mit Rest 2, 7 teilt -23 mit Rest 5, -7 teilt 23 mit Rest 2, -7 teilt -23 mit Rest 5. □

Beispiel 11.19. Wenn wir eine Zahl $x \in \mathbb{N}$ in einem y-System schreiben, suchen wir eine Darstellung in Potenzen von $y \in \mathbb{N}$,

$$x = \sum_{j=0}^{k} r_j y^j = r_k y^k + r_{k-1} y^{k-1} + \cdots r_1 y^1 + r_0 \,, \quad 0 \leq r_j < y\,.$$

Offensichtlich ist r_0 gerade der Rest bei der Division von x durch y. Mit der Umformung

$$\frac{x - \sum_{j=0}^{l} r_j y^j}{y^{l+1}} = \sum_{j=l+1}^{k} r_j y^{j-l-1}$$

erhält man die weiteren Koeffizienten durch fortgesetztes Dividieren mit Rest.

Wir schreiben die Zahl $x = 7316$ im Dualsystem ($y = 2$) und im Oktalsystem ($y = 8$). Durch Division mit Rest folgt:

$$\begin{aligned}
7316 &= 2 \cdot 3658 + 0\,, \\
3658 &= 2 \cdot 1829 + 0\,, \\
1829 &= 2 \cdot 914 + 1\,, \\
914 &= 1 \cdot 457 + 0\,, \\
457 &= 2 \cdot 228 + 1\,, \\
228 &= 2 \cdot 114 + 0\,, \\
114 &= 2 \cdot 57 + 0\,, \\
57 &= 2 \cdot 28 + 1\,, \\
28 &= 2 \cdot 14 + 0\,, \\
14 &= 2 \cdot 7 + 0\,, \\
7 &= 2 \cdot 3 + 1\,, \\
3 &= 2 \cdot 1 + 1\,, \\
1 &= 2 \cdot 0 + 1\,,
\end{aligned}$$

Fasst man zusammen, so erhält man die Darstellung

$$\begin{aligned}
7316 = 1 \cdot 2^{12} &+ 1 \cdot 2^{11} + 1 \cdot 2^{10} + 0 \cdot 2^{9} + 0 \cdot 2^{8} + 1 \cdot 2^{7} + 0 \cdot 2^{6} \\
&+ 0 \cdot 2^{5} + 0 \cdot 2^{4} + 1 \cdot 2^{4} + 0 \cdot 2^{3} + 1 \cdot 2^{2} + 0 \cdot 2^{1} + 0 \cdot 2^{0}\,.
\end{aligned}$$

Durch Division mit Rest bekommt man zunächst

$$\begin{aligned}
7316 &= 914 \cdot 8 + 4\,, \\
914 &= 114 \cdot 8 + 2\,, \\
114 &= 14 \cdot 8 + 2\,, \\
14 &= 1 \cdot 8 + 6\,, \\
1 &= 0 \cdot 8 + 1\,.
\end{aligned}$$

Insgesamt ergibt sich

$$7316 = 1 \cdot 8^{4} + 6 \cdot 8^{3} + 2 \cdot 8^{2} + 2 \cdot 8^{1} + 4 \cdot 8^{0}\,. \qquad \square$$

Bei der Division im Bereich der ganzen Zahlen spielt die Frage nach gemeinsamen Teilern eine große Rolle.

Gemeinsame Teiler

Sei $x, y \in \mathbb{Z}$. Die Zahl $z \in \mathbb{N}$ heißt gemeinsamer Teiler, wenn sie x und y teilt: $z \mid x$ und $z \mid y$.

Sei $x, y \in \mathbb{Z}$ und $x \neq 0$ oder $y \neq 0$. Dann bezeichnen wir den größten gemeinsamen Teiler von x und y mit $\mathrm{ggT}(x, y)$.

Ist der größte gemeinsame Teiler gleich eins, $\mathrm{ggT}(x, y) = 1$, dann heißen die Zahlen x und y teilerfremd (relativ prim).

Sind x, y, z natürliche Zahlen und $x \mid z$ und $y \mid z$, dann bezeichnet man z als gemeinsames Vielfaches von x und y. Das kleinste gemeinsame Vielfache erhält analog zum $\mathrm{ggT}(x,y)$ das Symbol $\mathrm{kgV}(x,y)$.

Beispiel 11.20. Für $x, y \in \mathbb{N}$ gilt

$$x\,y = \mathrm{ggT}(x,y)\,\mathrm{kgV}(x,y)\,.$$

Ist eine der beiden Zahlen gleich Eins, dann ist die Behauptung sofort klar. Wir nehmen $x, y \geq 2$ an und zerlegen in Primzahlen,

$$x = p_1^{k_1} \cdots p_n^{k_n}\,, \quad y = p_1^{l_1} \cdots p_n^{l_n}\,.$$

Dabei ergänzen wir die Primzahlzerlegungen so, dass in beiden Produkten dieselben Primzahlbasen auftreten und lassen dafür auch die Exponenten Null zu. Der größte gemeinsame Teiler lautet dann

$$\mathrm{ggT}(x,y) = p_1^{\min\{k_1,l_1\}} \cdots p_n^{\min\{k_n,l_n\}}\,.$$

Der kleinste gemeinsame Vielfache lautet

$$\mathrm{kgV}(x,y) = p_1^{\max\{k_1,l_1\}} \cdots p_n^{\max\{k_n,l_n\}}\,,$$

und es gilt

$$p_1^{k_1} \cdots p_n^{k_n}\, p_1^{l_1} \cdots p_n^{l_n} = \mathrm{ggT}(x,y)\,\mathrm{kgV}(x,y)\,.$$

□

Beispiel 11.21. Man kann den größten gemeinsamen Teiler als denjenigen gemeinsamen Teiler charakterisieren, den alle anderen gemeinsamen Teiler ihrerseits teilen. Seien $x, y \in \mathbb{N}$ und z sei ein gemeinsamer Teiler von x und y. Dann gilt $z \mid \mathrm{ggT}(x,y)$.

Wir gehen für $x, y \geq 2$ wieder von der Primzahlzerlegung

$$x = p_1^{k_1} \cdots p_n^{k_n}\,, \quad y = p_1^{l_1} \cdots p_n^{l_n}$$

und der Zerlegung des größten gemeinsamen Teilers aus,

$$\mathrm{ggT}(x,y) = p_1^{\min\{k_1,l_1\}} \cdots p_n^{\min\{k_n,l_n\}}\,.$$

Jeder gemeinsame Teiler z von x und y muss eine Primzahlzerlegung der Gestalt besitzen

$$z = p_1^{j_1} \cdots p_n^{j_n}\,, \quad j_1 \leq \min\{k_1, l_1\}, \ldots, j_n \leq \min\{k_n, l_n\}\,,$$

und die Behauptung folgt. □

Den größten gemeinsamen Teiler bestimmt man mit dem euklidischen Algorithmus.

Euklidischer Algorithmus
Sei $x, y \in \mathbb{N}$, $x > y$. Wir dividieren der Reihe nach mit Rest,

$$\begin{aligned} x &= q_1 y + r_1 , \quad 0 < r_1 < y , \\ y &= q_2 r_1 + r_2 , \quad 0 < r_2 < r_1 , \\ r_1 &= q_3 r_2 + r_3 , \quad 0 < r_3 < r_2 , \\ &\vdots \\ r_j &= q_{j+2} r_{j+1} + r_{j+2} , \quad 0 < r_{j+2} < r_{j+1} , \\ &\vdots \\ r_{k-2} &= q_k r_{k-1} + r_k , \quad 0 < r_k < r_{k-1} , \\ r_{k-1} &= q_{k+1} r_k . \end{aligned}$$

Dann ist der letzte nichtverschwindende Rest gleich dem größten gemeinsamen Teiler,

$$r_k = \text{ggT}(x, y) .$$

Bei jedem Schritt wird der Rest echt kleiner, sodass der Algorithmus nach endlich vielen Schritten abbrechen muss. Die letzte Gleichung der Kette besagt $r_k \mid r_{k-1}$. Die vorletzte Gleichung besagt dann $r_k \mid r_{k-2}$. Gehen wir die ganze Kette aufwärts durch, so folgt (mit Induktion) $r_k \mid y$ und $r_k \mid x$. Nehmen wir an, z wäre ein gemeinsamer Teiler von x und y. Aus der ersten Gleichung der Kette folgt $z \mid r_1$. Aus der zweiten Gleichung der Kette folgt dann $z \mid r_2$. Gehen wir die ganze Kette abwärts durch, so folgt wieder (mit Induktion) $z \mid r_k$. Also ist r_k der größte gemeinsame Teiler.

Beispiel 11.22. Wir berechnen ggT(373392, 23268) mit dem euklidischen Algorithmus,

$$\begin{aligned} 373392 &= 16 \cdot 23268 + 1104 , \\ 23268 &= 21 \cdot 1104 + 84 , \\ 1104 &= 13 \cdot 84 + 12 , \\ 84 &= 7 \cdot 12 . \end{aligned}$$

Der letzte nichtverschwindende Rest ergibt den größten gemeinsamen Teiler,

$$r_3 = 12 = \text{ggT}(373392, 23268) .$$ □

Beispiel 11.23. Für zwei natürliche Zahlen $x > y$ gilt $\text{ggT}(x, y) = \text{ggT}(x - y, y)$.

Sei nämlich z Teiler von $x - y$ und y: $x - y = q_d z$ und $y = q_y z$. Dann folgt durch Addition $x = (q_d + q_y) z$. Also ist z ein geimensamer Teiler von x und y und teilt $\text{ggT}(x, y)$. □

Beispiel 11.24. Bei der Umwandlung einer rationalen Zahl $\frac{x}{y}$, $x, y \in \mathbb{N}$, in eine Dezimalzahl geht man analog zum euklidischen Algorithmus vor,

$$10 \cdot 3 = 3 \cdot 8 + 6\,,$$
$$10 \cdot 6 = 7 \cdot 8 + 4\,,$$
$$10 \cdot 4 = 5 \cdot 8 + 0\,.$$

Hieraus ergibt sich die abbrechende Dezimalzahl $\frac{3}{8} = 0.375$. Bei der Umwandlung von $\frac{93}{39}$ erhalten wir eine periodische Dezimalzahl:

$$93 = 2 \cdot 39 + 15\,,$$
$$10 \cdot 15 = 3 \cdot 39 + 33\,,$$
$$10 \cdot 33 = 8 \cdot 39 + 18\,,$$
$$10 \cdot 18 = 4 \cdot 39 + 24\,,$$
$$10 \cdot 24 = 6 \cdot 39 + 6\,,$$
$$10 \cdot 6 = 1 \cdot 39 + 21\,,$$
$$10 \cdot 21 = 5 \cdot 39 + 15\,.$$

Hieraus ergibt sich die periodische Dezimalzahl, $\frac{93}{39} = 2.\overline{384615}$.

Allgemein überlegt man sich, dass eine rationale Zahl in eine abbrechende Dezimalzahl oder in eine periodische Dezimalzahl verwandelt wird. Ohne Einschränkung nehmen wir dabei $x < y$ an, dass

$$10 \cdot x = q_1 \cdot y + r_1\,,$$
$$10 \cdot r_1 = q_2 \cdot y + r_2\,,$$
$$10 \cdot r_2 = q_3 \cdot y + r_3\,,$$
$$\vdots$$

Da nur endlich viele Reste $0, 1, 2, \ldots, y-1$ zur Verfügung stehen, tritt nach endlich vielen Schritten entweder der Rest Null auf (abbrechende Dezimalentwicklung) oder ein Rest wiederholt sich zum ersten Mal (periodische Dezimalentwicklung). □

Wenn man die Reste aus den Gleichungen beim euklidischen Algorithmus zur Bestimmung von $\text{ggT}(x, y)$ sukzessive ersetzt, dann bekommt man eine Lösung der diophantischen Gleichung $m\,x + n\,y = \text{ggT}(x, y)$.

Erweiterter euklidischer Algorithmus
Für je zwei Zahlen $x, y \in \mathbb{N}$ existieren Zahlen $m, n \in \mathbb{Z}$ mit

$$m\,x + n\,y = \text{ggT}(x, y)\,.$$

Die folgenden Zahlen $m = m_k$ und $n = n_k$ ergeben sich aus der Rekursion,

$$m_j = m_{j-2} - q_j\, m_{j-1}\,, \quad m_j = n_{j-2} - q_j\, n_{j-1}\,, \quad j = 2, \ldots, k\,,$$

mit den Startwerten $m_0 = 0, n_0 = 0, m_1 = 1, n_1 = -q_1$ und den Quotienten $q_1, \ldots, q_k$ sowie den Resten $r_1, \ldots, r_k = \text{ggT}(x, y)$ aus dem euklidischen Algorithmus.

Eine diophantische Gleichung $m\,x + n\,y = \text{ggT}(x,y)$ besitzt keine eindeutige Lösung. Ist beispielsweise $x = 5$ und $y = 6$, dann gilt $5{\cdot}5+(-4){\cdot}6 = 1$ und $(-1){\cdot}5+1{\cdot}6 = 1$. Wir beschreiben nun die Konstruktion der Lösung $m = m_k$ und $n = n_k$. Ohne Einschränkung können wir $x > y$ annehmen. Den größten gemeinsamen Teiler $r_k = \text{ggT}(x,y)$ entnehmen wir dem euklidischen Algorithmus

$$\begin{aligned}
x &= q_1\,y + r_1\,,\\
y &= q_2\,r_1 + r_2\,,\\
r_1 &= q_3\,r_2 + r_3\,,\\
&\vdots\\
r_j &= q_{j+2}\,r_{j+1} + r_{j+2}\,,\\
&\vdots\\
r_{k-2} &= q_k\,r_{k-1} + r_k\,,\\
r_{k-1} &= q_{k+1}\,r_k\,.
\end{aligned}$$

Die Gleichungen lösen wir jeweils nach den Resten auf,

$$\begin{aligned}
r_1 &= x - q_1 y\,,\\
r_2 &= y - q_2\,r_1\,,\\
r_3 &= r_1 - q_3\,r_2\,,\\
&\vdots\\
r_{j+2} &= r_j - q_{j+2}\,r_{j+1}\,,\\
&\vdots\\
r_k &= r_{k-2} - q_k\,r_{k-1}\,.
\end{aligned}$$

Offensichtlich gilt

$$\begin{aligned}
r_1 &= x - q_1 y r_1 = m_1\,x + n_1\,y\,,\\
r_2 &= y - q_2\,r_1 = -q_2\,x + q_1\,q_2\,y\\
&= (m_0 - q_2\,m_1)\,x + (n_0 - q_2\,n_1)\,y = m_2\,x + n_2\,y\,.
\end{aligned}$$

Die Rekursionsformel bestätigt man durch Einsetzen und Umformen,

$$\begin{aligned}
r_j &= m_{j-2}\,x + n_{j-2})\,y - g_j\,(m_{j-1}\,x + n_{j-1})\,y)\\
&= (m_{j-2} - q_j\,m_{j-1})\,x + (n_{j-2} - q_j\,n_{j-1})\,y\,.
\end{aligned}$$

Der erweiterte euklidische Algorithmus eliminiert also von unten beginnend die Reste.

Beispiel 11.25. Mit dem erweiterten euklidischen Algorithmus berechnen wir Lösungen der diophantischen Gleichungen

$$m\,6 + n\,5 = 1\,, \quad m\,373392 + n\,23268 = 12\,.$$

Es gilt $\mathrm{ggT}(6,5) = 1$ bzw. $\mathrm{ggT}(373392, 23268) = 12$, und der Algorithmus kann angewendet werden.

Im ersten Fall lautet der euklidische Algorithmus

$$\begin{aligned} 6 &= 1 \cdot 5 + 1\,, \\ 5 &= 1 \cdot 5\,. \end{aligned}$$

Wir haben $r_1 = 1 = \mathrm{ggT}(6,5)$ und die Auflösung ergibt

$$1 \cdot 6 + (-1) \cdot 5 = 1\,.$$

Der erweiterte euklidische Algorithmus besteht aus einem einzigen Schritt.

Im zweiten Fall lautet der euklidische Algorithmus

$$\begin{aligned} 373392 &= 16 \cdot 23268 + 1104\,, \\ 23268 &= 21 \cdot 1104 + 84\,, \\ 1104 &= 13 \cdot 84 + 12\,, \\ 84 &= 7 \cdot 12\,. \end{aligned}$$

Wir haben $r_1 = 1104$, $r_2 = 84$, $r_3 = 12 = \mathrm{ggT}(373392, 23268)$ und lösen auf,

$$\begin{aligned} 1104 &= 373392 - 16 \cdot 23268\,, \\ 84 &= 23268 - 21 \cdot 1104\,, \\ 12 &= 1104 - 13 \cdot 84\,. \end{aligned}$$

Eliminieren der Reste ergibt

$$\begin{aligned} 12 &= 1104 - 13 \cdot 84\,, \\ 12 &= 1104 - 13 \cdot (23268 - 21 \cdot 1104) \\ &= (1 + 13 \cdot 21) \cdot 1104 - 13 \cdot 23268\,, \\ &= 274 \cdot 1104 - 13 \cdot 23268\,, \\ 12 &= 274 \cdot (373392 - 16 \cdot 23268) - 13 \cdot 23268 \\ &= 274 \cdot 373392 + (-274 \cdot 16 - 13) \cdot 23268 \\ &= 274 \cdot 373392 - 4397 \cdot 23268\,. \end{aligned}$$

Es gilt also

$$274 \cdot 373392 - 4397 \cdot 23268 = 12\,. \qquad \square$$

Beispiel 11.26. Für drei Zahlen $x, y, z \in \mathbb{N}$ existieren genau dann Zahlen $m, n \in \mathbb{Z}$ mit $m\,x + n\,y = z$, wenn $\mathrm{ggT}(x, y) \mid z$.

Sei $z = q \cdot \mathrm{ggT}(x, y)$. Wir lösen die Gleichung $m\,x + n\,y = \mathrm{ggT}(x, y)$ und multiplizieren

$$(q\,m)\,x + (q\,n)\,y = q \cdot \mathrm{ggT}(x, y) = z\,.$$

Umgekehrt folgt aus $m\,x + n\,y = z$ sofort $\mathrm{ggT}(x, y) \mid z$.

Auf dieselbe Art können wir die diophantische Gleichung $m\,x + n\,y = z$ lösen, wenn $z < 0$ ist und $\mathrm{ggT}(x, y) \mid -z$. □

Wir setzen Zahlen, deren Differenz ein Vielfaches einer gegeben Zahl darstellt, in Relation zu einander.

Kongruenz
Sei $x \in \mathbb{Z}, y \in \mathbb{Z}$ und $m \in \mathbb{N}$. Man bezeichnet x als kongruent y modulo m, wenn der Modul m ein Teiler der Differenz $x - y$ ist,

$$x \equiv y \pmod{m} \quad \Longleftrightarrow \quad m \mid (x - y)\,.$$

Die Aussage $x \equiv 0 \pmod{m}$ bedeutet nichts anderes als $m \mid x$.

Im Übrigen stellt die Kongruenzrelation eine Aquivalenzrelation dar. Stets teilt m die Differenz $x - x$, also $x \equiv x \pmod{m}$ (Reflexivität). Teilt die Zahl m die Differenz $x - y$, so teilt sie auch die Differenz $y - x$ und umgekehrt (Symmetrie),

$$x \equiv y \pmod{m} \quad \Longleftrightarrow \quad y \equiv x \pmod{m}\,.$$

Schließlich gilt (Transitivität)

$$x \equiv y \pmod{m} \text{ und } y \equiv z \pmod{m} \quad \Longleftrightarrow \quad x \equiv z \pmod{m}\,.$$

Denn aus $m \mid (x - y)$ und $m \mid (z - y)$ folgt $m \mid (x - z)$.

Beispiel 11.27. Es gilt

$$17 \equiv 29 \pmod{6}\,,$$

denn $6 \mid (17 - 29)$ bzw. $6 \mid (-12)$.

Es gilt:

$$34 \not\equiv 27 \pmod{6}\,,$$

denn $6 \nmid (34 - 27)$ bzw. $6 \nmid 7$. □

Wenn die Differenz zweier Zahlen ein Vielfaches eines gegebenen Moduls darstellt, ergibt sich bei der Division durch den Modul derselbe Rest.

Kongruenz und Division mit Rest
Es gilt $x \equiv y \pmod m$ genau dann, wenn die Zahlen x und y bei Division durch m denselben Rest ergeben.

Besteht die Relation $x \equiv y \pmod m$, so gilt mit einem $k \in \mathbb{Z}$: $x - y = k\,m$. Wir können dann schreiben

$$x = y + k\,m \quad \text{bzw.} \quad y = x - k\,m\,.$$

Bei der Division mit Rest durch m liefert der Summand $k\,m$ bzw. $-k\,m$ nun jeweils den Rest Null. Umgekehrt nehmen wir an, dass mit Quotien $q_x, q_y \in \mathbb{Z}$ und einem Rest $0 \leq r < m$ gilt

$$x = q_x\,m + r \quad \text{bzw.} \quad y = q_y\,m + r\,.$$

Subtraktion dieser Beziehungen ergibt

$$x - y = (q_x - q_y)\,m \quad \Longleftrightarrow \quad x \equiv y \pmod m\,.$$

Beispiel 11.28. Bücher können durch die ISBN (International Standard Book Number) eindeutig identifiziert werden. Die ISBN umfasst 10 Stellen. Man untergliedert die Nummer durch Bindestriche und erhält Informationen durch verschiedene Codes,

$$\underbrace{n_1}_{\text{Ländercode}} - \underbrace{n_2\,n_3\,n_4}_{\text{Verlagscode}} - \underbrace{n_5\,n_6\,n_7\,n_8\,n_9}_{\text{Buchcode im Verlag}} - \underbrace{p}_{\text{Prüfziffer}}\,.$$

Die Ziffern $n_1, \ldots, n_9$ sind jeweils ganze Zahlen zwischen 0 und 9. Die Prüfziffer kann ganzzahlige Werte von 0 bis 10 annehmen. Man schreibt aber nicht den Wert $p = 10$, sondern verwendet in diesem Fall ein großes X: $p = X$. Die Prüfziffer wird modulo 11 aus den drei vorausgegangenen Codes berechnet und vermittelt keine Information. Sie sorgt dafür, dass bei Übermittlungsfehlern wie Ziffernvertauschen keine ISBN eines anderen Buches, sondern eine ungültige Nummer entsteht. Die Prüfziffer $0 \leq p \leq 10$ ergibt sich aus der Kongruenz

$$p \equiv \sum_{k=1}^{9} k\,n_k \pmod{11}\,,$$

wobei noch $p = 10$ durch $p = X$ ersetzt wird.

Wir betrachten die ISBN

$$3 - 486 - 25956 - 3$$

mit der Prüfziffer $p = 3$. Sie ergibt sich aus

$$p \equiv 1 \cdot 3 + 2 \cdot 4 + 3 \cdot 8 + 4 \cdot 6 + 5 \cdot 2 + 6 \cdot 5 + 7 \cdot 9 + 8 \cdot 5 + 9 \cdot 6 \pmod{11},$$

bzw. $p \equiv 256 \pmod{11}$. Wegen $256 = 23 \cdot 11 + 3$ ist $p = 3$. Vertauschen wir in den ersten 9 Stellen der ISBN zwei Ziffern, so entsteht eine andere Prüfziffer. Man überlegt sich sofort, dass aus

$$1 \cdot n_1 + \cdots + j\,n_j + \cdots + k\,n_k + \cdots 9 \cdot n_9 \equiv 1 \cdot n_1 + \cdots + j\,n_k + \cdots + k\,n_j + \cdots 9 \cdot n_9 \pmod{11}$$

folgt $n_j = n_k$. Da alle auftretenden Zahlen nur die Werte 0 bis 9 annehmen können, ergibt sich $n_j = n_k$ aus

$$11 \,|\, j\,n_j + k\,n_k - (j\,n_k + k\,n_j) \quad\Longleftrightarrow\quad 11 \,|\, (n_j - n_k)\,(j - k)\,. \qquad \square$$

Wir gehen von einem festen $x \in \mathbb{Z}$ aus und fragen nach allen $y \in \mathbb{Z}$, welche in der Relation $x \equiv y \pmod{m}$ stehen. Wenn m die Differenz $x - y$ teilt, dann gibt es eine ganze Zahl k mit

$$m\,k = x - y \quad \text{bzw.} \quad y = x - m\,k\,.$$

Umgekehrt gilt für jede Zahl $y = x + k\,m$ die Relation $x \equiv y \pmod{m}$.

Restklassen
Sei $x \in \mathbb{Z}$ und $m \in \mathbb{N}$. Die Restklasse von x modulo m wird gegeben durch

$$[x] = \{y \,|\, y = x + k\,m\,,\ k \in \mathbb{Z}\}\,.$$

Elemente $y \in [x]$ werden als Vertreter (Repräsentant) der Restklasse $[x]$ bezeichnet.
Jede Restklasse stimmt mit genau einer der folgenden verschiedenen Restklassen überein:

$$[0], \ldots, [m-1]\,.$$

Sind x und y kongruent $x \equiv y \pmod{1}$, so sind ihre Restklassen offenbar gleich $[x] = [y]$. Teilt man eine beliebige ganze Zahl x durch den Modul m, so ergibt sich genau ein Rest $r \in \{0, \ldots, m-1\}$. In der Restklasse $[x]$ befinden sich nun gerade alle Zahlen y, die bei der Division durch m ebenfalls den Rest r ergeben.

Beispiel 11.29. Die Restklassen zum Modul 2 sind

$$[0] = \{y \,|\, y = k\,2\,,\ k \in \mathbb{Z}\} = \{\ldots, -4, -2, 0, 2, 4 \ldots\}\,,$$
$$[1] = \{y \,|\, y = 1 + k\,2\,,\ k \in \mathbb{Z}\} = \{\ldots, -3, -1, 1, 3, 5 \ldots\}\,.$$

Die Restklasse [0] besteht aus allen geraden Zahlen (Rest 0 bei Division durch 2).
Die Restklasse [1] besteht aus allen ungeraden Zahlen (Rest 1 bei Division durch 2).

Die Restklassen zum Modul 3 sind

$$[0] = \{y \mid y = k\,3\,,\ k \in \mathbb{Z}\} = \{\dots, -6, -3, 0, 3, 3\ \dots\}\,,$$
$$[1] = \{y \mid y = 1 + k\,3\,,\ k \in \mathbb{Z}\} = \{\dots, -5, -2, 1, 4, 7\ \dots\}\,,$$
$$[2] = \{y \mid y = 2 + k\,m\,,\ k \in \mathbb{Z}\} = \{\dots, -4, -1, 2, 5, 8\ \dots\}\,.$$

(Rest 0, Rest 1, Rest 2 bei Division durch 3). □

Häufig werden nur Moduln $m > 1$ zugelassen. Man schließt damit aus, dass es nur die einzige Restklasse $[0] = \mathbb{Z}$ gibt. Man kann dies auch direkt einsehen. Der Modul $m = 1$ teilt jede Zahl. Für beliebige $x, y \in \mathbb{Z}$ gilt daher $x \equiv y \pmod 1$ und für alle Restklassen $[x] = \{y \mid y = x + k\,,\ k \in \mathbb{Z}\} = \mathbb{Z}$.

Restklassen kann man addieren und multiplizieren. Diese Operationen gehen auf folgende Eigenschaft der Kongruenzrelation zurück:

Kongruenz von Summen und Produkten
Sei $x, y, x', y' \in \mathbb{Z}$ und $m \in \mathbb{N}$. Sei $x \equiv y \pmod m$ und $x' \equiv y' \pmod m$, dann gilt

$$x + x' \equiv y + y' \pmod m$$

und

$$x\,x' \equiv y\,y' \pmod m\,.$$

Haben wir nämlich

$$x - y = k\,m \quad \text{und} \quad x' - y' = k'\,m\,,$$

so folgt durch Addition

$$(x + x') - (y + y') = (k + k')\,m\,.$$

Durch Multiplikation folgt zunächst

$$(x - y)\,x' = k\,x'\,m \quad \text{und} \quad (x' - y')\,y = k'\,y\,m\,,$$

und anschließend durch Addition

$$x\,x' - y\,y' = (k\,x' + k'\,y)\,m\,.$$

Wir erklären nun folgende Addition und Multiplikation von Restklassen.

Rechnen mit Restklassen
Sei $x, y \in \mathbb{Z}$ und $m \in \mathbb{N}$. Die Summe bzw. das Produkt der Restklassen $[x]$ und $[y]$ wird gegeben durch

$$[x] \oplus [y] = [x + y] \quad \text{bzw.} \quad [x] \odot [y] = [x\,y]\,.$$

Wegen der Kongruenz von Summen und Produkten ist die Definition der Rechenoperationen unabhängig von dem gewählten Vertreter der jeweiligen Restklasse.

Beispiel 11.30. Wir stellen die Resklassenoperationen modulo $m = 2, 3, 4$ schematisch in Verknüpfungstafeln dar,

$$
\begin{array}{c|cc}
\oplus & 0 & 1 \\ \hline
0 & 0 & 1 \\ \hline
1 & 1 & 0
\end{array}\,,\quad
\begin{array}{c|cc}
\odot & 0 & 1 \\ \hline
0 & 0 & 0 \\ \hline
1 & 0 & 1
\end{array}\,,
$$

$$
\begin{array}{c|ccc}
\oplus & 0 & 1 & 2 \\ \hline
0 & 0 & 1 & 2 \\ \hline
1 & 1 & 2 & 0 \\ \hline
2 & 2 & 0 & 1
\end{array}\,,\quad
\begin{array}{c|ccc}
\odot & 0 & 1 & 2 \\ \hline
0 & 0 & 0 & 0 \\ \hline
1 & 0 & 1 & 2 \\ \hline
2 & 0 & 2 & 1
\end{array}\,,
$$

$$
\begin{array}{c|cccc}
\oplus & 0 & 1 & 2 & 3 \\ \hline
0 & 0 & 1 & 2 & 3 \\ \hline
1 & 1 & 2 & 3 & 0 \\ \hline
2 & 2 & 3 & 0 & 1 \\ \hline
3 & 3 & 0 & 1 & 2
\end{array}\,,\quad
\begin{array}{c|cccc}
\odot & 0 & 1 & 2 & 3 \\ \hline
0 & 0 & 0 & 0 & 0 \\ \hline
1 & 0 & 1 & 2 & 3 \\ \hline
2 & 0 & 2 & 0 & 2 \\ \hline
3 & 0 & 3 & 2 & 1
\end{array}\,.
$$

□

Beispiel 11.31. Wir betrachten die Restklassen [0], [1], [2], [3], [4], [5] modulo $m = 6$ und bilden ihre Potenzen,

$$[k]^n = \underbrace{[k] \odot \cdots \odot [k]}_{n\text{–faches Produkt}}\,.$$

Es gilt $[0]^n = [0^n] = [0]$ und $[1]^n = [1^n] = [1]$. Ferner gilt

$$
\begin{aligned}
&[2]^1 = [2]\,, [2]^2 = [2^2] = [4]\,, [2]^2 = [2^3] = [8] = [2]\,,\\
&[2]^4 = [2^3] \otimes [2] = [4]\,, [2]^5 = [2^4] \otimes [2] = [2]\,, \dots\,,\\
&[3]^1 = [3]\,, [3]^2 = [3^2] = [9] = [3]\,, [3]^3 = [3^2] \otimes [3] = [9] = [3]\,, \dots\,,\\
&[4]^1 = [4]\,, [4]^2 = [4^2] = [16] = [4]\,, [4]^3 = [4^2] \otimes [4] = [16] = [4]\,, \dots\,,\\
&[5]^1 = [5]\,, [5]^2 = [5^2] = [25] = [1]\,, [5]^3 = [5^2] \otimes [5] = [5]\,, \dots\,.
\end{aligned}
$$

□

Kongruenzen darf man miteinander multiplizieren. Insbesondere kann eine Kongruenz auf beiden Seiten mit demselben Faktor multipliziert werden. Man darf aber Kongruenzen nicht ohne weiteres kürzen.

Kürzen von Kongruenzen
Seien $x, y, z \in \mathbb{Z}$, der Modul $m \geq 2$ und $\mathrm{ggT}(z, m) = 1$. Dann gilt die Regel

$$x\,z \equiv y\,z \pmod m \quad \Longrightarrow \quad x \equiv y \pmod m\,.$$

Die Kongruenz $x\,z \equiv y\,z \pmod{m}$ bedeutet $m \mid (x-y)\,z$. Da z und m teilerfremd sind, folgt $m \mid (x-y)$, also $x \equiv y \pmod{m}$.

Die Menge der Restklassen trägt die algebraische Struktur eines Rings, der für Primzahlmoduln zum Körper wird.

Restklassenring modulo m

Sei $m \in \mathbb{N}$ und $\mathbb{Z}_m = \{[0], \dots, [m-1]\}$ die Menge der Restklassen modulo m. Versehen mit der Addition $\oplus$ und der Multiplikation $\odot$ bildet $\mathbb{Z}_m$ einen kommutativen Ring mit Eins.

$\mathbb{Z}_m$, $m > 1$, ist genau dann ein Körper, wenn m eine Primzahl ist.

Das bedeutet im Einzelnen, dass folgende Gesetze gelten:

1) $[x] \oplus [y] = [y] \oplus [x]$,
2) $([x] \oplus [y]) \oplus [z] = [x] \oplus ([y] \oplus [z])$,
3) $[x] \oplus [0] = [x]$,
4) $[x] \oplus [-x] = [0]$,
5) $[x] \odot [y] = [y] \odot [x]$,
6) $([x] \odot [y]) \odot [z] = [x] \odot ([y] \odot [z])$,
7) $[x] \odot [1] = [x]$,
8) $([x] \oplus [y]) \odot [z] = [x] \odot [z] \oplus [y] \odot [z]$.

Man sieht die Gültigkeit aller Körperaxiome sofort mit Ausnahme der Existenz eines inversen Elements der Multiplikation. Der Restklassenring $\mathbb{Z}_1$ nimmt eine Sonderstellung ein. Er besteht aus einer einzigen Klasse $[0]$ mit den Operationen $[0] \oplus [0] = [0]$ und $[0] \odot [0] = [0]$. Wir haben einen Körper mit $[0] = [1]$. In allen anderen Restklassenringen ist $[0] \neq [1]$.

Sei $m > 1$ keine Primzahl. Dann besitzt m Teiler: $m = m_1 m_2$, $1 < m_1, m_2 < m$. Damit gilt $[m_1] \neq [0]$, $[m_2] \neq [0]$ und $[m_1] \odot [m_2] = [m] = [0]$. In einem Körper, in dem Nullelement und Einselement verschieden sind, verschwindet ein Produkt nur dann, wenn mindestens ein Faktor verschwindet. Es kann also kein Körper vorliegen.

Sei nun m eine Primzahl und $0 < x < m$. Wir betrachten alle Vielfachen $k\,x$, $k = 0, 1, \dots, m-1$ und erhalten wieder m paarweise verschiedene Restklassen. Nehmen wir an, zwei Restklassen wären gleich $[k\,x] = [k'\,x]$. Dies ist gleichbedeutend mit $k\,x \equiv k'\,x \pmod{m}$ und nach der Kürzungsregel $k \equiv k' \pmod{m}$ bzw. $m \mid (k-k')$. Wegen $k, k' = 0, 1, \dots, m-1$ gilt zunächst $-(m-1) \leq k - k' \leq m-1$ und man folgert $k - k' = 0$. Unter den Restklassen $[k\,x] = [k] \odot [x]$ ist somit auch die Restklasse $[1]$ genau einmal zu finden, und wir haben genau ein inverses Element der Multiplikation.

Beispiel 11.32. Der Restklassenring $\mathbb{Z}_3$ stellt einen Körper dar mit den Operationen

$\oplus$	0	1	2
0	0	1	2
1	1	2	0
2	2	0	1

,

$\odot$	0	1	2
0	0	0	0
1	0	1	2
2	0	2	1

.

Wir betrachten das Gleichungssystem

$$\begin{aligned}
[2] \otimes [x] \oplus [0] \otimes [y] \oplus [1] \otimes [z] &= [0]\,,\\
[0] \otimes [x] \oplus [2] \otimes [y] \oplus [2] \otimes [z] &= [2]\,,\\
[2] \otimes [x] \oplus [1] \otimes [y] \oplus [1] \otimes [z] &= [2]\,.
\end{aligned}$$

Wir können nach dem Gauß-Algorithmus vorgehen,

$$\left(\begin{array}{ccc|c} [2] & [0] & [1] & [0] \\ [0] & [2] & [2] & [1] \\ [2] & [1] & [1] & [2] \end{array}\right) \rightsquigarrow \left(\begin{array}{ccc|c} [2] & [0] & [1] & [0] \\ [0] & [2] & [2] & [1] \\ [0] & [1] & [0] & [2] \end{array}\right) \rightsquigarrow \left(\begin{array}{ccc|c} [2] & [0] & [1] & [0] \\ [0] & [2] & [2] & [1] \\ [0] & [2] & [0] & [1] \end{array}\right)$$

$$\rightsquigarrow \left(\begin{array}{ccc|c} [2] & [0] & [1] & [0] \\ [0] & [2] & [2] & [1] \\ [0] & [0] & [2] & [0] \end{array}\right) \rightsquigarrow \left(\begin{array}{ccc|c} [1] & [0] & [2] & [0] \\ [0] & [1] & [1] & [2] \\ [0] & [0] & [1] & [0] \end{array}\right).$$

Wir bekommen die Lösung $[x] = [0]$, $[y] = [2]$, $[z] = [0]$. □

Beispiel 11.33. Die additive abelsche Gruppe der Restklassen $(\mathbb{Z}_m, \oplus)$ ist zyklisch. Offensichtlich wird $(\mathbb{Z}_m, \oplus)$ von der Eins [1] erzeugt,

$$[1] = [1]\,, \quad [2] = [1] + [1]\,, \quad \ldots\,, \quad [m-1] = \underbrace{[1] + \cdots + [1]}_{m-1 \text{ Mal}}\,.$$

Sei nun $(G, \circ)$ eine beliebige zyklische Gruppe der Ordnung m,

$$G = \{a^1, a^2, \ldots, a^{m-1}, a^m = e\}\,.$$

Dann stellt die Abbildung

$$f : (G, \circ) \longrightarrow (\mathbb{Z}_m, \oplus)\,, \quad a^k \longrightarrow k\,, \quad 0 < k \le m\,,$$

einen Isomorphismus dar. Das heißt, die Abbildung erhält erstens die Gruppenstruktur und ist zweitens bijektiv.

1) Wir zeigen $f(a^k \circ a^l) = f(a^k) \oplus f(a^l)$. Sei $[k + l] = [j]$ mit $0 < j \le m$. Nachrechen ergibt

$$f(a^k \circ a^l) = f(a^{k+l}) = f(a^j) = [j] = [k + l] = [k] \oplus [l] = f(a^k) \oplus f(a^l)\,.$$

2) Offensichtlich tritt jede Restklasse als Bildelement auf. Sind zwei Potenzen verschieden $1 \le k \ne l \le m$, dann sind die Restklassen ebenfalls verschieden, $[k] \ne [l]$. □

Beispiel 11.34. Da 11 eine Primzahl ist, stellt $(\mathbb{Z}_{11}, \oplus, \odot)$ einen Körper dar und $(\mathbb{Z}_{11} \setminus \{[0]\}, \odot)$ eine abelsche Gruppe der Ordnung 10.

Die Ordnung eines Elements teilt die Ordnung der Gruppe. Es kommen also für Elemente von $(\mathbb{Z}_{11} \setminus \{[0]\}, \odot)$ die Ordnungen 1, 2, 5, 10 in Betracht.

Wir berechnen die Ordnungen von [2] und [3],

$$[2]^1 = [2]\,, [2]^2 = [4]\,, [2]^3 = [8]\,, [2]^4 = [16] = [5]\,, [2]^5 = [10]\,,$$
$$[2]^6 = [20] = [9]\,, [2]^7 = [18] = [7]\,, [2]^8 = [14] = [3]\,, [2]^9 = [6]\,, [2]^{10} = [12] = [1]\,,$$
$$[3]^1 = [3]\,, [3]^2 = [9]\,, [3]^3 = [27] = [5]\,, [3]^4 = [15] = [4]\,, [3]^5 = [12] = [1]\,.$$

Die Ordnung von [2] ist 10, die Ordnung von [3] ist 5. Die Restklasse [2] erzeugt die Gruppe. $(\mathbb{Z}_{11} \setminus \{[0]\}, \odot)$ ist also zyklisch. □

Ist m eine Primzahl, so stellt der Restklassenring einen Körper dar. Jede Restklasse besitzt genau eine multiplikative Inverse. Ist der Modul keine Primzahl, dann gibt es echte Nullteiler. Im Restklassenring $\mathbb{Z}_4$ gilt beispielsweise $[2]\odot[2] = [0]$ bzw. $2{\cdot}2 \equiv 0 \pmod 4$, während die Restklasse [3] genau ein inverses Element bezüglich der Multiplikation besitzt: $[3] \odot [3] = [1]$ bzw. $3 \cdot 3 \equiv 1 \pmod 4$.

Multiplikative Inverse in Restklassenringen
Die Restklasse $[x] \neq [0], x \in \mathbb{Z}$ besitzt genau dann eine multiplikative Inverse $[y]$ in $\mathbb{Z}_m$: $[x] \odot [y] = [1]$, wenn gilt $\text{ggT}(x, m) = 1$.
Die multiplikative Inverse ist eindeutig.

Haben wir $xy \equiv 1 \pmod m$, so gilt $xy - 1 = km$ bzw.

$$yx + km = 1\,.$$

Hieraus folgt, dass gemeinsame Teiler von x und m auch die Eins teilen. Also gilt $\text{ggT}(x, m) = 1$. Wir können umgekehrt ohne Einschränkung annehmen, dass $0 < x \leq m - 1$. Mit der Voraussetzung $\text{ggT}(x, m) = 1$ können die Überlegungen zum Auffinden der Inversen bei einem Primzahlmodul wiederholt werden.

Beispiel 11.35. Wir bestimmen alle Elemente aus $\mathbb{Z}_6$ mit einem multiplikativen Inversen.

Die Restklasse $[x]$, $0 \leq x \leq 5$, besitzt genau dann eine multiplikative Inverse, wenn $\text{ggT}(x, 6) = 1$ ist. Dies trifft für die Zahlen $x = 1$ und $x = 5$ zu.

Wir stellen die Resklassenmultiplikation modulo 6 in einem Schema dar,

⊙	0	1	2	3	4	5
0	0	0	0	0	0	0
1	0	1	2	3	4	5
2	0	2	4	0	2	4
3	0	3	0	3	0	3
4	0	4	2	0	4	2
5	0	5	4	3	2	1

.

Wir entnehmen diesem Schema, dass

$$1 \cdot 1 \equiv 1 \pmod 5 \quad \text{und} \quad 5 \cdot 5 \equiv 1 \pmod 5). \qquad \square$$

Beispiel 11.36. Mithilfe des erweiterten euklidischen Algorithmus bestimmen wir die multiplikative Inverse der Restklassen [3] bzw. [17] im Restklassenring $\mathbb{Z}_{35}$.

Die Zahlen $x = 6$ bzw. $x = 13$ und der Modul 35 sind jeweils teilerfremd. Es existieren also multiplikative Inverse. Wir suchen nun eine Lösung y, k der diophantischen Gleichung

$$xy + k \cdot 35 = 1.$$

Hieraus folgt dann sofort $[x] \odot [y] = [1]$.

Der euklidischen Algorithmus lautet im Fall $x = 3$

$$\begin{aligned} 35 &= 11 \cdot 3 + 2, \\ 3 &= 1 \cdot 2 + 1, \\ 2 &= 2 \cdot 1. \end{aligned}$$

Wir haben $r_1 = 2$, $r_2 = 1$ und lösen auf,

$$\begin{aligned} 2 &= 35 - 11 \cdot 3, \\ 1 &= 3 - 1 \cdot 2. \end{aligned}$$

Nach einem Eliminationsschritt folgt

$$1 = 3 - 1 \cdot (35 - 11 \cdot 3) = 12 \cdot 3 - 35$$

und damit

$$[3] \odot [12] = [1].$$

Der euklidischen Algorithmus lautet im Fall $x = 13$

$$\begin{aligned} 35 &= 2 \cdot 13 + 9, \\ 13 &= 1 \cdot 9 + 4, \\ 9 &= 2 \cdot 4 + 1 \\ 4 &= 4 \cdot 1. \end{aligned}$$

Wir haben $r_1 = 9$, $r_2 = 4$, $r_3 = 1$ und lösen auf

$$9 = 35 - 2 \cdot 13\,,$$
$$4 = 13 - 1 \cdot 9$$
$$1 = 9 - 2 \cdot 4\,.$$

Mit zwei Eliminationsschritten folgt

$$1 = 9 - 2 \cdot (13 - 9) = 3 \cdot 9 - 2 \cdot 13\,,$$
$$1 = 3 \cdot (35 - 2 \cdot 13) - 2 \cdot 13 = 3 \cdot 35 - 8 \cdot 13\,,$$

und damit $[13] \odot [-8] = [1]$ bzw.

$$[13] \odot [27] = [1]\,.$$ □

Beispiel 11.37. Die folgende Aufgabe wird als Knapsack-Problem (Rucksack-Problem) bezeichnet:

Gegeben sind n paarweise verschiedene, natürliche Zahlen $g_1, \ldots, g_n$ und eine weitere natürliche Zahl g. Gibt es eine Bitfolge $b_j \in \{0, 1\}$ mit der Eigenschaft

$$g = \sum_{j=1}^{n} b_j g_j\,?$$

Wir geben der Aufgabe folgende Interpretation. Ein Rucksack kann das Gesamtgewicht g aufnehmen. Die Gegenstände mit den Nummern $1, \ldots, n$ haben die Gewichte $g_1, \ldots, g_n$. Der Rucksack soll mit einer Teilmenge der Gegegenstände $1, \ldots, n$ bepackt werden.

Es gibt Fälle mit keiner, genau einer und mit mehr als einer Lösung des Knapsack-Problems. Sei $n = 4$ und $g_1 = 2, g_2 = 4, g_3 = 3, g_4 = 7$. Das Gewicht $g = 8$ ist unerreichbar. Es gibt keine Lösung. Für $g = 7$ gibt es zwei Lösungen $g = g_4 = g_3 + g_3$.

Mit dem Knapsack-Problem kann man Daten verschlüsseln. Die Zahlen g_j seien öffentlich bekannt (Öffentlicher Schlüssel). Wir verschlüsseln eine Bitfolge b_j durch die Summe

$$g = \sum_{j=1}^{n} b_j g_j\,.$$

Falls das Knapsack-Problem eindeutig ist, muss man zur Entschlüsselung der Bitfolge alle 2^n Möglichkeiten (2^n Teilmengen) durchprobieren. Die Rucksack-Interpretation lautet so: Bei bekanntem Gesamtgewicht sollen die in den Rucksack gepackten Gegenstände identifiziert werden.

Seien nun Zahlen $a_1, \ldots, a_n$ gegeben sowie zwei teilerfremde Zahlen u und m. Dann besitzt $[u]$ im Restklassenring $\mathbb{Z}_m$ eine multiplikative Inverse $[u_{-1}]$ dargestellt durch den Repräsentanten u_{-1}. Wir nehmen an, die Zahlen g_j werden berechnet aus

$$g_j \equiv a_j\, u \pmod{m}\,.$$

Verschlüsseln wir die Bitfolge b_j mit g_j durch $g = \sum_{j=1}^{n} b_j\, g_j$, so gilt

$$\sum_{j=1}^{n} b_j\, a_j \equiv g\, u_{-1} \pmod{m}\,.$$

In $\mathbb{Z}_m$ haben wir zunächst

$$[g_j] = [a_j] \odot [u] \quad \Longrightarrow \quad [g_j] \odot [u_{-1}] = [a_j]$$

und damit folgt

$$\begin{aligned} \left[\sum_{j=1}^{n} b_j\, a_j\right] &= \sum_{j=1}^{n} [b_j] \odot [a_j] = \sum_{j=1}^{n} [b_j] \odot [g_j] \odot [u_{-1}] \\ &= \left[\sum_{j=1}^{n} b_j\, g_j\right] \odot [u_{-1}] = [g] \odot [u_{-1}] = [g\, u_{-1}]\,. \end{aligned}$$

□

Beispiel 11.38. Der kleine Satz von Fermat besagt, dass für eine Primzahl p und eine dazu teilerfremde Zahl $n \in \mathbb{N}$ gilt

$$n^{p-1} \equiv 1 \pmod{p}\,.$$

Wir betrachten die paarweise verschiedenen Restklassen modulo p, $[k\, n]$, $k = 0, 1, \ldots, p-1$. Zwei Zahlen $k\, n$ und $j\, n$ gehören verschiedenen Restklassen an, da $(k - j)\, n$ nicht von p geteilt werden kann. Die Menge dieser Restklassen muss mit der Menge der Restklassen $[k]$, $k = 0, 1, \ldots, p-1$, übereinstimmen. Hieraus folgt für die Produkte

$$[1\, n] \odot [2\, n] \odot \cdots \odot \big[(p-1)\, n\big] = [1] \odot [2] \odot \cdots \odot [p-1]$$

bzw.

$$\big[(p-1)!\, n^{p-1}\big] = \big[(p-1)!\big]\,.$$

Letzteres ist gleichbedeutend mit

$$(p-1)!\, n^{p-1} \equiv (p-1)! \pmod{p}\,.$$

Da $\mathrm{ggT}((p-1)!, p) = 1$ ist, erhalten wir mit der Kürzungsregel die Behauptung. □

Die Frage nach der multiplikativen Inversen können wir nun allgemeiner stellen und Kongruenzen lösen.

Lösung von Kongruenzen
Sei $x, z \in \mathbb{Z}$, $m \in \mathbb{N}$ und $\operatorname{ggT}(x, m) = 1$. Dann gibt es genau eine Lösung $0 \le y \le m - 1$ der Kongruenz

$$x\,y \equiv z \pmod{m}.$$

Zunächst gibt es genau eine multiplikative Inverse, also eine Lösung $0 < y_1 \le m - 1$ der Kongruenz

$$x\,y_1 \equiv 1 \pmod{m}.$$

Multiplizieren wir mit z, so folgt $x\,(z\,y_1) \equiv z \pmod{m}$ bzw. in $\mathbb{Z}_m$: $[x] \odot [z\,y_1] = [z]$. In der Restklasse $[z\,y_1]$ müssen wir nur noch einen Vertreter $0 \le y \le m - 1$ auswählen. Sind x und m teilerfremd, dann sind die Restklassen $[x\,y]$, $0 \le y \le m-1$ paarweise verschieden, und daraus ergibt sich die Eindeutigkeit der Lösung.

Wir können nun auch simultane Kongruenzen lösen.

Chinesischer Restsatz
Sei $x, y \in \mathbb{Z}$, $m, n \in \mathbb{N}$ und $\operatorname{ggT}(m, n) = 1$.
Dann gibt es genau eine Lösung $0 \le z \le m\,n - 1$ der Kongruenzen,

$$z \equiv x \pmod{m}, \quad z \equiv y \pmod{n}.$$

Ist z eine Lösung und $\tilde{z}$ eine weitere Lösung, dann bekommen wir $\tilde{z} \equiv z \pmod{m}$ und $\tilde{z} \equiv z \pmod{n}$ bzw. $\tilde{z} = z + k\,m = z + l\,n$, also $k\,m = l\,n$. Wegen $\operatorname{ggT}(m, n) = 1$ gilt $n \mid k$ bzw. $k = j\,n$. Insgesamt ergibt sich $\tilde{z} = z + j\,m\,n$. Zwei Lösungen sind also kongruent modulo $m\,n$, und es kann nur eine Lösung mit $0 \le z \le m\,n - 1$ geben. Andererseits ist mit jeder Lösung z auch $\tilde{z} = z + j\,m\,n$ eine Lösung.

Die Lösungen der ersten Kongruenz bilden die Restklasse $z = x + k\,m$. Die zweite Kongruenz $z \equiv y \pmod{n}$ ist dann gleichbedeutend mit $x + k\,m \equiv y \pmod{n}$ bzw.

$$k\,m \equiv y - x \pmod{n}.$$

Da m und n teilerfremd sind, ist die Kongruenz lösbar.

Beispiel 11.39. Die beiden Moduln 5 und 10 sind nicht teilerfremd. Die Kongruenzen

$$z \equiv 4 \pmod{5} \quad \text{und} \quad z \equiv 7 \pmod{10}$$

besitzen keine gemeinsame Lösung.

Die erste Kongruenz besitzt folgende Lösungsmenge:

$$\{z \mid z = 4 + k\,5\,, k \in \mathbb{Z}\} = \{\ldots, -21, -16, -11, -6, -1, 4, 9, 14, 19, 24, \ldots\}.$$

Die zweite Kongruenz besitzt folgende Lösungsmenge:

$$\{z \mid z = 7 + k\,10\,, k \in \mathbb{Z}\} = \{\ldots, -27, -17, -17, -7, 7, 17, 27, 27, \ldots\}\,.$$

Die Lösungen der ersten Kongruenz besitzen die Endziffern 1, 4, 6 oder 9. Die Lösungen der zweiten Kongruenz besitzen stets die Endziffer 7. Der Durchschnitt der beiden Lösungsmengen ist deshalb leer. □

Beispiel 11.40. Die Zahlen $m = 5$ und $n = 6$ sind teilerfremd. Wir suchen die Lösung $0 \leq z \leq 5 \cdot 6 - 1 = 29$ der Kongruenzen

$$z \equiv 3 \pmod 5\,, \quad z \equiv 4 \pmod 6\,.$$

Wir suchen zunächst ein k mit

$$k\,5 \equiv 4 - 3 \pmod 6\,.$$

Dies führt auf die diophantische Gleichung

$$k\,5 - 1 = l\,6 \quad \text{bzw.} \quad k\,5 + l\,6 = 1$$

mit folgender Lösung:

$$(-1) \cdot 5 + 1 \cdot 6 = 1\,.$$

Damit ergibt sich

$$z = 3 + (-1) \cdot 5 = -2\,.$$

Wir reduzieren noch $\pmod{30}$ und bekommen $z = 28$. □

Beispiel 11.41. Die Zahlen $m = 11$ und $n = 20$ sind teilerfremd. Wir suchen die Lösung $0 \leq z \leq 11 \cdot 20 - 1 = 219$ der Kongruenzen

$$z \equiv 13 \pmod{11}\,, \quad z \equiv 5 \pmod{20}\,.$$

Wir suchen zunächst ein k mit

$$k\,11 \equiv 5 - 13 \pmod{20}\,.$$

Dies führt auf die diophantische Gleichung

$$k\,11 - (-8) = l\,20 \quad \text{bzw.} \quad k\,11 + l\,20 = -8\,.$$

Wir betrachten zunächst $k\,11 + l\,20 = 1$ und bekommen mit dem erweiterten euklidischen Algorithmus

$$20 = 1 \cdot 11 + 9 \iff 9 = 20 - 11\,,$$
$$11 = 1 \cdot 9 + 2 \iff 2 = 11 - 9\,,$$
$$9 = 4 \cdot 2 + 1 \iff 1 = 9 - 4 \cdot 2\,.$$

Rückwärts Einsetzen ergibt

$$1 = 9 - 4\,(11 - 9) = 5 \cdot 9 - 4 \cdot 11 = 5\,(20 - 11) - 4 \cdot 11 = 5 \cdot 20 - 9 \cdot 11\,.$$

Multiplikation mit -8 ergibt eine Lösung der der Ausgangsgleichung,

$$72 \cdot 11 - 40 \cdot 20 = -8\,.$$

Damit ergibt sich

$$z = 13 + 72 \cdot 11 = 805\,.$$

Wir reduzieren noch $\pmod{220}$ und bekommen $z = 145$. □

Beispiel 11.42. Wir betrachten das System der drei Kongruenzen

$$z \equiv 2 \pmod 3\,, \quad z \equiv 3 \pmod 5\,, \quad z \equiv 2 \pmod 7\,.$$

Offensichtlich sind mit einer Lösung z alle Vertreter der Restklasse $z + k\,3 \cdot 5 \cdot 7 = z + k\,105$ ebenfalls Lösungen. Wir suchen zunächst eine Lösung der ersten beiden Kongruenzen. Dies führt auf das Problem

$$k_1\,3 \equiv 3 - 2 \pmod 5$$

bzw.

$$k_1\,3 + l_1\,5 = 1$$

mit folgender Lösung:

$$2 \cdot 3 - 1 \cdot 5 = 1\,.$$

Also haben wir $z_1 = 2 + 6 + k_2\,15 = 8 + k_2\,15$ als simultane Lösung der ersten beiden Kongruenzen. Nun betrachten wir das Problem

$$8 + k_2\,15 \equiv 2 \pmod 7$$

bzw.

$$k_2\,15 + l_2\,7 = -6\,.$$

Wir bekommen

$$1 \cdot 15 - 2 \cdot 7 = 1 \quad \Longrightarrow \quad -6 \cdot 15 + 12 \cdot 7 = -6\,.$$

Damit ergibt sich folgende Lösung der drei Kongruenzen:

$$z = 8 + (-6) \cdot 15 = -82\,.$$

Wir reduzieren noch $(\mathrm{mod}\, 105)$ und bekommen $z = 23$. □

Beispiel 11.43. Wir nehmen an, wir wollen einem Empfänger eine geheime Nachricht in Gestalt einer positiven ganzen Zahl übermitteln. Vor der Übertragung verschlüsseln wir die Nachricht. Nur der Empfänger soll in der Lage sein, die Nachricht wieder zu entschlüsseln. Dazu betrachten wir das von Rivest, Shamir und Adleman vorgeschlagene RSA-Verfahren.

Wir wählen zwei Primzahlen p und q und bilden das Produkt $m = p\,q$. Dann wählen wir eine natürliche Zahl j mit

$$\mathrm{ggT}(j, (p-1)\,(q-1)) = 1\,.$$

Damit besitzt die Kongruenz

$$j\,s \equiv 1 \; (\mathrm{mod}(p-1)\,(q-1))\,,$$

genau eine Lösung $0 < s < (p-1)\,(q-1)$, und es gibt einen Faktor l mit

$$j\,s - 1 = (p-1)\,(q-1)\,l\,.$$

Der Empfänger erhält den Modul m und den Schlüssel s. Beide Zahlen müssen geheim bleiben. Gesendet werden kann nun die Nachricht $n \in \mathbb{Z}$, $0 \le n < m$. Die Nachricht wird verschlüsselt,

$$v \equiv n^j \; (\mathrm{mod}\, m)\,, \quad 0 \le v < m\,,$$

und an den Empfänger gesendet. Dieser entschlüsselt die Nachricht wieder, indem er v^s modulo m reduziert. Die Behauptung lautet, dass durch Entschlüsseln die ursprüngliche Nachricht n wieder hergestellt wird,

$$n \equiv v^s \; (\mathrm{mod}\, m)\,.$$

Wir zeigen zunächst für alle Nachrichten n

$$n^{js} \equiv n \; (\mathrm{mod}\, p)\,.$$

Dazu werden zwei Fälle unterschieden: (1) p ist Teiler von n, (2) p ist nicht Teiler von n. Im Fall (1) bekommen wir sofort die Kongruenz $n^{js} \equiv n \pmod p$. Im Fall (2) sagt der kleine Satz von Fermat $n^{p-1} \equiv 1 \pmod p$. Im Restklassenring $\mathbb{Z}_p$ gilt dann

$$[n^{js}]_p = [n^{1+(p-1)(q-1)l}]_p = [n]_p \odot [n^{p-1}]_p^{(q-1)l} = [n]_p \odot [1]_p = [n]_p ,$$

bzw. $n^{js} \equiv n \pmod p$. Analog bekommen wir für alle Nachrichten n

$$n^{js} \equiv n \pmod q .$$

Für das System der Kongruenzen

$$z \equiv n \pmod p , \quad z \equiv n \pmod q$$

haben wir somit die Lösung $z = n^{js}$ und die offenkundige Lösung $\tilde{z} = n$. Nach dem chinesischen Restsatz müssen die Lösungen modulo $m = p\,q$ gleich sein,

$$n^{js} \equiv n \pmod m .$$

Schließlich rechnen wir in $\mathbb{Z}_m$ nach,

$$[v^s]_m = [n^{js}]_m = [n]_m . \qquad \square$$

Beispiel 11.44. Wir wollen die Buchstabenkombination *PC* verschlüsseln und als Nachricht senden. Wir betrachten die Nachricht als Zahl (16. bzw. 3. Buchstabe im Alphabet),

$$n = 1603 .$$

Im ersten Schritt wählen wir die Primzahlen

$$p = 37 , \quad q = 83 .$$

Damit bekommen wir

$$m = 3071 \quad \text{und} \quad (p-1)(q-1) = 2952 .$$

Im zweiten Schritt wählen wir die Zahl

$$j = 25 .$$

Es gilt

$$\text{ggT}(j, (p-1)(q-1)) = \text{ggT}(25, 2952) = 1 .$$

Im dritten Schritt lösen wir die Kongruenz

$$j\,s \equiv 1(\mathrm{mod}(p-1)\,(q-1)) = 1$$

bzw.

$$25\,s \equiv 1(\mathrm{mod}\,2952) = 1\,.$$

Wir verwenden den erweiterten euklidischen Algorithmus,

$$2952 = 118 \cdot 25 + 2\,, \qquad 25 = 12 \cdot 2 + 1\,,$$
$$1 = 25 - 12 \cdot 2 = 25 - 12 \cdot (2952 - 118 \cdot 25) = 1417 \cdot 25 - 12 \cdot 2952\,,$$

also

$$s = 1417\,, \qquad l = -12\,.$$

Nun wird die Nachricht verschlüsselt,

$$v \equiv n^j(\mathrm{mod}\,m)\,, \qquad v \equiv 1603^{25}(\mathrm{mod}\,3071)\,, \qquad v = 2858\,,$$

und wieder vom Empfänger entschlüsselt,

$$n \equiv v^s(\mathrm{mod}\,m)\,, \qquad v \equiv 2858^{1417}(\mathrm{mod}\,3071)\,, \qquad n = 1603\,.$$

□

Jeder natürlichen Zahl x ordnet man die Anzahl aller natürlichen Zahlen zu, die kleiner oder gleich x und teilerfremd zu x sind.

Eulersche ϕ-Funktion
Sei $x \in \mathbb{N}$. Die Eulersche ϕ-Funktion wird erklärt durch

$$\phi(x) = \left|\left\{k \mid 1 \le k \le x\,,\ \mathrm{ggT}(k,x) = 1\right\}\right|\,.$$

Die Eulersche ϕ-Funktion wird auch so erklärt, dass man jeder natürlichen Zahl x die Anzahl aller natürlichen Zahlen zuordnet, die echt kleiner als x und teilerfremd zu x sind. In diesem Fall ist $\phi(1)$ nicht erklärt.

Beispiel 11.45. Wir geben einige Werte der Eulerschen ϕ-Funktion an,

x	1	2	3	4	5	6	7	8
$\phi(x)$	1	1	2	2	4	2	6	4

Offensichtlich gilt für eine Primzahl p

$$\phi(p) = p - 1\,.$$

□

Allgemein besteht folgender Zusammenhang zwischen der Primzahlzerlegung und der Eulerschen ϕ-Funktion.

Produktdarstellung der Eulerschen ϕ-Funktion
Sei $x \in \mathbb{N}$, dann gilt

$$\phi(x) = x \prod_{\substack{p \mid x,\\ p \text{ Primzahl}}} \left(1 - \frac{1}{p}\right).$$

Wir betrachten zuerst eine Zahl x mit der Zerlegung in Primzahlen,

$$x = p_1^{k_1}.$$

Da p_1 eine Primzahl ist, erhalten wir $\phi(x)$ durch Entfernen der Vielfachen $1\,p_1, 2\,p_1, \ldots, \frac{x}{p_1}\,p_1$ aus der Menge der Zahlen $\{1, \ldots, x\}$

$$\phi(x) = x - \frac{x}{p_1} = x\left(1 - \frac{1}{p_1}\right).$$

Nun betrachten wir eine Zahl x mit der Zerlegung in Primzahlen,

$$x = p_1^{k_1}\,p_2^{k_2},$$

und gehen nach dem Prinzip der Inklusion-Exklusion vor. Wir entfernen die Vielfachen $1\,p_1, 2\,p_1, \ldots, \frac{x}{p_1}\,p_1$ und $1\,p_2, 2\,p_2, \ldots, \frac{x}{p_2}\,p_2$ aus der Menge der Zahlen $\{1, \ldots, x\}$. Damit haben wir alle Zahlen entfernt, die durch p_1 oder p_2 teilbar sind. Die Zahlen, die durch p_1 und p_2 teilbar sind, haben wir dann allerdings zweimal entfernt und fügen sie wieder hinzu. Insgesamt ergibt sich

$$\begin{aligned}
\phi(x) &= x - \left(\frac{x}{p_1} + \frac{x}{p_2}\right) + \frac{x}{p_1\,p_2} \\
&= x\left(1 - \frac{1}{p_1} - \frac{1}{p_2} + \frac{1}{p_1\,p_2}\right) \\
&= x\,\frac{p_1\,p_2 - p_1 - p_2 + 1}{p_1\,p_2} \\
&= x\,\frac{(p_1 - 1)\,(p_2 - 1)}{p_1\,p_2} \\
&= x\left(1 - \frac{1}{p_1}\right)\left(1 - \frac{1}{p_2}\right).
\end{aligned}$$

Am nächsten Schritt erkennt man bereits die Beweisidee im allgemeinen Fall. Wir betrachten eine Zahl x mit folgender Zerlegung in Primzahlen:

$$x = p_1^{k_1}\,p_2^{k_2}\,p_3^{k_3}$$

und bekommen

$$\begin{aligned}\phi(x) &= x - \left(\frac{x}{p_1} + \frac{x}{p_2} + \frac{x}{p_3}\right) + \left(\frac{x}{p_1 p_2} + \frac{x}{p_1 p_3} + \frac{x}{p_2 p_3}\right) - \frac{x}{p_1 p_2 p_3}\\ &= x\left(1 - \frac{1}{p_1} - \frac{1}{p_2} - \frac{1}{p_2} + \frac{1}{p_1 p_2} + \frac{1}{p_1 p_3} + \frac{1}{p_2 p_3} - \frac{1}{p_1 p_2 p_3}\right)\\ &= x\,\frac{p_1 p_2 p_3 - p_1 p_2 - p_1 p_3 - p_2 p_3 + p_1 + p_2 + p_3 - 1}{p_1 p_2 p_3}\\ &= x\,\frac{(p_1 - 1)(p_2 - 1)(p_3 - 1)}{p_1 p_2 p_3}\\ &= x\left(1 - \frac{1}{p_1}\right)\left(1 - \frac{1}{p_2}\right)\left(1 - \frac{1}{p_3}\right).\end{aligned}$$

Beispiel 11.46. Die Zahl 8316 besitzt die Primzahlzerlegung

$$8316 = 2^2 \cdot 3^3 \cdot 7 \cdot 11\,.$$

Hieraus folgt mit der Produktdarstellung

$$\begin{aligned}\phi(8316) &= 8316 \cdot \left(1 - \frac{1}{2}\right) \cdot \left(1 - \frac{1}{3}\right) \cdot \left(1 - \frac{1}{7}\right) \cdot \left(1 - \frac{1}{11}\right)\\ &= 2160\,.\end{aligned}$$

□

Beispiel 11.47. Für die Eulersche ϕ-Funktion gilt die Produktregel. Aus $ggT(x,y) = 1$ folgt

$$\phi(xy) = \phi(x)\,\phi(y)\,.$$

Wegen der Teilerfremdheit ziehen die Zerlegungen

$$x = p_1^{k_1} \cdots p_n^{k_n}\,, \quad y = q_1^{l_1} \cdots q_n^{l_m}$$

die Zerlegung nach sich

$$xy = p_1^{k_1} \cdots p_n^{k_n}\, q_1^{l_1} \cdots q_n^{l_m}\,.$$

Es folgt dann

$$\phi(xy) = xy \prod_{r=1}^{n}\left(1 - \frac{1}{p_j}\right) \prod_{s=1}^{m}\left(1 - \frac{1}{q_s}\right) = \phi(x)\,\phi(y)\,.$$

□

Beispiel 11.48. Für die Eulersche ϕ-Funktion gilt die Summenformel,

$$x = \sum_{\substack{j \mid x,\\ j>0}} \phi(j)\,.$$

Sei j ein Teiler von x: $j \mid x$. Dann ist $\phi(j)$ gegeben durch

$$\phi(j) = \left| \{k_j \mid 1 \le k_j \le j\,,\ \mathrm{ggT}(k_j, j) = 1\} \right| .$$

Nun betrachten wir die Menge der Zahlen

$$\mathbb{M}_j = \left\{ k_j \frac{x}{j} \,\middle|\, 1 \le k_j \le j\,,\ \mathrm{ggT}(k_j, j) = 1 \right\} .$$

Es gilt $\mathbb{M}_j \subset \mathbb{M} = \{1, \ldots, x\}$ und $|\mathbb{M}_j| = \phi(j)$. Sind j und l verschiedene Teiler von x, dann ist $\mathbb{M}_j \cap \mathbb{M}_l = \emptyset$. Denn aus $k_j \frac{x}{j} = k_l \frac{x}{l}$ folgt $\frac{k_j}{j} = \frac{k_l}{l}$. Die Brüche können aber wegen der Teilerfremdheit nur dann gleich sein, wenn ihre Zähler und Nenner jeweils übereinstimmen. Sei nun $1 \le m \le x$ und $\mathrm{ggT}(m, x) = \frac{x}{j}$. Wir zeigen $m \in \mathbb{M}_j$. Dazu schreiben wir $m = \frac{m}{\frac{x}{j}} \frac{x}{j} = k_j \frac{x}{j}$ und müssen nur noch überlegen, dass $\frac{m}{\frac{x}{j}}$ und j teilerfremd sind. Dies folgt aber sofort aus $m = \frac{m}{\frac{x}{j}} \frac{x}{j}$ und $x = j \frac{x}{j}$. Wären jetzt $\frac{m}{\frac{x}{j}}$ und j nicht teilerfremd, dann wäre $\mathrm{ggT}(m, x) = \frac{x}{j}$ nicht richtig. Die Menge $\mathbb{M}$ kann somit als disjunkte Vereinigung der $\mathbb{M}_j$ dargestellt werden, und die Behauptung folgt aus

$$x = |\mathbb{M}| = \sum_{\substack{j \mid x,\\ j>0}} |\mathbb{M}_j| = \sum_{\substack{j \mid x,\\ j>0}} \phi(j) . \qquad \square$$

Beispiel 11.49. Die Zahl 20 besitzt folgende Teiler:

$$1, 2, 4, 5, 10, 20 .$$

Es ist $\phi(1) = 1$, $\phi(2) = 1$, $\phi(4) = 2$, $\phi(5) = 4$. Hieraus folgt mit der Produktregel

$$\phi(10) = \phi(2)\,\phi(5) = 4\,, \qquad \phi(20) = \phi(4)\,\phi(5) = 8 .$$

Wir bestätigen die Summenformel,

$$20 = \phi(1) + \phi(2) + \phi(4) + \phi(5) + \phi(10) + \phi(20) = 1 + 1 + 2 + 4 + 4 + 8 . \qquad \square$$

Sind die natürliche Zahl n und die Primzahl p teilerfremd, dann sagt der kleine Satz von Fermat folgendes aus:

$$n^{p-1} \equiv 1 \pmod{p} .$$

Mit der Eulerschen ϕ-Funktion können wir dies schreiben als

$$n^{\phi(p)} \equiv 1 \pmod{p} .$$

Nun bekommen wir folgende Verallgemeinerung:

Satz von Euler
Für natürliche m, n mit $\mathrm{ggT}(m, n) = 1$ gilt

$$n^{\phi(m)} \equiv 1 \pmod{m}.$$

Die Menge der Restklassen aus $\mathbb{Z}_m$ mit multiplikativer Inverser bildet offenbar eine endliche Gruppe:

$$\mathbb{Z}_m^* = \{[x] \mid [x] \in \mathbb{Z}_m,\ [x] \text{ besitzt eine multiplikative Inverse}\}.$$

Eine Restklasse $[x]$, $x = 1, \dots, m$ besitzt genau dann eine multiplikative Inverse, wenn $\mathrm{ggT}(x, m) = 1$ ist. Der Wert $\phi(m)$ gibt also gerade die Ordnung der Gruppe $\mathbb{Z}_m^*$ an,

$$\mathrm{ord}(\mathbb{Z}_m^*) = \phi(m).$$

Die Ordnung des Elements $[n]$ teilt die Ordnung der Gruppe,

$$\phi(m) = \mathrm{ord}([n])\, q.$$

Damit bekommt man in der Gruppe $\mathbb{Z}_m^*$

$$[n^{\phi(m)}] = [n]^{\phi(m)} = [n]^{\mathrm{ord}([n])\, q} = \left([n]^{\mathrm{ord}([n])}\right)^q = [1]^q = [1],$$

und die Behauptung ist bewiesen.

Beispiel 11.50. Die Zahlen 1, 3, 7, 9 sind jeweils teilerfremd mit der Zahl $m = 10$, und wir bekommen

$$\phi(10) = 4.$$

Aus $\mathrm{ggT}(n, 10) = 1$ folgt also

$$n^4 \equiv 1 \pmod{10},$$

konkret:

$$1^4 - 1 = 0, \quad 3^4 - 1 = 80, \quad 7^4 - 1 = 2400, \quad 9^4 - 1 = 6560.$$

Im Restklassenring $\mathbb{Z}_{10}$ sind die Elemente [1], [3], [7], [9] multiplikativ invertierbar und bilden die Untergruppe

$$\mathbb{Z}_{10}^* = \{[1], [3], [7], [9]\}.$$

Es gilt

$$[1] \otimes [1] = [1], \quad [3] \otimes [7] = [1], \quad [9] \otimes [9] = [1],$$

und

$$\operatorname{ord}([1]) = 1\,, \quad \operatorname{ord}([3]) = 4\,, \quad \operatorname{ord}([7]) = 4\,, \quad \operatorname{ord}([9]) = 2\,. \qquad \square$$

12 Kombinatorik und Wahrscheinlichkeit

12.1 Permutationen

Wir betrachten eine Menge, die aus n verschiedenen Elementen besteht. Man kann diese Elemente oder Objekte in einer bestimmten Reihenfolge anordnen.

Beispiel 12.1. Gegeben seien drei Elemente a, b, c. Diese drei Elemente können auf sechs verschiedene Arten angeordnet werden:

$$abc, \quad acb, \quad bac, \quad bca, \quad cab, \quad cba.$$

Anstatt die drei Elemente a, b, c zu nennen, hätten wir sie auch als 1, 2, 3 bezeichnen können und so anordnen:

$$123, \quad 132, \quad 213, \quad 231, \quad 312, \quad 321.$$

□

Gegeben seien n verschiedene Objekte. Ordnet man sie in einer bestimmten Reihenfolge an, so entsteht eine Permutation. Der Begriff der Permutation von n verschiedenen Objekten kann als bijektive Abbildung aufgefasst werden.

Permutation

Eine bijektive Abbildung p einer Menge aus n verschiedenen Elementen in sich

$$p: \quad \{e_1, e_2, \dots, e_n\} \quad \longrightarrow \quad \{e_1, e_2, \dots, e_n\}$$

stellt eine Permutation der Menge $\{e_1, e_2, \dots, e_n\}$ dar.

Anschaulich wird eine Permutation durch ein Diagramm dargestellt:

Urbilder	e_1	e_2	e_3	$\cdots$	e_{n-1}	e_n
Bilder	$p(e_1)$	$p(e_2)$	$p(e_3)$	$\cdots$	$p(e_{n-1})$	$p(e_n)$

Beispiel 12.2. Aus dem Diagramm

Urbilder	e_1	e_2	e_3	e_4
Bilder	e_4	e_3	e_2	e_1

lesen wir die Permutation ab,

$$p(e_1) = e_4, \quad p(e_2) = e_3, \quad p(e_3) = e_2, \quad p(e_4) = e_1.$$

□

https://doi.org/10.1515/9783111503639-012

Durch vollständige Induktion kann man zeigen, dass sich n verschiedene Objekte auf genau $n!$ verschiedene Arten anordnen lassen. Man unterteilt dazu

$$\{e_1, \ldots, e_n\} = \{e_1, \ldots, e_{n-1}\} \cup \{e_n\}$$

und bildet

$$\{e_1, \ldots, e_{n-1}\}$$

mit $(n-1)!$ verschiedenen bijektiven Abbildungen auf

$$\{e_1, \ldots, e_n\} \setminus \{e_j\}, \quad j = 1, \ldots, n,$$

ab. Jede dieser Abbildungen liefert eine Permutation von $\{e_1, \ldots, e_n\}$, wenn man den Bildwert von e_n mit e_j festsetzt.

Anzahl der Permutationen von *n* verschiedenen Elementen
Die Anzahl der Permutationen von n verschiedenen Elementen beträgt $n!$.

Beispiel 12.3. Auf wieviele Arten können sich n Personen auf n Stühle setzen, wenn die Stühle (a) in Form einer Reihe und (b) in Form eines Kreises angeordnet sind?

(a) Es gibt $n!$ verschiedene Arten. Wenn man drei Personen a, b, c in einer Reihe an einen langen Tisch setzt, gibt es $6 = 3!$ Möglichkeiten:

$$abc, \quad acb, \quad bac, \quad bca, \quad cab, \quad cba.$$

(b) Bei der Ringpermutation kommt es nur auf die Nachbarschaft der Personen an.

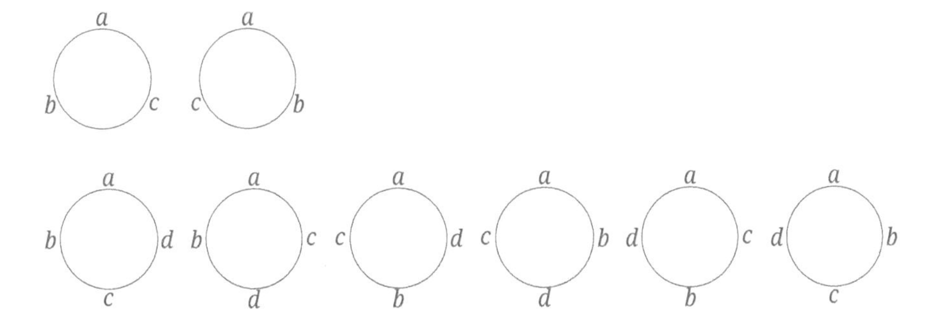

Abb. 12.1: 3 Personen (oben), 4 Personen (unten) an einem runden Tisch. Rotiert man diese Anordnungen um den runden Tisch, so behält jede Person ihren rechten Nachbarn bei. Man hat dann dieselbe Anordnung der Nachbarn.

Allgemein kann man folgendermaßen verfahren: $n-1$ Personen wählen sich jeweils einen rechten Nachbarn. Man setzt eine feste Person auf irgendeinen Platz. Diese erste Person kann unter $n-1$ verbleibenden Personen auswählen. Die zweite Person kann unter $n-2$ verbleibenden Personen auswählen. Schließlich kann die $n-2$-te Person unter 2 verbleibenden Personen auswählen. Die $n-1$-te Person hat nur noch eine Person zur Auswahl, und die n-te Person bekommt die erste als rechten Nachbarn. Die Personen können also auf $(n-1)\cdot(n-2)\cdots 2\cdot 1=(n-1)!$ Arten plaziert werden. Würde die erste Person zu Beginn auf einen anderen Platz gesetzt, so bekäme man dieselben Nachbarschaftsbeziehungen. Es gibt also $(n-1)!$ Arten, n Personen an einen runden Tisch auf n Stühle zu setzten (Abb. 12.1). □

Beispiel 12.4. Ist p eine Permutation der natürlichen Zahlen $\{1,2,\ldots,2n+1\}$, $n\geq 0$, so ergibt das Produkt

$$\Pi=(p(1)-1)\,(p(2)-2)\,\cdots\,(p(2n+1)-(2n+1))$$

stets eine gerade Zahl.

Wir nehmen an, Π wäre eine ungerade Zahl. Dann müsste jeder Faktor $p(k)-k$, $k=1,\ldots,2n+1$ ungerade sein. Damit der Faktor $p(k)-k$ ungerade ist, muss $p(k)$ für gerades k ungerade und für ungerades k gerade sein. Die Menge $\{1,2,\ldots,2n+1\}$ enthält n gerade und $n+1$ ungerade Zahlen. Man kann aber nicht in bijektiver Form n Zahlen auf $n+1$ Zahlen bzw. $n+1$ Zahlen auf n Zahlen abbilden. □

Der Begriff der Permutation wird nun erweitert. Wieder seien n Objekte gegeben, die aber nun nicht mehr alle voneinander verschieden sein müssen. Wir nehmen an, dass die n Objekte in k Klassen eingeteilt werden können und dass wir die Objekte innerhalb einer Klasse nicht voneinander unterscheiden können. Dabei soll die j-te Klasse n_j Objekte enthalten. Offensichtlich gilt dann

$$n_1+n_2+\cdots+n_k=n\,.$$

Nehmen wir irgendeine beliebige Anordnung dieser n Objekte, so bekommen wir $n_j!$ identische Anordnungen, indem wir die Objekte der j-ten Klasse miteinander vertauschen.

Beispiel 12.5. Gegeben seien drei Objekte a, a, b. Sie zerfallen in zwei Klassen: a, a und b. Die erste Klasse enthält zwei gleiche Objekte, und die zweite Klasse enthält ein Objekt. Folgende verschiedene Anordnungen existieren:

$$aab\,,\quad aba\,,\quad baa\,.$$

Gegeben seien fünf Objekte: a, a, b, b, b. Sie zerfallen in zwei Klassen: a, a und b, b, b. Die erste Klasse enthält zwei gleiche Objekte, und die zweite Klasse enthält drei Objekte. Folgende verschiedene Anordnungen existieren:

$$aabbb, \quad ababb, \quad abbab, \quad abbba,$$
$$baabb, \quad babab, \quad babba,$$
$$bbaab, \quad bbaba, \quad bbbaa. \qquad \square$$

Man spricht auch von Permutationen mit und ohne Wiederholung. Gegeben seien n Objekte, die in k Klassen zerfallen. Die Objekte einer Klasse seien nicht voneinander verschieden. Ordnet man sie in einer bestimmten Reihenfolge an, so entsteht eine Permutation. Ist $k = 1$, so spricht man von einer Permutation ohne Wiederholung. Ist $k > 1$, so spricht man von einer Permutation mit Wiederholung.

Die Anzahl der Permutationen mit Wiederholung ergibt sich leicht aus folgender Überlegung. Heben wir die j-te Klassen auf, indem wir ihre Objekte unterscheidbar machen, so können wir aus jeder bereits vorliegenden Permution $n_j! - 1$ neue Permutationen erzeugen, indem wir die Objekte aus der j-ten Klasse permutieren.

Anzahl der Permutationen von n Elementen mit Wiederholung
Gegeben seien n Elemente, die in k Klassen zerfallen. Die j-te Klasse enthalte n_j gleiche Objekte, und es gelte

$$n_1 + n_2 + \cdots + n_k = n\,.$$

Elemente aus verschiedenen Klassen seien stets verschieden voneinander. Die Anzahl der Permutationen dieser Elemente mit Wiederholung beträgt

$$\frac{n!}{n_1!\,n_2!\,\ldots\,n_k!}\,.$$

Beispiel 12.6. Gegeben seien 5 Elemente, a, a, b, b, b. Die Anzahl der Permutationen dieser Elemente mit Wiederholung beträgt

$$\frac{5!}{2!\,3!} = \frac{120}{2 \cdot 6} = 10\,. \qquad \square$$

Beispiel 12.7. Gegeben seien 17 Kugeln, die sich nur durch die Farbe unterscheiden. Es gebe 3 weiße Kugeln, 6 rote Kugeln und 8 blaue Kugeln. Auf wieviele verschiedene Arten können diese Kugeln in eine Reihe gelegt werden?

Die Anzahl der Permutationen dieser Objekte mit Wiederholung beträgt

$$\frac{17!}{3! \cdot 6! \cdot 8!} = \frac{355687428096000}{6 \cdot 720 \cdot 40320} = 2042040\,. \qquad \square$$

Beispiel 12.8. Gegeben sind 12 Kugeln mit Nummern von 1 bis 12 und fünf Gefäße mit Nummern von 1 bis 5. Auf wieviele Arten kann man die 12 Kugeln auf fünf Gefäße verteilen, sodass das erste Gefäß eine Kugel, das zweite, dritte und vierte jeweils zwei Kugeln und das fünfte Gefäße fünf Kugeln enthält (Abb. 12.2)?

Die Reihenfolge der Gefäße muss berücksichtigt werden. Die Reihenfolge der Kugeln in einem Gefäß spielt keine Rolle. Dies entspricht der Anzahl der Permutationen mit Wiederholung von 12 Objekten in 5 Klassen mit 1, 2, 2, 2, 5 Objekten, also

$$\frac{12!}{1! \cdot 2! \cdot 2! \cdot 2! \cdot 5!} = \frac{479001600}{2^3 \cdot 120} = 498960\,.$$

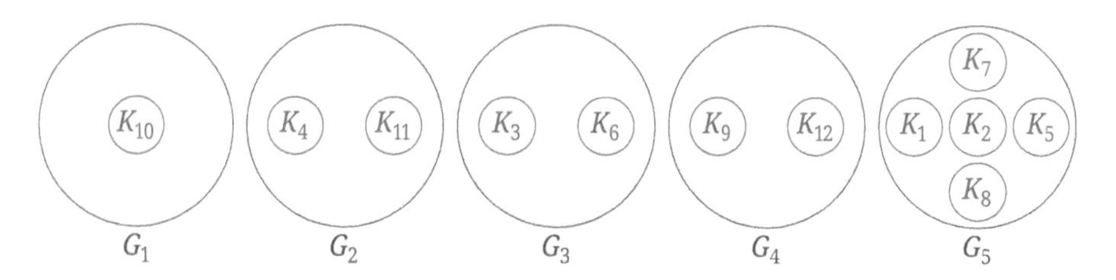

Abb. 12.2: Aufteilung der Kugeln $K_1, \ldots, K_{12}$ auf die Gefäße $G_1, \ldots, G_5$. Auf G_1 entfällt eine Kugel, auf G_2, G_3, G_4 jeweils zwei Kugeln und auf G_5 entfallen fünf Kugeln. Die Permutation der Kugeln innerhalb eines Gefäßes wird nicht als neue Aufteilung betrachtet. Vertauscht man Kugeln von einem Gefäß zum anderen, so entsteht eine neue Aufteilung.

□

Beispiel 12.9. Wir verallgemeinern den binomischen Satz zu

$$(a_1 + a_2 + \cdots + a_k)^n = \sum_{n_1+n_2+\cdots+n_k=n} \frac{n!}{n_1!\, n_2! \cdots n_k!}\, a_1^{n_1}\, a_2^{n_2} \cdots a_k^{n_k}\,.$$

Die Summation wird über alle geordneten Partitionen der Zahl n in k Summanden erstreckt. Anstelle der Binomialkoeffizienten treten die Multinomialkoeffizienten. Beispielsweise kann die Zahl 4 in die folgenden 15 geordneten Partitionen in drei Summanden zerlegt werden:

$$\begin{aligned}
4 &= 4+0+0 \\
&= 3+1+0 = 3+0+1 \\
&= 2+2+0 = 2+0+2 = 2+1+1 \\
&= 1+3+0 = 1+0+3 = 1+2+1 = 1+1+2 \\
&= 0+4+0 = 0+3+1 = 0+1+3 = 0+2+2 = 0+0+4\,.
\end{aligned}$$

Durch Nachrechnen bestätigt man, dass

$$\begin{aligned}
&(a_1 + a_2 + a_3)^4 \\
&\quad = a_1^4 + a_2^4 + a_3^4 \\
&\qquad + 4\,a_1^3\,a_2 + 4\,a_1^3\,a_3 + 4\,a_1\,a_2^3 \\
&\qquad + 4\,a_1\,a_3^3 + 4\,a_2^3\,a_3 + 4\,a_2\,a_3^3
\end{aligned}$$

$$+ 6\,a_1^2\,a_2^2 + 6\,a_1^2\,a_3^2 + 6\,a_2^2\,a_3^2$$
$$+ 12\,a_1^2\,a_2\,a_3 + 12\,a_1\,a_2^2\,a_3 + 12\,a_1\,a_2\,a_3^2\,.$$

Im allgemeinen Fall überlegt man sich erstens, dass die Potenz $(a_1 + a_2 + \cdots + a_k)^n$ aus Summanden der Gestalt

$$a_1^{n_1}\,a_2^{n_2}\,\cdots\,a_k^{n_k} \quad \text{mit} \quad n_1 + n_2 + \cdots + n_k = n$$

bestehen muss. Zweitens überlegt man sich, dass jede geordnete Partition der Zahl n in k Summanden auf

$$\frac{n!}{n_1!\,n_2!\,\cdots\,n_k!}$$

verschiedene Arten durch Produktbildung zustande kommen kann. Dies entspricht gerade der Permutation von n Elementen, die in k Klassen zerfallen, welche jeweils n_j $(j = 1, \dots, k)$ gleiche Elemente enthalten.

Betrachten wir noch die Fälle $k = 2$ und $k = 3$:

$$\begin{aligned}
&(a_1 + a_2)^n \\
&\quad = \sum_{n_1+n_2=n} \frac{n!}{n_1!\,n_2!}\,a_1^{n_1}\,a_2^{n_2} \\
&\quad = \sum_{j=0}^{n} \frac{n!}{j!\,(n-j)!}\,a_1^{j}\,a_2^{n-j} \\
&\quad = \sum_{j=0}^{n} \binom{n}{j}\,a_1^{j}\,a_2^{n-j}\,, \\
&(a_1 + a_2 + a_3)^n \\
&\quad = \sum_{n_1+n_2+n_3=n} \frac{n!}{n_1!\,n_2!\,n_3!}\,a_1^{n_1}\,a_2^{n_2}\,a_3^{n_3} \\
&\quad = \sum_{j_1=0}^{n} \sum_{n_2+n_3=n-j_1} \frac{n!}{j_1!\,n_2!\,n_3!}\,a_1^{j_1}\,a_2^{n_2}\,a_3^{n_3} \\
&\quad = \sum_{j_1=0}^{n} \sum_{j_2=0}^{n-j_1} \frac{n!}{j_1!\,j_2!\,(n-j_1-j_2)!}\,a_1^{j_1}\,a_2^{j_2}\,a_3^{n-j_1-j_2}\,.
\end{aligned}$$

□

12.2 Variationen und Kombinationen

Es seinen n $(n \geq 1)$ verschiedene Objekte gegeben. Aus den gegebenen Objekten sollen k $(1 \leq k \leq n)$ Objekte herausgegriffen und angeordnet werden. Eine solche Anordnung heißt Variation. Wir unterscheiden Variationen ohne Wiederholung und Variationen mit Wiederholung und sprechen von Variationen von n Elementen zur k-ten Klasse ohne und mit Wiederholung. Wiederholung bedeutet, dass ein und dasselbe Objekt in der vorliegenden Anordnung k-mal vorkommen darf. Zwei Variationen gelten auch dann als verschieden, wenn dieselben k Objekte herausgegriffen wurden, aber die Reihenfolge der Objekte verschieden ist. Greift man beispielsweise aus den Elementen 1, 2, 3, 4, 5 vier Elemente ohne Wiederholung heraus, so sind die Variationen 2, 3, 4, 5 und 3, 2, 4, 5 verschieden. Greift man vier Elemente mit Wiederholung heraus, so sind die Variationen 2, 1, 1, 1 und 1, 1, 1, 2 verschieden.

Anzahl der Variationen von n Elementen zur k-ten Klasse ohne Wiederholung
Die Anzahl der Variationen von n Elementen zur k-ten Klasse ohne Wiederholung beträgt

$$\frac{n!}{(n-k)!}.$$

Beispiel 12.10. Die Anzahl der Variationen von vier Elementen $a\,b\,c\,d$ zur zweiten Klasse ohne Wiederholung beträgt

$$\frac{4!}{2!} = 12.$$

Wir bekommen folgende Variationen:

$$\begin{array}{cccccc} ab, & ac, & ad, & bc, & bd, & cd, \\ ba, & ca, & da, & cb, & db, & dc. \end{array}$$

Die Anzahl der Variationen von vier Elementen $a\,b\,c\,d$ zur dritten Klasse beträgt

$$\frac{4!}{1!} = 24.$$

Wir bekommen folgende Variationen:

$$\begin{array}{cccc} abc, & abd, & acd, & bcd, \\ acb, & adb, & adc, & bdc, \\ bac, & bad, & cad, & cbd, \\ bca, & bda, & cda, & cdb, \\ cab, & dab, & dac, & dbc, \\ cba, & dba, & dca, & dcb. \end{array}$$

□

Die Formel für die Anzahl der Variationen ohne Wiederholung kann man wie folgt bestätigen: Betrachten wir zunächst den Fall $k = 2$. Eine Variation von n Elementen zur zweiten Klasse ohne Wiederholung besteht aus zwei Elementen. Wenn man das erste Objekt für eine Variation herausgreift, hat man n Wahlmöglichkeiten. Beim Herausgreifen des zweiten Elements hat man nur noch $n-1$ Wahlmöglichkeiten, da keine Wiederholung gestattet ist. Man erhält also die Anzahl von $n(n-1)$ Variationen. Im Fall $k = 3$ ergeben sich analog $n(n-1)(n-2)$ Variationen, da man beim Herausgreifen des dritten Elements nur noch $n-2$ Wahlmöglichkeiten hat. Für ein beliebiges k $(1 \leq k \leq n)$ erhält man schließlich die folgende Anzahl von Variationen:

$$n(n-1)(n-2)\cdots(n-k+1) = \frac{n!}{(n-k)!}.$$

Die Anzahl der Variationen von n Elementen zur k-ten Klasse mit Wiederholung ergibt sich aus einer ähnlichen Überlegung.

Anzahl der Variationen von n Elementen zur k-ten Klasse mit Wiederholung

Die Anzahl der Variationen von n Elementen zur k-ten Klasse mit Wiederholung beträgt

$$n^k.$$

Wenn man das erste Objekt für eine Variation herausgreift, hat man n Wahlmöglichkeiten. Beim Herausgreifen des zweiten Elements hat man wieder n Wahlmöglichkeiten, da Wiederholungen gestattet sind. Setzt man diese Überlegung fort, so ergeben sich

$$\underbrace{n \cdot n \cdot n \cdot \ldots \cdot n}_{k\text{-faches Produkt aus } n} = n^k$$

Variationen von n Elementen zur k-ten Klasse mit Wiederholung.

Beispiel 12.11. Die Anzahl der Variationen von drei Elementen $a\,b\,c$ zur zweiten Klasse mit Wiederholung beträgt $3^2 = 9$.

Wir bekommen folgende Variationen:

$$\begin{array}{lll} ab, & ac, & bc, \\ ba, & ca, & cb, \\ aa, & bb, & cc. \end{array}$$

□

Es seien wieder n $(n \geq 1)$ verschiedene Objekte gegeben, aus denen k $(1 \leq k \leq n)$ Objekte herausgegriffen und zusammengestellt werden sollen. Tritt bei der Zusammenstellung keine Wiederholung auf und wird die Anordnung nicht berücksichtigt, so spricht man von einer Kombinationen ohne Wiederholung. Zwei Zusammenstellungen sind gleich, wenn sie die gleichen Objekte enthalten, d. h., wenn sie identische k-elementige Teilmengen der gegebenen Menge von n Objekten darstellen. Kombinationen ohne Wiederholung sind also Variationen ohne Wiederholung, bei denen aber die Anordnung nicht berücksichtigt wird.

Anzahl der Kombinationen von n Elementen zur k-ten Klasse ohne Wiederholung
Die Anzahl der Kombinationen von n Elementen zur k-ten Klasse ohne Wiederholung beträgt

$$\binom{n}{k} = \frac{n!}{k!\,(n-k)!}\,.$$

Die Anzahl der Kombinationen von n Elementen zur k-ten Klasse ohne Wiederholung $K_{n,k}$ ist gleich der Anzahl der k-elementigen Teilmengen, die man aus der gegebenen Menge von n Objekten bilden kann. Bei der Mengengleichheit kommt es nur auf die enthaltenen Elemente an. Die Reihenfolge spielt keine Rolle. Der Übergang von Kombinationen ohne Wiederholung zu Variationen ohne Wiederholung erfolgt dadurch, dass man bei den Kombinationen die Reihenfolge berücksichtigt. Hieraus ergibt sich sofort die Beziehung

$$K_{n,k}\,k! = \frac{n!}{(n-k)!} \quad\Longleftrightarrow\quad K_{n,k} = \frac{n!}{k!\,(n-k)!}\,.$$

Beispiel 12.12. Die Anzahl der Kombinationen von vier Elementen $a\,b\,c\,d$ zur zweiten Klasse ohne Wiederholung beträgt

$$\frac{4!}{2!\,2!} = \binom{4}{2} = 6\,.$$

Wir bekommen folgende Kombinationen:

$$\begin{array}{lll} ab, & ac, & ad, \\ bc, & bd, & cd. \end{array}$$

Die Anzahl der Kombinationen von vier Elementen $a\,b\,c\,d$ zur dritten Klasse ohne Wiederholung beträgt

$$\frac{4!}{3!\,1!} = \binom{4}{3} = 4\,.$$

Wir bekommen folgende Kombinationen:

$$abc, \quad abd, \quad acd, \quad bcd.$$

□

Beispiel 12.13. Die Anzahl der Kombinationen von 49 Elementen zur sechsten Klasse ohne Wiederholung beträgt

$$\binom{49}{6} = \frac{49\cdot 48\cdot 47\cdot 46\cdot 45\cdot 44\cdot}{1\cdot 2\cdot 3\cdot 4\cdot 5\cdot 6} = 13983816\,.$$

Beim Lottospielen werden 49 Kugeln gegeben, die von 1 bis 49 durchnummeriert sind. Es gibt also 13983816 verschiedene Möglichkeiten, eine Zusammenstellung von 6 Kugeln herauszugreifen. □

Beispiel 12.14. Wir bestimmen die Anzahl aller Teilmengen, die man aus einer n-elementigen Menge bilden kann.

Wir haben zunächst die leere Menge als Teilmenge. Ist $1 \leq k \leq n$, dann beträgt die Menge aller k-elementigen Teilmengen

$$\binom{n}{k} .$$

Summiert man über alle k und nimmt die leere Menge Menge hinzu, so ergibt sich wegen

$$\binom{n}{0} = 1$$

folgende Anzahl aller Teilmengen:

$$\binom{n}{0} + \binom{n}{1} + \cdots + \binom{n}{n} = \sum_{k=0}^{n} \binom{n}{k} = 2^n .$$

□

Beispiel 12.15. Gegeben sei eine Menge $\mathbb{A}$ mit 9 Elementen und eine Menge $\mathbb{B}$ mit 7 Elementen. Wie viele Mengen $\mathbb{C}$ mit 6 Elementen gibt es, die 3 Elemente aus $\mathbb{A}$ und 3 Elemente aus $\mathbb{B}$ enthalten?

Aus 9 Elementen von $\mathbb{A}$ kann man auf

$$\binom{9}{3} = \frac{9 \cdot 8 \cdot 7}{1 \cdot 2 \cdot 3} = 84$$

Arten eine dreielementige Menge bilden.

Aus 7 Elementen von $\mathbb{B}$ kann man auf

$$\binom{7}{3} = \frac{7 \cdot 6 \cdot 5}{1 \cdot 2 \cdot 3} = 35$$

Arten eine dreielementige Menge bilden.

Für die Bildung von $\mathbb{C}$ hat man somit folgende Anzahl von Möglichkeiten:

$$\binom{9}{3}\binom{7}{3} = 2940 .$$

□

Aus n ($n \geq 1$) gegebenen verschiedenen Objekten greifen wir erneut k, ($1 \leq k \leq n$) Objekte heraus und stellen sie zusammen. Im Gegensatz zu den Kombinationen ohne

Wiederholung darf aber nun ein Element mehrfach bis zu k mal herausgegriffen werden. Wir sprechen deshalb von Kombinationen von n Elementen zur k-ten Klasse mit Wiederholung.

Anzahl der Kombinationen von n Elementen zur k-ten Klasse mit Wiederholung
Die Anzahl der Kombinationen von n Elementen zur k-ten Klasse mit Wiederholung beträgt

$$\binom{n+k-1}{k}.$$

Beispiel 12.16. Die Anzahl der Kombinationen von vier Elementen $a\,b\,c\,d$ zur zweiten Klasse mit Wiederholung beträgt

$$\binom{4+2-1}{2} = \binom{5}{2} = \frac{5!}{2!\,3!} = 10\,.$$

Wir bekommen folgende Kombinationen:

$$\begin{gathered} a\,b,\quad a\,c,\quad a\,d,\\ b\,c,\quad b\,d,\quad c\,d,\\ a\,a,\quad b\,b,\quad c\,c,\quad d\,d. \end{gathered}$$

Die Anzahl der Kombinationen von vier Elementen $a\,b\,c\,d$ zur dritten Klasse mit Wiederholung beträgt

$$\binom{4+3-1}{3} = \binom{6}{3} = \frac{6!}{3!\,3!} = 20\,.$$

Wir bekommen folgende Kombinationen:

$$\begin{gathered} a\,b\,c,\quad a\,b\,d,\quad a\,c\,d,\quad b\,c\,d,\\ a\,a\,b,\quad a\,a\,c,\quad a\,a\,d,\\ a\,b\,b,\quad b\,b\,c,\quad b\,b\,d,\\ a\,c\,c,\quad b\,c\,c,\quad c\,c\,d,\\ a\,d\,d,\quad b\,d\,d,\quad c\,d\,d,\\ a\,a\,a,\quad b\,b\,b,\quad c\,c\,c,\quad d\,d\,d. \end{gathered}$$

□

Man kann die Formel für die Anzahl der Kombinationen mit Wiederholung bei beliebigem $n \geq 1$ durch vollständige Induktion über k beweisen. Der Einfachheit halber bezeichnen wir die Elemente stets mit $1, 2, \ldots, n$. Bei jeder Kombination denken wir uns dann die Elemente entsprechend der Kleiner-oder-Gleich-Relation aufgelistet, z. B.

$$2\;2\;5\;5\;5\;5\;9\;12\;12\;\ldots\,.$$

Die Anzahl der Kombinationen von n Elementen zur ersten Klasse mit Wiederholung beträgt n, und es gilt

$$\binom{n+1-1}{1} = n\,.$$

Wir nehmen an, dass die Behauptung für ein beliebiges k richtig sei und zeigen, dass die Anzahl der Kombinationen von n Elementen zur $k+1$-ten Klasse mit Wiederholung

$$\binom{n+(k+1)-1}{k} = \binom{n+k}{k}$$

beträgt. Wir betrachten zunächst alle Kombinationen zur $k+1$-ten Klasse, die das Element 1 beinhalten. An der ersten Stelle muss dabei das Element 1 stehen, und auf das Element 1 können alle Kombinationen der Elemente $1, 2, \dots, n$ zur k-ten Klasse folgen. Dies ergibt nach Induktionsannahme die folgende Anzahl von Kombinationen:

$$\binom{n+k-1}{k}\,.$$

Betrachtet man dann genauso alle Kombinationen, die mit dem Element 2 beginnen, dann hat man noch

$$\binom{n+k-2}{k}$$

Kombinationen. Denn auf das Element 2 dürfen nur noch alle Kombinationen der Elemente $2, \dots, n$ zur k-ten Klasse folgen. Setzt man das Verfahren fort, bis man an der ersten Stelle das Element n stehen hat, so ergibt sich die Anzahl aller Kombinationen zur $k+1$-ten Klasse als Summe:

$$\binom{1+k-1}{k} + \binom{2+k-1}{k} + \dots + \binom{n+k-1}{k}\,.$$

Mit der Verallgemeinerung des Bildungsgesetzes der Binomialkoeffizienten

$$\begin{aligned}\binom{k}{k} + \binom{k+1}{k} + \dots + \binom{k+n-1}{k}\\ = \binom{k+n}{k+1} = \binom{n+(k+1)-1}{k+1}\end{aligned}$$

bekommt man dann den Induktionsschluss.

Beispiel 12.17. In einem Baumarkt stehen 8 Fächer für 12 verschiedene Sorten von Schrauben zur Verfügung. Wieviele Möglichkeiten gibt es, die Fächer zu belegen, wenn mehrere Fächer mit derselben Sorte gefüllt werden dürfen?

Die Belegung der 8 Fächer fassen wir als Kombinationen von 12 Elementen zur achten Klasse mit Wiederholung auf. Die Anzahl der Möglichkeiten beträgt dann

$$\binom{12+8-1}{8} = \binom{19}{8} = \frac{19!}{8!\,11!} = 1275582\,. \qquad \square$$

Variationen und Kombinationen lassen sich mit einem Urnenmodell veranschaulichen. Wir nehmen an, in einer Urne liegen n verschiedene Kugeln, die wir uns durchnummeriert denken. Aus der Urne entnehmen wir nacheinander k Kugeln und sprechen von einer Stichprobe von k Kugeln. Wenn bei Stichproben die Reihenfolge eine Rolle spielt, sprechen wir von geordneten Stichproben, anderfalls von ungeordneten Stichproben. Wenn man jeweils nach der Entnahme die entnommene Kugel wieder in die Urne zurücklegt, spricht man Stichproben mit Zurücklegen, andernfalls von Stichproben ohne Zurücklegen. Durch Zurücklegen kann man erreichen, dass eine Kugel mit bis zu k-facher Wiederholung entnommen wird. Beim Urnenmodell ergeben sich somit vier mögliche Grundaufgaben, die entsprechend der folgenden Tabelle aufgelistet werden können:

Variationen
Variationen ohne Wiederholung bzw. geordnete Stichprobe ohne Zurücklegen: $\frac{n!}{(n-k)!}$ Variationen mit Wiederholung bzw. geordnete Stichprobe mit Zurücklegen: n^k
Kombinationen
Kombinationen ohne Wiederholung bzw. ungeordnete Stichprobe ohne Zurücklegen: $\binom{n}{k}$ Kombinationen mit Wiederholung bzw. ungeordnete Stichprobe mit Zurücklegen: $\binom{n+k-1}{k}$

12.3 Wahrscheinlichkeitsräume

Der Ausgang vieler physikalischer Experimente kann auf Grund der Naturgesetze vorausgesagt werden. Legt man an den Enden eines Leiters eine Spannung an, so fließt ein

Strom. Der Ausgang solcher Experimente ist deterministisch und reproduziert sich bei der Wiederholung unter gleichen Bedingungen. In der Wahrscheinlichkeitsrechnung betrachtet man Experimente mit zufälligem Ausgang. Führt man ein Zufallsexperiment mehrmals hintereinander aus, so zeigen sich gewisse Häufigkeitsgesetze. Beispielsweise kann man beim Werfen einer Münze beobachten, dass die Ergebnisse Kopf und Zahl mit der gleichen Häufigkeit eintreffen. Gegenstand der Wahrscheinlichkeitsrechnung ist die mathematische Modellierung solcher Gesetzmäßigkeiten.

Beispiel 12.18. Das Werfen einer Münze oder eines Würfels stellt jeweils ein Experiment dar, dessen Ergebnis wir nicht vorhersagen können.

Beim Werfen einer Münze kann das Ergebnis Kopf oder Zahl sein. Beim Werfen eines Würfels kann das Ergebnis eine der Zahlen von Eins bis Sechs sein.

Beim Lottospielen werden aus einem Gefäß mit 49 Kugeln 6 Kugeln gezogen. Das Experiment besteht in der Ziehung der Lottozahlen. Der Ausgang dieses Experiments ist wiederum zufällig. □

Bei jedem Problem muss man zuerst festlegen, was unter einem Elementarereignis zu verstehen ist. Man muss die Menge $\mathbb{E}$ aller Elementarereignisse angeben.

Elementarereignis
Jedem Ausgang eines Zufallsexperiments wird ein Elementarereignis zugeordnet,

$$\text{Versuchsausgang} \longrightarrow \text{Elementarereignis}.$$

Die Menge aller Elementarereignisse wird mit $\mathbb{E}$ bezeichnet.

Entspricht das Elementarereignis e dem vorliegenden Ausgang des Experiments, dann sagt man, das Elementarereignis e ist eingetreten.

Beispiel 12.19. Beim Werfen einer Münze stellt das Erscheinen des Kopfes das Elementareignis e_1 und das Erscheinen der Zahl das Elementarereignis e_2 dar. Die Menge der Elementarereignisse lautet

$$\mathbb{E} = \{e_1, e_2\}.$$

Beim Werfen eines Würfels stellt die gefallene Augenzahl

$$1, 2, 3, 4, 5, 6$$

jeweils ein Elementareignis e_1, e_2, e_3, e_4, e_5, e_6 dar. Die Menge der Elementarereignisse lautet

$$\mathbb{E} = \{e_1, e_2, e_3, e_4, e_5, e_6\}.$$ □

Verschiedene Versuchsausgänge eines Zufallsexperiments können zu gleichen Resultaten führen. Man unterscheidet äquivalente Ausgänge eines Zufallsexperiments nicht und ordnet sie einem einzigen Elementarereignis zu.

Äquivalenter Versuchsausgang
Alle Ausgänge eines Zufallsexperiments, welchen dasselbe Elementarereignis zugeordnet wird, fasst man zu einer Klasse äquivalenter Versuchsausgänge zusammen. Dadurch wird die Zuordnung umkehrbar eindeutig:

$$\text{Klasse äquivalenter Versuchsausgänge} \quad \longleftrightarrow \quad \text{Elementarereignis}$$

Beispiel 12.20. Beim Würfeln mit zwei Würfeln werden nach jedem Wurf die Augenzahlen zusammengezählt. Als Versuchsausgänge haben wir die Summen der Augenzahlen,

$$\begin{aligned}
2 &= 1+1\,,\\
3 &= 1+2 = 2+1\,,\\
4 &= 1+3 = 2+2 = 3+1\,,\\
5 &= 1+4 = 2+3 = 4+1 = 3+2\,,\\
6 &= 1+5 = 2+4 = 3+3 = 5+1 = 4+2\,,\\
7 &= 1+6 = 2+5 = 3+4 = 6+1 = 5+2 = 4+3\,,\\
8 &= 2+6 = 3+5 = 4+4 = 6+2 = 5+3\,,\\
9 &= 3+6 = 4+5 = 6+3 = 5+4\,,\\
10 &= 4+6 = 5+5 = 6+4\,,\\
11 &= 5+6 = 6+5\,,\\
12 &= 6+6\,.
\end{aligned}$$

Jeder Summe $k + j$ wird das Elementarereignis e_{k+j} zugeordnet. Man erhält auf diese Weise eine Menge $\mathbb{E}$ von 11 Elementarereignissen,

$$\mathbb{E} = \{e_2, e_3, \ldots, e_{12}\}\,.$$

Beispielsweise wird das Elementarereignis e_7 folgenden sechs Summen zugeordnet:

$$7 = 1+6 = 2+5 = 3+4 = 6+1 = 5+2 = 4+3\,.$$

Diese Versuchsausgänge sind alle äquivalent. Die Art der Realisierung der Augensumme macht keinen Unterschied. □

Die Menge aller Elementareignisse kann endlich, abzählbar oder überabzählbar sein.

Beispiel 12.21. Wir würfeln jeweils solange, bis eine Sechs erscheint und notieren die Anzahl der Würfe. Benötigen wir n Würfe, so ordnen wir dem Ausgang des Experiments das Elementarereignis e_n zu. Es ergibt sich dadurch eine abzählbare Ereignismenge

$$\mathbb{E} = \{e_1\,, e_2\,, e_3\,, \ldots\}\,.$$

Dem Elementarereignis e_n, $n \in \mathbb{N}$ entspricht der Versuchsausgang: n benötigte Würfe. Hier werden wieder äquivalente Ausgänge des Experiments zusammengefasst und einem einzigen Elementarereignis zugeordnet. Ob beispielsweise dreimal eine Eins gefallen ist und beim vierten Wurf eine Sechs oder eine Fünf, eine Drei, eine Fünf und dann eine Sechs spielt keine Rolle. Jedesmal ist das Elementarereignis e_4 eingetreten. □

Beispiel 12.22. Wir stechen den Zirkel in den Ursprung und zeichnen einen Kreis in der Ebene. Ein Kreis mit dem Radius $r > 0$ stellt dann das Elementarereignis e_r dar. Die Ereignismenge ist überabzählbar unendlich,

$$\mathbb{E} = \{e_r \mid r > 0\}.$$

Zu jeder Zahl $r > 0$ gibt es ein Elementarereignis. □

Die Elementarereignisse reichen noch nicht aus, um alle möglichen Ergebnisse eines Experiments zu erfassen.

Zufälliges Ereignis
Jede Teilmenge $\mathbb{A}$ der Menge der Elementarereignisse $\mathbb{E}$ wird als zufälliges Ereignis oder kurz Ereignis bezeichnet. Wenn das Elementarereignis e eintritt und wenn gilt $e \in \mathbb{A}$, dann sagt man, das Ereignis $\mathbb{A}$ ist eingetreten.

Offenbar stellen die leere Menge $\emptyset$ und die Menge aller Elementarereignisse $\mathbb{E}$ Ereignisse dar. Die leere Menge wird auch als unmögliches Ereignis und die Menge aller Elementarereignisse als das sichere Ereignis bezeichnet. Kein Elementarereignis kann Element von $\emptyset$ sein, aber jedes Elementarereignis ist Element von $\mathbb{E}$.

Beispiel 12.23. Beim Würfeln mit einem Würfel erhält man eine Menge $\mathbb{E}$ von sechs Elementarereignissen,

$$\mathbb{E} = \{e_1, e_2, e_3, e_4, e_5, e_6\},$$

wobei e_j dem Auftreten der Augenzahl j entspricht. Das Ereignis, dass die Augenzahl ungerade ist, können wir durch die Teilmenge beschreiben:

$$\mathbb{A} = \{e_1, e_3, e_5\} = \{e_j \mid j \text{ ungerade}\}.$$

Das Ereignis, dass die Augenzahl kleiner als Sechs ist, entspricht der Teilmenge

$$\mathbb{B} = \{e_1, e_2, e_3, e_4, e_5\} = \{e_j \mid 1 \leq j \leq 5\}.$$

Es gilt $\mathbb{A} \subset \mathbb{B}$. Wenn $\mathbb{A}$ eintritt, dann tritt auch $\mathbb{B}$ ein. Beim Würfeln mit zwei Würfeln erhält man eine Menge $\mathbb{E}$ von 36 Elementarereignissen, die den Paaren von Augenzahlen (j, k), $j, k = 1, \ldots, 6$ entsprechen. Das Ereignis, dass beide Augenzahlen gleich sind, können wir durch die Teilmenge beschreiben:

$$\mathbb{C} = \{(1,1), (2,2), (3,3), (4,4), (5,5), (6,6)\}. \qquad \square$$

Mithilfe der Mengenoperationen können wir die grundlegenden Beziehungen zwischen Ereignissen beschreiben. Sind $\mathbb{A}$ und $\mathbb{B}$ zufällige Ereignisse und gilt $\mathbb{A} \subseteq \mathbb{B}$, so zieht das Ereignis $\mathbb{A}$ das Ereignis $\mathbb{B}$ nach sich. Wenn das Ereignis $\mathbb{A}$ eintritt, dann muss auch das Ereignis $\mathbb{B}$ eintreten.

Summe, Produkt und Differenz von Ereignissen

Sei $\mathbb{E}$ die Menge aller Elementarereignisse eines Zufallsexperiments. Seien $\mathbb{A} \subseteq \mathbb{E}$ und $\mathbb{B} \subseteq \mathbb{E}$ Ereignisse.

Die Vereinigungsmenge $A \cup \mathbb{B}$ beschreibt das Ereignis, dass mindestens eines der beiden Ereignisse $\mathbb{A}$ oder $\mathbb{B}$ eintritt. Man nennt $A \cup \mathbb{B} = \mathbb{A} + \mathbb{B}$ die Summe der Ereignisse $\mathbb{A}$ und $\mathbb{B}$.

Die Durchschnittsmenge $A \cap \mathbb{B}$ beschreibt das Ereignis, dass die beiden Ereignisse $\mathbb{A}$ und $\mathbb{B}$ zugleich eintreten. Man nennt $A \cap \mathbb{B} = \mathbb{A}\,\mathbb{B}$ das Produkt der Ereignisse $\mathbb{A}$ und $\mathbb{B}$.

Wenn der Durchschnitt leer ist $A \cap \mathbb{B} = \emptyset$, dann heißen die Ereignisse $\mathbb{A}$ und $\mathbb{B}$ unvereinbar. Unvereinbare Ereignisse können nicht zugleich eintreten.

Die Menge $\bar{A} = \mathbb{E} \setminus \mathbb{A}$ beschreibt das zu $\mathbb{A}$ komplementäre Ereignis. Das Ereignis $\bar{A}$ tritt genau dann ein, wenn $\mathbb{A}$ nicht eintritt.

Die Menge $\mathbb{A} \setminus \mathbb{B} = \mathbb{A} - \mathbb{B}$ heißt Differenz der Ereignisse $\mathbb{A}$ und $\mathbb{B}$. Das Ereignis $\mathbb{A} - \mathbb{B}$ tritt genau dann ein, wenn $\mathbb{A}$ eintritt und $\mathbb{B}$ nicht eintritt.

Beispiel 12.24. Wir werfen drei Münzen und beobachten, ob jeweils Kopf (K) oder Zahl (Z) erscheint. Die Menge der Elementarereignisse besteht aus acht Elementen,

$$\mathbb{E} = \{KKK, KKZ, KZK, ZKK, KZZ, ZKZ, ZZK, ZZZ\}.$$

Man kann sich dies auch mithilfe eines Ereignisbaums klarmachen, wenn man die drei Münzen nacheinander oder eine einzige Münze dreimal wirft (Abb. 12.3).

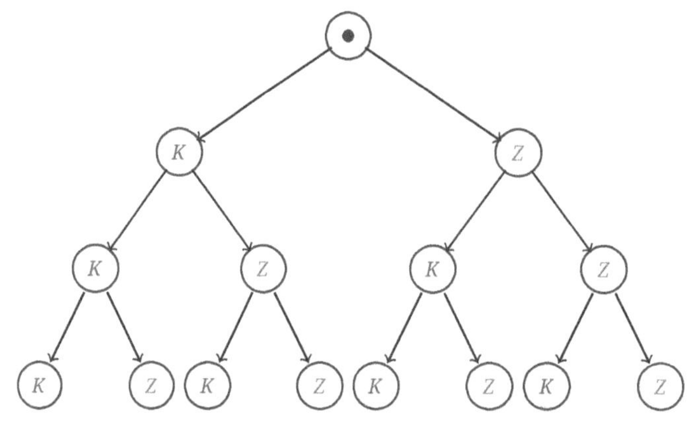

Abb. 12.3: Ereignisbaum: Wurf von drei Münzen (eine Münze wird dreimal nacheinander geworfen).

Sei $\mathbb{A}$ das Ereignis, dass mindestens zweimal K erscheint und $\mathbb{B}$ das Ereignis, dass mindestens zweimal Z erscheint. Diese Ereignisse sind unvereinbar. Es gilt

$$\mathbb{A} = \{KKK, KKZ, KZK, ZKK\},$$
$$\mathbb{B} = \{KZZ, ZKZ, ZZK, ZZZ\},$$

und

$$\mathbb{A} + \mathbb{B} = \mathbb{A} \cup \mathbb{B} = \mathbb{E}, \quad \mathbb{A}\,\mathbb{B} = \mathbb{A} \cap \mathbb{B} = \emptyset.$$

Sei $\mathbb{C}$ das Ereignis, dass bei der dritten Münze K erscheint. Es gilt

$$\mathbb{C} = \{KKK, KZK, ZKK, ZZK\}$$

und

$$\mathbb{A} + \mathbb{C} = \mathbb{A} \cup \mathbb{C} = \{KKK, KKZ, KZK, ZKK, ZZK\},$$
$$\mathbb{A}\,\mathbb{C} = \mathbb{A} \cap \mathbb{C} = \{KKK, KZK, ZKK\},$$
$$\mathbb{A} - \mathbb{C} = \mathbb{A} \setminus \mathbb{C} = \{KKZ\}.$$

□

Die Summe und das Produkt von zwei Ereignissen verallgemeinern wir auf n Ereignisse $\mathbb{A}_1, A_2, \ldots, \mathbb{A}_n$ und schreiben:

Summe und Produkt mehrerer Ereignisse

$$\mathbb{A}_1 \cup \mathbb{A}_2 \cup \cdots \cup \mathbb{A}_n = \mathbb{A}_1 + \mathbb{A}_2 + \cdots + \mathbb{A}_n = \sum_{k=1}^{n} A_n,$$
$$\mathbb{A}_1 \cap \mathbb{A}_2 \cap \cdots \cap \mathbb{A}_n = \mathbb{A}_1\,\mathbb{A}_2 \ldots \mathbb{A}_n = \prod_{k=1}^{n} A_n.$$

Bei einem Laplace-Experiment besteht die Menge der Elementarereignisse aus endlich vielen Elementen,

$$\mathbb{E} = \{e_1, e_2, \ldots, e_n\}.$$

Wir nehmen an, dass jedes Elementarereignis mit der gleichen Wahrscheinlichkeit eintritt,

$$P(e_j) = \frac{1}{n}.$$

Sei nun $\mathbb{A} \subseteq \mathbb{E}$ ein Ereignis, das aus m Elementareignissen besteht, dann bezeichnet man

$$P(\mathbb{A}) = \frac{m}{n}$$

als Wahrscheinlichkeit des Ereignisses $\mathbb{A}$. Man kann die Wahrscheinlichkeit $P(\mathbb{A})$ auch so interpretieren: Ist $e_j \in \mathbb{A}$, so bezeichnen wir den e_j entsprechenden Versuchsausgang bzw. e_j als ein für das Ereignis $\mathbb{A}$ günstigen Fall. Es gilt also

Laplace-Experiment

$$P(\mathbb{A}) = \frac{\text{Anzahl der für } \mathbb{A} \text{ günstigen Fälle}}{\text{Anzahl aller möglichen Fälle}} .$$

Die Anzahl der für $\mathbb{A}$ günstigen Fälle kann man als die absolute Häufigkeit des Eintretens von $\mathbb{A}$ auffassen. Die Wahrscheinlichkeit $P(\mathbb{A})$ stellt dann die relative Häufigkeit des Eintretens von $\mathbb{A}$ dar.

Beispiel 12.25. Beim Würfeln mit einem Würfel erhält man eine Menge $\mathbb{E}$ von sechs Elementarereignissen

$$\mathbb{E} = \{e_1, e_2, e_3, e_4, e_5, e_6\} .$$

Das Elementarereignis e_j entspricht der Augenzahl j und tritt mit der Wahrscheinlichkeit

$$P(e_j) = \frac{1}{n}$$

ein. Sei $\mathbb{A}$ das Ereignis, dass eine Augenzahl größer als Vier gewürfelt wird. Das Ereignis $\mathbb{A} = \{e_5, e_6\}$ besteht somit aus zwei Elementareignissen, und wir bekommen folgende Wahrscheinlichkeit dafür, dass eine Fünf oder eine Sechs geworfen wird:

$$P(\mathbb{A}) = \frac{2}{6} = \frac{1}{3} . \qquad \square$$

Beispiel 12.26. Wir betrachten die ganzen Zahlen von 0 bis 999 und bestimmen die Wahrscheinlichkeit dafür, dass eine beliebig herausgegriffene Zahl die Ziffer 7 dreimal, genau zweimal bzw. genau einmal enthält.

Wir haben insgesamt 1000 Zahlen. Die Wahrscheinlichkeit für das Ereignis, dass die Zahl 777 herausgegriffen wird, beträgt $1/1000$.

Es gibt 9 Zahlen der Gestalt $\times 77$, 9 Zahlen der Gestalt 7×7 und 9 Zahlen der Gestalt $77\times$, die genau zweimal die Ziffer 7 enthalten. (Hierbei steht $\times$ für eine Ziffer, die nicht gleich 7 ist). Die Wahrscheinlichkeit für das Ereignis, dass eine Zahl herausgegriffen wird, die zweimal die Ziffer 7 enthält, beträgt somit $27/1000$.

Es gibt 81 Zahlen der Gestalt $\times \times 7$, 81 Zahlen der Gestalt $\times 7 \times$ und 81 Zahlen der Gestalt $7 \times \times$, die genau einmal die Ziffer 7 enthalten. Die Wahrscheinlichkeit für das

Ereignis, dass eine Zahl mit genau einer Sieben herausgegriffen wird, beträgt somit $243/1000$. □

Beispiel 12.27. Beim Geburtstagsproblem tragen k Personen ihren Geburtstag in eine Namensliste ein. Wir bestimmen die Wahrscheinlichkeit dafür, dass kein Geburtstag zweimal auftritt.

Es können insgesamt

$$365^k$$

verschiedene Listen von Geburtstagen (Variationen mit Wiederholung von 365 Elementen zur k-ten Klasse) entstehen. Die Menge $\mathbb{E}$ der Elementarereignisse besteht also aus 365^k Elementen. Die Anzahl der Listen mit lauter verschiedenen Geburtstagen (Variationen ohne Wiederholung von 365 Elementen zur k-ten Klasse) beträgt

$$365 \cdot (365-1) \cdot \ldots \cdot (365-k+1) = \frac{365!}{(365-k)!} .$$

Die Wahrscheinlichkeit dafür, dass kein Geburtstag zweimal auftritt, ist somit

$$\frac{365 \cdot (365-1) \cdot \ldots \cdot (365-k+1)}{365^k} = \frac{365!}{(365-k)!\,365^k} .$$

Im Fall $k = 20$ ergibt sich eine Wahrscheinlichkeit von $0.5885\ldots$.

Man kann das Problem auch so stellen, dass sich 365 Kugeln (Geburtstage) in einer Urne befinden und k Personen eine Kugel (ihren Geburtstag) herausnehmen und wieder zurücklegen. Es können insgesamt

$$\binom{365+k-1}{k}$$

ungeordnete Stichproben mit Zurücklegen (Kombinationen mit Wiederholung von 365 Elementen zur k-ten Klasse) entnommen werden. Die Anzahl der Stichproben mit lauter verschiedenen Geburtstagen (Kombinationen ohne Wiederholung von 365 Elementen zur k-ten Klasse) beträgt

$$\binom{365}{k} .$$

Die Wahrscheinlichkeit dafür, dass kein Geburtstag zweimal auftritt, ist nun

$$\frac{\binom{365}{k}}{\binom{365+k-1}{k}} .$$

Im Fall $k = 20$ ergibt sich eine Wahrscheinlichkeit von $0.3528\ldots$.

Den Unterschied der beiden Modelle (Abb. 12.4) zeigt auch folgende Überlegung für zwei Personen $k = 2$. Wir betrachten die Wahrscheinlichkeit dafür, dass die eine Person am 4.6. und die andere am 13.9. Geburtstag hat. Im ersten Wahrscheinlichkeitsraum ermitteln wir die Wahrscheinlichkeit des Ereignisses $\{(4.6, 13.9), (13.9, 4.6)\}$ zu

$$\frac{2}{365^2} \approx 0.000015\,,$$

während wir im zweiten Wahrscheinlichkeitsraum die Wahrscheinlichkeit des Elementarereignisses $(4.6, 13.9)$ zu

$$\frac{1}{\binom{366}{2}} = \frac{2}{366 \cdot 365} \approx 0.0000149$$

ermitteln. Die Wahrscheinlichkeit dafür, dass beide Personen am 17.2. Geburtstag haben, beträgt im ersten Wahrscheinlichkeitsraum

$$\frac{1}{365^2} \approx 0.0000075$$

und im zweiten

$$\frac{1}{\binom{366}{2}} = \frac{2}{366 \cdot 365} \approx 0.0000149\,.$$

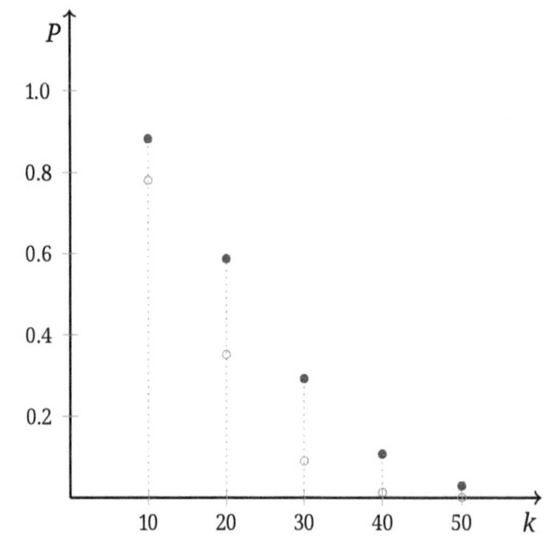

Abb. 12.4: Vergleich der beiden Modelle beim Geburtstagsproblem: Variationen mit Wiederholung (dunkle Punkte) und Kombinationen mit Wiederholung (helle Punkte). Die Wahrscheinlichkeit P dafür, dass kein Geburtstag mehr als einmal auftritt, wird über der Anzahl der Personen k abgetragen.

□

Beispiel 12.28. Beim Lottospielen (6 aus 49) erhält man eine Menge $\mathbb{E}$ von $\binom{49}{6}$ Elementarereignissen, die jeweils einer Kombination von 49 Elementen zur sechsten Klasse ohne Wiederholung (Ziehen ohne Zurücklegen) entsprechen. Das Elementarereignis e_j tritt mit der Wahrscheinlichkeit

$$P(e_j) = \frac{1}{\binom{49}{6}}$$

ein. Das Ereignis $\mathbb{A}$ soll dann eintreten, wenn die Kombination genau l Zahlen einer fest gewählten Kombination enthält (l Richtige). Das Ereignis $\mathbb{A}$ besteht aus

$$\binom{6}{l}\binom{43}{6-l}$$

Elementarereignissen. Man kann sich diese Formel beispielhaft so klarmachen: Die fest gewählte Kombination sei

$$1,2,3,4,5,6,$$

und $l = 4$. Die Anzahl der vierelementigen Teilmengen beträgt

$$\binom{6}{4}.$$

Nehmen wir die vierelementige Teilmenge

$$\{1,2,3,4\}.$$

Wir können diese Teilmenge zu einer Kombination mit genau vier Richtigen ergänzen, indem aus den 49 Zahlen vermindert um die gegebene Kombination eine zweielementige Teilmenge auswählen. Dies kann wieder auf

$$\binom{43}{2}$$

verschieden Arten geschehen.

Wir bekommen folgende Wahrscheinlichkeit für l Richtige ($l = 1, 2, 3, 4, 5, 6$):

$$P(\mathbb{A}) = \frac{\binom{6}{l}\binom{43}{6-l}}{\binom{49}{6}}$$

und folgende Zahlenwerte:

Eine Richtige:

$$\frac{\binom{6}{1}\binom{43}{5}}{\binom{49}{6}} = \frac{68757}{166474} \approx 0.4130\,,$$

Zwei Richtige:

$$\frac{\binom{6}{2}\binom{43}{4}}{\binom{49}{6}} = \frac{44075}{332948} \approx 0.1323\,,$$

Drei Richtige:

$$\frac{\binom{6}{3}\binom{43}{3}}{\binom{49}{6}} = \frac{8815}{499422} \approx 0.0176\,,$$

Vier Richtige:

$$\frac{\binom{6}{4}\binom{43}{2}}{\binom{49}{6}} = \frac{645}{665896} \approx 0.00096\,,$$

Fünf Richtige:

$$\frac{\binom{6}{5}\binom{43}{1}}{\binom{49}{6}} = \frac{43}{2330636} \approx 0.000018\,,$$

Sechs Richtige:

$$\frac{\binom{6}{6}\binom{43}{0}}{\binom{49}{6}} = \frac{1}{13983816} \approx 0.000000071\,.$$

Betrachten wir noch das Ereignis $\mathbb{B}$, dass mindestens vier Richtige getippt werden. Es gilt

$$P(\mathbb{B}) = \frac{\binom{6}{4}\binom{43}{2} + \binom{6}{5}\binom{43}{1} + \binom{6}{6}\binom{43}{0}}{\binom{49}{6}} = \frac{493}{499422} \approx 0.00098\,. \qquad \square$$

Einem endlichen Wahrscheinlichkeitsraum liegt wie einem Laplace-Experiment ein Zufallsexperiment mit einer endlichen Menge von Elementarereignissen zugrunde. Analog zum Laplace-Experiment definieren wir Wahrscheinlichkeiten von Ereignissen.

Endliche Wahrscheinlichkeitsräume

Sei $\mathbb{E} = \{e_1, \ldots, e_n\}$ eine endliche Menge von Elementarereignissen. Jedem Elementarereignis e_j werde eine Wahrscheinlichkeit $P(e_j)$ zugeordnet mit den Eigenschaften

1) $0 \leq P(e_j) \leq 1$, für $j = 1, \ldots, n$,
2) $\sum_{j=1}^{n} P(e_j) = 1$.

Wird ein Ereignis $\mathbb{A}$ aus paarweise verschiedenen Elementarereignissen gebildet $A = \{e_{j_1}, \ldots, e_{j_k}\} \subseteq \mathbb{E}$, so setzt man

$$P(\mathbb{A}) = \sum_{l=1}^{k} P(e_{j_l})\,.$$

Durch die Mengenfunktion P wird $\mathbb{E}$ zusammen mit der Menge aller Ereignisse $\mathcal{A}$ zu einem endlichen Wahrscheinlichkeitsraum.

Offenbar sind Laplace-Experimente solche Spezialfälle endlicher Wahrscheinlichkeitsräume, bei denen die Wahrscheinlichkeit aller Elementarereignisse gleich groß ist.

Beispiel 12.29. Beim Würfeln mit zwei Würfeln werden nach jedem Wurf die Augenzahlen zusammengezählt. Man erhält eine Menge $\mathbb{E}$ von elf Elementarereignissen,

$$\mathbb{E} = \{e_2, e_3, \ldots, e_{12}\}\,,$$

wobei e_j dem Auftreten der Augensumme j entspricht. Da die Augensummen sich wie folgt durch äquivalente Ausgänge ergeben,

$$\begin{aligned}
2 &= 1+1\,,\\
3 &= 1+2 = 2+1\,,\\
4 &= 1+3 = 2+2 = 3+1\,,\\
5 &= 1+4 = 2+3 = 4+1 = 3+2\,,\\
6 &= 1+5 = 2+4 = 3+3 = 5+1 = 4+2\,,\\
7 &= 1+6 = 2+5 = 3+4 = 6+1 = 5+2 = 4+3\,,\\
8 &= 2+6 = 3+5 = 4+4 = 6+2 = 5+3\,,\\
9 &= 3+6 = 4+5 = 6+3 = 5+4\,,\\
10 &= 4+6 = 5+5 = 6+4\,,\\
11 &= 5+6 = 6+5\,,\\
12 &= 6+6\,,
\end{aligned}$$

ordnen wir den Elementarereignissen folgende Wahrscheinlichkeiten zu:

$$P(e_2) = \frac{1}{36}, \quad P(e_3) = \frac{2}{36}, \quad P(e_4) = \frac{3}{36}, \quad P(e_5) = \frac{4}{36}, \quad P(e_6) = \frac{5}{36}, \quad P(e_7) = \frac{6}{36},$$
$$P(e_8) = \frac{5}{36}, \quad P(e_9) = \frac{4}{36}, \quad P(e_{10}) = \frac{3}{36}, \quad P(e_{11}) = \frac{2}{36}, \quad P(e_{12}) = \frac{1}{36}.$$

Es gilt

$$\sum_{n=2}^{12} P(e_n) = \frac{(1+2+3+4+5)\,2+6}{36} = 1. \qquad \square$$

Der Begriff des Wahrscheinlichkeitsraums kann unmittelbar auf Zufallsexperimente mit einer abzählbaren Menge von Elementarereignissen verallgemeinert werden.

Abzählbare Wahrscheinlichkeitsräume
Sei $\mathbb{E} = \{e_1, e_2, \ldots\}$ eine abzählbare Menge von Elementarereignissen. Jedem Elementarereignis e_j werde eine Wahrscheinlichkeit $P(e_j)$ zugeordnet mit den Eigenschaften

1) $0 \le P(e_j) \le 1$, für $j = 1, 2, \ldots$,
2) $\sum_{j=1}^{\infty} P(e_j) = 1$.

Wird ein Ereignis $\mathbb{A} \subseteq \mathbb{E}$ aus paarweise verschiedenen Elementarereignissen gebildet, so setzt man

$$P(\mathbb{A}) = \sum_{e \in \mathbb{A}} P(e).$$

Durch die Mengenfunktion P wird $\mathbb{E}$ zusammen mit der Menge aller Ereignisse $\mathcal{A}$ zu einem abzählbaren Wahrscheinlichkeitsraum.

Beispiel 12.30. Wir würfeln mit einem Würfel, bis zum ersten Mal eine Sechs erscheint. Benötigen wir n Würfe, so ordnen wir dem Ausgang des Experiments das Elementarereignis e_n zu.

Betrachten wir zunächst einfach n Würfe. Mit Berücksichtigung der Reihenfolge können 6^n verschiedene Ausgänge entstehen. Die Anzahl der Ausgänge, bei welchen beim letzten Wurf eine Sechs gewürfelt wird, aber bei den $n-1$ vorausgegangenen Würfen keine Sechs auftrat, ist gleich 5^{n-1}. Deshalb ordnen wir dem Elementarereignis e_n folgende Wahrscheinlichkeit zu (Abb. 12.5):

$$P(e_n) = \frac{5^{n-1}}{6^n}.$$

Offenbar gilt

$$\sum_{n=1}^{\infty} P(e_n) = \sum_{n=1}^{\infty} \frac{5^{n-1}}{6^n} = \frac{1}{6} \sum_{n=0}^{\infty} \left(\frac{5}{6}\right)^n = \frac{1}{6} \frac{1}{1-\frac{5}{6}} = 1. \qquad \square$$

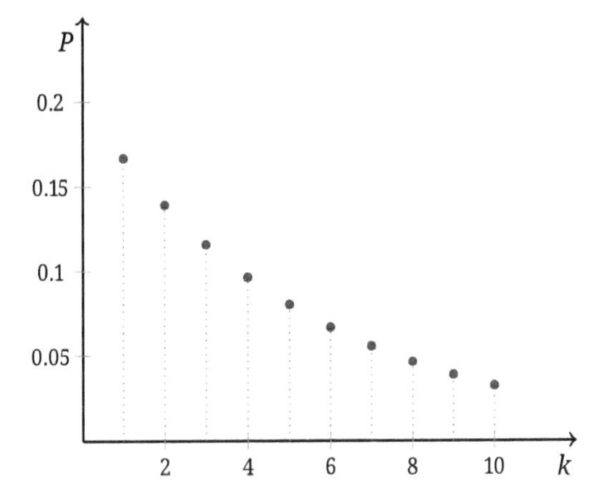

Abb. 12.5: Die Wahrscheinlichkeit $P(e_n)$, dass beim letzten von n Würfen zum ersten Mal eine Sechs gewürfelt wird.

Aus mehreren endlichen oder abzählbaren Wahrscheinlichkeitsräumen kann man eine neue Ereignismenge als cartesisches Produkt herstellen und durch Multiplikation der Wahrscheinlichkeiten zu einem Wahrscheinlichkeitsraum machen.

Unabhängiges Produkt von Wahrscheinlichkeitsräumen
Seien $\mathbb{E}_1, \ldots, \mathbb{E}_n$ abzählbare Ereignismengen, die mit den jeweiligen Wahrscheinlichkeiten $P_1, \ldots, P_n$ Wahrscheinlichkeitsräume bilden. Die Menge aller geordneten n-Tupel,

$$\mathbb{E} = \left\{(e_1, \ldots, e_n) \mid e_j \in \mathbb{E}_j\right\},$$

bildet versehen mit der Wahrscheinlichkeit

$$P(e_1, \ldots, e_n) = P(e_1) \cdots P(e_n)$$

einen abzählbaren Wahrscheinlichkeitsraum.

Im Spezialfall können sich unter den Ereignismengen $\mathbb{E}_j$ endliche Mengen befinden, oder es können auch alle Ereignismengen endlich sein. Dass die Summe der Wahrscheinlichkeiten Eins ergibt, sieht man wie folgt:

$$\begin{aligned}
\sum_{j_1=1}^{\infty} \cdots \sum_{j_n=1}^{\infty} P(e_{j_1}, \ldots, e_{j_n}) &= \sum_{j_1=1}^{\infty} \cdots \sum_{j_n=1}^{\infty} P(e_{j_1}) \cdots P(e_{j_n}) \\
&= \sum_{j_1=1}^{\infty} P(e_{j_1}) \cdots \sum_{j_n=1}^{\infty} P(e_{j_n}) \\
&= 1 \cdots 1 = 1\,.
\end{aligned}$$

Man kann natürlich auch auf andere Weise Wahrscheinlichkeiten auf der Menge aller geordneten n-Tupel erklären.

Beispiel 12.31. Wir werfen drei Münzen. Bei den einzelnen Münzen treten die Elementarereignisse Kopf (K_j) oder Zahl (Z_j) jeweils mit folgenden Wahrscheinlichkeiten ein:

$$\begin{aligned} P_1(K_1) &= 0.51\,, \quad & P_1(Z_1) &= 0.49\,,\\ P_2(K_2) &= 0.47\,, \quad & P_2(Z_2) &= 0.53\,,\\ P_3(K_3) &= 0.52\,, \quad & P_3(Z_3) &= 0.48\,. \end{aligned}$$

Den Wurf der drei Münzen können wir als unabhängiges Produkt dreier Wahrscheinlichkeitsräume auffassen. Der Produktraum umfasst $2 \cdot 2 \cdot 2 = 8$ Elementarereignisse. Das Ereignis (K_1, Z_2, K_3) besitzt die größtmögliche Wahrscheinlichkeit,

$$\begin{aligned} P(K_1, Z_2, K_3) &= P_1(K_1)\, P_2(Z_2)\, P_3(K_3)\\ &= 0.51 \cdot 0.53 \cdot 0.52 = 0.140556\,. \end{aligned}$$

Das Ereignis (Z_1, K_2, Z_3) besitzt die kleinstmögliche Wahrscheinlichkeit,

$$\begin{aligned} P(Z_1, K_2, Z_3) &= P_1(K_1)\, P_2(Z_2)\, P_3(K_3)\\ &= 0.49 \cdot 0.47 \cdot 0.48 = 0.110544\,. \end{aligned}$$

Alle Wahrscheinlichkeiten kann man am Ende der Pfade dem folgenden Ereignisbaum entnehmen (Abb. 12.6):

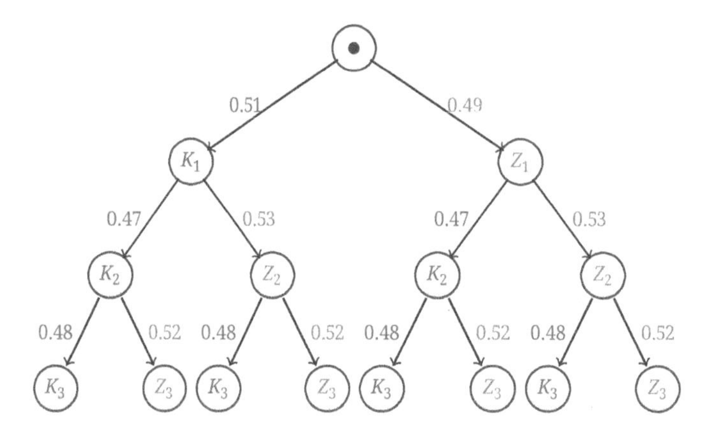

Abb. 12.6: Ereignisbaum: Wurf von drei Münzen mit unterschiedlichen Wahrscheinlichkeiten für Kopf und Zahl.

Es gilt:

$$\begin{aligned} P(K_1, K_2, K_3) &= 0.115056\,,\\ P(K_1, K_2, Z_3) &= 0.124644\,,\\ P(K_1, Z_2, K_3) &= 0.129744\,, \end{aligned}$$

$$P(K_1, Z_2, Z_3) = 0.140556\,,$$
$$P(Z_1, K_2, K_3) = 0.110544\,,$$
$$P(Z_1, K_2, Z_3) = 0.119756\,,$$
$$P(Z_1, Z_2, K_3) = 0.124656\,,$$
$$P(Z_1, Z_2, Z_3) = 0.135044\,.$$

□

Die Ereignismenge eines unabhängigen Produkts von Wahrscheinlichkeitsräumen kann man sich mit einem Ereignisbaum veranschaulichen. Wir gehen von einem Knoten aus und verzweigen zu den Elementarereignissen des ersten Raumes. Im nächsten Schritt fassen wir diese Ereignisse als Knoten auf. Von jedem der neuen Knoten verzweigen wir zu den Elementarereignissen des zweiten Raumes. Der zweite Raum tritt also unterhalb von jedem Knoten der zweiten Reihe auf. Die Anordnung von Knoten und Verzweigungen wird dann entsprechend fortgesetzt. Jeder Verzweigung wird die Wahrscheinlichkeit aus dem entsprechenden Raum zugeordnet. Schließlich führt zu jedem Elementarereignis des Produktraumes genau ein durch eine bestimmte Anzahl von Verzweigungen gekennzeichneter Pfad. Die Wahrscheinlichkeit des Elementarereignisses ergibt sich durch Multiplikation aller den einzelnen Verzweigungen des Pfads zugeordneten Wahrscheinlichkeiten. Man kann diese Konstruktion eines Wahrscheinlichkeitsraumes leicht verallgemeinern, indem man jeden Knoten einer Reihe in verschiedene Wahrscheinlichkeitsräume verzweigt.

Ereignisbaum
Man beginnt mit einem Knoten und bringt an diesem Verzweigungen an, die mit Wahrscheinlichkeiten der Summe Eins belegt werden. Die Enden der Verzweigungen werden entweder als Elementarereignisse aus dem zu konstruierenden Wahrscheinlichkeitsraum aufgefasst oder als neue Knoten. Mit den neuen Knoten verfährt man wie mit dem Ausgangsknoten. Sobald man abbricht, führt zu jedem Elementarereignis genau ein Pfad. Setzt man die Wahrscheinlichkeit des Elementarereignisses als Produkt aller den einzelnen Verzweigungen des Pfads zugeordneten Wahrscheinlichkeiten fest, so entsteht ein Wahrscheinlichkeitsraum.

Beispiel 12.32. Wir betrachten einen Wahrscheinlichkeitsraum mit sechs Elementarereignissen, der durch den folgenden Ereignisbaum gegeben wird (Abb. 12.7). Für die Wahrscheinlichkeiten gelten folgende Beziehungen:

$$p_{11} + p_{12} + p_{13} = 1\,,$$
$$p_{211} + p_{212} = 1\,, \quad p_{221} = 1\,, \quad p_{231} + p_{232} + p_{233} = 1\,.$$

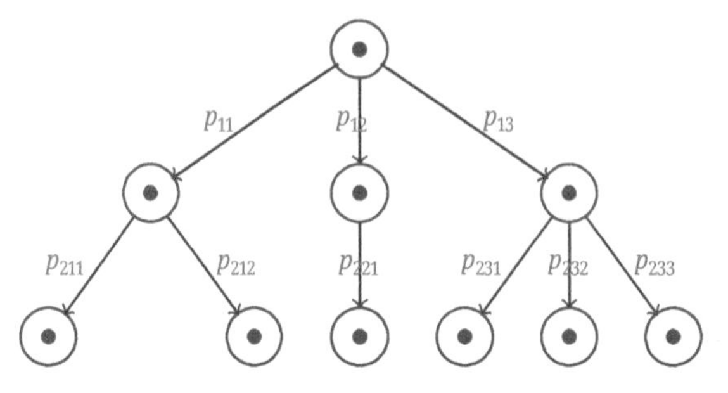

Abb. 12.7: Struktur eines Ereignisbaumes mit sechs Elementarereignissen: Knoten werden mit einem Punkt in einem Kreis gekennzeichnet.

Für die sechs Elementarereignisse bekommen wir folgende Wahrscheinlichkeiten:

$$p_{11} \cdot p_{211}\,, \quad p_{11} \cdot p_{212}\,, \quad p_{12} \cdot 1\,, \quad p_{13} \cdot p_{231}\,, \quad p_{11} \cdot p_{232}\,, \quad p_{11} \cdot p_{233}\,.$$

Die Summe der fünf Wahrscheinlichkeiten ergibt Eins:

$$\begin{aligned} & p_{11} \cdot p_{211} + p_{11} \cdot p_{212} + p_{12} \cdot 1 + p_{13} \cdot p_{231} + p_{13} \cdot p_{232} + p_{13} \cdot p_{233} \\ & \quad = p_{11} \cdot (p_{211} + p_{212}) + p_{12} + p_{13} \cdot (p_{231} + p_{232} + p_{233}) \\ & \quad = p_{11} + p_{12} + p_{13} = 1\,. \end{aligned}$$

□

Beispiel 12.33. Eine Packung enthalte fünf Schrauben. Zwei Schrauben seien defekt (D) und drei nichtdefekt (N). Wir entnehmen eine Schraube und prüfen, ob sie defekt ist. Dieser Versuch wird solange wiederholt, bis die beiden defekten Schrauben gefunden sind. Wie groß ist die Wahrscheinlichkeit dafür, dass beim vierten Versuch die zweite defekte Schraube auftaucht?

Wir haben einen Raum von 10 Elementarereignissen

$$\begin{aligned} \mathbb{E} = \{ & DD, DND, DNND, DNNND, \\ & NND, NDND, NDNND, NNDD, NNDND, \\ & NNNDD\}\,. \end{aligned}$$

Das Ereignis

$$\mathbb{A} = \{DNND, NDND, NNDD\}$$

besagt nun gerade, dass die zweite defekte Schraube beim vierten Versuch gefunden wird. Belegen wir jedes Elementarereignis mit der Wahrscheinlichkeit $1/10$, so besitzt $\mathbb{A}$ die Wahrscheinlichkeit $3/10$. Der folgende Ereignisbaum (Abb. 12.8) zeigt, dass die Belegung mit der Wahrscheinlichkeit $1/10$ sinnvoll ist. Jeder Pfad, der zu einem Elementarereignis führt, ergibt das Produkt von Wahrscheinlichkeiten $1/10$.

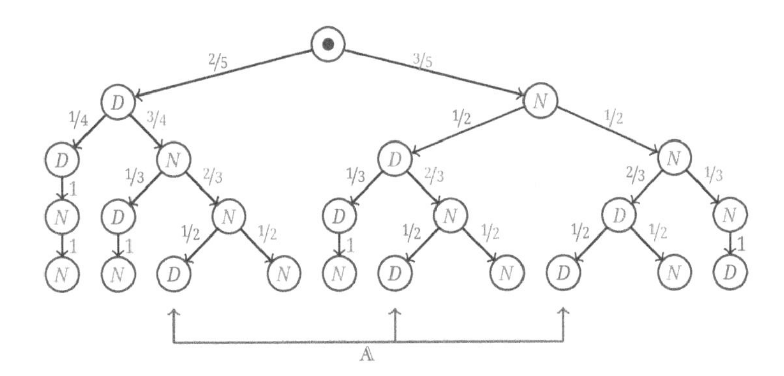

Abb. 12.8: Fünf Schrauben, zwei defekte (*D*), drei nichtdefekte (*N*). Struktur des Ereignisbaumes: beim vierten Versuch wird die zweite defekte Schraube gefunden.

□

Beispiel 12.34. Wir betrachten alle ganzen Zahlen von 0 bis 999999. Wir greifen eine beliebige Zahl heraus und bestimmen die Wahrscheinlichkeit dafür, dass die Zahl genau dreimal die Ziffer 7 enthält.

Wir können eine sechsstellige Zahl aufbauen, indem wir sechsmal das Experiment Herausgreifen einer Ziffer wiederholen. Das gesamte Experiment kann mit einem Ereignisbaum modelliert werden. Die Elementarereignisse Ziffer gleich 7 bzw. Ziffer ungleich 7 werden auf jeder Stufe mit den Wahrscheinlichkeiten $1/10$ bzw. $9/10$ belegt, Das Ereignis: drei Ziffern gleich 7 und drei Ziffern ungleich 7 kann auf $\binom{6}{3}$ Arten realisiert werden, indem man drei Stellen aus sechs Stellen herausgreift und jeweils mit einer Sieben belegt. Jedes dieser Ereignisse besitzt die Wahrscheinlichkeit $(1/10)^3\,(9/10)^3$. Insgesamt ergibt sich folgende Wahrscheinlichkeit für eine Zahl mit genau drei Siebenen:

$$\binom{6}{3}\left(\frac{1}{10}\right)^3\left(\frac{9}{10}\right)^3 = 20 \cdot 0.000729 = 0.01458\,.$$

Man kann das Experiment auch als Laplace-Experiment betrachten. Die gesamte Anzahl der möglichen Fälle beträgt 10^6. Die Anzahl der günstigen Fälle $\binom{6}{3}\,9^3$. □

Beispiel 12.35. Wir fragen nach der Wahrscheinlichkeit, dass sieben Personen an sieben verschiedenen Wochentagen geboren sind.

Man kann das Problem so betrachten, dass sieben Bälle nacheinander in sieben Kästen geworfen werden. Als Modell dient dabei ein Ereignisbaum mit den jeweiligen Elementarereignissen: Der Ball fällt in einen leeren bzw. nichtleeren Kasten. Die Wahrscheinlichkeiten der Elementarereignisse in den Verzweigungen des Baumes sind kompliziert. Es genügt aber, die Wahrscheinlichkeit des Ereignisses sieben mal leerer Kasten zu bestimmen. Diese Wahrscheinlichkeit ergibt sich zu

$$\frac{7}{7}\cdot\frac{6}{7}\cdot\frac{5}{7}\cdot\frac{4}{7}\cdot\frac{3}{7}\cdot\frac{2}{7}\cdot\frac{1}{7} = \frac{7!}{7^7} = \frac{720}{117649} = 0.0061199\ldots\,.$$

□

13 Wahrscheinlichkeitsrechnung

13.1 Wahrscheinlichkeitsaxiome

In einem endlichen oder abzählbaren Wahrscheinlichkeitsraum kann man jeder Teilmenge $\mathbb{A}$ der Menge $\mathbb{E}$ aller Elementarereignisse eine Wahrscheinlichkeit zuordnen. Man nimmt alle in $\mathbb{A}$ enthaltenen Elementareignisse und summiert sie auf. Hat man eine überabzahlbare Menge von Elementarereignissen, so ist diese Möglichkeit jedoch nicht gegeben. Es ergeben sich bereits mit dem Summenbegriff Schwierigkeiten. Man sucht sich deshalb zuerst ein System von Teilmengen, für das man Wahrscheinlichkeiten definieren kann. Damit die bisherigen Verknüpfungen von Ereignissen Summe-, Produkt- und Komplementbildung innerhalb des Systems möglich sind, fordern wir die Abgeschlossenheit des Systems bezüglich der Mengenoperationen.

Borelsche Algebra
Sei $\mathbb{E}$ eine Menge und $\mathcal{A}$ eine Menge von Teilmengen von $\mathbb{E}$. Wir bezeichnen $\mathcal{A}$ als Borelsche Algebra, wenn Folgendes gilt:
1) $\mathbb{E} \in \mathcal{A}$.
2) $\mathbb{A} \in \mathcal{A} \Longrightarrow \bar{\mathbb{A}} \in \mathcal{A}$.
3) $\mathbb{A} \in \mathcal{A}$ und $\mathbb{B} \in \mathcal{A} \Longrightarrow \mathbb{A} + \mathbb{B} \in \mathcal{A}$ und $\mathbb{A}\,\mathbb{B} \in \mathcal{A}$.
4) $\mathbb{A}_j \in \mathcal{A}, j = 1, 2, \ldots \Longrightarrow \sum_{j=1}^{\infty} A_j \in \mathcal{A}$.

Wenn $\mathbb{A}$ und $\mathbb{B}$ Ereignisse aus einer Borelschen Menge $\mathcal{A}$ sind, dann gehören auch die Differenzmengen zu $\mathcal{A}$. Mit $\mathbb{B}$ gehört auch die Komplementärmenge $\bar{\mathbb{B}}$ zu $\mathcal{A}$. Nach der Eigenschaft 3) einer Borelschen Algebra gehört dann auch $\mathbb{A}\,\bar{\mathbb{B}}$ zu $\mathcal{A}$. Nun muss man die Differenzmenge nur noch als Produkt schreiben, $\mathbb{A} - \mathbb{B} = \mathbb{A}\,\bar{\mathbb{B}}$.

In Analogie zu den endlichen bzw. abzählbaren Wahrscheinlichkeitsräumen werden folgende Grundgesetze (Axiome) der Wahrscheinlichkeit aufgestellt:

Wahrscheinlichkeitsaxiome, Wahrscheinlichkeitsraum
Sei $\mathbb{E}$ eine Menge von Elementarereignissen und $\mathcal{A}$ eine Borelsche Algebra. Die Mengenfunktion $P : \mathcal{A} \longrightarrow \mathbb{R}$ erfülle folgende Grundgesetze der Wahrscheinlichkeit:
1) $0 \le P(\mathbb{A}) \le 1$ für alle $\mathbb{A} \in \mathcal{A}$,
2) $P(\mathbb{E}) = 1$,
3) $P(\sum_{j=1}^{\infty} \mathbb{A}_j) = \sum_{j=1}^{\infty} P(\mathbb{A}_j)$ für paarweise unvereinbare Ereignisse $\mathbb{A}_j$, ($\mathbb{A}_{j_1}\mathbb{A}_{j_2} = \emptyset$ für beliebige Indizes j_1, j_2).

Dann wird das Tripel $(\mathbb{E}, \mathcal{A}, P)$ als Wahrscheinlichkeitsraum bezeichnet.

Aus den Wahrscheinlichkeitsaxiomen ergeben sich einige einfache, aber wichtige Folgerungen.

https://doi.org/10.1515/9783111503639-013

Folgerungen aus den Wahrscheinlichkeitsaxiomen

Die Mengenfunktion $P : \mathcal{A} \longrightarrow \mathbb{R}$ erfülle die Wahrscheinlichkeitsaxiome. Dann gilt

1) $P(\emptyset) = 0$,
2) $P(\bar{\mathbb{A}}) = 1 - P(\mathbb{A})$,
3) $\mathbb{A} \subseteq \mathbb{B} \Longleftrightarrow P(\mathbb{A}) \leq P(\mathbb{B})$,
4) $P(\mathbb{A} - \mathbb{B}) = P(\mathbb{A}) - P(\mathbb{A}\,\mathbb{B})$.

Wegen $\mathbb{E} = \mathbb{E} + \emptyset$ gilt nach dem Additivitätsgesetz

$$1 = P(\mathbb{E}) = P(\mathbb{E}) + P(\emptyset) = 1 + P(\emptyset)$$

und somit 1). Genauso folgt 2),

$$1 = P(\mathbb{E}) = P(\mathbb{A} + \bar{\mathbb{A}}) = P(\mathbb{A}) + P(\bar{\mathbb{A}})\,.$$

Aus $\mathbb{A} \subseteq \mathbb{B}$ folgt zunächst die Darstellung $\mathbb{B} = \mathbb{A} + (\mathbb{B} - \mathbb{A})$. Wegen $P(\mathbb{B} - \mathbb{A}) \geq 0$ ergibt sich 3). Stellen wir $\mathbb{A}$ als Summe zweier unvereinbarer Ereignisse $\mathbb{A} = (\mathbb{A} - \mathbb{B}) + (\mathbb{A}\,\mathbb{B})$ dar, so folgt 4).

Für zwei unvereinbare Ereignisse gilt das Additivitätsaxiom. Für zwei Ereignisse mit nichtleerem Durchschnitt formulieren wir nun den Additionssatz.

Additionssatz für beliebige Ereignisse

Seien $\mathbb{A}$ und $\mathbb{B}$ beliebige Ereignisse eines Wahrscheinlichkeitsraums, dann gilt

$$P(\mathbb{A} + \mathbb{B}) = P(\mathbb{A}) + P(\mathbb{B}) - P(\mathbb{A}\,\mathbb{B})\,.$$

Zerlegen wir

$$\mathbb{A} + \mathbb{B} = (\mathbb{A} - \mathbb{B}) + \mathbb{B}$$

und verwenden die Eigenschaft 4), so folgt nach Additivitätsaxiom

$$P(\mathbb{A} + \mathbb{B}) = P(\mathbb{A} - \mathbb{B}) + P(\mathbb{B}) = P(\mathbb{A}) - P(\mathbb{A}\,\mathbb{B}) + P(\mathbb{B})\,.$$

Offenbar ergibt sich bei leerem Durchschnitt

$$P(\mathbb{A}\,\mathbb{B}) = P(\emptyset) = 0$$

das Additivitätsaxiom.

Paarweise unvereinbare Ereignisse, deren Summe die gesamte Menge der Elementarereignisse $\mathbb{E}$ ergibt, nennt man Partition von $\mathbb{E}$. Jedes Elementareignis gehört genau einem der Ereignisse A_j an, d. h., genau eines der Ereignisse A_j tritt bei einem Versuchsausgang ein. Man spricht deshalb auch von einem vollständigen System von Ereignissen.

Partition der Menge der Elementarereignisse
Seien $\mathbb{A}_j$ paarweise unvereinbare Ereignisse mit

$$\sum_{j=1}^{\infty} \mathbb{A}_j = \mathbb{E},$$

dann bezeichnet man die Ereignisse $\mathbb{A}_j$ als Partition von $\mathbb{E}$. Es gilt

$$\sum_{j=1}^{\infty} P(\mathbb{A}_j) = 1.$$

Beispiel 13.1. Wir betrachten erneut das Lottospiel (6 aus 49) und das Ereignis $\mathbb{A}_0$ (keine Richtige). Wie groß ist die Wahrscheinlichkeit für das Ereignis $\mathbb{A}_0$?

Wir können direkt vorgehen wie folgt:

$$P(\mathbb{A}_0) = \frac{\binom{43}{6}}{\binom{49}{6}} = \frac{435461}{998844} \approx 0.435965\,.$$

Alternativ können wir eine Partition benutzen. Die Ereignisse keine Richtige ($\mathbb{A}_0$), eine Richtige ($\mathbb{A}_1$), zwei Richtige ($\mathbb{A}_2$), drei Richtige ($\mathbb{A}_3$), vier Richtige ($\mathbb{A}_4$), fünf Richtige ($\mathbb{A}_5$) und sechs Richtige ($\mathbb{A}_6$) bilden eine Partition der Menge der Elementarereignisse. Hieraus folgt

$$\begin{aligned}
P(\mathbb{A}_0) &= 1 - P(\mathbb{A}_1) - P(\mathbb{A}_2) - P(\mathbb{A}_3) - P(\mathbb{A}_4) - P(\mathbb{A}_5) - P(\mathbb{A}_6) \\
&= 1 - \frac{\binom{6}{1}\binom{43}{5} + \binom{6}{2}\binom{43}{4} + \binom{6}{3}\binom{43}{3}}{\binom{49}{6}} \\
&\quad - \frac{\binom{6}{4}\binom{43}{2} + \binom{6}{5}\binom{43}{1} + \binom{6}{6}\binom{43}{0}}{\binom{49}{6}} \\
&= \frac{435461}{998844} \approx 0.435965\,.
\end{aligned}$$

□

In einem Wahrscheinlichkeitsraum $(\mathbb{E}, \mathcal{A}, P)$ betrachten wir die Wahrscheinlichkeit, dass ein Ereignis $\mathbb{A}$ unter der Hypothese $\mathbb{B}$ eintritt. Es werden also nur noch solche Elementarereignisse aus $\mathbb{A}$ herangezogen, die im Durchschnitt von $\mathbb{A}$ und $\mathbb{B}$ liegen.

Bedingte Wahrscheinlichkeit
Seien $\mathbb{A}$ und $\mathbb{B}$ Ereignisse eines Wahrscheinlichkeitsraums mit $P(\mathbb{B}) > 0$. Dann bezeichnet man den Quotienten

$$P(\mathbb{A}|\mathbb{B}) = \frac{P(\mathbb{A}\,\mathbb{B})}{P(\mathbb{B})}$$

als die bedingte Wahrscheinlichkeit des Ereignisses $\mathbb{A}$ unter der Hypothese $\mathbb{B}$.

Nehmen wir ein festes Ereignis $\mathbb{B}$ mit $P(\mathbb{B}) > 0$ und definieren für Ereignisse $\mathbb{A} \in \mathcal{A}$ die Wahrscheinlichkeit $\tilde{P}(\mathbb{A}) = P(\mathbb{A}|\mathbb{B})$, so kann man sich leicht davon überzeugen, dass das Tripel $(\mathbb{E}, \mathcal{A}, \tilde{P})$ wiederum einen Wahrscheinlichkeitsraum bildet. Offenbar ist $0 \leq \tilde{P}(\mathbb{A}) \leq 1$ und

$$\begin{aligned}\tilde{P}(\mathbb{E}) = P(\mathbb{E}|\mathbb{B}) &= \frac{P(\mathbb{E}\,\mathbb{B})}{P(\mathbb{B})}\\ &= \frac{P(\mathbb{B})}{P(\mathbb{B})} = 1\,.\end{aligned}$$

Schließlich gilt für paarweise unvereinbare Ereignisse

$$\begin{aligned}\tilde{P}\left(\sum_{j=1}^{\infty} \mathbb{A}_j\right) = \frac{P((\sum_{j=1}^{\infty} \mathbb{A}_j)\,\mathbb{B})}{P(\mathbb{B})} &= \frac{\sum_{j=1}^{\infty} P(\mathbb{A}_j\,\mathbb{B})}{P(\mathbb{B})}\\ = \sum_{j=1}^{\infty} \frac{P(\mathbb{A}_j)\,P(\mathbb{B})}{P(\mathbb{B})} &= \sum_{j=1}^{\infty} \tilde{P}(\mathbb{A}_j)\,.\end{aligned}$$

Bei einem Laplace-Experiment ergibt sich aus der Formel

$$P(\mathbb{C}) = \frac{\text{Anzahl der für } \mathbb{C} \text{ günstigen Fälle}}{\text{Anzahl aller möglichen Fälle}}$$

folgende Gestalt der bedingten Wahrscheinlichkeit:

$$P(\mathbb{A}|\mathbb{B}) = \frac{\text{Anzahl aller Fälle aus } \mathbb{A} \text{ und } \mathbb{B}}{\text{Anzahl aller möglichen Fälle aus } \mathbb{B}}\,.$$

Beispiel 13.2. Bei einem Laplace-Experiment liege eine Menge $\mathbb{E}$ von Elementareignissen zugrunde, die aus n Elementen bestehe. Das Ereignis $\mathbb{B}$ bestehe aus m Elementen (es trete in m Fällen ein). In l Fällen trete das Ereignis $\mathbb{A}\mathbb{B}$ ein (das Produkt aus $\mathbb{A}$ und $\mathbb{B}$ enthalte l Elemente).

Die bedingte Wahrscheinlichkeit des Ereignisses $\mathbb{A}$ unter der Hypothese $\mathbb{B}$ ergibt sich dann zu:

$$P(\mathbb{A}|\mathbb{B}) = \frac{P(\mathbb{A}\,\mathbb{B})}{P(\mathbb{B})} = \frac{\frac{l}{n}}{\frac{m}{n}} = \frac{l}{m}\,.$$

Man kann die bedingte Wahrscheinlichkeit hier auch so auffassen, dass $\mathbb{B}$ die Menge aller Elementarereignisse bildet, und alle Ereignisse auf $\mathbb{B}$ bezogen werden. □

Gilt $P(\mathbb{A}) > 0$ und $P(\mathbb{B}) > 0$ und sind beide Ereignisse unvereinbar, so folgt

$$P(\mathbb{A}|\mathbb{B}) = \frac{P(\mathbb{A}\,\mathbb{B})}{P(\mathbb{B})} = 0 \quad \text{und} \quad P(\mathbb{B}|\mathbb{A}) = \frac{P(\mathbb{B}\,\mathbb{A})}{P(\mathbb{A})} = 0\,.$$

Wir multiplizieren die Definitionsgleichung für die bedingte Wahrscheinlichkeit mit dem Nenner und bekommen eine Formel zur Berechnung der Wahrscheinlichkeit des Produkts mithilfe der bedingten Wahrscheinlichkeit.

Multiplikationssatz für bedingte Wahrscheinlichkeiten
Seien $\mathbb{A}$ und $\mathbb{B}$ Ereignisse eines Wahrscheinlichkeitsraums mit $P(\mathbb{A}) > 0$ und $P(\mathbb{B}) > 0$. Dann gilt

$$P(\mathbb{A}\,\mathbb{B}) = P(\mathbb{A})\,P(\mathbb{B}|\mathbb{A}) = P(\mathbb{B})\,P(\mathbb{A}|\mathbb{B})\,.$$

Der Multiplikationssatz lässt sich durch vollständige Induktion auf beliebig viele Ereignisse verallgemeinern.

Allgemeiner Multiplikationssatz für bedingte Wahrscheinlichkeiten
Seien $\mathbb{A}_1, \ldots, \mathbb{A}_m$ Ereignisse eines Wahrscheinlichkeitsraums mit $P(\mathbb{A}_j) > 0$. Dann gilt

$$\begin{aligned} &P(\mathbb{A}_1\,\mathbb{A}_2 \cdots \mathbb{A}_m) \\ &\quad = P(\mathbb{A}_1)\,P(\mathbb{A}_2|\mathbb{A}_1)\,P(\mathbb{A}_3|\mathbb{A}_1\,\mathbb{A}_2) \cdots P(\mathbb{A}_m|\mathbb{A}_1\,\mathbb{A}_2 \cdots \mathbb{A}_{m-1})\,. \end{aligned}$$

Man macht sich den Beweisgedanken am besten am Fall $m = 3$ klar:

$$\begin{aligned} P(\mathbb{A}_1\,\mathbb{A}_2\,\mathbb{A}_3) &= P(\mathbb{A}_1\,\mathbb{A}_2\,\mathbb{A}_3) \\ &= P(\mathbb{A}_1\,\mathbb{A}_2)\,P(A_3|\mathbb{A}_1\,\mathbb{A}_2) \\ &= P(\mathbb{A}_1)\,P(\mathbb{A}_2|\mathbb{A}_1)\,P(\mathbb{A}_3|\mathbb{A}_1\,\mathbb{A}_2)\,. \end{aligned}$$

Unabhängige Ereignisse
Zwei Ereignisse $\mathbb{A}$ und $\mathbb{B}$ eines Wahrscheinlichkeitsraums heißen unabhängig, wenn gilt

$$P(\mathbb{A}\,\mathbb{B}) = P(\mathbb{A})\,P(\mathbb{B})\,.$$

Seien $\mathbb{A}$ und $\mathbb{B}$ unabhängige Ereignisse mit $P(\mathbb{A}) > 0$ und $P(\mathbb{B}) > 0$. Dann gilt nach dem Multiplikationssatz

$$P(\mathbb{A})\,P(\mathbb{B}) = P(\mathbb{A})\,P(\mathbb{B}|\mathbb{A}) = P(\mathbb{B})\,P(\mathbb{A}|\mathbb{B}),$$

und hieraus folgt

$$P(\mathbb{A}|\mathbb{B}) = P(\mathbb{A}) \quad \text{bzw.} \quad P(\mathbb{B}|\mathbb{A}) = P(\mathbb{B})\,.$$

Die Wahrscheinlichkeit von $\mathbb{A}$ hängt nicht vom Eintreffen des Ereignisses $\mathbb{B}$ ab und umgekehrt. Man kann diese Definition auf eine beliebige Anzahl von Ereignissen ausdehnen. Die Ereignisse $\mathbb{A}_1, \ldots, \mathbb{A}_n$ heißen unabhängig, wenn für beliebige Indizes $1 \leq k_1 < k_2 < \cdots < k_j \leq n$ gilt

$$P(\mathbb{A}_{k_1} \cdots \mathbb{A}_{k_j}) = P(\mathbb{A}_{k_1}) \cdots P(\mathbb{A}_{k_j})\,.$$

Mit dem Additionsaxiom und dem Multiplikationssatz ergibt sich der Satz von der totalen Wahrscheinlichkeit.

Totale Wahrscheinlichkeit
Durch die Ereignisse $\mathbb{A}_j, j = 1, \ldots, n$ werde eine Partition von $\mathbb{E}$ gegeben. Dann gilt für beliebige Ereignisse $\mathbb{B}$

$$P(\mathbb{B}) = \sum_{j=1}^{n} P(\mathbb{A}_j)\, P(\mathbb{B}|\mathbb{A}_j)\,.$$

Zum Beweis muss man nur die Zerlegung

$$\mathbb{B} = \sum_{j=1}^{n} \mathbb{A}_j\, \mathbb{B}$$

vornehmen. Dann folgt

$$P(\mathbb{B}) = \sum_{j=1}^{n} P(\mathbb{A}_j\, \mathbb{B}) = \sum_{j=1}^{n} P(\mathbb{A}_j)\, P(\mathbb{B}|\mathbb{A}_j)\,.$$

Beispiel 13.3. Unter dem Ziegenproblem versteht man folgende Aufgabenstellung. Bei einer Quizsendung darf der Gewinner am Schluss seinen Gewinn auswählen. Hinter einer verschlossenen Tür befindet sich ein teures Auto und hinter zwei anderen verschlossenen Türen jeweils eine Ziege. Der Sieger darf eine Tür auswählen, aber noch nicht öffnen. Der Quizmaster öffnet nun eine andere Tür und dahinter befindet sich eine Ziege. Danach darf der Sieger noch einmal wählen. Wie groß ist die Wahrscheinlichkeit dafür, dass er die Tür mit dem Auto auswählt, wenn er die Tür wechselt?

Wir nehmen an, dass die drei Elementarereignisse Auswahl einer Tür jeweils mit der gleichen Wahrscheinlichkeit belegt werden. Wir betrachten die Wahrscheinlichkeit für das Ereignis $\mathbb{B}$, dass bei der zweiten Wahl (unter den angegebenen Hypothesen) das Auto gewählt wird.

Man kann elementar vorgehen. Unter den gegebenen Bedingungen bleiben folgende drei Ereignisse: Der Sieger hat bei der ersten Wahl das Auto gewählt und wählt nun eine Ziege. Der Sieger hat bei der ersten Wahl Ziege 1 oder Ziege 2 gewählt und wählt nun das Auto. Wir haben drei mögliche Fälle, davon zwei mit günstigem Ausgang, und erhalten

$$P(\mathbb{B}) = \frac{2}{3}\,.$$

Nun gehen wir nach dem Satz von der totalen Wahrscheinlichkeit vor. Das Ereignis $\mathbb{A}$, dass bei der ersten Wahl das Auto gewählt wurde, und das komplementäre Ereignis $\overline{\mathbb{A}}$, dass bei der ersten Wahl eine Ziege gewählt wurde, bilden eine Partition des zugrunde gelegten Wahrscheinlichkeitsraums. Somit gilt

$$P(\mathbb{B}) = P(\mathbb{A})\,P(\mathbb{B}|\mathbb{A}) + P(\overline{\mathbb{A}})\,P(\mathbb{B}|\overline{\mathbb{A}}).$$

Die Wahrscheinlichkeiten der Ereignisse $\mathbb{A}$ und $\overline{\mathbb{A}}$ betragen

$$P(\mathbb{A}) = \frac{1}{3}\,, \quad P(\overline{\mathbb{A}}) = \frac{2}{3}\,.$$

Mit den bedingten Wahrscheinlichkeiten

$$P(\mathbb{B}|\mathbb{A}) = 0\,, \quad P(\mathbb{B}|\overline{\mathbb{A}}) = 1\,,$$

erhalten wir wieder

$$P(\mathbb{B}) = \frac{2}{3}\,.$$

Bei der zweiten Wahl das Auto zu wählen unter der Bedingung, dass das Auto bei der ersten Wahl genommen wurde, ist wegen des Wechselns unmöglich. Bei der zweiten Wahl das Auto zu wählen unter der Bedingung, dass eine Ziege bei der ersten Wahl genommen wurde, ist wegen der Bedingung des Öffnens und des Wechselns einer Tür sicher. Bei der ersten Wahl beträgt die Wahrscheinlichkeit, das Auto zu wählen, $\frac{1}{3}$. Bei der zweiten Wahl verdoppelt sich also die Wahrscheinlichkeit für die Auswahl des Autos.
□

Als Folgerung aus dem Satz von der totalen Wahrscheinlichkeit ergibt sich die Bayessche Regel.

Bayessche Regel
Durch die Ereignisse $\mathbb{A}_j, j = 1, \ldots, n$ werde eine Partition von $\mathbb{E}$ gegeben. Sei $P(\mathbb{B}) > 0$, dann gilt für alle $k = 1, \ldots, n$

$$P(\mathbb{A}_k|\mathbb{B}) = \frac{P(\mathbb{A}_k)\,P(\mathbb{B}|\mathbb{A}_k)}{\sum_{j=1}^{n} P(\mathbb{A}_j)\,P(\mathbb{B}|\mathbb{A}_j)}\,.$$

Mit dem Multiplikationssatz gilt zunächst

$$P(\mathbb{A}_k|\mathbb{B}) = \frac{P(\mathbb{A}_k\,\mathbb{B})}{P(\mathbb{B})} = \frac{P(\mathbb{A}_k)\,P(\mathbb{B}|\mathbb{A}_k)}{P(\mathbb{B})}\,.$$

Zerlegen wir $\mathbb{B}$ in die unvereinbaren Ereignisse

$$\mathbb{B} = \sum_{j=1}^{n} A_j B ,$$

so ergibt sich die Behauptung mit dem Satz von der totalen Wahrscheinlichkeit.

Den Satz von der totalen Wahrscheinlichkeit und die Bayessche Regel kann man auch allgemeiner formulieren. Die Ereignisse $\mathbb{A}_j$, $j = 1, \ldots, n$ seien paarweise disjunkt und $\mathbb{B} \subseteq \bigcup_{j=1}^{n} \mathbb{A}_j$. Dann gilt

$$P(\mathbb{B}) = \sum_{j=1}^{n} P(\mathbb{A}_j)\, P(\mathbb{B}|\mathbb{A}_j) .$$

Ist zusätzlich $P(\mathbb{B}) > 0$, so folgt

$$P(\mathbb{A}_k|\mathbb{B}) = \frac{P(\mathbb{A}_k)\, P(\mathbb{B}|\mathbb{A}_k)}{\sum_{j=1}^{n} P(\mathbb{A}_j)\, P(\mathbb{B}|\mathbb{A}_j)} .$$

Beide Aussagen können unter der Voraussetzung der absoluten Konvergenz auch auf den Fall unendlich vieler Ereignisse erstreckt werden.

Beispiel 13.4. In einer Schachtel befinden sich Filzstifte: 50 % rote ($\mathbb{A}$), 20 % blaue ($\mathbb{B}$) und 30 % grüne ($\mathbb{C}$). Einige funktionieren nicht mehr, und zwar 15 % der roten, 11 % der blauen und 13 % der grünen Filzstifte. Damit haben wir die Wahrscheinlichkeit, dass das Ereignis eines nicht funktionierenden Filzstifts unter der Hypothese eines der Ereignisse $\mathbb{A}$, $\mathbb{B}$ oder $\mathbb{C}$ eintritt.

Wir schreiben N für die Menge der Filzstifte, die nicht mehr schreiben, und betrachten jeweils die Wahrscheinlichkeit für die Ereignisse $\mathbb{A}$, $\mathbb{B}$ und $\mathbb{C}$ unter der Hypothese, dass das Ereignis N eintritt. Das heißt, wir entnehmen einen Filzstift und stellen fest, dass er nicht mehr schreibt. Nach der Bayesschen Regel beträgt die Wahrscheinlichkeit dafür, dass wir einen roten Filzstift entnommen haben,

$$\begin{aligned} P(\mathbb{A}|N) &= \frac{P(\mathbb{A})\, P(N|\mathbb{A})}{P(\mathbb{A})\, P(N|\mathbb{A}) + P(\mathbb{B})\, P(N|\mathbb{B}) + P(\mathbb{C})\, P(N|\mathbb{C})} \\ &= \frac{0.5 \cdot 0.15}{0.5 \cdot 0.15 + 0.2 \cdot 0.11 + 0.3 \cdot 0.13} = 0.5514705882 . \end{aligned}$$

Die Wahrscheinlichkeit dafür, dass wir einen blauen Filzstift entnommen haben, beträgt

$$\begin{aligned} P(\mathbb{B}|N) &= \frac{P(\mathbb{B})\, P(N|\mathbb{B})}{P(\mathbb{A})\, P(N|\mathbb{A}) + P(\mathbb{B})\, P(N|\mathbb{B}) + P(\mathbb{C})\, P(N|\mathbb{C})} \\ &= \frac{0.2 \cdot 0.11}{0.5 \cdot 0.15 + 0.2 \cdot 0.11 + 0.3 \cdot 0.13} = 0.1617647059 . \end{aligned}$$

Die Wahrscheinlichkeit dafür, dass wir einen grünen Filzstift entnommen haben beträgt

$$P(\mathbb{C}|N) = \frac{P(\mathbb{C})\,P(N|\mathbb{C})}{P(\mathbb{A})\,P(N|\mathbb{A}) + P(\mathbb{B})\,P(N|\mathbb{B}) + P(\mathbb{C})\,P(N|\mathbb{C})}$$
$$= \frac{0.3 \cdot 0.13}{0.5 \cdot 0.15 + 0.2 \cdot 0.11 + 0.3 \cdot 0.13} = 0.2867647059\,.$$

Offenbar gilt

$$P(\mathbb{A}|N) + P(\mathbb{B}|N) + P(\mathbb{C}|N) = 1\,.$$

Wir schreiben F für die Menge der Filzstifte, die funktionieren. Das heißt, wir entnehmen einen Filzstift und stellen fest, dass er schreibt. Wir fragen, mit welcher Wahrscheinlichkeit dieses Ereignis eintritt. Es gilt:

$$P(F) = P(\mathbb{A})\,P(F|\mathbb{A}) + P(\mathbb{B})\,P(F|\mathbb{B}) + P(\mathbb{C})\,P(F|\mathbb{C})$$
$$= 0.5 \cdot 0.85 + 0.2 \cdot 0.89 + 0.3 \cdot 0.87 = 0.864\,.$$

Man kann sich die auftretenden Wahrscheinlichkeiten wieder mit einem Ereignisbaum veranschaulichen (Abb. 13.1):

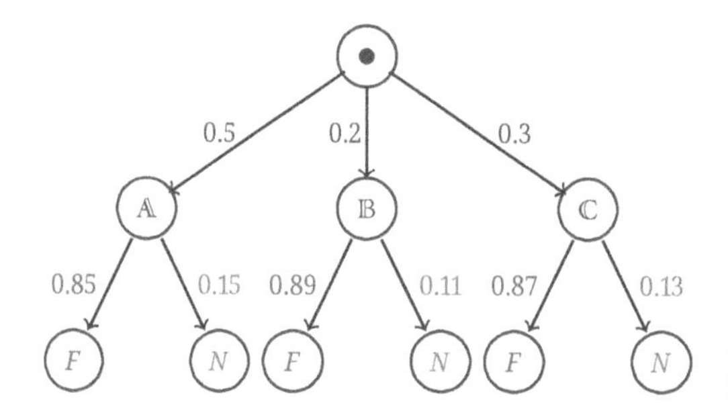

Abb. 13.1: Ereignisbaum zur Wahrscheinlichkeit der Ereignisse F bzw. N.

□

Beispiel 13.5. Ein Student erhält drei Aufgaben zur Auswahl und soll eine bearbeiten. Die Aufgaben stammen aus drei verschiedenen Gebieten $\mathbb{A}_1$, $\mathbb{A}_2$ und $\mathbb{A}_3$. Der Student packt Aufgaben dieser Typen jeweils mit den Wahrscheinlichkeiten p_1, p_2 und p_3 an. Seine Lösungen auf dem Gebiet $\mathbb{A}_1$ sind mit der Wahrscheinlichkeit q_1, die auf dem Gebiet $\mathbb{A}_2$ mit der Wahrscheinlichkeit q_2 und die auf dem Gebiet $\mathbb{A}_3$ mit der Wahrscheinlichkeit q_3 falsch. Wir nehmen an, dass der Student eine Aufgabe bearbeitet hat und dass die Lösung richtig war. Dieses Ereignis werde mit $\mathbb{B}$ bezeichnet.

Wir bestimmen die Wahrscheinlichkeit dafür, dass er seine Aufgabe dem Gebiet $\mathbb{A}_k$ entnommen hat. Das heißt, wir suchen die bedingte Wahrscheinlichkeit dafür, dass das Ereignis $\mathbb{A}_k$ unter der Hypothese $\mathbb{B}$ eintritt. Die bedingte Wahrscheinlichkeit des Ereignisses $\mathbb{B}$ unter der Hypothese $\mathbb{A}_j$ beträgt

$$P(\mathbb{B}|\mathbb{A}_j) = 1 - q_j,$$

und nach der Bayesschen Regel gilt

$$P(\mathbb{A}_k|\mathbb{B}) = \frac{P(\mathbb{A}_k)\,P(\mathbb{B}|\mathbb{A}_k)}{\sum_{j=1}^{3} P(\mathbb{A}_j)\,P(\mathbb{B}|\mathbb{A}_j)} = \frac{p_k\,(1-q_k)}{\sum_{j=1}^{3} p_j\,(1-q_j)}\,.$$ □

Beispiel 13.6. Ein Student wird von drei Prüfern $\mathbb{A}_1$, $\mathbb{A}_2$ und $\mathbb{A}_3$ geprüft. Die Fragen von $\mathbb{A}_1$ beantwortet er mit der Wahrscheinlichkeit p_1, die von $\mathbb{A}_2$ mit der Wahrscheinlichkeit p_2 und die von $\mathbb{A}_3$ mit der Wahrscheinlichkeit p_3 richtig. Wir nehmen an, dass der Student drei Fragen beantwortet hat und dabei zwei Antworten richtig waren. Dieses Ereignis werde mit $\mathbb{B}$ bezeichnet.

Wir bestimmen die Wahrscheinlichkeit dafür, dass alle drei Fragen nur von einem Prüfer $\mathbb{A}_k$ gestellt wurden. Das heißt, wir suchen die bedingte Wahrscheinlichkeit dafür, dass das Ereignis $\mathbb{A}_k$ unter der Hypothese $\mathbb{B}$ eintritt. Nach der Bayesschen Regel gilt

$$P(\mathbb{A}_k|\mathbb{B}) = \frac{P(\mathbb{A}_k)\,P(\mathbb{B}|\mathbb{A}_k)}{\sum_{j=1}^{3} P(\mathbb{A}_j)\,P(\mathbb{B}|\mathbb{A}_j)}\,.$$

Das Ereigniss drei Fragen besteht aus folgenden acht Elementarereignissen:

$$\{RRR,\, RRF,RFR,RFF,FRR,\, FRF,FFR,FFF\}\,.$$

Die bedingte Wahrscheinlichkeit des Ereignisses $\mathbb{B}$ unter der Hypothese $\mathbb{A}_j$ beträgt

$$P(\mathbb{B}|\mathbb{A}_j) = 3\,p_j^2\,(1-p_j)\,.$$

Damit bekommen wir

$$P(\mathbb{A}_k|\mathbb{B}) = \frac{p_k^3\,(1-p_k)}{\sum_{j=1}^{3} p_j^3\,(1-p_j)}\,.$$ □

13.2 Zufallsvariable

Bei der mathematischen Modellierung eines Zufallsexperiments bildet man zunächst einen Wahrscheinlichkeitsraum $(\mathbb{E}, \mathcal{A}, P)$. Häufig ist man aber an den Versuchsausgängen bzw. den damit verbundenen Elementarereignissen im Einzelnen gar nicht interessiert. Man belegt statt dessen die Elementarereignisse mit Zahlenwerten und kann auf diese Weise die Ergebnisse rechnerisch besser verarbeiten. Eine geeignete Abbildung der Menge $\mathbb{E}$ in die reellen Zahlen heißt Zufallsvariable. In vielen Fällen liegt eine solche Abbildung auf der Hand, aber oft muss sie einfach festgelegt werden.

Beispiel 13.7. Ein Elementarereignis beim Werfen eines Würfels besteht darin, dass eine Würfelfläche mit einer bestimmten Augenzahl oben liegt. Hier liegt es nahe, die Elementarereignisse mit den Zahlen 1, 2, 3, 4, 5, 6 zu belegen.

Ein Elementarereignis beim Werfen einer Münze besteht darin, dass Kopf oder Zahl oben liegt. Wir können das Elementarereignis Kopf auf –1 abbilden und das Elementarereignis Zahl auf 1. Genauso kämen die Abbildungen Kopf $\to$ 0, Zahl $\to$ 1, oder Kopf $\to$ 2, Zahl $\to$ 3 in Betracht. □

Nicht jede Abbildung der Elementarereignisse in die reellen Zahlen ist eine Zufallsvariable. Zusätzlich wird verlangt, dass das Urbild eines Intervalls ein Ereignis darstellt.

Zufallsvariable
Sei $(\mathbb{E}, \mathcal{A}, P)$ ein Wahrscheinlichkeitsraum. Eine Funktion

$$X : \mathbb{E} \longrightarrow \mathbb{R}$$

heißt Zufallsvariable, wenn das Urbild eines beliebigen Intervalls I ein Ereignis ist,

$$X^{-1}(I) \in \mathcal{A}.$$

Das Intervall I kann dabei folgende Gestalt annehmen: $a < x < b$, $a < x \leq b$, $a \leq x < b$, $a \leq x \leq b$. Die Fälle $a = -\infty$ oder $b = \infty$ als auch $a = b$ sind dabei zugelassen.

Eine Zufallsvariable heißt diskret, wenn sie nur endlich oder abzählbar viele Werte $x_k \in \mathbb{R}$ annimmt.

Liegt ein Wahrscheinlichkeitsraum mit einer diskreten Zufallsvariablen X vor, dann kann man eine Wahrscheinlichkeit dafür einführen, dass X einen bestimmten Wert x_k annimmt.

Dichte und Verteilung einer diskreten Zufallsvariablen
Sei $(\mathbb{E}, \mathcal{A}, P)$ ein Wahrscheinlichkeitsraum und $X : \mathbb{E} \longrightarrow \mathbb{R}$ eine diskrete Zufallsvariable mit Werten $x_1, x_2, x_3, \ldots$.

Die Dichte(funktion) $f : \{x_1, x_2, x_3, \ldots\} \longrightarrow [0, 1]$ der Zufallsvariablen X wird erklärt durch die Wahrscheinlichkeiten

$$f(x_k) = P(X = x_k).$$

Die Verteilung(sfunktion) $F : \mathbb{R} \longrightarrow [0, 1]$ der Zufallsvariablen X wird erklärt durch

$$F(x) = P(X \leq x).$$

Mit $X = x_k$ wird damit in kurzer Form folgendes Ereignis beschrieben:

$$\mathbb{A} = \left\{e \in \mathbb{E} \,|\, X(e) = x_k\right\}.$$

Diese Urbildmenge stellt ein Ereignis mit der Wahrscheinlichkeit $P(\mathbb{A})$ dar. Offenbar gilt für alle k

$$f(x_k) \geq 0 \quad \text{und} \quad \sum_{k=1}^{\infty} f(x_k) = 1,$$

da die Summe der paarweise disjunkten Ereignisse $X = x_k$ den ganzen Raum $\mathbb{E}$ ausmacht. Hieraus ergibt sich ferner, dass die Verteilungsfunktion einer diskreten Zufallsvariable eine Treppenfunktion darstellt (Abb. 13.2):

$$F(x) = \sum_{x_k \le x} P(x = x_k) = \sum_{x_k \le x} f(x_k) .$$

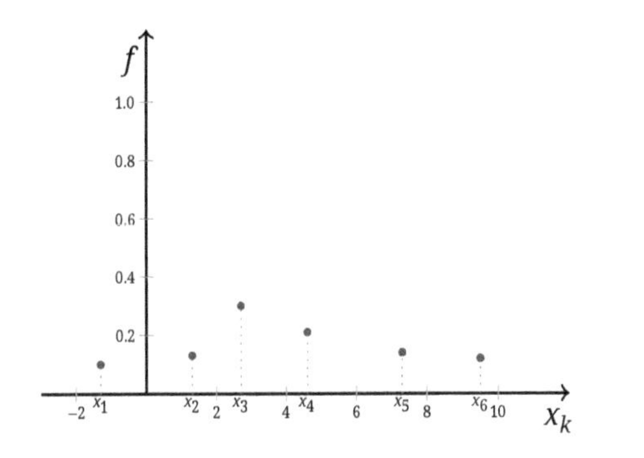

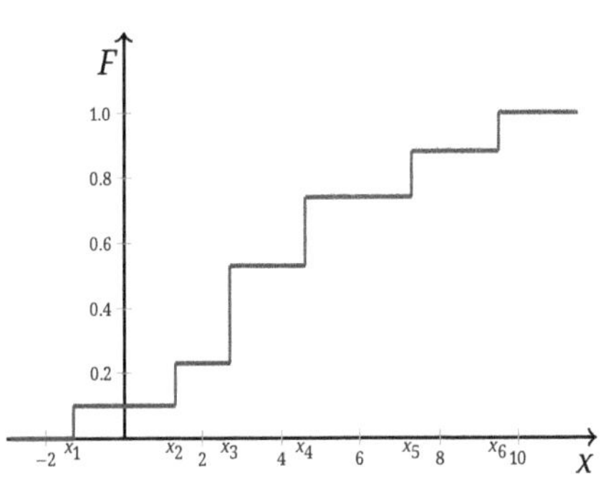

Abb. 13.2: Dichtefunktion f und Verteilungsfunktion F einer diskreten Zufallsvariablen X.

Beispiel 13.8. Beim Würfeln mit zwei Würfeln haben wir als Elementarereignisse 36 Augenpaare. Die Menge der Elementarereignisse wird durch Zahlenpaare gegeben,

$$\mathbb{E} = \{(j,k) \mid 1 \le j \le 6, 1 \le k \le 6\} .$$

Wir bilden $\mathbb{E}$ in die reellen Zahlen ab durch

$$X(j,k) = j .$$

Das heißt, einem gewürfelten Augenpaar wird die Augenzahl des ersten Würfels zugeordnet. Offensichtlich bekommen wir dadurch eine Zufallsvariable mit folgender Dichte:

$$\begin{aligned}
f(1) = P(X = 1) &= P(\{(1,1),(1,2),(1,3),(1,4),(1,5),(1,6)\}) ,\\
f(2) = P(X = 2) &= P(\{(2,1),(2,2),(2,3),(2,4),(2,5),(2,6)\}) ,\\
f(3) = P(X = 3) &= P(\{(3,1),(3,2),(3,3),(3,4),(3,5),(3,6)\}) ,\\
f(4) = P(X = 4) &= P(\{(4,1),(4,2),(4,3),(4,4),(4,5),(4,6)\}) ,\\
f(5) = P(X = 5) &= P(\{(5,1),(5,2),(5,3),(5,4),(5,5),(5,6)\}) ,\\
f(6) = P(X = 6) &= P(\{(6,1),(6,2),(6,3),(6,4),(6,5),(6,6)\}) .
\end{aligned}$$

Das heißt, wir bekommen

$$f(1) = f(2) = f(3) = f(4) = f(5) = f(6) = \frac{1}{6}. \qquad \square$$

Beispiel 13.9. Beim Werfen einer Münze trete das Ereignis Kopf (K) mit der Wahrscheinlichkeit $\frac{1}{3}$ und das Ereignis Zahl (Z) mit der Wahrscheinlichkeit $\frac{2}{3}$ auf. Wir werfen die Münze nun stets so lange, bis die Zahl erscheint. Wir können den zugrunde liegenden Wahrscheinlichkeitsraum in Form eines unendlich ausgedehnten Ereignisbaums modellieren (Abb. 13.3):

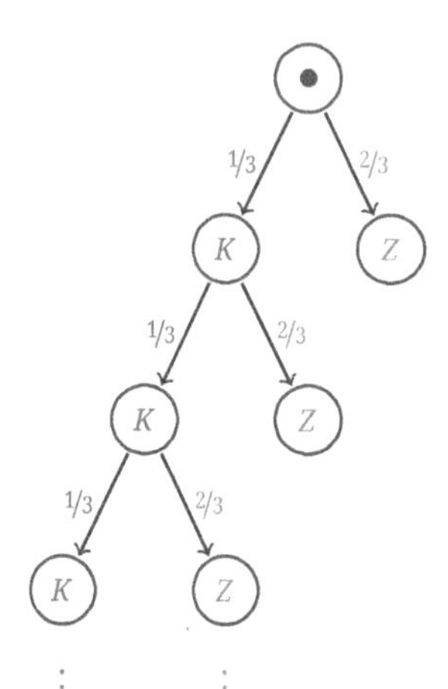

Abb. 13.3: Unendlicher Ereignisbaum: Werfen einer Münze mit ungleichen Wahrscheinlichkeiten für Kopf und Zahl.

Wir setzen nun $X(e) = k$, wenn e eine Serie von Würfen darstellt, bei der die Zahl zum ersten Mal beim k-ten Wurf erscheint. Aus dem Ereignisbaum entnimmt man, dass

$$f(k) = P(X = k) = \left(\frac{1}{3}\right)^{k-1} \frac{2}{3}.$$

Offenbar ist X eine Zufallsvariable, und es gilt

$$\sum_{k=1}^{\infty} \left(\frac{1}{3}\right)^{k-1} \frac{2}{3} = \frac{2}{3} \sum_{k=0}^{\infty} \left(\frac{1}{3}\right)^{k} = \frac{2}{3} \frac{1}{1-\frac{1}{3}} = 1. \qquad \square$$

Im Einzelnen kann eine Dichtefunktion einer Zufallsvariablen für gewisse Fragestellungen zu viel Information bieten. Man möchte sich anhand gewisser charakteristischer Zahlenwerte einen Überblick über die Dichte verschaffen. Der Erwartungswert stellt den Mittelwert aller mit ihrer Wahrscheinlichkeit gewichteten Werte der Zufallsvariable dar.

Erwartungswert einer diskreten Zufallsvariablen
Sei $(\mathbb{E}, \mathcal{A}, P)$ ein Wahrscheinlichkeitsraum und $X : \mathbb{E} \longrightarrow \mathbb{R}$ eine diskrete Zufallsvariable mit Werten $x_1, x_2, x_3, \ldots$ und der Dichte $f(x_k) = P(X = x_k)$. Dann wird die Summe

$$E(X) = \sum_{k=1}^{\infty} x_k f(x_k)$$

als Erwartungswert der Zufallsvariable X bezeichnet.

Nimmt die diskrete Zufallsvariable nur endlich viele Werte an, dann ist die Summe natürlich endlich. Werden jedoch abzählbar viele Werte angenommen, dann muss man die absolute Konvergenz der Reihe $\sum_{k=1}^{\infty} x_k f(x_k)$ ausdrücklich fordern. Andernfalls könnte man durch Umordnung der Reihe einen andern Erwartungswert bekommen. Besitzen die Werte $x_1, x_2, x_3, \ldots$ ein Minimum und Maximum, so zeigt die Abschätzung

$$\min_k x_k \sum_{k=1}^{\infty} f(x_k) \leq \sum_{k=1}^{\infty} x_k f(x_k) \leq \max_k x_k \sum_{k=1}^{\infty} f(x_k),$$

dass der Erwartungswert dazwischen liegt,

$$\min_k x_k \leq E(X) \leq \max_k x_k .$$

Beispiel 13.10. Bei einem Laplace-Experiment mit endlich vielen Elementarereignissen

$$\mathbb{E} = \{e_1, \ldots, e_n\}$$

werde durch

$$X(e_k) = x_k , \quad k = 1, \ldots, n$$

eine diskrete Zufallsvariable gegeben mit der Dichte

$$f(x_k) = P(X = x_k) = \frac{1}{n} .$$

Wir bekommen folgenden Erwartungswert:

$$E(X) = \sum_{k=1}^{n} x_k f(x_k) = \frac{1}{n} \sum_{k=1}^{n} x_k .$$

Der Erwartungswert stellt also gerade den Mittelwert der Werte der Zufallsvariable dar.
□

Beispiel 13.11. Wir werfen drei Münzen und beobachten, ob jeweils Kopf (K) oder Zahl (Z) erscheint. Die Menge der Elementarereignisse besteht wieder aus acht Elementen,

$$\mathbb{E} = \{KKK, KKZ, KZK, ZKK, KZZ, ZKZ, ZZK, ZZZ\} .$$

Die Wahrscheinlichkeit für Kopf (K) bzw. Zahl (Z) betrage jeweils $1/2$, sodass alle Elementarereignisse aus $\mathbb{E}$ mit der Wahrscheinlichkeit $1/8$ belegt werden.

Wir definieren eine Zufallsvariable X, die angibt, wie oft jeweils Kopf gefallen ist. Die Zufallsvariable X kann somit die Werte $0, 1, 2, 3$ annehmen und wir erhalten folgende Dichte:

$$\begin{aligned} f(0) &= P(X = 0) = P(\{ZZZ\}) = \frac{1}{8}, \\ f(1) &= P(X = 1) = P(\{KZZ, ZKZ, ZZK\}) = \frac{3}{8}, \\ f(2) &= P(X = 2) = P(\{KKZ, KZK, ZKK\}) = \frac{3}{8}, \\ f(3) &= P(X = 3) = P(\{KKK\}) = \frac{1}{8}, \end{aligned}$$

mit dem Erwartungswert

$$E(X) = 0 \cdot \frac{1}{8} + 1 \cdot \frac{3}{8} + 2 \cdot \frac{3}{8} + 3 \cdot \frac{1}{8} = \frac{3}{2}.$$

Wir führen nun das ganze Experiment noch einmal durch unter der Annahme, dass die Wahrscheinlichkeit für Kopf (K) $2/3$ und die für Zahl (Z) $1/3$ betrage. Für die Zufallsvariable X bekommen wir jetzt folgende Dichte:

$$\begin{aligned} f(0) &= P(X = 0) = P(\{ZZZ\}) = \frac{1}{27}, \\ f(1) &= P(X = 1) = P(\{KZZ, ZKZ, ZZK\}) \\ &= \frac{2}{27} + \frac{2}{27} + \frac{2}{27} = \frac{6}{27}, \\ f(2) &= P(X = 2) = P(\{KKZ, KZK, ZKK\}) \\ &= \frac{4}{27} + \frac{4}{27} + \frac{4}{27} = \frac{12}{27}, \\ f(3) &= P(X = 3) = P(\{KKK\}) = \frac{8}{27}, \end{aligned}$$

mit dem Erwartungswert

$$E(X) = 0 \cdot \frac{1}{27} + 1 \cdot \frac{6}{27} + 2 \cdot \frac{12}{27} + 3 \cdot \frac{8}{27} = \frac{54}{27} = 2.$$ □

Beispiel 13.12. Bei einer Tombola werden $N \geq n + 1$ Lose verkauft. Ein einziges Los gewinnt (Gewinn $= G$), und alle anderen sind Nieten (Gewinn $= 0$). Wie hoch ist die Gewinnerwartung eines Spielers, der n Lose kauft?

Wir bilden als Wahrscheinlichkeitsraum die Kombinationen ohne Wiederholung von n aus N Losen. Ihre Anzahl beträgt $\binom{N}{n}$. Die Anzahl der Kombinationen mit dem Gewinnlos beträgt $\binom{N-1}{n}$, sodass

$$\binom{N}{3} - \binom{N-1}{n}$$

Kombinationen den Gewinn G erbringen. Wir bilden nun eine Zufallsvariable X mit den Werten $X = G$ und $X = 0$. Der Erwartungswert von X ergibt sich zu

$$\begin{aligned}
E(X) = G \cdot P(X = G) &= G \frac{\binom{N}{n} - \binom{N-1}{n}}{\binom{N}{n}} \\
&= G\left(1 - \frac{(N-1)(N-2)\cdots(N-1-(n-1))}{N(N-1)\cdots N-(n-1)}\right) \\
&= G\left(1 - \frac{N-n}{N}\right) = \frac{G}{N} n .
\end{aligned}$$

Der Spieler muss nun den Kaufpreis für n Lose und seine Gewinnerwartung abwägen. □

Beispiel 13.13. Bei einem Spiel werden drei Würfel geworfen. Ein Spieler setzt auf eine der Zahlen Eins bis Sechs. Wenn seine Zahl ein-, zwei- oder dreimal erscheint, erhält der Spieler das ein-, zwei- oder dreifache seines Einsatzes. Andernfalls verliert er seinen Einsatz. Man berechne die Dichte und den Erwartungswert seines Spielgewinns X.

Wir legen einen Wahrscheinlichkeitsraum mit 6^3 Elementarereignissen (Spielausgänge) zugrunde. Die Anzahl der Ereignisse, bei denen der Spieler seinen Einsatz S verliert, beträgt dann 5^3. Die Anzahl der Ereignisse, bei denen der Spieler das ein-, zwei- oder dreifache seines Einsatzes S gewinnt, beträgt $3{\cdot}5^2$, $3{\cdot}5$ oder 1. Für die Zufallsvariable X bekommen wir folgende Dichte:

$$\begin{aligned}
f(-S) = P(X = -S) &= \frac{5^3}{6^3} , \\
f(S) = P(X = S) &= \frac{3 \cdot 5^2}{6^3} , \\
f(2S) = P(X = 2S) &= \frac{3 \cdot 5}{6^3} , \\
f(3S) = P(X = 3S) &= \frac{3}{5^6} .
\end{aligned}$$

Hieraus ergibt sich der Erwartungswert

$$E(X) = -S \cdot \frac{5^3}{6^3} + S \cdot \frac{3 \cdot 5^2}{6^3} + 2S \cdot \frac{3 \cdot 5}{6^3} + 3S \cdot \frac{1}{6^3} = -\frac{17}{216} S = -0.0787037\, S . \qquad □$$

Beispiel 13.14. Wir werfen erneut eine Münze, bei der Kopf (K) mit der Wahrscheinlichkeit $1/3$ und Zahl (Z) mit der Wahrscheinlichkeit $2/3$ fällt. Wir werfen zuerst wieder solange, bis Zahl erscheint und berechnen der Erwartungswert für die Anzahl der Würfe X,

$$\begin{aligned} E(X) &= \sum_{k=1} k f(x_k) \\ &= \sum_{k=1}^{\infty} k \frac{2}{3}\left(\frac{1}{3}\right)^{k-1} \\ &= \frac{2}{3} \sum_{k=1}^{\infty} k \left(\frac{1}{3}\right)^{k-1} . \end{aligned}$$

Aus der geometrischen Reihe ergab sich durch Ableiten für $|z| < 1$

$$\sum_{k=1}^{\infty} k z^{k-1} = \frac{1}{(1-z)^2} .$$

Damit bekommen wir

$$E(X) = \frac{\frac{2}{3}}{(1-\frac{1}{3})^2} = \frac{3}{2} .$$

Wir wiederholen das Experiment und hören aber nun auf zu werfen, wenn entweder Zahl erscheint oder zum dritten Mal hintereinander Kopf gefallen ist. Wir berechnen wieder den Erwartungswert für die Anzahl der Würfe X. Man kann sich dieses Experiment mit dem folgenden Ereignisbaum veranschaulichen (Abb. 13.4):

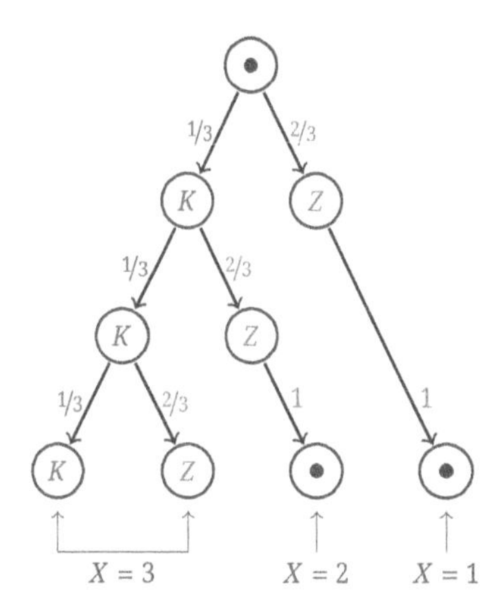

Abb. 13.4: Endlicher Ereignisbaum: Werfen einer Münze mit ungleichen Wahrscheinlichkeiten für Kopf und Zahl.

Nun erhält man folgende Dichte für die Anzahl der Würfe:

$$\begin{aligned} f(1) &= \frac{2}{3} = \frac{6}{9} , \\ f(2) &= \frac{1}{3} \cdot \frac{2}{3} = \frac{2}{9} , \end{aligned}$$

$$f(3) = \frac{1}{3} \cdot \frac{1}{3} \cdot \frac{1}{3} + \frac{1}{3} \cdot \frac{1}{3} \cdot \frac{2}{3} = \frac{1}{9}.$$

Dies ergibt den Erwartungswert

$$E(X) = 1\,\frac{6}{9} + 2\,\frac{2}{9} + 3\,\frac{1}{9} = \frac{13}{9}.$$

□

Beispiel 13.15. Wir würfeln mit einem Würfel, bis zum ersten Mal eine Sechs erscheint und berechnen den Erwartungswert für die Anzahl der Würfe X.

Für die Zufallsvariable X haben wir bereits folgende Dichte ermittelt:

$$f(k) = P(X = k) = \frac{1}{6}\left(\frac{5}{6}\right)^{k-1}.$$

Damit bekommen wir folgenden Erwartungswert:

$$\begin{aligned} E(X) &= \sum_{k=1}^{\infty} k f(k) = \frac{1}{6} \sum_{k=1}^{\infty} k \left(\frac{5}{6}\right)^k \\ &= \frac{1}{6}\,\frac{1}{(1-\frac{5}{6})^2} = 6. \end{aligned}$$

□

Bei einem Zufallsexperiment beobachtet man oft mehrere Größen gleichzeitig und hat dann eine entsprechende Anzahl von Zufallsvariablen. Wir betrachten den Fall von zwei Zufallsvariablen etwas eingehender. Wir benötigen dazu Intervalle im $\mathbb{R}^2$,

$$I = \{(x,y) \mid a < x < b, c < y < d\}.$$

Intervalle sind also zunächst nichts anderes als offene Rechtecke. Anstelle des Gleichheitszeichens kann auch das Kleiner-Gleich-Zeichen stehen. Dann gehören eine oder mehrere Randstrecken zum Intervall hinzu (Abb. 13.5).

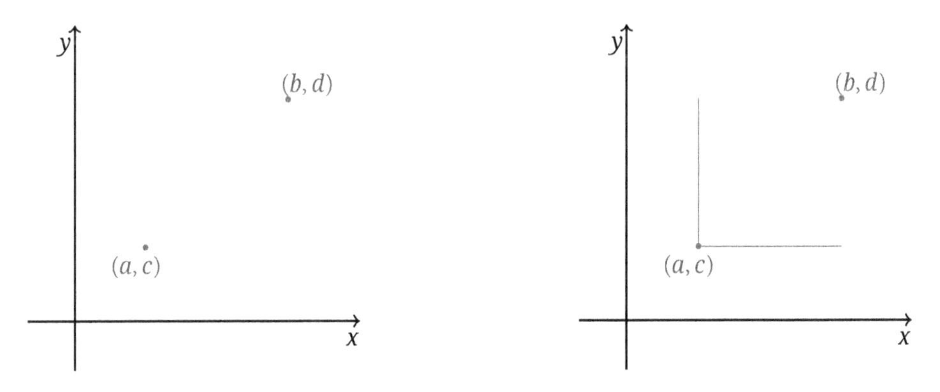

Abb. 13.5: Das Intervall $\{(x,y) \mid a < x < b, c < y < d\}$ (links) und das Intervall $\{(x,y) \mid a \le x < b, c \le y < d\}$ (rechts) mit den Eckpunkten (a,c) und (b,d).

Das Intervall kann sich unendlich ausdehnen, indem $a = -\infty$ oder $b = -\infty$ oder $c = \infty$ oder $d = \infty$ wird. Außerdem wird auch der Ausnahmefall eines Punktes zugelassen.

Zweidimensionale Dichte von diskreten Zufallsvariablen
Sei $(\mathbb{E}, \mathcal{A}, P)$ ein Wahrscheinlichkeitsraum und

$$X : \mathbb{E} \longrightarrow \mathbb{R}, \quad Y : \mathbb{E} \longrightarrow \mathbb{R}$$

diskrete Zufallsvariable mit Werten $x_1, x_2, x_3, \ldots$ bzw. $y_1, y_2, y_3, \ldots$. Das Urbild

$$(X, Y)^{-1}(I) \in \mathcal{A}$$

eines beliebigen zweidimensionalen Intervalls I sei ein Ereignis. Die Funktion h, die jedem Paar $(x_j, y_k) \in X(\mathbb{E}) \times Y(\mathbb{E})$ den Wert

$$h(x_j, y_k) = P(X = x_j, Y = y_k)$$

zuordnet, bezeichnen wir als zweidimensionale Dichte(funktion) der Zufallsvariablen X und Y.

Wie im eindimensionalen Fall bilden die Ereignisse $P(X = x_j, Y = y_k)$ eine Partition von $\mathbb{E}$, und es gilt

$$h(x_j, y_k) \geq 0 \quad \text{für alle} \quad j, k\,,$$

und

$$\sum_{j=1}^{\infty} \sum_{k=1}^{\infty} h(x_j, y_k) = 1\,.$$

Die Summen

$$\sum_{k=1}^{\infty} h(x_j, y_k) \quad \text{und} \quad \sum_{j=1}^{\infty} h(x_j, y_k)$$

bezeichnet man als Randdichten.

Randdichte von diskreten Zufallsvariablen
Seien $X : \mathbb{E} \longrightarrow \mathbb{R}$, $Y : \mathbb{E} \longrightarrow \mathbb{R}$ diskrete Zufallsvariable mit Dichten

$$f(x_j) = P(X = x_j) \quad \text{bzw.} \quad g(y_k) = P(Y = y_k)$$

und der zweidimensionalen Dichte

$$h(x_j, y_k) = P(X = x_j, Y = y_k)\,.$$

Dann gilt für alle j bzw. k,

$$f(x_j) = \sum_{k=1}^{\infty} h(x_j, y_k) \quad \text{bzw.} \quad g(y_k) = \sum_{j=1}^{\infty} h(x_j, y_k)\,.$$

Die Ereignisse $X = x_j, j = 1, 2, 3...$, und $Y = y_k, j = 1, 2, 3...$, bilden jeweils eine Partition von $\mathbb{E}$. Mit $\mathbb{A}_j = X^{-1}(x_j)$ und $\mathbb{B}_k = Y^{-1}(y_k)$ gilt dann

$$\mathbb{A}_j = \mathbb{A}_j \cap \mathbb{E} = \sum_{k=1}^{\infty} \mathbb{A}_j \cap \mathbb{B}_k \quad \text{bzw.} \quad \mathbb{B}_k = \mathbb{B}_k \cap \mathbb{E} = \sum_{j=1}^{\infty} \mathbb{A}_j \cap \mathbb{B}_k .$$

Die Ergnisse $\mathbb{A}_j \cap \mathbb{B}_k$ sind wiederum paarweise unvereinbar, und wir bekommen

$$P(\mathbb{A}_j) = \sum_{k=1}^{\infty} P(\mathbb{A}_j \cap \mathbb{B}_k) .$$

Mit den Beziehungen

$$f(x_j) = P(X = x_j) = P(\mathbb{A}_j)$$

und

$$h(x_j, y_k) = P(X = x_j, Y = y_k) = P(\mathbb{A}_j \cap \mathbb{B}_k)$$

ergibt sich der erste Teil der Behauptung. Der zweite Teil folgt analog.

Beispiel 13.16. Wir würfeln mit zwei Würfeln und bekommen 36 Augenpaare als Elementarereignisse,

$$\mathbb{E} = \{(j, k) \mid 1 \le j \le 6, 1 \le k \le 6\} .$$

Wir erklären zwei Zufallsvariable X und Y durch

$$X(j, k) = j , \quad \text{bzw.} \quad Y(j, k) = \max(j, k) .$$

Die Variable X ordnet einem gewürfelten Augenpaar die Augenzahl des ersten Würfels zu. Die Variable Y ordnet einem gewürfelten Augenpaar die maximale Augenzahl zu. Die Zufallsvariable X besitzt die Dichte:

$$\begin{aligned}
f(1) &= P(X = 1) = \frac{1}{6} , \\
f(2) &= P(X = 2) = \frac{1}{6} , \\
f(3) &= P(X = 3) = \frac{1}{6} , \\
f(4) &= P(X = 4) = \frac{1}{6} , \\
f(5) &= P(X = 5) = \frac{1}{6} , \\
f(6) &= P(X = 6) = \frac{1}{6} .
\end{aligned}$$

Die Zufallsvariable Y besitzt die Dichte

$$\begin{aligned} g(1) &= P(Y = 1) = \frac{1}{6}, \\ g(2) &= P(Y = 2) = \frac{1}{6}, \\ g(3) &= P(Y = 3) = \frac{1}{6}, \\ g(4) &= P(Y = 4) = \frac{1}{6}, \\ g(5) &= P(Y = 5) = \frac{1}{6}, \\ g(6) &= P(Y = 6) = \frac{1}{6}. \end{aligned}$$

Die Werte der zweidimensionalen Dichte

$$h(j,k) = P(X = j, Y = k), \quad j,k = 1,2,3,4,5,6,$$

ordnet man am besten in einer 6×6 Matrix an mit dem Zeilenindex j und dem Spaltenindex k,

$$(h(j,k))_{j,k=1,2,3,4,5,6} = \begin{pmatrix} \frac{1}{36} & \frac{1}{36} & \frac{1}{36} & \frac{1}{36} & \frac{1}{36} & \frac{1}{36} \\ 0 & \frac{2}{36} & \frac{1}{36} & \frac{1}{36} & \frac{1}{36} & \frac{1}{36} \\ 0 & 0 & \frac{3}{36} & \frac{1}{36} & \frac{1}{36} & \frac{1}{36} \\ 0 & 0 & 0 & \frac{4}{36} & \frac{1}{36} & \frac{1}{36} \\ 0 & 0 & 0 & 0 & \frac{5}{36} & \frac{1}{36} \\ 0 & 0 & 0 & 0 & 0 & \frac{6}{36} \end{pmatrix}.$$

Beispielsweise gilt

$$h(5,1) = P(X = 5, Y = 1) = P(\emptyset) = 0,$$

denn ein Augenpaar mit der ersten Augenzahl Fünf und der maximalen Augenzahl Eins ist unmöglich. Das Ereignis $X = 5$ und $Y = 5$ besteht aus fünf Augenpaaren,

$$h(5,5) = P(X = 5, Y = 5) = P(\{(5,1),(5,2),(5,3),(5,4),(5,5)\}) = \frac{5}{36}.$$

Anstelle der Zufallsvariablen Y nehmen wir nun

$$\overline{Y}(j,k) = \min(j,k),$$

die einem gewürfelten Augenpaar die Augenzahl die minimale Augenzahl zuornet. Die Zufallsvariable $\overline{Y}$ besitzt dieselbe Dichte wie Y,

$$\overline{g}(1) = P(\overline{Y} = 1) = \frac{1}{6},$$
$$\overline{g}(2) = P(\overline{Y} = 2) = \frac{1}{6},$$
$$\overline{g}(3) = P(\overline{Y} = 3) = \frac{1}{6},$$
$$\overline{g}(4) = P(\overline{Y} = 4) = \frac{1}{6},$$
$$\overline{g}(5) = P(\overline{Y} = 5) = \frac{1}{6},$$
$$\overline{g}(6) = P(\overline{Y} = 6) = \frac{1}{6}.$$

Die Werte der zweidimensionalen Dichte

$$\overline{g}(j,k) = P(X = j, \overline{Y} = k), \quad j,k = 1,2,3,4,5,6,$$

ergeben jedoch folgende 6×6 Matrix:

$$(\overline{h}(j,k))_{j,k=1,2,3,4,5,6} = \begin{pmatrix} \frac{1}{36} & \frac{1}{36} & \frac{1}{36} & \frac{1}{36} & \frac{1}{36} & \frac{1}{36} \\ \frac{1}{36} & \frac{1}{36} & \frac{1}{36} & \frac{1}{36} & \frac{2}{36} & 0 \\ \frac{1}{36} & \frac{1}{36} & \frac{1}{36} & \frac{3}{36} & 0 & 0 \\ \frac{1}{36} & \frac{1}{36} & \frac{4}{36} & 0 & 0 & 0 \\ \frac{1}{36} & \frac{5}{36} & 0 & 0 & 0 & 0 \\ \frac{6}{36} & 0 & 0 & 0 & 0 & 0 \end{pmatrix}.$$

□

Ähnlich wie bei den Ereignissen führen wir den Begriff der Unabhängigkeit bei Zufallsvariablen ein.

Unabhängigkeit von diskreten Zufallsvariablen

Seien $X : \mathbb{E} \longrightarrow \mathbb{R}, Y : \mathbb{E} \longrightarrow \mathbb{R}$ diskrete Zufallsvariable mit Dichten

$$f(x_j) = P(X = x_j) \quad \text{bzw.} \quad g(y_k) = P(Y = y_k)$$

und der zweidimensionalen Dichte

$$h(x_j, y_k) = P(X = x_j, Y = y_k).$$

Wir bezeichnen X und Y als unabhängig, wenn gilt

$$h(x_j, y_k) = f(x_j)\, g(y_k).$$

Offensichtlich bedeutet Unabhängigkeit, dass

$$P(X = x_j, Y = y_k) = P(X = x_j)\, P(Y = y_k).$$

Man kann den Begriff der Unabhängigkeit auf drei oder mehr Zufallsvariablen übertragen,

$$P(X = x_j, Y = P(Y = y_k), P(Z = z_l)) = P(X = x_j)\, P(Y = y_k)\, P(Z = z_l)\,.$$

Beispiel 13.17. Seien X und Y diskrete Zufallsvariable mit Werten x_1, x_2, x_3 bzw. y_1, y_2 und der zweidimensionalen Dichte

$$(h(x_j, y_k))_{\substack{j=1,2,3,\\ k=1,2}} = \begin{pmatrix} \frac{1}{8} & \frac{3}{8} \\ \frac{1}{4} & 0 \\ 0 & \frac{1}{4} \end{pmatrix}.$$

Wir fragen, ob die Zufallsvariablen unabhängig sind.

Wir berechnen die Randdichten

$$f(x_j) = h(x_j, y_1) + h(x_j, y_2)\,, \quad j = 1, 2, 3\,,$$

bzw.

$$g(y_k) = h(x_1, y_k) + h(x_2, y_k) + h(x_3, y_k)\,, \quad k = 1, 2\,,$$

und bekommen

$$f(x_1) = \frac{1}{2}\,, \quad f(x_2) = \frac{1}{4}\,, \quad f(x_3) = \frac{1}{4}\,,$$

und

$$g(y_1) = \frac{3}{8}\,, \quad g(y_2) = \frac{5}{8}\,.$$

Bildet man das Produkt der Randdichten, so entsteht die Matrix

$$(f(x_j)\, g(y_k))_{\substack{j=1,2,3,\\ k=1,2}} = \begin{pmatrix} \frac{3}{16} & \frac{5}{16} \\ \frac{3}{32} & \frac{5}{32} \\ \frac{3}{32} & \frac{5}{32} \end{pmatrix} \neq (h(x_j, y_k))_{\substack{j=1,2,3,\\ k=1,2}}\,.$$

Die Zufallsvariablen X und Y sind also nicht unabhängig. □

Durch Verkettung mit einer Funktion kann man aus einer Zufallsvariablen eine neue Zufallsvariable herstellen.

Funktion einer diskreten Zufallsvariablen

Sei $(\mathbb{E}, \mathcal{A}, P)$ ein Wahrscheinlichkeitsraum und

$$X : \mathbb{E} \longrightarrow \mathbb{R}, \quad Y : \mathbb{E} \longrightarrow \mathbb{R}$$

diskrete Zufallsvariable. Die Zufallsvariable X nehme die Werte $x_1, x_2, x_3, \dots$ mit der Dichte $P(X = x_k) = f(x_k)$ an. Mit einer Funktion $\Psi : \mathbb{R} \longrightarrow \mathbb{R}$ gelte für alle Elementarereignisse $e \in \mathbb{E}$

$$Y(e) = \Psi\big(X(e)\big),$$

Dann besteht der Zusammenhang

$$E(Y) = \sum_{k=1}^{\infty} \Psi(x_k) f(x_k).$$

Nehmen wir zunächst an, dass die Wertemenge $\{x_1, x_2, x_3, \dots\}$ der Zufallsvariable X von Ψ injektiv abgebildet wird und die Wertemenge $\{\Psi(x_1), \Psi(x_2), \Psi(x_3), \dots\}$ der Zufallsvariable Y entsteht. Dann bekommen wir die Behauptung aus der folgenden Überlegung:

$$E(Y) = \sum_{k=1}^{\infty} y_k\, P(Y = y_k) = \sum_{k=1}^{\infty} \Psi(x_k)\, P\big(\Psi(X) = \Psi(x_k)\big) = \sum_{k=1}^{\infty} \Psi(x_k)\, P(X = x_k).$$

Die Bedingung $\Psi(X) = \Psi(x_k)$ ist hier gleichbedeutend mit der Bedingung $X = x_k$.

Den nichtinjektiven Fall machen wir an folgendem einfachen Modell klar: Falls für $j \neq l$ gilt

$$\Psi(x_j) = \Psi(x_l),$$

so bekommen wir zunächst

$$E(Y) = \sum_{k=1, k\neq l}^{\infty} \Psi(x_k)\, P\big(\Psi(X) = \Psi(x_k)\big).$$

Die Bedingung $\Psi(X) = \Psi(x_j)$ ist gleichbedeutend mit der Bedingung $X = x_j$ oder $X = x_l$. Diese Ereignisse sind aber disjunkt, und es folgt

$$P\big(\Psi(X) = \Psi(x_j)\big) = P(X = x_j) + P(X = x_l).$$

Insgesamt können wir wieder schreiben

$$E(Y) = \sum_{k=1}^{\infty} \Psi(x_k)\, P(X = x_k).$$

Man kann also den Erwartungswert der Zufallsvariablen Y berechnen, ohne dass man die Dichte $P(Y = y_k)$ explizit kennt.

Beispiel 13.18. Ist X eine diskrete Zufallsvariable, so gilt für beliebige reelle Zahlen α, β

$$E(\alpha X + \beta) = \alpha E(X) + \beta.$$

Wir können

$$Y = \alpha X + \beta$$

als Funktion einer Zufallsvariablen auffassen. Nimmt X die Werte $x_1, x_2, x_3, \dots$ an und besitzt die Dichte $f(x_k)$, so bekommen wir

$$\begin{aligned} E(Y) &= \sum_{k=1}^{\infty} (\alpha x_k + \beta) f(x_k) \\ &= \alpha \sum_{k=1}^{\infty} x_k f(x_k) + \beta \sum_{k=1}^{\infty} f(x_k) . \end{aligned}$$ □

Das Resultat über den Erwartungswert der Funktion einer diskreten Zufallsvariablen lässt sich auf zweidimensionale Zufallsvariable übertragen.

Funktion von zwei diskreten Zufallsvariablen

Sei $(\mathbb{E}, \mathcal{A}, P)$ ein Wahrscheinlichkeitsraum und $X : \mathbb{E} \longrightarrow \mathbb{R}$, $Y : \mathbb{E} \longrightarrow \mathbb{R}$ eine diskrete Zufallsvariable mit der zweidimensionalen Dichte

$$h(x_j, y_k) = P(X = x_j, Y = y_k) .$$

Ist die Zufallsvariable Z eine Funktion $Z = \Psi(X, Y)$, dann besteht der Zusammenhang

$$E(Z) = \sum_{j=1}^{\infty} \sum_{k=1}^{\infty} \Psi(x_j, y_k)\, h(x_j, y_k) .$$

Beispiel 13.19. Für Zufallsvariable X, Y gilt

$$E(X + Y) = E(X) + E(Y) .$$

Allgemeiner gilt für n Zufallsvariable $X_1, X_2, \dots, X_n$

$$E(X_1 + X_2 + \cdots + X_n) = E(X_1) + E(X_2) + \cdots + E(X_n) .$$

Die Bildung des Erwartungswert ist also eine lineare Operation. Wir nehmen an, dass x_j und y_k die Werte von X bzw. Y sind und die Dichten von X, Y und Z durch $f(x_j)$, $g(y_k)$ und $h(x_j, y_k)$ gegeben werden,

$$\begin{aligned} f(x_j) &= \sum_{k=1}^{\infty} h(x_j, y_k) , \\ g(y_k) &= \sum_{j=1}^{\infty} h(x_j, y_k) . \end{aligned}$$

Wir fassen die Summe als Funktion von zwei Zufallsvariablen auf,

$$Z = X + Y ,$$

und bekommen den Erwartungswert

$$
\begin{aligned}
E(Z) &= \sum_{j=1}^{\infty}\sum_{k=1}^{\infty}(x_j + y_k)\, h(x_j, y_k) \\
&= \sum_{j=1}^{\infty}\sum_{k=1}^{\infty} x_j\, h(x_j, y_k) + \sum_{j=1}^{\infty}\sum_{k=1}^{\infty} y_k\, h(x_j, y_k) \\
&= \sum_{j=1}^{\infty} x_j \sum_{k=1}^{\infty} h(x_j, y_k) + \sum_{k=1}^{\infty} y_k \sum_{j=1}^{\infty} h(x_j, y_k) \\
&= \sum_{j=1}^{\infty} x_j f(x_j) + \sum_{k=1}^{\infty} y_k\, g(y_k) \\
&= E(X) + E(Y)\,.
\end{aligned}
$$

Die Überlegungen verlaufen analog im allgemeinen Fall. □

Ein zweiter wichtiger Parameter einer Dichte wird durch die Varianz gegeben. Die Varianz einer diskreten Zufallsvariablen ist die Summe der quadratischen Abweichungen vom Erwartungswert, die wiederum mit den Wahrscheinlichkeiten der Werte der Zufallsvariablen gewichtet werden.

Varianz und Standardabweichung einer diskreten Zufallsvariablen
Sei $\{\mathbb{E}, \mathcal{A}, P\}$ ein Wahrscheinlichkeitsraum und $X \;:\longrightarrow\; \mathbb{R}$ eine diskrete Zufallsvariable mit Werten $x_1, x_2, x_3, \ldots$, der Dichte $f(x_k)$ und dem Erwartungswert $E(X)$. Dann wird die Summe

$$
\mathrm{Var}(X) = \sum_{k=1}^{\infty}\left(x_k - E(X)\right)^2 f(x_k)
$$

als Varianz der Zufallsvariable X bezeichnet. Die Wurzel aus der Varianz heißt Standardabweichung,

$$
\sigma(X) = \sqrt{\mathrm{Var}(X)}\,.
$$

Die Varianz kann als mittlere quadratische Abweichung vom Erwartungswert betrachtet werden. Die Standardabweichung stellt ein Maß für die mittlere Abweichung der Dichtefunktion vom Erwartungswert dar. Wie beim Erwartungswert muss die absolute Konvergenz der Reihe $\sum_{k=1}^{\infty}(x_k - E(X))^2 f(x_k)$ gefordert werden, wenn die Zufallsvariable abzählbar viele Werte annimmt. Offenbar gilt

$$
\mathrm{Var}(X) = E\left((X - E(X))^2\right).
$$

Die Varianz kann oft bequemer mit folgender Formel berechnet werden:

Berechnung der Varianz

$$
\mathrm{Var}(X) = E\left(X^2\right) - \left(E(X)\right)^2.
$$

Man erhält diese Formel durch eine einfache Umformung,

$$\begin{aligned}
\operatorname{Var}(X) &= \sum_{k=1}^{\infty} (x_k - E(X))^2 f(x_k) \\
&= \sum_{k=1}^{\infty} (x_k^2 - 2\,E(X)\,x_k + (E(X))^2) f(x_k) \\
&= \sum_{k=1}^{\infty} x_k^2 f(x_k) - 2\,E(X) \sum_{k=1}^{\infty} x_k f(x_k) + (E(X))^2 \sum_{k=1}^{\infty} f(x_k) \\
&= \sum_{k=1}^{\infty} x_k^2 f(x_k) - 2\,(E(X))^2 + (E(X))^2 \\
&= \sum_{k=1}^{\infty} x_k^2 f(x_k) - (E(X))^2 .
\end{aligned}$$

Beispiel 13.20. Mit der Linearität des Erwartungswerts zeigen wir für $\alpha, \beta \in \mathbb{R}$, dass

$$\operatorname{Var}(\alpha X + \beta) = \alpha^2 \operatorname{Var}(X) .$$

Wir verwenden die Formel zur Berechnung des Erwartungswerts,

$$\begin{aligned}
\operatorname{Var}(\alpha X + \beta) &= E((\alpha X + \beta)^2) - (E(\alpha X + \beta))^2 \\
&= \alpha^2 E(X^2) + 2\,\alpha\,\beta\,E(X) + \beta^2 - (\alpha\,E(X) + \beta)^2 \\
&= \alpha^2 E(X^2) - \alpha^2 (E(X))^2 \\
&= \alpha^2 \operatorname{Var}(X) .
\end{aligned}$$

Für die Standardabweichung gilt dann

$$\sigma(\alpha X + \beta) = \sqrt{\operatorname{Var}(\alpha X + \beta)} = \sqrt{\alpha^2 \operatorname{Var}(X)} = |\alpha| \sqrt{\operatorname{Var}(X)} = |\alpha|\,\sigma(X) . \qquad \square$$

Beispiel 13.21. Wir betrachten ein Laplace-Experiment mit endlich vielen Elementarereignissen $\mathbb{E} = \{e_1, \ldots, e_n\}$ und eine diskrete Zufallsvariable

$$X(e_k) = x_k , \quad k = 1, \ldots, n$$

mit der Dichte

$$f(x_k) = P(X = x_k) = \frac{1}{n} .$$

Als Erwartungswert bekommen wir den Mittelwert,

$$E(X) = \sum_{k=1}^{n} x_k f(x_k) = \frac{1}{n} \sum_{k=1}^{n} x_k .$$

Als Varianz ergibt sich die mittlere quadratische Abweichung vom Mittelwert,

$$\begin{aligned}\operatorname{Var}(X) &= \sum_{k=1}^{n} (x_k - E(X))^2 f(x_k) \\ &= \frac{1}{n} \sum_{k=1}^{n} (x_k - E(X))^2 .\end{aligned}$$

Mit der Formel $\operatorname{Var}(X) = E(X^2) - (E(X))^2$ kann man schreiben

$$\operatorname{Var}(X) = \frac{1}{n} \sum_{k=1}^{n} x_k^2 - (E(X))^2 .$$

□

Beispiel 13.22. Bei einem Gewinnspiel wird als Gewinn jeweils einer der folgenden fünf Centbeträge x_k mit der Wahrscheinlichkeit $f(x_k)$ ausgeschüttet:

k	1	2	3	4	5
x_k	0	10	20	50	100
$f(x_k)$	0.5	0.24	0.155	0.1	0.005

Der zu erwartende Gewinn, also der Erwartungswert der Zufallsvariablen Gewinnausschüttung X, ergibt sich zu

$$E(X) = 0 \cdot 0.5 + 10 \cdot 0.24 + 20 \cdot 0.155 + 50 \cdot 0.1 + 100 \cdot 0.005 = 11 .$$

Das heißt, bei einem Einsatz von mehr als elf Cent wird das Spiel ungünstig für den Spieler. Die Varianz beträgt

$$\begin{aligned}\operatorname{Var}(X) &= 0^2 \cdot 0.5 + 10^2 \cdot 0.24 + 20^2 \cdot 0.155 \\ &\quad + 50^2 \cdot 0.1 + 100^2 \cdot 0.005 - 11^2 \\ &= 265,\end{aligned}$$

und die Standardabweichung ist

$$\sqrt{265} = 16.27\ldots .$$

□

Die Wechselbeziehung zwischen zwei Zufallsvariablen beschreiben wir mit den Parametern Kovarianz und Korrelation.

Kovarianz von diskreten Zufallsvariablen
Sei $(\mathbb{E}, \mathcal{A}, P)$ ein Wahrscheinlichkeitsraum und $X : \mathbb{E} \longrightarrow \mathbb{R}$, $Y : \mathbb{E} \longrightarrow \mathbb{R}$ eine diskrete Zufallsvariable mit der zweidimensionalen Zufallsvariablen (X, Y).

$$\operatorname{Cov}(X,Y) = E\big(\big(X - E(X)\big(Y - E(Y)\big)\big)$$

heißt Kovarianz der Zufallsvariablen X und Y.

Wir nehmen an, dass die Zufallsvariablen X und Y die zweidimensionale Dichte besitzen,

$$h(x_j, y_k) = P(X = x_j, Y = y_k).$$

Die Kovarianz kann zunächst geschrieben werden als

$$\operatorname{Cov}(X,Y) = \sum_{j=1}^{\infty}\sum_{k=1}^{\infty}(x_j - E(X))\,(y_k - E(y))\,h(x_j, y_k).$$

Ferner gilt

$$\begin{aligned}
\operatorname{Cov}(X,Y) &= \sum_{j=1}^{\infty}\sum_{k=1}^{\infty}(x_j - E(X))\,(y_k - E(y))\,h(x_j, y_k) \\
&= \sum_{j=1}^{\infty}\sum_{k=1}^{\infty} x_j y_k\,h(x_j, y_k) + \sum_{j=1}^{\infty}\sum_{k=1}^{\infty} E(X)\,E(y)\,h(x_j, y_k) \\
&\quad - \sum_{j=1}^{\infty}\sum_{k=1}^{\infty} E(X)\,y_k\,h(x_j, y_k) - \sum_{j=1}^{\infty}\sum_{k=1}^{\infty} E(Y)\,x_j\,h(x_j, y_k) \\
&= \sum_{j=1}^{\infty}\sum_{k=1}^{\infty} x_j y_k\,h(x_j, y_k) + E(X)\,E(y)\sum_{j=1}^{\infty}\sum_{k=1}^{\infty} h(x_j, y_k) \\
&\quad - E(X)\sum_{k=1}^{\infty} y_k \sum_{j=1}^{\infty} h(x_j, y_k) - E(Y)\sum_{j=1}^{\infty} x_j \sum_{k=1}^{\infty} h(x_j, y_k)
\end{aligned}$$

Mit den Randdichten

$$f(x_j) = P(X = x_j) \quad \text{bzw.} \quad g(y_k) = P(Y = y_k)$$

folgt weiter

$$\begin{aligned}
\operatorname{Cov}(X,Y) &= \sum_{j=1}^{\infty}\sum_{k=1}^{\infty} x_j y_k\,h(x_j, y_k) + E(X)\,E(y) \\
&\quad - E(X)\sum_{k=1}^{\infty} y_k\,g(y_k) - E(Y)\sum_{j=1}^{\infty} x_j f(x_j)
\end{aligned}$$

$$= \sum_{j=1}^{\infty}\sum_{k=1}^{\infty} x_j y_k\, h(x_j, y_k) + E(X)\,E(Y) - 2\,E(X)\,E(Y)$$
$$= E(X\,Y) - E(X)\,E(Y)\,.$$

Die Kovarianz kann also mit der Formel berechnet werden:

$$\mathrm{Cov}(X,Y) = E(X\,Y) - E(X)\,E(Y)\,.$$

Beispiel 13.23. Für unabhängige diskrete Zufallsvariable X und Y gilt

$$E(X\,Y) = E(X)\,E(Y)\,, \quad \mathrm{Var}(X+Y) = \mathrm{Var}(X) + \mathrm{Var}(Y)\,, \quad \mathrm{Cov}(X,Y) = 0\,.$$

Wir nehmen an, dass x_j und y_k die Werte von X bzw. Y sind und die Dichten von X und Y durch $f(x_j)$ bzw. $g(y_k)$ gegeben werden. Die Unabhängigkeit bedeutet für die zweidimensionale Dichte $h(x_j, y_k) = f(x_j)\,g(y_k)$ und für den Erwartungswert des Produkts, dass

$$\begin{aligned} E(X\,Y) &= \sum_{j=1}^{\infty}\sum_{k=1}^{\infty} x_j y_k\, h(x_j, y_k) \\ &= \sum_{j=1}^{\infty} x_j f(x_j) \sum_{k=1}^{\infty} y_k\, g(y_k) \\ &= E(X)\,E(Y)\,. \end{aligned}$$

Damit bekommen wir

$$\begin{aligned} \mathrm{Var}(X+Y) &= E\big((X+Y)^2\big) - \big(E(X+Y)\big)^2 \\ &= E(X^2) + 2\,E(X)\,E(Y) - \big(E(X) + E(Y)\big)^2 \\ &= E(X^2) - \big(E(X)\big)^2 + E(Y^2) - \big(E(Y)\big)^2 \\ &= \mathrm{Var}(X) + \mathrm{Var}(Y)\,. \end{aligned}$$

Allgemeiner gilt für n unabhängige Zufallsvariable $X_1, X_2, \ldots, X_n$, dass

$$\mathrm{Var}(X_1 + X_2 + \cdots + X_n) = \mathrm{Var}(X_1) + \mathrm{Var}(X_2) + \cdots + \mathrm{Var}(X_n)\,.$$

Aus der Formel $\mathrm{Cov}(X,Y) = E(X\,Y) - E(X)\,E(Y)$ folgt schließlich, dass die Kovarianz für unabhängige Zufallsvariable verschwindet. □

Mit der Kovarianz bildet man nun den Korrelationskoeffizienten.

Korrelation von diskreten Zufallsvariablen
Seien X und Y diskrete Zufallsvariable mit nichtverschwindenden Standardabweichungen. Die Zahl

$$\rho(X,Y) = \frac{\mathrm{Cov}(X,Y)}{\sqrt{\mathrm{Var}(X)}\,\sqrt{\mathrm{Var}(Y)}}$$

wird als Korrelation der Zufallsvariablen X und Y bezeichnet.

Offensichtlich stellen die Kovarianz und die Korrelation symmetrische Koeffizenten dar,

$$\mathrm{Cov}(X,Y) = \mathrm{Cov}(Y,X) \quad \text{und} \quad \rho(X,Y) = \rho(Y,X)\,.$$

Der Korrelationskoeffizient erfüllt die Ungleichung

$$-1 \le \rho(X,Y) \le 1\,.$$

Dazu betrachten wir für reelle s und t den nichtnegativen Erwartungswert,

$$\begin{aligned}
&E((s\,(X - E(X)) + t\,(Y - E(Y))^2)\\
&\quad = s^2\,E((X - E(X)^2) + 2\,s\,t\,E((X - E(X)\,(Y - E(Y))) + t^2\,E((Y - \mathrm{Y}(X)^2)\\
&\quad = s^2\,(\mathrm{Var}(X))^2 + 2\;s\,t\;\mathrm{Cov}(X,Y) + t^2\,(\mathrm{Var}(Y))^2\,.
\end{aligned}$$

Hieraus ergibt sich die Ungleichung

$$s^2\,(\mathrm{Var}(X))^2 + 2\;s\,t\;\mathrm{Var}(X)\;\mathrm{Var}(Y)\,\rho(X,Y) + t^2\,(\mathrm{Var}(Y))^2 \ge 0\,.$$

Für beliebige reelle Zahlen α und β kann die Beziehung

$$\alpha^2 + \beta^2 \ge 2\,\alpha\,\beta\,\rho$$

nur dann gelten, wenn $-1 \le \rho \le 1$ ist.

Der Korrelationskoeffizient kann die Werte ± 1 annehmen. Es gilt

$$\rho(X,X) = 1 \quad \text{und} \quad \rho(X,-X) = -1\,.$$

Zum Nachweis verwenden wir die Formeln

$$\mathrm{Var}(X) = E(X^2) - (E(X))^2 \quad \text{und} \quad \mathrm{Cov}(X,Y) = E(X\,Y) - E(X)\,E(Y)\,.$$

Aus der zweiten Formel ergibt sich sofort

$$\mathrm{Cov}(X,X) = E(X^2) - (E(X))^2 \quad \text{bzw.} \quad \mathrm{Cov}(X,-X) = -(E(X^2) - (E(X))^2)$$

und die Behauptung.

Wir betrachten nun kontinuierliche Zufallsvariable. Bei diskreten Zufallsvariablen ist der Wertebereich eine abzählbare Teilmenge von $\mathbb{R}$. Bei kontinuierlichen Zufallsvariablen haben wir als Wertebereich eine kontinuierliche Teilmenge von $\mathbb{R}$. Diese kann etwa aus einem Intervall bestehen. Der kontinuierliche Fall ist schwieriger als der diskrete, weil man nur über die Dichte gehen kann. Wir legen den Raum $\mathbb{E} = \mathbb{R}$ zugrunde mit folgender Borelscher Algebra $\mathcal{A}$. Jedes Ereignis $\mathbb{A} \in \mathcal{A}$ besteht aus einer abzählbaren Vereinigung von paarweise disjunkten Intervallen.

Stetige Zufallsvariable
Eine Zufallsvariable X heißt stetig, wenn ihre Verteilung

$$F(x) = P(X \leq x)$$

durch Integration über die Dichte gegeben wird,

$$F(x) = \int_{-\infty}^{x} f(\xi)\, d\xi\,.$$

Dabei ist $f : \mathbb{R} \longrightarrow \mathbb{R}$ eine stückweise stetige Funktion mit den Eigenschaften

$$f(x) \geq 0\,, \quad \text{für alle } x \in \mathbb{R}\,, \quad \text{und} \quad \int_{-\infty}^{\infty} f(x)\, dx = 1\,.$$

Die Wahrscheinlichkeit, dass die Zufallsvariable X einen Wert im Intervall $(a, b]$ annimmt, oder kurz, des Ereignisses $a < X \leq b$, beträgt (Abb. 13.6):

$$P(a < X \leq b) = \int_{a}^{b} f(x)\, dx\,.$$

Insbesondere gilt für alle $a \in \mathbb{R}$

$$P(X = a) = 0\,.$$

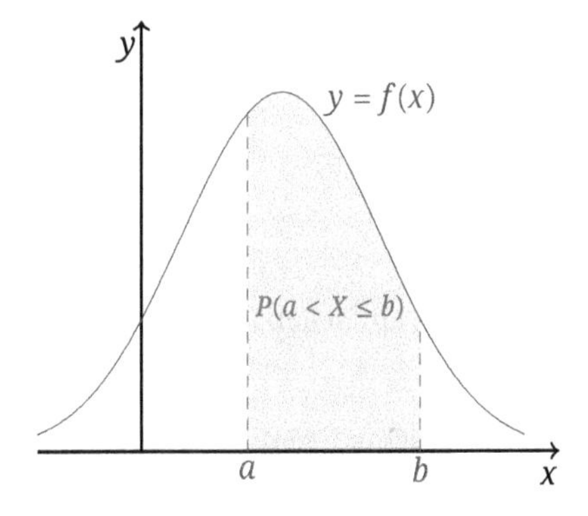

Abb. 13.6: Wahrscheinlichkeit $P(a < X \leq b)$ als Fläche unter der Dichtefunktion f.

Als Wahrscheinlichkeit für ein Ereignis $\mathbb{A} \in \mathcal{A}$ erhalten wir

$$P(\mathbb{A}) = \int\limits_{\mathbb{A}} f(x)\,dx\,.$$

Die Verteilung $F(x)$ ist eine stetige, monoton wachsende Funktion. Ist die Dichte sogar stetig, dann gilt nach dem Hauptsatz die Beziehung $F'(x) = f(x)$.

Die weiteren Begriffsbildungen werden bei stetigen Zufallsvariablen analog zu den diskreten vorgenommen. Anstelle der (absoluten) Konvergenz der Summen muss die (absolute) Konvergenz der entsprechenden Integrale gefordert werden. Im Fall des Erwartungswerts bedeutet dies, dass das Integral $\int_{-\infty}^{\infty} |x| f(x) dx$ existieren muss.

Erwartungswert und Varianz einer stetigen Zufallsvariable
Sei $X : \mathbb{R} \longrightarrow \mathbb{R}$ eine diskrete Zufallsvariable mit der der Dichte f. Dann wird das Integral

$$E(X) = \int\limits_{-\infty}^{\infty} x f(x)\,dx$$

als Erwartungswert der Zufallsvariable X bezeichnet. Das folgende Integral heißt Varianz von X:

$$\mathrm{Var}(X) = \int\limits_{-\infty}^{\infty} \left(x - E(X)\right)^2 f(x)\,dx\,.$$

Verschwindet die Dichte außerhalb eines endlichen Intervalls $[\alpha, \beta]$, so liegt der Erwartungswert innerhalb dieses Intervalls,

$$\alpha \leq E(X) \leq \beta\,.$$

Denn es gilt

$$\alpha \int\limits_{\alpha}^{\beta} f(x)\,dx \leq \int\limits_{\alpha}^{\beta} x f(x)\,dx \leq \beta \int\limits_{\alpha}^{\beta} f(x)\,dx\,.$$

Man kann allgemeiner aus einer Zufallsvariablen X mithilfe einer Funktion Ψ eine neue Zufallsvariable $Y = \Psi(X)$ bilden mit dem Erwartungswert

$$E(X) = \int\limits_{-\infty}^{\infty} \Psi(x) f(x)\,dx\,.$$

Dieser Sachverhalt ist komplizierter als im diskreten Fall. In einfachen Fällen kann man auf die Substitution zurückgreifen.

Beispiel 13.24. Sei X eine stetige Zufallsvariable mit der Dichte f. Wir betrachten eine streng monoton wachsende, stetig differenzierbare Funktion $\Psi : \mathbb{R} \longrightarrow \mathbb{R}$ mit $\Psi'(x) > 0$.

Die Umkehrfunktion Ψ^{-1} besitzt dann dieselben Eigenschaften. Wegen der Eindeutigkeit der Abbildung gilt

$$P(X \leq x) = P\big(\Psi(X) \leq \Psi(x)\big).$$

Andererseits bekommen wir durch Substitution

$$P(X \leq x) = \int_{-\infty}^{x} f(\xi)\,d\xi = \int_{-\infty}^{(x)} f(\Psi^{-1}(\eta))\,(\Psi^{-1})'(\eta)\,d\eta,$$

und insgesamt

$$P\big(\Psi(X) \leq \Psi(x)\big) = \int_{-\infty}^{\Psi(x)} f(\Psi^{-1}(\eta))\,(\Psi^{-1})'(\eta)\,d\eta.$$

Wir können also $Y = \Psi(X)$ als Zufallsvariable mit der Dichte $f(\Psi^{-1}(y))\,(\Psi^{-1})'(y)$ auffassen. Als Erwartungswert ergibt sich wiederum durch Substitution

$$\begin{aligned} E(Y) = E\big(\Psi(X)\big) &= \int_{-\infty}^{\infty} y f(\Psi^{-1}(y))\,(\Psi^{-1})'(y)\,dy \\ &= \int_{-\infty}^{\infty} \Psi(x) f(x)\,(\Psi^{-1})'(\Psi(x))\,\Psi'(x)\,dx \\ &= \int_{-\infty}^{\infty} \Psi(x) f(x)\,dx. \end{aligned}$$

Im letzten Schritt wird die Regel über die Ableitung der Umkehrfunktion benutzt.

Ist Ψ streng monoton fallend, so führen ähnliche Überlegungen zum Ziel. Wir haben

$$P(X \geq x) = P\big(\Psi(X) \leq \Psi(x)\big)$$

und

$$P(X \geq x) = \int_{x}^{\infty} f(\xi)\,d\xi = \int_{\Psi(x)}^{-\infty} f(\Psi^{-1}(\eta))\,(\Psi^{-1})'(\eta)\,d\eta = \int_{-\infty}^{\Psi(x)} f(\Psi^{-1}(\eta))\,(-(\Psi^{-1})'(\eta))\,d\eta.$$

Wir können nun $Y = \Psi(X)$ als Zufallsvariable mit der Dichte $f(\Psi^{-1}(y))\,(-(\Psi^{-1})'(y))$ auffassen und bekommen wieder den obigen Erwartungswert.

Eine einfache Klasse von streng monotonen Funktionen von Zufallsvariablen stellen die linearen Funktionen dar,

$$\Psi(X) = \frac{X - \alpha}{\beta}.$$ □

Falls die auftretenden Integrale existieren, kann die Varianz nach folgender Formel berechnet werden:

$$\begin{aligned}
\mathrm{Var}(X) &= \int_{-\infty}^{\infty} (x - E(X))^2 f(x)\,dx \\
&= \int_{-\infty}^{\infty} x^2 f(x)\,dx - 2E(X) \int_{-\infty}^{\infty} x f(x)\,dx + (E(X))^2 \int_{-\infty}^{\infty} f(x)\,dx \\
&= \int_{-\infty}^{\infty} x^2 f(x)\,dx - (E(X))^2 \\
&= E(X^2) - (E(X))^2 .
\end{aligned}$$

Wiederum gilt

$$\mathrm{Var}(X) = E\big((X - E(X))^2\big).$$

Alle Ergebnisse über diskrete Zufallsvariable können übernommen werden. Man muss nur die Unabhängigkeit anders fassen. Die stetigen Zufallsvariablen $X_1, X_2, \ldots X_n$ heißen unabhängig, wenn für beliebige Intervallgrenzen gilt

$$P(a_1 < X_1 \le b_1, \ldots, a_n < X_n \le b_n) = P(a_1 < X_1 \le b_1) \cdots P(a_n < X_n \le b_n).$$

Gleichbedeutend damit können wir die Unabhängigkeit mithilfe der mehrdimensionalen Verteilung formulieren, dass

$$F(x_1, \ldots, x_n) = P(X_1 \le x_1) \cdots P(X_n \le x_n) = F_1(x_1) \cdots F_n(x_n).$$

Schließlich gilt mit der mehrdimensionalen Dichte

$$F(x_1, \ldots, x_n) = \int_{-\infty}^{x_1} \cdots \int_{-\infty}^{x_n} f(\xi_1, \ldots, x_n)\, d\xi_n \cdots d\xi_1$$

das folgende Unabhängigkeitskriterium:

$$f(x_1, \ldots, x_n) = f_1(x_1) \cdots f_n(x_n).$$

Beispiel 13.25. Die stetigen Zufallsvariablen X_1 und X_2 mit den Dichten $f_1(x_1)$ bzw. $f_2(x_2)$ seien unabhängig. Wir zeigen, dass für die Dichte $f(z)$ von $X_1 + X_2$ gilt

$$f(z) = \int_{-\infty}^{\infty} f_1(z-x) f_2(x)\, dx = \int_{-\infty}^{\infty} f_1(x) f_2(z-x)\, dx\,.$$

Die Verteilung der Summe bekommen wir aus

$$F(z) = P(X_1 + X_2 \le z) = \int_{x_1+x_2 \le z} f_1(x_1) f_2(x_2)\, d(x_1, x_2)\,.$$

Dieses Doppelintegral muss nun in die folgende Gestalt gebracht werden:

$$F(z) = \int_{-\infty}^{z} f(\xi)\, d\xi\,.$$

Wir teilen den Integrationsbereich durch Parallelen zur Geraden $y = -x + z$ auf mit der Substitution $(x_1, x_2) = (x, -x + \xi)$, $-\infty < x < \infty$, $-\infty < \xi < z$. Hieraus ergibt sich

$$F(z) = \int_{-\infty}^{z} \left(\int_{-\infty}^{\infty} f_1(x) f_2(-x + \xi)\, dx \right) d\xi\,,$$

und man erkennt, dass

$$f(z) = \int_{-\infty}^{\infty} f_1(x) f_2(z-x)\, dx\,.$$

(Durch die Substitution $z - x \to x$ erhält man auch die zweite Form). □

Beispiel 13.26. Sei X eine stetige Zufallsvariable mit der Dichte (Abb. 13.8)

$$f(x) = \begin{cases} \frac{1}{\beta-\alpha}\,, & \alpha \le x \le \beta\,, \\ 0\,, & \text{sonst}\,. \end{cases}$$

Offenbar ist $f(x) \ge 0$ und $\int_{-\infty}^{\infty} f(x)\, dx = 1$. Wir bekommen folgende Verteilung (Abb. 13.7):

$$\begin{aligned} F(x) &= \int_{-\infty}^{x} f(\xi)\, d\xi \\ &= \begin{cases} 0\,, & x \le \alpha\,, \\ \frac{1}{\beta-\alpha} \int_{\alpha}^{x} d\xi\,, & \alpha < x \le \beta\,, \\ \frac{1}{\beta-\alpha} \int_{\alpha}^{\beta} d\xi\,, & \beta < x\,, \end{cases} \\ &= \begin{cases} 0\,, & x \le \alpha\,, \\ \frac{x-\alpha}{\beta-\alpha}\,, & \alpha < x < \beta\,, \\ 1\,, & \beta < x\,. \end{cases} \end{aligned}$$

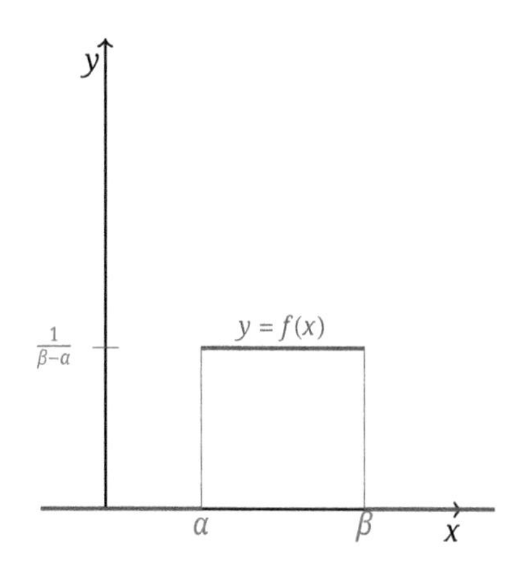

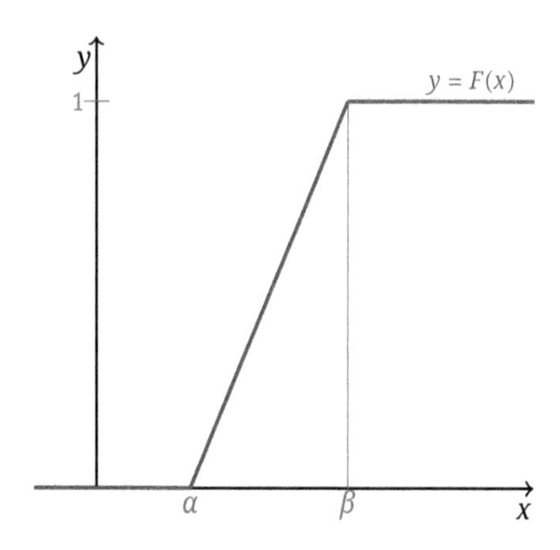

Abb. 13.7: Dichte f (links) und Verteilung F (rechts) einer stetigen Zufallsvariablen X, (Gleichverteilung über ein Intervall).

Als Erwartungswert von X erhalten wir

$$\begin{aligned} E(X) &= \int_{-\infty}^{\infty} x f(x)\,dx = \frac{1}{\beta-\alpha}\int_{\alpha}^{\beta} x\,dx \\ &= \frac{1}{\beta-\alpha}\left.\frac{x^2}{2}\right|_{\alpha}^{\beta} = \frac{\beta^2-\alpha^2}{2(\beta-\alpha)} \\ &= \frac{\alpha+\beta}{2}, \end{aligned}$$

und als Varianz,

$$\begin{aligned} \operatorname{Var}(X) &= \int_{-\infty}^{\infty} (x-E(x))^2 f(x)\,dx = \frac{1}{\beta-\alpha}\int_{\alpha}^{\beta} (x-E(X))^2\,dx \\ &= \frac{1}{\beta-\alpha}\left.\frac{(x-E(X))^3}{3}\right|_{\alpha}^{\beta} = \frac{(\beta-E(X))^3-(\alpha-E(X))^3}{3(\beta-\alpha)} \\ &= \frac{\left(\frac{\beta-\alpha}{2}\right)^3}{3(\beta-\alpha)} = \frac{(\beta-\alpha)^2}{12}. \end{aligned}$$

□

Beispiel 13.27. Sei X eine stetige Zufallsvariable mit der Dichte

$$f(x) = \begin{cases} 2x, & 0 \le x \le 1, \\ 0, & \text{sonst}. \end{cases}$$

Wieder ist $f(x) \ge 0$ und $\int_{-\infty}^{\infty} f(x)\,dx = 1$. Wir bekommen folgende Verteilung (Abb. 13.8):

$$F(x) = \int_{-\infty}^{x} f(\xi)\,d\xi = \begin{cases} 0\,, & x \le 0\,, \\ \int_0^x 2\,\xi\,d\xi\,, & 0 < x \le 1\,, \\ \int_0^1 2\,\xi\,d\xi\,, & 1 < x\,, \end{cases}$$

$$= \begin{cases} 0\,, & x \le 0\,, \\ x^2\,, & 1 < x \le 1\,, \\ 1\,, & 1 < x\,. \end{cases}$$

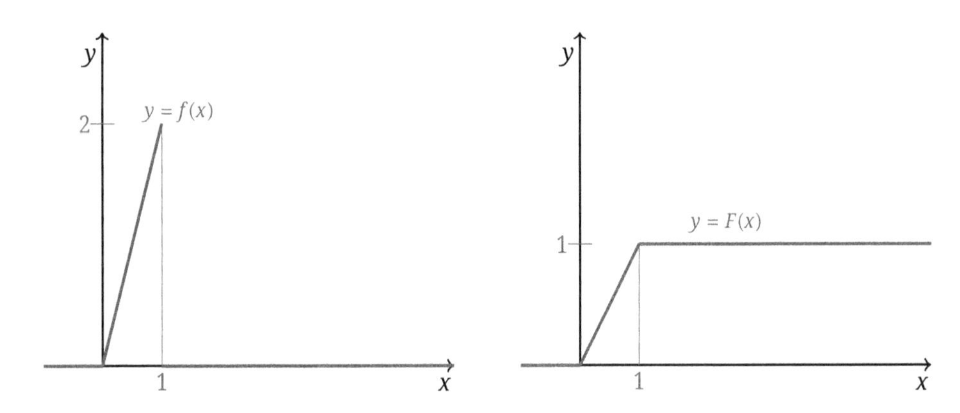

Abb. 13.8: Dichte f (links) und Verteilung F (rechts) einer stetigen Zufallsvariablen X.

Als Erwartungswert von X erhalten wir

$$E(X) = \int_{-\infty}^{\infty} x\,f(x)\,dx = 2\int_0^1 x^2\,dx = 2\,\frac{x^3}{3}\bigg|_0^1 = \frac{2}{3},$$

und als Varianz,

$$\begin{aligned} \operatorname{Var}(X) &= \int_{-\infty}^{\infty} (x - E(x))^2 f(x)\,dx = \int_{-\infty}^{\infty} x^2 f(x)\,dx - (E(X))^2 \\ &= 2\int_0^1 x^3\,dx - \frac{4}{9} = 2\,\frac{x^4}{4}\bigg|_0^1 - \frac{4}{9} \\ &= \frac{1}{18}\,. \end{aligned}$$

□

Beispiel 13.28. Wir erklären eine Zufallsvariable, welche die positiven reellen Zahlen in die Menge der Ziffern von 1 bis 9 abbildet:

$$X : \mathbb{R}_{>0} \quad \longrightarrow \quad \{1, 2, 3, 4, 5, 6, 7, 8, 9\}\,.$$

Jeder Zahl $z \in \mathbb{R}_{>0}$ wird ihre führende Ziffer im Dezimalsystem zugeordnet. Beispielweise

$$\begin{aligned} X : 0.123 &\longrightarrow 1\,, \\ X : 542.389 &\longrightarrow 5\,, \\ X : \pi &\longrightarrow 3\,, \\ &\dots \end{aligned}$$

Das Benfordsche Gesetz (ein Erfahrungssatz) besagt Folgendes: Die Wahrscheinlichkeit, dass die führende Ziffer k ist, beträgt

$$f(k) = P(X = k) = \log_{10}\left(1 + \frac{1}{k}\right).$$

Kleine führende Ziffern sind also wahrscheinlicher. Offenbar gilt (Abb. 13.9):

$$\sum_{k=1}^{9} f(k) = \sum_{k=1}^{9} \log_{10}\left(1 + \frac{1}{k}\right) = \sum_{k=1}^{9} (\log_{10}(k+1) - \log_{10}(k)) = 1\,.$$

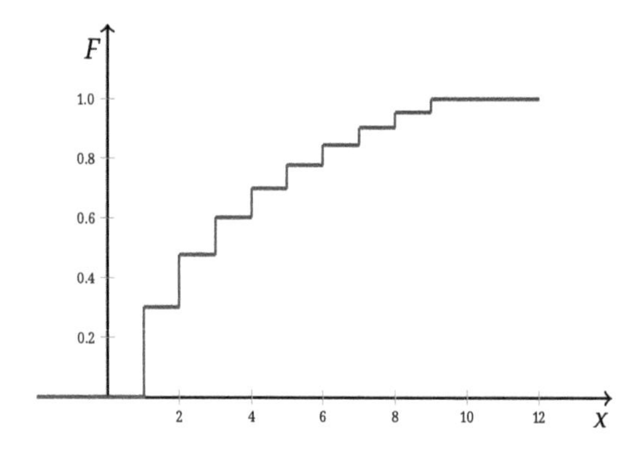

Abb. 13.9: Die Verteilung der führenden Ziffern $P(X \le x) = \sum_{k \le x} f(k)$.

Das Benfordsche Gesetz hängt eng mit dem Newcombschen Gesetz über die Verteilung der Mantissen von Logarithmen zusammen. Beim Abspeichern von Zehner-Logarithmen in Tabellen spart man sich Zehnerpotenzen ($l \in \mathbb{Z}$),

$$\log_{10}(z) = \log_{10}(10^l \cdot a_0.a_1a_2a_3\dots) = l + \log_{10}(a_0.a_1a_2a_3\dots),$$

mit Ziffern $a_j \in \{0, 1, 2, 3, 4, 5, 6, 7, 8, 9\}$, $a_0 \neq 0$. Man speichert nur die Mantisse des Logarithmus der Zahl $10^l \cdot a_0.a_1a_2a_3\dots$ ab,

$$\langle \log_{10}(z) \rangle = \langle \log_{10}(10^l \cdot a_0.a_1a_2a_3\dots) \rangle = \log_{10}(a_0.a_1a_2a_3\dots)\,.$$

Es gilt offenbar

$$0 \leq \langle \log_{10}(z) \rangle < 1 .$$

Wenn k die führende Ziffer von $z \in \mathbb{R}_{>0}$ ist, $X(z) = k$, dann bekommen wir für die Mantisse von z

$$\log_{10}(k) \leq \langle \log_{10}(z) \rangle < \log_{10}(k+1) .$$

Also gilt für die Verteilung der Mantissen von Logarithmen das Gesetz von Newcomb,

$$\begin{aligned} P(\langle \log_{10}(z) \rangle \in [\log_{10}(k), \log_{10}(k+1)]) &= P(X = k)) \\ &= \log_{10}\left(1 + \frac{1}{k}\right) = \log_{10}(k+1) - \log_{10}(k) . \end{aligned}$$ □

Sei X eine diskrete Zufallsvariable mit Werten $x_1, x_2, x_3, \ldots$ und der Dichte $f(x_k)$. Nach Definition der Varianz gilt

$$\operatorname{Var}(X) = \sum_{k=1}^{\infty} (x_k - E(X))^2 f(x_k) .$$

Summiert man nur über solche Indizes, für die $|x_k - E(X)| \geq \epsilon$ gilt, so folgt

$$\begin{aligned} \operatorname{Var}(X) &\geq \sum_{\substack{k=1 \\ |x_k - E(X)| \geq \epsilon}}^{\infty} (x_k - E(X))^2 f(x_k) \geq \epsilon^2 \sum_{\substack{k=1 \\ |x_k - E(X)| \geq \epsilon}}^{\infty} f(x_k) \\ &= \epsilon^2 P(|X - E(X)| \geq \epsilon) . \end{aligned}$$

Dies lässt sich unmittelbar auf stetige Zufallsvariable übertragen,

$$\begin{aligned} \operatorname{Var}(X) &= \int_{-\infty}^{\infty} (x - E(X))^2 f(x)\, dx \geq \int_{|x - E(X)| \geq \epsilon} (x - E(X))^2 f(x)\, dx \\ &\geq \epsilon^2 \int_{|x - E(X)| \geq \epsilon} f(x)\, dx = \epsilon^2 P(|X - E(X)| \geq \epsilon) . \end{aligned}$$

Insgesamt erhalten wir die Tschebyscheffsche Ungleichung.

Tschebyscheffsche Ungleichung
Sei X eine diskrete oder stetige Zufallsvariable mit dem Erwartungswert $E(X)$ und der Varianz $\operatorname{Var}(X)$. Dann gilt für alle $\epsilon > 0$

$$P(|X - E(X)| \geq \epsilon) \leq \frac{\operatorname{Var}(X)}{\epsilon^2} .$$

Die Tschebyscheffsche Ungleichung kann man so interpretieren: Je kleiner die Varianz, desto geringer die Abweichung der Zufallsvariable vom Erwartungswert. Mit dem komplementären Ereignis nimmt sie folgende Form an:

$$P(|X - E(X)| < \epsilon) > 1 - \frac{\mathrm{Var}(X)}{\epsilon^2}.$$

Beispiel 13.29. Mithilfe der Tschebyscheffschen Ungleichung schätzen wir die Wahrscheinlichkeit dafür ab, dass eine Zufallsvariable den Erwartungswert um eine Zahl ϵ übertrifft.

Es gilt zunächst

$$P(X \geq E(X) + \epsilon) = P(X - E(X) \geq E(X) + \epsilon).$$

Hieraus folgt

$$P(X \geq E(X) + \epsilon) \leq P(|X - E(X)| \geq E(X) + \epsilon),$$

und mit der Tschebyscheffschen Ungleichung,

$$P(X \geq E(X) + \epsilon) \leq \frac{\mathrm{Var}(X)}{\epsilon^2}.$$

□

Beispiel 13.30. Analog zur Tschebyscheffschen Ungleichung zeigen wir die Markoffsche Ungleichung. Nimmt die Zufallsvariable X nur nichtnegative Werte an, so gilt für alle $\epsilon > 0$

$$P(X \geq \epsilon) \leq \frac{E(X)}{\epsilon}.$$

Für stetige Zufallsvariable gilt

$$\begin{aligned} E(X) = \int_{-\infty}^{\infty} x f(x)\, dx &\geq \int_{x \geq \epsilon} x f(x)\, dx \\ &\geq \epsilon \int_{x \geq \epsilon} f(x)\, dx = \epsilon P(X \geq \epsilon). \end{aligned}$$

Bei diskreten Zufallsvariablen geht man analog vor. □

Mit der Tschebyscheffschen Ungleichung erhält man das Gesetz der großen Zahlen.

Gesetz der großen Zahlen
Seien X_n unabhängige Zufallsvariable mit einem gemeinsamen Erwartungswert μ und einer gemeinsamen Varianz σ^2. Sei

$$Z_n = \frac{X_1 + X_2 + \cdots + X_n}{n}.$$

Dann gilt für alle $\epsilon > 0$ die Beziehung

$$\lim_{n \to \infty} P(|Z_n - \mu| \geq \epsilon) = 0.$$

Mit der Linearität des Erwartungwerts bekommen wir

$$E(Z_n) = \frac{E(X_1) + E(X_2) + \cdots + E(X_n)}{n} = \mu .$$

Für n unabhängige Zufallsvariable $X_1, X_2, \ldots, X_n$ gilt

$$\operatorname{Var}(X_1 + X_2 + \cdots + X_n) = \operatorname{Var}(X_1) + \operatorname{Var}(X_2) + \cdots + \operatorname{Var}(X_n) .$$

Mit der Regel

$$\operatorname{Var}(\alpha X) = \alpha^2 \operatorname{Var}(X)$$

erhalten wir

$$\operatorname{Var}(Z_n) = \frac{1}{n^2} (\operatorname{Var}(X_1) + \operatorname{Var}(X_2) + \cdots + \operatorname{Var}(X_n)) = \frac{\sigma^2}{n} .$$

Die Tschebyscheffsche Ungleichung besagt nun, dass

$$P(|Z_n - \mu| \geq \epsilon) \leq \frac{\sigma^2}{\epsilon^2} \frac{1}{n} .$$

Offensichtlich folgt hieraus das behauptete Gesetz der großen Zahlen, das man auch wie folgt ausdrücken kann:

$$\lim_{n \to \infty} P(|Z_n - \mu| < \epsilon) = 1 .$$

Wir bemerken noch, dass es verschiedene Versionen des Gesetzes der großen Zahlen mit unterschiedlicher Aussagekraft gibt.

Beispiel 13.31. Bei einem Zufallsexperiment trete ein Ereignis $\mathbb{A}$ mit der Wahrscheinlichkeit p ein. Beispielsweise erscheine beim Wurf einer Münze Kopf mit der Wahrscheinlichkeit $p = 0.5$. Die Zufallsvariable Z_n bezeichne die relative Häufigkeit des Eintretens von $\mathbb{A}$, also die Anzahl des Eintretens von $\mathbb{A}$ dividiert durch die Anzahl der Wiederholungen. Wir können Z_n als Summe von Zufallsvariablen X_j dividiert durch die Gesamtzahl der Wiederholungen beschreiben. Dabei nimmt X_j den Wert 1 an, wenn bei der j-ten Wiederholung das Ereignis $\mathbb{A}$ eingetroffen ist. Andernfalls wird der Wert 0 angenommen.

Für den Erwartungwert bekommen wir

$$E(Z_n) = \frac{E(X_1) + E(X_2) + \cdots + E(X_n)}{n} = 0 \cdot (1 - p) + 1 \cdot p = p$$

und für die Varianz,

$$\begin{aligned}\mathrm{Var}(Z_n) &= \frac{1}{n^2}\left(\mathrm{Var}(X_1) + \mathrm{Var}(X_2) + \cdots + \mathrm{Var}(X_n)\right) \\ &= \frac{1}{n}\left((0-p)^2 \cdot (1-p) + (1-p)^2 \cdot p\right) = \frac{1}{n}\,p\,(1-p)\,.\end{aligned}$$

Die Tschebyscheffsche Ungleichung nimmt folgende Gestalt an:

$$P(|Z_n - p| \geq \epsilon) \leq \frac{p\,(1-p)}{\epsilon^2}\,\frac{1}{n}\,.$$

Die Wahrscheinlichkeit dafür, dass die relative Häufigkeit um mehr als eine vorgebbare, beliebig kleine Schranke von p abweicht, strebt mit wachsender Anzahl der Wiederholungen gegen Null. □

13.3 Einige spezielle Verteilungen

Bei einem Zufallsexperiment trete ein Ereignis $\mathbb{A}$ (Erfolg) mit der Wahrscheinlichkeit p ein. Dann tritt das komplementäre Ereignis $\overline{\mathbb{A}}$ (Misserfolg) mit der Wahrscheinlichkeit $q = 1 - p$ ein (ein Experiment mit zwei möglichen Ausgängen Erfolg oder Misserfolg nennt man auch Bernoulli-Experiment).

Nun führen wir das Experiment hintereinander aus und zählen mit einer Zufallsvariablen X ab, wieviele Versuche bis zum Eintreten von $\mathbb{A}$ benötigt werden. Werden k Versuche bis zum Eintreten des Erfolgs benötigt, dann ist $k - 1$ mal das Ereignis $\overline{\mathbb{A}}$ und einmal das Ereignis $\mathbb{A}$ eingetreten. Wir bekommen die Wahrscheinlichkeit $p\,q^{k-1}$ und erhalten die Beziehung

$$P(X = k) = p\,q^{k-1}\,.$$

Dies ergibt eine geometrische Folge, und wir sprechen von der geometrischen Verteilung.

Geometrische Verteilung

Sei $0 < p < 1$ und $q = 1 - p$. Dann wird die geometrische Verteilung durch folgende Dichte gegeben:

$$f(k) = p\,q^{k-1}\,, \quad k = 1, 2, 3, \ldots\,.$$

Die geometrische Verteilung selbst (Abb. 13.10) lautet dann $F(x) = 0$ für $x < 0$ und

$$F(x) = \sum_{k \leq x} p\,q^{k-1} \quad \text{für} \quad x \geq 0\,.$$

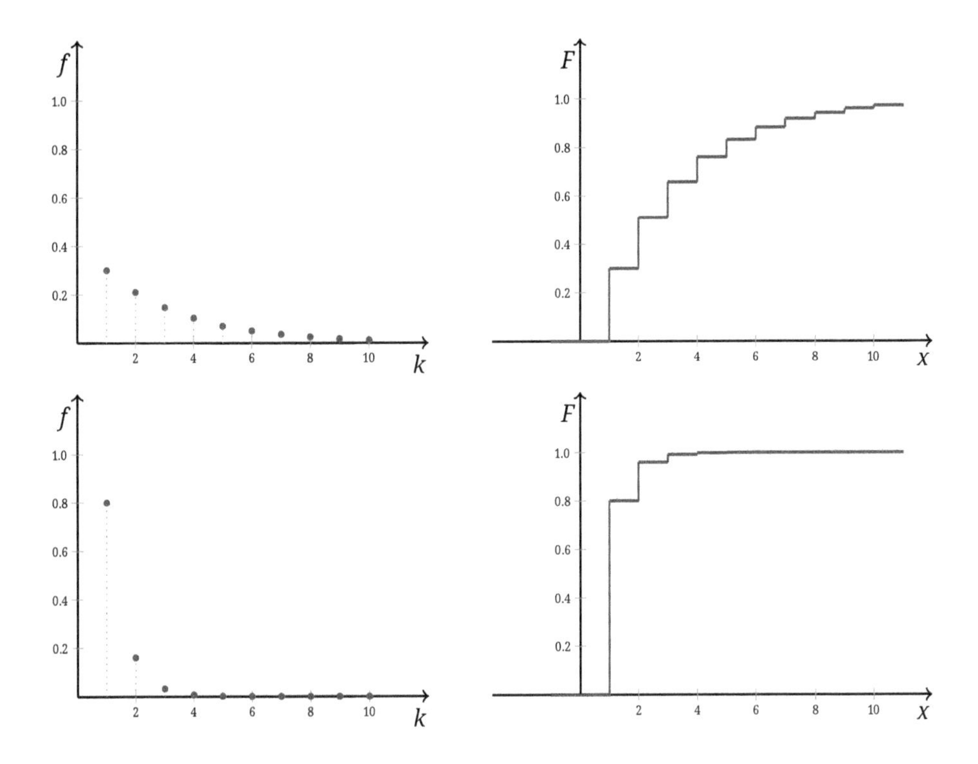

Abb. 13.10: Die Dichte f der geometrischen Verteilung (links) und die geometrische Verteilung F (rechts) für $p = 0.3$ (oben) und $p = 0.8$ (unten).

Beispiel 13.32. Bei einem Bernoulli-Experiment mit der Dichte

$$P(X = k) = p\,(1-p)^{k-1}$$

bekommen wir für $x \in \mathbb{R}$, $x \geq 0$ die Verteilungsfunktion

$$\begin{aligned} F(x) &= P(X \leq x) = P(X \leq \lfloor x \rfloor) \\ &= \sum_{k=1}^{\lfloor x \rfloor} p\,(1-p)^{k-1} = p \sum_{k=0}^{\lfloor x \rfloor - 1} (1-p)^k \\ &= p\,\frac{1-(1-p)^{\lfloor x \rfloor}}{1-(1-p)} \\ &= 1-(1-p)^{\lfloor x \rfloor}\,. \end{aligned}$$

($\lfloor x \rfloor$ bezeichnet die größte ganze Zahl, die kleiner oder gleich x ist.) Die Wahrscheinlichkeit dafür, dass bei n Versuchen mindestens ein Erfolg eintritt, beträgt

$$F(n) = P(X \leq n) = \sum_{k=1}^{n} p\,(1-p)^{k-1} = 1-(1-p)^n\,.$$

Fragen wir nun, wie groß die Wahrscheinlichkeit dafür ist, dass n Misserfolge nacheinander eintreten. Die gesuchte Wahrscheinlichkeit beträgt $P(X > n) = 1 - P(X \leq n) = 1 - (1 - (1 - p)^n) = (1 - p)^n$ bzw.

$$\begin{aligned} P(X > n) &= \sum_{k=n+1}^{\infty} p\,(1-p)^{k-1} = p \sum_{k=n}^{\infty} (1-p)^k \\ &= p\,(1-p)^n \sum_{k=n}^{\infty} (1-p)^{k-n} = p\,(1-p)^n \sum_{k=0}^{\infty} (1-p)^k \\ &= p\,(1-p)^n \frac{1}{1-(1-p)} = (1-p)^n\,. \end{aligned}$$

Das Ergebnis steht auch im Einklang mit folgender einfachen Überlegung: Die Wahrscheinlichkeit für n Misserfolge ist gleich $(1 - p)^n$. □

Beispiel 13.33. Der Erwartungswert und die Varianz der geometrischen Verteilung ergeben sich zu

$$E(X) = \frac{1}{p}\,, \quad \mathrm{Var}(X) = \frac{q}{p^2}\,.$$

Für $|z| < 1$ darf man die geometrische Reihe gliedweise ableiten und bekommt die Beziehungen

$$\begin{aligned} \sum_{k=1}^{\infty} k\,z^{k-1} &= \frac{1}{(1-z)^2}\,, \\ \sum_{k=1}^{\infty} k^2\,z^{k-1} &= \frac{1+z}{(1-z)^3}\,. \end{aligned}$$

Hieraus ergibt sich der Erwartungswert mit $p = 1 - q$,

$$\begin{aligned} E(X) &= \sum_{k=1}^{\infty} k\,p\,q^{k-1} = p \sum_{k=1}^{\infty} k\,q^{k-1} \\ &= p\,\frac{1}{(1-q)^2} = \frac{1}{p}\,. \end{aligned}$$

Genauso folgt

$$\begin{aligned} E(X^2) &= \sum_{k=1}^{\infty} k^2\,p\,q^{k-1} = p \sum_{k=1}^{\infty} k^2\,q^{k-1} \\ &= p\,\frac{1+q}{(1-q)^3} = \frac{1+q}{p^2}\,. \end{aligned}$$

Schließlich ergibt sich die Varianz

$$\mathrm{Var}(X) = E(X^2) - (E(X))^2 = \frac{1+q}{p^2} - \frac{1}{p^2} = \frac{q}{p^2}. \qquad \square$$

Bei einem Zufallsexperiment trete ein Ereignis $\mathbb{A}$ wieder mit der Wahrscheinlichkeit p und das komplementäre Ereignis $\overline{\mathbb{A}}$ mit der Wahrscheinlichkeit $q = 1 - p$ ein. Wir führen das Experiment n mal hintereinander aus und zählen aber nun mit einer Zufallsvariablen X ab, wie oft $\mathbb{A}$ eingetroffen ist. Das Ereignis k mal $\mathbb{A}$ und $n - k$ mal $\overline{\mathbb{A}}$ kann als Kombinationen ohne Wiederholung aufgefasst werden und somit auf $\binom{n}{k}$ verschiedene Arten zustande kommen. Jedes dieser Elementarereignisse besitzt wieder die Wahrscheinlichkeit $p^k\, q^{n-k}$. Insgesamt erhalten wir die Beziehung

$$P(X = k) = \binom{n}{k} p^k\, q^{n-k}.$$

Wegen des Auftretens der Binomialkoeffizienten sprechen wir von der Dichte der Binomialverteilung.

Binomialverteilung (Bernoulli-Verteilung)
Sei $n \geq 1$, $0 < p < 1$ und $q = 1 - p$. Dann wird die Binomialverteilung (oder Bernoulli-Verteilung) durch folgende Dichte gegeben (Abb. 13.11, Abb. 13.12):

$$f(k) = \binom{n}{k} p^k\, q^{n-k}, \quad k = 0, 1, \ldots, n.$$

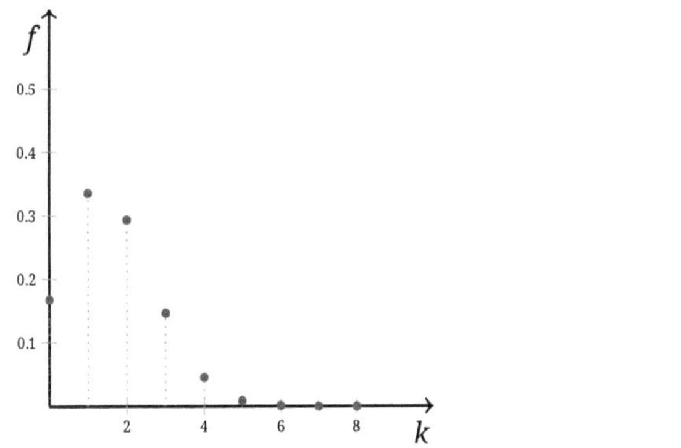

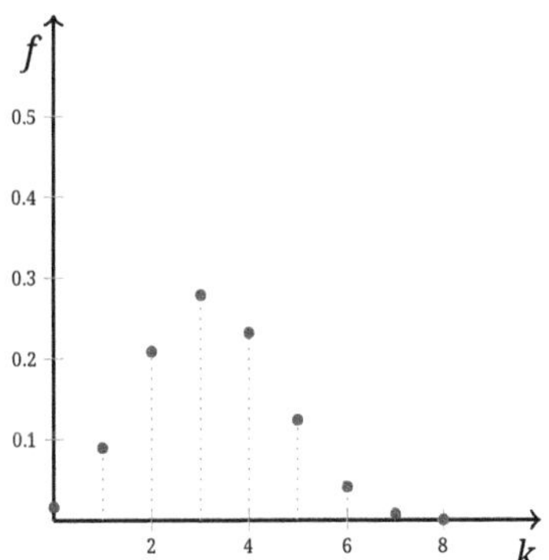

Abb. 13.11: Die Dichte der Binomialverteilung für $n = 8$ und $p = 0.2$ (links), $p = 0.4$ (rechts).

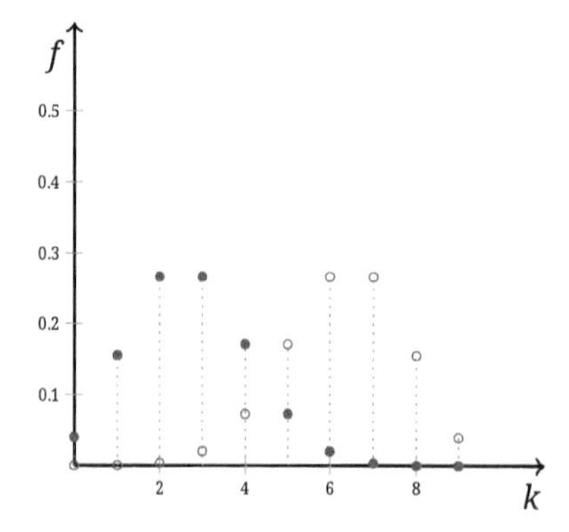

Abb. 13.12: Die Dichte der Binomialverteilung für $n = 9$ und $p = 0.3$ (dunkle Punkte), $p = 0.7$ (helle Punkte). Wegen $\binom{n}{k} p^k q^{n-k} = \binom{n}{n-k} q^{n-k} p^{n-(n-k)}$ weisen die Binomialverteilungen eine Symmetrie auf.

Mit $\binom{n}{k} = 0$ für $k > n$ lautet die Binomialverteilung (Abb. 13.13) dann $F(x) = 0$ für $x < 0$ und

$$F(x) = \sum_{k \le x} \binom{n}{k} p^k q^{n-k} \quad \text{für} \quad x \ge 0 .$$

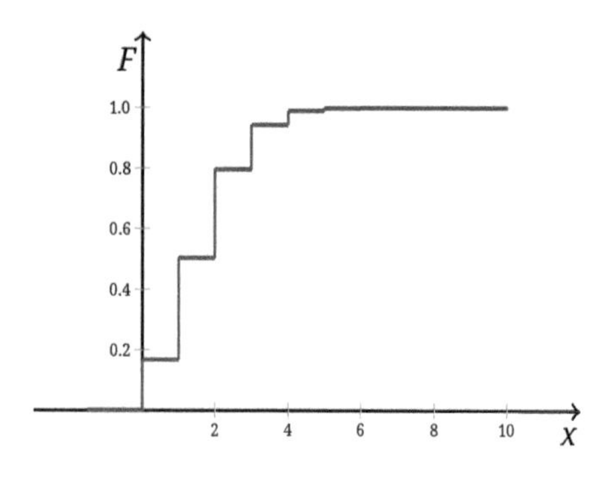

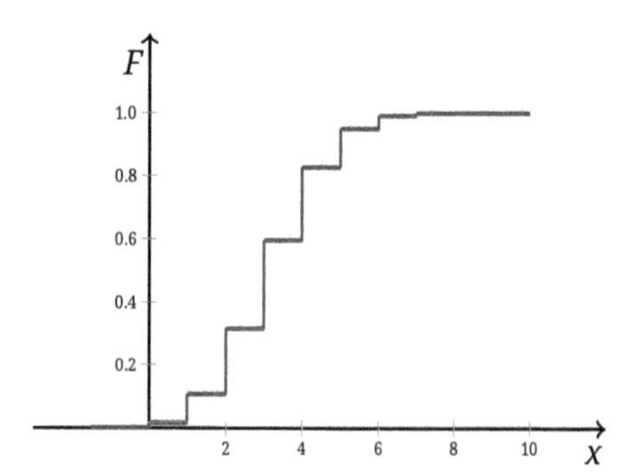

Abb. 13.13: Die Binomialverteilung für $n = 8$ und $p = 0.2$ (links), $p = 0.4$ (rechts).

Beispiel 13.34. Der Erwartungswert und die Varianz der Binomialverteilung ergeben sich zu

$$E(X) = n\,p , \quad \mathrm{Var}(X) = n\,p\,q .$$

Wir benutzen den Binomischen Satz, die Beziehung $p + q = 1$, und bekommen

$$\begin{aligned} E(X) &= \sum_{k=0}^{n} k \binom{n}{k} p^k q^{n-k} = \sum_{k=1}^{n} k \binom{n}{k} p^k q^{n-k} \\ &= \sum_{k=1}^{n} k \frac{n!}{k!\,(n-k)!} p^k q^{n-k} \end{aligned}$$

$$
\begin{aligned}
&= n\,p \sum_{k=1}^{n} \frac{(n-1)!}{(k-1)!\,(n-k)!}\, p^{k-1}\, q^{n-k} \\
&= n\,p \sum_{k=0}^{n-1} \frac{(n-1)!}{k!\,(n-(k+1))!}\, p^{k}\, q^{n-(k+1)} \\
&= n\,p \sum_{k=0}^{n-1} \frac{(n-1)!}{k!\,(n-1-k)!}\, p^{k}\, q^{n-1-k} \\
&= n\,p \sum_{k=0}^{n-1} \binom{n-1}{k}\, p^{k}\, q^{n-1-k} \\
&= n\,p\,(p+q)^{n-1} = n\,p\,.
\end{aligned}
$$

Mit diesen Überlegungen erhalten wir

$$
\begin{aligned}
E(X^2) &= \sum_{k=0}^{n} k^2 \binom{n}{k} p^k\, q^{n-k} \\
&= n\,p \sum_{k=1}^{n} \frac{k\,(n-1)!}{(k-1)!\,(n-k)!}\, p^{k-1}\, q^{n-k} \\
&= n\,p \sum_{k=0}^{n-1} \frac{(k+1)\,(n-1)!}{k!\,(n-1-k)!}\, p^{k-1}\, q^{n-1-k} \\
&= n\,p \sum_{k=0}^{n-1} (k+1) \binom{n-1}{k}\, p^{k}\, q^{n-1-k} \\
&= n\,p \left(\sum_{k=0}^{n-1} \binom{n-1}{k}\, p^{k}\, q^{n-1-k} + \sum_{k=0}^{n-1} k \binom{n-1}{k}\, p^{k}\, q^{n-1-k} \right) \\
&= n\,p\,(1 + (n-1)\,p) = n\,p\,q + (n\,p)^2\,.
\end{aligned}
$$

Schließlich folgt $\mathrm{Var}(X) = E(X^2) - (E(X))^2 = n\,p\,q$. □

Beispiel 13.35. Wie groß ist die Wahrscheinlichkeit, dass man beim Würfeln mit 50 Würfen mindestens 20 mal eine Sechs erzielt?

Mit der Binomialverteilung für die Anzahl der Sechsen X erhalten wir die gesuchte Wahrscheinlichkeit,

$$
\begin{aligned}
P(X \geq 20) &= \sum_{k=20}^{50} \binom{50}{k} \left(\frac{1}{6}\right)^{k} \left(\frac{5}{6}\right)^{n-k} \\
&= \frac{128094798395135257488401293605953693563}{404140638732382030321569800228268146688} \\
&\approx 0.316956\,.
\end{aligned}
$$

Der Erwartungswert der Zufallsvariablen X beträgt

$$E(X) = n\,p = \frac{50}{6} = 8.\bar{3}\,.$$

Nach der Markoffschen Ungleichung können wir abschätzen, dass

$$P(X \geq 20) \leq \frac{E(X)}{20} = 0.41\bar{6}\,. \qquad \square$$

Beispiel 13.36. Bei einem Multiple-Choice-Test werden n Fragen vorgelegt. Bei jeder Frage werden drei Antworten angeboten, von denen eine ausgewählt werden soll. Der Test gilt als bestanden, wenn 60 % der Fragen richtig beantwortet wurden. Wie groß ist die Wahrscheinlichkeit, den Test zu bestehen, wenn er aus $n = 30$, $n = 40$ bzw. $n = 50$ Fragen besteht und die Antworten einfach zufällig ausgewählt werden?

Wir gehen aus von der Binomialverteilung

$$P(X \geq \lfloor 0.6\,n + 1 \rfloor) = \sum_{k=\lfloor 0.6\,n+1 \rfloor}^{n} \binom{n}{k} \left(\frac{1}{3}\right)^{k} \left(\frac{2}{3}\right)^{n-k}.$$

Für $n = 30$, $n = 40$ bzw. $n = 50$ ergibt sich daraus

$$\begin{aligned}
P(X \geq 19) &= \sum_{k=19}^{30} \binom{30}{k} \left(\frac{1}{3}\right)^{k} \left(\frac{2}{3}\right)^{30-k} \approx 0.000737137\,,\\
P(X \geq 25) &= \sum_{k=25}^{40} \binom{40}{k} \left(\frac{1}{3}\right)^{k} \left(\frac{2}{3}\right)^{40-k} \approx 0.000150156\,,\\
P(X \geq 31) &= \sum_{k=31}^{50} \binom{50}{k} \left(\frac{1}{3}\right)^{k} \left(\frac{2}{3}\right)^{50-k} \approx 0.0000311745\,.
\end{aligned}$$

Offensichtlich werden die Chancen, den Test zu bestehen, sehr klein, wenn die Anzahl der Fragen groß wird. $\square$

Beispiel 13.37. Wir betrachten zwei unabhängige Binomialverteilungen mit derselben Wahrscheinlichkeit p und den Dichten

$$P(X_1 = k) = \sum_{k=0}^{n_1} \binom{n_1}{k} p^k (1-p)^{n_1-k}$$

bzw.

$$P(X_2 = k) = \sum_{k=0}^{n_2} \binom{n_2}{k} p^k (1-p)^{n_2-k}$$

und zeigen, dass die Summe wieder binomial verteilt ist. Wir benutzen dabei die kombinatorische Identität,

$$\sum_{j=0}^{k} \binom{n_1}{j} \binom{n_2}{k-j} = \binom{n_1+n_2}{k}, \quad k = 0, \ldots, n_1 + n_2,$$

wobei $\binom{n}{j} = 0$ für $j \geq n + 1$. Setzen wir entsprechend $P(X_1 = j) = 0$ für $j \geq n_1 + 1$ und $P(X_2 = j) = 0$ für $j \geq n_2 + 1$, so ergibt sich die Dichte der Summe $X_1 + X_2$ aus folgender Überlegung ($k = 0, \ldots, n_1 + n_2$):

$$\begin{aligned}
P(X_1 + X_2 = k) &= \sum_{j=0}^{k} P(X_1 = j)\, P(X_2 = k - j) \\
&= \sum_{j=0}^{k} \binom{n_1}{j} p^j (1-p)^{n_1-j} \binom{n_2}{k-j} p^{k-j} (1-p)^{n_2-(k-j)} \\
&= \left(\sum_{j=0}^{k} \binom{n_1}{j} \binom{n_2}{k-j} \right) p^k (1-p)^{n_1+n_2-k} \\
&= \binom{n_1+n_2}{k} p^k (1-p)^{n_1+n_2-k}.
\end{aligned}$$

Die Summe ist also binomial verteilt mit den Parametern p und $n_1 + n_2$. □

Beispiel 13.38. Der binomische Satz kann allgemein geschrieben werden:

$$(p_1 + p_2 + \cdots + p_l)^n = \sum_{k_1+k_2+\cdots+k_l=n} \frac{n!}{k_1!\, k_2! \cdots k_l!}\, p_1^{k_1} p_2^{k_2} \cdots p_l^{k_l}.$$

(In der Summe erscheinen alle Partitionen der Zahl n in l Summanden.) Ein Potenzenprodukt $p_1^{k_1} p_2^{k_2} \cdots p_l^{k_l}$ mit einer geordneten Partition von n

$$k_1 + k_2 + \cdots + k_l = n$$

kann auf

$$\frac{n!}{n_1!\, k_2! \cdots n_k!}$$

verschiedene Arten durch Produktbildung hergestellt werden. Betrachten wir nun Wahrscheinlichkeiten $p_j \geq 0$

$$p_1 + p_2 + \cdots + p_l = 1$$

von Ausgängen $\mathbb{A}_j$ eines Experiments. Die Wahrscheinlichkeit, dass bei n Wiederholungen des Experiments das Ereignis $\mathbb{A}_j$ insgesamt k_j mal auftritt, beträgt

$$\frac{n!}{k_1!\, k_2! \cdots k_l!}\, p_1^{k_1} p_2^{k_2} \cdots p_l^{k_l}.$$

Diese Wahrscheinlichkeit stellt die Dichte der Multinomialverteilung dar. □

Die Poissonverteilung kann man als Grenzwert von Binomialverteilungen auffassen. Aufgrund dieser Tatsache wird die komplizierte Binomialverteilung oft durch die Poisson-Verteilung näherungsweise ersetzt.

Poisson-Verteilung
Sei $\lambda \geq 0$. Dann wird die Poisson-Verteilung durch folgende Dichte gegeben:

$$f(k) = \frac{\lambda^k}{k!} e^{-\lambda}, \quad k = 0, 1, 2, \dots .$$

Die Poisson-Verteilung selbst (Abb. 13.14) lautet dann $F(x) = 0$ für $x < 0$ und

$$F(x) = \sum_{k \leq x} \frac{\lambda^k}{k!} e^{-\lambda} = e^{-\lambda} \sum_{k \leq x} \frac{\lambda^k}{k!} \quad \text{für} \quad x \geq 0 .$$

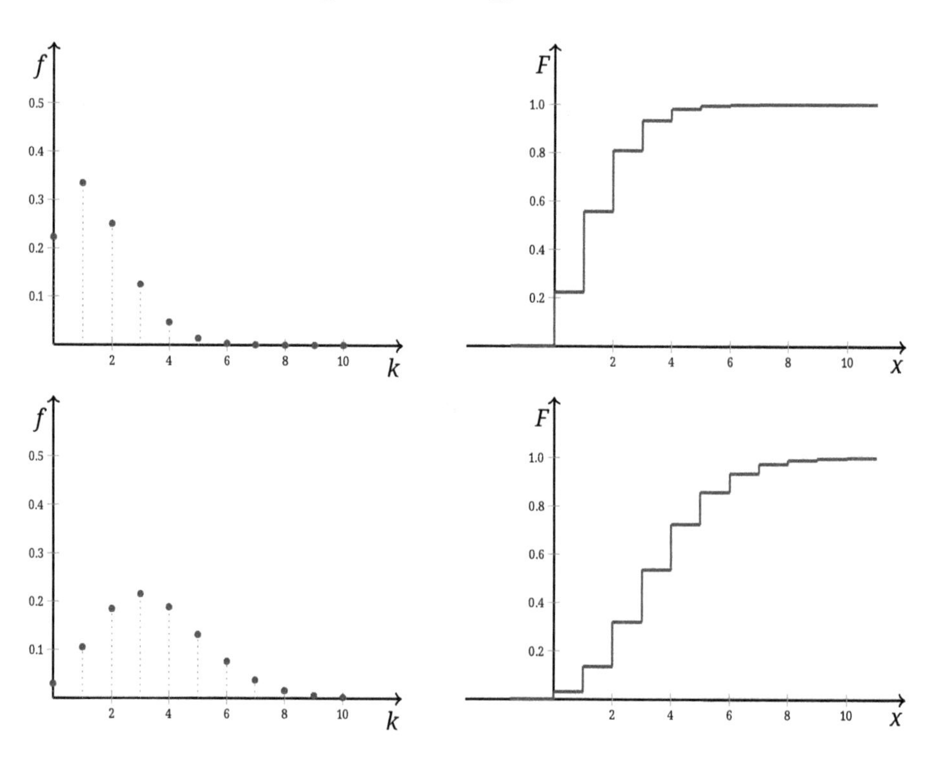

Abb. 13.14: Die Dichte f der Poisson-Verteilung (links) und die Poisson-Verteilung F (rechts) für $\lambda = 1.5$ (oben) und $\lambda = 3.5$ (unten).

Poisson-Verteilung als Grenzwert von Binomialverteilungen
Seien

$$f_n(k) = \binom{n}{k} p_n^k (1 - p_n)^{n-k}, \quad k = 0, 1, 2, \ldots, n$$

Dichten von Binomialverteilungen. Wenn folgende Beziehung besteht:

$$\lambda = n p_n ,$$

dann gilt (Abb. 13.15)

$$\lim_{n\to\infty} f_n(k) = \frac{\lambda^k}{k!} e^{-\lambda} .$$

Zum Beweis schreibt man

$$\begin{aligned} f_n(k) &= \frac{n!}{k!\,(n-k)!} \left(\frac{\lambda}{n}\right)^k \left(1 - \frac{\lambda}{n}\right)^{n-k} \\ &= \frac{\lambda^k}{k!} \left(1 - \frac{\lambda}{n}\right)^n \frac{n\,(n-1)\cdots(n-k+1)}{n^k\,(1-\frac{\lambda}{n})^k} \\ &= \frac{\lambda^k}{k!} \left(1 - \frac{\lambda}{n}\right)^n \frac{1\,(1-\frac{1}{n})\cdots(1-\frac{k-1}{n})}{(1-\frac{\lambda}{n})^k} . \end{aligned}$$

Alle Faktoren im Zähler und im Nenner des großen Bruches gehen für n gegen Unendlich gegen Eins, sodass der behauptete Grenzwert sofort folgt mit der Beziehung:

$$\lim_{n\to\infty} \left(1 - \frac{\lambda}{n}\right)^n = e^{-\lambda} .$$

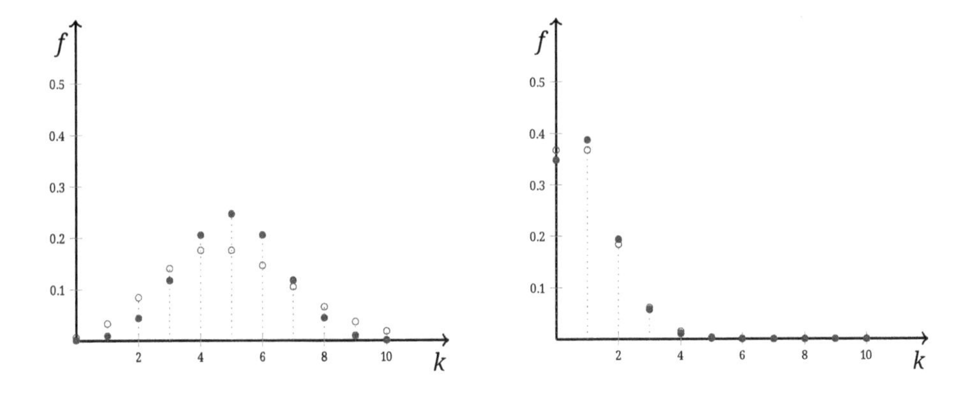

Abb. 13.15: Vergleich der Dichten der Binomialverteilung (dunkle Punkte) und der Poisson-Verteilung (helle Punkte), $n = 10$, $p = 0.5$, $\lambda = 5$ (links) bzw. $p = 0.1$, $\lambda = 1$ (rechts).

Beispiel 13.39. Der Erwartungswert und die Varianz der Poisson-Verteilung ergeben sich zu

$$E(X) = \lambda\,, \quad \operatorname{Var}(X) = \lambda\,.$$

Für irgend eine Zahl z gilt

$$\sum_{k=0}^{\infty} \frac{z^k}{k!} = e^z\,.$$

Hieraus ergibt sich der Erwartungswert,

$$\begin{aligned} E(X) &= \sum_{k=1}^{\infty} k\,\frac{\lambda^k}{k!}\,e^{-\lambda} = e^{-\lambda} \sum_{k=1}^{\infty} k\,\frac{\lambda^k}{k!} \\ &= \lambda\,e^{-\lambda} \sum_{k=1}^{\infty} \frac{\lambda^{k-1}}{(k-1)!} = \lambda\,e^{-\lambda} \sum_{k=0}^{\infty} \frac{\lambda^k}{k!} \\ &= \lambda\,e^{-\lambda}\,e^{\lambda} = \lambda\,. \end{aligned}$$

Wir berechnen zunächst den Erwartungswert der Zufallsvariable $X(X-1)$,

$$\begin{aligned} E(X\,(X-1)) &= \sum_{k=2}^{\infty} k\,(k-1)\,\frac{\lambda^k}{k!}\,e^{-\lambda} = \lambda^2\,e^{-\lambda} \sum_{k=2}^{\infty} \frac{\lambda^{k-2}}{(k-2)!} \\ &= \lambda^2\,e^{-\lambda} \sum_{k=0}^{\infty} \frac{\lambda^k}{k!} = \lambda^2\,. \end{aligned}$$

Schließlich ergibt sich die Varianz

$$\operatorname{Var}(X) = E(X^2) - (E(X))^2 = E(X\,(X-1) + X) - (E(X))^2 = \lambda^2 + \lambda - \lambda^2 = \lambda\,. \qquad \square$$

Beispiel 13.40. In einer Produktion muss mit der Wahrscheinlichkeit $p = 0.0001$ damit gerechnet werden, dass ein Produkt einen Defekt aufweist. Wie groß ist die Wahrscheinlichkeit dafür, dass sich unter 3000 Produkten mehr als drei defekte Produkte befinden?

Wir behandeln das Problem exakt mit der Binomialverteilung. Mit $n = 3000$ und der Dichte

$$P(X = k) = \binom{n}{k}\,p^k\,q^{n-k}$$

ergibt sich die gesuchte Wahrscheinlichkeit,

$$P(X \geq 3) = 1 - P(X = 0) - P(X = 1) - P(X = 2)\,,$$

wobei die Zufallsvariable X die Anzahl der defekten Produkte angibt. Ausrechnen liefert

$$\begin{aligned}P(X \geq 3) = 1 - &\binom{3000}{0} 0.0001^0 \cdot 0.9999^{3000} \\ &- \binom{3000}{1} 0.0001^1 \cdot 0.9999^{2999} - \binom{3000}{0} 0.0001^2 \cdot 0.9999^{2998} \\ &\approx 0.00359666\,.\end{aligned}$$

Nun vergleichen wir mit dem Ergebnis, das wir durch Annäherung mit der Poisson-Verteilung erhalten. Mit $\lambda = n\,p = 0.3$ bilden wir die Poisson-Dichte,

$$P(X = k) = \frac{\lambda^k}{k!} e^{-\lambda}\,.$$

Ausrechnen von $P(X \geq 3)$ liefert hier

$$\begin{aligned}P(X \geq 3) &= 1 - \frac{0.3^0}{0!} e^{-0.3} - \frac{0.3^1}{1!} e^{-0.3} - \frac{0.3^2}{2!} e^{-0.3} \\ &= 1 - \left(\frac{0.3^0}{0!} + \frac{0.3^1}{1!} + \frac{0.3^2}{2!} \right) e^{-0.3} \\ &\approx 0.00359949\,.\end{aligned}$$

□

Normalverteilung (Gauß-Verteilung)
Sei $\mu \in \mathbb{R}$ und $\sigma > 0$, dann wird die Normalverteilung (oder Gauß-Verteilung)

$$F(x) = \int_{-\infty}^{x} f(\xi)\, d\xi$$

durch folgende Dichte gegeben:

$$f(x) = \frac{1}{\sigma\sqrt{2\pi}} e^{-\frac{1}{2}(\frac{x-\mu}{\sigma})^2}, \quad -\infty < x < \infty\,.$$

Dass hier tatsächlich eine Dichte vorliegt, geht auf das Fehlerintegral zurück,

$$\int_{-\infty}^{\infty} e^{-\frac{1}{2}x^2}\, dx = \sqrt{2\pi}\,.$$

Hieraus folgt durch die Substitution

$$x = \frac{t - \mu}{\sigma}$$

die Beziehung

$$\sqrt{2\pi} = \int_{-\infty}^{\infty} e^{-\frac{1}{2}x^2}\, dx = \frac{1}{\sigma} \int_{-\infty}^{\infty} e^{-\frac{1}{2}(\frac{t-\mu}{\sigma})^2}\, dt\,.$$

Standard-Normalverteilung
Die Standard-Normalverteilung

$$\Phi(x) = \int_{-\infty}^{x} \phi(\xi)\, d\xi$$

wird durch die folgende Dichte ($\mu = 0, \sigma = 1$) gegeben:

$$\phi(x) = \frac{1}{\sqrt{2\pi}} e^{-\frac{1}{2}x^2}, \quad -\infty < x < \infty .$$

Für die Normalverteilungen (Abb. 13.16, Abb. 13.17) gilt folgender Zusammenhang:

$$F(x) = \Phi\left(\frac{x-\mu}{\sigma}\right).$$

Man sieht dies wieder durch die Substitution $\xi = \frac{\eta-\mu}{\sigma}$.

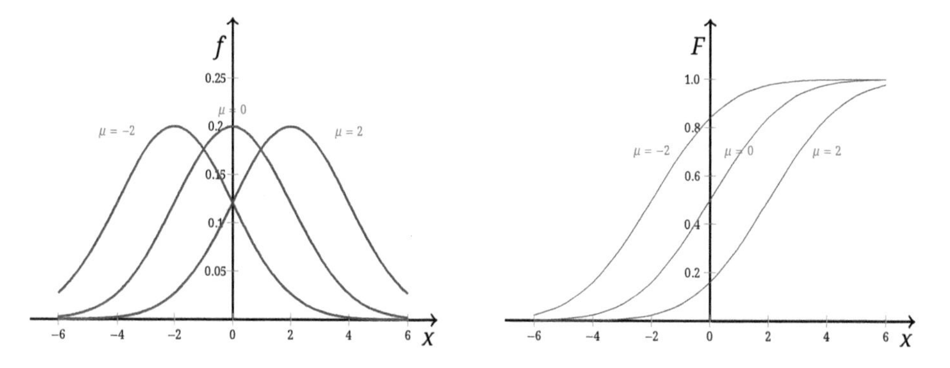

Abb. 13.16: Die Dichte der Normalverteilung für $\sigma = 2$ und $\mu = -2, \mu = 0, \mu = 2$ (links) und die entsprechende Normalverteilung (rechts).

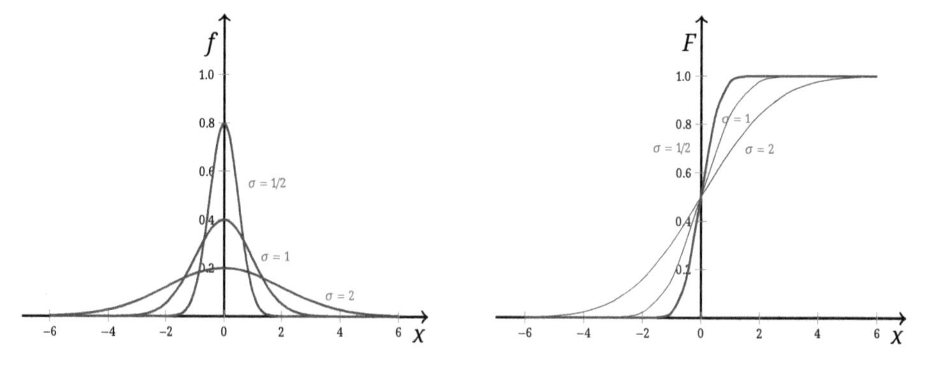

Abb. 13.17: Die Dichte der Normalverteilung für $\mu = 0$ und $\sigma = \frac{1}{2}, \sigma = 1, \sigma = 2$ (links) und die entsprechende Normalverteilung (rechts).

Die Standard-Normalverteilung besitzt noch folgende Eigenschaft:

$$\Phi(-x) = 1 - \Phi(x)\,, \qquad x \in \mathbb{R}\,.$$

Wegen der Symmetrie der Dichte (Abb. 13.18) sieht man sofort, dass für $x \geq 0$ gilt

$$\int_{-\infty}^{-x} \phi(\xi)\,dx = \int_{x}^{\infty} \phi(\xi)\,dx\,.$$

Daraus folgt

$$\Phi(x) = 1 - \Phi(-x)\,.$$

Ist $x < 0$, so ist $-x > 0$, und es gilt wieder $\Phi(-x) = 1 - \Phi(x)$.

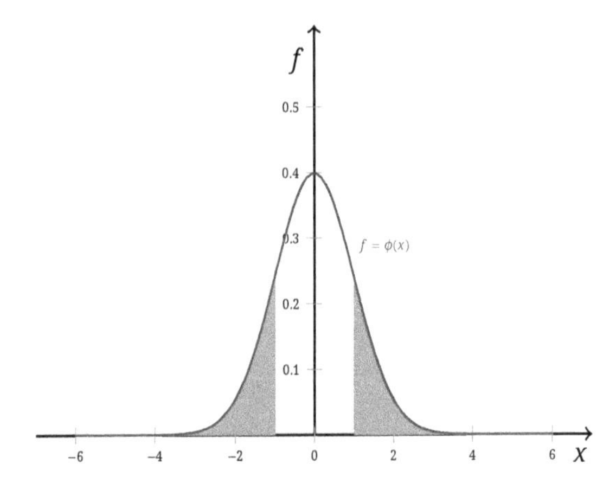

Abb. 13.18: Die Symmetrie der Dichte der Standard-Normalverteilung $\phi(x)$. Die beiden dunklen Flächen sind gleichgroß.

Beispiel 13.41. Der Erwartungswert und die Varianz der Normalverteilung mit der Dichte

$$f(x) = \frac{1}{\sigma\sqrt{2\pi}}\, e^{-\frac{1}{2}\left(\frac{x-\mu}{\sigma}\right)^2} \qquad \sigma > 0\,,$$

ergeben sich zu

$$E(X) = \mu\,, \quad \mathrm{Var}(X) = \sigma^2\,.$$

Wir beginnen mit der Standard-Normalverteilung $\mu = 0$ und $\sigma = 1$. Wegen

$$\int_0^{\infty} x\, e^{-\frac{1}{2}x^2}\,dx = -e^{-\frac{1}{2}x^2}\Big|_0^{\infty} = 1$$

und

$$\int_{-\infty}^{0} x\,e^{-\frac{1}{2}x^2}\,dx = -e^{-\frac{1}{2}x^2}\Big|_{-\infty}^{0} = -1$$

folgt

$$E(X) = \frac{1}{\sqrt{2\pi}} \int_{-\infty}^{\infty} x\,e^{-\frac{1}{2}x^2}\,dx = 0\,.$$

Bei der Berechnung der Varianz fassen wir beide Integrale gleich zusammen und bekommen durch partielle Integration

$$\begin{aligned}\int_{-\infty}^{\infty} x^2\,e^{-\frac{1}{2}x^2}\,dx &= \int_{-\infty}^{\infty} x\,(x\,e^{-\frac{1}{2}x^2})\,dx \\ &= -x\,e^{-\frac{1}{2}x^2}\Big|_{-\infty}^{\infty} + \int_{-\infty}^{\infty} e^{-\frac{1}{2}x^2}\,dx \\ &= \sqrt{2\pi}\,.\end{aligned}$$

Hieraus folgt

$$\mathrm{Var}(X) = \frac{1}{\sqrt{2\pi}} \int_{-\infty}^{\infty} x^2\,e^{-\frac{1}{2}x^2}\,dx = 1\,.$$

Im Allgemeinen substituieren wir

$$\frac{x-\mu}{\sigma} = \xi \quad \Longleftrightarrow \quad x = \sigma\,\xi + \mu$$

und bekommen

$$\begin{aligned}\int_{-\infty}^{\infty} x\,e^{-\frac{1}{2}(\frac{x-\mu}{\sigma})^2}\,dx &= \int_{-\infty}^{\infty} (\sigma\,\xi + \mu)\,e^{-\frac{1}{2}\xi^2}\,\sigma\,d\xi = \mu\,\sigma\,\sqrt{2\pi}\,, \\ \int_{-\infty}^{\infty} x^2\,e^{-\frac{1}{2}(\frac{x-\mu}{\sigma})^2}\,dx &= \int_{-\infty}^{\infty} (\sigma\,\xi + \mu)^2\,e^{-\frac{1}{2}\xi^2}\,\sigma\,d\xi \\ &= \sigma^3 \int_{-\infty}^{\infty} \xi^2\,e^{-\frac{1}{2}\xi^2}\,d\xi + 2\,\sigma^2\,\mu \int_{-\infty}^{\infty} \xi\,e^{-\frac{1}{2}\xi^2}\,d\xi + \mu^2\,\sigma \int_{-\infty}^{\infty} e^{-\frac{1}{2}\xi^2}\,d\xi \\ &= \sigma^3\,\sqrt{2\pi}\,.\end{aligned}$$

Damit ergibt sich

$$E(X) = \frac{1}{\sigma\sqrt{2\pi}} \int_{-\infty}^{\infty} x\, e^{-\frac{1}{2}\left(\frac{x-\mu}{\sigma}\right)^2} dx = \mu$$

und

$$\mathrm{Var}(X) = \frac{1}{\sigma\sqrt{2\pi}} \int_{-\infty}^{\infty} x\, e^{-\frac{1}{2}\left(\frac{x-\mu}{\sigma}\right)^2} dx = \sigma^2 .$$

□

Beispiel 13.42. An einer Klausur nehmen 1200 Studierende teil. Die erreichte Punktezahl ist normalverteilt mit dem Erwartungswert $\mu = 60$ (Punkte) und der Standardabweichung $\sigma = 5$ (Punkte). Die Anzahl der Studierenden, die eine bestimmte Punktezahl X erreicht hat, ermittelt man mit der Dichte,

$$f(x) = \frac{1}{\sigma\sqrt{2\pi}} e^{-\frac{1}{2}\left(\frac{x-\mu}{\sigma}\right)^2} .$$

Wie groß ist die Anzahl der Studierenden, die Punktezahlen $56 \leq X \leq 64$ erreicht hat?

Es gilt (unter der Annahme der Normalverteilung)

$$P(56 \leq X \leq 64) = \frac{1}{\sigma\sqrt{2\pi}} \int_{56}^{64} e^{-\frac{1}{2}\left(\frac{\xi-\mu}{\sigma}\right)^2} d\xi \approx 0.576289 .$$

Damit kann die Zahl der Studierenden mit 56 bis 60 Punkten wie folgt angenähert werden:

$$1200 \cdot 0.576289 = 691.547 \approx 692 .$$

Genauso schätzt man die Anzahl der Studierenden mit mindestens 72 Punkten ab,

$$P(X \geq 72) = \frac{1}{\sigma\sqrt{2\pi}} \int_{72}^{\infty} e^{-\frac{1}{2}\left(\frac{\xi-\mu}{\sigma}\right)^2} d\xi \approx 0.00819754$$

und

$$1200 \cdot 0.00819754 = 9.83705 \approx 10 .$$

□

Betrachten wir die unabhängige Zufallsvariable X_n, welche dieselbe Verteilung besitzen. Der gemeinsame Erwartungswert sei μ und die gemeinsame Varianz σ^2. Die Summe besitzt dann den Erwartungswert und die Varianz

$$E(X_1 + X_2 + \cdots + X_n) = n\,\mu \quad \text{und} \quad \mathrm{Var}(X_1 + \cdots + X_n) = n\,\sigma^2 .$$

Wir bezeichnen in diesem Fall

$$\overline{X}_n = \frac{X_1 + X_2 + \cdots + X_n}{n}$$

als Stichprobenmittel der Zufallsvariablen $X_1, \ldots, X_n$. Die Zufallsvariable

$$Z_n = \frac{X_1 + X_2 + \cdots + X_n - n\,\mu}{\sqrt{n}\,\sigma} = \frac{\sqrt{n}}{\sigma}\,(\overline{X}_n - \mu)$$

besitzt dann den Erwartungswert Null und die Varianz Eins. Solche Zufallsvariable heißen standardisiert.

Beispiel 13.43. Die stetigen Zufallsvariablen X_1 und X_2 seien unabhängig und normalverteilt. Dann ist auch die Summe $X_1 + X_2$ normalverteilt.

Wir nehmen an, dass die Dichten von X_1 bzw. X_2 gegeben werden durch

$$f_1(x_1) = \frac{1}{\sigma_1\,\sqrt{2\pi}}\,e^{-\frac{1}{2}\,(\frac{x_1-\mu_1}{\sigma_1})^2} \quad \text{bzw.} \quad f_2(x_2) = \frac{1}{\sigma_2\,\sqrt{2\pi}}\,e^{-\frac{1}{2}\,(\frac{x_2-\mu_2}{\sigma_2})^2}\,.$$

Die Dichte der Verteilung der Summe bekommen wir aus

$$f(z) = \int_{-\infty}^{\infty} f_1(z-x)\,f_2(x)\,dx\,.$$

Wir betrachten im Folgenden den einfachen Fall $\mu_1 = \mu_2 = \mu$, $\sigma_1^2 = \sigma_2^2 = \sigma^2$ (im allgemeinen Fall geht man analog vor). Umformen der Dichte ergibt

$$\begin{aligned}
f(z) &= \frac{1}{\sigma^2\,2\pi} \int_{-\infty}^{\infty} e^{-\frac{1}{2}\,(\frac{z-x-\mu}{\sigma})^2 - \frac{1}{2}\,(\frac{x-\mu}{\sigma})^2}\,dx \\
&= \frac{1}{\sigma^2\,2\pi} \int_{-\infty}^{\infty} e^{-\frac{1}{2}\,(\frac{1}{\sqrt{2}\sigma}\,(z-2\mu))^2}\,e^{-\frac{1}{2}\,(\frac{\sqrt{2}}{\sigma}\,(x-\frac{z}{2}))^2}\,dx \\
&= \frac{1}{\sigma^2\,2\pi}\,e^{-\frac{1}{2}\,(\frac{1}{\sqrt{2}\sigma}\,(z-2\mu))^2} \int_{-\infty}^{\infty} e^{-\frac{1}{2}\,(\frac{\sqrt{2}}{\sigma}\,(x-\frac{z}{2}))^2}\,dx \\
&= \frac{1}{\sigma^2\,2\pi}\,e^{-\frac{1}{2}\,(\frac{1}{\sqrt{2}\sigma}\,(z-2\mu))^2} \int_{-\infty}^{\infty} e^{-\frac{1}{2}\,s^2}\,\frac{\sigma}{\sqrt{2}}\,ds \\
&= \frac{1}{\sigma^2\,2\pi}\,e^{-\frac{1}{2}\,(\frac{1}{\sqrt{2}\sigma}\,(z-2\mu))^2}\,\frac{\sigma}{\sqrt{2}}\,\sqrt{2\pi} \\
&= \frac{1}{\sqrt{2}\,\sigma\,\sqrt{2\pi}}\,e^{-\frac{1}{2}\,(\frac{1}{\sqrt{2}\sigma}\,(z-2\mu))^2}\,.
\end{aligned}$$

In diesem Sonderfall ist also die Summe $X_1 + X_2$ normalverteilt mit dem Erwartungswert $2\,\mu$ und der Varianz $2\,\sigma$. □

Der zentrale Grenzwertsatz besagt, dass das standardisierte Stichprobenmitttel gegen die Standand-Normalverteilung konvergiert.

Zentraler Grenzwertsatz
Seien X_n unabhängige Zufallsvariable, welche dieselbe Verteilung besitzen. Die Zufallsvariable X sei standardnormalverteilt und

$$Z_n = \frac{X_1 + X_2 + \cdots + X_n - n\mu}{\sqrt{n}\,\sigma}.$$

Dann gilt für alle $x \in \mathbb{R}$

$$\lim_{n\to\infty} P(Z_n \le x) = P(X \le x).$$

Hierbei ist μ der gemeinsame Erwartungswert und σ^2 die gemeinsame Varianz der Zufallsvariablen X_n.

Mit den Verteilungen $F_n(x) = P(Z_n \le x)$ können wir auch schreiben

$$\lim_{n\to\infty} F_n(x) = \frac{1}{\sqrt{2\pi}} \int_{-\infty}^{x} e^{-\frac{1}{2}\xi^2}\, d\xi = \Phi(x).$$

Der Beweis des zentralen Grenzwertsatzes ist kompliziert und beruht auf den Eigenschaften der charakteristischen Funktion einer Zufallsvariablen,

$$E(e^{itX}).$$

Mit der charakteristischen Funktion ergibt sich auch der Satz von Moivre-Laplace, der als Spezialfall des zentralen Grenzwertsatzes betrachtet werden kann. Der Satz von Moivre-Laplace beschäftigt sich mit der Konvergenz von Binomialverteilungen gegen die Normalverteilung.

Satz von Moivre-Laplace
Sei X_n eine Folge binomial verteilter Zufallsvariablen,

$$P(X_n = k) = \binom{n}{k} p^k (1-p)^{n-k}.$$

Dann gilt für alle $x \in \mathbb{R}$:

$$\lim_{n\to\infty} P\left(\frac{X_n - np}{\sqrt{np(1-p)}} \le x\right) = \frac{1}{\sqrt{2\pi}} \int_{-\infty}^{x} e^{-\frac{1}{2}\xi^2}\, d\xi = \Phi(x).$$

Man kann den Satz von Moivre-Laplace auch so schreiben:

$$\lim_{n\to\infty} P(X_n \leq \sqrt{n\,p\,(1-p)}\,x + n\,p) = \frac{1}{\sqrt{2\pi}} \int_{-\infty}^{x} e^{-\frac{1}{2}\xi^2}\, d\xi = \Phi(x)$$

oder

$$P(X_n \leq x) \approx \frac{1}{\sqrt{2\pi}} \int_{-\infty}^{\frac{x-n\,p}{\sqrt{n\,p\,(1-p)}}} e^{-\frac{1}{2}\xi^2}\, d\xi = \Phi\left(\frac{x-n\,p}{\sqrt{n\,p\,(1-p)}}\right).$$

Dazu muss man nur berücksichtigen, dass gilt

$$P\left(\frac{X_n - n\,p}{\sqrt{n\,p\,(1-p)}} \leq x\right) = P(X_n \leq \sqrt{n\,p\,(1-p)}\,x + n\,p)\,.$$

Die Verteilungsfunktion ist auch im Fall der diskreten Binomialverteilung eine kontinuierliche Funktion und lässt sich gut mit der Normalverteilung vergleichen. Man kann aber auch die Dichten vergleichen und für $k = 0, 1, 2, \ldots, n$ zeigen, dass für n gegen Unendlich gilt (Abb. 13.19, Abb. 13.20):

$$\binom{n}{k} p^k\,(1-p)^{n-k} \approx \frac{1}{\sqrt{n\,p\,(1-p)}\,\sqrt{2\pi}}\, e^{-\frac{1}{2}\left(\frac{k-n\,p}{\sqrt{n\,p\,(1-p)}}\right)^2}\,.$$

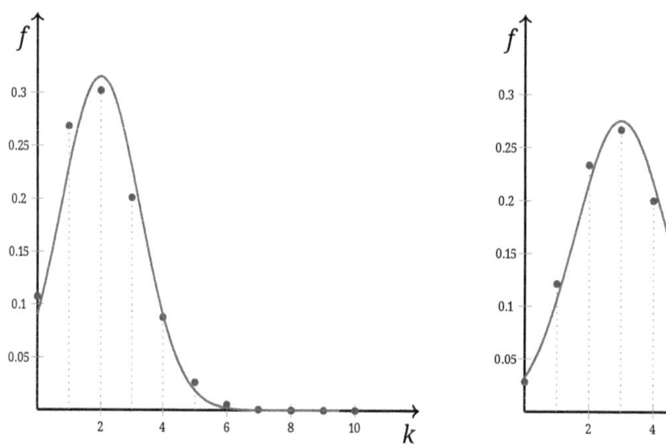

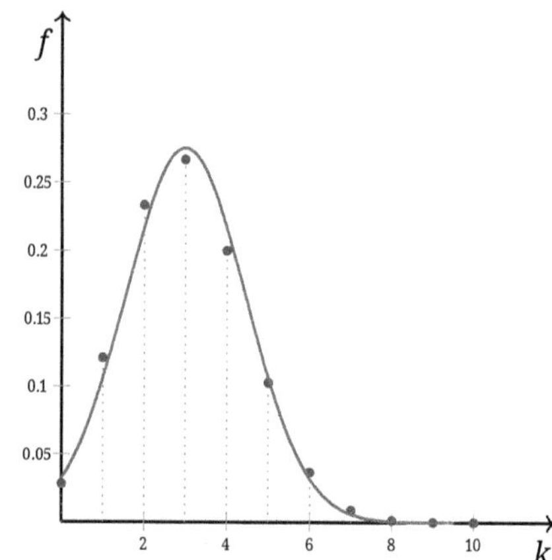

Abb. 13.19: Die Dichte der Binomialverteilung und die Dichte der Normalverteilung für $n = 10$, $\sigma^2 = n\,p\,(1-p)$, $\mu = n\,p$. $p = 0.2$ (links) und $p = 0.3$ (rechts).

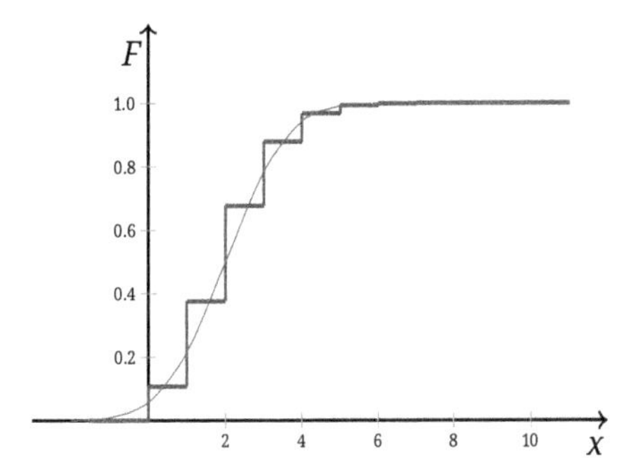

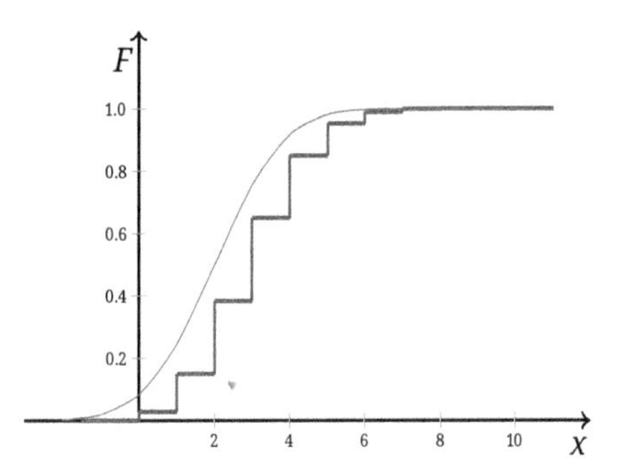

Abb. 13.20: Die Binomialverteilung mit der Normalverteilung für $n = 10, \sigma^2 = n\,p\,(1-p), \mu = n\,p$. $p = 0.2$ (links) und $p = 0.3$ (rechts).

Beispiel 13.44. Beim Wurf einer Münze erscheint Kopf und Zahl jeweils mit der Wahrscheinlichkeit $p = \frac{1}{2}$. Wir werfen die Münze 15 mal und fragen nach der Wahrscheinlichkeit dafür, dass Kopf 8 oder 9 oder 10 mal fällt.

Mit der Binomialverteilung gilt mit $n = 15$ und X = Anzahl Kopf

$$\begin{aligned} P(8 \le X \le 10) &= P(X = 8) + P(X = 9) + P(X = 10) \\ &= \binom{15}{8}\left(\frac{1}{2}\right)^8\left(\frac{1}{2}\right)^7 + \binom{15}{9}\left(\frac{1}{2}\right)^9\left(\frac{1}{2}\right)^6 + \binom{15}{10}\left(\frac{1}{2}\right)^{10}\left(\frac{1}{2}\right)^5 \\ &= \frac{6435}{32768} + \frac{5005}{32768} + \frac{3003}{32768} \\ &\approx 0.440765\,. \end{aligned}$$

Nun approximieren wir die Binomialverteilung durch die Normalverteilung,

$$P(X \le x) \approx \frac{1}{\sqrt{2\pi}} \int_{-\infty}^{\frac{x-np}{\sqrt{np(1-p)}}} e^{-\frac{1}{2}\xi^2}\,d\xi = \Phi\left(\frac{x-np}{\sqrt{n\,p\,(1-p)}}\right).$$

Wir bekommen

$$\begin{aligned} P(8 \le X \le 10) &\approx \int_{\frac{8-15\cdot 0.5}{\sqrt{15\cdot 0.5\,(1-0.5)}}}^{\frac{10-15\cdot 0.5}{\sqrt{15\cdot 0.5\,(1-0.5)}}} e^{-\frac{1}{2}\xi^2}\,d\xi \\ &= \Phi\left(\frac{10 - 15\cdot 0.5}{\sqrt{15\cdot 0.5\,(1-0.5)}}\right) - \Phi\left(\frac{8 - 15\cdot 0.5}{\sqrt{15\cdot 0.5\,(1-0.5)}}\right) \\ &\approx 0.299774\,. \end{aligned}$$

Diese Näherung ist nicht besonders gut. Mit der folgenden Überlegung kann man aber das Ergebnis erheblich verbessern. Da die Dichte der Binomialverteilung nur ganzzahlige Werte annimmt, gilt

$$P(m \le X \le n) = P(m - 0.5 \le X \le n + 0.5)\,.$$

(Anstelle von 0.5 kann in dieser Beziehung jeder Wert zwischen Null und Eins genommen werden.) Man setzt dann (Abb. 13.21):

$$P(X \le x) \approx \Phi\left(\frac{x + 0.5 - np}{\sqrt{np\,(1-p)}}\right) \quad \text{und} \quad P(x \le X) \approx \Phi\left(\frac{x - 0.5 - np}{\sqrt{np\,(1-p)}}\right).$$

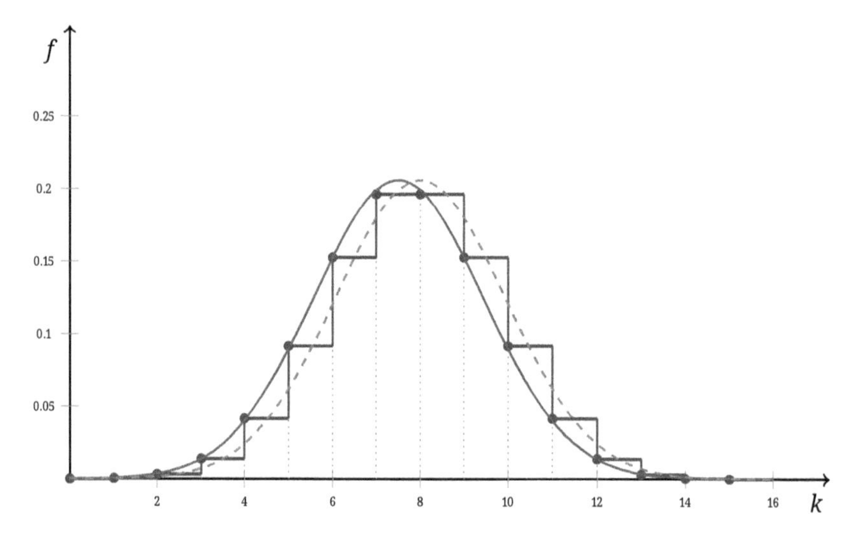

Abb. 13.21: Die Dichte der Binomialverteilung für $n = 15$ und $p = 0.5$ als Treppenfunktion mit der Normalverteilung für $\sigma^2 = np\,(1-p)$, $\mu = np$ und mit der um 0.5 nach rechts verschobenen Normalverteilung (gestrichelt).

Mit dieser sogenannten Stetigkeitskorrektur liefert die Normalverteilung einen wesentlich besseren Näherungswert:

$$\begin{aligned} P(7.5 \le X \le 10.5) &\approx \int_{\frac{7.5-15\cdot 0.5}{\sqrt{15\cdot 0.5\,(1-0.5)}}}^{\frac{10.5-15\cdot 0.5}{\sqrt{15\cdot 0.5\,(1-0.5)}}} e^{-\frac{1}{2}\xi^2}\,d\xi \\ &= \Phi\left(\frac{10.5 - 15\cdot 0.5}{\sqrt{15\cdot 0.5\,(1-0.5)}}\right) - \Phi\left(\frac{7.5 - 15\cdot 0.5}{\sqrt{15\cdot 0.5\,(1-0.5)}}\right) \\ &\approx 0.439332\,. \end{aligned}$$

□

Beispiel 13.45. Wir betrachten Multiple-Choice-Tests erneut in einem allgemeineren Zusammenhang. Nehmen wir an, es werden n Fragen vorgelegt und bei jeder Frage werden a Alternativen vorgelegt. Der Test gilt als nicht bestanden, wenn die richtige Antwort bei weniger als $a\,\%$ der Fragen angekreuzt wurde. Wir fragen nach der Wahrscheinlichkeit den Test nicht zu bestehen, wenn die Antworten einfach zufällig ausgewählt werden.

Die Anzahl der richtigen Antworten bei n Fragen wird dann durch eine binomial verteilte Zufallsvariable gegeben,

$$P(X_n = k) = \binom{n}{k} p^k (1-p)^{n-k}, \quad p = \frac{1}{a}.$$

Mit dem Satz von Moivre-Laplace approximieren wir die Verteilungen und bekommen folgende Wahrscheinlichkeit, den Test nicht zu bestehen:

$$P\left(X_n \leq \frac{a}{100} n\right) \approx \frac{1}{\sqrt{2\pi}} \int_{-\infty}^{\frac{(\frac{a}{100}-\frac{1}{a})n}{\sqrt{n\frac{1}{a}(1-\frac{1}{a})}}} e^{-\frac{1}{2}\xi^2}\, d\xi = \Phi\left(\frac{(\frac{a}{100}-\frac{1}{a})\sqrt{n}}{\sqrt{\frac{1}{a}(1-\frac{1}{a})}}\right).$$

Werden die Antworten zufällig angekreuzt und ist

$$\frac{a}{100} - \frac{1}{a} > 0,$$

dann geht die Wahrscheinlichkeit durchzufallen mit großem n gegen Eins. Ist dagegen

$$\frac{a}{100} - \frac{1}{a} < 0,$$

dann geht die Wahrscheinlichkeit durchzufallen mit großem n gegen Null. □

Stichwortverzeichnis

https://doi.org/10.1515/9783111503639-014

www.ingramcontent.com/pod-product-compliance
Lightning Source LLC
Jackson TN
JSHW051958131224
75386JS00036B/1151

* 9 7 8 3 1 1 1 5 0 3 1 3 4 *